Premiere Pro CC 2018 中文版基础培训教程

亿瑞设计　曹茂鹏　编著

清華大学出版社
北　京

内 容 简 介

《Premiere Pro CC 2018 中文版基础培训教程》全面、系统地介绍了 Premiere Pro CC 的基本操作方法和视频处理技巧，包括进入理论知识大讲堂、初识 Adobe Premiere Pro CC 2018、素材的导入与采集、Premiere 的编辑基础、视频效果、视频过渡特效、调色技术、文字效果、音频处理、关键帧动画和运动特效、抠像与合成等内容，另附 3 章电子书内容，包括输出影片、电子相册和旅游片头等实战内容。

本书内容均以课堂案例为主线，通过对各案例的实际操作，使读者可以快速上手，熟悉软件功能和艺术设计思路。书中的思维点拨部分能够使读者深入了解视频编辑的基础知识；案例实战可以拓展读者的实际应用能力，提高软件操作技巧；综合实战可以帮助读者快速地掌握商业视频的设计理念和编辑方式，顺利达到实战水平。

本书适合 Premiere 软件的初学者阅读，同时可作为相关教育培训机构的教学用书。

图书在版编目（CIP）数据

Premiere Pro CC 2018 中文版基础培训教程 / 亿瑞设计，曹茂鹏编著. —北京：清华大学出版社，2019（2021.1重印）

ISBN 978-7-302-52413-7

I. ① P… II. ① 亿… ② 曹… III. ① 视频编辑软件—教材 IV. ① TN94

中国版本图书馆 CIP 数据核字（2019）第 041345 号

责任编辑：贾小红
封面设计：闰江文化
版式设计：王凤杰
责任校对：马军令
责任印制：杨　艳

出版发行：清华大学出版社
网　　址：http://www.tup.com.cn，http://www.wqbook.com
地　　址：北京清华大学学研大厦 A 座　　邮　　编：100084
社 总 机：010-62770175　　邮　　购：010-62786544
投稿与读者服务：010-62776969，c-service@tup.tsinghua.edu.cn
质 量 反 馈：010-62772015，zhiliang@tup.tsinghua.edu.cn
印 装 者：三河市铭诚印务有限公司
经　　销：全国新华书店
开　　本：185mm × 260mm　　印　　张：29.75　　字　　数：703 千字
版　　次：2019 年 9 月第 1 版　　印　　次：2021 年 1 月第 3 次印刷
定　　价：108.00 元

产品编号：080986-01

前 言

Preface

Premiere 作为 Adobe 公司旗下著名的视频剪辑和编辑软件，其应用范围覆盖影视制作、电视包装、广告设计、自媒体设计等很多设计方向。其强大的视频剪辑、视频特效等功能，深受广大艺术设计人员和计算机美术爱好者喜爱。

本书内容编写特点

1. 零起点，入门快

本书以入门者为主要读者对象，通过对基础知识细致入微的介绍，结合中小实例，对常用工具、命令、参数等做了详细的介绍，同时给出了技巧提示，确保读者零起点、轻松快速入门。

2. 精选知识、内容实用

本书着重挑选 Premiere 中最为常用的工具、命令的相关功能进行讲解。

3. 实例精美、实用

本书的实例均经过精心挑选，在确保实用的基础上，兼顾了制作效果的精美、漂亮，一方面使读者受到美的熏陶，另一方面让读者在学习中享受美的世界。

4. 编写思路符合学习规律

本书在讲解过程中采用了“理论讲解 + 案例实战 + 综合实战 + 技巧提示 + 思维点拨”的模式，符合轻松易学的学习规律。

本书显著特色

1. 同步视频讲解，让学习更轻松、更高效

高清同步视频讲解，涵盖全书所有实战案例，让学习更轻松、更高效！

2. 资深讲师编著，让图书质量更有保障

作者系经验丰富的专业设计师和资深讲师，确保图书“实用”和“好学”。

3. 精美实战案例，通过动手加深理解

案例操作讲解详细，能让读者深入理解、灵活应用！

4. 商业案例，让实战成为终极目的

不同类型的案例练习，以便积累实战经验，为工作就业搭桥。

5. 超值学习套餐，让学习更方便、快捷

赠送设计素材 21 类 1000 余个，动态素材 4 类 70 个。赠送电子书《色彩设计搭配手册》、电子书《构图技巧实用手册》、常用颜色色谱表。赠送 104 集 Photoshop 新手学视频精讲课堂。

本书适合人群

本书以入门者为主要读者对象，适合初级专业从业人员、各大院校的专业学生、Premiere 爱好者，同时也适合作为高校教材、社会培训教材使用。

本书资源

本书配套资源可扫描封底“文泉云盘”二维码获取，内容包括以下方面。

1. 本书中案例的教学视频、源文件，读者可扫码观看视频，按照书中操作步骤进行操作。

2. 设计素材 21 类 1000 余个，动态素材 4 类 70 个。

3. 电子书《色彩设计搭配手册》、电子书《构图技巧实用手册》、常用颜色色谱表。

4. 104 集 Photoshop 新手学视频精讲课堂。

关于作者

本书由亿瑞设计工作室组织编写，瞿颖健和曹茂鹏参与了本书的主要编写工作。由于本书工作量较大，参与本书编写及资料整理工作的还有曹元钢、瞿学严、瞿玉珍、杨力等，在此对他们表示感谢。

由于时间仓促，加之水平有限，书中难免存在错误和不妥之处，敬请广大读者批评和指正。

编　者

目 录

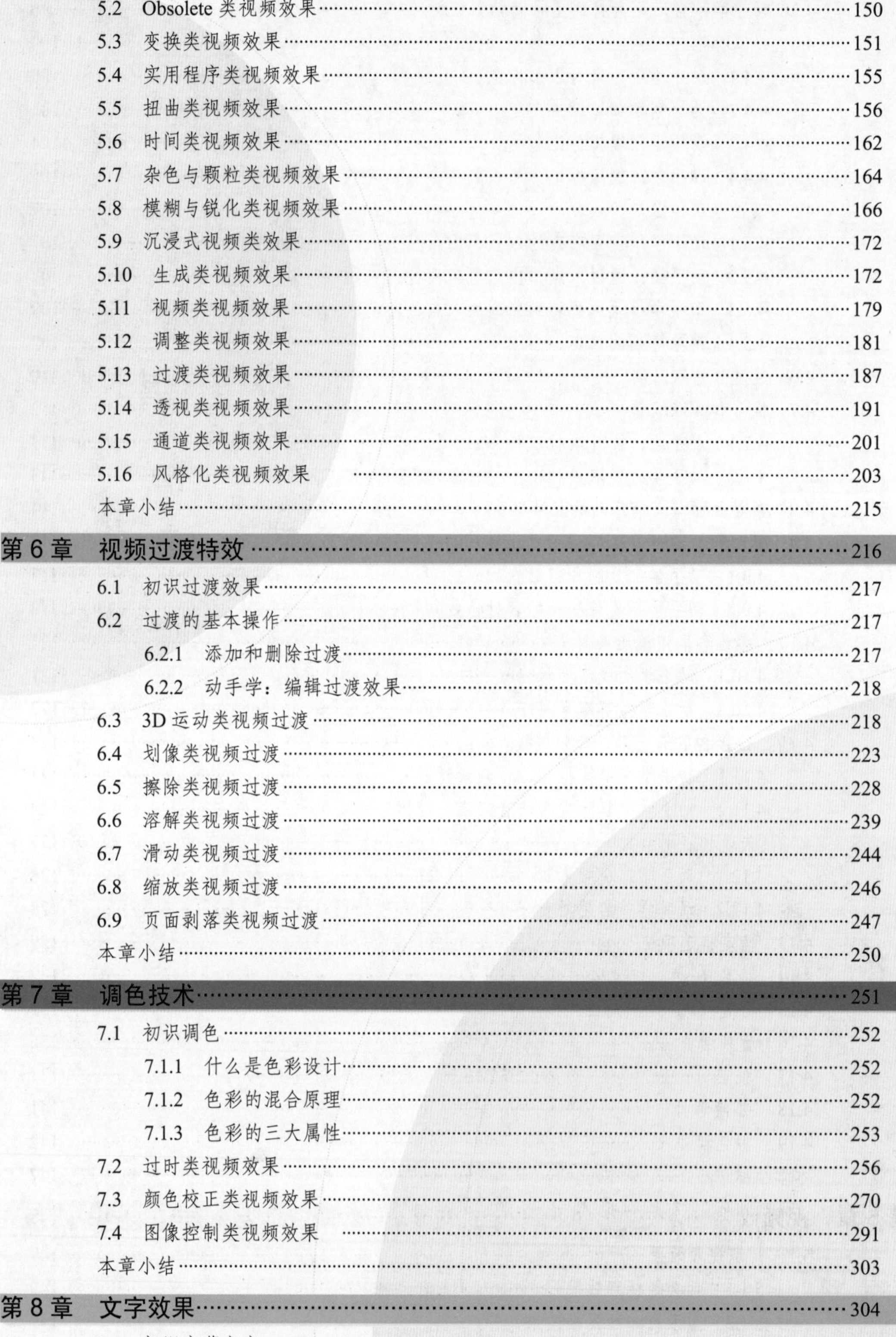

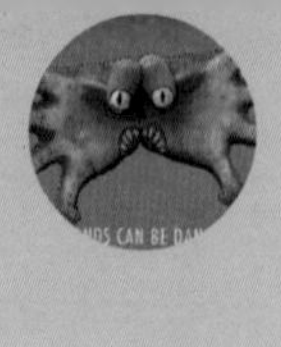

附赠 3 章电子书

扫码阅读

理论知识大讲堂

在进行正式的编辑视频学习前，首先需要了解编辑视频过程中所应用到的知识，这样才能更好地理解和编辑作品。本章介绍了视频的格式制式、视频编辑术语和编辑类型，以及画面和声音的组接技巧等。

本章重点：

- 了解视频基本知识
- 了解非线性编辑基本知识
- 了解视频采集基础
- 了解蒙太奇的概念
- 了解 Premiere 三大要素

1.1 视频概述

在生活中，视频被广泛传播与应用。影视或视频短片通常会以不同的形式被发放到互联网中，具有传播范围广、影响力强的特点，同时还可针对不同受众人群进行视频互动，对视觉和大脑感觉具有一定的冲击力。

1.1.1 什么是视频

连续的图像变化每秒超过 24 帧（frame）画面以上时，根据视觉暂留原理，人眼无法辨别单幅的静态画面，会将原本并不连续的静态画面看成平滑连续的动作，这样连续的画面叫作视频。

视频技术最早是从电视系统的建立而发展起来的，但是现在已经发展为各种不同的格式以利于用户将视频记录下来。网络技术的发达也促使视频的纪录片段以串流媒体的形式存在于互联网之上并可被计算机接收与播放。现如今，视频包含电影，而电影是利用照相术和幻灯放映术结合发展起来的一种连续的画面。

1.1.2 电视制式简介

电视信号的标准也称为电视的制式。目前各国的电视制式不尽相同，制式的区分主要在于其帧频（场频）的不同、分解率的不同、信号带宽以及载频的不同、色彩空间的转换关系不同等。电视制式就是用来实现电视图像信号和伴音信号，或其他信号传输的方法，和电视图像的显示格式，以及这种方法和电视图像显示格式所采用的技术标准。

严格来说，彩色电视机的制式有很多种，例如，我们经常听到国际线路彩色电视机，一般都有 21 种彩色电视制式，但把彩色电视制式分得很详细来学习和讨论，并没有实际意义。在人们的一般印象中，彩色电视机的制式一般只有 3 种，即 NTSC、PAL、SECAM 等 3 种彩色电视机的制式，它们的区别如图 1-1 所示。

NTSC制式	兼容性好，成本低，色彩不稳定
PAL制式	性能最佳，成本高，色彩效果好
SECAM制式	性能介于以上两者之间

图 1-1

1. NTSC 制

正交平衡调幅制（National Television Systems Committee，NTSC 制）是 1952 年由美国国家电视标准委员会指定的彩色电视广播标准，它采用正交平衡调幅的技术方式，故也称为正交平衡调幅制。美国、加拿大等大部分西半球国家以及中国台湾、日本、韩国、菲律宾等均采用这种制式。这种制式的帧速率为 29.97fps（帧 / 秒），每帧 525 行 262 线，标准分辨率为 720×480。

2. PAL 制

正交平衡调幅逐行倒相制（Phase-Alternative Line，PAL 制）是德国在 1962 年指定的彩色电视广播标准，它采用逐行倒相正交平衡调幅的技术方法，克服了 NTSC 制相位敏感造成色彩失真的缺点。德国、英国等一些欧洲国家，新加坡、中国内地及香港地区、澳大利亚、新西兰等采用这种制式。这种制式的帧速率为 25fps，每帧 625 行 312 线，标准分辨率为 720×576。

3. SECAM 制

行轮换调频制（Sequential Coleur Avec Memoire，SECAM 制）是顺序传送彩色信号与存储恢复彩色信号制，是由法国在 1956 年提出，1966 年制定的一种新的彩色电视制式。它也克服了 NTSC 制式相位失真的缺点，但采用时间分隔法来传送两个色差信号。采用这种制式的有法国、俄罗斯和东欧一些国家。这种制式的帧速率为 25fps，每帧 625 行 312 线，标准分辨率为 720×576。

1.1.3　数字视频基础

数字视频就是先用摄像机之类的视频捕捉设备，将外界影像的颜色和亮度信息转变为电信号，再记录到储存介质（如录像带）。它以数字形式记录视频，和模拟视频相对。数字视频有不同的产生方式、存储方式和播出方式。例如，通过数字摄像机直接产生数字视频信号，存储在录像带、P2 卡、蓝光盘或者磁盘上，从而得到不同格式的数字视频，然后通过计算机、特定的播放器等播放出来。

为了存储视觉信息，模拟视频信号的山峰和山谷必须通过模拟 / 数字（A/D）转换器来转变为数字的 0 或 1。这个转变过程就是视频捕捉（或采集过程）。如果要在电视机上观看数字视频，则需要一个从数字到模拟的转换器将二进制信息解码成模拟信号，才能进行播放。

1.1.4　视频格式

常用的视频格式非常多，掌握每个视频格式的特点和优劣对于学习 Premiere 是非常重要的。

- MPEG/MPG/DAT：MPEG 是 Motion Picture Experts Group（动态图像专家组）的英文缩写。这类格式包括了 MPEG-1、MPEG-2 和 MPEG-4 在内的多种视频格式。MPEG-1 是人们接触最多的，因为目前其正在被广泛地应用在 VCD 的制作和一些视频片段下载的网络应用上面，大部分的 VCD 都是用 MPEG-1 格式压缩的。
- AVI：AVI 是 Audio Video Interleaved（音频视频交错）的英文缩写。AVI 这个由 Microsoft 公司发表的视频格式在视频领域已经存在多年。AVI 格式调用方便、图像质量好，缺点是文件体积过于庞大。
- RA/RM/RAM：RM 是 Real Networks 公司所制定的音频 / 视频压缩规范 Real Media 中的一种，而 Real Player 就是利用 Internet 资源对这些符合 Real Media 技术规范的音频 / 视频进行实况转播。

- MOV：MOV 格式是 Apple 公司创立的一种视频格式，它是图像和视频处理软件 QuickTime 所支持的格式。QuickTime 提供了两种标准图像和数字视频格式，即可以支持静态的 PIC 和 JPG 图像格式，动态的基于 Indeo 压缩法的 MOV 和基于 MPEG 压缩法的 MPG 视频格式。
- ASF：ASF (Advanced Streaming Format，高级流格式) 是 Microsoft 公司为了和 Real Player 竞争而发展出来的一种可以直接在网上观看视频节目的文件压缩格式。
- WMV：一种独立于编码方式的在 Internet 上实时传播多媒体的技术标准，Microsoft 公司希望用其取代 QuickTime 之类的技术标准以及 WAV、AVI 之类的文件扩展名。
- nAVI：nAVI 是 New AVI 的缩写，是一个名为 Shadow Realm 的组织发展起来的一种新视频格式。
- DivX：是由 MPEG-4 衍生出的另一种视频编码 (压缩) 标准，也即通常所说的 DVDrip 格式，它采用了 MPEG-4 的压缩算法同时又综合了 MPEG-4 与 MP3 各方面的技术，也就是使用 DivX 压缩技术对 DVD 盘片的视频图像进行高质量压缩，同时用 MP3 或 AC3 对音频进行压缩，然后再将视频与音频合成并加上相应的外挂字幕文件而形成的视频格式。
- RMVB：是一种由 RM 视频格式升级延伸出的新视频格式，它的先进之处在于 RMVB 视频格式打破了原先 RM 格式平均压缩采样的方式，在保证平均压缩比的基础上合理利用比特率资源，即静止和动作场面少的画面场景采用较低的编码速率，这样可以留出更多的带宽空间，而这些带宽会在出现快速运动的画面场景时被利用。
- FLV：是随着 Flash MX 的推出发展而来的新的视频格式，其全称为 Flash Video。它是在 Sorenson 公司的压缩算法的基础上开发出来的。
- MP4：手机常用视频格式。
- 3GP：手机常用视频格式。
- AMV：一种 MP4 专用的视频格式。

1.2 非线性编辑概述

非线性编辑是相对于传统的以时间顺序进行线性编辑而言的。在传统的电视节目制作中，电视编辑是在编辑机上进行的。编辑机通常由一台放像机和一台录像机组成，编辑人员通过放像机选择一段合适的素材，然后把它记录到录像机中的磁带上，然后再寻找下一个镜头，接着进行记录工作，如此反复操作，直至把所有合适的素材按照节目要求全部顺序地记录下来。

非线性编辑借助计算机来进行数字化制作，几乎所有的工作都在计算机里完成，不再需要那么多的外部设备，对素材的调用也是瞬间实现，不用反反复复在磁带上寻找，突破单一的时间顺序编辑限制，可以按各种顺序排列，具有快捷简便、随机的特性。非线性编辑只要上传一次就可以进行多次编辑，信号质量始终不会变低，所以节省了设备、人力，提高了效率。非线性编辑需要专用的编辑软件、硬件，现在绝大多数的电视、电影制作机构都采用了非线性编辑系统。

思维点拨：非线性编辑的特点

磁带的记录画面是按照顺序的，无法再插入一个镜头，也无法删除一个镜头，这种编辑方式就叫作线性编辑，是一种不可逆的，因此限制非常多，造成了编辑效率非常低。

而非线性编辑则是指应用计算机图像技术，在计算机中对各种原始素材进行各种编辑操作，并将最终结果输出到计算机硬盘、录像带等记录设备上这一系列完整的过程。可以任意地对素材进行修改及顺序的更改，因此非线性编辑的效率是非常高的。

1.3 视频采集基础

视频采集（Video Capture）把模拟视频转换成数字视频，并按数字视频文件的格式保存下来。所谓视频采集就是将模拟摄像机、录像机、LD 视盘机、电视机输出的视频信号，通过专用的模拟、数字转换设备，转换为二进制数字信息的过程。在视频采集工作中，视频采集卡是主要设备，它分为专业和家用两个级别。专业级视频采集卡不仅可以进行视频采集，并且还可以实现硬件级的视频压缩和视频编辑。家用级的视频采集卡只能做到视频采集和初步的硬件级压缩，而更为低端的电视卡，虽可进行视频的采集，但它通常都省却了硬件级的视频压缩功能。

一般来说，使用 Premiere 进行采集，可以分为以下两个步骤。

1. 安装

DV 机上一般都有两个连接计算机的接口：一个是接串口或者接 USB 口的，这个一般是采集静像用的 (有些带 MPEG-1 压缩的 DV 机可以通过 USB 口采集 MPEG-1 格式，不过效果较差)；另外一个就是采集 DV 视频要用到的 1394 口，全称是 IEEE 1394，也叫作 FireWire(火线)，SONY 机上叫作 i.LINK，在 DV 机上是 4 针的小口，一般计算机上的 1394 口是个 6 针的大口。

思维点拨：什么是 IEEE 1394 ？

IEEE 1394 是在苹果 (Apple) 计算机构想的局域网中，由 IEEE 1394 工作组开发出来的，是一种外部串行总线标准。IEEE 1394 的全称是 IEEE 1394 Interface Card，有时被简称为 1394，其 Backplane 版本可以达到 12.5Mbps、25Mbps、50Mbps 的传输速率，Cable 版本可以达到 100Mbps、200Mbps 和 400Mbps 的传输速率。

2. 开始采集

设备连接好并打开 Premiere 软件后，选择【文件】/【捕捉】命令，如图 1-2 所示。接着选择捕捉的格式，一般选择 .mpeg 或 .avi 格式，单击采集按钮就能采集了，如图 1-3 所示。

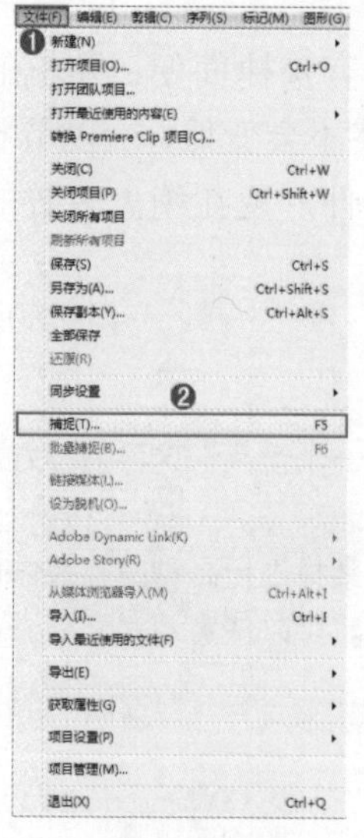

图 1-2

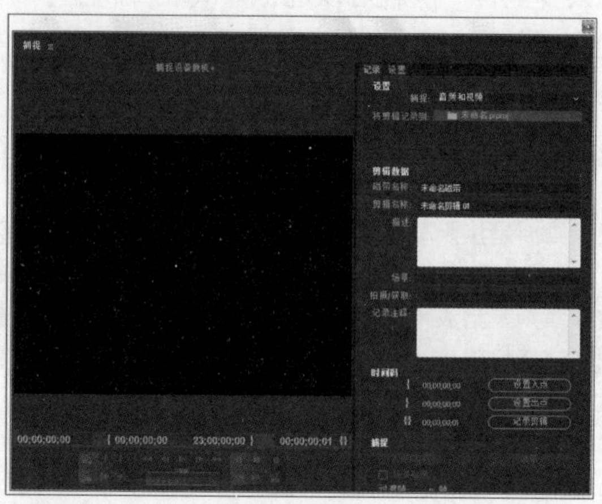

图 1-3

1.4 蒙 太 奇

蒙太奇是音译的外来语，原为建筑学术语，意为构成、装配。可解释为有意涵的时空人的拼贴剪辑手法。最早被延伸到电影艺术中，后来逐渐在视觉艺术等衍生领域被广为运用。简单来说，蒙太奇就是根据影片所要表达的内容和观众的心理顺序，将一部影片分别拍摄成许多镜头，然后再按照原定的构思组接起来。由此可知，蒙太奇就是将摄影机拍摄下来的镜头，按照生活逻辑、推理顺序、作者的观点倾向及其美学原则联结起来的手段。如图 1-4 所示为电影中的蒙太奇运用。

图 1-4

1.4.1 镜头组接基础

镜头组接，是将电影或者电视里面单独的画面有逻辑、有构思、有意识、有创意和有规律地把它们连贯在一起。完善的镜头组接就形成了一部精彩的电影或电视剧。当然在电影和电视的组接过程当中还有很多专业的术语，如电影蒙太奇手法。画面组接的一般规律包括：动接动，静接静，声画统一等。

还有一个概念需要我们了解，那就是运动摄像。它是利用摄像机在推、拉、摇、移、跟、甩等形式的运动中进行拍摄的方式，是突破画面边缘框架的局限、扩展画面视野的一种方法。运动摄像符合人们观察事物的视觉习惯，以渐次扩展、集中或者逐一展示的形式表现被拍摄物体，其时空的转换均由不断运动的画面来体现，完全同客观的时空转换相吻合。在表现固定的景物或者人物时，运用运动镜头技巧还可以改变固定景物为活动画面，增强画面的活力。

1.4.2　镜头组接蒙太奇

镜头组接蒙太奇的手法很多，主要可以概括为 3 类，即固定镜头之间的组接、运动镜头之间的组接以及固定镜头和运动镜头组接。

1. 静接静

固定镜头之间的组接，简称静接静。静接静是最为常用的镜头组接类型之一，可以很好地体现两个相对静态的画面，如图 1-5 所示。

图　1-5

2. 动接动

运动镜头之间的组接，简称动接动，常用来体现运动和速度的画面，如图 1-6 所示。

图　1-6

3. 静接动

固定镜头和运动镜头组接，简称静接动，常用来体现对比的画面，如图 1-7 所示。

图　1-7

1.4.3 声画组接蒙太奇

在时空动态中，声画匹配的声音构成方法叫作声音蒙太奇。所谓声音蒙太奇，可以理解为声音的剪辑，但这只是表层意思，它的深层含义其实是声音构成。声音分为话内和画外两种。声音蒙太奇就是声音、时态和空间的各种不同形态的排列和组合，可以创造出以下几种相对的时空结构关系：时间非同步关系、空间同步关系、空间非同步关系、心理同步关系和心理非同步关系。

1.4.4 声音蒙太奇技巧

声音蒙太奇是通过声音组接来实现的，其主要的技巧手法有声音的切入切出，声音延续，声音导前，声音渐显、渐隐，声音的重叠和声音的转场 6 种。

● 声音的切入切出与镜头组接中“切”的方式一样，就是一种声音突然消失，另一种声音突然出现。这种切换方式通常与画面切换一致，有时也可进行特殊的时空转换。在声画合一的场合里，均采用声音的切入切出技术进行声音转换。

● 画面切换后，前一镜头中画面声源形象所发出的声音连续下去，以画外音的形式出现于下一镜头，称为声音延续。这种延续可以使上一镜头的情绪或气氛不至于因镜头转换而突然中断，而是逐渐消失并转变的，这样的声音切换也有助于镜头转换的流畅性。

● 画面切换前，后一镜头中画面的声源形象所发出的声音提前出现在前一镜头之中，称为声音导前。声音先于画面中声源形象的出现可以给观众带来“预感”，使他们有足够的心理准备去注意和接受新画面中的信息。声音导前方式也常常用于交待前后两个场景的内在联系。

● 声音的渐显、渐隐过渡手法与镜头组接中“淡入淡出”类同，它是指声音出现后，音量逐渐增强和声音音量逐渐减弱，直至消失的叠加方式。这种方式主要用于时空段落的转换，即前一场景的声音淡出，后一场景的声音淡入。同时，声音的渐显、渐隐过度手法也是表现声音运动感的必要手段。

● 声音的重叠与画面重叠一样，是指将一个以上的相同或不同内容、不同质感的声音素材叠加在一起。几个声音可以是同时出现式的重叠，也可以是上一场景的声音延续与下一场景的声音相叠呈现，或后一场景的声音导前与前一场景的声音重叠。声音重叠的运用不仅丰富了声音的内容，也大大加强了声音力度和声像的立体的效果。

● 声音的转场是一种当段落场景转换时，利用前一场景结束而后一场景开始时声音的相同或相似性，作为过渡因素进行前后镜头组接的声音蒙太奇方式。这种转场手法较为生动、流畅和自然。

1.5 Premiere 三大要素

在用 Premiere 制作视频时，有三大元素是必须要掌握的，分别是画面、声音和色彩。画面用来带给观众视觉上的冲击，是最直观的感受。声音用来带给观众听觉上的感受，可以调和画面的气氛。色彩是画面的组成部分，是体现视频情感的重要元素。

1.5.1 画面

画面在 Premiere 中是最为直观的，我们可以为其加载字幕、特效、调色等，使画面变得生动、丰富，如图 1-8 所示。

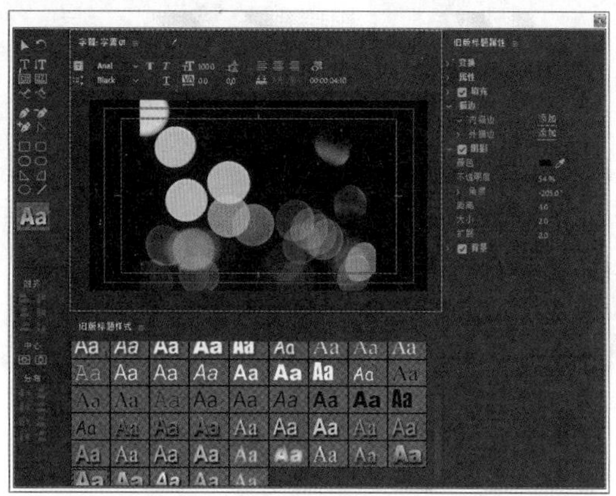

图　1-8

1.5.2　声音

声音在 Premiere 中是无法看到变化的，而是需要听觉去判断。跟画面一样，也可以为其添加特效等，使其变得更加合适当前的画面、情绪，如图 1-9 所示。

图　1-9

1.5.3　色彩

色彩可以表达情感，是情感传递的一个非常重要的部分。不同的画面颜色可以带给观众不同的感受。如图 1-10 所示为体现梦幻的色彩。如图 1-11 所示为体现静谧的色彩。

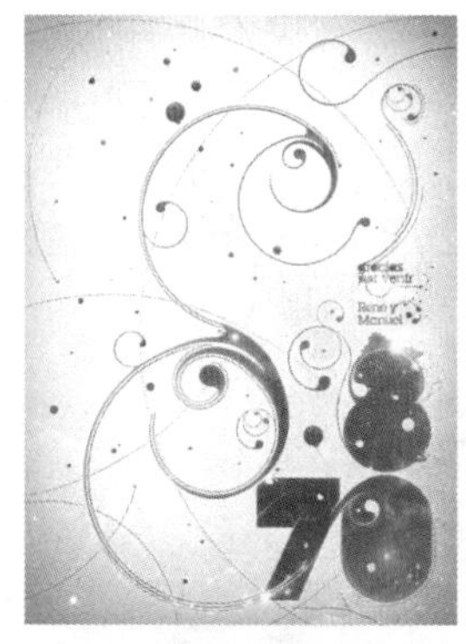

图　1-10

图　1-11

如图 1-12 所示为体现清爽的色彩。如图 1-13 所示为体现雅致的色彩。

图 1-12

图 1-13

1. 三原色

光的三原色分别是红（red）、绿（green）、蓝（blue）。光线会越加越亮，两两混合可以得到更亮的中间色：黄（yellow），青（cyan），品红（magenta）。3 种等量组合可以得到白色。

补色指完全不含另一种颜色，红和绿混合成黄色，因为完全不含蓝色，所以黄色就是蓝色的补色。两个等量补色混合也形成白色。红色与绿色经过一定比例混合后就是黄色了。所以黄色不能称之为三原色，如图 1-14 所示。

2. 色彩的三属性：色相、明度、纯度

- 色相：即每种色彩的相貌、名称，如红、橘红、翠绿、草绿、群青等。色相是区分色彩的主要依据，是色彩的最大特征。色相的称谓，即色彩与颜料的命名有多种类型与方法，如图1-15所示。

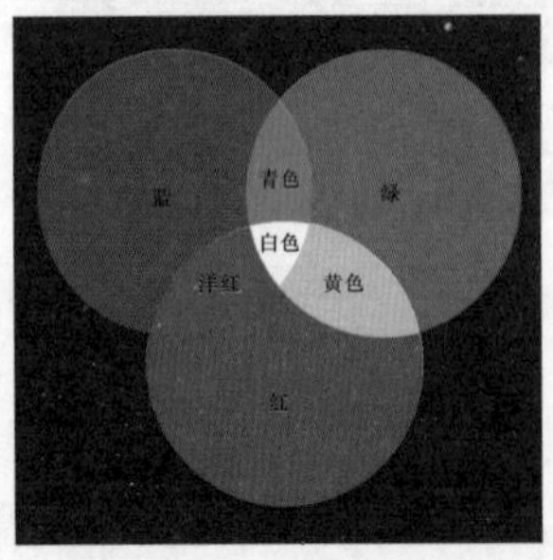

图 1-14

图 1-15

- 明度：即色彩的明暗差别，也即深浅差别。色彩的明度差别包括两个方面：一是指某一色相的深浅变化，如粉红、大红、深红，都是红，但一种比一种深；二是指不同色相间存在的明度差别，如六标准色中黄最浅，紫最深，橙和绿、红和蓝处于相近的明度之间，如图1-16所示。

图 1-16

- 纯度：即各色彩中包含的单种标准色成分的多少。纯色的色感强，即色度强，所以纯度亦是色彩感觉强弱的标志，如非常纯粹的蓝色和较灰的蓝色，如图1-17所示。

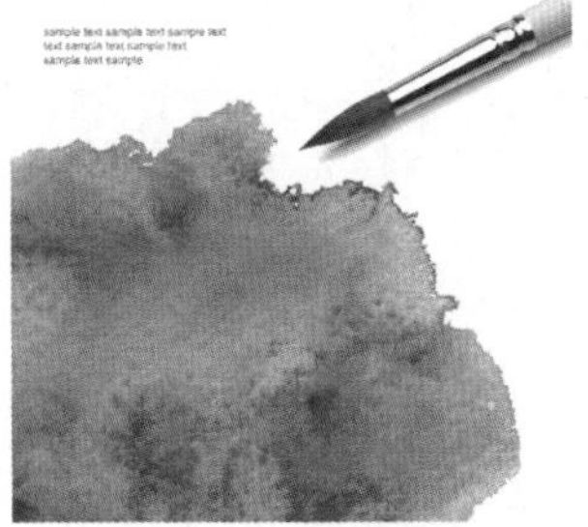

图　1-17

3. 画面用色规律

颜色丰富虽然看起来会吸引人，但是一定要把握住“少而精”的原则，即颜色搭配尽量要少，这样画面会显得较为整体、不杂乱。当然特殊情况除外，如要体现绚丽、缤纷、丰富等色彩时，色彩需要多一些。一般来说一张图像中色彩不宜太多，不宜超过 5 种，如图 1-18 所示。

图　1-18

若颜色过多，虽然显得很丰富，但是会感觉画面很杂乱、跳跃、无重心，如图 1-19 所示。

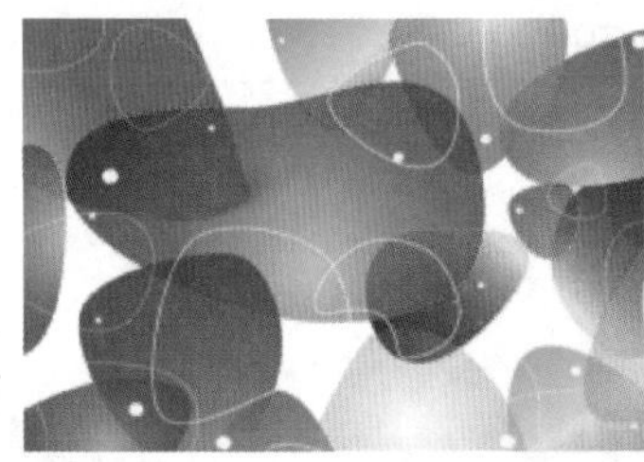
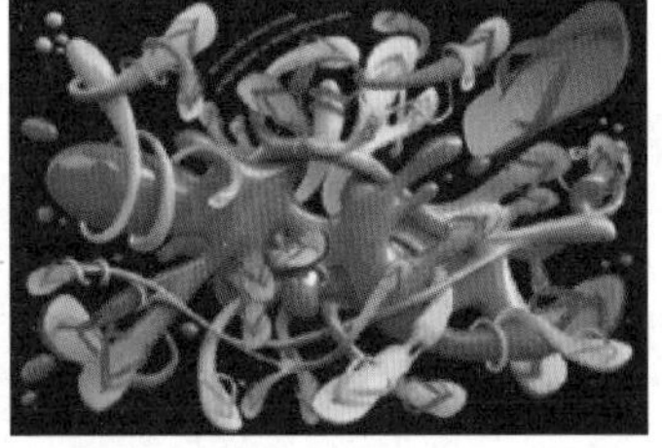

图　1-19

本章小结

在编辑视频过程中，需要了解所应用到的知识和编辑技巧。通过本章的学习，可以了解包括视频制式、蒙太奇技巧和 Premiere 的三大要素等概念，以更好地理解和编辑作品，制作出更加完美的效果。

初识 Adobe Premiere Pro CC 2018

在学习使用 Adobe Premiere Pro CC 2018 软件之前，需要了解它的工作界面，了解它的新特效和系统要求，掌握菜单栏中的各项命令的功能，以及各个面板的作用。

本章重点：

- 了解 Adobe Premiere Pro CC 2018 界面分布
- 了解 Adobe Premiere Pro CC 2018 新特性和系统要求
- 了解 Adobe Premiere Pro CC 2018 菜单栏
- 了解 Adobe Premiere Pro CC 2018 工作窗口和面板

2.1　Adobe Premiere Pro CC 2018 的工作界面

Adobe Premiere Pro 是目前最流行的非线性编辑软件，操作简洁、速度较快。本章将重点讲解 Adobe Premiere Pro CC 2018 的界面分布、菜单栏、工作窗口、面板等。熟练掌握界面分布、菜单栏、工作窗口、面板的设置，及相应的操作方法是非常重要的，可以更快地提高工作效率。

如图 2-1 所示为 Adobe Premiere Pro CC 2018 的启动界面。

在打开的界面中，由于使用的目的不同，可以分为几种界面模式。选择菜单栏中的【窗口】/【工作区】命令，即可在其子菜单中选择合适的工作界面，如图 2-2 所示。

图　2-1

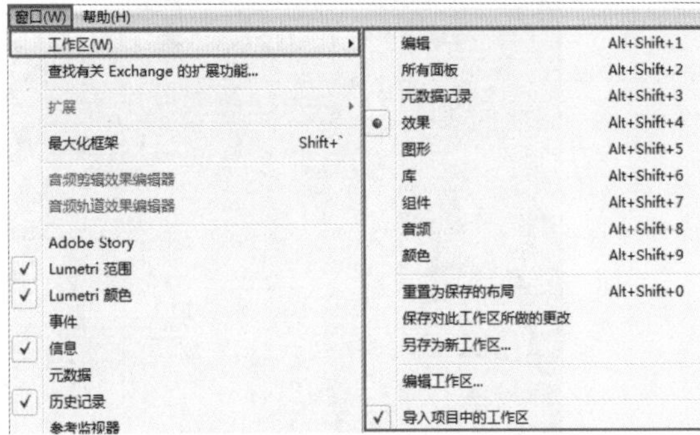

图　2-2

2.1.1　编辑模式下的界面

在【编辑】模式下的界面中，【监视器】和【时间轴】面板是主要的工作区域，更适合剪辑使用，如图 2-3 所示。

图　2-3

2.1.2 颜色模式下的界面

在【颜色】模式下的界面中，【时间轴】面板被压缩，新增加一个【Lumetri 范围】面板，以随机观察色彩变化前后的效果，如图 2-4 所示。

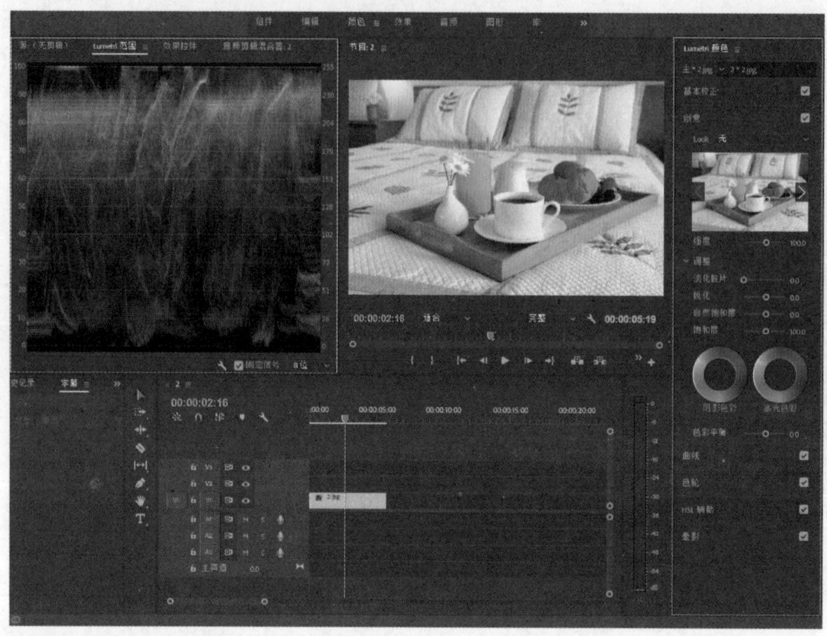

图 2-4

2.1.3 音频模式下的界面

在【音频】模式下的界面中，会新出现【调音台】面板，方便对音频进行编辑和使用工具进行剪辑，如图 2-5 所示。

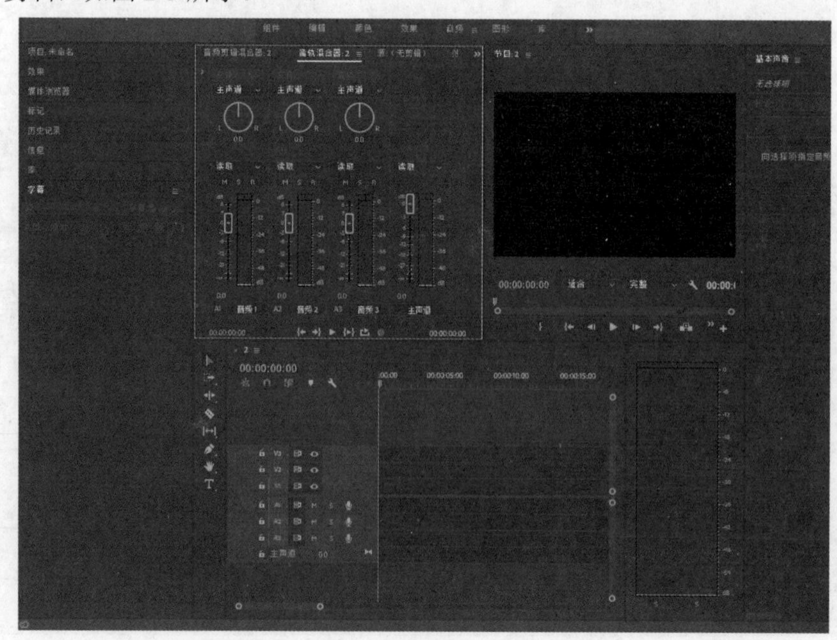

图 2-5

2.1.4　效果模式下的界面

在【效果】模式下的界面中，会出现【效果控制】和【效果】面板，可以方便地为素材添加特效，并在【效果控制】面板中调整相关参数，如图 2-6 所示。

图　2-6

技巧提示：

在上面这些界面中，用户可以根据个人习惯随意组合，并且保存起来，以方便随时调用。选择菜单栏中的【窗口】/【工作区】命令，可以进行界面修改、保存和调用等操作。

2.2　Adobe Premiere Pro CC 2018 的新功能和系统要求

Adobe Premiere Pro CC 2018 年 4 月版（12.1 版）的主要新功能介绍如下。

1. 使用“比较视图”比较镜头

可以拆分【节目】监视器显示，以比较两个不同剪辑的外观或单个剪辑的外观。

2. 匹配镜头颜色

自动匹配序列中两个不同镜头的颜色和光线，确保整个序列的视觉连续性。

3.【Lumetri 颜色】面板更改

fx 绕过选项用于临时打开或关闭整个效果，重置效果用于重置单个镜头的所有效果。

4. Lumetri 颜色自定义 LUT 目录

可以安装自定义 LUT 文件并使其显示在【Lumetri 颜色】面板中。

5. 自动闪避音乐

对项目进行处理时，可将音乐闪避到对话、声音效果或任何其他音频剪辑后。

6. 在本地模板文件夹、Creative Cloud Libraries 和 Adobe Stock 中轻松搜索动态图形模板

可使用【基本图形】面板轻松浏览动态图形模板。

7. 使用【基本图形】面板创建形状渐变效果

可以使用【基本图形】面板创建形状渐变效果。

8. 替换动态图形模板的剪辑工作流程

序列中使用过的来自 After Effects 的动态图形模板可以替换为模板的新版本。

9. 切换【基本图形】面板中的图形图层动画

直接从【基本图形】面板的【编辑】选项卡中切换每个变换属性的动画。

10. 从 After Effects 引入的动态图形模板的改进界面和新控件类型

改进界面和新控件，可更方便自定义动态图形模板，包括调整 2D 位置、旋转和元素比例。

11. 沉浸式显示器支持

使用可旋转视图的手机控件浏览 360 VR 空间，不必在制作和编辑沉浸式内容时移动头部。

12. Windows Mixed Reality 支持

支持 Windows Mixed Reality 平台，扩展可供使用的现有头戴式显示器（HMD）的选择范围。

13. 改进的 VR 平面到球面

改进了 VR 平面到球面的整体输出质量，因此将支持更平滑且更锐化的图形边缘渲染。

14. 团队项目增强支持

加强在线协作者跟踪、改进项目管理、能够查看项目的只读版本。

15. 改进了【时间码】面板

【时间码】面板现已面目一新，可以显示新的显示选项。

16. 视频限幅器

有一个新的【视频限幅器】效果，可用于现代数字媒体格式、当前广播和专业后期制作。

17. 复制和粘贴序列标记

可在移动一个或多个剪辑时复制和粘贴全保真序列标记，与原始内容保持相同的间距。

18. 硬件加速

支持硬件加速 H.264 编码。

19. 文件格式支持

导入 Canon C200 摄像机格式、导入 Sony Venice 摄像机格式、RED 摄像机图像处理

管道 [IPP2]。

Adobe Premiere Pro CC 2018 软件安装的系统要求如下。

1. Windows

- 需要支持 64 位 Intel® Core ™ 2 Duo 或 AMD Phenom® II 处理器。
- Microsoft® Windows® 7 Service Pack 1（64 位）。
- 4GB 的 RAM（建议分配 8GB）。
- 用于安装的 4GB 可用硬盘空间以及安装过程中需要的其他可用空间（不能安装在移动闪存存储设备上）。
- 预览文件和其他工作文件所需的其他磁盘空间（建议分配 10GB）。
- 1280×900 显示器。
- 支持 OpenGL 2.0 的系统。
- 7200RPM 硬盘（建议使用多个快速磁盘驱动器，首选配置了 RAID 0 的硬盘）。
- 符合 ASIO 协议或 Microsoft Windows Driver Model 的声卡。
- 与双层 DVD 兼容的 DVD-ROM 驱动器（用于刻录 DVD 的 DVD+-R 刻录机；用于创建蓝光光盘媒体的蓝光刻录机）。
- QuickTime 功能需要的 QuickTime 7.6.6 软件。

2. Mac OS

- 支持 64 位多核 Intel 处理器。
- Mac OS X v10.6.8 或 v10.7。
- 4GB 的 RAM（建议分配 8GB）。
- 用于安装的 4GB 可用硬盘空间以及安装过程中需要的其他可用空间（不能安装在使用区分大小写的文件系统卷或移动闪存存储设备上）。
- 预览文件和其他工作文件所需的其他磁盘空间（建议分配 10GB）。
- 1280×900 显示器。
- 7200 RPM 硬盘（建议使用多个快速磁盘驱动器，首选配置了 RAID 0 的硬盘）。
- 支持 OpenGL 2.0 的系统。
- 与双层 DVD 兼容的 DVD-ROM 驱动器（用于刻录 DVD 的 SuperDrive 刻录机；用于创建蓝光光盘媒体的蓝光刻录机）。
- QuickTime 功能需要的 QuickTime 7.6.6 软件。

2.3 Adobe Premiere Pro CC 2018 的菜单栏

技术速查：Adobe Premiere Pro CC 2018 的菜单栏共包含 8 个主菜单，即【文件】【编辑】【剪辑】【序列】【标记】【图形】【窗口】和【帮助】菜单。

按照功能对 Adobe Premiere Pro CC 2018 菜单进行划分，共分为 8 个菜单。菜单栏如图 2-7 所示。

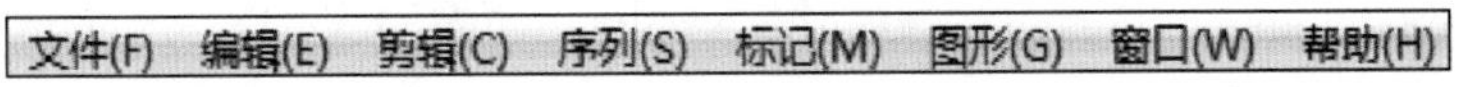

文件(F) 编辑(E) 剪辑(C) 序列(S) 标记(M) 图形(G) 窗口(W) 帮助(H)

图 2-7

- 文件：主要是打开、新建项目、存储、素材采集和渲染输出等操作命令。
- 编辑：主要是对素材进行操作，如复制、清除、查找、编辑原始素材等。
- 剪辑：主要是对项目进行检索，可以导入素材，创建素材，对素材进行排序、重命名等各种操作。
- 序列：主要是对时间轴上的素材进行操作，如渲染工作区、提升、分离等。
- 标记：主要是对素材和【时间轴】面板做标记。
- 图形：该功能用于新建图层，包括文本、直排文字、矩形、椭圆、来自文件等，是较新的一个功能。
- 窗口：主要用来切换编辑模式，打开或关闭各个窗口和浮动面板。
- 帮助：主要提供相关帮助说明文档的索引以及快捷键查阅。

2.3.1 【文件】菜单

【文件】菜单主要包括新建、打开项目、保存、导入和导出等操作命令，如图 2-8 所示。

- 新建：在 Adobe Premiere Pro CC 2018 中创建子项目，本命令包含如图 2-9 所示的子菜单。

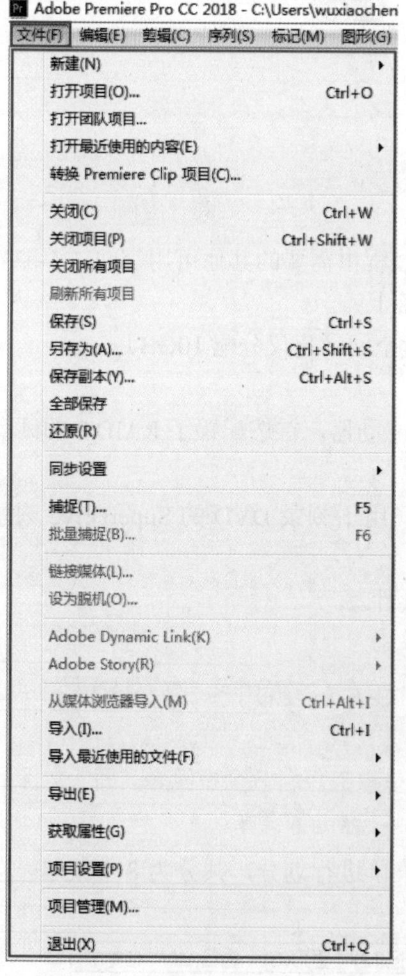

图 2-8

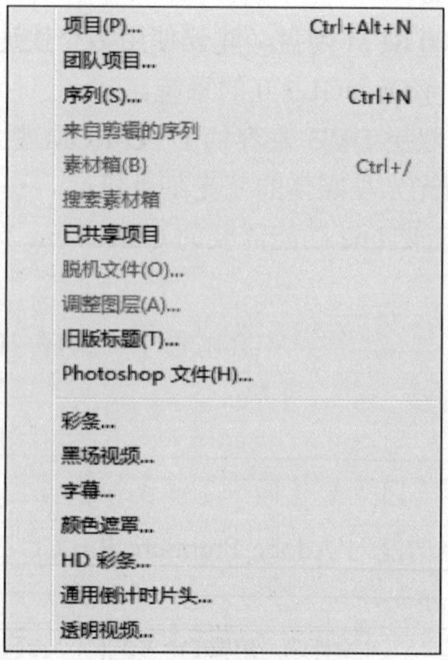

项目(P)... Ctrl+Alt+N
团队项目...
序列(S)... Ctrl+N
来自剪辑的序列
素材箱(B) Ctrl+/
搜索素材箱
已共享项目
脱机文件(O)...
调整图层(A)...
旧版标题(T)...
Photoshop 文件(H)...
彩条...
黑场视频...
字幕...
颜色遮罩...
HD 彩条...
通用倒计时片头...
透明视频...

图 2-9

- 项目：新建一个项目文件，用于组织、管理项目中的素材。合并工程文件时需 要注意素材的链接位置是否正确。
- 团队项目：用于新建团队项目。
- 序列：在项目文件中可以创建多个序列素材，用于复杂的编辑和嵌套。
- 来自剪辑的序列：将项目面板中的序列素材变成一个音视频素材文件，并在新的序列中打开。
- 素材箱：创建新的文件夹，主要用于分类管理各类型的素材。
- 搜索素材箱：创建新的文件夹，主要用于收集管理各类型的素材。
- 已共享项目：新建共享项目。
- 脱机文件：创建新的离线浏览素材，可以代替丢失的素材位或在编辑时作为临时素材操作。
- 调整图层：新建一个调整图层，可以应用在多个轨道上方。对该层进行特效等操作，下面的图层也会起作用。
- 旧版标题：执行此命令可进行新建字幕。如图 2-10 所示。
- Photoshop 文件：在 Adobe Premiere Pro CC 2018 中新建一个与 Adobe Photoshop 软件协同工作的 PSD 工程文件。

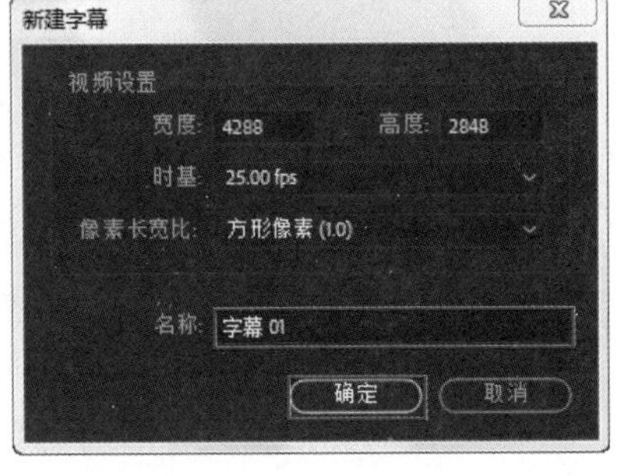

图 2-10

- 彩条：用于新建彩条。
- 黑场视频：创建新的黑视频素材。
- 字幕：创建新的默认静态字幕。
- 颜色遮罩：创建新的彩色蒙版素材。
- HD 彩条：创建新的 HD 彩色条和音调素材。
- 通用倒计时片头：创建片头倒计时画面素材。
- 透明视频：新建一个透明视频素材。

- 打开项目：打开已经保存的项目文件。快捷键为【Ctrl+O】。
- 打开团队项目：用于打开团队项目。
- 打开最近使用的内容：打开其子菜单项下列出的 Premiere 最近几次保存过的工程文件。
- 转换 Premiere Clip 项目：选择该命令，可以在 Adobe Bridge 软件中浏览素材等。快捷键为【Ctrl+Alt+O】。
- 关闭：关闭当前选择的面板。快捷键为【Ctrl+W】。
- 关闭项目：关闭当前项目，而不关闭 Premiere 软件。关闭前会提示对文件进行保存。快捷键为【Shift+Ctrl+W】。
- 关闭所有项目：关闭当前项目，而不关闭 Premiere 软件。关闭前会提示对文件进行保存。
- 刷新所有项目：单击即可刷新所有项目。
- 保存：保存对当前工程文件所做的修改操作。快捷键为【Ctrl+S】。
- 另存为：将当前工程文件另行保存并重新命名。快捷键为【Shift+Ctrl+S】。
- 保存副本：将当前工程文件名称进行复制并可以重命名，保存为另一个备份文件。快捷键为【Ctrl+Alt+S】。

- 全部保存：单击将当前的项目全部保存。
- 还原：返回到文件上一次保存时的状态。
- 同步设置：用于执行当前程序设置在用户的云端服务器账户中对应的同步功能。此命令包含如图 2-11 所示的子菜单。

图 2-11

- 捕捉：执行视频捕获命令，在弹出的窗口中可以进行视频采集捕获。快捷键为【F5】。
- 批量捕捉：开始批处理捕获操作。快捷键为【F6】。
- 链接媒体：可帮助用户查找并重新链接脱机媒体。
- 设为脱机：可以编辑序列中的某个在线剪辑，将其源设为脱机，并将脱机剪辑连接到其他源文件。新源将显示在原始源所在的序列中。
- Adobe Dynamic Link（Adobe 动态链接）：可以创建或调用 Adobe Effects Composition，使其与 Adobe 产品整合。
- Adobe Story（Adobe 脚本）：在其子菜单中可以导入和清除 Adobe Story 的脚本文件。

思维点拨：什么是 Adobe Story？

Adobe Story 是一个由 Adobe 公司开发的合作脚本开发工具。它可以用来加速创造剧本和使它们转变为最终的媒体的过程。Adobe Story 来自于 Adobe 的集成工具，可以帮助减少前期制作及后期制作时间。

- 从媒体浏览器导入：从 Adobe Premiere Pro CC 2018 的媒体浏览器窗口中导入素材。快捷键为【Ctrl+Alt+I】。
- 导入：导入外部各种格式的素材文件。快捷键为【Ctrl+I】。
- 导入最近使用的文件：在其子菜单栏中选择最近编辑处理过的素材文件。
- 导出：将编辑完成的项目文件渲染输出成为某种格式的成品文件。该命令子菜单，如图 2-12 所示。
  - 媒体：音频或者是视频等根据对话框中的设置将其导到磁盘中。
  - 动态图形模板：可以导出动态图形模板。
  - 字幕：从项目面板中导出字幕。
  - 磁带（DV/HDV）：将时间轴导出到录像带中。
  - 磁带（串行设备）：连接了串行设备时，可将编辑后的序列直接从计算机导出到录像带，例如，用于创建母带。

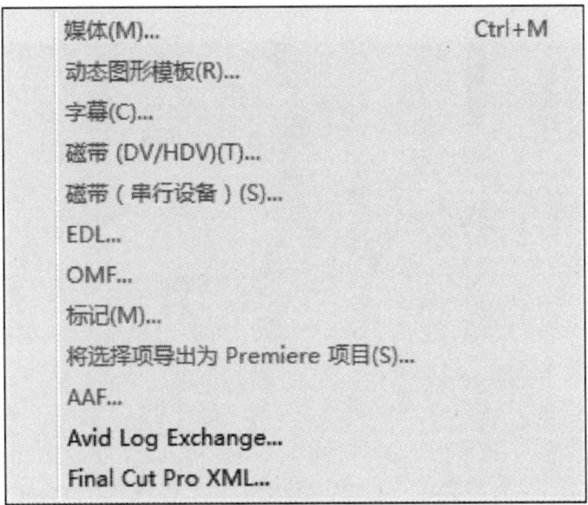

图　2-12

- EDL（EDL 格式）：导出 Edit Decision List（编辑决策表）。
- OMF（OMF 格式）：导出 Open Media Framework（公开媒体框架）。
- 标记：要编辑标记，可双击标记图标打开【标记】对话框。
- 将选择项导出为 Premiere 项目：将文件导出 Premiere 项目。
- AAF（AAF 格式）：导出 Advanced Authoring Format（高级制作格式）。
- Avid Log Exchange：导出 .ALE 格式的文件。
- Final Cut Pro XML（XML 格式）：导出 Extensible Markup Language（可扩展标记语言）。

➘ 获取属性：得到属性。在获取属性的子菜单中可以选择外部的文件也可以选择已经导入的文件，可以获取素材图片或视频的属性信息。

➘ 项目设置：一些项目的基本设置。此命令包含如图 2-13 所示子菜单。

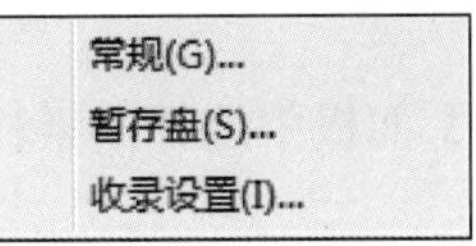

图　2-13

- 常规：项目的一些常规设置，如图 2-14 所示。
- 暂存盘：文件保存路径，如图 2-15 所示。
- 收录设置：收录的一些基本设置，如图 2-16 所示。

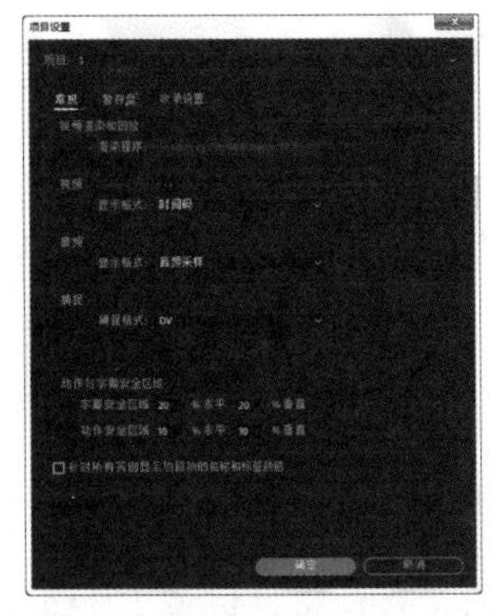

图　2-14

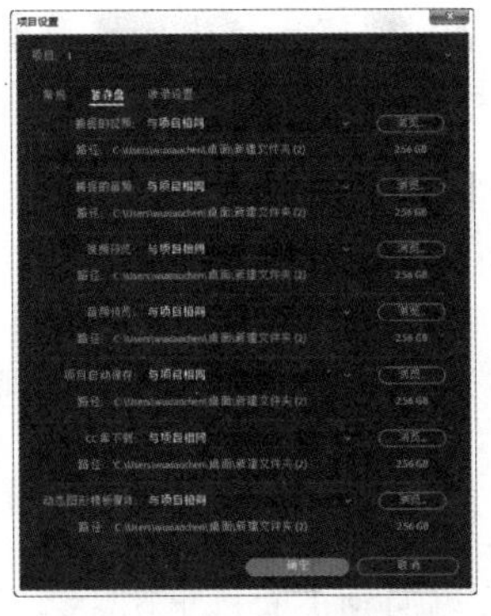

图　2-15

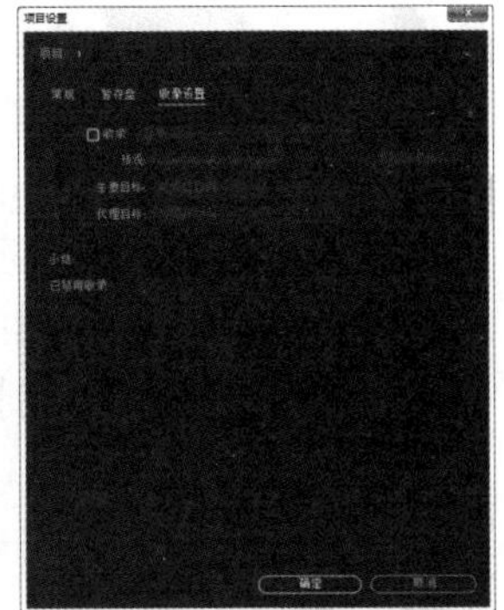

图　2-16

➘ 项目管理：【项目管理器】的设置，如图 2-17 所示。

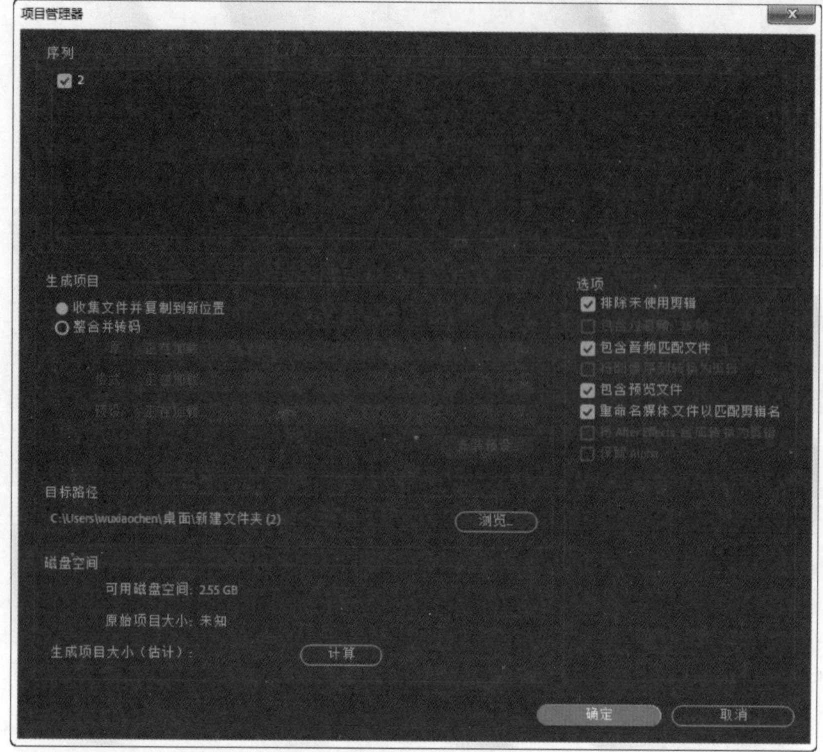

图 2-17

- 退出：退出 Adobe Premiere Pro CC 2018 程序。

2.3.2 【编辑】菜单

【编辑】菜单主要针对【项目】面板中选择的素材文件和【时间轴】面板中选择的素材执行相应操作，如图 2-18 所示。

- 撤销：取消上一步的操作。快捷键为【Ctrl+Z】。
- 重做：重复刚刚的上一步操作。快捷键为【Shift+Ctrl+Z】。
- 剪切：将选定的内容剪切到剪切板中，以供【粘贴】命令使用。但是有些对象剪切后在其他程序中无法使用，只能在 Premiere 中使用。快捷键为【Ctrl+X】。
- 复制：将选择的素材等复制到剪切板中。快捷键为【Ctrl+C】。
- 粘贴：将剪切板中的内容粘贴到【时间轴】或者【项目】面板中。快捷键为【Ctrl+V】。
- 粘贴插入：将通过【剪切】或【复制】命令保存在剪切板中的内容插入粘贴到指定区域。快捷键为【Shift+Ctrl+V】。
- 粘贴属性：将一个素材上设置的属性参数复制到另一个素材上，即对该素材进行同样的参数设置。快捷键为【Ctrl+Alt+V】。
- 删除属性：将一个素材上的属性删除。
- 清除：在【项目】或者【时间轴】面板中删除选定的素材。快捷键为【Backspace】。
- 波纹删除：在时间轴上删除素材间空白区域，未锁定的素材会自动填补这片间隙，产生连续的视频效果。快捷键为【Shift+Delete】。

- 重复：直接在【项目】面板中复制和粘贴素材，并自动重新命名。快捷键为【Shift+Ctrl+/】。
- 全选：选定激活面板中的所有素材。快捷键为【Ctrl+A】。
- 选择所有匹配项：选择所有匹配剪辑。
- 取消全选：在【项目】面板中取消选择所有已经选择的素材，快捷键为【Shift+Ctrl+A】。
- 查找：查找项目面板中的素材。快捷键为【Ctrl+F】。
- 查找下一个：按文件名或者字符进行快速查找。
- 标签：可以定义素材在【项目】面板中的标签颜色。
- 移除未使用资源：可以从【项目】面板中移除未在【时间轴】面板中使用的资源。
- 团队项目：用于设置团队项目的相关参数。
- 编辑原始：执行此命令将启动原始应用程序对【项目】面板或时间轴轨道中的素材进行打开并编辑。快捷键为【Ctrl+E】。

图　2-18

- 在 Adobe Audition 中编辑：在 Adobe Audition 音频软件中编辑【项目】面板或时间轴轨道上的音频素材文件。
- 在 Adobe Photoshop 中编辑：在 Adobe Photoshop 图像软件中编辑【项目】面板或时间轴轨道上的图片素材文件。
- 快捷键：为各个命令指定不同的快捷键，如图 2-19 所示。

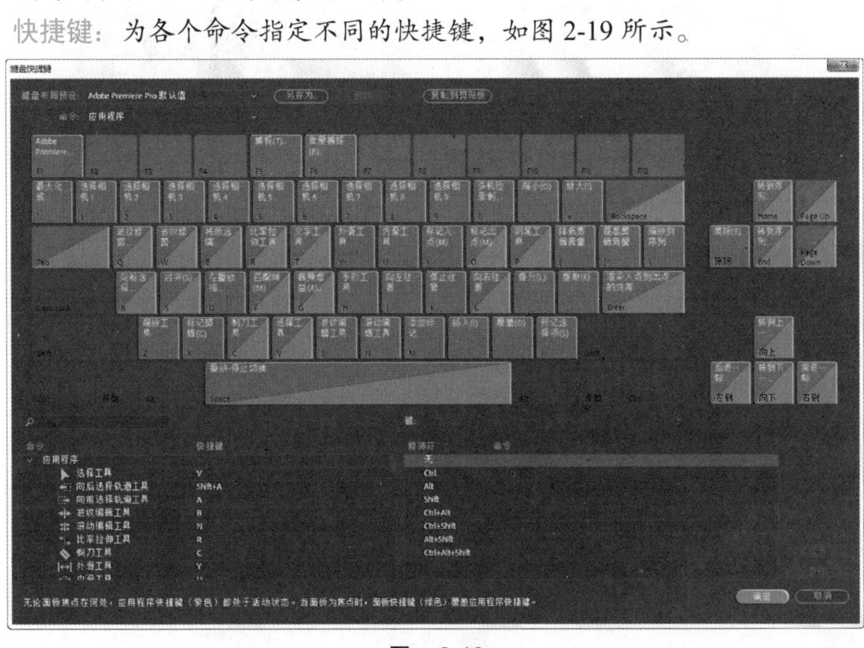
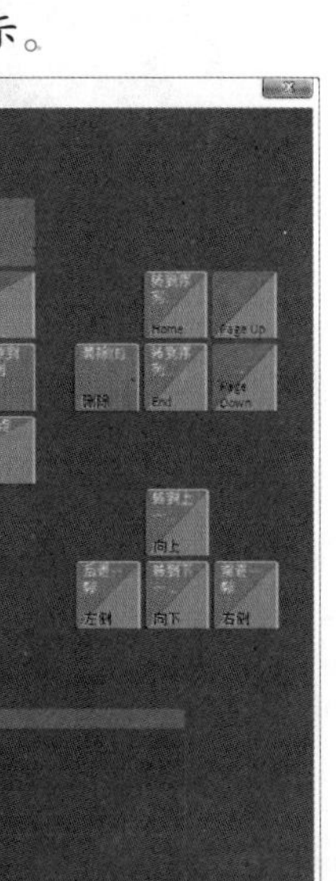

图　2-19

- 首选项：可以进行属性的偏好设置。该命令的子菜单共有 18 个选项，如图 2-20 所示。

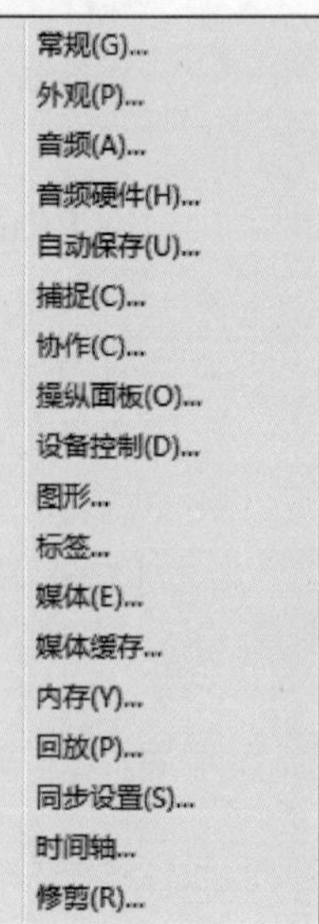

图 2-20

- 常规：在该窗格中可以设置视频转场默认长度等常规的参数，如图 2-21 所示。
- 外观：在该窗格中可以设置外观亮度的参数。
- 音频：在该窗格中可以设置关于音频自动匹配时间和声道等参数。
- 音频硬件：在该窗格中可以选择和设置音频硬件。
- 自动保存：在该窗格中可以设置关于自动保存时间等参数。
- 捕捉：在该窗格中可以设置关于捕获的参数。
- 协作：用于设置团队的相关参数。
- 操纵面板：可配置硬件控制设备。
- 设备控制：在该窗格中可以设置关于设备控制的参数。
- 图形：设置文本引擎等参数。
- 标签：在该窗格中可以自定义设置标签颜色。
- 媒体：在该窗格中可以设置关于媒体的路径和帧数等参数。
- 媒体缓存：设置媒体缓存文件、媒体缓存数据库、媒体缓存管理。
- 内存：在该窗格中可以设置关于优化渲染等参数。
- 回放：在该窗格中可以设置关于播放器设备等参数。
- 同步设置：编辑同步设置的首选参数，使用【首选参数】对话框，可选择要同步的设置、指定冲突解决设置、启用自动同步或触发按需同步。
- 时间轴：设置【时间轴】面板中的视频过渡持续时间、音频过渡持续时间等参数。
- 修剪：在该窗格中可以设置关于修剪的参数。

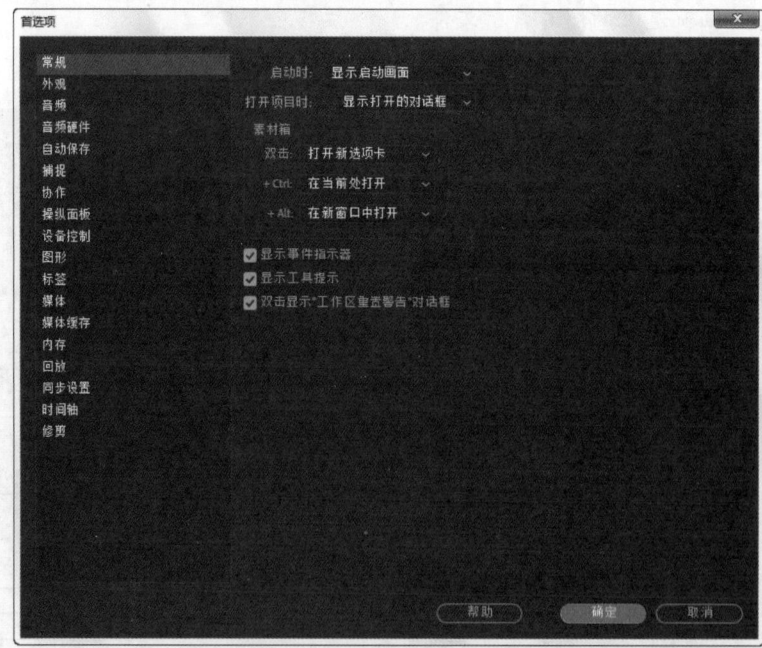

图 2-21

2.3.3　【剪辑】菜单

【剪辑】菜单主要用来改变素材的运动效果和透明度，适用于在【时间轴】面板中进行的操作，如图 2-22 所示。

- 重命名：重新设置所选择的素材的名字。
- 制作子剪辑：根据在【源】监视器中编辑的素材创建附加素材。
- 编辑子剪辑：对源素材的剪辑副本进行编辑。
- 编辑脱机：对脱机素材进行注释编辑。
- 源设置：对素材源进行设置。
- 修改：对源素材的声频声道、视频参数及时间码进行修改。此命令的子菜单如图 2-23 所示。

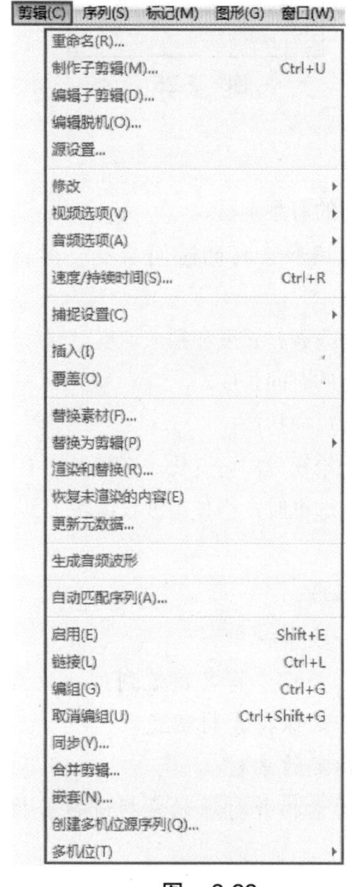

图　2-22

图　2-23

- 音频声道：可以修改音频声道。
- 解释素材：对素材进行详细解释。
- 时间码：可以设置编辑素材的时间。

- 视频选项：调整视频素材属性，此命令的子菜单如图 2-24 所示。
  - 帧定格选项：帧保持命令，它最大的优点是可以直接在【时间轴】面板中对要静止的帧进行定位。
  - 添加帧定格：将播放指示器置于要捕捉的所需帧处。

- 插入帧定格分段：插入帧定格，播放指示器位置的剪辑将被拆分，并插入一个两秒钟的冻结帧。
- 场选项：解除隔行扫描选项设置，将当前的场颠倒且设置处理方式。
- 时间插值：将选定的插值法应用于运动变化。
- 缩放为帧大小：可以提升播放性能。
- 设为帧大小：使素材的大小自动调节到项目工程的尺寸大小。

➘ 音频选项：调整音频素材属性。此命令的子菜单如图 2-25 所示。

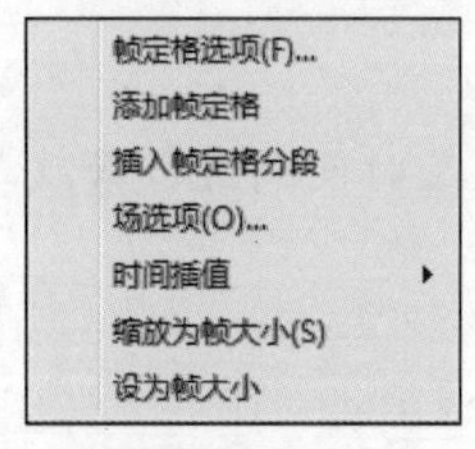

图 2-24

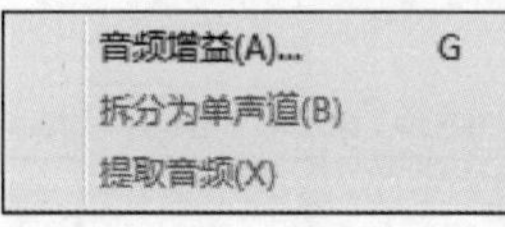

图 2-25

- 音频增益：允许改变音频级别。
- 拆分为单声道：改变音频为单声道。
- 提取音频：从选定素材中提取创建新的音频素材。

➘ 速度 / 持续时间：设置素材的播放速度和素材的时间长度。弹出的面板如图 2-26 所示。快捷键为【Ctrl+R】。

- 速度：通过调整百分比的数值可以更改素材长度和播放速度。
- 持续时间：调整该数值可以控制素材的时间长度。
- 倒放速度：选中该复选框时，素材会反向播放。
- 保持音频音调：选中该复选框时，无论视频如何变化，音频保持不变。
- 波纹编辑，移动尾部剪辑：选中该复选框时，当使用波纹编辑工具时，后边的素材也会产生相应的变化。

➘ 捕捉设置：设置采集捕获时的控制参数。

➘ 插入：将一段素材根据需要插入另一段素材中。

➘ 覆盖：在【项目】面板中选择素材，并可以将其覆盖到另一段素材上，相交部分保留后添加的覆盖素材，未覆盖部分则保持素材不变。

➘ 替换素材：用新素材替换时间轴上指定的素材。

➘ 替换为剪辑：为选定的剪辑生成新的素材并对原始素材进行替换。此命令的子菜单如图 2-27 所示。

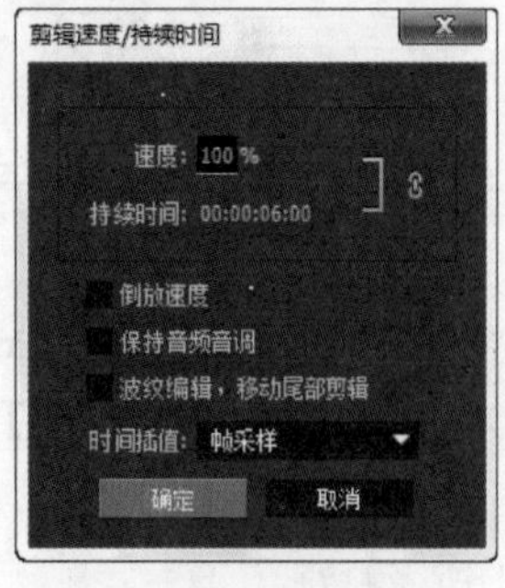

图 2-26

图 2-27

- 从源监视器：可以打开和查看最近的剪辑，也可以在【源】监视器中同时加载多个剪辑，但一次只能查看一个剪辑。
- 从源监视器，匹配帧：可将【源】监视器中的帧与序列的源文件相匹配。
- 从素材箱：从素材箱中替换文件。

- 渲染和替换：渲染和替换的源剪辑被置于一个“恢复的剪辑”容器中。
- 恢复未渲染的内容：恢复原始剪辑。
- 生成音频波形：生成音频的波形。
- 自动匹配序列：选择该命令，【时间轴】面板会进行自动匹配素材。
- 启用：被启用的素材最终被渲染。未勾选启用选项的素材没有被激活，无法在项目中查看并渲染。快捷键为【Shift+E】。
- 链接：选择视频素材和音频素材，然后选择该命令，即可将两个素材链接到一起。若是已经链接的视频和音频素材，则选择不链接命令，会使视频和音频分开。快捷键为【Ctrl+L】。
- 编组：选择时间轴中两个或两个以上数量的素材，然后应用该命令，则会将这些被选择的素材变为一组，可以进行整体移动和拖动素材长度等操作。快捷键为【Ctrl+G】。
- 取消编组：将已经变为一组的素材文件进行分离出组。快捷键为【Shift+Ctrl+G】。
- 同步：可以设置素材的起始或结束时间，使素材之间长度同步。
- 合并剪辑：该命令可以处理被单独录制（或双系统录制）的音视频同步的素材文件，可以合并最多到 16 个轨道，最终可合并为一个单独的视频文件。
- 嵌套：将时间轴上的素材进行选择，然后使用该命令，则会将这些素材打包成为一个新的序列。
- 创建多机位源序列：创建一个多摄像头的源序列。
- 多机位：多模式摄像机素材。

2.3.4 【序列】菜单

【序列】菜单主要是用于对【时间轴】面板进行相关操作，如图 2-28 所示。

- 序列设置：设置序列参数。
- 渲染入点到出点的效果：渲染或预览指定工作区域内的素材。快捷键为【Enter】。

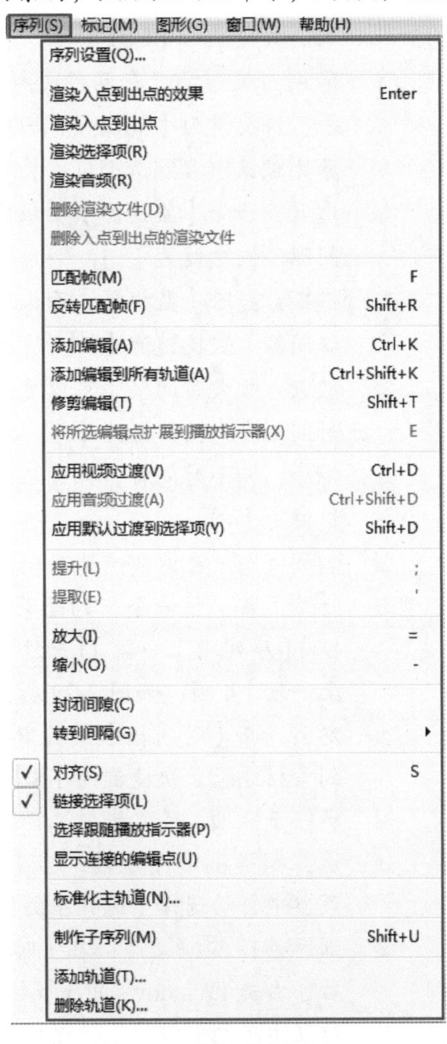

图　2-28

- 渲染入点到出点：渲染或预览整个工作区域内的素材。
- 渲染选择项：只进行渲染首选项。
- 渲染音频：对音频轨道上的声音素材进行渲染，可以直接听到经过处理后的声音。
- 删除渲染文件：删除当前工程文件的渲染文件。
- 删除入点到出点的渲染文件：删除当前面板工作区指定的渲染文件。
- 匹配帧：为素材匹配帧。快捷键为【F】。
- 反转匹配帧：可以将【源】监视器中加载的视频帧在时间轴中进行倒放或者反转关键帧顺序。
- 添加编辑：为素材添加编辑。快捷键为【Ctrl+K】。
- 添加编辑到所有轨道：为所有的序列添加编辑。快捷键为【Shift+Ctrl+K】。
- 修剪编辑：为素材进行修改编辑。快捷键为【T】。
- 将所选编辑点扩展到播放指示器：该选项用来控制所选编辑扩展到播放的开始。快捷键为【E】。
- 应用视频过渡：在两段素材之间的【当前时间指示器】处应用默认视频切换效果。快捷键为【Ctrl+D】。
- 应用音频过渡：在两段素材之间的【当前时间指示器】处应用默认音频切换效果。快捷键为【Shift+Ctrl+D】。
- 应用默认过渡到选择项：将默认的转场效果应用于所选择的素材上。
- 提升：移除【监视器】面板中设置的从入点到出点的帧，并在时间轴上保留提升间隙。快捷键为【;】。
- 提取：移除【监视器】面板中设置的从入点到出点的帧，并不在时间轴上保留提取间隙。快捷键为【'】。
- 放大：放大时间轴，可以更加精确地显示【时间轴】面板中的剪辑，本质是缩小时间刻度。快捷键为【=】。
- 缩小：缩小时间轴，方便从全局查看时间轴中的剪辑，本质是放大时间刻度。快捷键为【-】。
- 封闭间隙：可以快速地封闭素材。
- 转到间隔：该命令下的子菜单中包含【序列中下一段】【序列中上一段】【轨道中下一段】和【轨道中上一段】4 项，如图 2-29 所示。

序列中下一段(N)	Shift+;
序列中上一段(P)	Ctrl+Shift+;
轨道中下一段(T)	
轨道中上一段(R)	

图 2-29

- 对齐：在【时间轴】面板中操作对象时，自动吸附到素材边缘。快捷键为【S】。
- 链接选择项：设置链接选择项。
- 选择跟随播放指示器：当【Lumetri 颜色】面板打开时，Premiere 会从【序列】菜单中自动选择【选择跟随播放指示器】选项。
- 显示连接的编辑点：在【时间轴】面板中，在剪辑中选择要连接的编辑点。然后，右击 (Windows 中) 或按住 Ctrl 键单击（Mac OS 中），直通编辑点指示器即会显示在无关编辑上，这些编辑不会导致剪辑的原始帧序列断开。

- 标准化主轨道：统一主音轨的音量。
- 制作子序列：设置制作子序列。
- 添加轨道：在【时间轴】面板中添加视频或者音频轨道，如图 2-30 所示。
- 删除轨道：删除【时间轴】面板中的视频或者音频轨道，如图 2-31 所示。

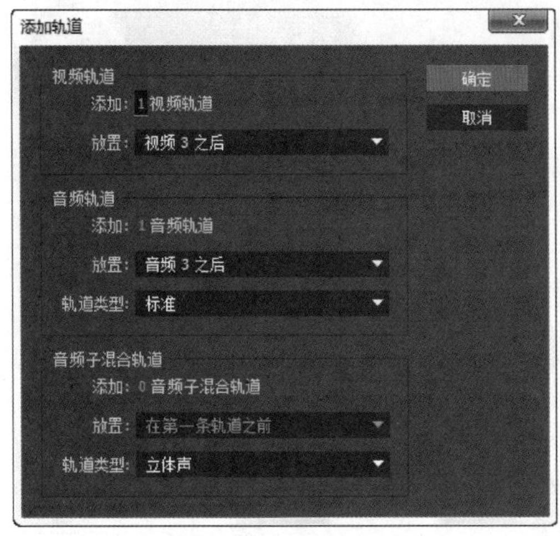

图　2-30

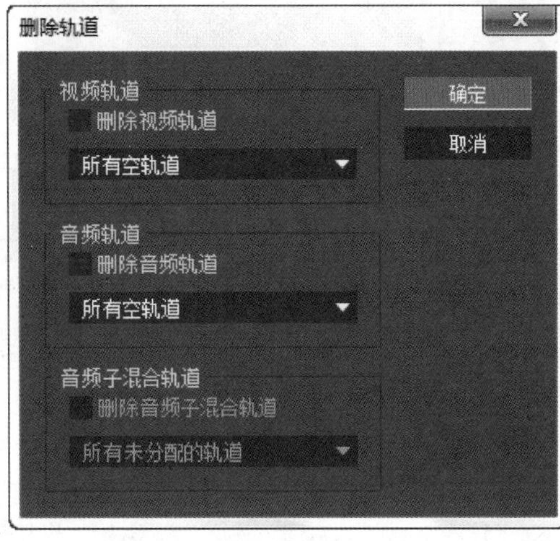

图　2-31

2.3.5　【标记】菜单

【标记】菜单主要用于对素材和【时间轴】面板进行标记。其目的是精确编辑和提高编辑效率，其子菜单如图 2-32 所示。

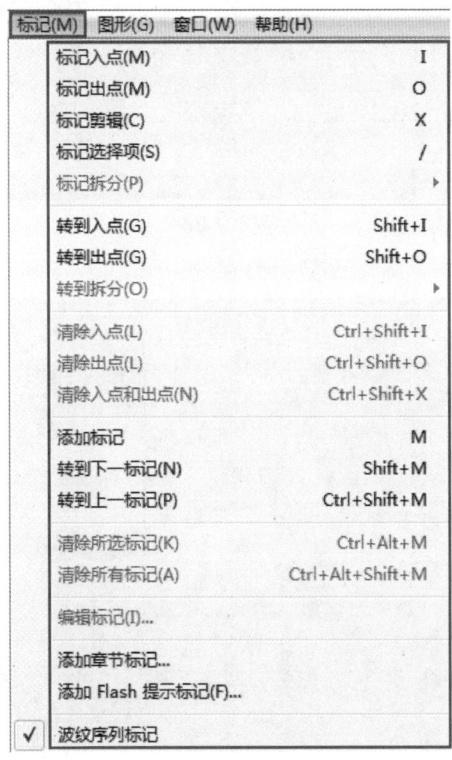

图　2-32

- 标记入点：选择该命令可以标记开始的部分，如图 2-33 所示。快捷键为【I】。

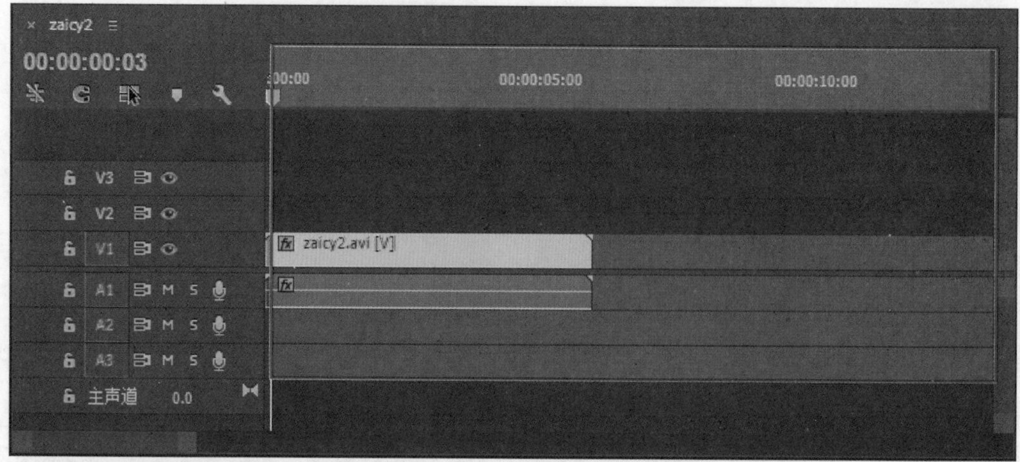

图 2-33

- 标记出点：选择该命令可以标记结束的部分，如图 2-34 所示。快捷键为【O】。

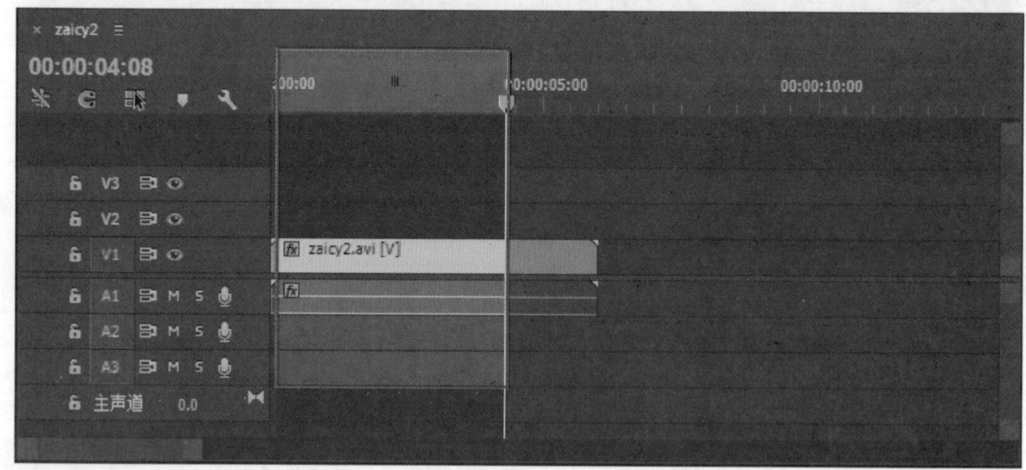

图 2-34

- 标记剪辑：该命令会标记出剪辑的部分，如图 2-35 所示。快捷键为【Shift+/】。

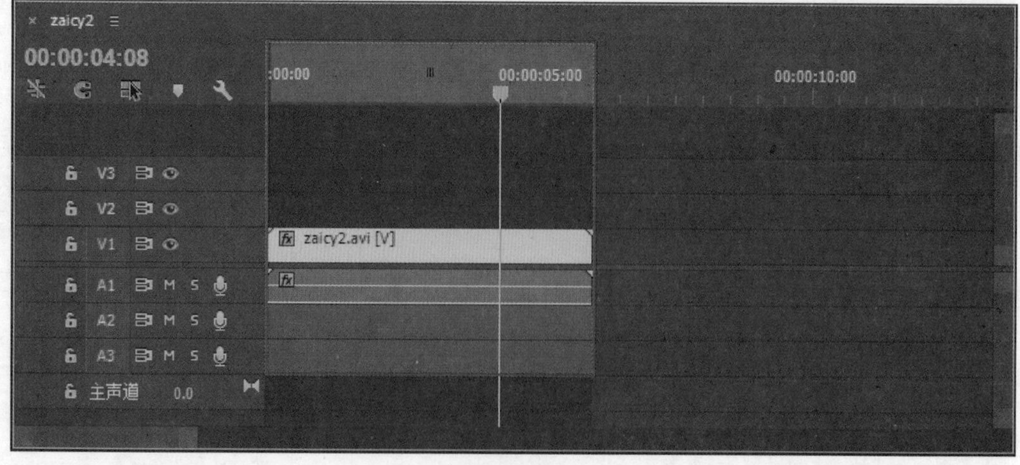

图 2-35

- 标记选择项：执行该操作，会将选择的图层进行标记。快捷键为【/】。
- 标记拆分：执行该操作，会标记分割的部分。
- 转到入点：选择该命令会自动跳转到标记开始的位置。快捷键为【Shift+I】。
- 转到出点：选择该命令会自动跳转到标记结束的位置。快捷键为【Shift+O】。
- 转到拆分：选择该命令会自动跳转到分割的位置。
- 清除入点：可以将标记的开始点清除。快捷键为【Shift+Ctrl+I】。
- 清除出点：可以将标记的结束点清除。快捷键为【Shift+Ctrl+O】。
- 清除入点和出点：可以将标记的开始点和结束点都取消。快捷键为【Shift+Ctrl+X】。
- 添加标记：该选项可以用来添加标记。快捷键为【M】。
- 转到下一标记：选择该命令可以跳转到下一个标记的位置。快捷键为【Shift+M】。
- 转到上一标记：选择该命令可以跳转到前一个标记的位置。快捷键为【Shift+Ctrl+M】。
- 清除所选标记：选择该命令可以清除当前选择位置的标记。快捷键为【Ctrl+Alt+M】。
- 清除所有标记：选择该命令可以清除在【时间轴】面板中的所有标记。快捷键为【Shift+Ctrl+Alt+M】。
- 编辑标记：该选项可以用来修改标记，并设置标记名称和位置等。
- 添加章节标记：在当前时间标记处创建一个 Eencore 章节标记。
- 添加 Flash 提示标记：添加 Flash 交互式提示标记。
- 波纹序列标记：使用【波纹序列标记】以便在时间轴中进行裁切或修剪时，让标记波纹上行或下行。

2.3.6 【图形】菜单

【图形】菜单主要是用于对素材字幕进行操作，如图 2-36 所示。

- 从 Typekit 添加字体：浏览字体并下载所需的字体。
- 安装动态图形模板：可以选择 .mogrt 格式的模板进行安装。
- 新建图层：新建图层类型包括文本、直排文本、矩形、椭圆、来自文件，如图 2-37 所示。

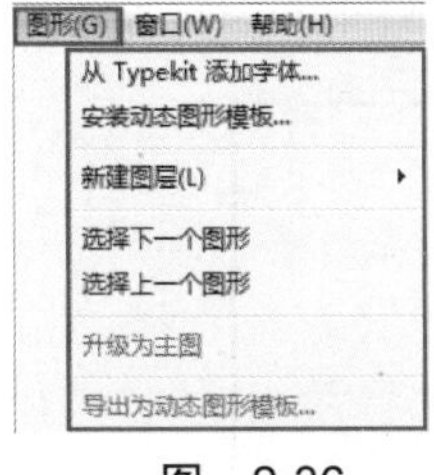

图　2-36

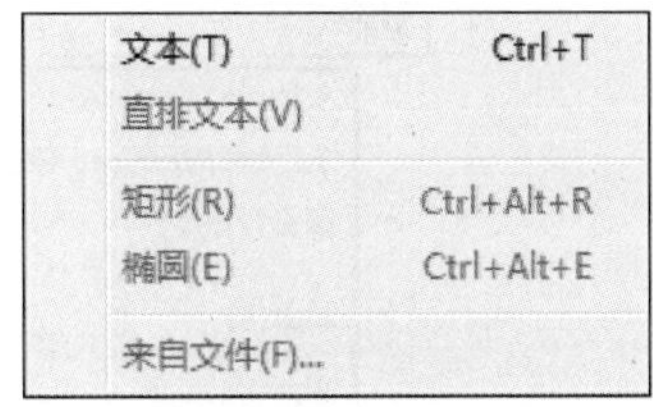

图　2-37

- 选择下一个图形：该图层下层的第一个对象。
- 选择上一个图形：该图层上层的第一个对象。
- 升级为主图：单击即可将当前文本图层升级为图形。

- 导出为动态图形模板：可将其导出为动态图形模板。

2.3.7 【窗口】菜单

【窗口】菜单主要用来切换编辑模式，打开或关闭各个面板，如图 2-38 所示。

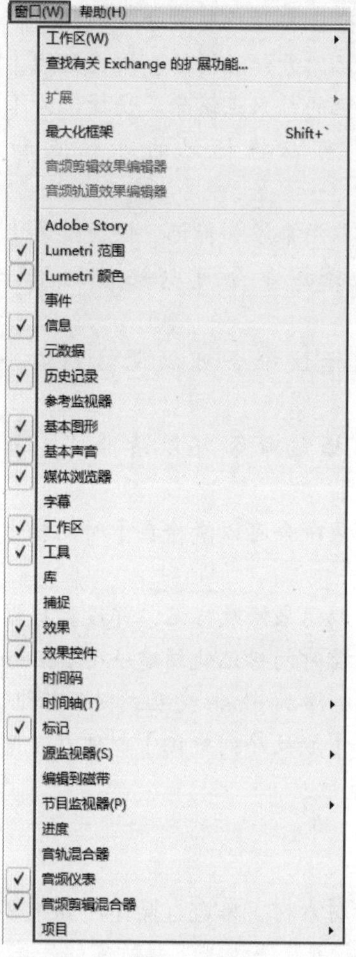

图 2-38

2.3.8 【帮助】菜单

【帮助】菜单主要用于提供联机帮助、产品支持和在线教程等信息，如图 2-39 所示。

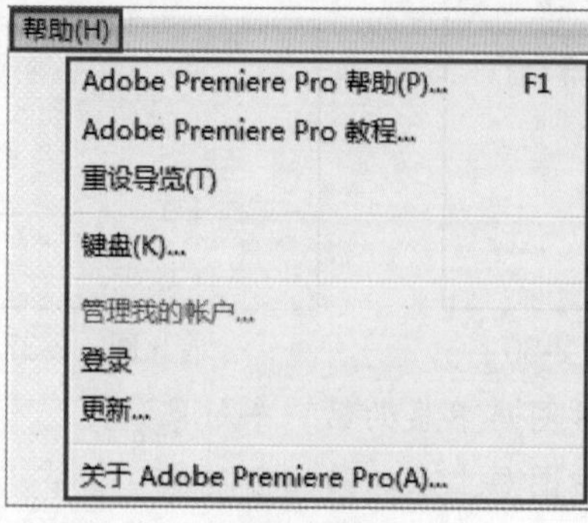

图 2-39

2.4　Adobe Premiere Pro CC 2018 的工作窗口

技术速查：要访问 Adobe Premiere Pro CC 2018 工作窗口中的各个面板，只需在面板【窗口】菜单下选择其名称即可。

Premiere 的工作窗口主要分为 6 个区域，分别为【项目】面板、【监视器】面板、【时间轴】面板、【效果】面板、【音轨混合器】面板和【字幕】面板，如图 2-40 和图 2-41 所示。

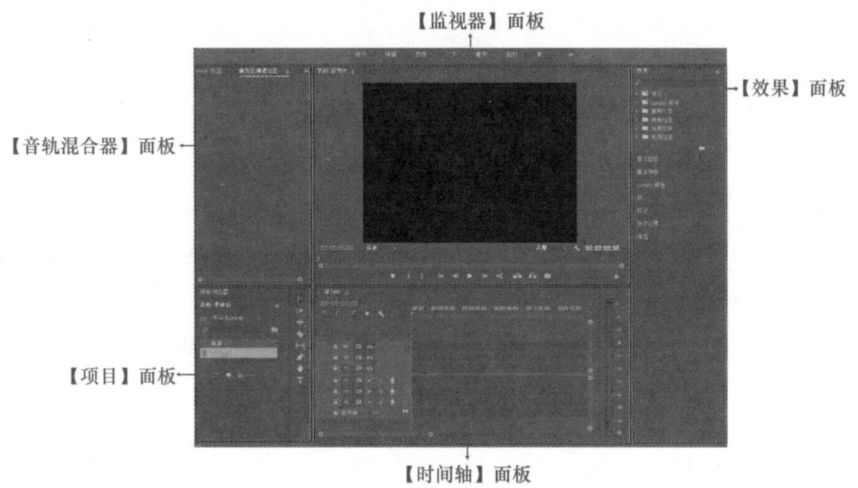

图　2-40

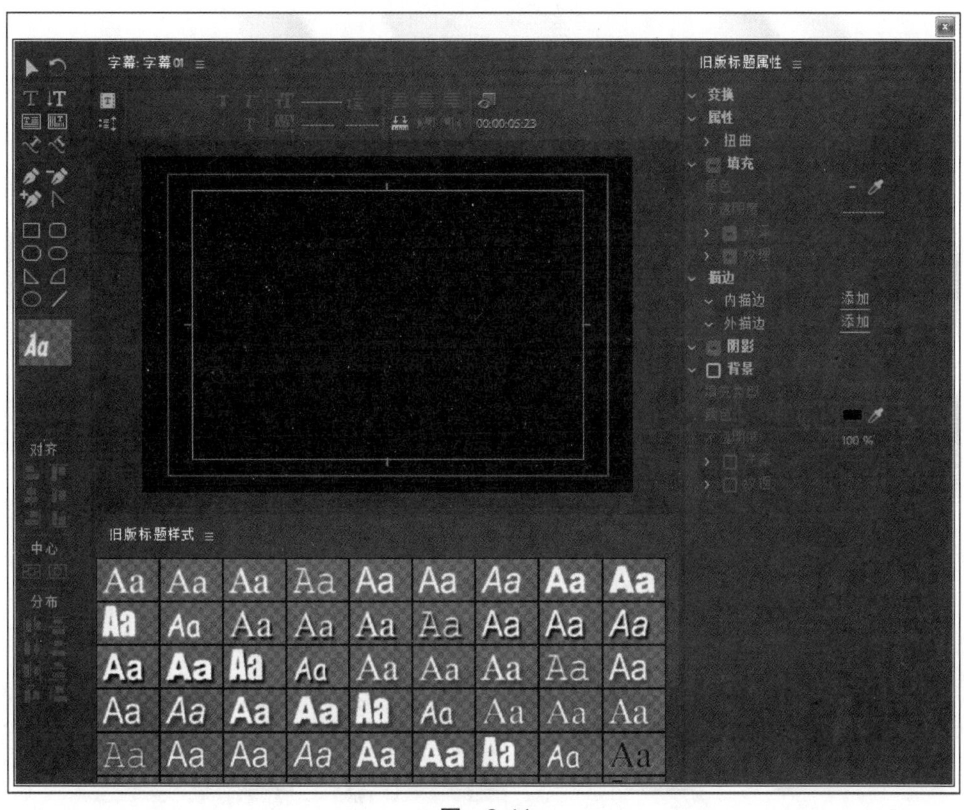

图　2-41

2.4.1 【项目】面板

技术速查：【项目】面板主要用于存放和管理导入的素材文件。

【项目】面板主要是对素材进行存放和管理。文件导入时存放在【项目】面板中，以便对素材分类和非线性编辑。【项目】面板主要包括上半部分的预览区和下部分存放素材的文件存放区两个部分，如图 2-42 所示。

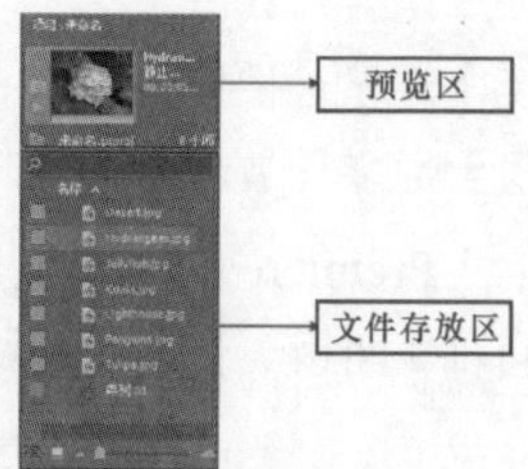

图 2-42

1．预览区

预览区显示了当前选择的视频或图片素材的预览图，如图 2-43 所示。如果选定的是声音素材，则显示相应的声音时长和频率等信息，如图 2-44 所示。

图 2-43

图 2-44

- （标识帧）：拖动下面的滑块，可以将视频素材的某一帧作为面板预览查看画面。
- （播放）：单击该按钮，即可播放预览视频和音频素材。

2．文件存放区

文件存放区主要存放导入的素材文件和序列。在最下方有一排工具栏，可以对【项目】面板中的素材进行整理，如图 2-45 所示。

- （项目可写）：在只读与读 / 写之间切换项目。
- （列表视图）：单击该按钮，文件存放区中的素材会按照列表的方式显示。快捷键为【Ctrl+Page Up】。
- （图标视图）：单击该按钮，文件存放区中的素材会以图标的方式显示。快捷键为【Ctrl+Page Down】，如图 2-46 所示。

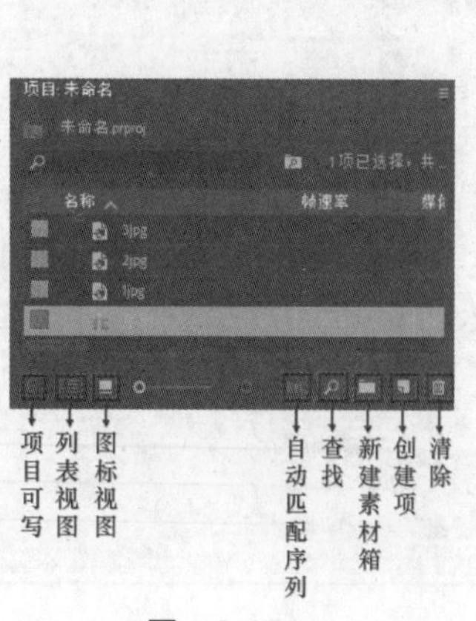

图 2-45

图 2-46

- （自动匹配序列）：单击该按钮，可以将文件存放区中选择的素材按顺序自动化到【时间轴】面板中。
- （查找）：单击该按钮，在弹出的对话框中按照条件查找所需的素材文件，快捷键为【Ctrl+F】，如图 2-47 所示。

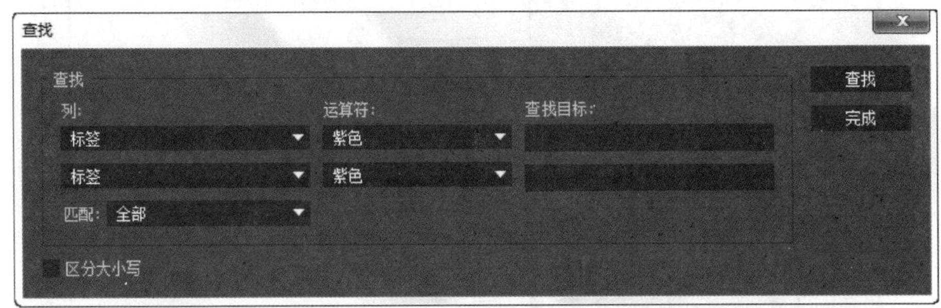

图　2-47

- （新建素材箱）：单击该按钮，可以在文件存放区中新建一个文件夹，方便对导入的素材进行归类，将相同性质的素材放在一个文件夹中。
- （新建项）：单击该按钮，可以在弹出的菜单中选择新建序列、脱机文件、调整图层和字幕等项目，如图 2-48 所示。
- （清除）：单击该按钮，可以删除在文件存放区中已经选择的素材，快捷键为【Backspace】。

3．右键快捷菜单

在【项目】面板中的空白处单击鼠标右键，会弹出如图 2-49 所示的快捷菜单。

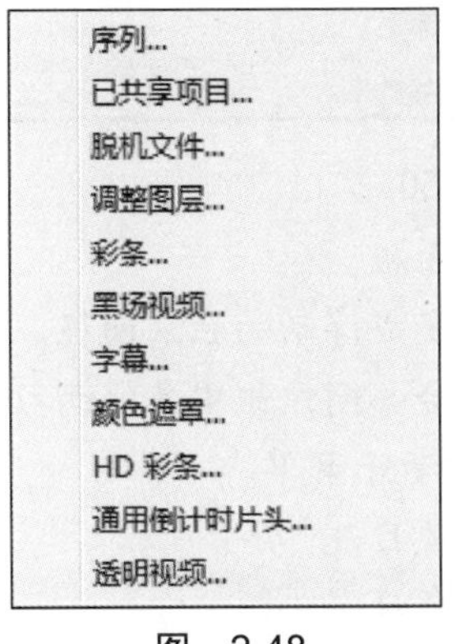

图　2-48

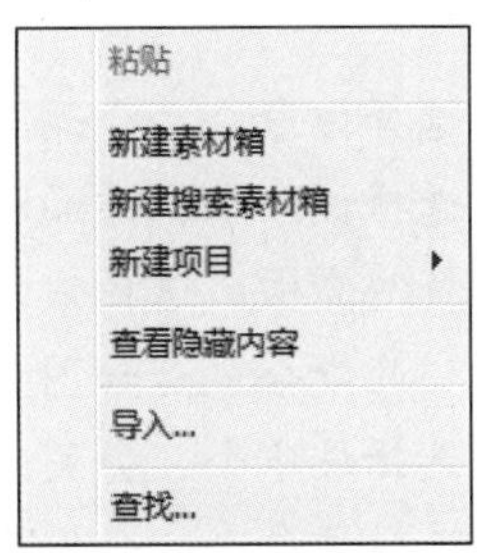

图　2-49

- 粘贴：用于将在【项目】面板中已经复制的素材进行粘贴。
- 新建素材箱：选择该命令，可以新建一个文件夹，相当于（新建素材箱）工具。
- 新建搜索素材箱：新建一个项目，相当于（新建项）工具。
- 新建项目：相当于（新建项）工具。
- 查看隐藏内容：选择该命令，可以按某种条件来搜寻所需的文件夹素材。
- 导入：可以导入所需要的素材。
- 查找：可以进行文件查找，相当于（查找）工具。

4.【项目】面板菜单

单击【项目】面板右上方的 按钮，会弹出该面板的菜单，如图 2-50 所示。

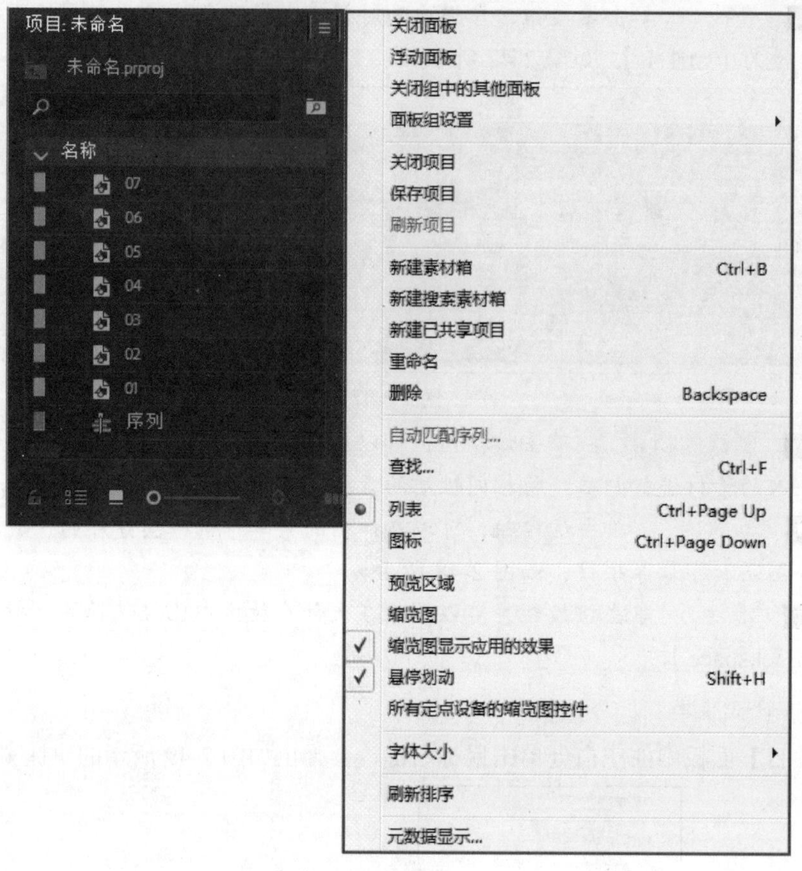

图 2-50

- 关闭面板：选择该命令，会删除当前面板。
- 浮动面板：选择该命令，该面板将会变成浮动的独立面板。
- 关闭组中的其他面板：选择该命令，会关闭该组中其他面板。
- 面板组设置：此命令包含如图 2-51 所示子菜单。
- 关闭项目：选择该命令，会关闭当前项目。
- 保存项目：选择该命令，会保存当前项目。
- 刷新项目：选择该命令，会刷新当前项目。
- 新建素材箱：功能与（新建素材箱）工具相同。快捷键为【Ctrl+B】。
- 新建搜索素材箱：功能与（新建项）工具相同。
- 重命名：可以重新命名项目素材文件的名字。
- 删除：功能与（清除）工具相同。
- 自动匹配序列：功能与（自动匹配序列）工具相同。
- 查找：功能与（查找）工具相同。
- 列表：功能与（列表视图）工具相同。
- 图标：功能与（图标视图）工具相同。

- 预览区域：选择该命令，可以在【项目】面板上方显示素材的预览画面效果。
- 缩览图：将文件存放区中的素材文件以缩览图的方式呈现，如图 2-52 所示。

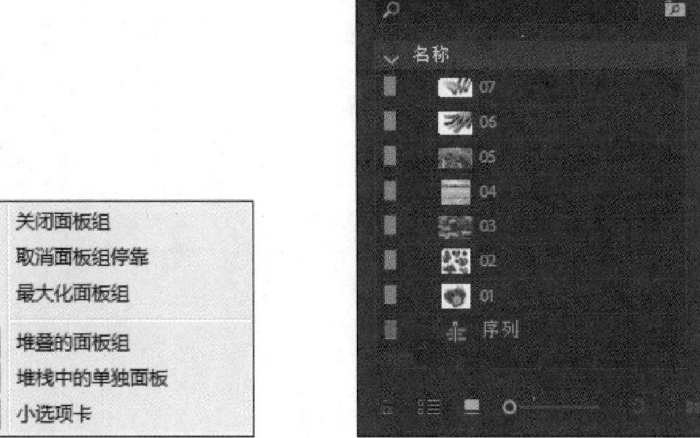

图　2-51　　　　图　2-52

- 缩览图显示应用的效果：此设置适用于【图标】和【列表】视图中的缩览图。
- 悬停划动：控制是否处于悬停的状态。快捷键为【Shift+H】。
- 所有定点设备的缩览图控件：可通过在【项目】面板右上角的设置菜单中启用【所有定点设备的缩览图控件】，从而可以使用定点设备中的功能。
- 字体大小：设置面板字体大小。
- 刷新排序：对素材文件进行刷新，重新按顺序排列。
- 元数据显示：在弹出的面板中对素材进行查看和修改素材属性，如图 2-53 所示。

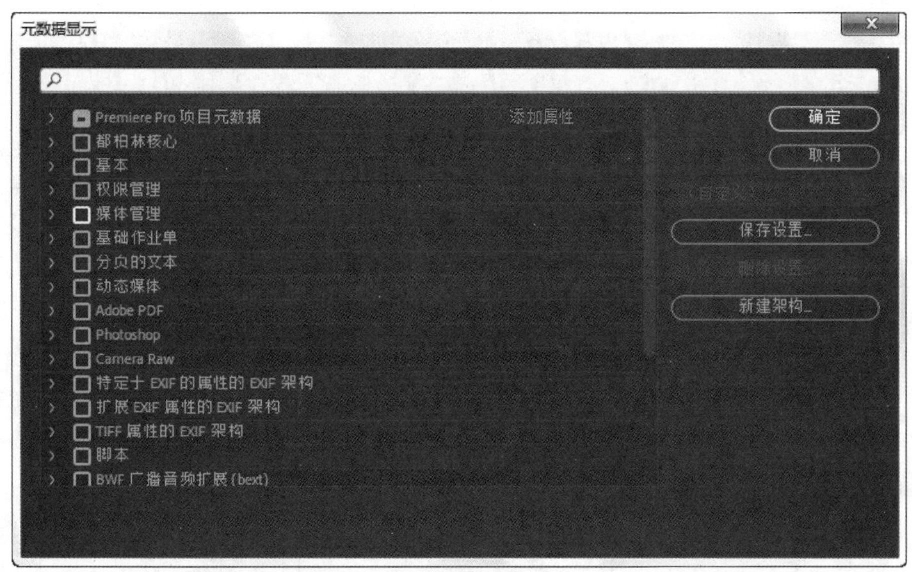

图　2-53

2.4.2　【监视器】面板

【监视器】面板是在进行非线性编辑作品时对它进行预览和编辑的重要窗口，如图 2-54 所示。

图 2-54

Adobe Premiere Pro CC 2018 提供了 4 种不同模式的监视器，分别是双显示模式、修剪监视器模式、Lumetri 范围模式和多机位监视器模式，可以根据实际情况来切换所需使用的监视器模式。

1．双显示模式

双显示模式是【源】监视器和【节目】监视器组成的非线性的编辑工作环境。【源】监视器负责存放和显示待编辑的素材，【节目】监视器则可以快速地预览编辑的效果，如图 2-55 所示。

图 2-55

文件列表是【监视器】面板中所管理的文件。对于【源】监视器来说，它管理的是单个的待编辑的源素材，如图 2-56 所示。对于【节目】监视器来说它是完成的序列，如图 2-57 所示。

图　2-56

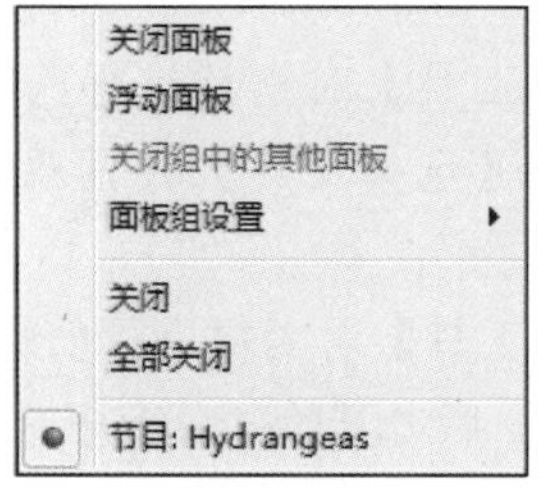

图　2-57

监视器工具栏提供了基本的剪辑工具和播放控制按钮，单击工具栏右侧的按钮，然后在弹出的面板中选择相应的按钮拖动到工具栏中即可，如图 2-58 所示。

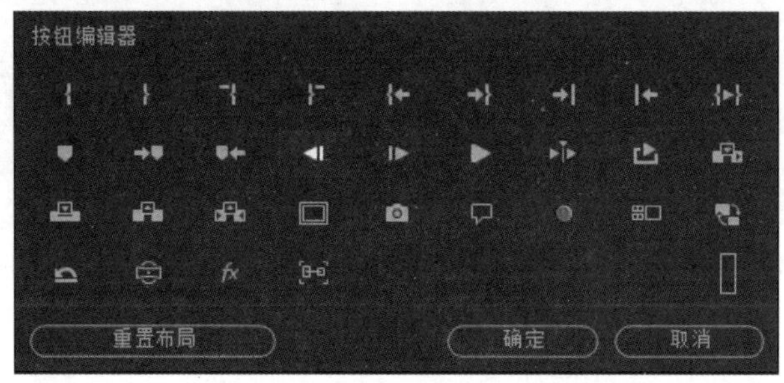

图　2-58

- （标记入点）：单击该按钮后，当前时间轴滑块所在的位置将被设置为入点。
- （标记出点）：单击该按钮后，当前时间轴滑块所在的位置将被设置为出点。
- （添加标记）：单击该按钮，在当前时间轴滑块处设定一个没有编号的标记。
- （转到入点）：单击该按钮，时间轴滑块快速跳转到入点。
- （转到出点）：单击该按钮，时间轴滑块快速跳转到出点。
- （从入点到出点播放视频）：单击该按钮，可以播放入点到出点之间的素材内容。
- （转到上一标记）：单击该按钮，时间轴滑块快速跳转到上一个标记点处。
- （转到下一标记）：单击该按钮，时间轴滑块快速跳转到下一个标记点处。
- （后退一帧）：单击该按钮，时间轴滑块跳转到上一帧的位置。
- （前进一帧）：单击该按钮，时间轴滑块跳转到下一帧的位置
- （播放 / 停止切换）：单击该按钮，可以播放当前的素材文件。
- （循环）：单击该按钮，可以将当前的素材文件循环播放。
- （安全边框）：单击该按钮，可以在画面中显示安全框，如图 2-59 所示。
- （插入）：单击该按钮，正在编辑的素材插入当前的时间轴滑块处。
- （覆盖）：单击该按钮，正在编辑的素材覆盖到当前的时间轴滑块处。
- （导出帧）：单击该按钮，输出当前编辑帧的画面效果。

图　2-59

2. 修剪监视器模式

在使用【剃刀工具】对素材进行剪辑时，可以使用更加精确的方式更改编辑线上的剪辑点，然后使用【选择工具】并且双击切点即可在【节目】显示器中展现出双画面，如图 2-60 所示。

在使用【剃刀工具】对素材进行剪辑时，当编辑线上的两段视频前后交接后，在前者的结束部分有多余，后者开始部分有多余的前提下，可以通过修剪视图改变二者的交接点，如图 2-61 所示。

图 2-60

图 2-61

在使用【剃刀工具】对素材进行剪辑时，通过修剪视图改变二者的交接点，【时间轴】面板也出现相应的变化，如图 2-62 所示。

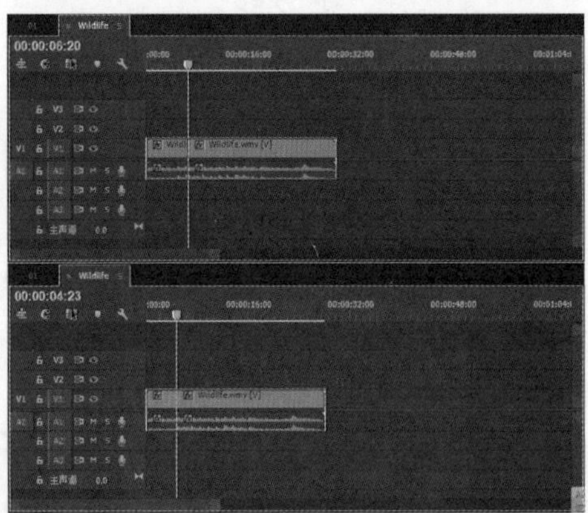

图 2-62

3. Lumetri 范围

在 Lumetri 范围模式下，它可以显示素材的波形并与【节目】监视器统调，所以还多用于对素材进行颜色和音频的调整，还可以同时在【节目】监视器中查看实时素材，如图 2-63 所示。

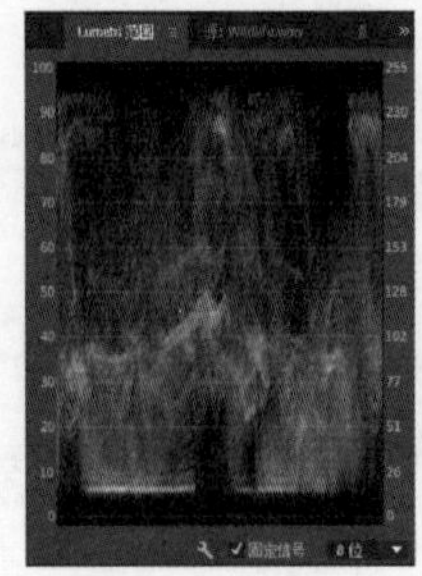

图 2-63

另外，【源】监视器可以设置与【节目】监视器同步播放或统调，也可以设置为不统调。很多情况下，【源】监视器可以当作是另一个【节目】监视器。默认情况下是与【节目】监视器统调的，如图 2-64 所示。

图　2-64

4．多机位监视器模式

在多机位监视器模式下，可以编辑从不同的机位同步拍摄的视频素材，如图 2-65 所示。

图　2-65

在多机位监视器模式下，播放视频素材时，可以选定一个场景，将它插入节目序列中。在编辑从不同机位拍摄的事件影片时，最适合使用多机位监视器模式，因为该模式下可以同时查看 4 个视频素材，如图 2-66 所示。

图　2-66

2.4.3　【时间轴】面板

技术速查：【时间轴】面板是主要的编辑工作窗口，显示组成项目的素材、字幕和转场的临时图形。

【时间轴】面板是视频编辑最为重要的一个窗口。大部分编辑工作都在这里进行，它提供组成项目的视频序列、特效、字幕和转场切换效果的临时图形。Adobe Premiere Pro CC 2018 默认有 3 条视频轨道和 3 条音频轨道。轨道的编辑操作区可以排列和放置剪辑素材，如图 2-67 所示。

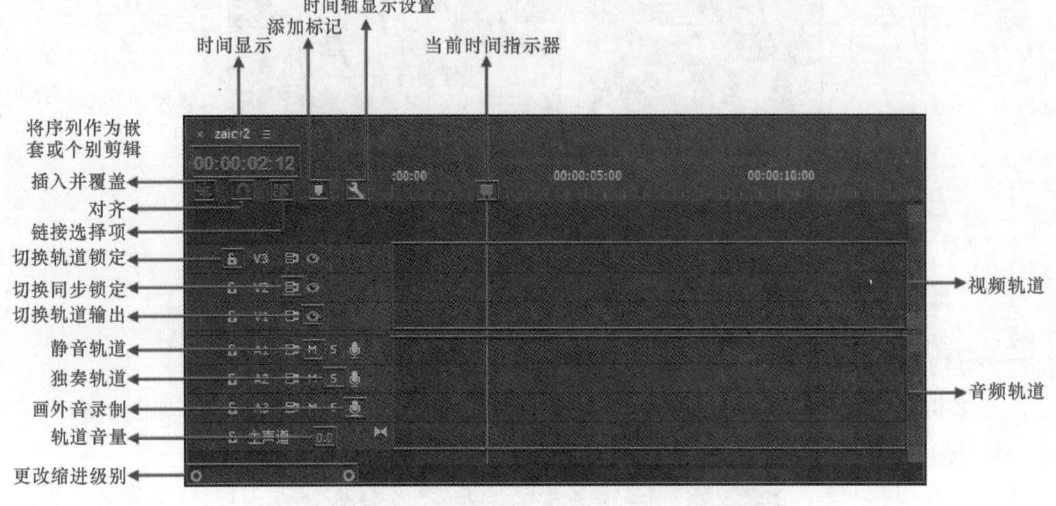

图 2-67

- 00:00:02:11（时间显示）：显示当前时间指示所在位置。
- （当前时间指示器）：单击并拖动【当前时间指示器】滑块可以移动到项目的任何部分。与此同时，时间轴左上角的时间显示为当前帧的所在位置。
- （切换轨道锁定）：单击此按钮，该轨道将无法使用。
- （切换同步锁定）：可限制波纹修剪期间转移的轨道。
- （切换轨道输出）：单击此按钮，【节目】监视器和输出文件会显示为黑场视频。
- M（静音轨道）：单击此按钮，音频轨道将会消音。
- S（独奏轨道）：设置独奏的轨道。
- （画外音录制）：单击此按钮，可以进行录音。
- 0.0（轨道音量）：滑动此处，可以调节音轨音量大小。
- （更改缩进级别）：更改时间轴的时间间隔，越向左缩进级别越大，就会占用较小的时间轴区域。越向右缩进级别越小，就会占用较大的时间轴区域。
- V1（视频轨道）：可以将视频、图片、序列、PSD 等素材放置到视频轨道上进行编辑。
- A1（音频轨道）：可以将音频素材放置到音频轨道上进行编辑。

2.4.4 【字幕】面板

技术速查：在【字幕】面板中可以为项目添加各种样式的文字效果。

选择【文件】/【新建】/【旧版标题】命令（见图 2-68）。在弹出的【新建字幕】对话框中，设置字幕名称及长宽比例，单击【确定】按钮即可创建新字幕，如图 2-69 所示。

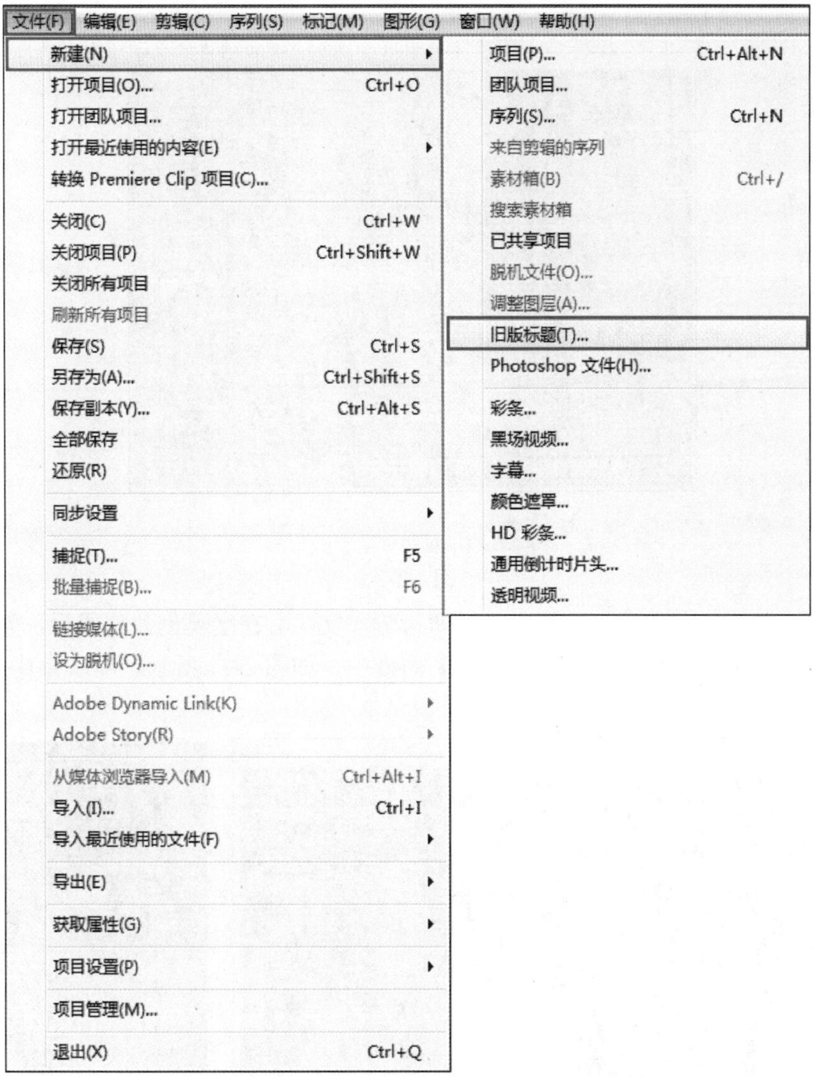

图　2-68

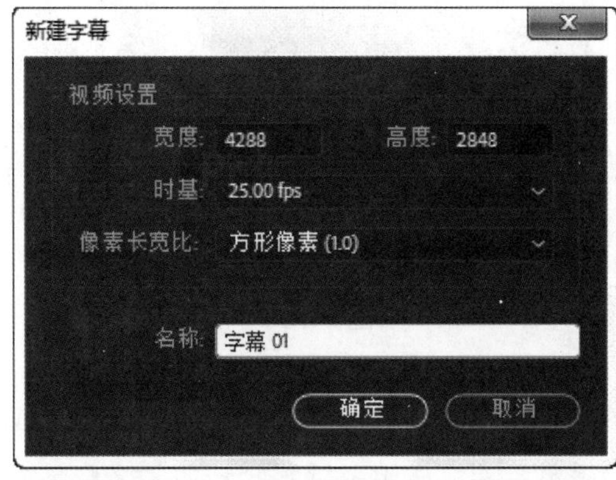

图　2-69

在弹出的【字幕】面板中，其主要组成部分为【字幕】面板、【字幕工具】栏、【字幕动作】栏、【字幕样式】面板和【字幕属性】面板，如图 2-70 所示。

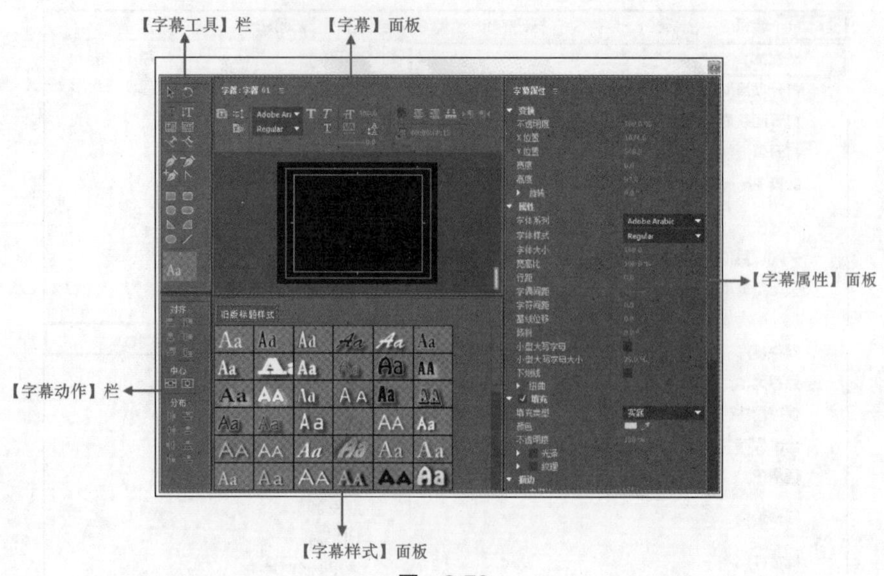

图 2-70

在字幕工作区中单击鼠标左键，然后即可输入文字。在字幕创建完成后，关闭【字幕】面板。所创建的字幕会自动出现在【项目】面板中，如图 2-71 所示。可以将其拖曳到【时间轴】面板中的轨道上进行应用。

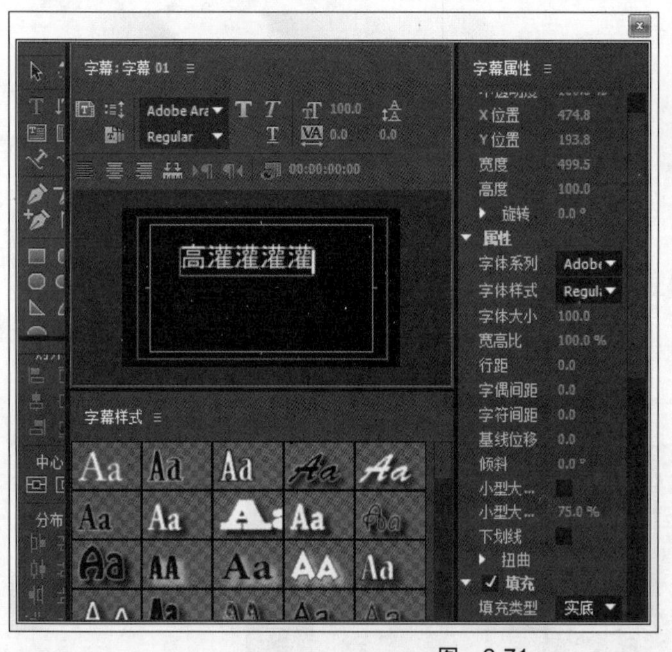

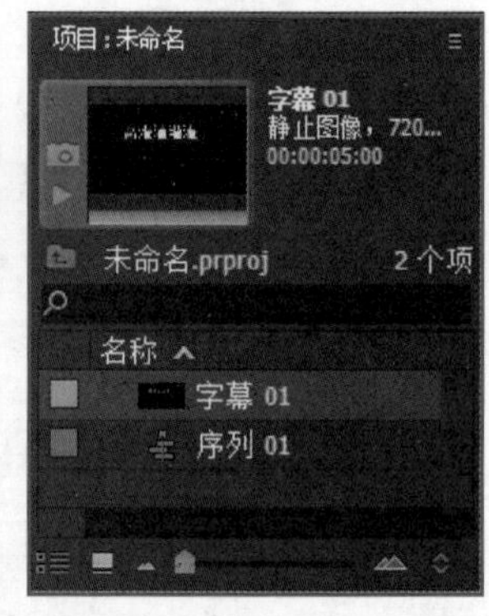

图 2-71

2.4.5 【效果】面板

技术速查：【效果】面板里可以直接应用多种视频特效、音频特效和转场效果，是最为常用的面板。

【效果】面板提供的主要效果分别为【预设】【Lumetri 预设】【音频效果】【音频过渡】【视频效果】和【视频过渡】六大类，如图 2-72 所示。

图　2-72

2.4.6　【音轨混合器】面板

技术速查：【音轨混合器】面板中可以混合不同的音频轨道和创建音频特效以及录制音频素材。

在【音轨混合器】面板中可以在伴随视频的同时混合音频轨道以及进行音频特效的制作，如图 2-73 所示。

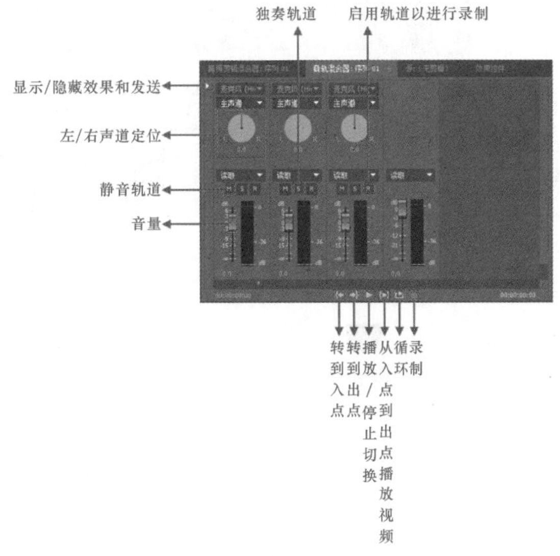

图　2-73

- （转到入点）：时间轴滑块跳转到音频的入点。
- （转到出点）：时间轴滑块跳转到音频的出点。
- （播放 / 停止切换）：控制播放音频和停止播放音频。
- （从入点到出点播放视频）：播放音频的入点到出点的部分。
- （循环）：循环播放音频。
- （录制）：录制音频素材文件。

2.5　Adobe Premiere Pro CC 2018 的面板

Adobe Premiere Pro CC 2018 的各个面板就是为了更好地应用其功能而分类及组织起来的，包括【工具】面板、【效果控件】面板、【历史记录】面板、【信息】面板和【媒体浏览器】面板。

技巧提示：

要打开和隐藏各个 Adobe Premiere Pro CC 2018 中的面板，选择【窗口】下的各个面板名称即可，已经打开的面板前面会出现已勾选的对号。

2.5.1 【工具】面板

技术速查：在 Adobe Premiere Pro CC 2018 的【工具】面板中的工具主要应用于编辑时间轴中的素材文件。

在【工具】面板中所要应用的工具上单击鼠标左键或者按键盘上相应的快捷键即可应用，如图 2-74 所示。

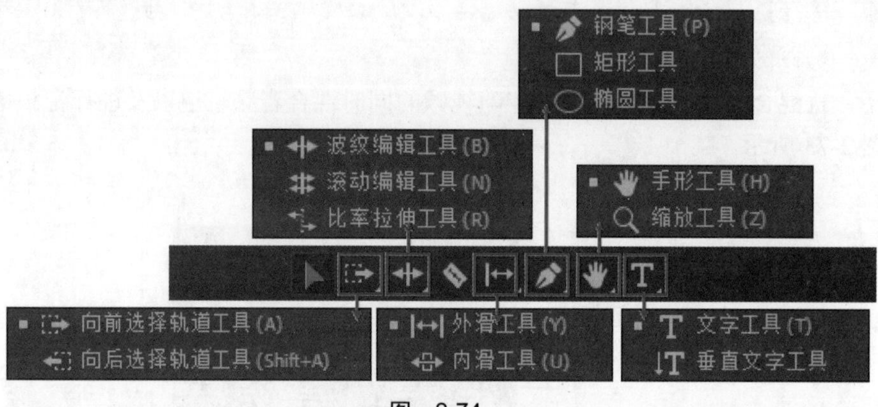

图 2-74

- （选择工具）：用于选择时间轴轨道上的素材文件。
- （向前选择轨道工具）/（向后选择轨道工具）：【向前选择轨道工具】和【向后选择轨道工具】可以选择箭头方向的所有素材，可以更加方便地移动或删除。
- （波纹编辑工具）：可以编辑一个素材文件而不影响相邻的素材文件，而且后面的素材文件会自动移动填补空缺。
- （滚动编辑工具）：选择一个素材文件并拖动更改入点或出点时，也会同时改变相邻的素材的入点或出点。
- （比率拉伸工具）：选择素材文件并拖动边缘可以改变素材文件的长度和速率。
- （剃刀工具）：用于剪辑时间轴轨道中的素材文件，按住【Shift】键可以同时剪辑多条轨道中的素材。
- （错落编辑工具）：可以改变在两个素材文件之间的素材文件的入点和出点并保持原有持续时间不变。
- （滑动编辑）：用于两个素材之间的素材，在拖动时只改变相邻素材文件的持续时间。
- （钢笔工具）：可以在时间轴轨道中的素材文件上创建关键帧。
- （矩形工具）：可以在时间轴轨道中的素材文件上绘制矩形形状。
- （椭圆工具）：可以在时间轴轨道中的素材文件上绘制椭圆形形状。

- （手形工具）：用于左右平移时间轴轨道。
- （缩放工具）：可以放大和缩小【时间轴】面板中的素材。
- （文字工具）：可以在时间轴轨道中的素材文件上输入横排文字。
- （垂直文字工具）：可以在时间轴轨道中的素材文件上输入直排文字。

2.5.2 【效果控件】面板

技术速查：在【效果控件】面板中可以调整素材文件上所添加的各种效果的参数和各个效果的显示与隐藏，同时可以创建动画关键帧。

在没有选择任何素材文件时，【效果控件】面板显示为空，如图 2-75 所示。

选择素材文件后，在【效果控件】面板中会显示出默认的【运动】【不透明度】和【时间重映射】3 个子菜单栏。【效果控件】面板中右侧有其独立的时间轴和缩放时间轴的滑块，如图 2-76 所示。

图　2-75

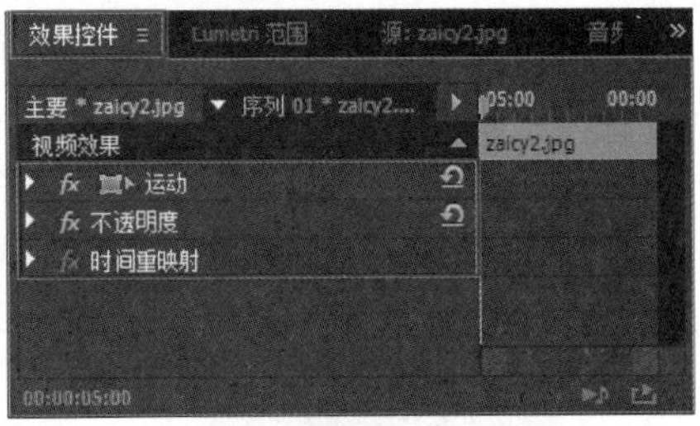

图　2-76

2.5.3 【历史记录】面板

技术速查：在【历史记录】面板中记录了操作的历史步骤，可以单击历史状态返回之前的操作。

在 Adobe Premiere Pro CC 2018 的【历史记录】面板中可以无限制地进行撤销操作。在制作中想返回之前的操作，直接在【历史记录】面板中单击要返回的历史状态即可，如图 2-77 所示。

若想删除全部历史记录，在【历史记录】面板中单击鼠标右键，在弹出的快捷菜单中选择【清除历史记录】命令。而想要删除某个历史状态时，在【历史记录】面板中选中它，单击按钮删除，或者按键盘上的【Delete】键，如图 2-78 所示。

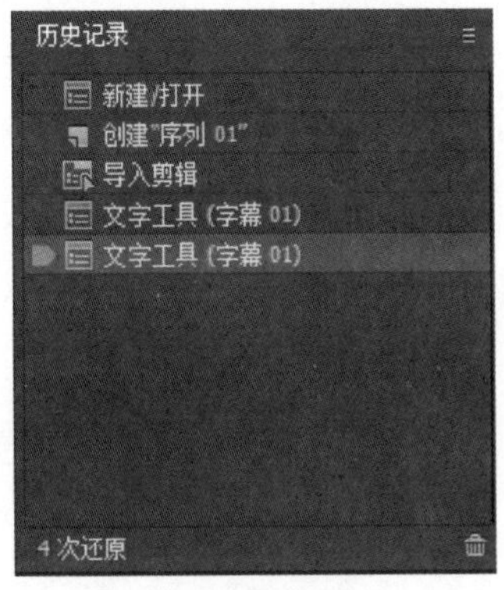

图　2-77

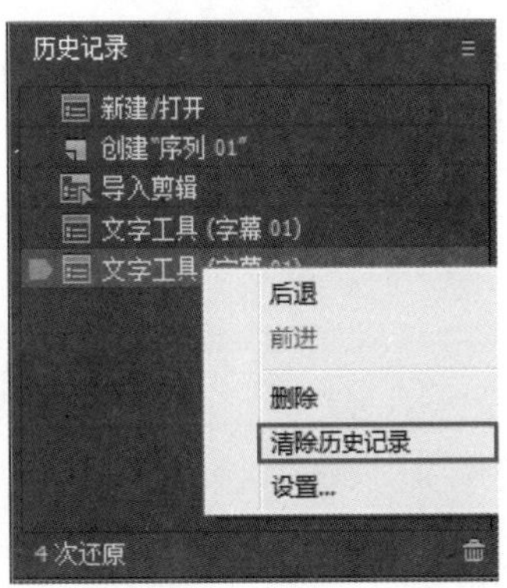

图　2-78

2.5.4 【信息】面板

技术速查：在 Adobe Premiere Pro CC 2018 的【信息】面板中显示了当前选择的素材和序列的各项信息。

在【信息】面板中显示了当前选择的素材和序列的信息。例如，选择了素材文件，【信息】面板中即显示出素材的名称、类型、大小、入点、出点和持续时间等，如图 2-79 所示。

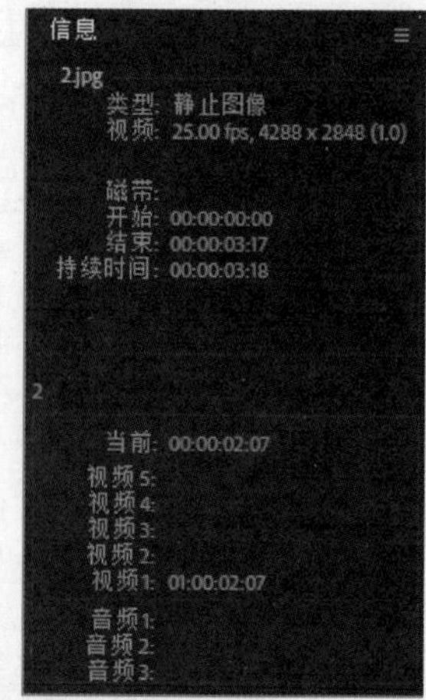

图 2-79

2.5.5 【媒体浏览器】面板

技术速查：在【媒体浏览器】面板中可以查看计算机中内容并通过监视器预览。

在 Adobe Premiere Pro CC 2018 的【媒体浏览器】面板中，选择计算机路径即可查看其内容，如图 2-80 所示。同时可以在【源监视器】中预览计算机中的素材文件，如图 2-81 所示。

图 2-80

图 2-81

本章小结

通过 Adobe Premiere Pro CC 2018 中各个面板中的命令，可以导入素材并进行相应的编辑等。通过本章学习，可以了解菜单栏和面板的各项命令功能和应用领域。灵活掌握各项命令，能够更快捷合理地对素材进行编辑。

素材的导入与采集

在 Adobe Premiere Pro CC 2018 中制作项目，很多时候需要导入各类素材文件进行编辑。本章介绍了新建项目、序列和文件夹的基础操作，以及采集视频和导入各类素材文件的方法。

本章重点：

- 了解新建项目、序列和文件夹的方法
- 掌握修改文件夹和素材名称的方法
- 掌握视频采集的方法
- 掌握导入各类素材的方法

3.1 大胆尝试——我的第一幅作品！

通过 Adobe Premiere Pro CC 2018 软件，可以制作出各种精美的画面效果。下面就介绍制作一个案例的完整流程。

案例实战——制作锈迹文字效果

案例文件	案例文件 \ 第 3 章 \ 锈迹文字效果 .prproj
视频教学	视频文件 \ 第 3 章 \ 锈迹文字效果 .flv
难易指数	★★★★★
技术要点	导入素材、字幕、边缘粗糙、斜角 Alpha 和阴影效果的应用

扫码看视频

案例效果

很多读者在学习 Adobe Premiere Pro CC 2018 时，由于知识点比较多，容易思维混乱，因此在学各个技术模块之前，可以通过对本案例的学习，了解完整的作品制作流程。

通过 Adobe Premiere Pro CC 2018 可以添加图像素材和制作文字，并为素材或文字添加多种特效，制作出丰富的画面效果。本例主要是针对“制作锈迹文字效果”的方法进行练习，如图 3-1 所示。

图 3-1

操作步骤

（1）打开 Adobe Premiere Pro CC 2018 软件，在出现的欢迎对话框中单击【新建项目】按钮，在弹出的【新建项目】对话框的【名称】后设置文件名称，单击【浏览】按钮设置保存路径，接着设置【捕捉格式】，设置完成后单击【确定】按钮，如图 3-2 所示。选择【文件】/【新建】/【序列】命令，弹出【新建序列】对话框，在【DV-PAL】文件夹下选择【标准 48kHz】，再单击【确定】按钮，如图 3-3 所示。

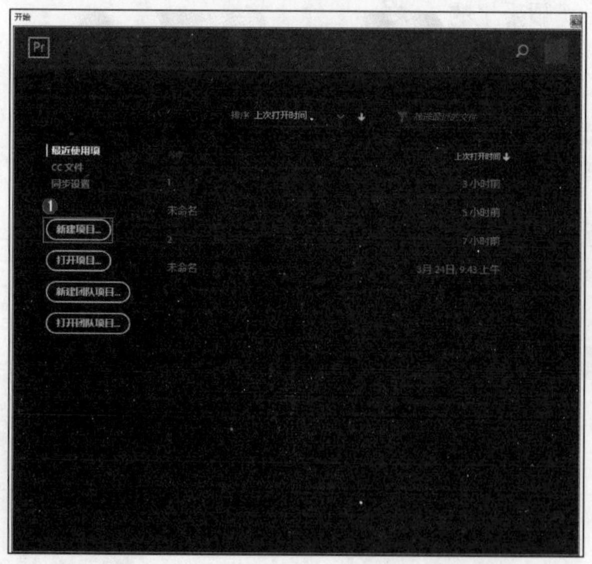

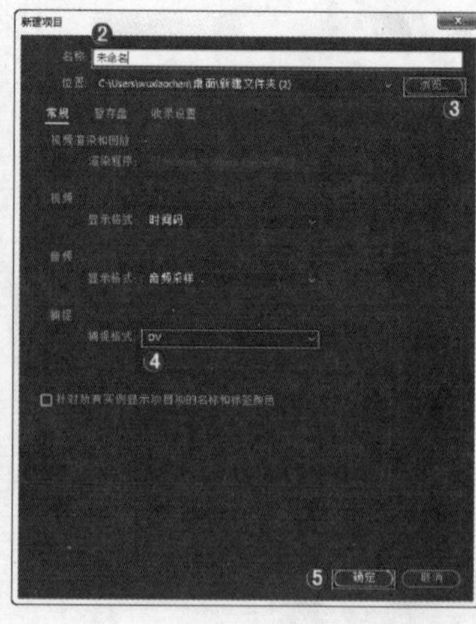

图 3-2

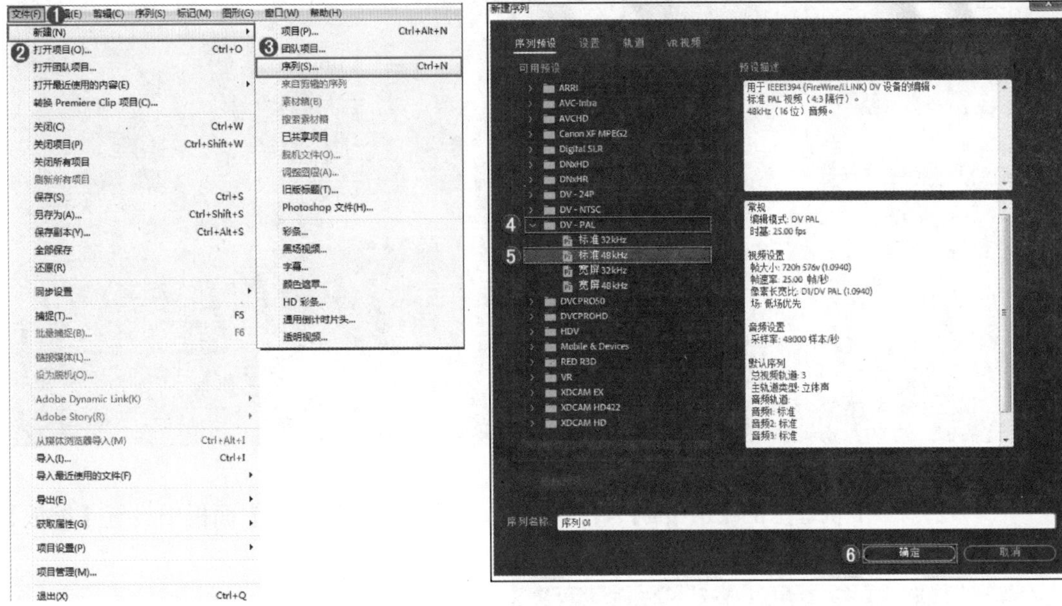

图　3-3

（2）选择【文件】/【导入】命令或按【Ctrl+I】快捷键，在打开的对话框中选择所需的素材文件，单击【打开】按钮导入，如图 3-4 所示。

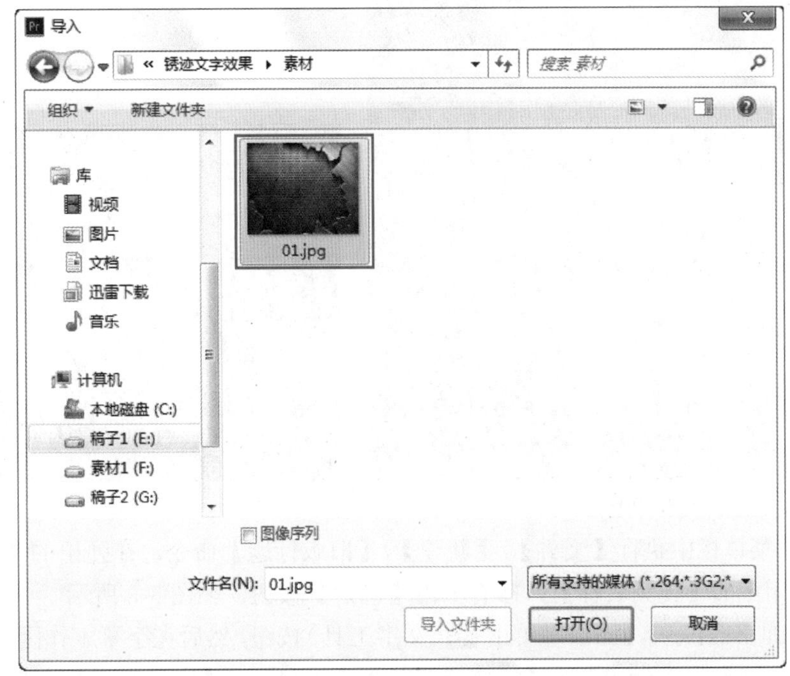

图　3-4

（3）将【项目】面板中的【01.jpg】素材文件拖曳到【时间轴】面板中的 V1 轨道上，如图 3-5 所示。

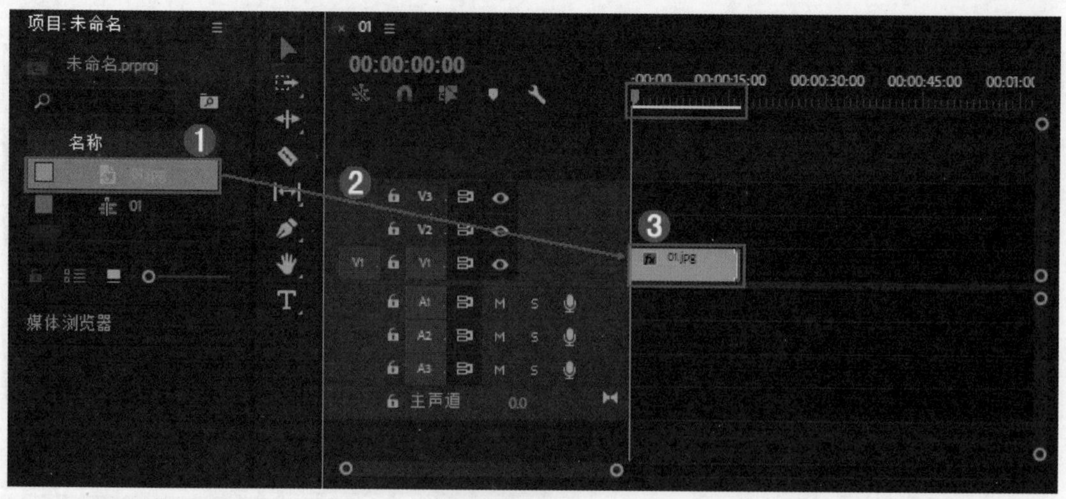

图 3-5

（4）选择 V1 轨道上的【01.jpg】素材文件，然后在【效果控件】面板中设置【缩放】为 66，如图 3-6 所示。设置后的效果，如图 3-7 所示。

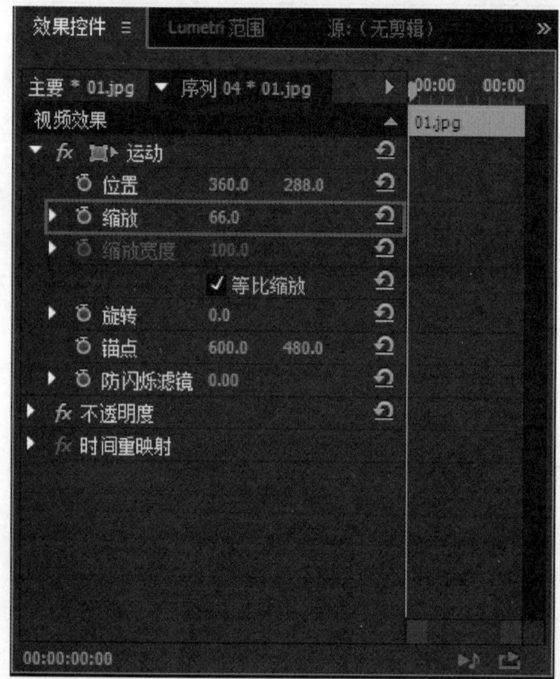

图 3-6

图 3-7

（5）在菜单栏中执行【文件】/【新建】/【旧版标题】命令，在弹出的【新建字幕】窗口中设置相应的【视频名称】，接着单击【确定】按钮，如图 3-8 所示。

（6）在弹出的【字幕】面板中单击 T（文字工具）按钮，然后在字幕工作区中输入文字，设置【字体系列】为【Arial】，【字体样式】为【Bold】，【字体大小】为 285，【行距】为 35，【填充类型】为【线性渐变】，【颜色】为浅灰色和深灰色。接着将文字调整到合适的位置，如图 3-9 所示。

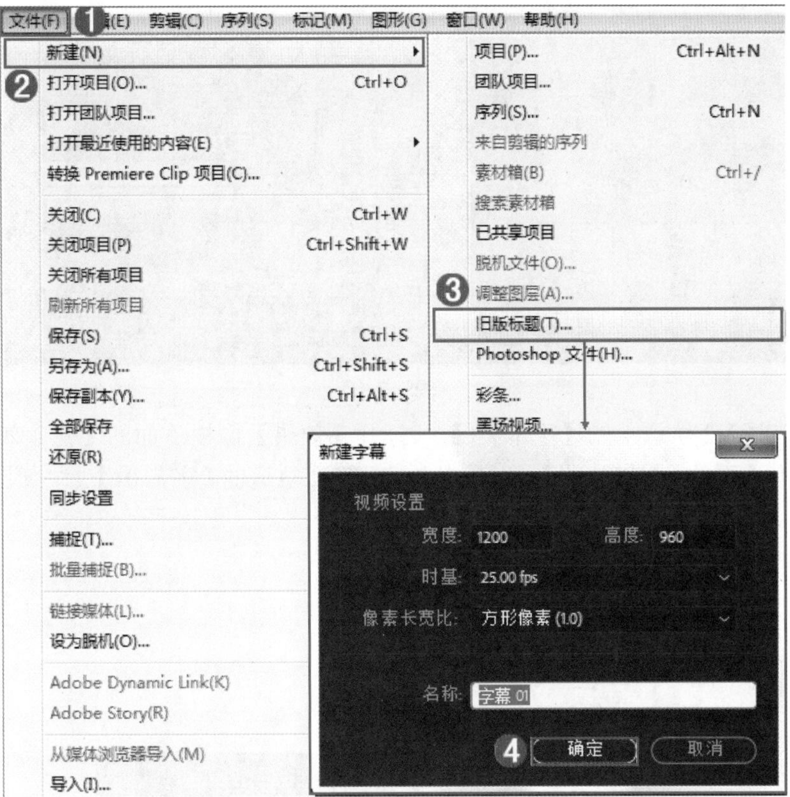

图　3-8

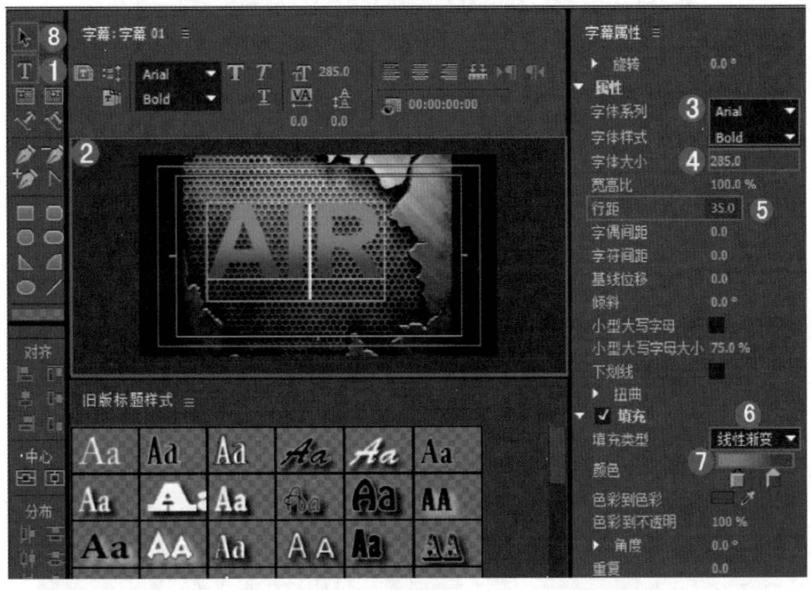

图　3-9

（7）关闭【字幕】面板，然后将【项目】面板中的【字幕 01】拖曳到【时间轴】面板中的 V2 轨道上，如图 3-10 所示。

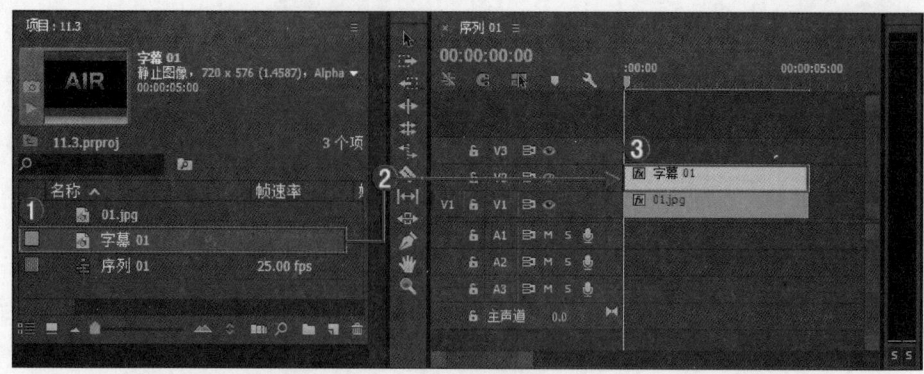

图 3-10

（8）选择 V2 轨道上的【字幕 01】，打开【效果】面板下面的【视频效果】，然后选择【风格化】下的【粗糙边缘】，并将其拖曳到 V2 轨道的【字幕 01】上，如图 3-11 所示。

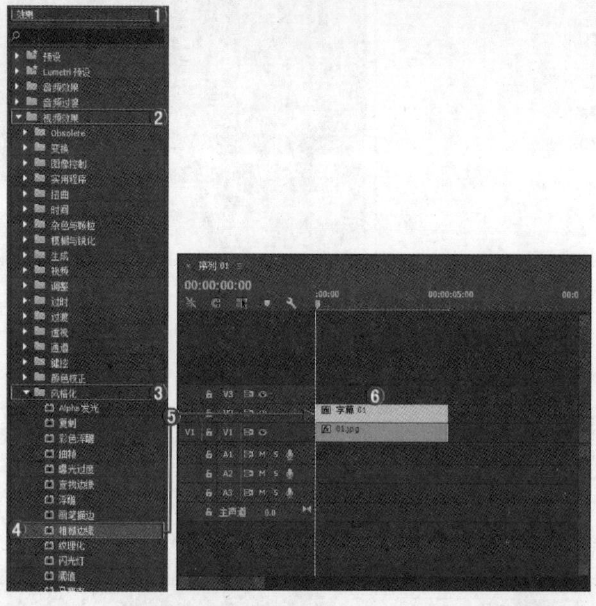

图 3-11

（9）在【效果控件】面板下展开【粗糙边缘】栏，设置【边缘类型】为【锈蚀色】，【边框】为 35，【边缘锐度】为 0.6，如图 3-12 所示。

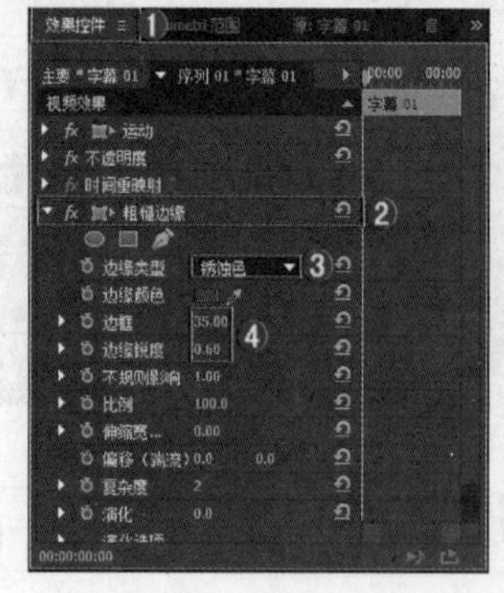

图 3-12

（10）再打开【效果】面板下的【视频效果】，然后选择【透视】下的【斜面

Alpha】，并将其拖曳到 V2 轨道的【字幕 01】上，如图 3-13 所示。然后在【效果控件】面板下展开【斜面 Alpha】栏，设置【边缘厚度】为 5，【光照强度】为 0.5，如图 3-14 所示。

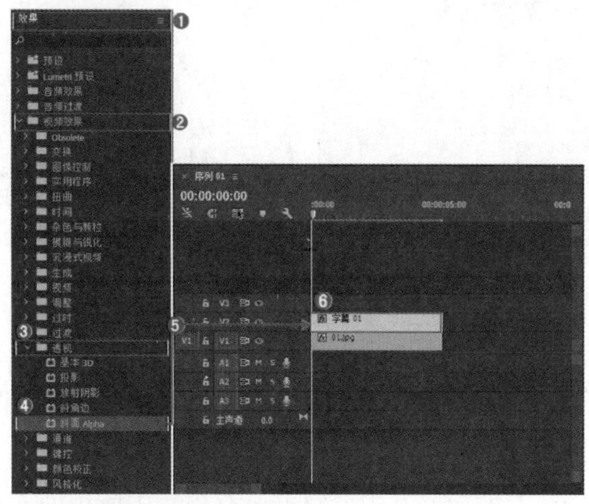

图 3-13

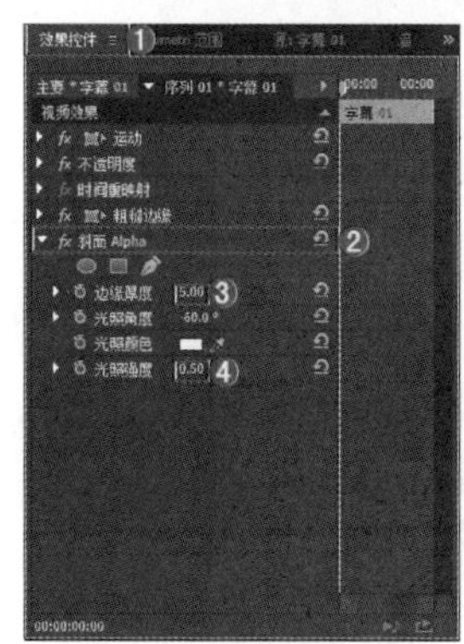

图 3-14

（11）再在 V2 轨道的【字幕 01】上添加【投影】效果，如图 3-15 所示。然后在【效果控件】面板下展开【投影】栏，设置【不透明度】为 100%，【方向】为 220°，【距离】为 10，【柔和度】为 50，此时拖动时间轴滑块查看最终效果，如图 3-16 所示。

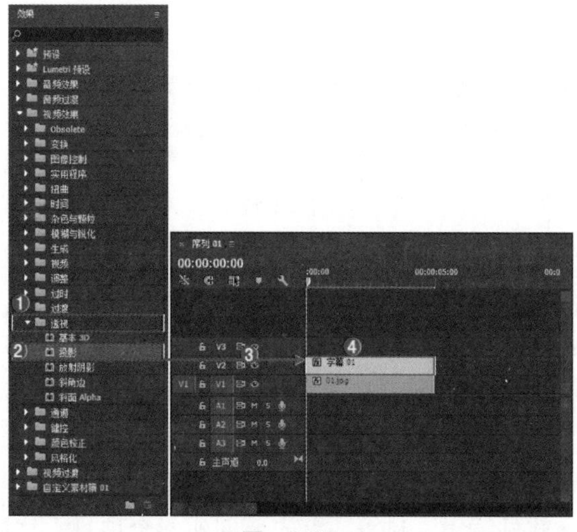

图 3-15

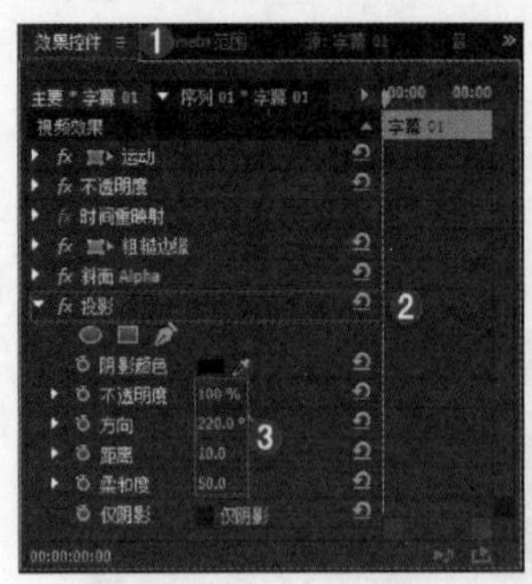

图 3-16

3.2 项目、序列、文件夹管理

项目是包含了序列和相关素材的 Premiere 文件，与其中的素材之间存在链接关系。每个项目都包含一个【项目】面板，其中储存着所有项目中所用的素材。

3.2.1 新建项目

技术速查：在 Adobe Premiere Pro CC 2018 中选择【文件】/【新建】/【项目】命令，即可创建一个新项目。

如果当前 Premiere 中正在运行一个项目，可以在菜单栏中选择【文件】/【新建】/【项目】命令，将会新建一个项目，并关闭当前项目，如图 3-17 所示。

图 3-17

案例实战——新建项目文件

案例文件	案例文件 \ 第 3 章 \ 新建项目文件 .prproj
视频教学	视频文件 \ 第 3 章 \ 新建项目文件 .flv
难度级别	★★★★★
技术要点	新建项目文件的方法

扫码看视频

案例效果

若要使用 Premiere 软件编辑素材等，首先要创建一个项目，然后在项目中才能进行新建序列和编辑。本例主要是针对“新建项目文件”的方法进行练习。

操作步骤

（1）打开 Adobe Premiere Pro CC 2018 软件，在出现的欢迎对话框中单击【新建项目】按钮。其中单击【打开项目】按钮可以打开项目，而在【最近使用项目】列表中会列出 4 个最近使用过的项目，单击项目名称即可将其打开，如图 3-18 所示。

（2）单击【新建项目】按钮后，会弹出【新建项目】对话框，在其中可以设置项目的保存位置和名称，设置完成后，单击【确定】按钮，如图 3-19 所示。

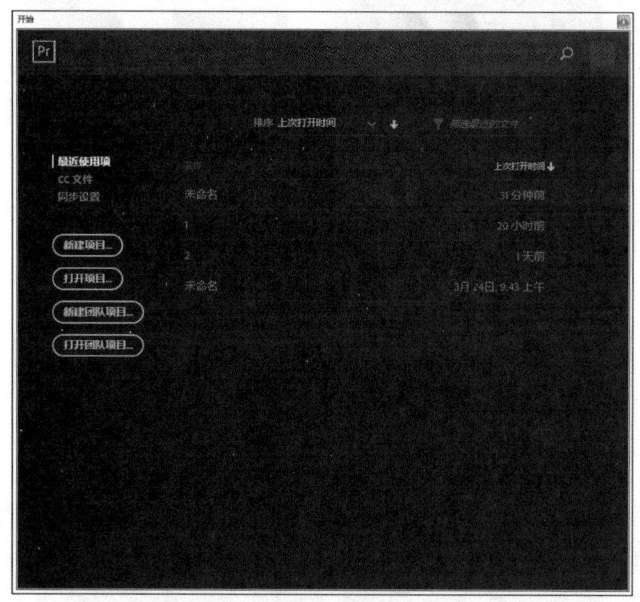

图　3-18

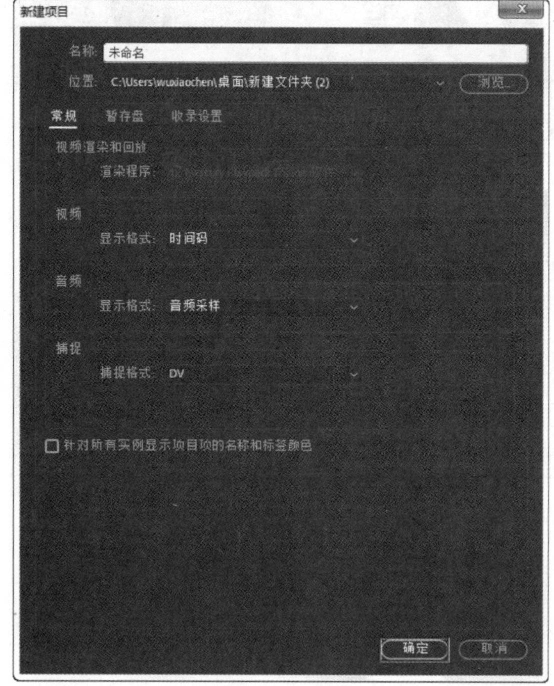

图　3-19

（3）选择【文件】/【新建】/【序列】命令，此时会出现【新建序列】对话框，选择【DV-PAL】/【标准 48kHz】，接着设置【序列名称】，如图 3-20 所示。新建完成后，最终效果如图 3-21 所示。

图　3-20

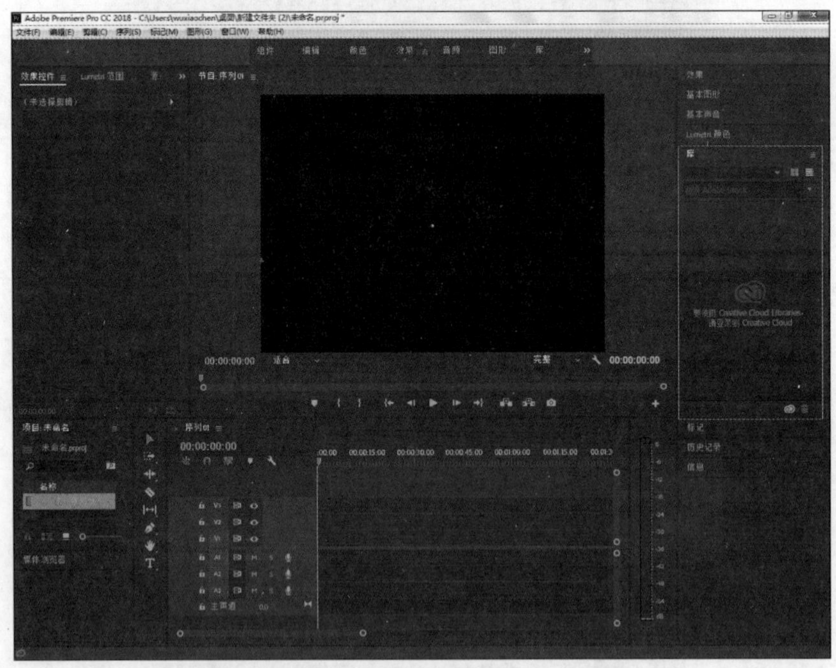

图　3-21

3.2.2　动手学：打开项目

技术速查：在 Adobe Premiere Pro CC 2018 中，可以通过【文件】/【打开项目】命令打开已经保存的项目。

1. 打开已保存的项目

在菜单栏中选择【文件】/【打开项目】命令，可以查找并打开已经保存的项目，并关闭当前项目，如图 3-22 所示。.

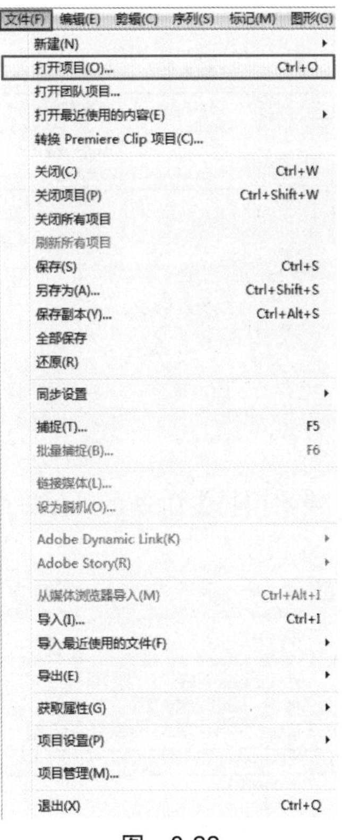

图　3-22

技巧提示：

在没有打开 Adobe Premiere Pro CC 2018 软件时，可以在需要打开的项目文件上双击鼠标左键打开，如图 3-23 所示。

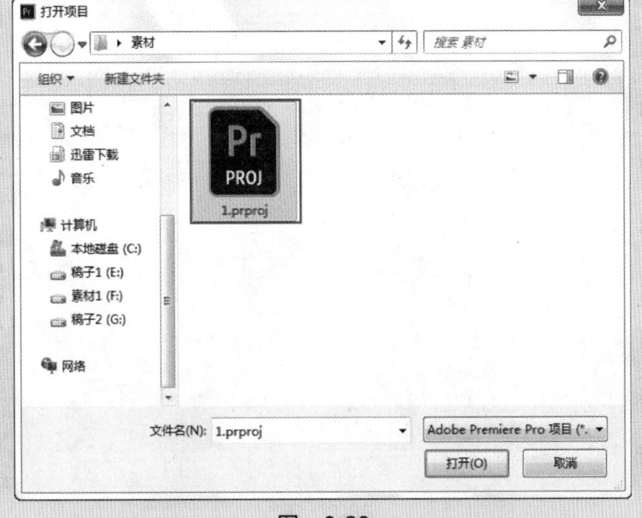

图　3-23

2．打开最近使用过的项目

在菜单栏中选择【文件】/【打开最近使用的内容】命令，可以在其子菜单中看到最近使用过的 4 个项目，选择即可将其打开，如图 3-24 所示。

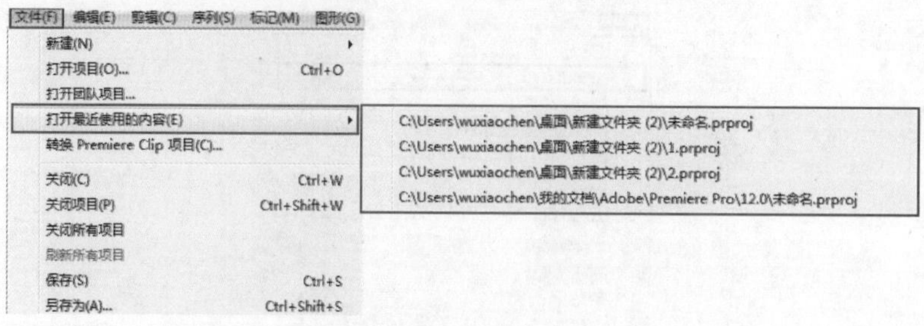

图 3-24

3.2.3 关闭和保存项目

1．动手学：关闭项目

在菜单栏中选择【文件】/【关闭项目】命令，即可将当前项目关闭，如图 3-25 所示。然后回到欢迎屏幕界面，如图 3-26 所示。

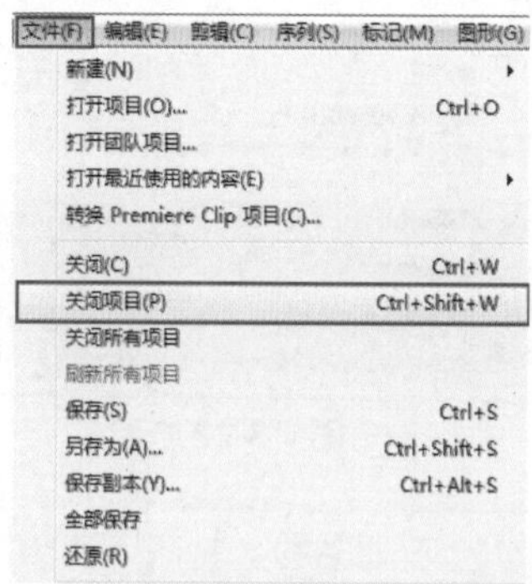

图 3-25

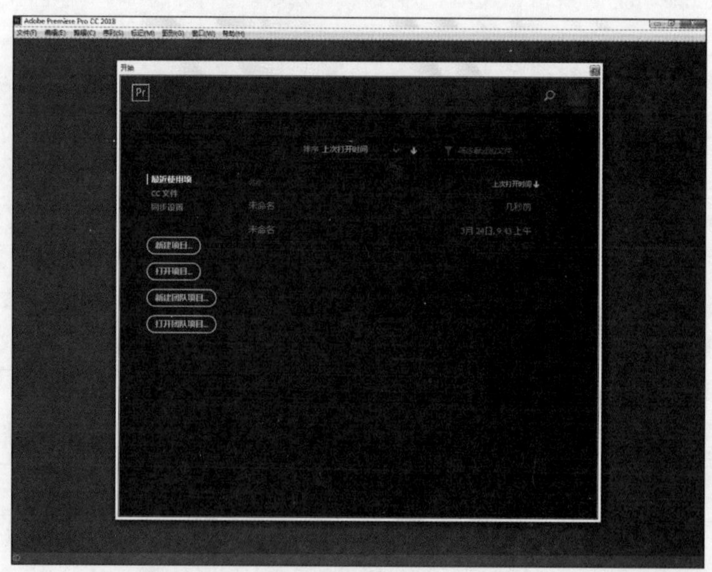

图 3-26

2. 动手学：保存项目

方法一：在菜单栏中选择【文件】/【保存】命令，即可将当前项目进行保存，如图 3-27 所示。

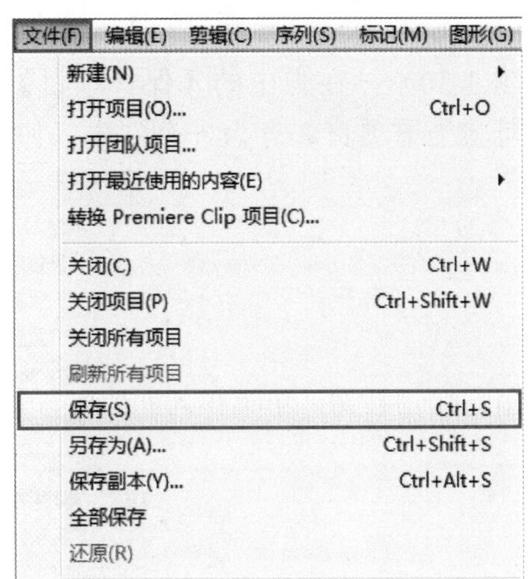

图 3-27

技巧提示：

若已经保存过该项目，应用该命令时，会自动覆盖已经保存的项目文件。快捷键为【Ctrl+S】。

方法二：将项目另存为。在菜单栏中选择【文件】/【另存为】命令（见图 3-28），在弹出的对话框中设置保存的路径和名称，然后单击【保存】按钮即可，如图 3-29 所示。

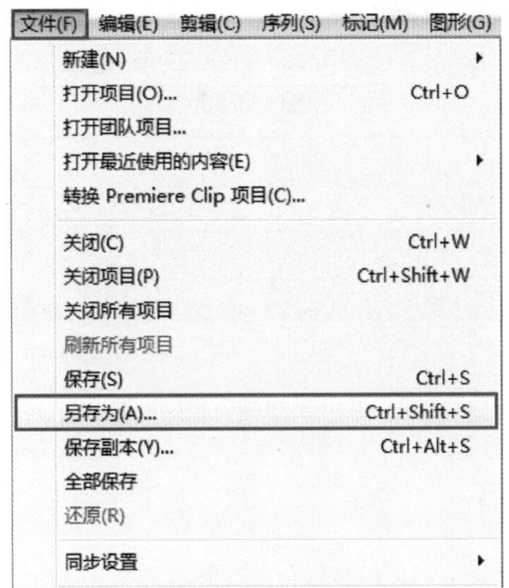

图 3-28

图 3-29

方法三：将项目保存副本备份。在菜单栏中选择【文件】/【保存副本】命令（见图 3-30），在弹出的【保存项目】对话框中选择保存路径，并单击【保存】按钮，即可将当前项目保存为一个副本，如图 3-31 所示。

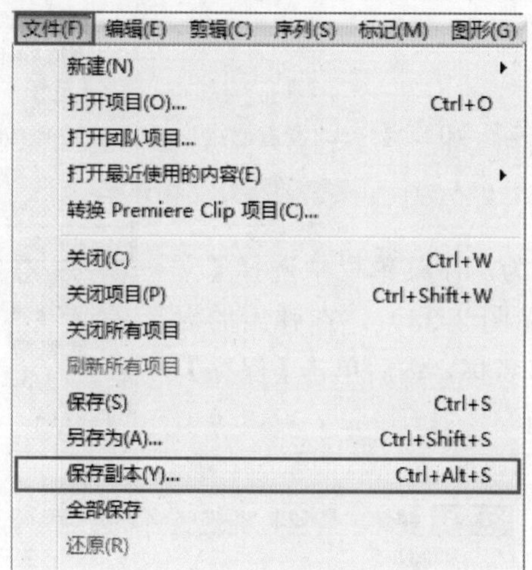

图 3-30

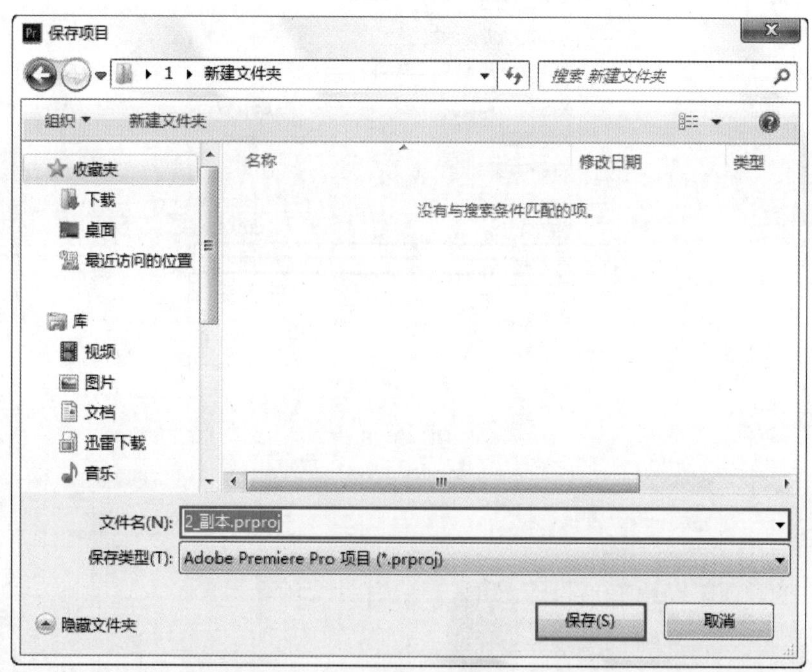

图 3-31

3.2.4 动手学：新建序列

用 Adobe Premier Pro CC 2018 新建项目的同时，也会新建一个相应的序列。实际上，在工作界面中可以新建多个序列。

1. 方法一

在【项目】面板的空白处单击鼠标右键，在弹出的快捷菜单中选择【新建项目】/【序列】命令，如图 3-32 所示。

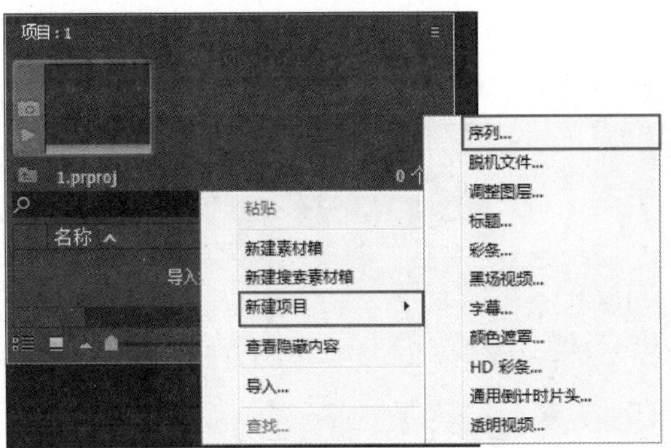

图　3-32

在弹出的【新建序列】对话框中选择【DV-PAL】/【标准 48kHz】，然后单击【确定】按钮（见图 3-33）即可创建新的序列，如图 3-34 所示。

图　3-33

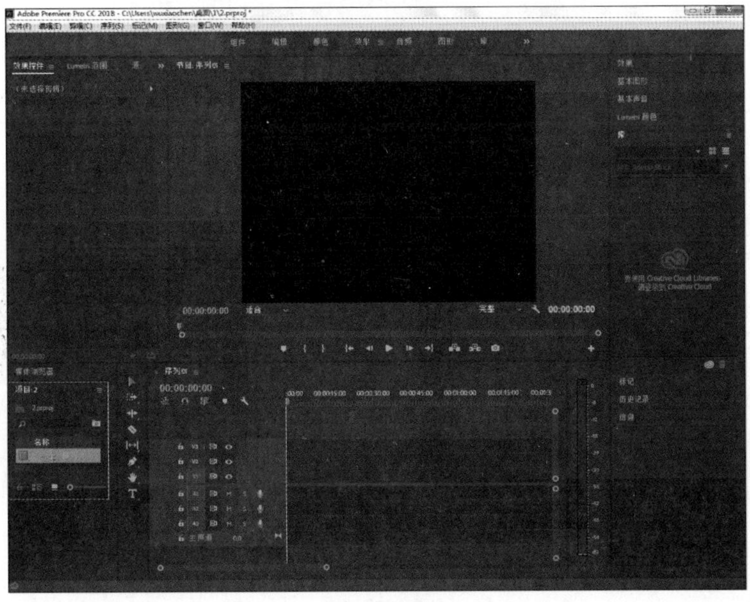

图　3-34

2. 方法二

单击【项目】面板下的（新建项）按钮，然后选择【序列】命令，如图 3-35 所示。

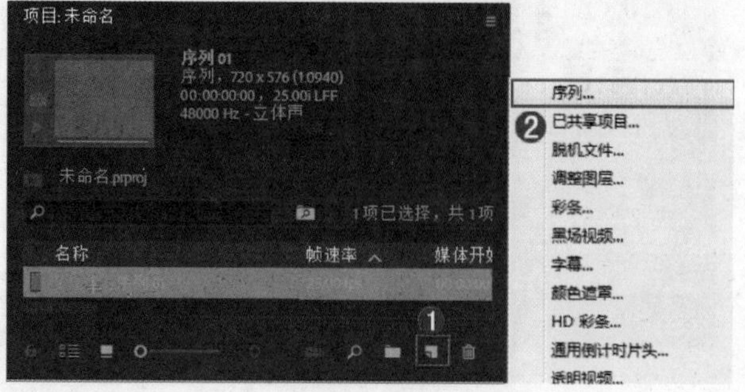

图 3-35

3. 方法三

在菜单栏上选择【文件】/【新建】/【序列】命令或者按【Ctrl+N】快捷键，如图 3-36 所示。

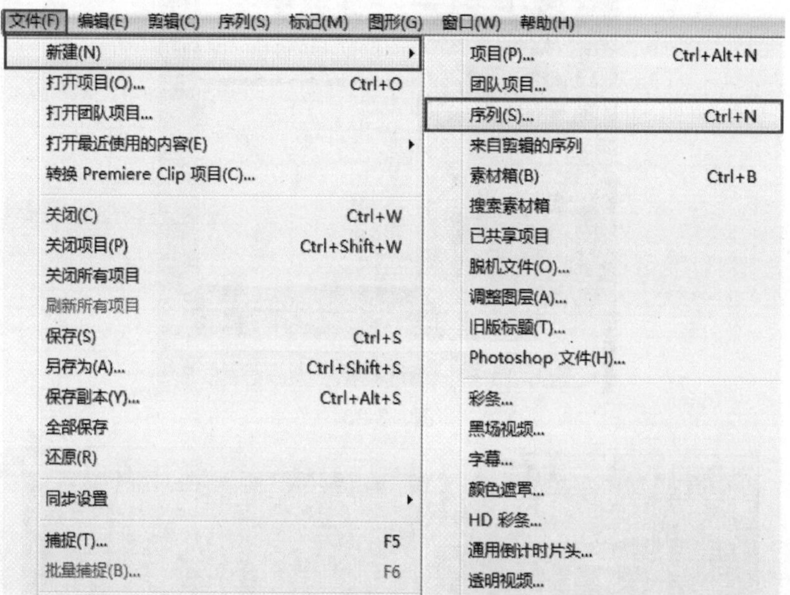

图 3-36

案例实战——新建序列

案例文件	案例文件 \ 第 3 章 \ 新建序列 .prproj
视频教学	视频文件 \ 第 3 章 \ 新建序列 .flv
难易指数	
技术要点	新建序列的应用

扫码看视频

案例效果

序列是编辑项目的基础，在对素材等进行编辑前，需要新建序列。也可以新建多个序列，并分别进行编辑。本例主要是针对"新建序列"的方法进行练习。

操作步骤

（1）在 Adobe Premiere Pro CC 2018 新建项目后，在菜单栏中选择【文件】/【新建】/

【序列】命令，如图 3-37 所示。

（2）在弹出的【新建序列】对话框中选择【DV-PAL】/【宽屏 48kHz】选项，然后设置【序列名称】，并单击【确定】按钮，如图 3-38 所示。

（3）此时，在【项目】面板中出现了新建的【序列 01】序列，如图 3-39 所示。

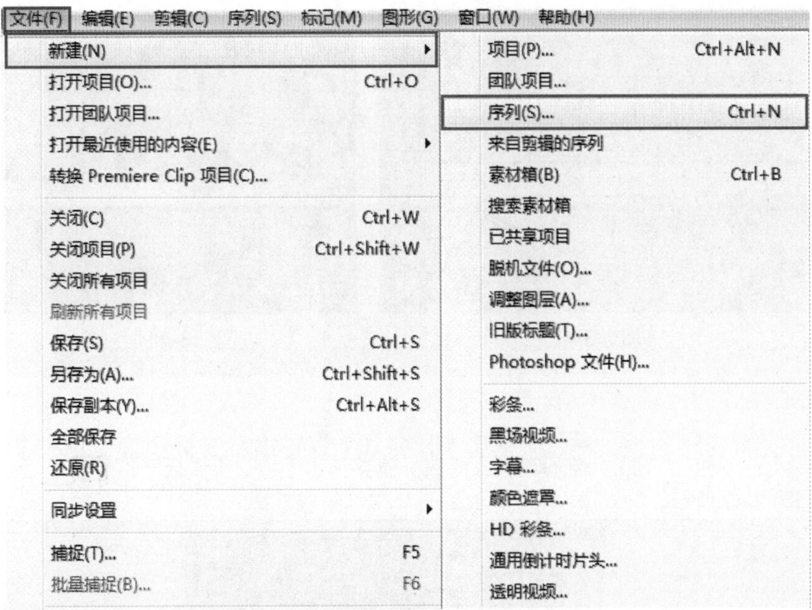

图　3-37

图　3-38

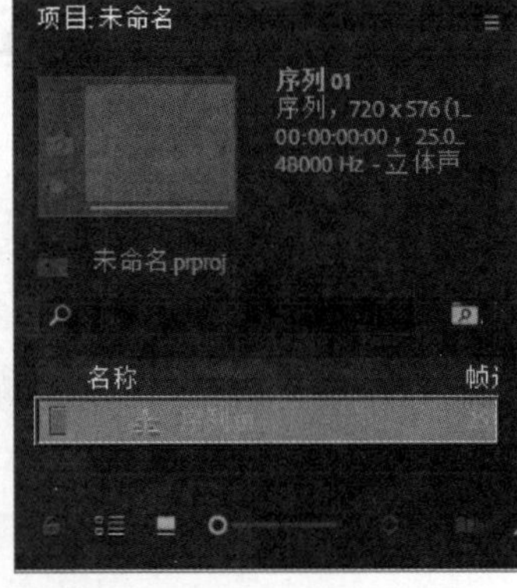

图　3-39

3.2.5　动手学：新建文件夹

在【项目】面板中新建文件夹，是为了方便整理素材文件和进行分类，便于制作项目过程中的使用与查找。新建文件夹的方法有两种。

1．方法一

（1）单击【项目】面板下的（新建素材箱）按钮，即可创建文件夹，如图 3-40 所示。

（2）若要为文件夹继续创建子文件夹，可以先选中该文件夹，然后再次单击【项目】面板下的（新建素材箱）按钮即可，如图 3-41 所示。

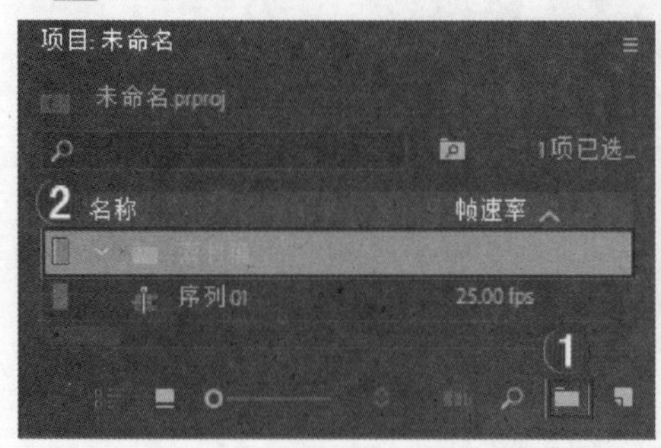

图 3-40

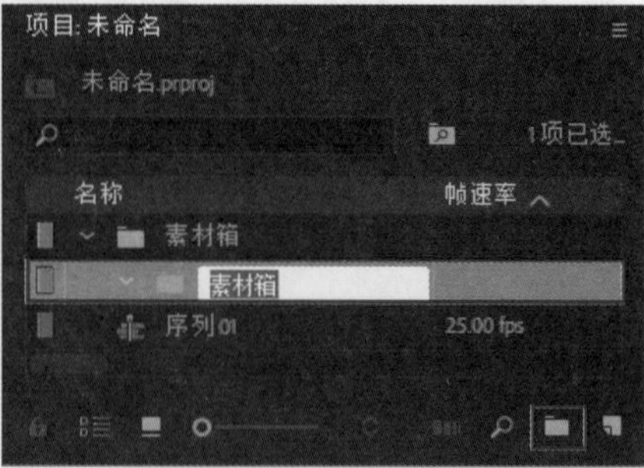

图 3-41

技巧提示：

若要创建平级的文件夹，则不用选择任何文件夹。直接单击【项目】面板下的（新建素材箱）按钮即可，如图 3-42 所示。

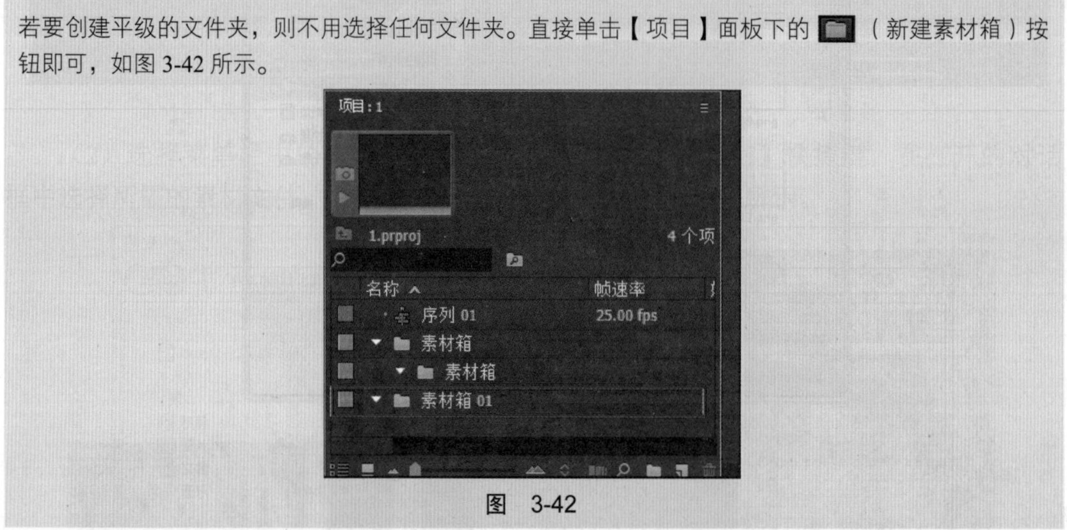

图 3-42

2．方法二

在【项目】面板下的空白处单击鼠标右键，然后在弹出的快捷菜单中选择【新建素材箱】命令，即可创建文件夹，如图 3-43 所示。

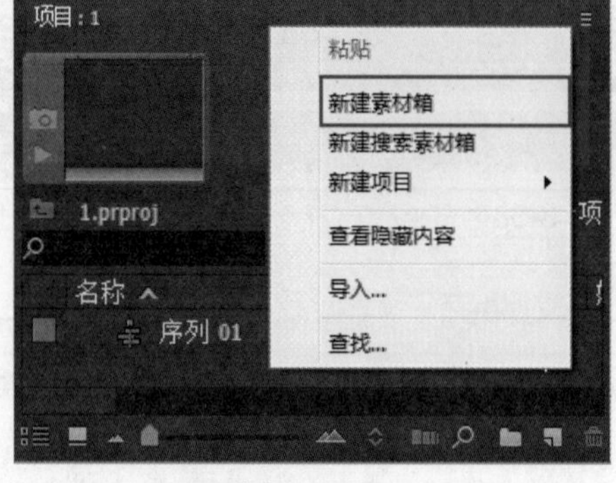

图 3-43

3.2.6　动手学：修改文件夹名称

在创建文件夹后，可以根据素材需要对文件夹进行重命名来分类。修改文件夹名称的方法有两种。

1. 方法一

在创建出文件夹后，可以直接在文件夹上更改名称。或者在创建文件夹结束后，在该文件夹的名称处单击鼠标左键即可进行修改，如图 3-44 所示。

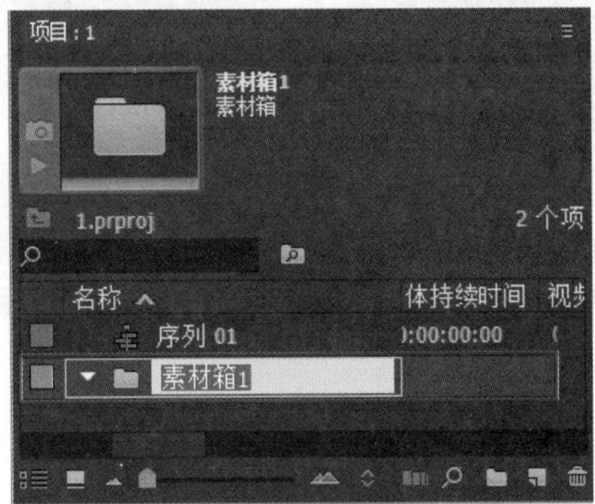

图　3-44

✍技巧提示：

因为方法一的操作比较方便，所以通常采用该种方法来对文件夹重命名。

2. 方法二

还可以在文件夹上单击鼠标右键，在弹出的快捷菜单中选择【重命名】命令，如图 3-45 所示。然后可以对该文件夹的名称进行修改，如图 3-46 所示。

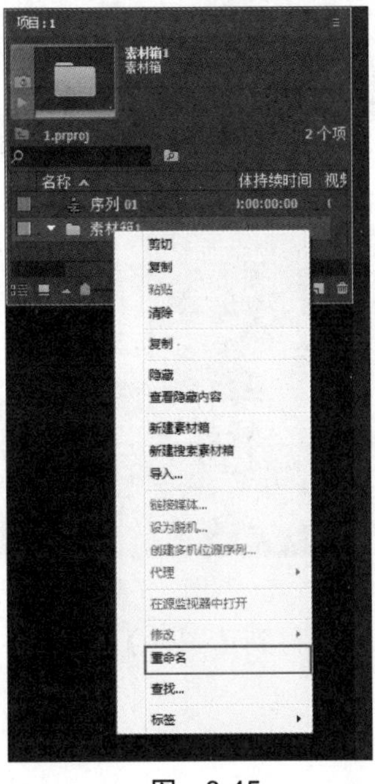

图　3-45

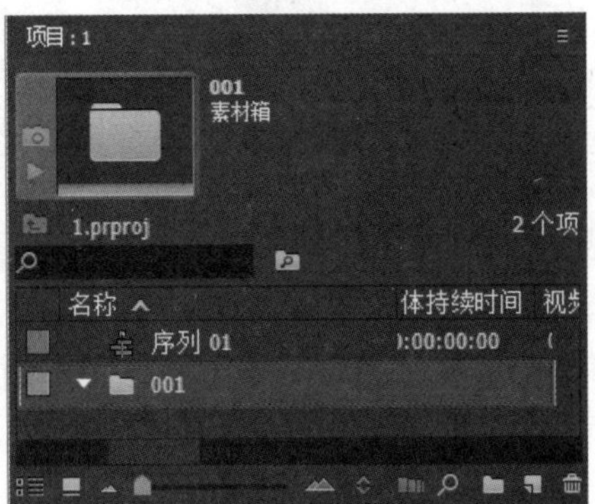

图　3-46

技巧提示：

以上两种方法也同样适用于【项目】面板中的其他素材文件，如图 3-47 所示。

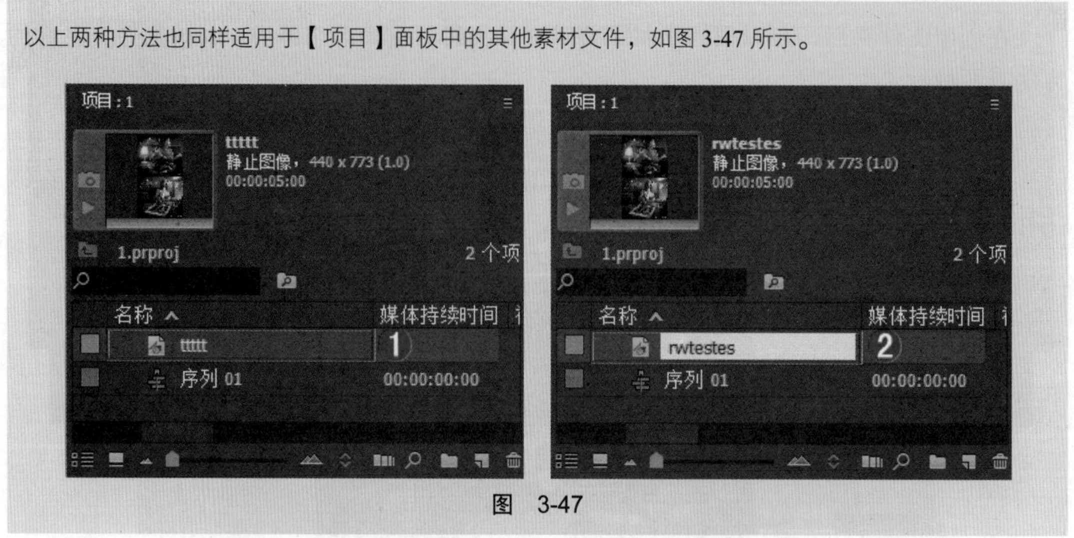

图 3-47

3.2.7 动手学：整理素材文件

（1）在【项目】面板中包括多种类型的素材文件，如图 3-48 所示。此时在【项目】面板的空白位置单击鼠标右键，在弹出的快捷菜单中选择【新建素材箱】命令，如图 3-49 所示。

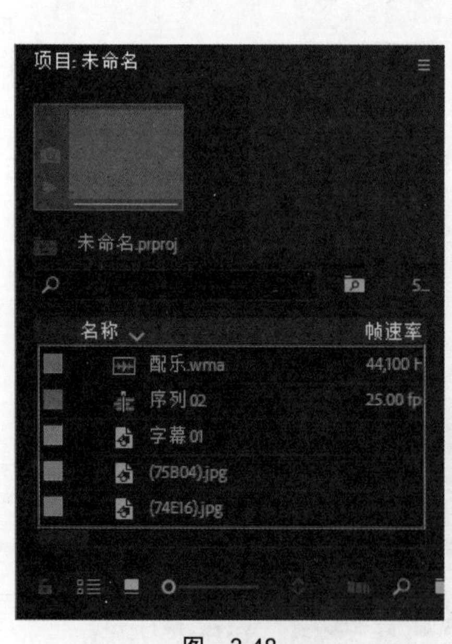

图 3-48

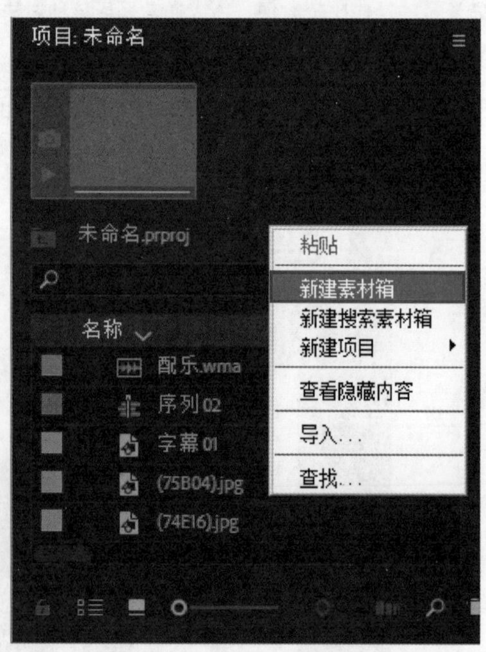

图 3-49

（2）将文件夹重命名为【图片】，并拖动图片素材到【图片】文件夹中，如图 3-50 所示。整理后的效果如图 3-51 所示。

图　3-50

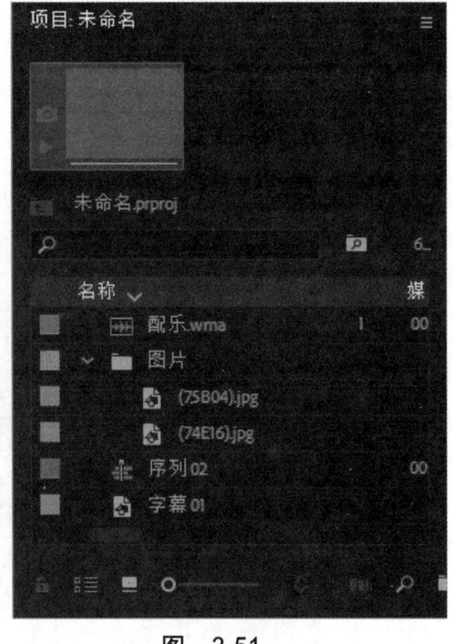

图　3-51

3.3　视 频 采 集

视频采集（Video Capture）是将模拟视频转换成数字视频，并按数字视频文件的格式保存下来。所谓视频采集就是将模拟摄像机、录像机、LD 视盘机、电视机输出的视频信号，通过专用的模拟、数字转换设备，转换为二进制数字信息的过程。在视频采集工作中，视频采集卡是主要设备，它分为专业和家用两个级别。专业级视频采集卡不仅可以进行视频采集，并且还可以实现硬件级的视频压缩和视频编辑。家用级的视频采集卡只能做到视频采集和初步的硬件级压缩。

3.3.1　视频采集的参数

项目建立后，需要将拍摄的影片素材采集到计算机中进行编辑。对于模拟摄像机拍摄的模拟视频素材，需要进行数字化采集，将模拟视频转换为可以在计算机中编辑的数字视频；而对于数字摄像机拍摄的数字视频素材，可以通过配有 IEEE 1394 接口的视频采集卡直接采集到计算机中。

在 Premiere 中不但可以通过采集或录制的方式获取素材，还可以将硬盘上的素材文件导入其中进行编辑。打开 Premiere 软件后，选择【文件】/【捕捉】命令，如图 3-52 所示。

此时弹出【捕捉】面板，主要包括 5 个部分，分别是预览区域、素材操作区、【记录】窗格、【设置】窗格和捕捉面板菜单，如图 3-53 所示。

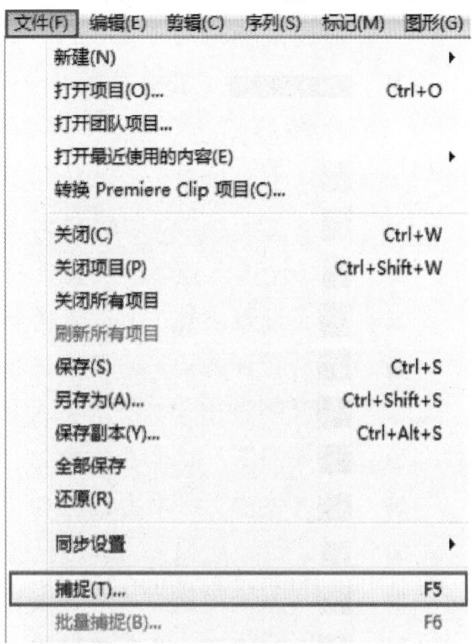

图　3-52

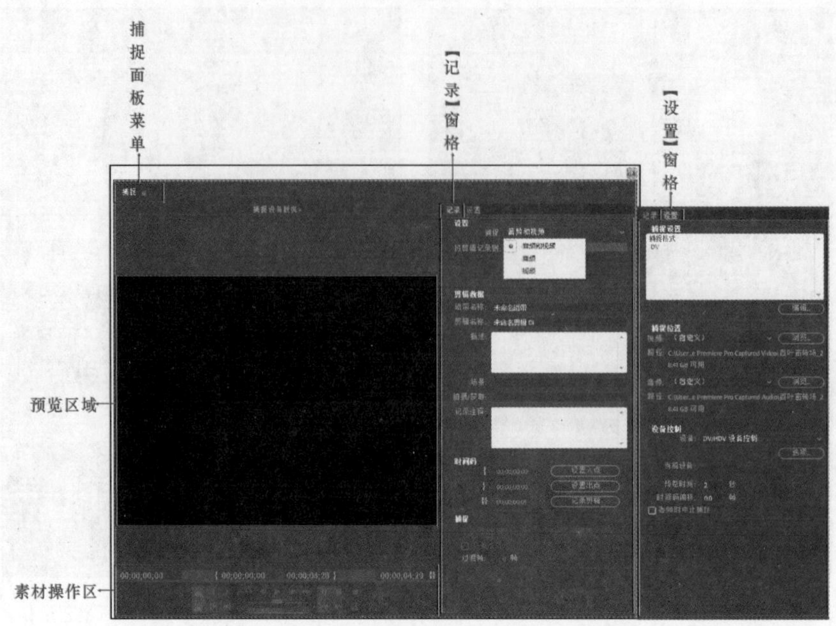

图 3-53

1．素材操作区

素材操作区中包括了很多按钮，这些按钮可以对采集的素材进行设置和控制预览效果，如图 3-54 所示。

图 3-54

- 00;00;00;00（素材起始帧）：设置素材开始采集时的入点位置。
- { 00;00;00;00 00;00;04;28 }（素材入、出点）：设置素材开始采集时的入点和出点位置，通过鼠标拖动可重设入、出点时间帧。
- 00;00;04;29（素材时长）：设置采集素材的时间长度，通过鼠标拖动可重设素材时长。
- （下一场景）：跳转到下一段素材。
- （上一场景）：跳转到上一段素材。
- （设置入点）：设置素材采集的起始帧。
- （设置出点）：设置素材采集的终止帧。
- （转到入点）：单击该按钮，时间帧会直接跳转到入点位置。
- （转到出点）：单击该按钮，时间帧会直接跳转到出点位置。
- （回退）：单击该按钮，可以快速后退素材帧。
- （快进）：单击该按钮，可以快速前进素材帧。
- （逐帧后退）：单击该按钮，即可后退一帧，连续单击可逐帧后退。
- （逐帧前进）：单击该按钮，即可前进一帧，连续单击可逐帧前进。
- （播放）：单击该按钮，即开始播放素材。

- （暂停）：单击该按钮，即暂时停止播放素材。
- （停止）：单击该按钮，可以停止播放素材。
- （录制）：单击该按钮，即可开始采集素材。
- （往复）：向右拖动时磁带快速前进，向左拖动时磁带快速倒退。
- （微调）：可以将视频的开头或结尾进行调整。
- （慢退）：单击该按钮，可以慢速倒放素材。
- （慢放）：单击该按钮，可以慢速播放素材。
- （场景检测）：单击该按钮，可以查找素材片段。

2. 【记录】窗格

【记录】窗格主要对采集后的素材的文件名、保存目录、素材描述、场景信息和日志信息等进行设置，如图 3-55 所示。

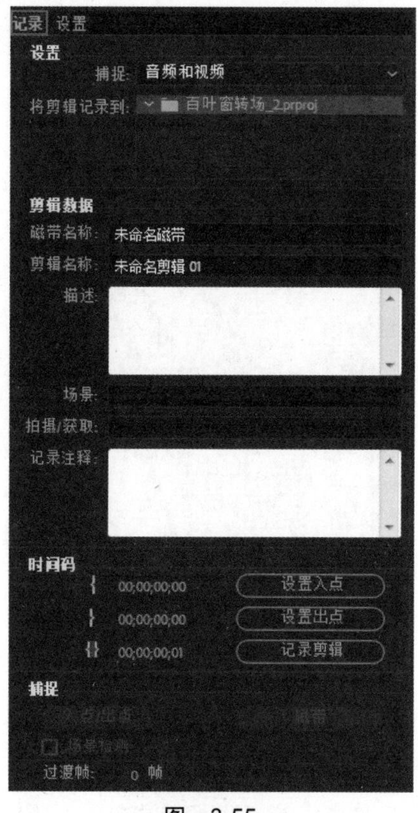

图 3-55

- 捕捉：在该下拉列表框中可设置素材采集的是视频、音频还是视音频素材。
- 将剪辑记录到：指定素材采集后要保存到【项目】面板中的哪一级目录或文件夹。
- 磁带名称：设置磁带的标识名。
- 剪辑名称：设置素材采集后的名称。
- 描述：对采集的素材添加描述说明。
- 场景：注释采集后的素材与源素材场景的关联信息。
- 拍摄 / 获取：记录说明拍摄信息。

- 记录注释：记录素材的日志信息。
- 设置入点：设置素材开始采集时的入点位置。
- 设置出点：设置素材结束采集时的出点位置。
- 记录剪辑：设置采集素材的时间长度。
- 入点 / 出点：单击该按钮，开始采集设置了入点和出点范围之间的素材。
- 磁带：单击该按钮，采集整个磁带上的素材内容。
- 场景检测：选中该复选框，在采集素材时会自动侦测场景。
- 过渡帧：设置采集素材入、出点之外的帧长度。

3. 【设置】窗格

【设置】窗格主要对视频、音频素材的保存路径和素材的制式、设备控制等选项进行设置，如图 3-56 所示。

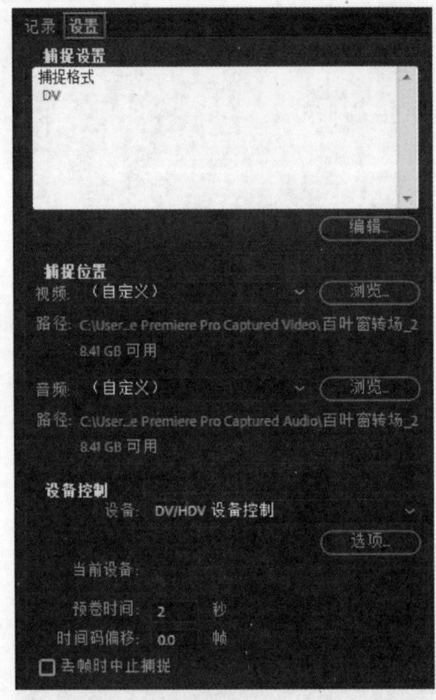

图 3-56

- 捕捉设置：用于选择素材采集时的设备，如果安装有模 / 数捕捉卡，则可使用此功能。单击【编辑】按钮，会弹出【捕捉设置】对话框。如果是 DV 捕捉，则选择【DV】选项。然后单击【确定】按钮即可，如图 3-57 所示。

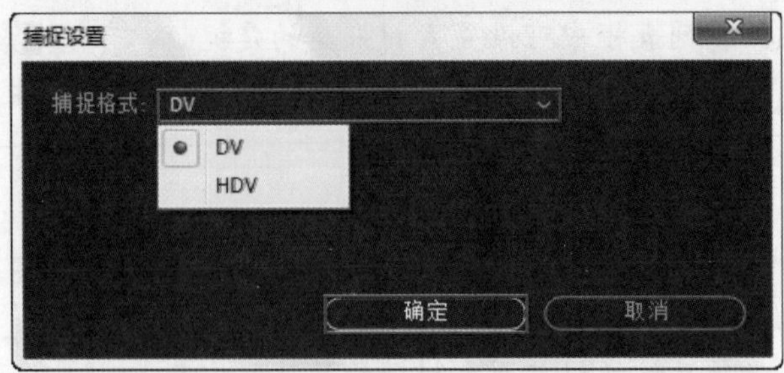

图 3-57

- 捕捉位置：用于单独设置视、音频素材的保存路径，可通过【视频】后面的按钮进行选择，如图 3-58 所示。
- 设备控制：用于设置捕捉设备的控制方式。单击【选项】按钮，会弹出【DV/HDV 设备控制设置】对话框，如图 3-59 所示。

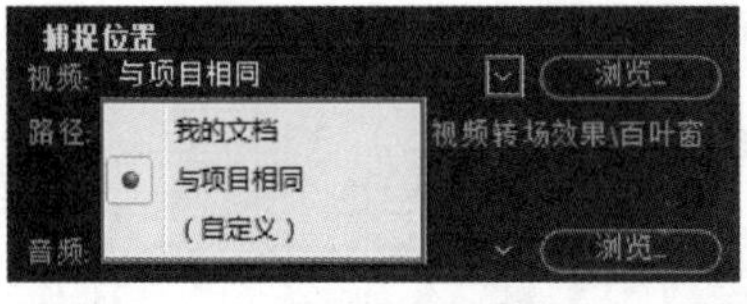

图　3-58

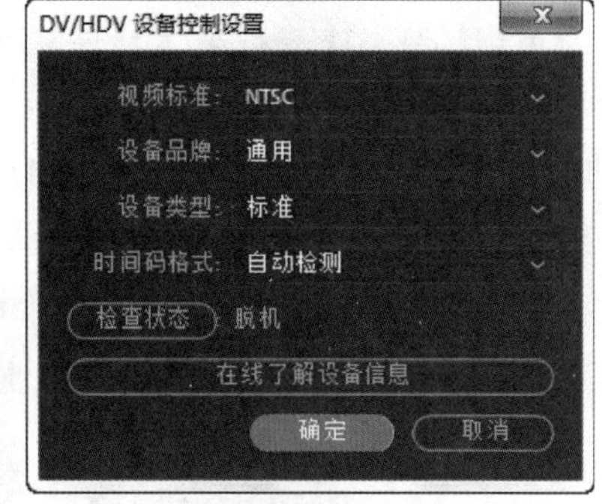

图　3-59

- 视频标准：下拉列表中有【PAL】和【NTSC】两个选项，通常选择 PAL 制式。
- 设备品牌：下拉列表中可以选择设备的品牌。
- 设备类型：可以选择通用或根据设备的不同型号来设置。
- 时间码格式：用来设置采集时是否丢帧。
- 检查状态：显示当前链接的设备是否正常。
- 在线了解设备信息：单击该按钮，可与设备网站链接，获取更多参考信息。

- 预卷时间：设置录像带开始运转到正式采集素材的时间间隔。
- 时间码偏移：设置采集到的素材与录像带之间的时间码偏移。此值可以精确匹配它们的帧率，以降低采集误差。

4. 【捕捉】面板菜单

【捕捉】面板可以控制采集的相关参数。在【捕捉】面板的左上角单击按钮，弹出面板的菜单，如图 3-60 所示。

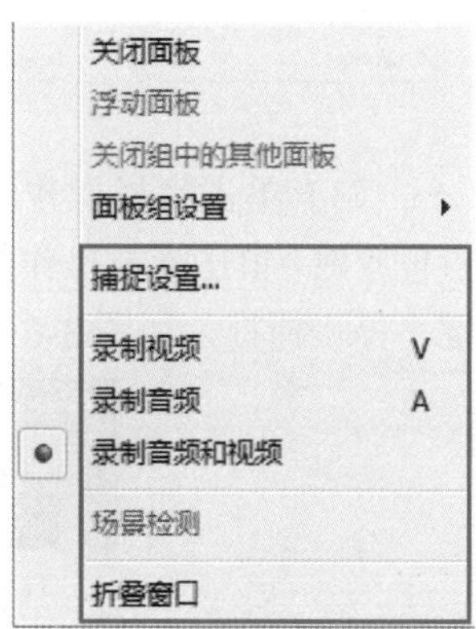

图　3-60

- 捕捉设置：可设置素材捕捉时的设备。
- 录制视频：如果选择此选项，则捕捉时只录制素材的视频部分。
- 录制音频：如果选择此选项，则捕捉时只录制素材的音频部分。
- 录制音频和视频：选择此选项，同时捕捉素材的视、音频。
- 场景检测：同【记录】面板中的【场景检测】功能。如果选择此选项，捕捉素材时自动侦测场景。
- 折叠面板：选择此选项，【捕捉】面板以精简模式显示。

3.3.2　视频采集

（1）将装入录像带的数字摄像机用 IEEE 1394 线缆与计算机连接。打开摄像机，并调到放像状态，如图 3-61 所示。

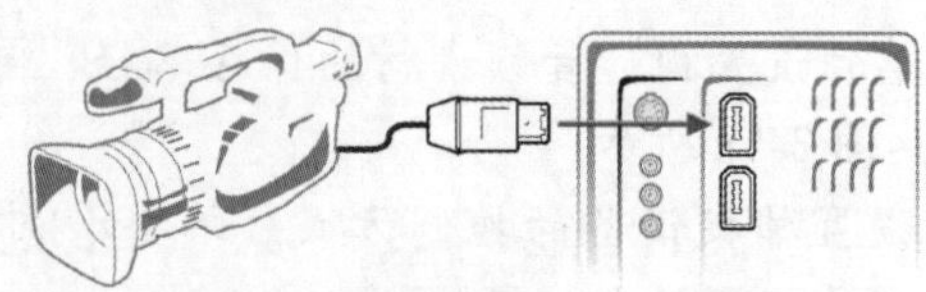

图 3-61

（2）在菜单栏中选择【文件】/【捕捉】命令，或按【F5】键，调出【捕捉】面板。【记录】窗格中选择【捕捉】素材的种类为【音频和视频】【音频】或【视频】。并在【设置】栏中，对捕捉素材的保存位置进行设置，如图 3-62 所示。

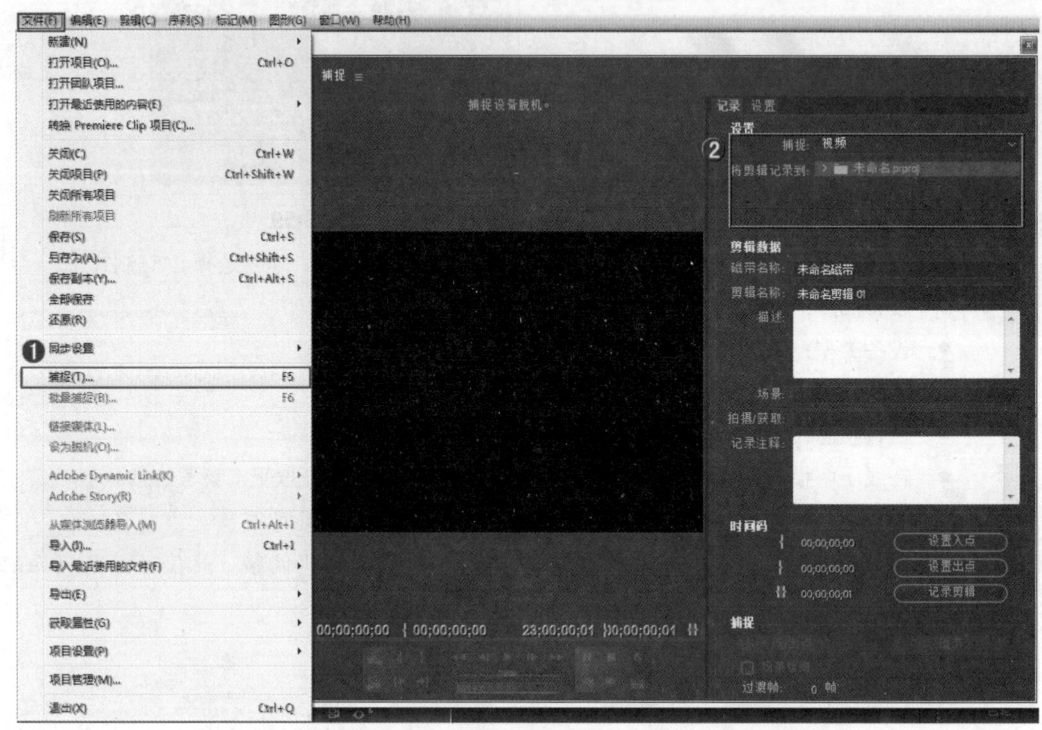

图 3-62

（3）单击素材操作区的播放按钮，播放并预览录像带。当播放到需要捕捉片段的入点位置时，单击素材操作的■（录制）按钮，开始捕捉。播放到需要的出点位置时，按【Esc】键，停止捕捉，如图 3-63 所示。

图 3-63

（4）在弹出的保存捕捉文件对话框中输入文件名等相关数据，单击【确定】按钮，素材文件已经被捕捉到硬盘，并出现在【项目】面板中。

3.4 导入素材

在 Premiere 中可以导入很多素材，包括图片、视频、序列、音频、PSD 分层文件和文件夹等。掌握每种素材的导入方法，会对我们学习和使用 Premiere 有很大的帮助。

3.4.1　动手学：导入图片和视频素材

（1）新建项目和序列后，在【项目】面板空白处双击鼠标左键，如图 3-64 所示。此时会弹出【导入】对话框，在该对话框中选择要导入的图片和视频素材，并单击【打开】按钮，如图 3-65 所示。

（2）此时【项目】面板中已经出现了刚刚导入的图片和视频素材文件，如图 3-66 所示。

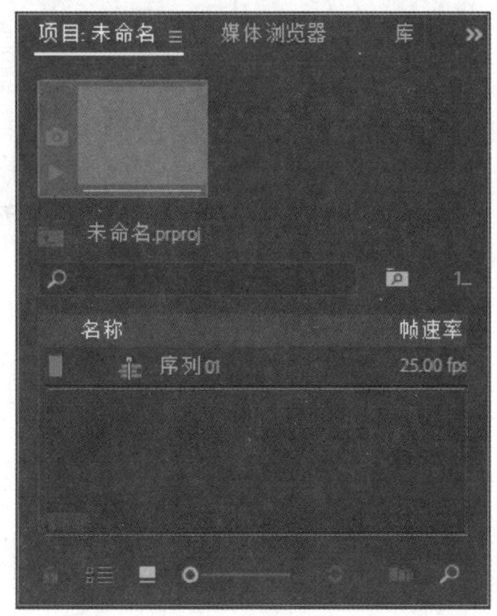

图　3-64

图　3-65

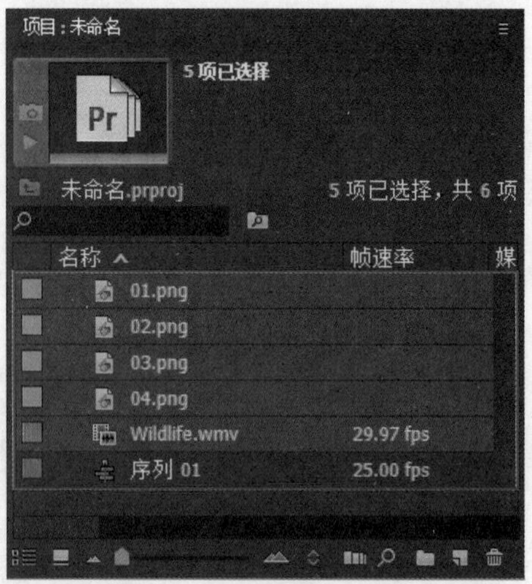

图 3-66

技术拓展：快速调出【导入】对话框

【导入】的快捷键为【Ctrl+I】。使用快捷键可以快速调出【导入】对话框。

技巧提示：

还可以通过菜单命令导入素材。选择菜单栏中的【文件】/【导入】命令，如图 3-67 所示，也会弹出【导入】对话框。选择要导入的图片或视频素材，并单击【打开】按钮即可，如图 3-68 所示。

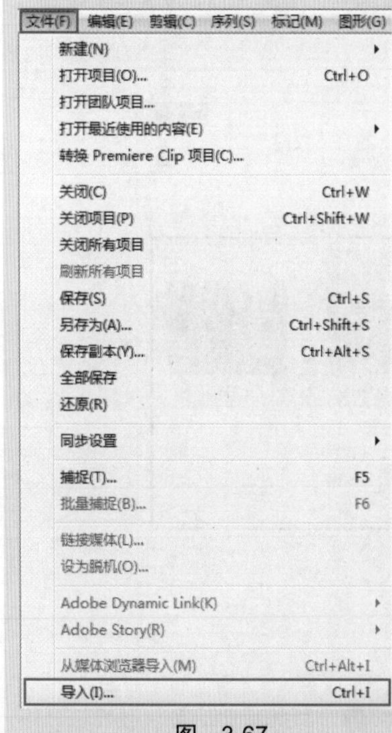

图 3-67　　　　图 3-68

音频素材文件也可以用同样的方法导入【项目】面板中。

案例实战——导入视频素材文件

案例文件	案例文件 \ 第 3 章 \ 导入视频素材文件 .prproj
视频教学	视频文件 \ 第 3 章 \ 导入视频素材文件 .flv
难易指数	★★★★★
技术要点	导入视频文件的方法

扫码看视频

案例效果

平滑连续的画面视觉效果叫作视频，视频素材文件在制作中是经常应用到的素材文件之一，可以在视频的基础上再次进行编辑。本例主要是针对“导入视频素材文件”的方法进行练习，如图 3-69 所示。

图　3-69

操作步骤

（1）打开 Adobe Premiere Pro CC 2018 软件，单击【新建项目】按钮，在弹出的对话框中单击【浏览】按钮设置保存路径，在【名称】后修改文件名称，单击【确定】按钮。选择【文件】/【新建】/【序列】命令，在弹出的对话框中选择【DV-PAL】/【标准 48kHz】，最后单击【确定】按钮，如图 3-70 所示。

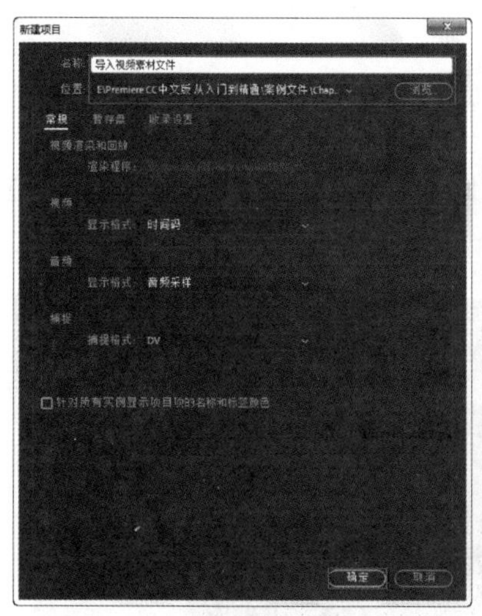

图　3-70

（2）方法一：在【项目】面板空白处双击鼠标左键，在弹出的【导入】对话框中选择需要导入的视频素材，接着单击【打开】按钮，如图 3-71 所示。

方法二：选择【文件】/【导入】命令或按【Ctrl+I】快捷键，在弹出的【导入】对话框中选择需要导入的素材，接着单击【打开】按钮，如图 3-72 所示。

图 3-71

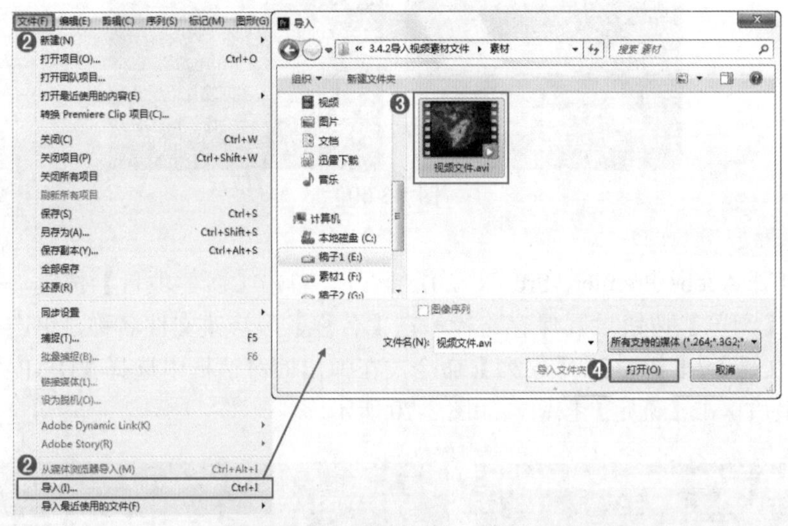

图 3-72

（3）将项目窗口中的视频素材文件拖曳到 V1 轨道，在弹出的【剪辑不匹配】窗口中选择【更改序列设置】，如图 3-73 所示。

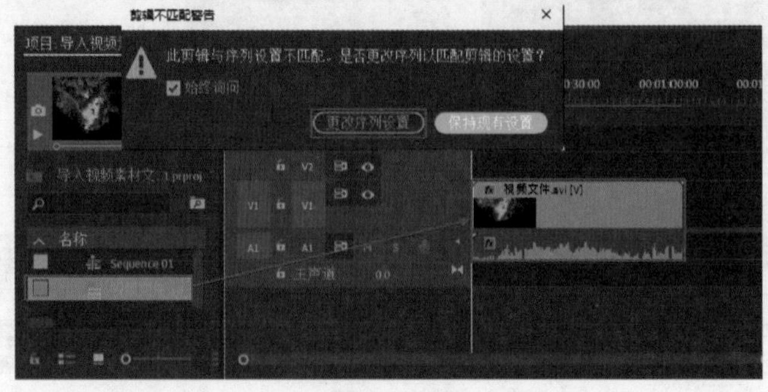

图 3-73

技术拓展：添加多个轨道

默认情况下 Premiere 中有 3 个视频轨道、3 个音频轨道，而很多时候我们制作大型作品时，需要很多轨道来放置素材，那么该如何添加多个轨道呢？

方法一：将【项目】面板中的素材文件按住鼠标左键直接拖曳到空白轨道的位置，如图 3-74 所示。然后释放鼠标左键，即会出现新的轨道，如图 3-75 所示。

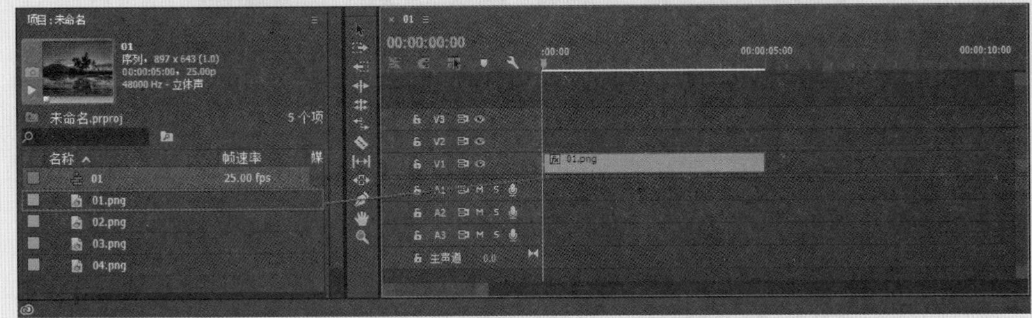

图　3-74

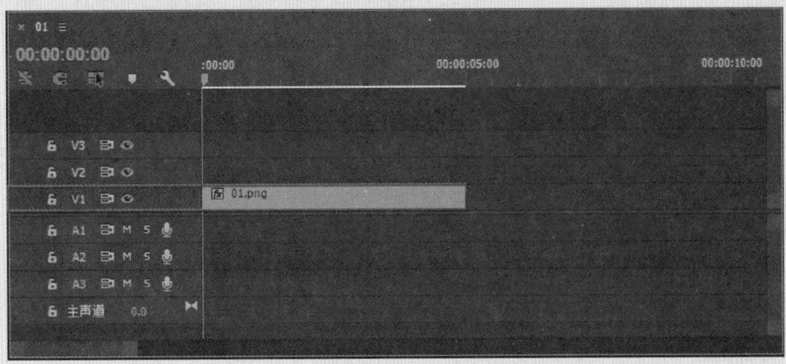

图　3-75

方法二：在轨道栏上单击鼠标右键，在弹出的快捷菜单中选择【添加轨道】命令（见图 3-76），然后在弹出的对话框中可以设置各个轨道的数量，设置完成后单击【确定】按钮即可，如图 3-77 所示。

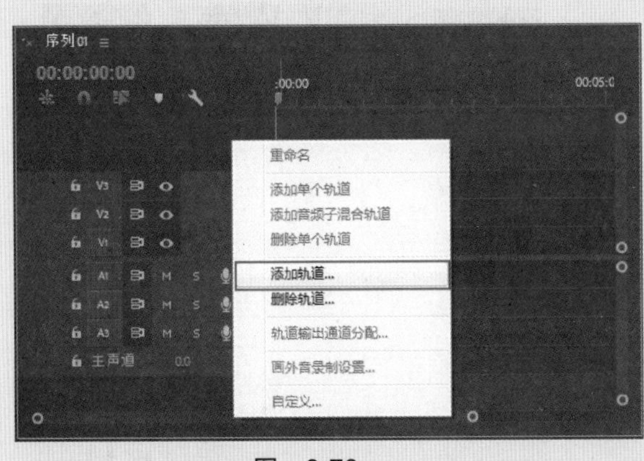

图　3-76

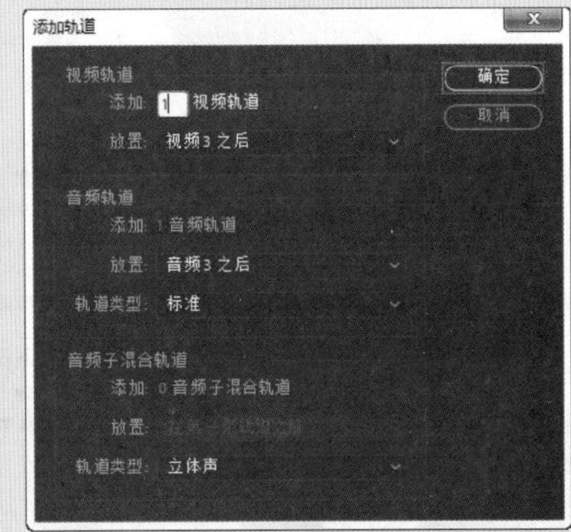

图　3-77

（4）此时拖动时间轴滑块查看最终效果，如图 3-78 所示。

图 3-78

3.4.2 动手学：导入图片

（1）新建项目后，在菜单栏中选择【文件】/【导入】命令或按【Ctrl+I】快捷键，在弹出的【导入】对话框中选择要导入的素材，单击【打开】按钮，如图 3-79 所示。

（2）导入后的效果如图 3-80 所示。

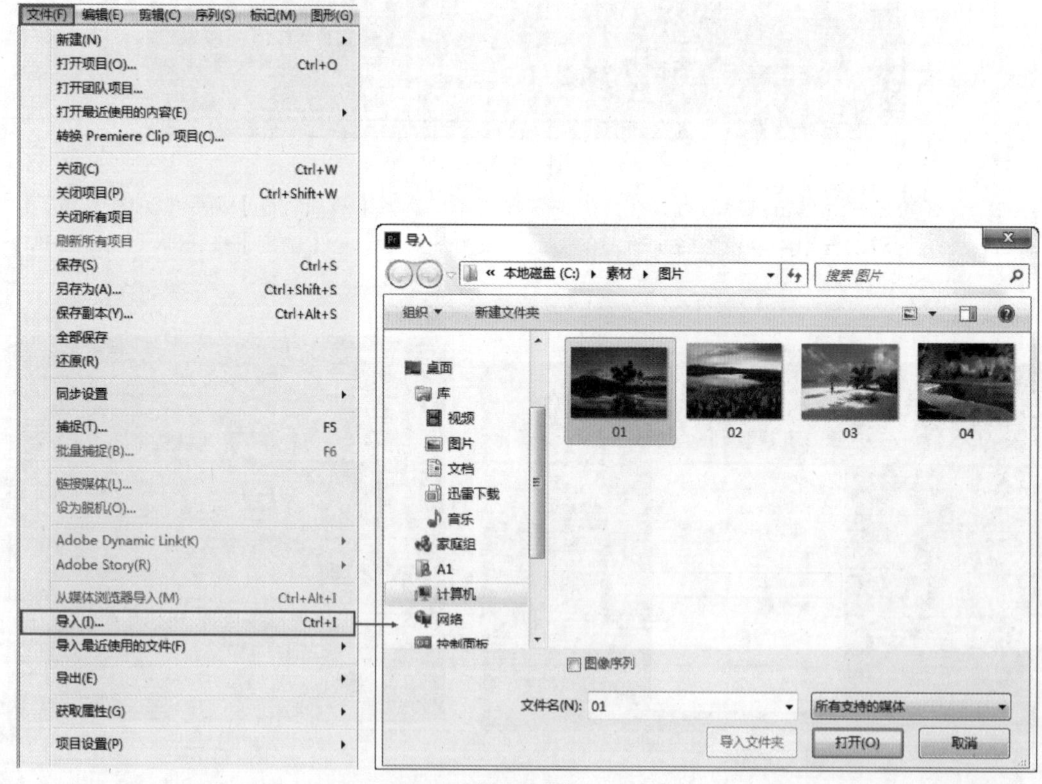

图 3-79

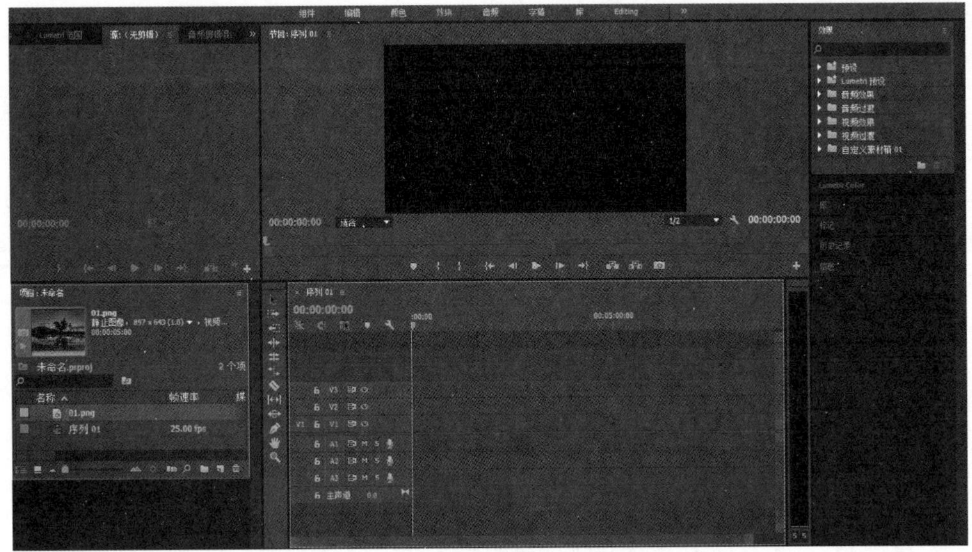

图　3-80

（3）将【项目】面板的素材拖曳到【时间轴】面板中的 V1 轨道上，如图 3-81 所示。

（4）此时的效果如图 3-82 所示。

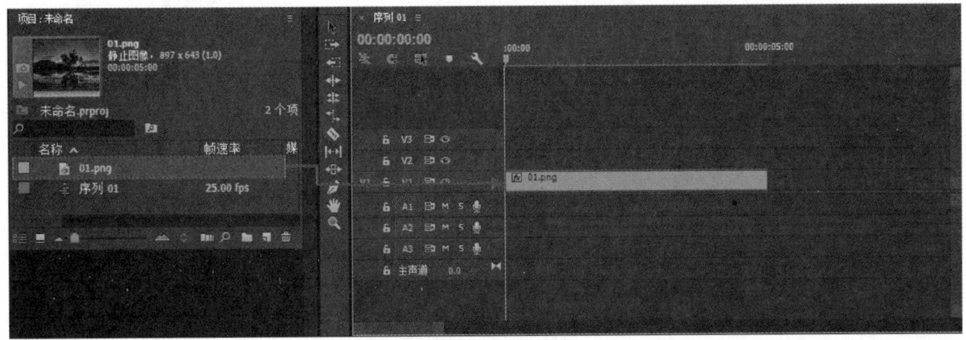

图　3-81

图　3-82

3.4.3 动手学：导入序列素材

静帧序列是按文件名生成的一组有规律的图像文件，每张图像代表一帧，而每一帧连起来就是一段动态的影像。

（1）使用快捷键【Ctrl+I】打开【导入】对话框，然后在该对话框中找到并选择序列素材文件的第一帧图片，接着选中【图像序列】复选框，并单击【打开】按钮，如图 3-83 所示。

（2）此时，在【项目】面板中已经出现了该图像序列素材，如图 3-84 所示。

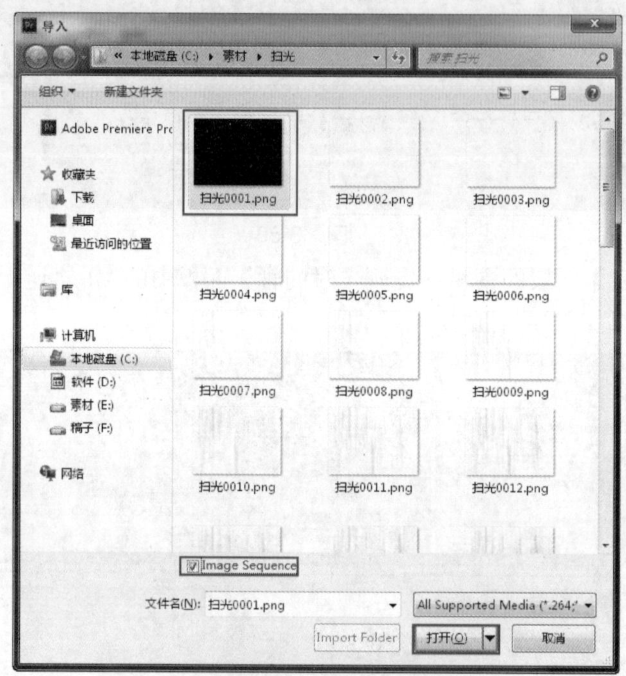

图 3-83

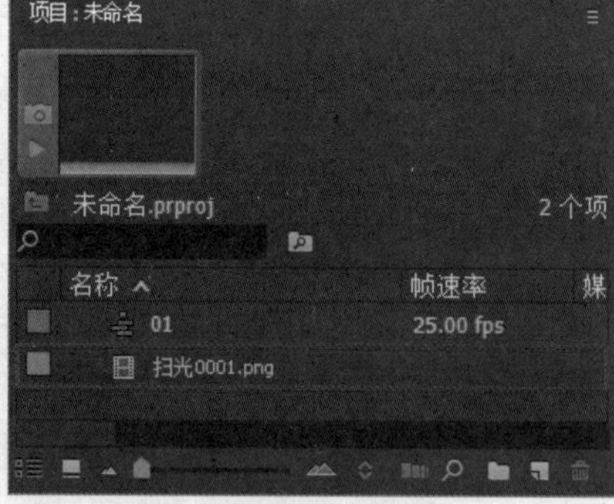

图 3-84

案例实战——导入序列静帧图像

案例文件	案例文件 \ 第 3 章 \ 导入序列静帧图像 .prproj
视频教学	视频文件 \ 第 3 章 \ 导入序列静帧图像 .flv
难易指数	★★★★★
技术要点	导入序列静帧图像的方法

扫码看视频

案例效果

在制作项目时，适当添加一些静帧序列，可以将静帧图像制作出动态影像的效果。本例主要是针对“导入序列静帧图像”的方法进行练习，如图 3-75 所示。

图 3-85

操作步骤

（1）打开 Adobe Premiere Pro CC 2018 软件，单击【新建项目】按钮，在弹出的对话框中进行设置，创建新项目后在菜单栏中选择【文件】/【导入】命令，在弹出的【导入】对话框中选择【01.jpg】，如图 3-86 所示。

图 3-86

（2）选择【文件】/【导入】命令，在弹出的对话框中选择序列图片的第一张图片，接着选中【图像序列】复选框，最后单击【打开】按钮，如图 3-87 所示。

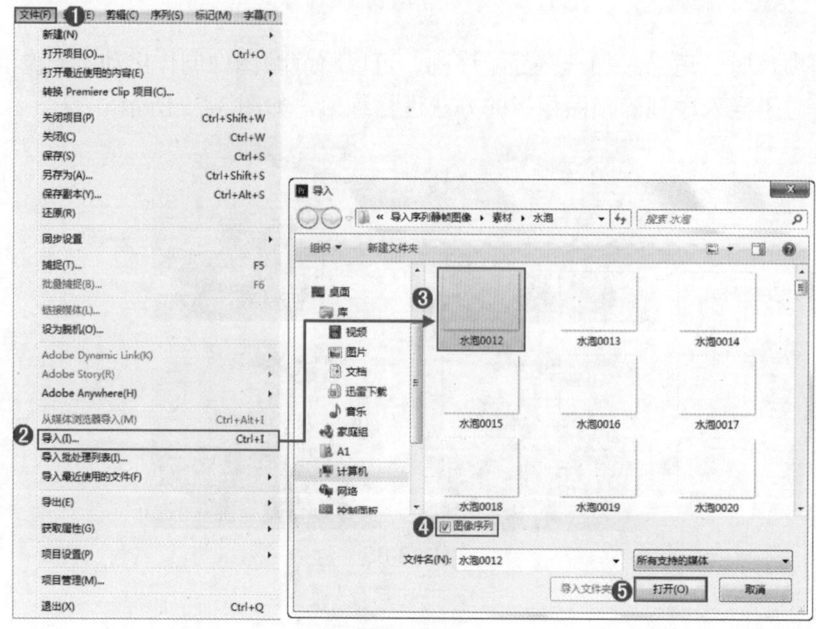

图 3-87

（3）在项目窗口中将【01.jpg】素材文件拖曳到 V1 轨道上，并在【效果控件】面板中设置【缩放】为 85；将【0012.png】水泡素材文件拖曳到 V2 轨道，设置它的【缩放】为 240，如图 3-88 所示。

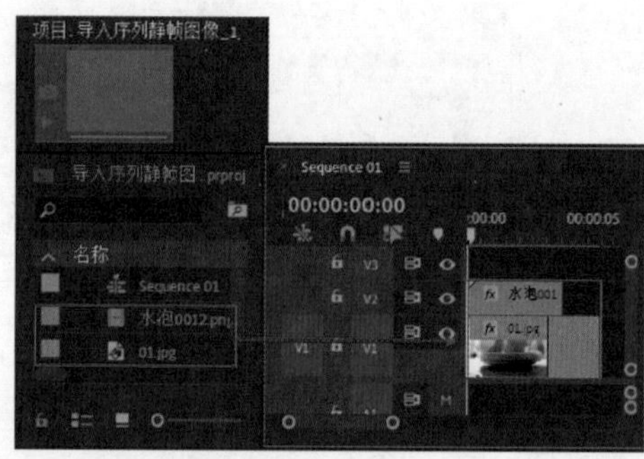

图 3-88

（4）此时拖动时间轴滑块查看最终效果，如图 3-89 所示。

图 3-89

答疑解惑：序列静帧图像有哪些作用？

静帧图像是单张静止的图像，连续的序列静帧图像中，每张图像代表一帧，连起来即为一段动态影像。在制作作品时是常常使用的素材之一。
常用的序列静帧图像格式有 JPG、BMP、TGA 等，且序列静帧图像的排列是按名称的规律排列，例如，“气泡 001、气泡 002、气泡 003……”这样的规律名称排列。

3.4.4　动手学：导入 PSD 素材文件

技术速查：在 Adobe Premiere Pro CC 2018 中导入 PSD 格式的素材文件时，可以选择导入的图层或者整体效果。

（1）使用快捷键【Ctrl+I】打开【导入】对话框，然后在该对话框中选择 PSD 素材文件，单击【打开】按钮，如图 3-90 所示。

图　3-90

（2）弹出【导入分层文件】对话框，选择导入的类型，单击【确定】按钮，如图 3-91 所示。

（3）此时，在【项目】面板中已经出现了所选择导入的 PSD 文件素材，如图 3-92 所示。

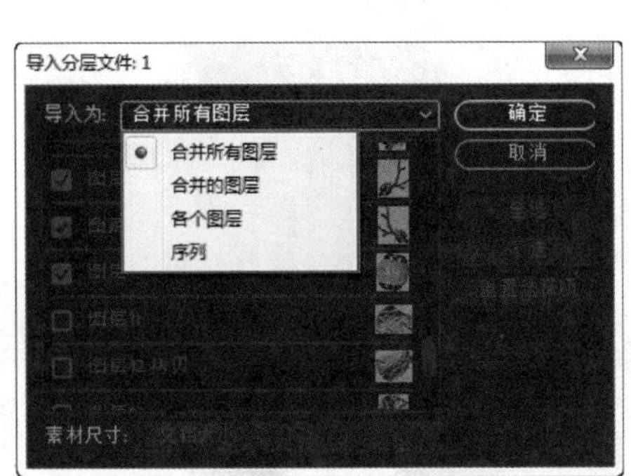

图　3-91

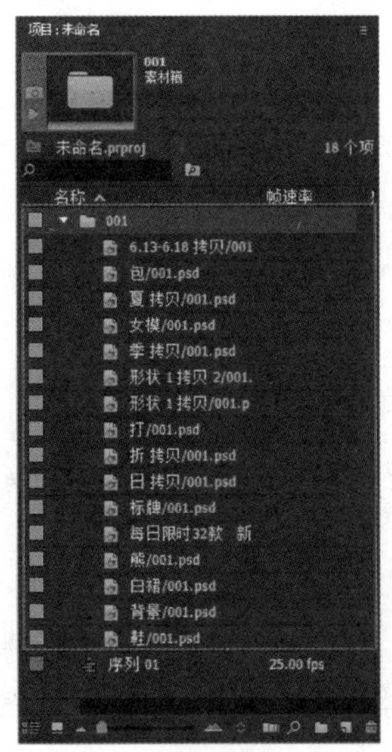

图　3-92

案例实战——导入 PSD 素材文件

案例文件	案例文件 \ 第 3 章 \ 导入 PSD 素材文件 .prproj
视频教学	视频文件 \ 第 3 章导入 PSD 素材文件 .flv
难易指数	★★★★★
技术要点	导入 PSD 素材文件的方法

扫码看视频

案例效果

在 Adobe Premiere Pro CC 2018 软件中，有些复杂的图案效果不能够制作出来，所以可以在 Photoshop 或其他软件中制作完成后再导入其中。本例主要是针对“导入 PSD 素材文件”的方法进行练习，如图 3-93 所示。

图 3-93

操作步骤

（1）打开 Adobe Premiere Pro CC 2018 软件，单击【新建项目】按钮，在弹出的对话框中单击【浏览】按钮设置保存路径，在【名称】后修改文件名称，单击【确定】按钮。选择【文件】/【新建】/【序列】命令，在弹出的对话框中选择【DV-PAL】/【Standard 48kHz】，最后单击【确定】按钮，如图 3-94 所示。

（2）选择【文件】/【导入】命令，打开【导入】对话框，选择需要导入的 PSD 素材文件，单击【打开】按钮，如图 3-95 所示。

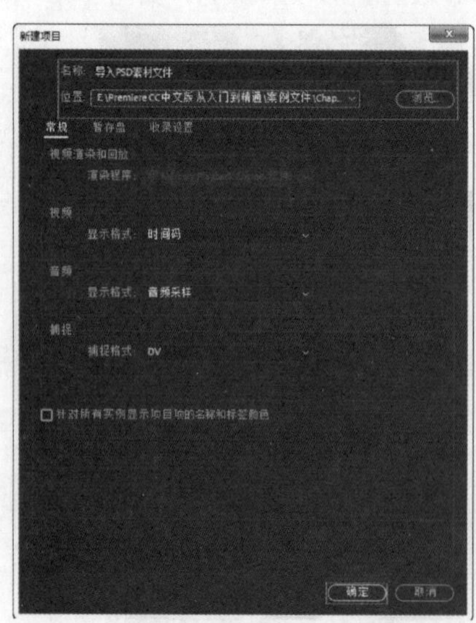

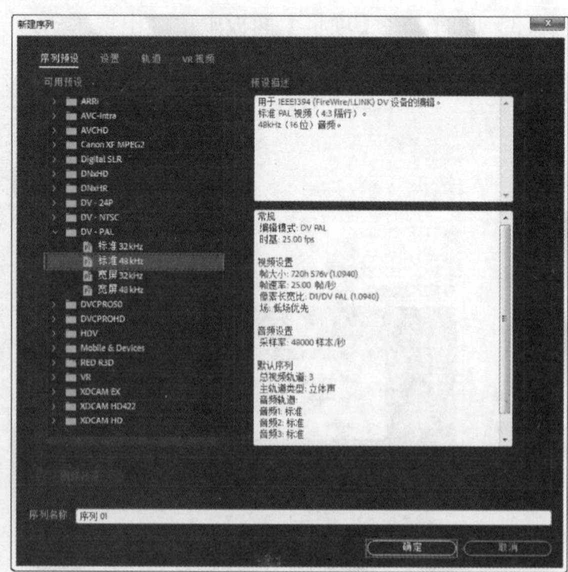

图 3-94

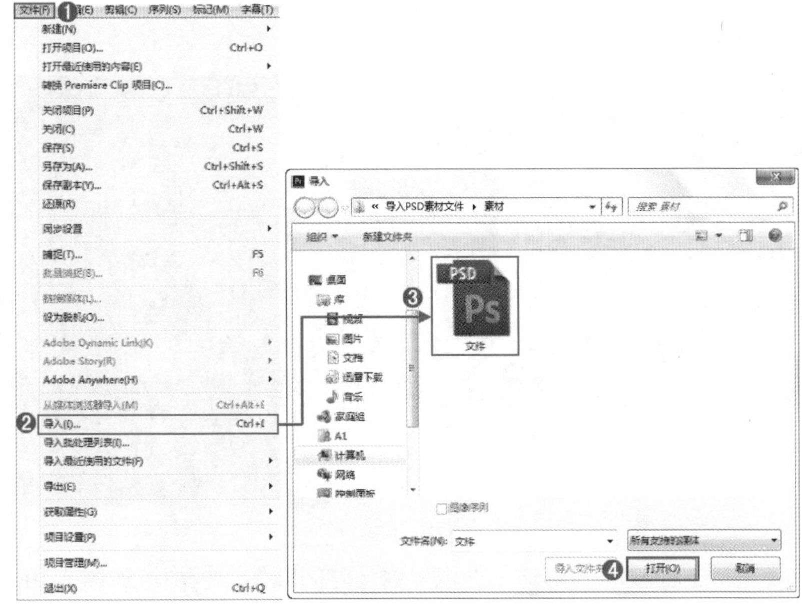

图 3-95

（3）在导入过程中，会弹出【导入分层文件】对话框，设置【导入为】为【各个图层】，单击【全选】按钮，再单击【确定】按钮，如图 3-96 所示。

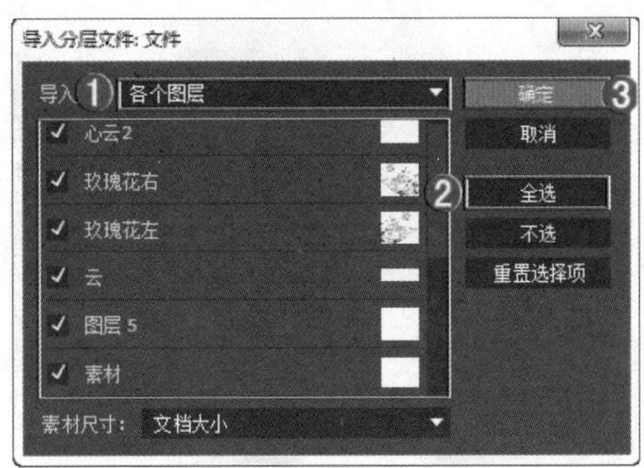

图 3-96

技巧提示：

在【导入分层文件】对话框中，设置【导入为】为【合并所有图层】，则 PSD 素材文件的所有图层合并为一个素材导入，如图 3-97 所示。若设置【导入为】为【合并的图层】，则 PSD 素材文件的图层可以选择，然后再导入，如图 3-98 所示。

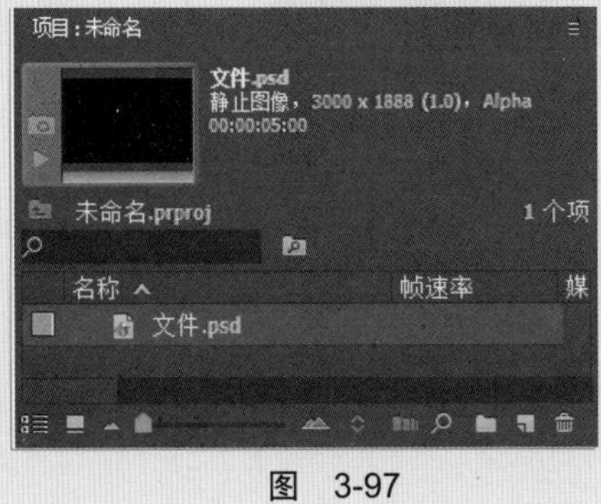

图 3-97

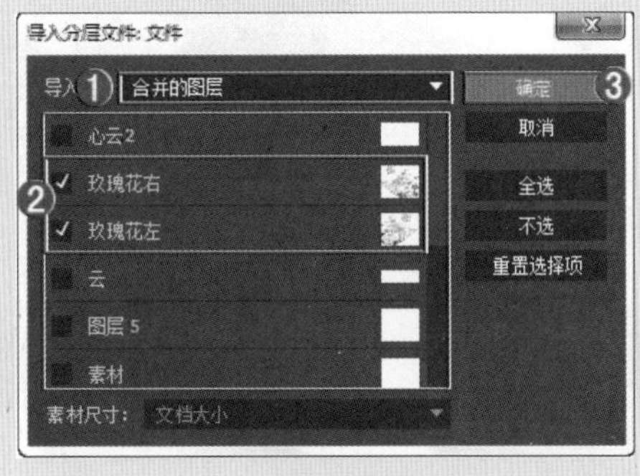

图 3-98

设置【导入为】为【序列】，则可以选择导入的 PSD 素材文件图层，导入后每个图层都是独立的，同时生成一个与文件夹相同的序列素材，如图 3-99 所示。

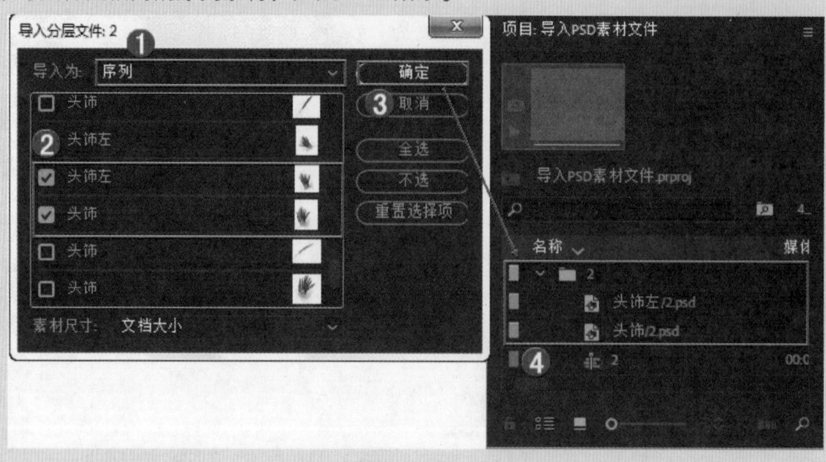

图 3-99

（4）将【项目】面板中的素材文件拖曳到【时间轴】面板中，如图 3-100 所示。

（5）此时拖动时间轴滑块查看最终效果，如图 3-101 所示。

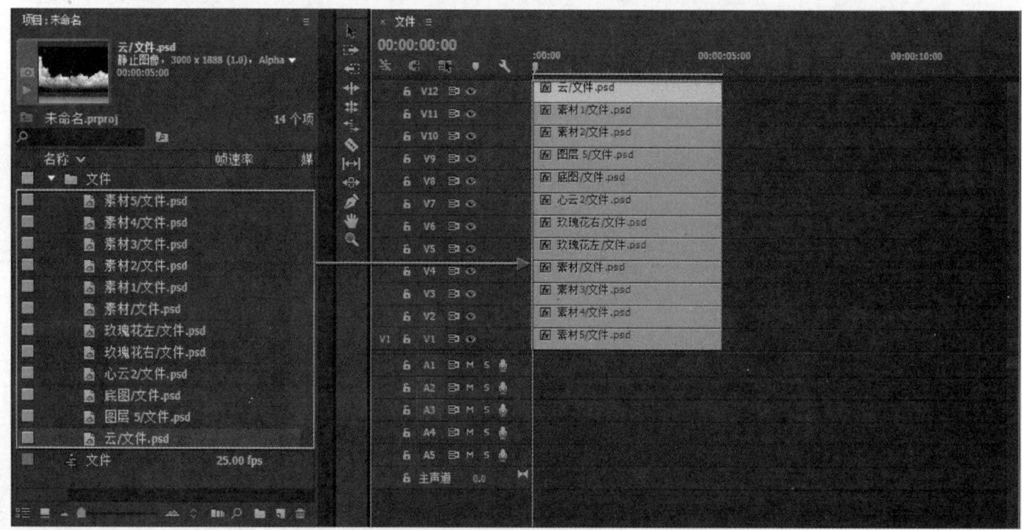

图 3-100

图 3-101

答疑解惑：PSD 素材文件的作用有哪些？

PSD 格式的素材文件即分层文件，是 Photoshop 软件的专用格式，包含各种图层、通道、蒙版等。本身是可以分层的文件格式，这是许多格式做不到的。
在 Adobe Premiere Pro CC 2018 软件中编辑时，利用 PSD 素材文件可以方便地制作出透明的背景效果，也可以省去在其中进行复杂的抠像操作。

3.4.5　动手学：导入素材文件夹

有些素材文件已经分类保存在文件夹中，可以直接将整个文件夹导入 Adobe Premiere Pro CC 2018 中，而不用在【项目】面板中新建文件夹进行分类整理。

（1）使用快捷键【Ctrl+I】打开【导入】对话框，然后在该对话框中选择一个素材文件夹，并单击【打开】按钮，如图 3-102 所示。

（2）此时，在【项目】面板中已经出现了所选择导入的文件夹和文件夹内的素材，如图 3-103 所示。

图　3-102

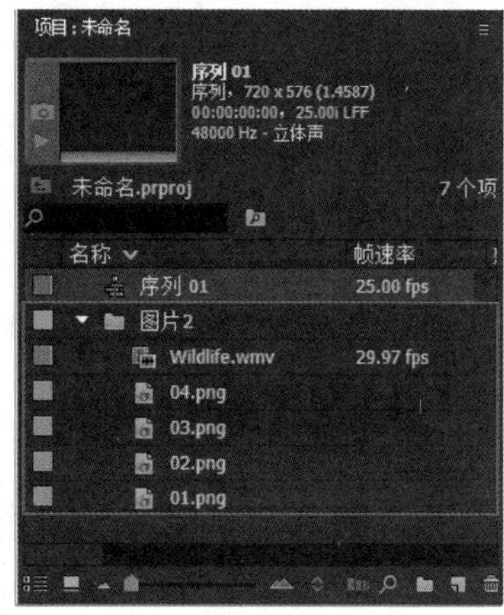

图　3-103

本 章 小 结

在编辑影片之前，需要新建序列和对素材进行导入，这样才能进行下一步的编辑工作，是制作项目的前提和基础。通过本章的学习，可以掌握新建项目、序列和文件夹的基础操作，以及各类素材的导入方法。

Premiere 的编辑基础

在使用 Adobe Premiere Pro CC 2018 制作项目时，首先要掌握它的编辑基础方法。本章介绍了查看素材属性，设置入点、出点和标记等基础方法，以及素材编辑中相关命令的使用和编辑操作的方法。

本章重点：

- 掌握素材属性的查看、设置入点和出点的方法
- 掌握修改速度、提升和提取、设置标记、尺寸匹配的方法
- 掌握复制和粘贴、成组和解组、链接和取消链接等基础操作应用
- 掌握帧定格、帧混合、场选项、音频增益、嵌套和替换素材、颜色遮罩的使用方法

4.1　素材属性

在制作项目过程中，很多时候需要我们了解文件中素材的相关属性，如素材的帧速率、媒体开始、媒体结束和媒体时间等。

在 Adobe Premiere Pro CC 2018 中，一般可以通过 4 种方法查看素材的相关属性。

1．动手学：查看磁盘目录中的素材属性

（1）查看磁盘目录中的素材属性。打开或新建一个项目工程文件，选择【文件】/【获取属性】/【文件】命令，如图 4-1 所示。

（2）选择文件后，会弹出素材文件的【属性】分析对话框。如图 4-2 所示为一张 JPG 格式的图片文件属性信息。

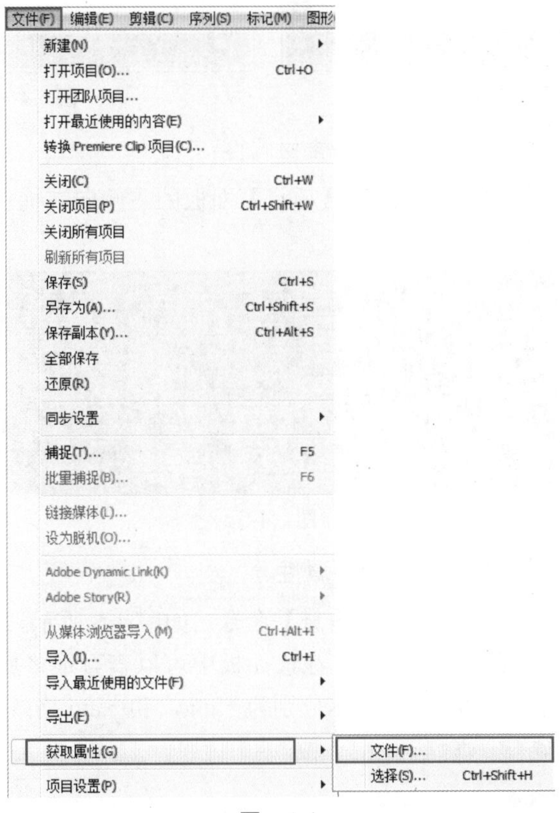

图　4-1

属性: ≡

文件路径:案例文件\Chapter 04 Premiere的基本操作\彩色蒙板\预览图.jpg

类型: JPEG 文件
文件大小: 71.29 KB
图像大小: 848 x 620

图　4-2

2．动手学：查看【项目】面板中的素材属性

（1）首先选择【项目】面板中的某一素材，然后选择【文件】/【获取属性】/【选择】命令，即可弹出素材文件的【属性】分析对话框。如图 4-3 所示为 JPEG 格式的图片属性信息。

（2）同样的方法可以对音频素材属性进行分析。对于音频素材，详细属性有音频采样、时间长度以及速率等。如图 4-4 所示为一段 MP3 格式的音频文件属性信息。

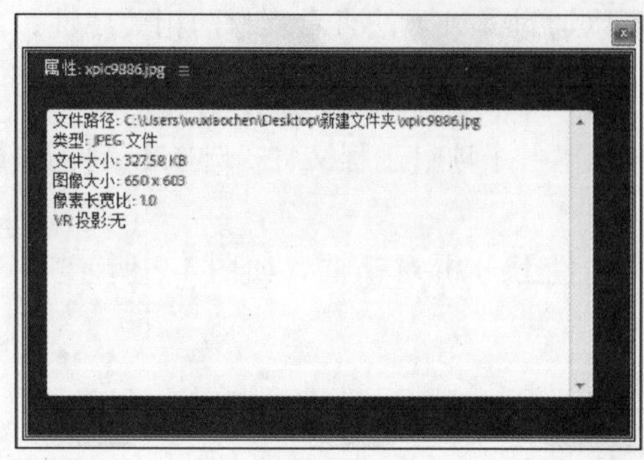

图 4-3

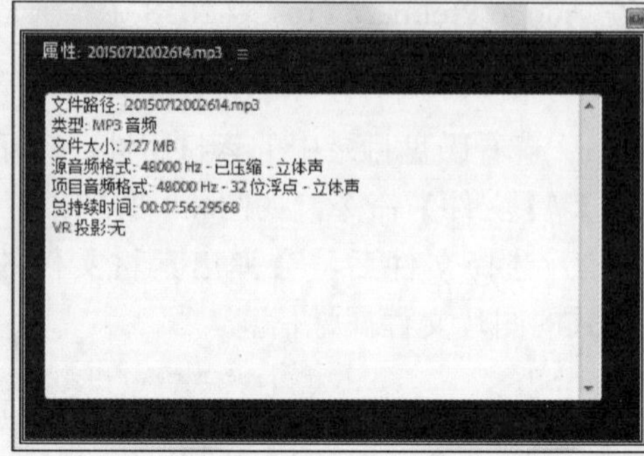

图 4-4

3．动手学：通过【项目】面板查看素材属性

将素材导入【项目】面板，然后将【项目】面板的右侧向右拖曳，就可以查看所有的素材属性，如图 4-5 所示。

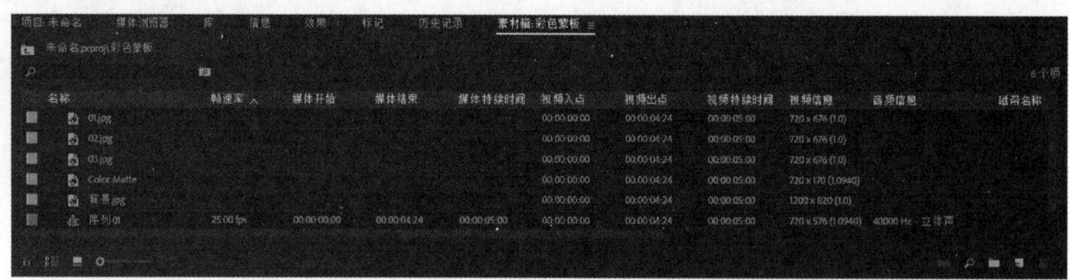

图 4-5

4．动手学：通过【信息】面板查看属性

（1）在菜单栏中选择【窗口】/【信息】命令，如图 4-6 所示。

（2）此时可以调出【信息】面板。在该面板中可以查看很多属性，可以详细到素材的轨道空隙和转场等信息。如图 4-7 所示分别为 *.jpg，和 *.avi 格式的文件属性信息。

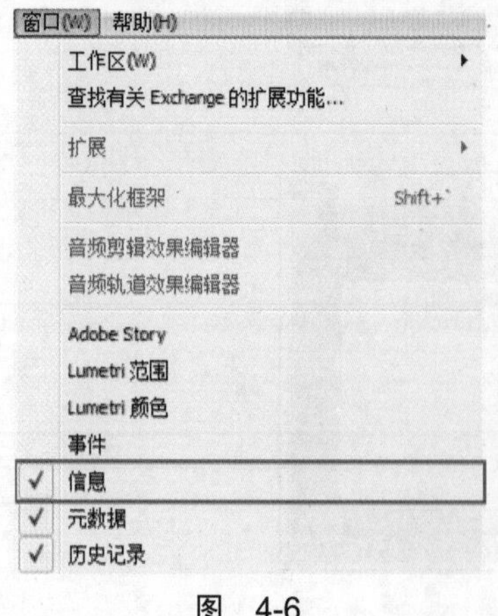

图 4-6

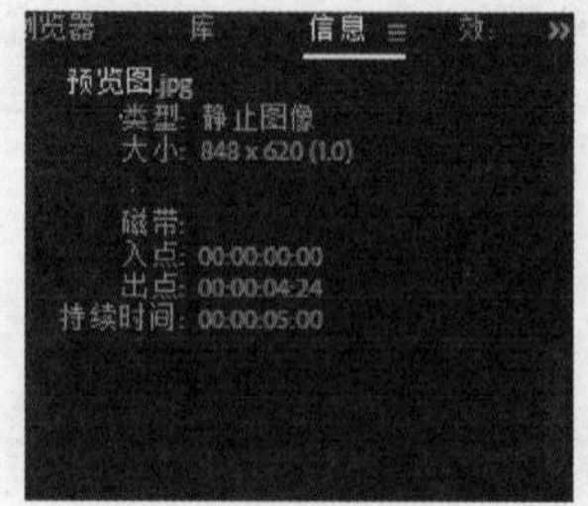

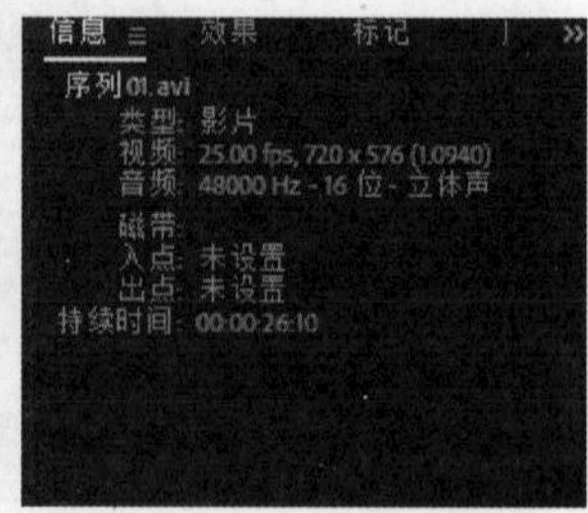

图 4-7

4.2　添加素材到监视器

在 Adobe Premiere Pro CC 2018 默认编辑界面中，有【源】监视器和【节目】监视器。在每个监视器下面有各个不同作用的效果控件键。【源】监视器是负责存放和显示待编辑的素材，如图 4-8 所示。【节目】监视器是用于同步预览【时间轴】面板中完成的素材编辑效果，如图 4-9 所示。

图　4-8

图　4-9

技术速查：在【源】监视器和【节目】监视器中可以添加和删除素材。

1. 动手学：在【节目】监视器中添加素材

（1）在【项目】面板中选择单个或多个素材片段，将它们拖曳到【节目】监视器中，如图 4-10 所示。它们会自动以选择时的顺序排列到时间轴轨道中，如图 4-11 所示。

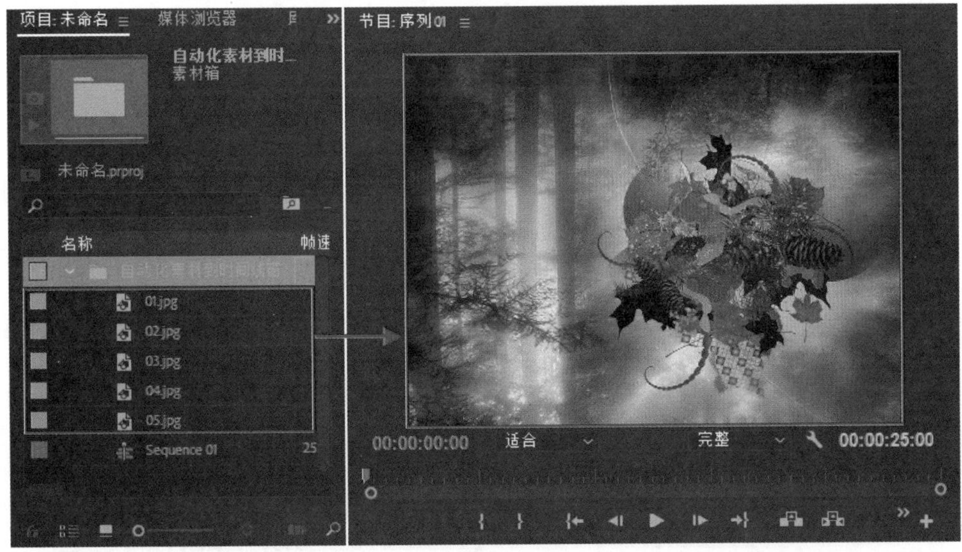

图　4-10

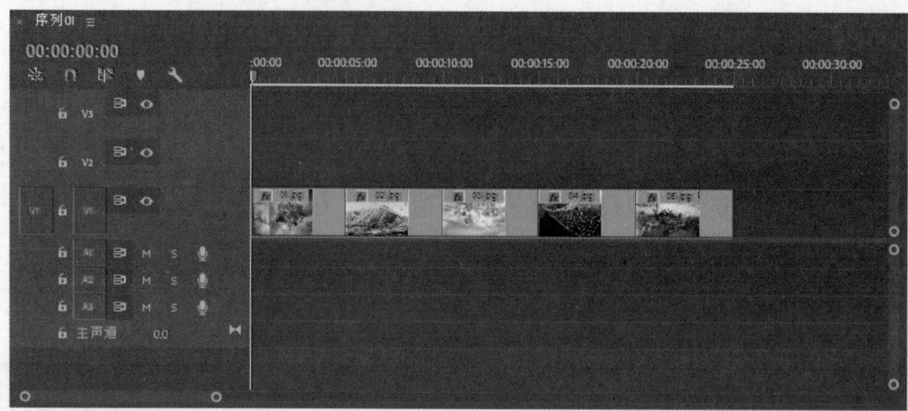

图 4-11

（2）在时间轴轨道中的素材文件上双击鼠标左键，如图 4-12 所示。此时，该素材被添加到【源】监视器中，并出现在文件列表中，如图 4-13 所示。

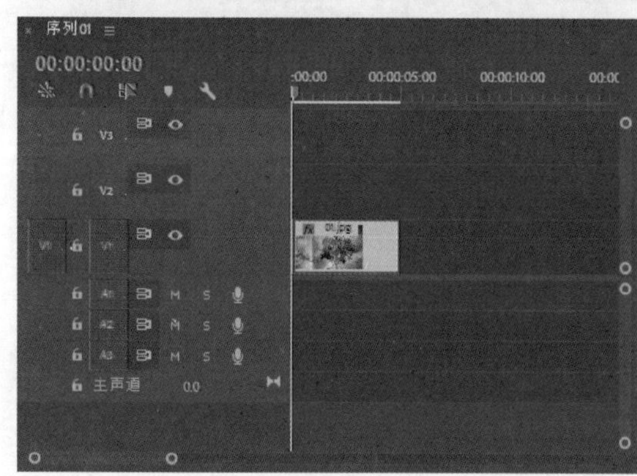

图 4-12

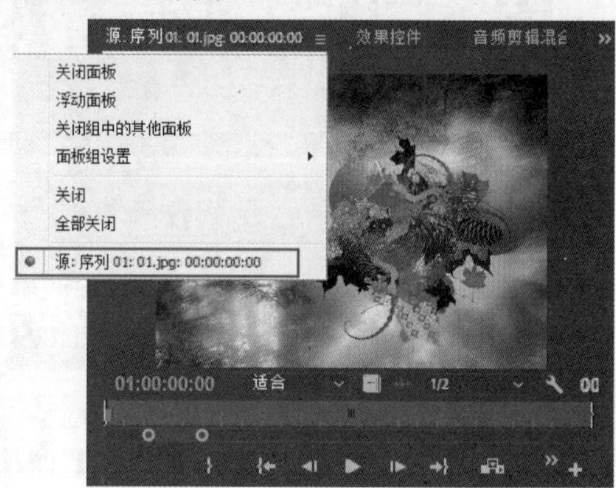

图 4-13

2. 动手学：在【源】监视器中添加素材

在【项目】面板中选择多个素材，将其直接拖曳到【源】监视器中，如图 4-14 所示。此时，【源】监视器中会显示最后导入的素材，而添加的素材也会在文件列表中显示，如图 4-15 所示。

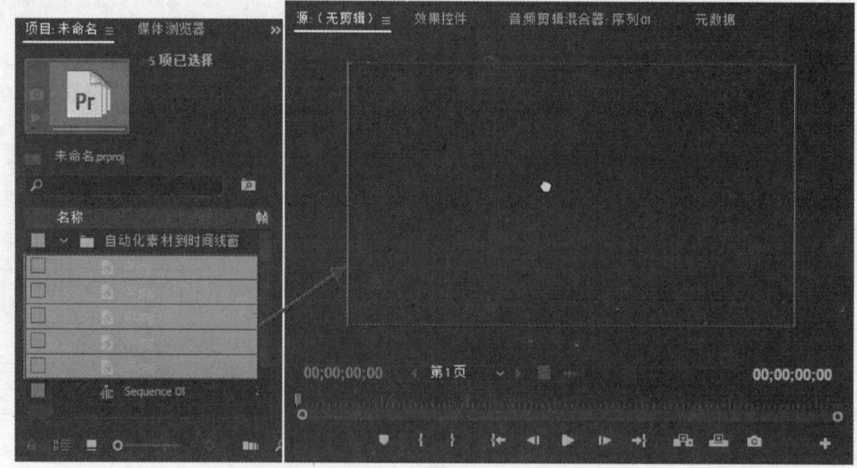

图 4-14

图　4-15

3. 动手学：删除【源】监视器中素材

（1）当需要删除【源】监视器中的全部素材时，只需要选择面板菜单中的【全部关闭】命令即可，如图 4-16 所示。

（2）若要删除【源】监视器中的某一素材，需要先选择该素材，如图 4-17 所示。然后在面板菜单中选择【关闭】命令即可，如图 4-18 所示。

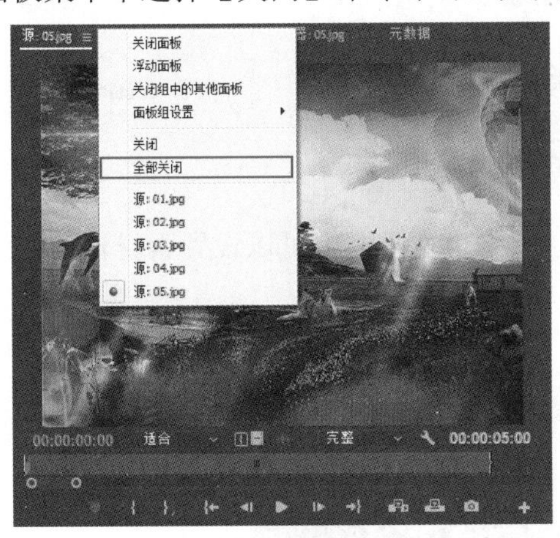

图　4-16

图　4-17

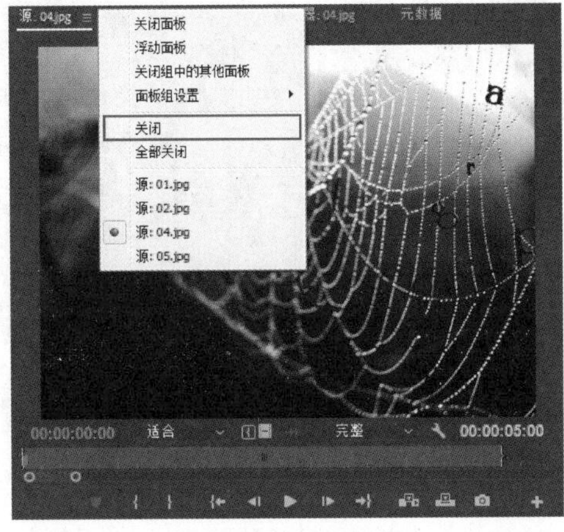

图　4-18

4.3 动手学：自动化素材到【时间轴】面板

技术速查：应用【自动匹配序列】命令，可以快速将素材添加到【时间轴】面板中，并可以随机添加转场效果。

（1）首先在【项目】面板中选择需要添加到【时间轴】面板的素材文件，如图 4-19 所示。然后选择【项目】面板菜单中的【自动匹配序列】命令，如图 4-20 所示。

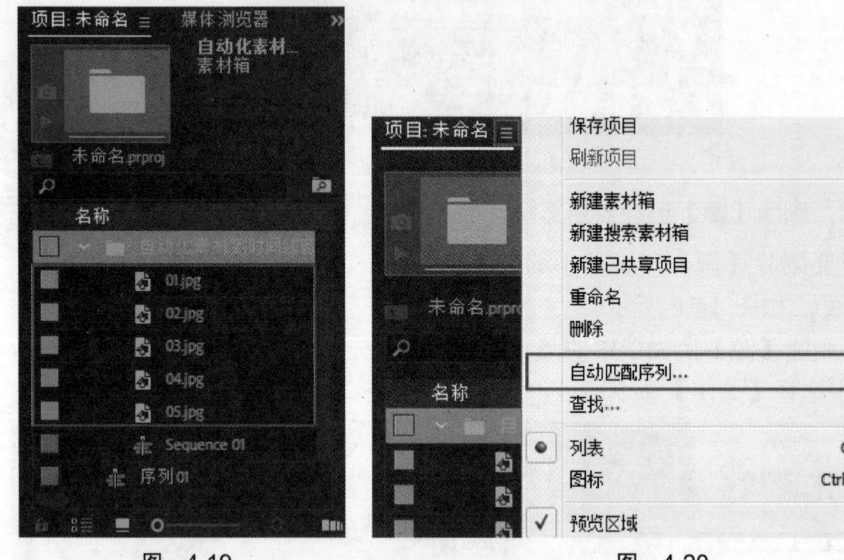

图 4-19　　图 4-20

（2）此时会弹出【序列自动化】对话框，在该对话框中可以设置素材自动化到时间轴轨道的排列方式、添加方式和转场时间等，如图 4-21 所示。

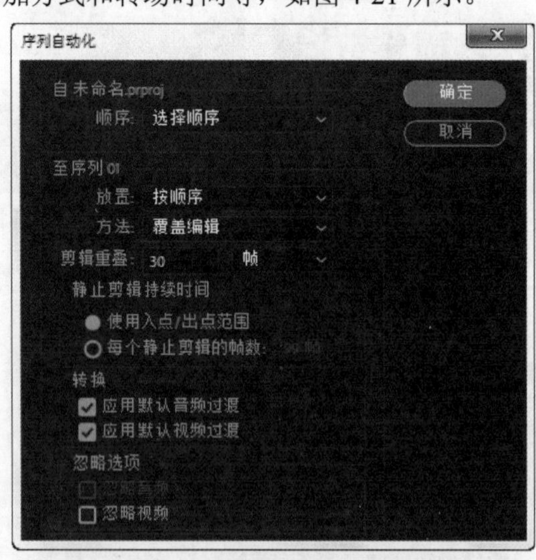

图 4-21

- 顺序：设置自动化素材到时间轴轨道的排列方式，有以下两种模式。
  - 选择顺序：按照在【项目】面板中选择素材时的顺序进行自动添加。
  - 排序：按素材在【项目】面板中的排列顺序进行自动添加。

- 放置：设置素材在时间轴轨道上的放置方式，有以下两种方式。
  - 按顺序：将素材无空隙地排放在时间轴轨道上。
  - 在未编号的标记：素材以无编号的标记为基准放置到时间轴轨道中。
- 方法：设置自动化到时间轴轨道上的添加方式，有以下两种方式。
  - 插入编辑：素材以插入的方式添加到时间轴轨道上，原有的素材被分割，内容不变，总长度等于插入素材和原有素材的总和。
  - 覆盖编辑：素材以覆盖的方式添加到时间轴轨道上，原有的素材被覆盖替换。
- 剪辑重叠：设置素材重叠（过渡或转场）的帧长度。默认为 30 帧，即两段素材各自 15 帧的重叠帧。
- 应用默认音频过渡：使用默认的音频过渡效果。在【效果】面板中可以定义一种默认音频过渡效果。
- 应用默认视频过渡：使用默认的视频过渡效果。在【效果】面板中可以定义一种默认视频过渡效果。
- 忽略音频：设置在自动化到时间轴轨道上时是否忽略素材的音频部分。
- 忽略视频：设置在自动化到时间轴轨道上时是否忽略素材的视频部分。

案例实战——自动化素材到【时间轴】面板

案例文件	案例文件 \ 第 4 章 \ 自动化素材到时间轴面板 .prproj
视频教学	视频文件 \ 第 4 章 \ 自动化素材到时间轴面板 .flv
难易指数	★★★★★
技术要点	自动化素材到【时间轴】面板

扫码看视频

案例效果

将素材文件快速自动化到【时间轴】面板中是常用的高效方式，并且可以自动添加转场效果。本例主要是针对“自动化素材到【时间轴】面板”的方法进行练习，如图 4-22 所示。

图　4-22

操作步骤

（1）打开 Adobe Premiere Pro CC 2018 软件，单击【新建项目】按钮，在弹出的对话框中单击【浏览】按钮设置保存路径，在【名称】后设置文件名称，设置完成后单击【确定】按钮。接着选择【文件】/【新建】/【序列】命令，在弹出的对话框中选择【DV-PAL】/【标准 48kHz】，如图 4-23 所示。

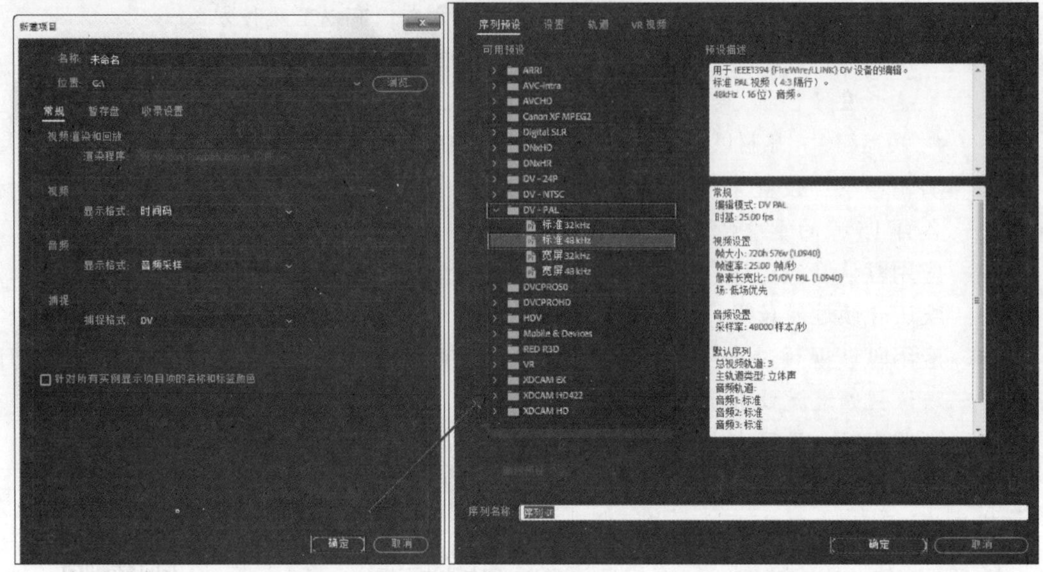

图 4-23

（2）选择菜单栏中的【文件】/【导入】命令或按【Ctrl+I】快捷键，在打开的对话框中选择所需的素材文件，单击【打开】按钮导入，如图 4-24 所示。

图 4-24

（3）在【项目】面板中选择需要添加到【时间轴】面板的素材，然后选择【项目】面板菜单中的【自动匹配序列】命令，在弹出的对话框中单击【确定】按钮，如图 4-25 所示。

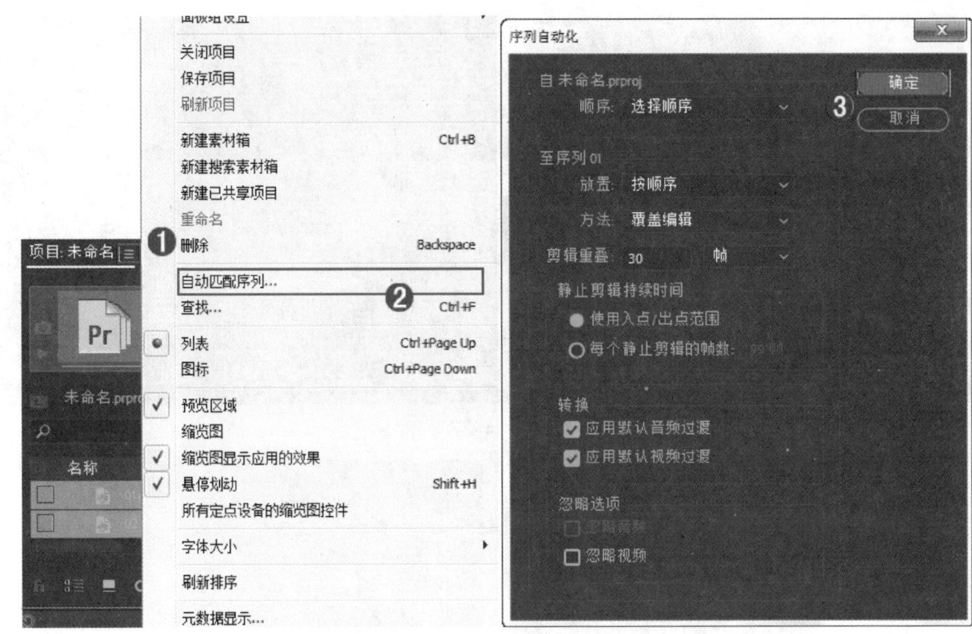

图　4-25

技巧提示：

单击【项目】面板下方的 （自动匹配序列）按钮，可以快速打开【序列自动化】对话框，如图 4-26 所示。

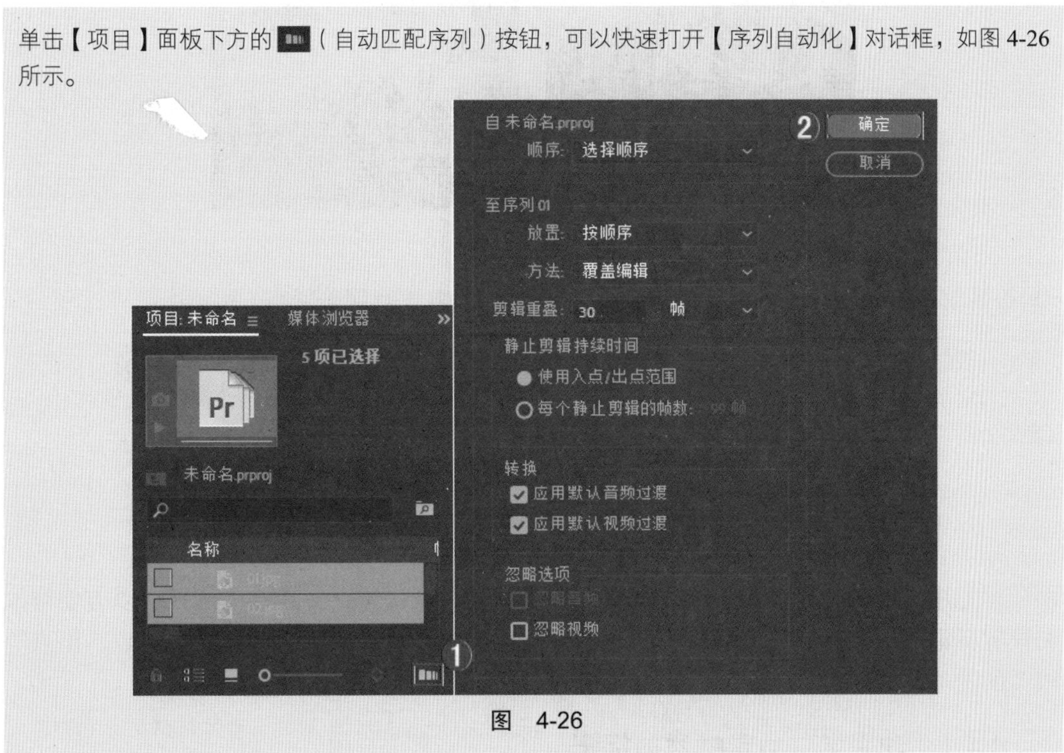

图　4-26

（4）此时，素材已经自动化到【时间轴】面板中，如图 4-27 所示。

（5）此时拖动时间轴滑块查看最终效果，如图 4-28 所示。

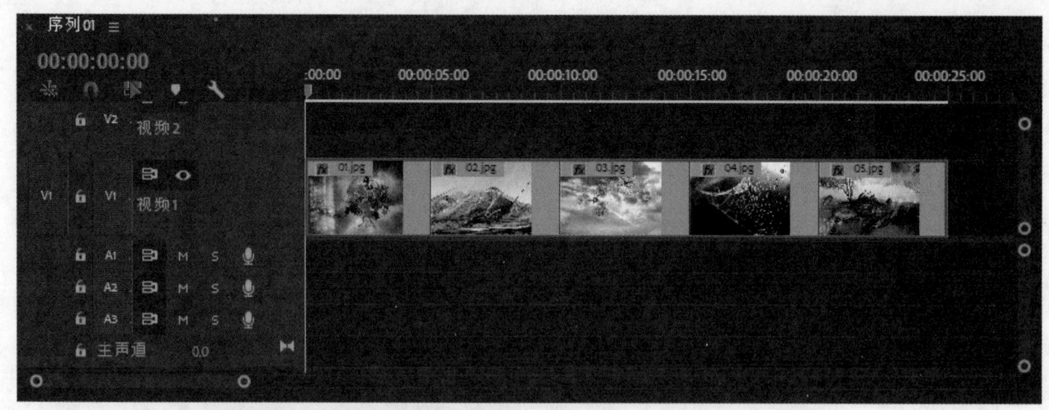

图 4-27

图 4-28

答疑解惑：使用自动化素材到【时间轴】面板的方法有哪些优点？

自动化素材到【时间轴】面板是非常实用高效的，它还可以根据选择的素材来设置添加条件，如排列方式和转场效果等。还可以利用时间轴的位置来设置自动化素材的起始位置，为制作作品节省操作步骤与时间。

4.4 设置标记

标记用于标注某些需要编辑的位置。利用标记可以快速查找到这些位置，以方便修改和设置标记的素材文件。在菜单栏的【标记】菜单中，可以看到有关标记和入点、出点等相关的选项，如图 4-29 所示。

4.4.1 动手学：为素材添加标记

技术速查：在【源】监视器中可以为【时间轴】面板中的素材文件添加标记。

（1）双击【时间轴】面板中需要标记的素材文件，然后在【源】监视器中拖动时间轴滑块来预览素材，预览到需要标记的位置时，单击下面的 ▼（添加标记）按钮来为素

材添加标记，如图 4-30 所示。

（2）此时，在【时间轴】面板中的该素材文件的相应位置也出现了标记，如图 4-31 所示。

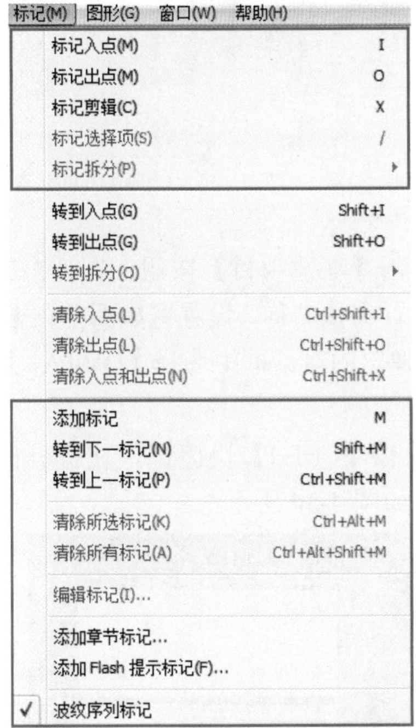

图　4-29

图　4-30

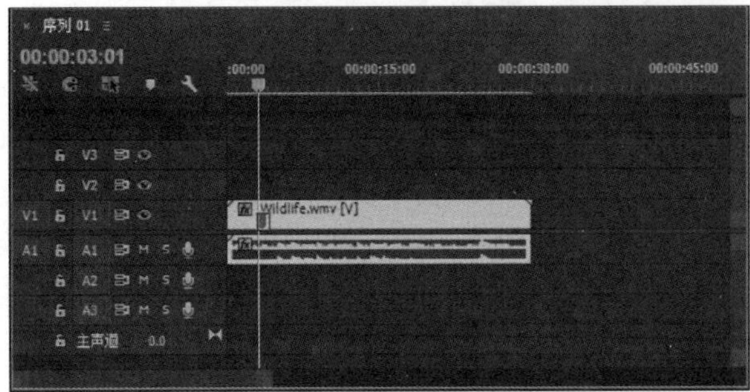

图　4-31

技巧提示：

可以单击【监视器】面板下面的 （转到上一标记）和 （转到下一标记）按钮来快速查找标记点。

案例实战——设置标记

案例文件	案例文件 \ 第 4 章 \ 设置标记 .prproj
视频教学	视频文件 \ 第 4 章 \ 设置标记 .flv
难易指数	★★★★★
技术要点	设置标记的方法

扫码看视频

案例效果

标记用于标注某些编辑的位置。利用标记可以快速查找到这些位置，以方便修改和设置标记的素材文件。本例主要是针对“设置标记”的方法进行练习，如图 4-32 所示。

图 4-32

操作步骤

（1）打开 Adobe Premiere Pro CC 2018 软件，单击【新建项目】按钮，在弹出的对话框中单击【浏览】按钮设置保存路径，在【名称】后设置文件名称，设置完成后单击【确定】按钮。接着选择【文件】/【新建】/【序列】命令，在弹出的对话框中选择【DV-PAL】/【标准 48kHz】，如图 4-33 所示。

（2）选择菜单栏中的【文件】/【导入】命令或按【Ctrl+I】快捷键，在打开的对话框中选择所需的素材文件，单击【打开】按钮导入，如图 4-34 所示。

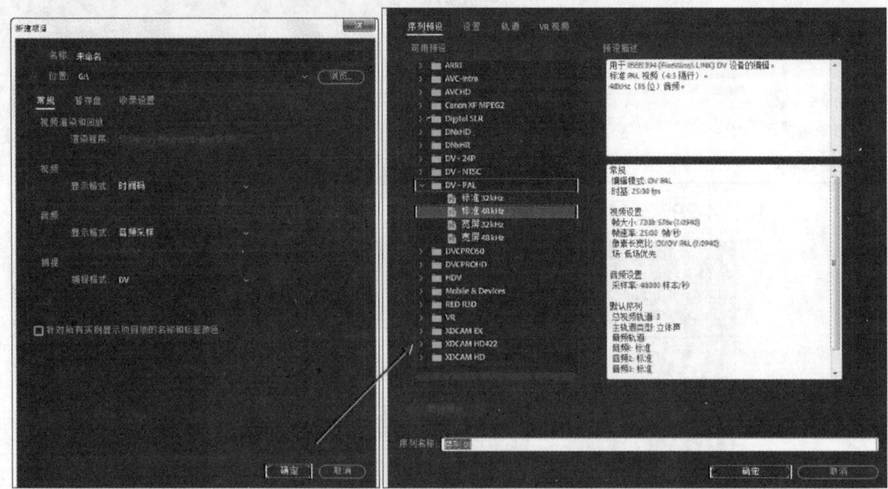

图 4-33

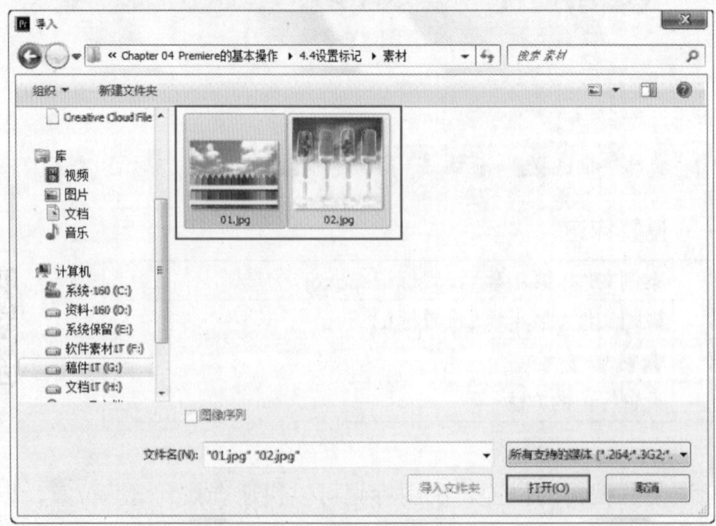

图 4-34

（3）将素材拖曳到【时间轴】面板后，选择这两个素材，右击执行【缩放为帧大小】，然后在【效果控件】面板中设置【01.jpg】素材文件的【缩放】为 104，【02.jpg】素材文件的【位置】为（360, 332），【缩放】为 137，然后在节目监视器中拖动时间线滑块预览素材，预览到要标记的位置时，单击下方标记点按钮 为素材添加标记，如图 4-35 所示。

（4）在【时间轴】面板中的素材文件上方的相应的位置出现标记，如图 4-36 所示。

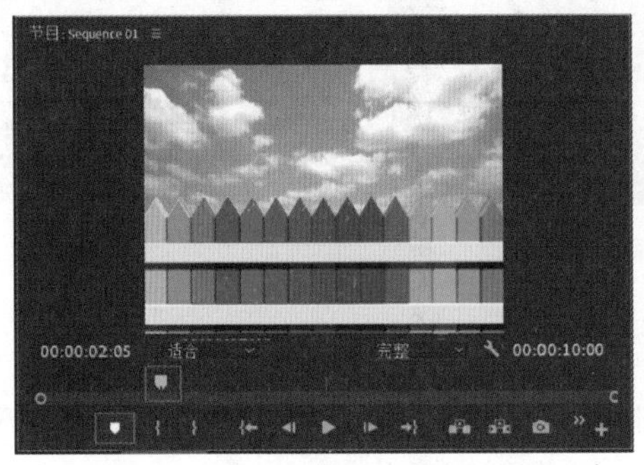

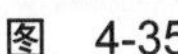
图 4-35

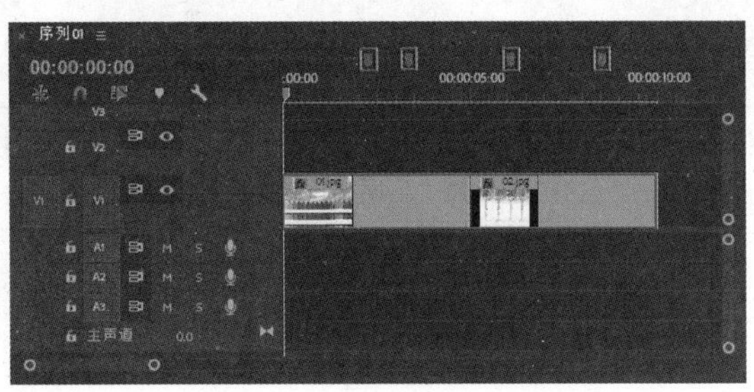

图 4-36

✍答疑解惑：设置标记的作用有哪些？

设置标记来标记时间轴的位置，方便快速查找和定位时间轴的某一画面位置。这在编辑视频中可以有效地提高编辑工作的效率。

有些时候需要查看某些画面，方便对比制作。此时利用设置的标记可以快速查看。

4.4.2 为序列添加标记

1. 动手学：在【节目】监视器中添加标记

（1）在【节目】监视器中将时间轴滑块拖到需要添加标记的位置，然后单击下面的 （添加标记）按钮，即可在当前位置添加一个标记，如图 4-37 所示。

（2）此时，在【时间轴】面板中的该序列上也出现了标记，如图 4-38 所示。

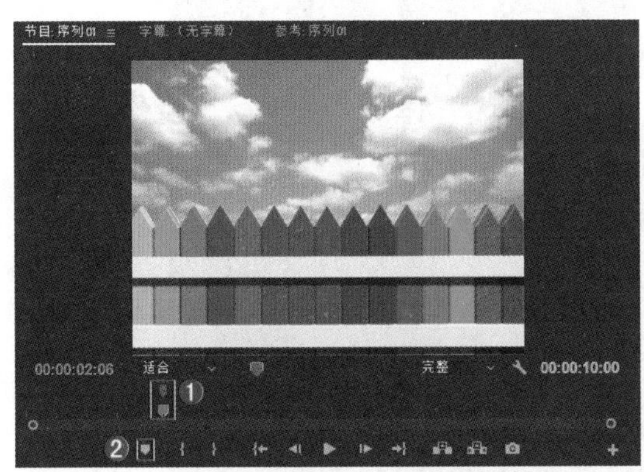

图 4-37

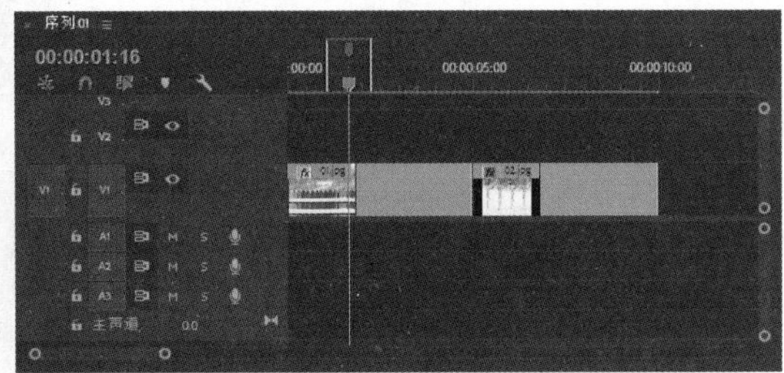

图 4-38

2. 动手学：在【时间轴】面板中设置标记

在【时间轴】面板中，将时间轴滑块拖到需要添加标记的位置，然后单击【时间轴】

面板中的（添加标记）按钮即可，如图 4-39 所示。此时，在时间轴滑块的位置出现一个标记，如图 4-40 所示。

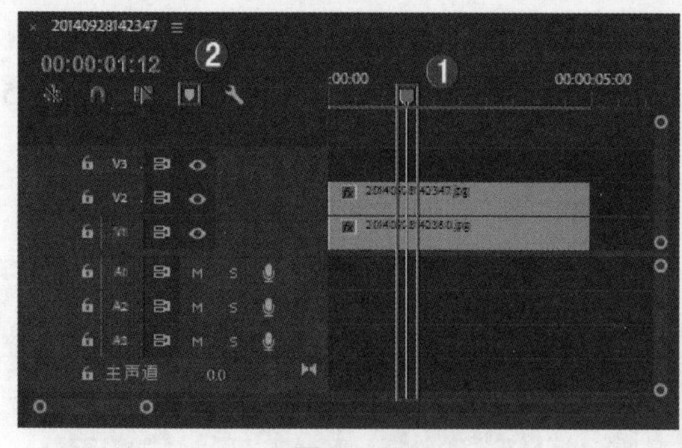

图 4-39

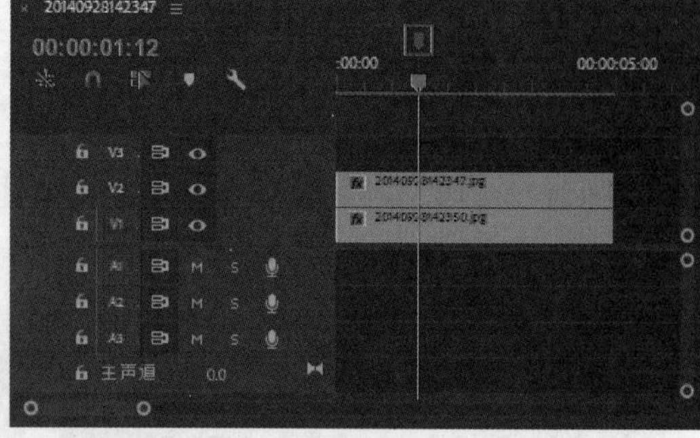

图 4-40

4.4.3 动手学：编辑标记

技术速查：在为素材添加多个标记时，为了防止混乱，可以对素材上的标记进行命名。通过菜单栏中的【标记】/【编辑标记】命令可以对标记进行编辑。

（1）在【监视器】面板中选择标记，然后在菜单栏中选择【标记】/【编辑标记】命令，如图 4-41 所示。

（2）在弹出的对话框中可以选择标记，并设置该标记的【名称】和【注释】等。设置完成后即可，如图 4-42 所示。

（3）此时，当鼠标移动到该标记上时，则会出现带有其名称和注释等相关信息的标签，如图 4-43 所示。

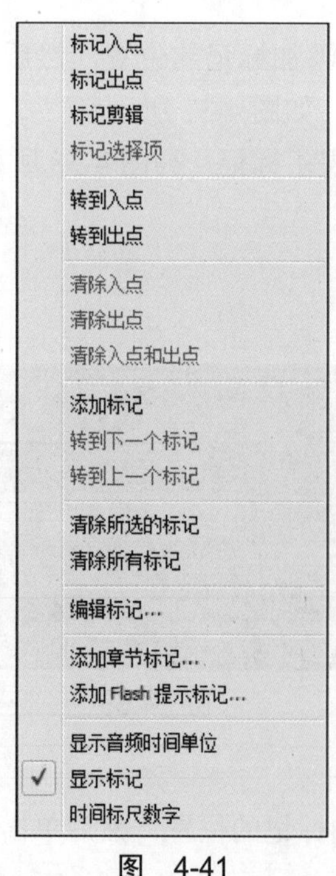

图 4-41

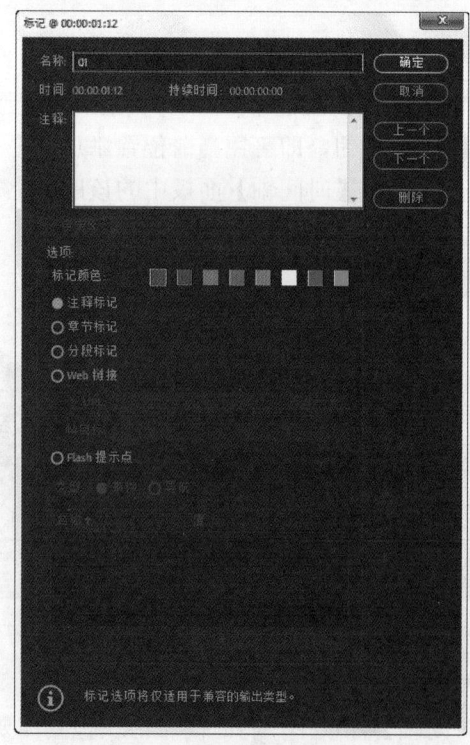

图 4-42

图 4-43

技巧提示：

在【监视器】面板中的某一标记上双击鼠标左键，也可以打开编辑标记对话框。

4.4.4 动手学：删除标记

技术速查：通过菜单栏中的【标记】/【清除当前标记】和【清除所有标记】命令可以删除标记。

在【监视器】面板中选择需要删除的标记，如图 4-44 所示。然后在菜单栏中右击【标记】/【清除所选的标记】命令，即可删除该标记，如图 4-45 所示。

若想删除全部标记，选择该【监视器】面板，然后直接在菜单栏中选择【标记】/【清除所有标记】命令即可，如图 4-46 所示。

图 4-44

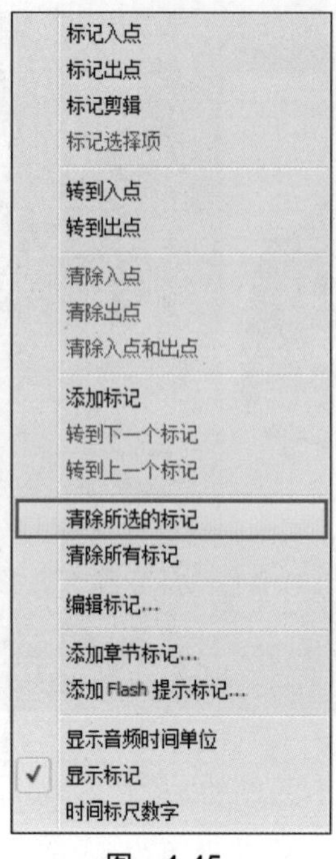

图　4-45

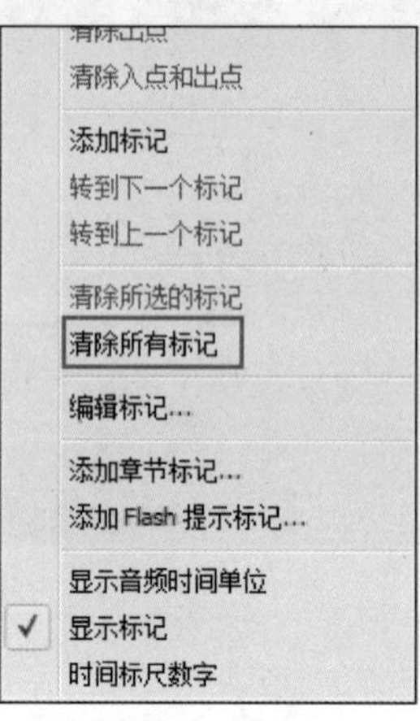

图　4-46

技巧提示：

还可以在编辑标记对话框中删除标记。首先双击【监视器】面板中的标记，然后在打开的对话框中单击【删除】按钮即可，如图 4-47 所示。

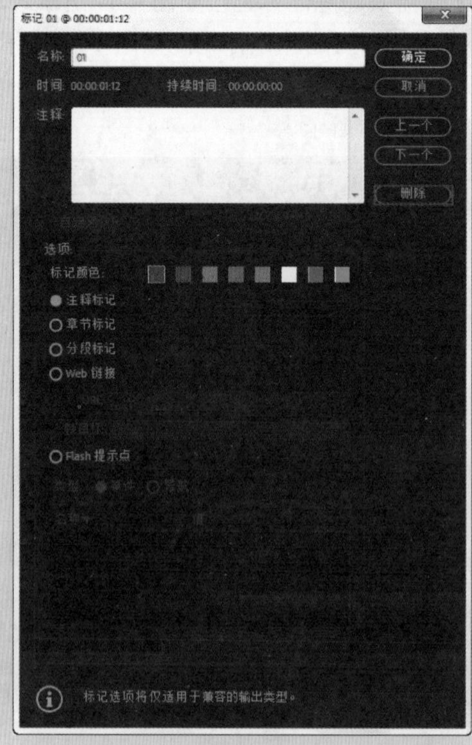

图　4-47

4.5　设置入点和出点

在 Premiere 中，为源素材和序列设置入点和出点后，可以使用所需要的素材部分。我们把影片的起点称为“入点”，影片的结束称为“出点”。

4.5.1　动手学：设置序列的入点、出点

技术速查：通过【节目】监视器下的 {（标记入点）按钮和 }（标记出点）按钮可以设置入点和出点。

双击【时间轴】面板中的素材文件，然后在【节目】监视器中拖动时间轴滑块预览素材，在需要设置入点的位置单击 {（标记入点）按钮，设置入点，如图 4-48 所示。接着在需要设置出点的位置，单击 }（标记出点）按钮，设置出点，如图 4-49 所示。

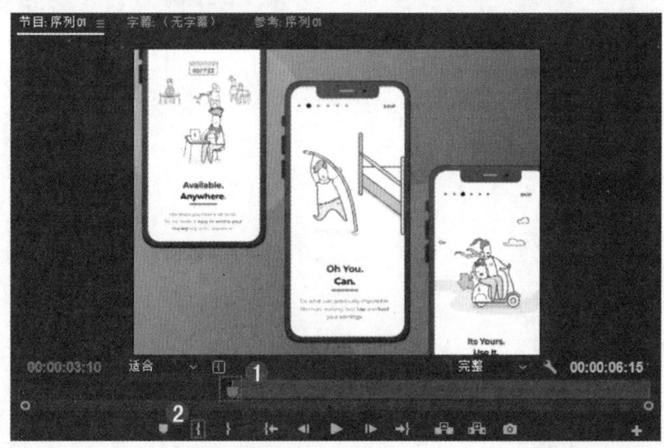

图　4-48

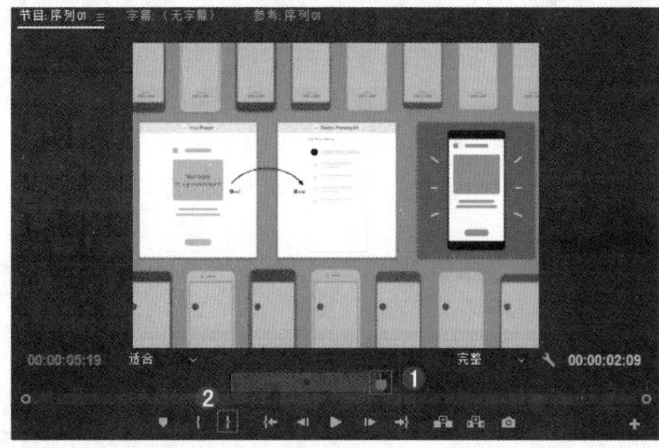

图　4-49

4.5.2　动手学：通过入点、出点剪辑素材

（1）双击【时间轴】面板中的素材文件，然后在【源】监视器中拖动时间轴滑块预览素材，在需要设置入点的位置单击 {（标记入点）按钮，设置入点，如图 4-50 所示。接着在需要设置出点的位置，单击 }（标记出点）按钮，设置出点，如图 4-51 所示。

图 4-50

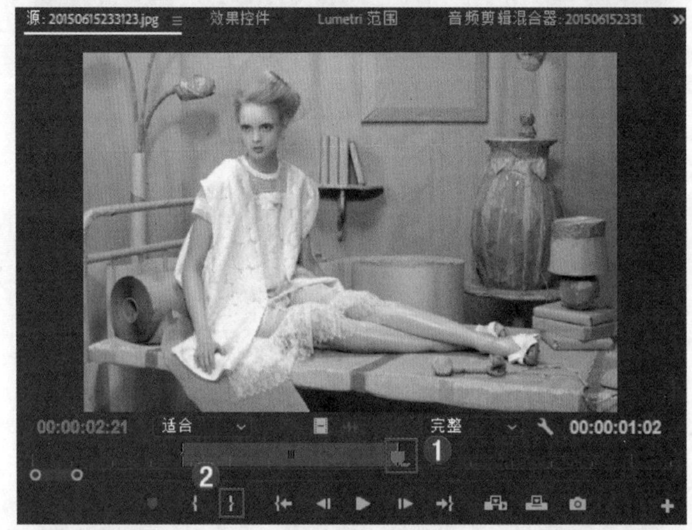

图 4-51

（2）此时，在时间轴轨道中的该素材文件已经按照入点和出点的位置剪辑完成了，如图 4-52 所示。

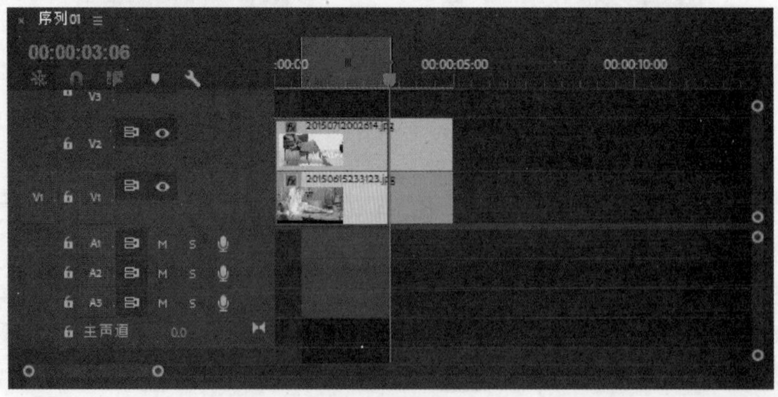

图 4-52

答疑解惑：入点和出点的作用有哪些？

在非线性编辑中，使用入点和出点是剪辑和提取素材最有效的方法之一。利用这种方法截取出来的素材的起始位置即为入点，结束位置即为出点。

4.5.3　动手学：快速跳转到序列的入点、出点

技术速查：使用【标记】/【转到入点】和【转到出点】命令可以直接跳转到序列的入点和出点。

（1）在菜单栏中选择【标记】/【转到入点】或【转到出点】命令，如图 4-53 所示。

（2）此时，在【时间轴】面板中的时间轴滑块会自动跳转素材的入点或出点，如图 4-54 所示。

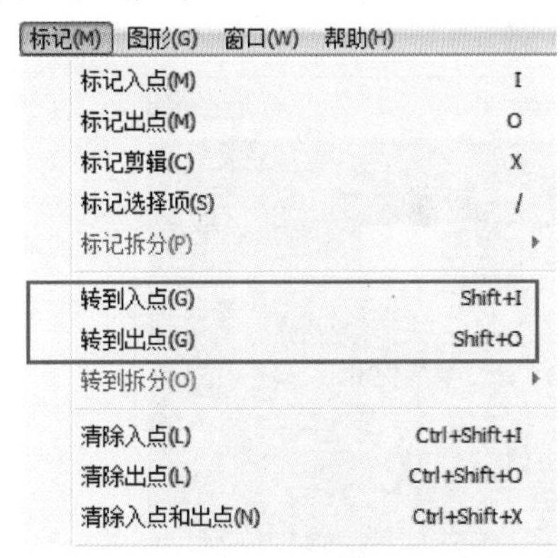

图　4-53

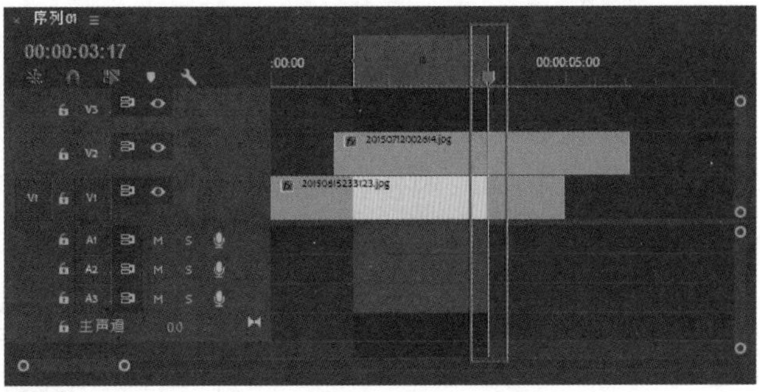

图　4-54

4.5.4　清除序列的入点、出点

1．动手学：分别清除入点或出点

选择【时间轴】或【监视器】面板，然后在菜单栏中选择【标记】/【清除入点】或【清除出点】命令，即可清除序列上的入点或出点，如图 4-55 所示。

2．动手学：同时清除入点和出点

若想全部清除序列上的入点和出点，则直接在菜单栏中选择【标记】/【清除入点和出点】命令即可，如图 4-56 所示。

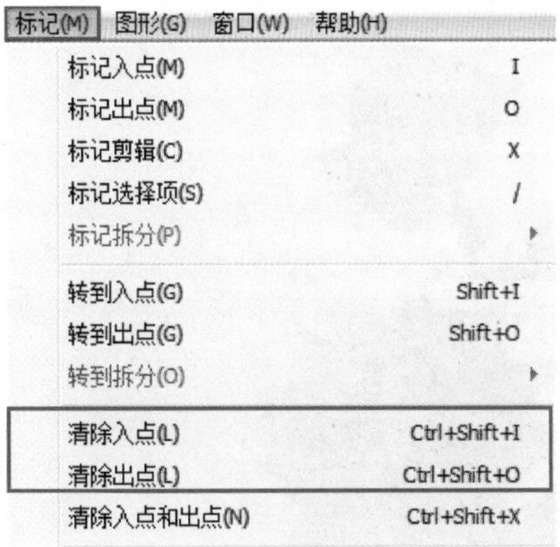

图　4-55

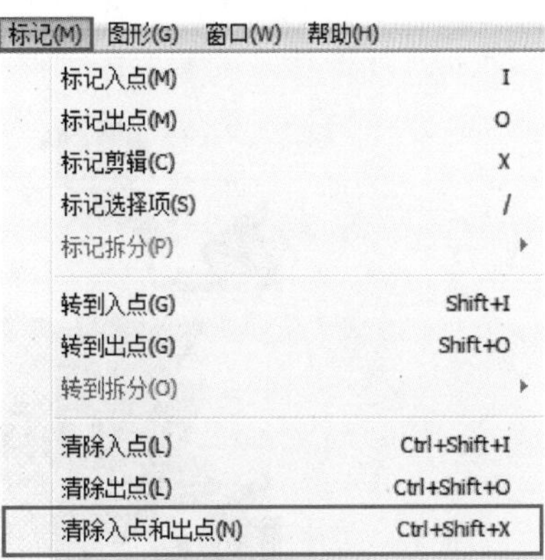

图　4-56

4.6 速度和持续时间

在使用 Premiere 制作视频或音频时，可能会遇到播放速度较快或较慢的问题，因此我们需要将其速度或时间进行修改，以满足我们需要的播放速度和持续时间。

技术速查：修改素材速度和时间可以通过【剪辑】/【速度 / 持续时间】命令，在弹出的【剪辑速度 / 持续时间】对话框中调整相关参数。

（1）在【时间轴】面板选择需要修改速度和时间的视频或音频素材文件，然后在菜单栏中选择【剪辑】/【速度 / 持续时间】命令，如图 4-57 所示。

（2）此时在弹出的对话框中可以调节素材的【速度】或【持续时间】，然后单击【确定】按钮即可，如图 4-58 所示。

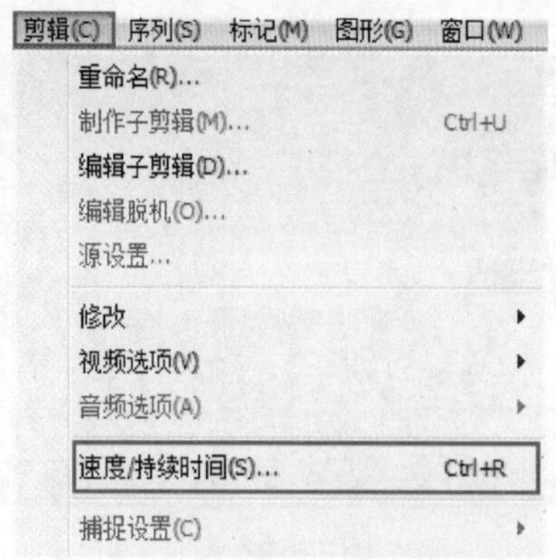

图 4-57

图 4-58

案例实战——修改素材速度和持续时间

案例文件	案例文件 \ 第 4 章 \ 修改素材速度和持续时间 .prproj
视频教学	视频文件 \ 第 4 章 \ 修改素材速度和持续时间 .flv
难易指数	★★★★★
技术要点	修改素材速度和持续时间

扫码看视频

案例效果

通过修改素材的速度和长度可以制作出视频的快进和慢放效果，也可以制作出音频的高音和低音效果。本例主要是针对“修改素材速度和持续时间”的方法进行练习，如图 4-59 所示。

图 4-59

操作步骤

（1）打开 Adobe Premiere Pro CC 2018 软件，单击【新建项目】按钮，在弹出的对话框中单击【浏览】按钮设置保存路径，在【名称】后设置文件名称，设置完成后单击【确定】按钮。接着选择【文件】/【新建】/【序列】命令，在弹出的对话框中选择【DV-PAL】/【标准 48kHz】，如图 4-60 所示。

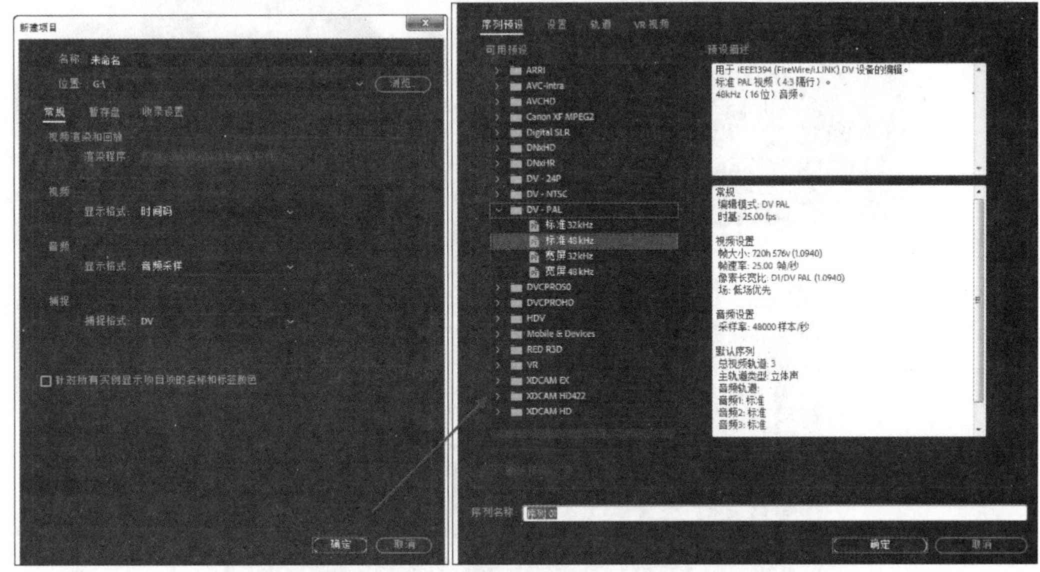

图　4-60

（2）选择菜单栏中的【文件】/【导入】命令或按【Ctrl+I】快捷键，在打开的对话框中选择所需的素材文件，单击【打开】按钮导入，如图 4-61 所示。

图　4-61

（3）在 V1 轨道上的【花 .AVI】素材文件上单击鼠标右键，然后在弹出的快捷菜单中选择【速度 / 持续时间】命令。接着在弹出的对话框中设置【速度】为 200，并单击【确定】按钮，如图 4-62 所示。

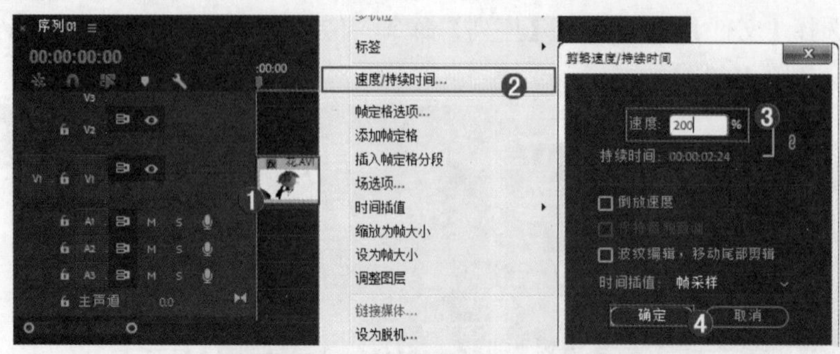

图 4-62

（4）此时 V1 轨道上的【花 .AVI】素材文件的长度缩短，播放速度变快，如图 4-63 所示。

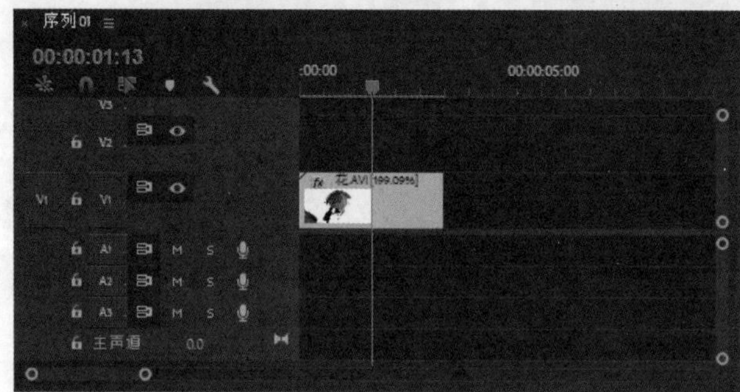

图 4-63

技巧提示：

也可以在菜单栏中选择【剪辑】/【速度 / 持续时间】命令，然后在弹出的对话框中设置【速度】为 200，如图 4-64 所示。

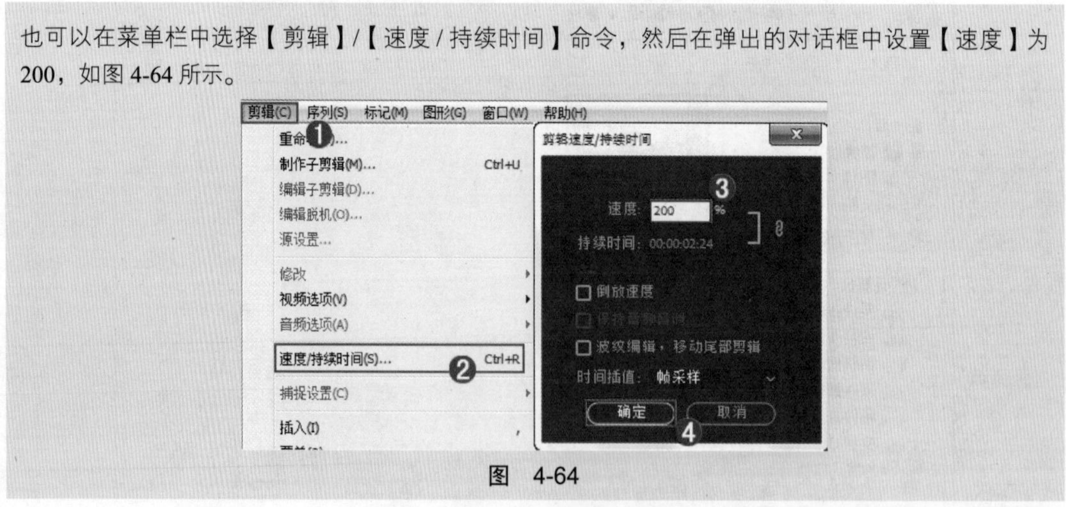

图 4-64

4.7 提升和提取编辑

在 Adobe Premiere Pro CC 2018 中，可以对素材的某一部分进行提升和提取的处理，这也是一种剪辑的方法。而且也较为方便快捷。

4.7.1　动手学：提升素材

技术速查：使用【提升】命令后，素材中被删除的部分会自动用黑色画面代替。

（1）将时间轴轨道中的素材使用快捷键【I】和【O】设置入点和出点，如图 4-65 所示。然后在菜单栏中选择【序列】/【提升】命令，如图 4-66 所示。

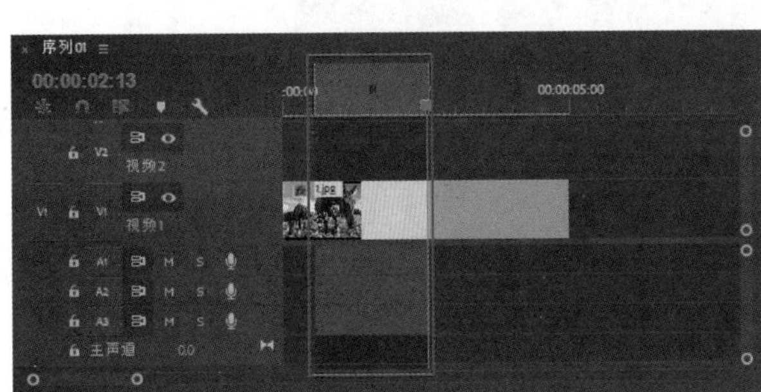

图　4-65

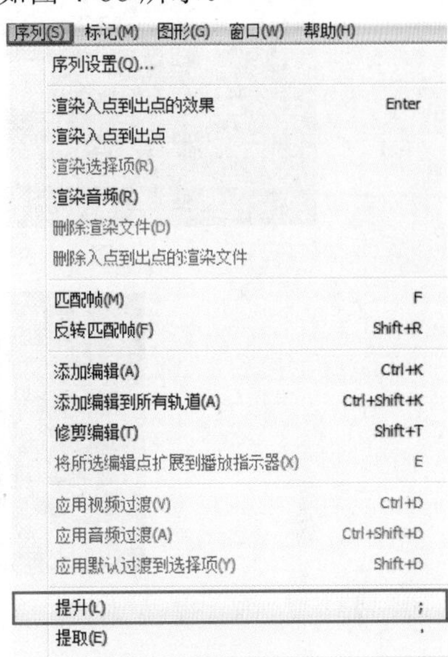

图　4-66

（2）此时，在【时间轴】面板中的素材从入点到出点的部分已经被删除，如图 4-67 所示。

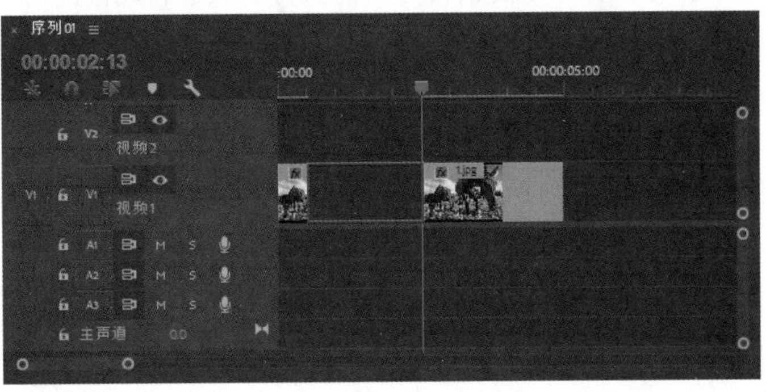

图　4-67

4.7.2　动手学：提取素材

技术速查：使用【提取】命令后，后面的素材片段会自动前移，并自动占据删除的部分。

（1）将时间轴轨道中的素材使用快捷键【I】和【O】设置入点和出点，如图 4-68 所示。然后在菜单栏中选择【序列】/【提取】命令，如图 4-69 所示。

（2）此时，在【时间轴】面板中的素材从入点到出点的部分已经被复制，且后面的素材会自动连接，如图 4-70 所示。

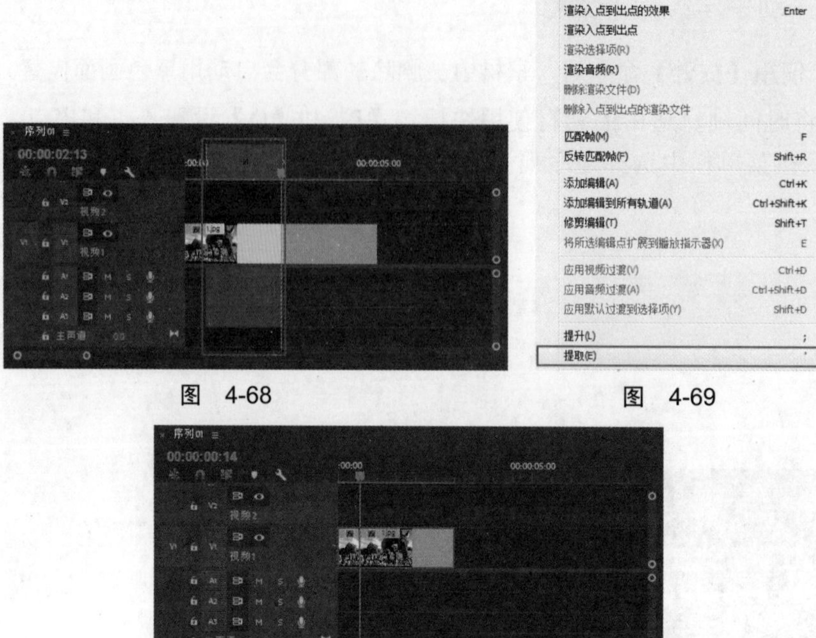

图 4-68

图 4-69

图 4-70

4.8 素材画面与当前序列的尺寸匹配

【缩放为帧大小】可以将导入的素材与当前项目的大小自动匹配。在【时间轴】面板中的素材上单击鼠标右键，在弹出的快捷菜单中即可找到该命令，如图 4-71 所示。

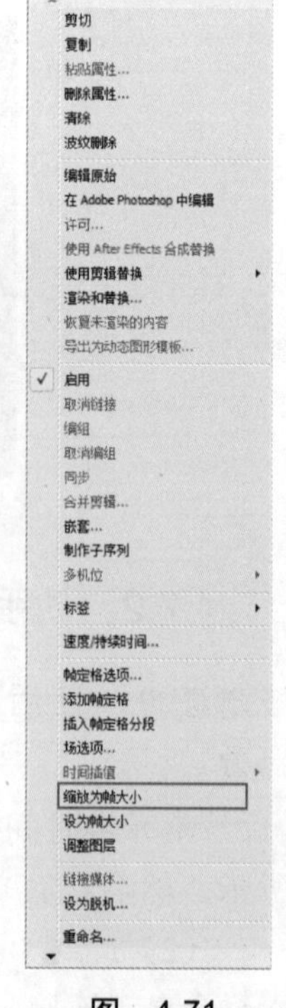

图 4-71

案例实战——素材与当前项目的尺寸匹配

案例文件	案例文件 \ 第 4 章 \ 素材与当前项目的尺寸匹配 .prproj
视频教学	视频文件 \ 第 4 章 \ 素材与当前项目的尺寸匹配 .flv
难易指数	★★★★★
技术要点	素材与当前项目的尺寸匹配

扫码看视频

案例效果

当导入的素材大小与当前画幅不符时，可以使用【缩放为帧大小】命令来调节大小匹配。本例主要是针对“素材与当前项目的尺寸匹配”的方法进行练习，如图 4-72 所示。

图 4-72

操作步骤

（1）打开 Adobe Premiere Pro CC 2018 软件，单击【新建项目】按钮，在弹出的对话框中单击【浏览】按钮设置保存路径，在【名称】后设置文件名称，设置完成后单击【确定】按钮。接着选择【文件】/【新建】/【序列】命令，在弹出的对话框中选择【DV-PAL】/【标准 48kHz】，如图 4-73 所示。

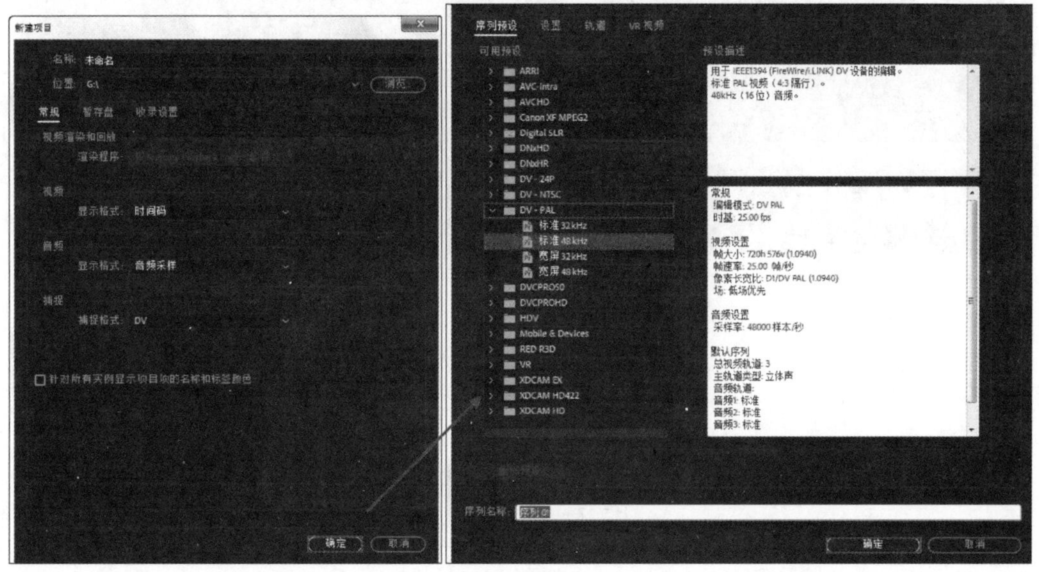

图　4-73

（2）选择菜单栏中的【文件】/【导入】命令或按【Ctrl+I】快捷键，在打开的对话框中选择所需的素材文件，单击【打开】按钮导入，如图 4-74 所示。

图　4-74

（3）选择【项目】面板中的【01.jpg】素材文件，然后按住鼠标左键将其拖曳到【时间轴】面板的 V1 轨道上，如图 4-75 所示。

（4）在 V1 轨道的【01.jpg】素材文件上单击鼠标右键，在弹出的快捷菜单中选择【缩放为帧大小】命令，如图 4-76 所示。

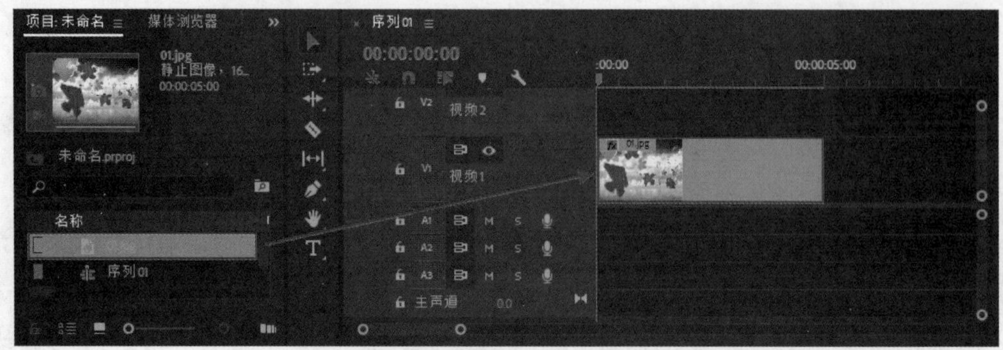

图 4-75

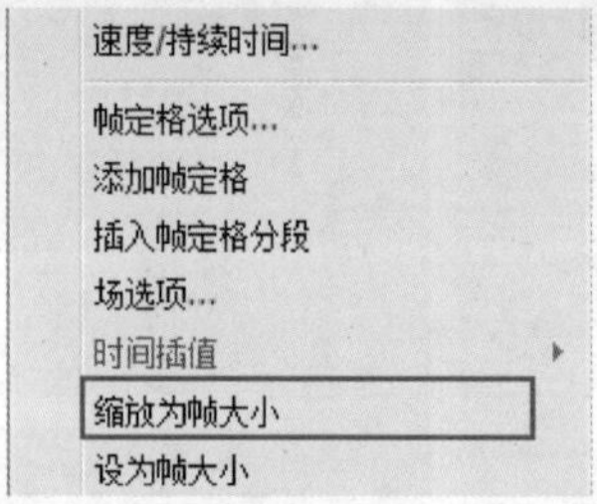

速度/持续时间...

帧定格选项...

添加帧定格

插入帧定格分段

场选项...

时间插值

缩放为帧大小

设为帧大小

图 4-76

（5）此时画面大小与当前画幅的尺寸相匹配，也可以适当调整。最终效果如图 4-77 所示。

图 4-77

答疑解惑：哪些情况下适宜使用【缩放为帧大小】命令？

当导入的静帧素材或视频素材文件的尺寸过大或过小，不符合视频窗口的大小，且不方便调节大小，可以使用【缩放为帧大小】命令来对素材大小先进行匹配，然后再根据需要在【效果控件】面板中调节大小、位置等。

4.9 复制和粘贴

在 Adobe Premiere Pro CC 2018 中，【复制】和【粘贴】是最基本的操作。不仅素材本身可以进行复制，素材上面的特效也可以进行复制，熟练掌握【复制】和【粘贴】的操作可以提高我们的工作效率。

4.9.1 动手学：复制和粘贴素材

（1）选择时间轴轨道中需要复制的素材文件，如图 4-78 所示。然后在菜单栏中选择【编辑】/【复制】命令，如图 4-79 所示。

序列 01
00:00:00:00
:00:00
00:00:05:00
V2
视频 2
V1
视频 1
63H.jpg
A1
A2
A3
主声道
0.0

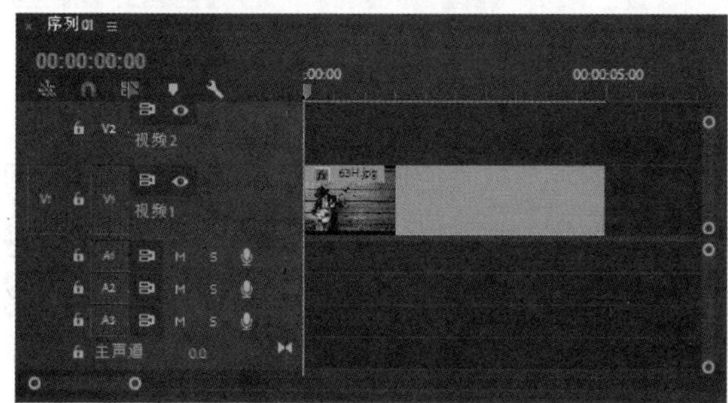

图 4-78

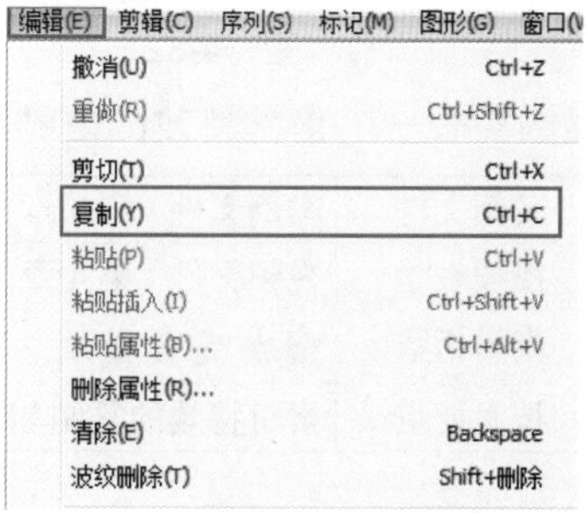

编辑(E) 剪辑(C) 序列(S) 标记(M) 图形(G) 窗口(W
撤消(U) Ctrl+Z
重做(R) Ctrl+Shift+Z
剪切(T) Ctrl+X
复制(Y) Ctrl+C
粘贴(P) Ctrl+V
粘贴插入(I) Ctrl+Shift+V
粘贴属性(B)... Ctrl+Alt+V
删除属性(R)...
清除(E) Backspace
波纹删除(T) Shift+删除

图 4-79

（2）将时间轴滑块拖到需要粘贴素材的位置，并选择粘贴的轨道，如图 4-80 所示。然后在菜单栏中选择【编辑】/【粘贴】命令，素材便会粘贴到指定位置，如图 4-81 所示。

序列 01
00:00:07:20
00:00:05:00
00:00:10:00
00:00:15:00
1
2
视频 2
视频 1
63H.jpg
主声道

图 4-80

序列 01
00:00:12:20
00:00:05:00
00:00:10:00
00:00:15:00
视频 2
视频 1
63H.jpg
主声道

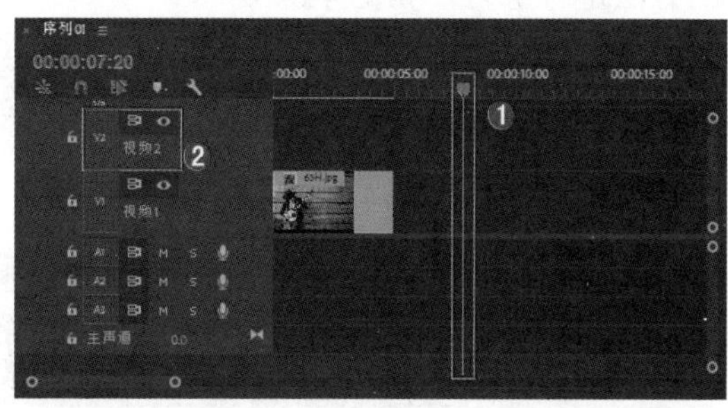

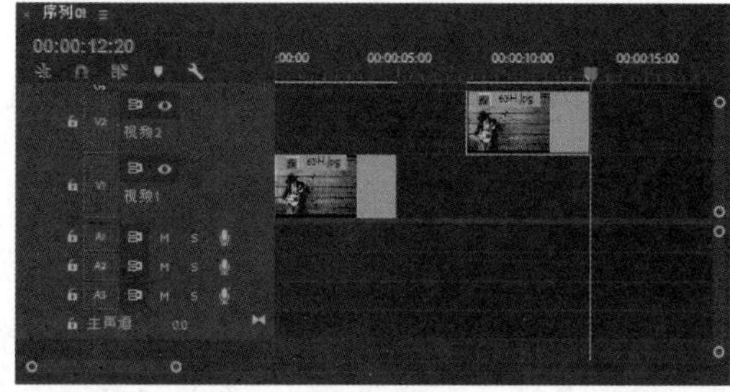

图 4-81

4.9.2 动手学：复制和粘贴素材特效

（1）选择时间轴轨道中已经添加特效的素材文件，然后在【效果控件】面板中选择需要复制的特效，并使用快捷键【Ctrl+C】进行复制，如图 4-82 所示。

（2）选择需要粘贴特效的时间轴轨道中的素材文件，然后在其【效果控件】面板中使用快捷键【Ctrl+V】进行粘贴即可，如图 4-83 所示。

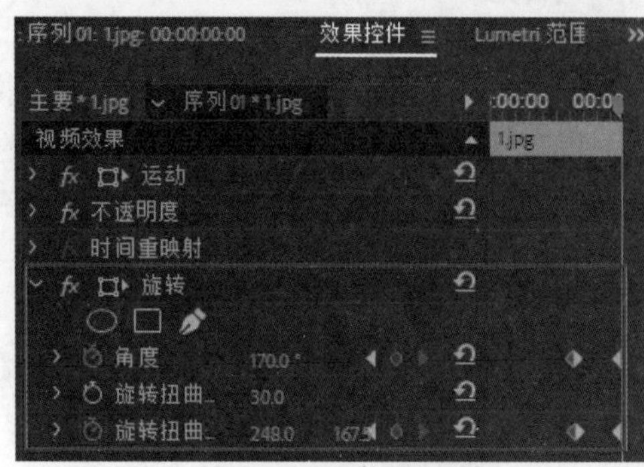

图 4-82

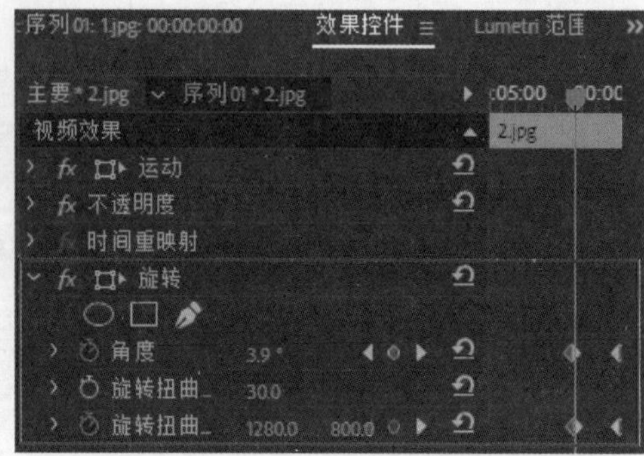

图 4-83

案例实战——素材特效的复制和粘贴

案例文件	案例文件 \ 第 4 章 \ 素材特效的复制和粘贴 .prproj
视频教学	视频文件 \ 第 4 章 \ 素材特效的复制和粘贴 .flv
难易指数	★★★★★
技术要点	素材特效的复制和粘贴

扫码看视频

案例效果

复制、粘贴素材可以方便制作，提高速度。在 Adobe Premiere Pro CC 2018 软件中可以同时复制和粘贴多个素材，也可以单独复制和粘贴素材中的特效。本例主要是针对“素材特效的复制和粘贴”的方法进行练习，如图 4-84 所示。

图 4-84

操作步骤

（1）打开 Adobe Premiere Pro CC 2018 软件，单击【新建项目】按钮，在弹出的对话框中单击【浏览】按钮设置保存路径，在【名称】后设置文件名称，设置完成后单击【确定】按钮。接着选择【文件】/【新建】/【序列】命令，在弹出的对话框中选择【DV-PAL】/【标准 48kHz】，如图 4-85 所示。

（2）选择菜单栏中的【文件】/【导入】命令或按【Ctrl+I】快捷键，在打开的对话框中选择所需的素材文件，单击【打开】按钮导入，如图 4-86 所示。

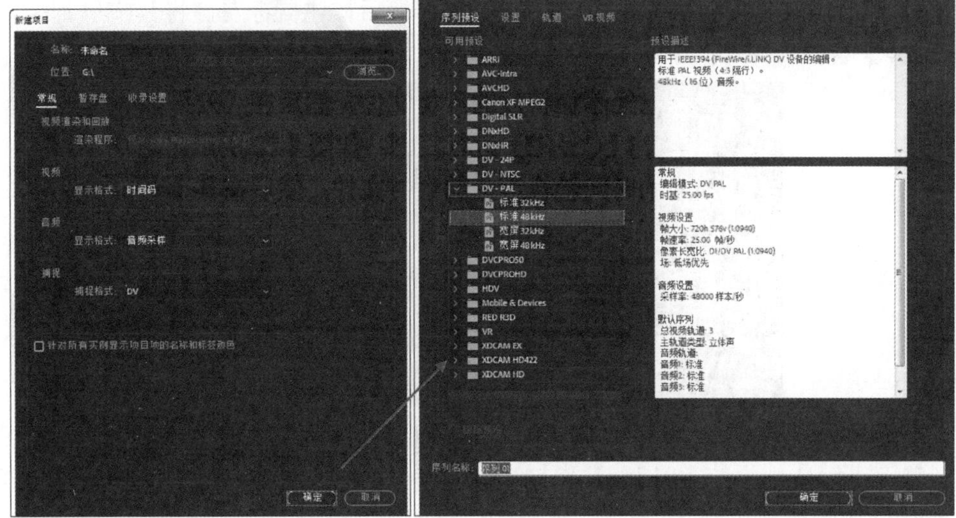

图　4-85

图　4-86

（3）将【项目】面板中的【01.jpg】和【02.jpg】素材文件拖曳到 V1 轨道上，如图 4-87 所示。

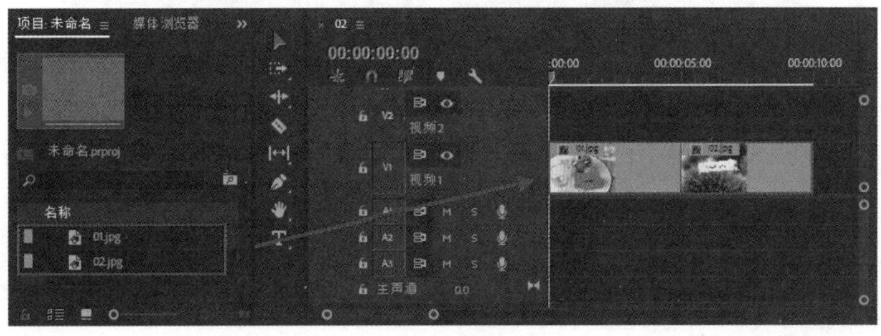

图　4-87

（4）选择【效果】面板中的【球面】效果，然后按住鼠标左键将其拖曳到 V1 轨道的【01.jpg】素材文件上，如图 4-88 所示。

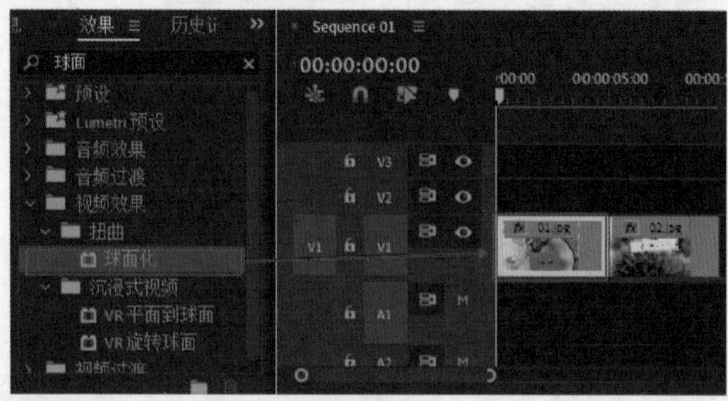

图 4-88

（5）选择 V1 轨道的【01.jpg】素材文件，在【效果控件】面板中的【球面化】栏设置【半径】为 403，如图 4-89 所示。此时的效果如图 4-90 所示。

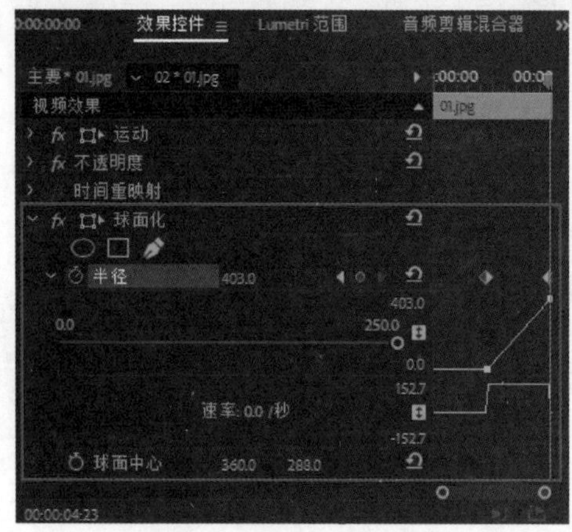

图 4-89

图 4-90

（6）复制素材中的特效。选择 V1 轨道中的【01.jpg】素材文件，选择【效果控件】面板中的【球面化】效果，并按【Ctrl+C】快捷键复制，如图 4-91 所示。

（7）选择需要粘贴特效的 V1 轨道上的【02.jpg】素材文件，然后按【Ctrl+V】快捷键粘贴，即可将特效粘贴到【02.jpg】素材文件，如图 4-92 所示。

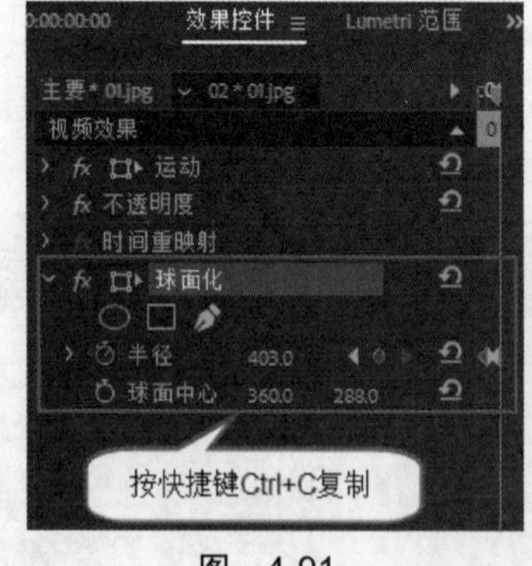

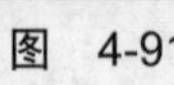

图 4-91

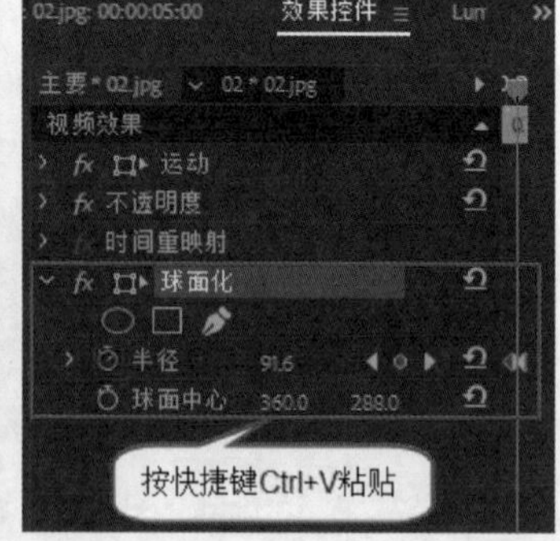

图 4-92

（8）此时拖动时间轴滑块查看最终效果，如图 4-93 所示。

图 4-93

答疑解惑：素材和特效的复制和粘贴有哪些作用？

复制、粘贴是编辑素材中常用的方法之一，可以提高编辑的工作效率。在复制了某个素材后，可以选择另一段素材，然后粘贴来替换素材或覆盖素材的某一部分。

若素材添加了特效和动画帧效果，也可以单独复制素材的特效属性。

4.10 编组和取消编组素材

与很多软件一样，Premiere 也具有将素材编组和取消编组的功能，这个功能虽然简单，但是非常实用。

答疑解惑：将素材成组和解组后可以进行哪些操作？

将多个素材成组，是快速编辑素材的常用方法之一。成组后的素材即成为一个整体，可以进行统一的移动、裁剪、复制、删除和选择等。

但成组的素材不能统一添加特效。若要添加特效，可以将素材解组，然后对单独的素材文件添加特效。

4.10.1 动手学：成组素材

（1）在【时间轴】面板中选择需要成组的素材文件，如图 4-94 所示。

（2）在菜单栏中选择【剪辑】/【编组】命令，选择的素材文件即可成为一组，如图 4-95 所示。

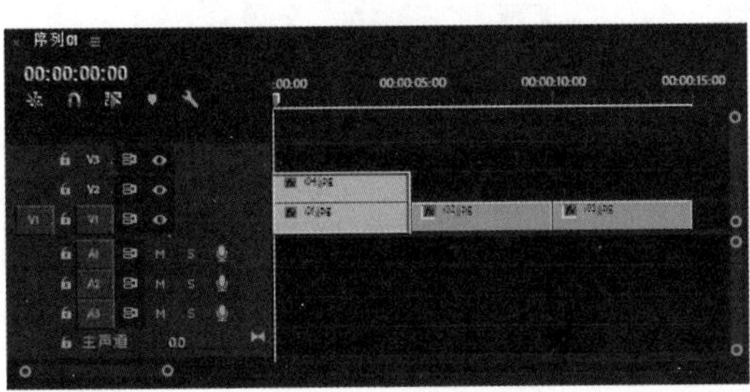

图 4-94

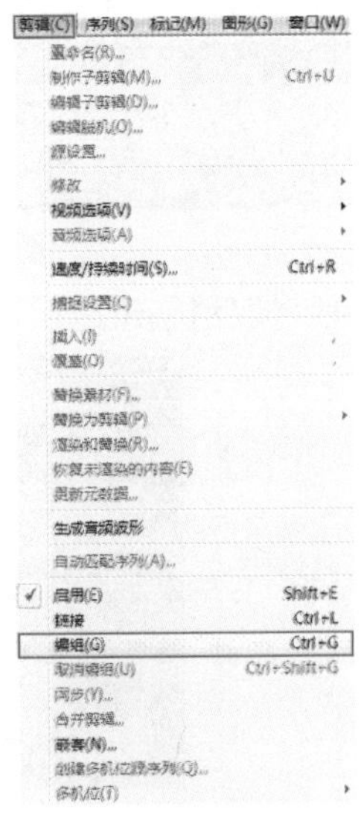

图 4-95

（3）成组后的素材文件可以进行统一操作，例如，整体移动一组素材，如图 4-96 所示。

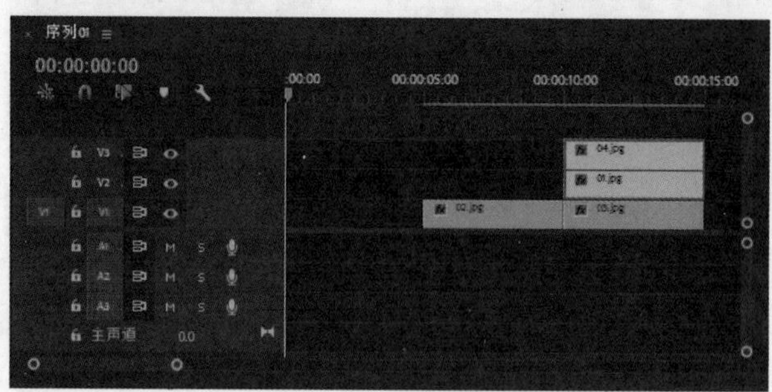

图 4-96

4.10.2 动手学：解组素材

（1）选择【时间轴】面板中需要取消编组的素材文件，如图 4-97 所示。然后在菜单栏中选择【剪辑】/【取消编组】命令，即可取消编组，如图 4-98 所示。

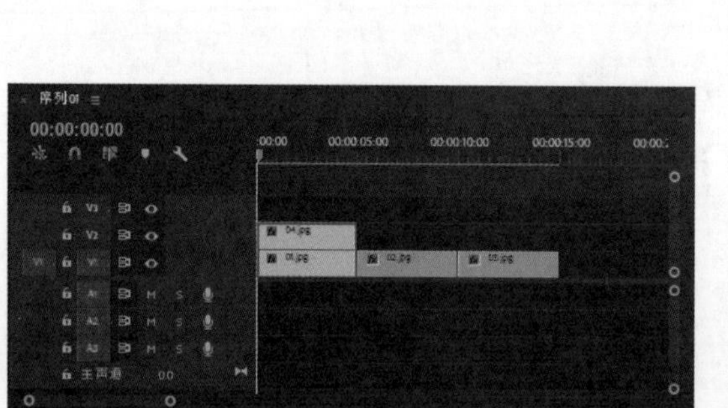

图 4-97

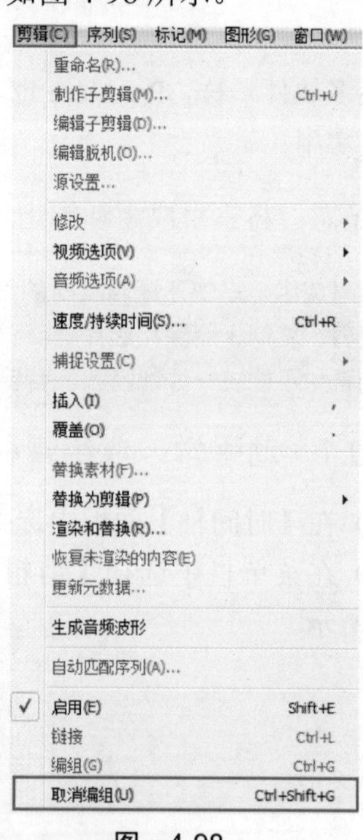

图 4-98

（2）素材取消编组之后，可以单一对素材进行操作，如图 4-99 所示。

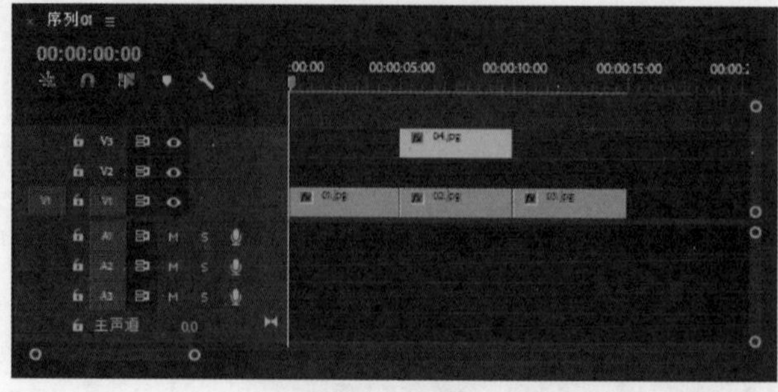

图 4-99

技巧提示：

【编组】与【取消编组】命令也包括在【时间轴】面板菜单中，可以更方便地进行应用，如图 4-100 所示。

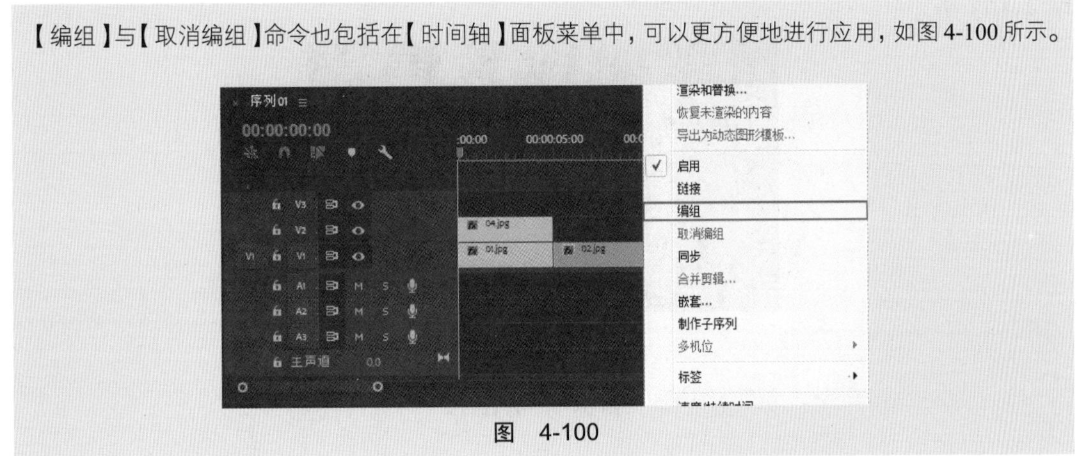

图　4-100

4.11　链接和取消视频、音频链接

在 Adobe Premiere Pro CC 2018 中，视频和音频是必须存在于不同的轨道中的。例如，一段视频带有原始的声音，但是我们可能想把原有的声音删除，而更换另一段音乐。或者我们需要将视频和音频分开，然后进行单独的操作。这时，就可以用到【链接】和【取消链接】命令了。

4.11.1　动手学：链接视频、音频素材

技术速查：通过【链接】命令可以将视频和音频素材链接在一起。

（1）选择【时间轴】面板中需要链接在一起的视频和音频素材文件，如图 4-101 所示。然后在菜单栏中选择【剪辑】/【链接】命令，如图 4-102 所示。

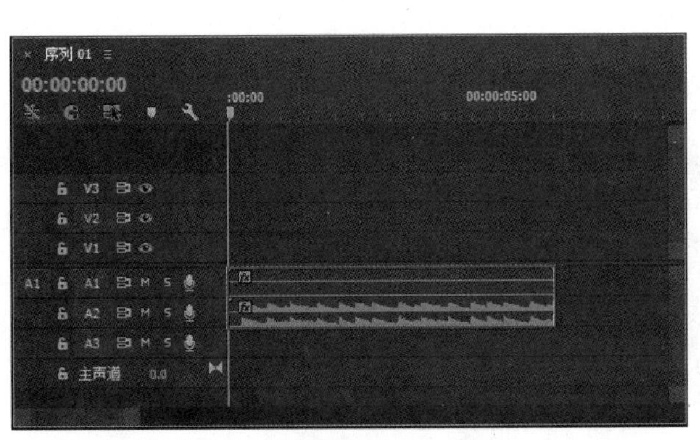

图　4-101

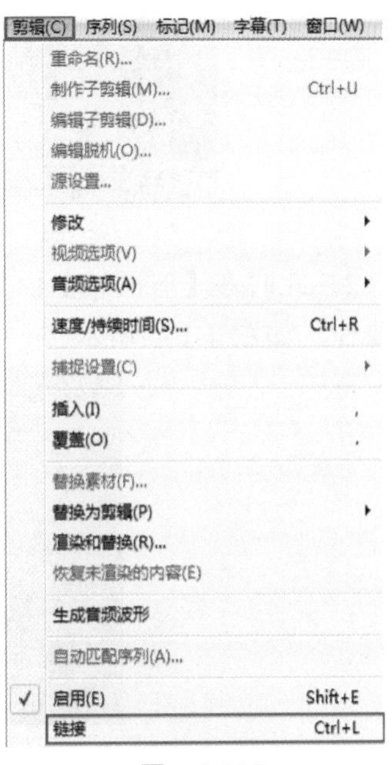

图　4-102

（2）此时，在【时间轴】面板中的视频和音频素材文件已经链接在一起了，如图 4-103 所示。

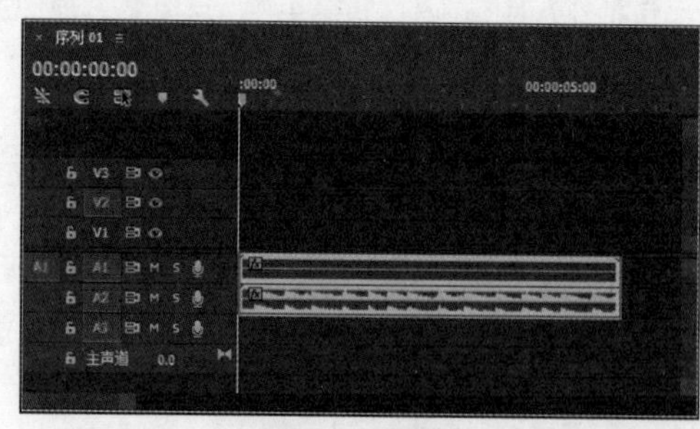

图　4-103

4.11.2　动手学：解除视频、音频素材链接

技术速查：通过【取消链接】命令可以将整体的视频、音频素材分离为两个素材文件。

（1）选择【时间轴】面板中需要取消链接的视频、音频素材文件，如图 4-104 所示，然后在菜单栏中选择【剪辑】/【取消链接】命令，如图 4-105 所示。

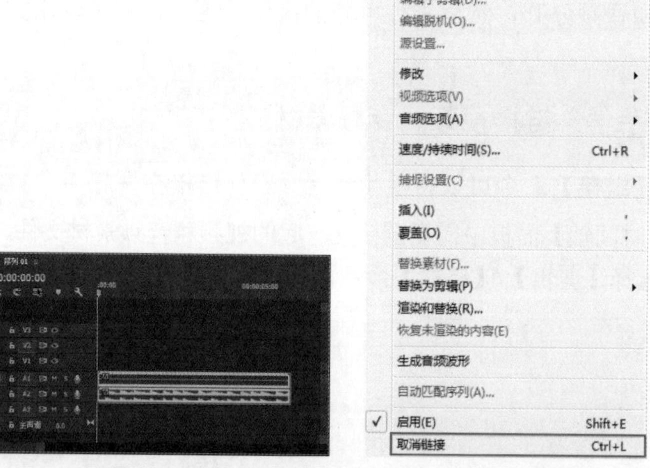

图　4-104　　　　图　4-105

（2）此时在【时间轴】面板中的视频、音频素材文件已经取消链接，可以对其进行单一操作，如图 4-106 所示。

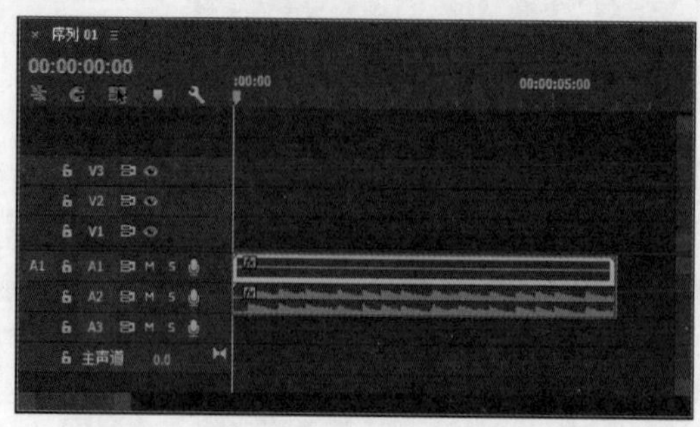

图　4-106

技巧提示：

在【时间轴】面板中的右键快捷菜单中也包含【链接】或【取消链接】命令。

案例实战——替换视频配乐

案例文件	案例文件 \ 第 4 章 \ 替换视频配乐 .prproj
视频教学	视频文件 \ 第 4 章 \ 替换视频配乐 .flv
难易指数	★★★★★
技术要点	取消视频、音频链接

扫码看视频

案例效果

在 Adobe Premiere Pro CC 2018 软件中，视频、音频分放在两个不同的轨道中，而且常常是链接在一起的。在制作视频、音频同步时，可以取消视频、音频链接制作。本例主要是针对“替换视频配乐”的方法进行练习，如图 4-107 所示。

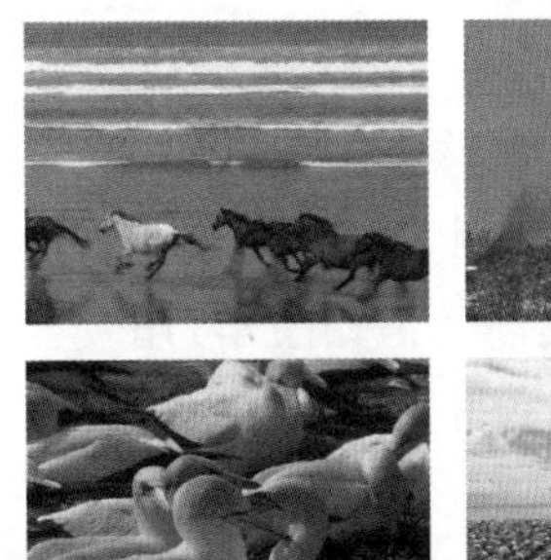

图 4-107

操作步骤

（1）打开 Adobe Premiere Pro CC 2018 软件，单击【新建项目】按钮，在弹出的对话框中单击【浏览】按钮设置保存路径，在【名称】后设置文件名称，设置完成后单击【确定】按钮。接着选择【文件】/【新建】/【序列】命令，在弹出的对话框中选择【DV-PAL】/【标准 48kHz】，如图 4-108 所示。

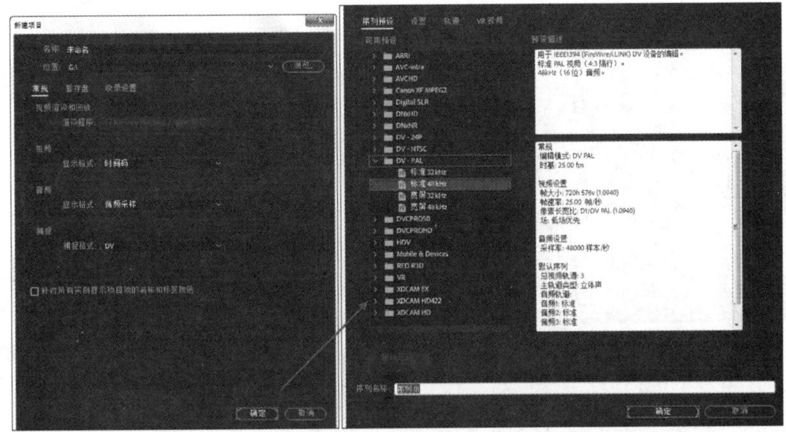

图 4-108

（2）选择菜单栏中的【文件】/【导入】命令或按【Ctrl+I】快捷键，在打开的对话框中选择所需的素材文件，单击【打开】按钮导入，如图 4-109 所示。

图 4-109

（3）将【项目】面板中的素材文件拖曳到 V1 轨道上，由于导入的影片自身是带有视频和音频的，因此导入后保持着链接的属性，如图 4-110 所示。

（4）选择 V1 轨道上的【01.wmv】素材文件，然后选择菜单栏中的【剪辑】/【取消链接】命令，如图 4-111 所示。

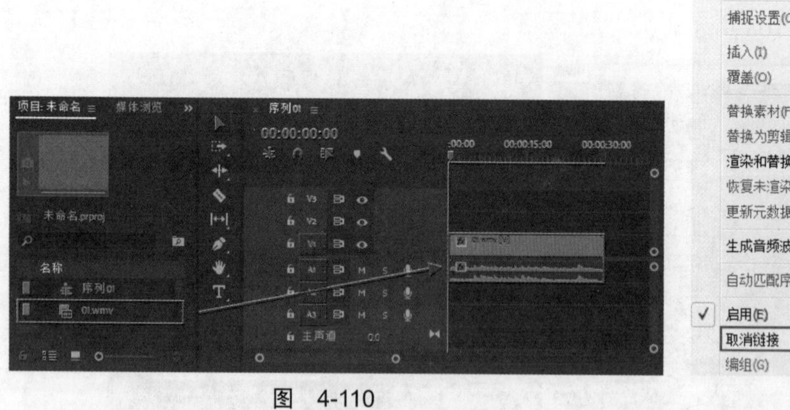

图 4-110

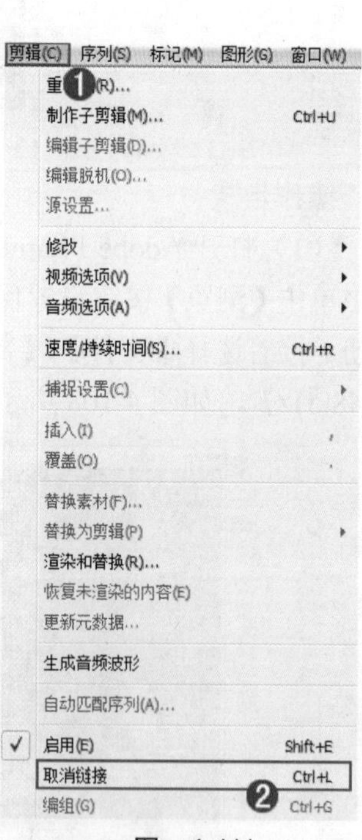

图 4-111

（5）此时视频、音频链接已经断开，然后选择 A1 轨道上的【01.wmv】素材文件，并按【Delete】键删除，如图 4-112 所示。

（6）将【项目】面板中的【配乐 .mp3】素材文件按住鼠标左键拖曳到 A1 轨道上，如图 4-113 所示。

图　4-112

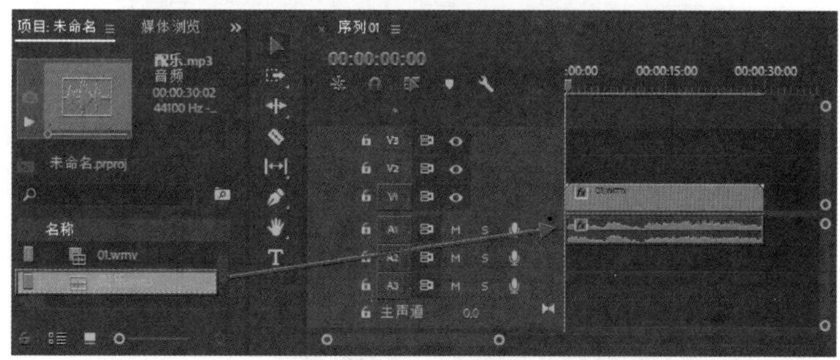

图　4-113

（7）此时拖动时间轴滑块查看最终效果，如图 4-114 所示。

图　4-114

答疑解惑：视频、音频链接的作用？

视频、音频一般是链接在一起的，以方便移动和其他一些统一操作。在编辑过程中，有时需要将素材的视频和音频分离或者将不同的两个视频和音频链接在一起以方便制作。例如，视频的画面与音频不同步，就可以将视频和音频分离开来重新对位。

将两个视频和音频进行链接时，必须要选中两个素材，且【链接】命令只对两个独立的视频和音频素材起作用。

4.12　失效和启用素材

技术速查：通过合理使用失效和启用素材，可以提高工作效率。

在制作项目过程中，如果出现因为 Premiere 的文件过大而导致操作非常慢、预览速度非常慢时，我们可以将部分素材暂时设置为失效状态，而最终需要渲染时，可以重新将失效的素材进行启用。

4.12.1 动手学：失效素材

（1）在【时间轴】面板中选择需要进行失效处理的素材文件，如图 4-115 所示。选择菜单栏中的【剪辑】/【启用】命令，如图 4-116 所示。

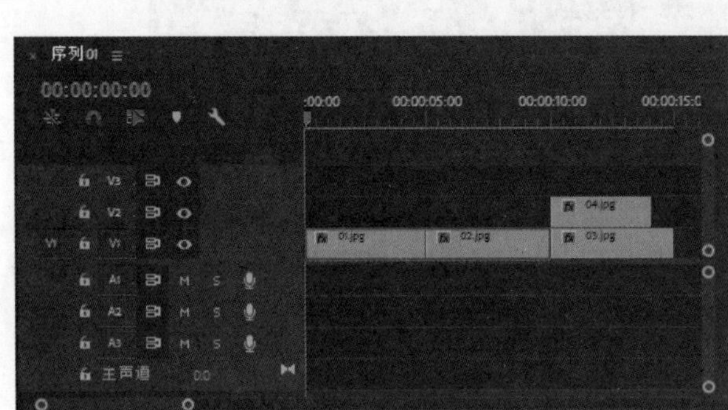

图 4-115

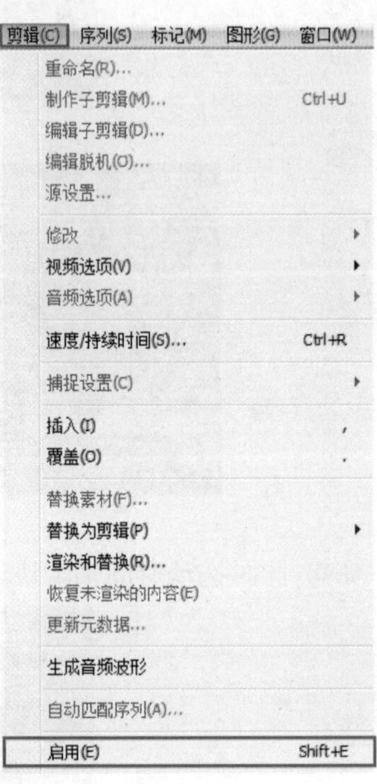

图 4-116

（2）此时，在【时间轴】面板中被选择的素材文件已经失效，且颜色也随之发生变化，如图 4-117 所示。

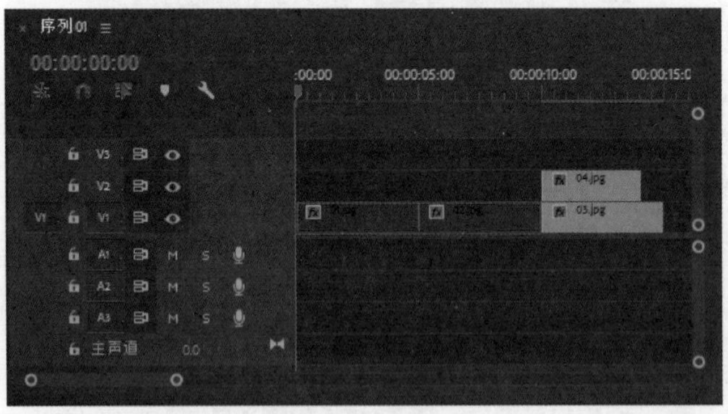

图 4-117

4.12.2 动手学：启用素材

（1）在【时间轴】面板中选择需要进行启用的素材文件，如图 4-118 所示。然后再选择菜单栏中的【剪辑】/【启用】命令即可，如图 4-119 所示。

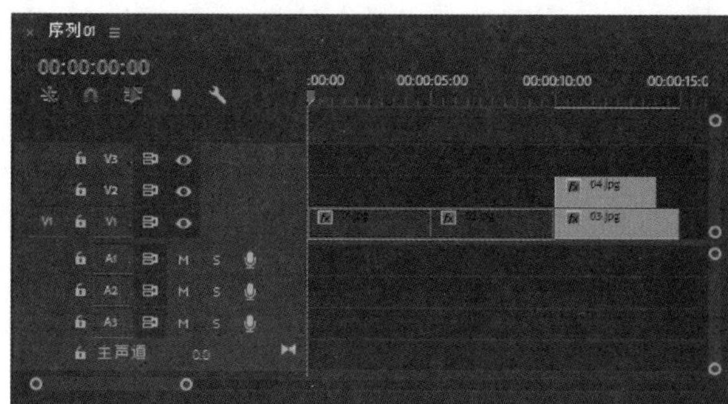

图　4-118

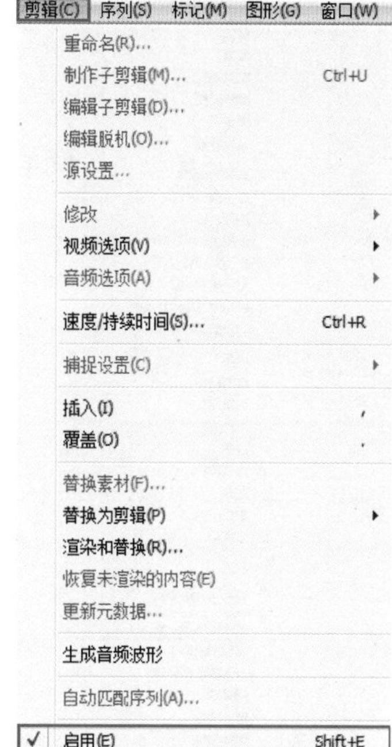

图　4-119

（2）此时，已经失效的素材文件又被启用了，如图 4-120 所示。

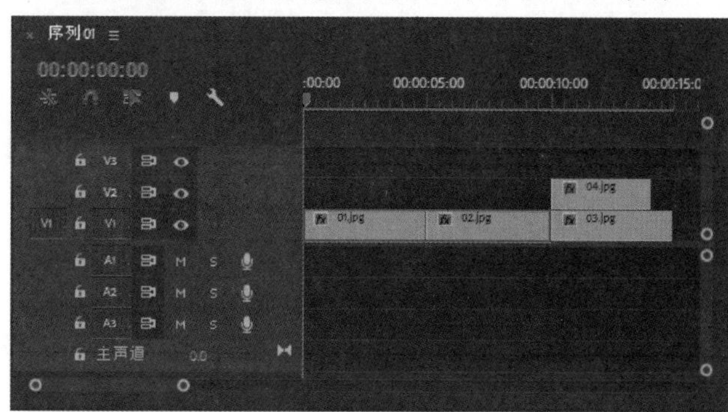

图　4-120

技巧提示：

在【时间轴】面板中的右键快捷菜单中也包含【启用】命令。

4.13　帧定格选项

技术速查：使用【帧定格选项】命令可以使素材画面的某一时刻静止，产生帧定格的效果。

在【时间轴】面板中右键选择一个素材文件，在弹出来的快捷菜单中可以选择【帧定格选项】命令，如图 4-121 所示。此时，会弹出【帧定格选项】对话框，可以在该对话框中对帧定格进行设置，如图 4-122 所示。

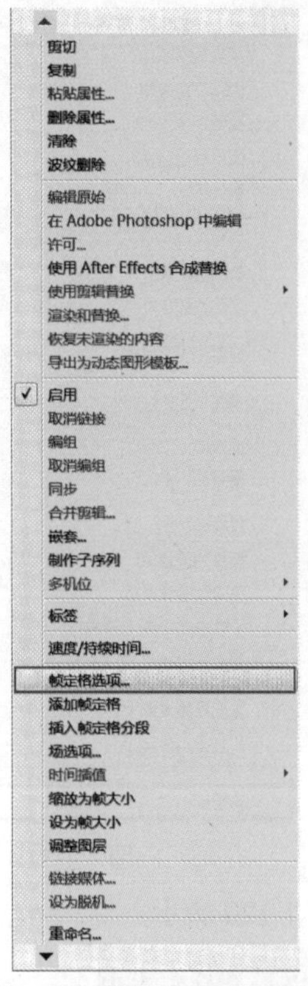

图 4-121

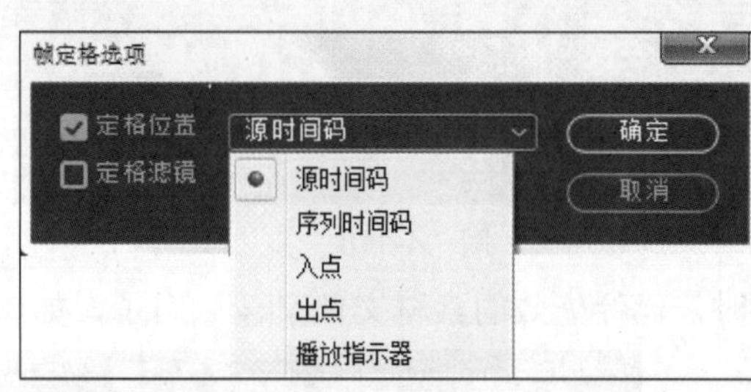

图 4-122

- 定格位置：选择帧定格的位置。其选项包括【源时间码】【序列时间码】【入点】【出点】和【播放指示器】的位置。
- 定格滤镜：选中该复选框，素材上的滤镜效果也一并保持静止。

案例实战——创建电影帧定格

案例文件	案例文件 \ 第 4 章 \ 创建电影帧定格 .prproj
视频教学	视频文件 \ 第 4 章 \ 创建电影帧定格 .flv
难易指数	★★★★★
技术要点	创建帧定格

扫码看视频

案例效果

帧定格是电影镜头运用的技巧之一，表现为活动影像突然停止，常用以突出某一画面。也用在影片结尾时，用来表示结束。本例主要是针对“创建电影帧定格”的方法进行练习，如图 4-123 所示。

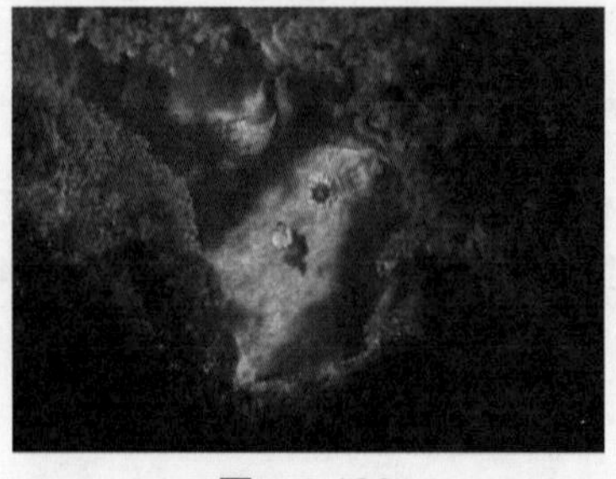

图 4-123

操作步骤

（1）打开 Adobe Premiere Pro CC 2018 软件，单击【新建项目】按钮，在弹出的对话框中单击【浏览】按钮设置保存路径，在【名称】后设置文件名称，设置完成后单击【确定】按钮。接着选择【文件】/【新建】/【序列】命令，在弹出的对话框中选择【DV-PAL】/【标准 48kHz】，如图 4-124 所示。

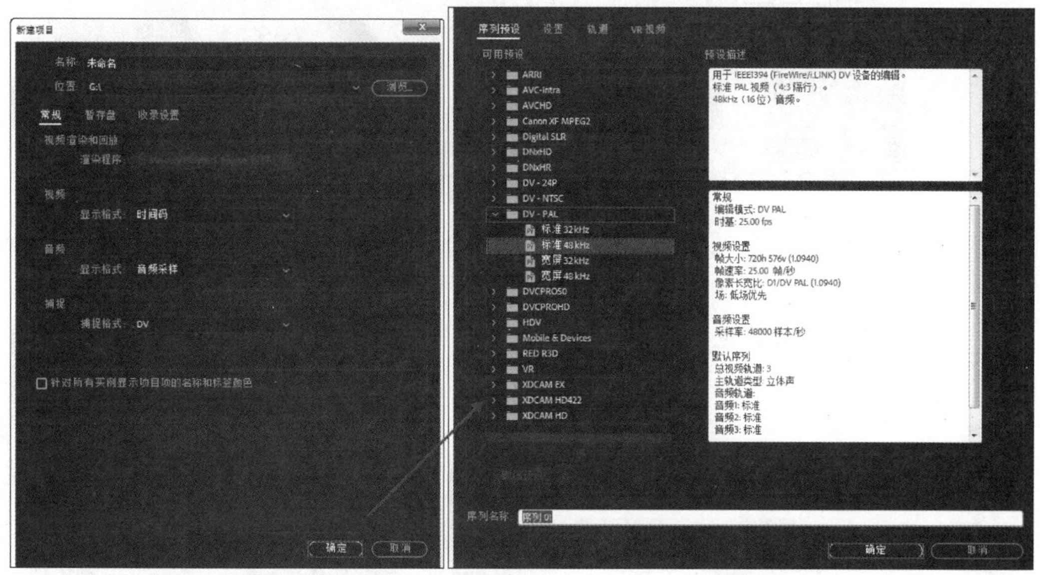

图 4-124

（2）选择菜单栏中的【文件】/【导入】命令或按【Ctrl+I】快捷键，在打开的对话框中选择所需的素材文件，单击【打开】按钮导入，如图 4-125 所示。

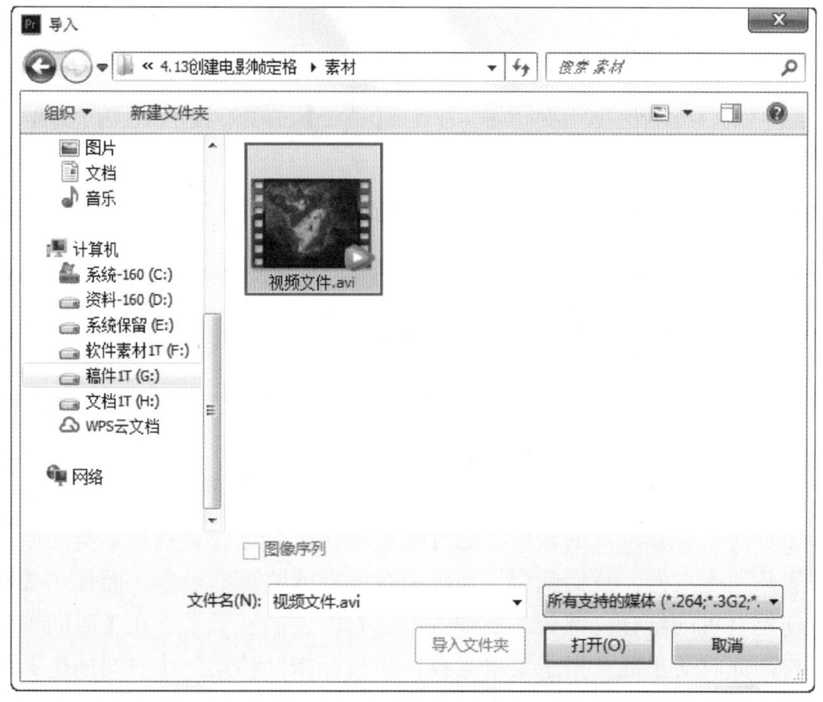

图 4-125

（3）将【项目】面板中的【视频文件 .avi】素材拖曳到【时间轴】面板的 V1 轨道上，如图 4-126 所示。

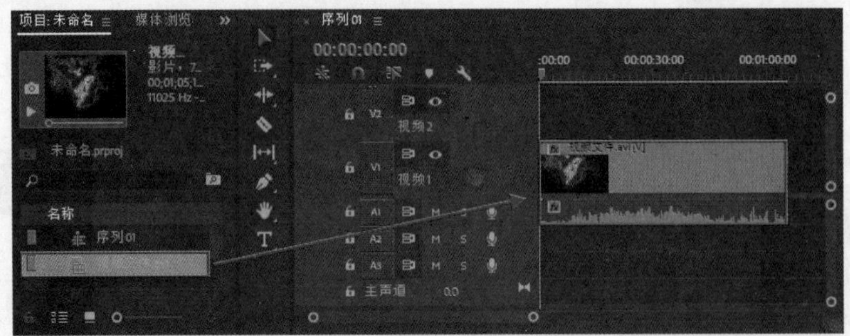

图 4-126

（4）在 V1 轨道的素材文件上单击鼠标右键，在弹出的快捷菜单中选择【帧定格选项】命令。接着在弹出的对话框中选择【入点】，并单击【确定】按钮，如图 4-127 所示。

（5）此时视频即定格在起始入点的位置，最终效果如图 4-128 所示。

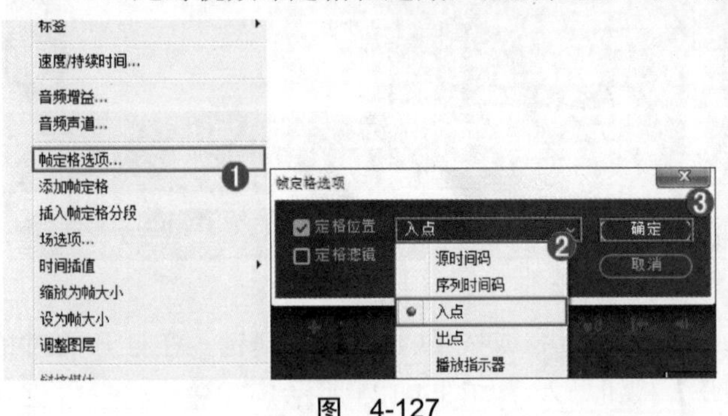

图 4-127

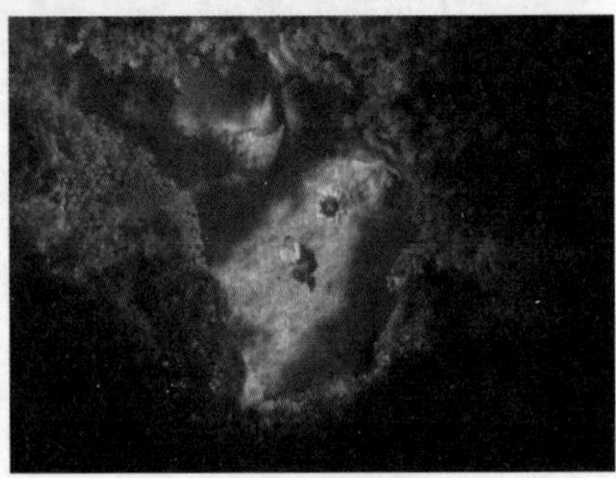

图 4-128

技巧提示：

设置为【入点】，即选择帧定格在入点的位置；设置为【出点】，即选择帧定格在出点的位置；选择【标记 0】，即帧定格在标记 0 点的位置。

答疑解惑：帧定格可以将素材上的特效也一并定格吗？

可以一并定格，单击帧定格后，在弹出的对话框中设置好位置后再选中【定格滤镜】复选框，然后单击【确定】按钮就可以将素材上应用的滤镜特效也一并定格。

4.14 帧混合

技术速查：使用【帧混合】命令，可以使有停顿跳帧的画面变得比较流畅平滑。

快放和慢放对于视频本身的素材会进行拉伸和挤压，这会对视频本身的原像素造成影响。例如，影片速度太慢，我们就会发现画面有停顿或跳帧的现象。而使用【帧混合】命令后，可以使场有机的结合一部分，视频就不会有停顿的感觉了。在【时间轴】面板右键选择视频素材，此时会出现一个子菜单面板，将鼠标指针移动到【时间插值】命令上，此时会显现出子菜单，选择【帧混合】命令，如图 4-129 所示。

技巧提示：

只有在改变了素材的速度或长度时，【帧混合】命令才会起作用。

案例实战——帧混合

案例文件	案例文件 \ 第 4 章 \ 帧混合 .prproj
视频教学	视频文件 \ 第 4 章 \ 帧混合 .flv
难易指数	★★★★★
技术要点	视频帧混合

扫码看视频

案例效果

在观看视频时，有的视频会有卡顿感，这是因为视频出现了跳帧的现象，可以使用【帧混合】命令来修复该视频效果。本例主要是针对“帧混合”的方法进行练习，如图 4-130 所示。

图 4-129

图 4-130

操作步骤

（1）打开 Adobe Premiere Pro CC 2018 软件，单击【新建项目】按钮，在弹出的对话框中单击【浏览】按钮设置保存路径，在【名称】后设置文件名称，设置完成后单击【确定】按钮。接着选择【文件】/【新建】/【序列】命令，在弹出的对话框中选择【DV-PAL】/【标准 48kHz】，如图 4-131 所示。

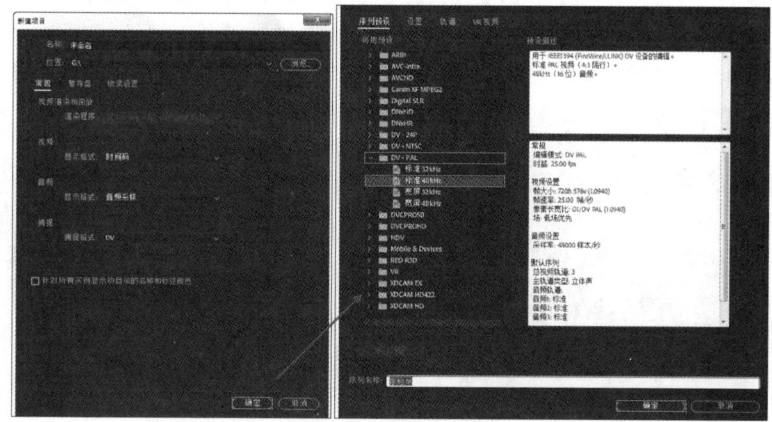

图 4-131

（2）选择菜单栏中的【文件】/【导入】命令或按【Ctrl+I】快捷键，在打开的对话框中选择所需的素材文件，单击【打开】按钮导入，如图 4-132 所示。

图 4-132

（3）将【项目】面板中的【车辆 .mov】素材文件拖曳到【时间轴】面板的 V1 轨道上，如图 4-133 所示。

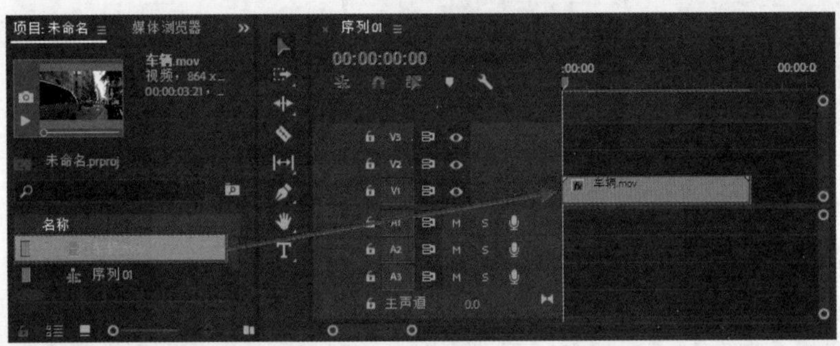

图 4-133

（4）在 V1 轨道的【车辆 .mov】素材文件上单击鼠标右键，在弹出的快捷菜单中选择【速度 / 持续时间】命令。接着在弹出的对话框中设置【速度】为 50，并单击【确定】按钮，如图 4-134 所示。

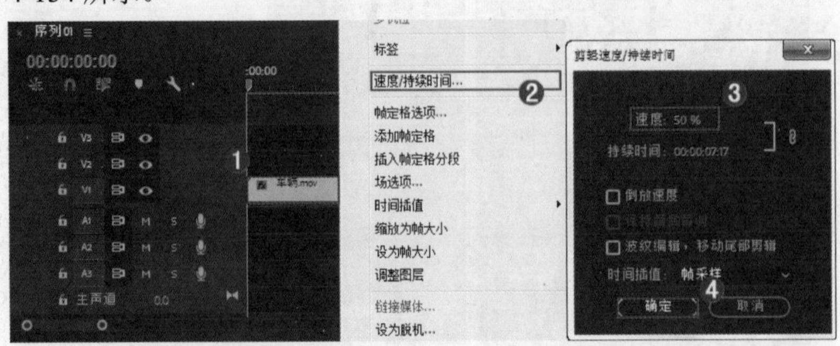

图 4-134

（5）在 V1 轨道的【车辆 .mov】素材文件上单击鼠标右键，在弹出的快捷菜单中选择【时间插值】/【帧混合】命令，如图 4-135 所示。

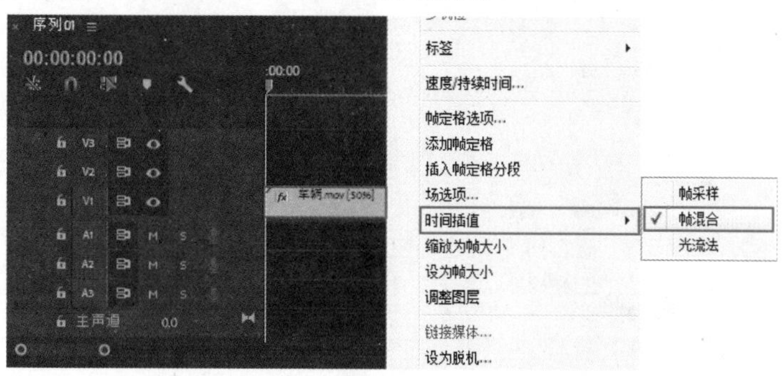

图　4-135

（6）此时拖动时间轴滑块查看最终效果，如图 4-136 所示。

图　4-136

思维点拨：为什么有些视频会出现跳帧现象？

当正常视频的时间长度改变以后，视频会有快进或变慢的视觉效果。当视频的长度增长后，原来的视频帧数就无法满足播放需求，会出现跳帧的现象，从而影响画面流畅度和质量。使用【帧混合】命令可以插补原素材中的过渡帧，使视频播放时更加流畅。

4.15　场　选　项

技术速查：使用【场选项】命令可以设置素材的扫描方式，主要用来设置交换场序和处理场的工作方式等。

在【时间轴】面板的右键快捷菜单中选择【场选项】命令，如图 4-137 所示。此时，会弹出【场选项】对话框，如图 4-138 所示。

- 交换场序：交换场的扫描顺序。
- 处理选项：设置场的工作方式。
- 无：设置素材为无场。
- 始终去隔行：对素材设置交错场处理，即隔行扫描。
- 清除闪烁：清除画面中的水平线闪烁。

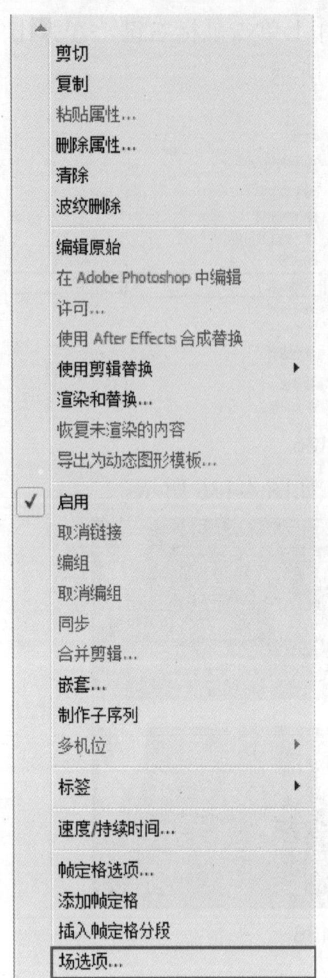

图 4-137

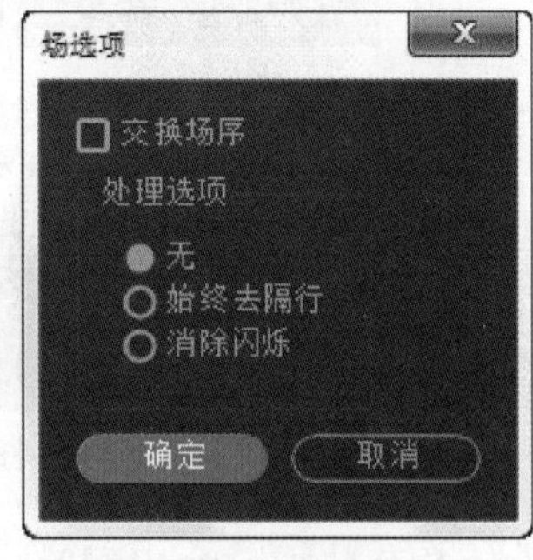

图 4-138

4.16 音频增益

技术速查：【音频增益】命令是通过调节分贝增益来改变整个音频的音量。

由于音频素材格式和录制方式的多样，在编辑这些素材时可能会出现声音较杂的情况，因此可以使用【音频增益】命令来编辑音频素材的正常输出。在【时间轴】面板的右键快捷菜单中选择【音频增益】命令，如图 4-139 所示。此时，会弹出【音频增益】对话框，如图 4-140 所示。

- 将增益设置为：设置增益的分贝。
- 调整增益值：【调整增益值】数值的同时声音的分贝也会发生变化。
- 标准化最大峰值为：设置增益标准化的最大峰值。
- 标准化所有峰值为：设置所有的标准化峰值。
- 峰值振幅：峰值的幅度大小。

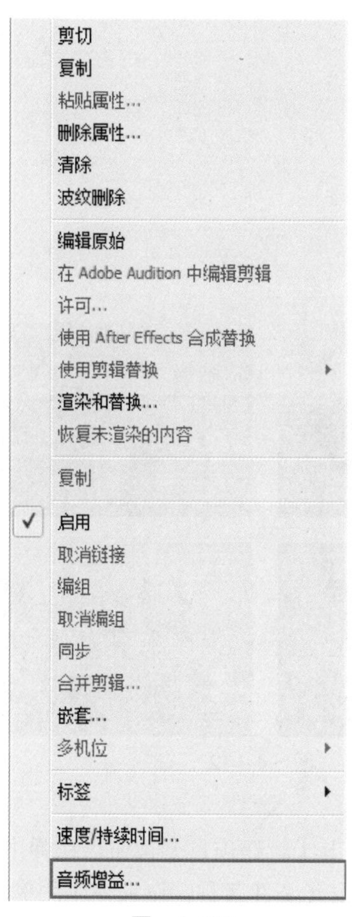

图 4-139

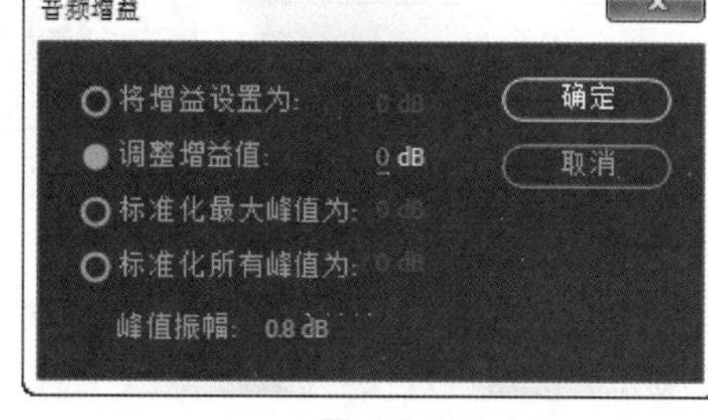

图 4-140

4.17 嵌 套

技术速查：通过【嵌套】命令，可以将部分素材片段整合到一起，方便整体管理和操作。

选择部分素材文件，使用【嵌套】命令，可以将选择的素材整合为一个序列，双击可以展开原来的素材。在【时间轴】面板的右键快捷菜单中选择【嵌套】命令，如图 4-141 所示。

案例实战——制作嵌套序列

案例文件	案例文件 \ 第 4 章 \ 制作嵌套序列 .prproj
视频教学	视频文件 \ 第 4 章制作嵌套序列 .flv
难易指数	★★★★★
技术要点	制作嵌套序列

扫码看视频

案例效果

使用嵌套序列可以将嵌套序列内的素材文件作为一个整体素材进行统一操作，是一种制作过程中经常使用的方法。本例主要是针对“制作嵌套序列”的方法进行练习，如图 4-142 所示。

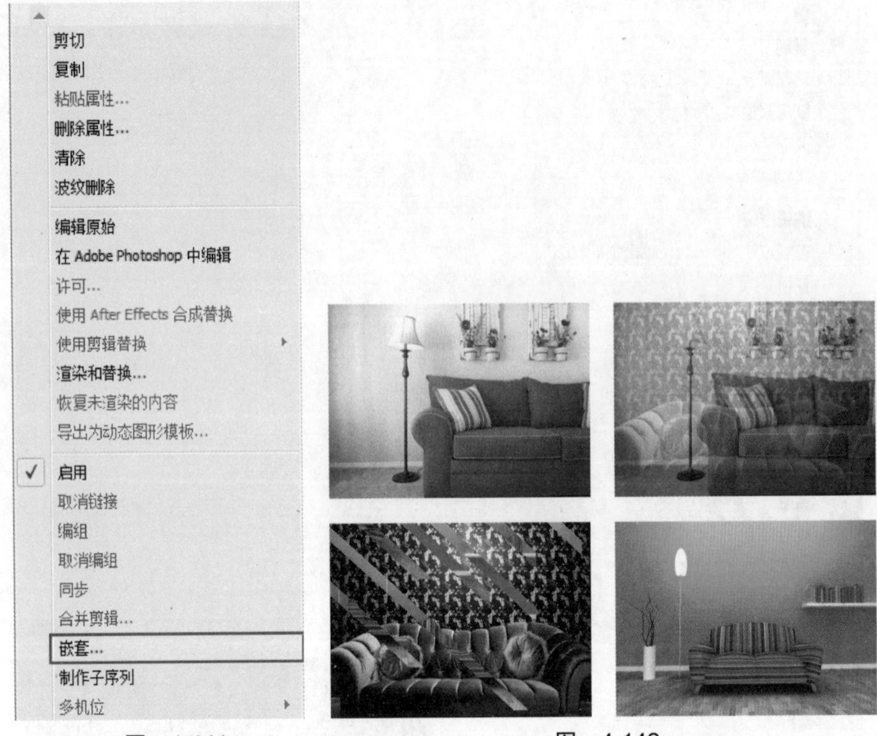

图 4-141　　　　图 4-142

操作步骤

（1）打开 Adobe Premiere Pro CC 2018 软件，单击【新建项目】按钮，在弹出的对话框中单击【浏览】按钮设置保存路径，在【名称）】后设置文件名称，设置完成后单击【确定】按钮。接着选择【文件】/【新建】/【序列】命令，在弹出的对话框中选择【DV-PAL】/【标准 48kHz】，如图 4-143 所示。

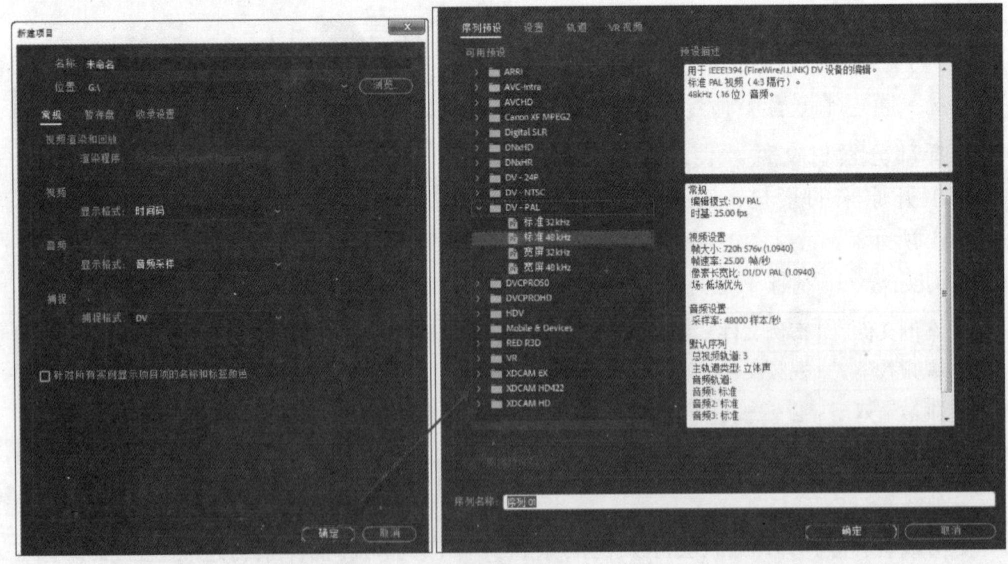

图 4-143

（2）选择菜单栏中的【文件】/【导入】命令或按【Ctrl+I】快捷键，在打开的对话框中选择所需的素材文件，单击【打开】按钮导入，如图 4-144 所示。

图　4-144

（3）将【项目】面板中需要制作嵌套序列的素材文件拖曳到 V1 轨道上，如图 4-145 所示。

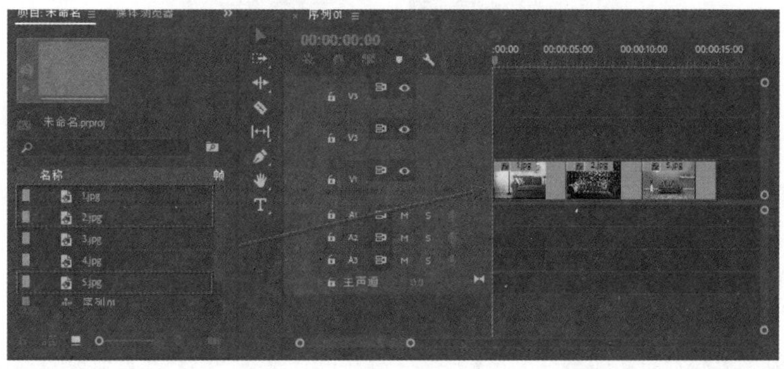

图　4-145

（4）打开【效果】面板中的【视频过渡】/【划像】文件夹，选择【交叉划像】转场效果，并将其拖曳到素材【1.jpg】和素材【2.jpg】之间；然后再打开【缩放】文件夹，并选择【交叉缩放】将其拖曳到【2.jpg】和【5.jpg】之间，如图 4-146 所示。

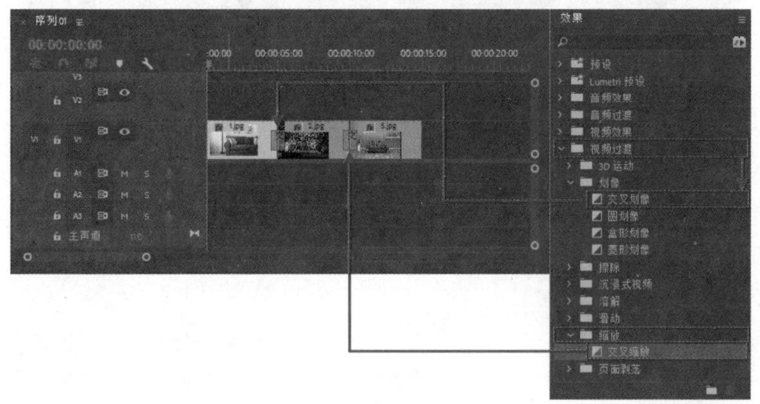

图　4-146

(5）此时选择 V1 轨道上的所有素材文件，然后单击鼠标右键，在弹出的快捷菜单中选择【嵌套】命令，如图 4-147 所示。

(6）此时 V1 轨道上的素材文件合成为一个嵌套序列，并在一条轨道上。查看最终效果，如图 4-148 所示。

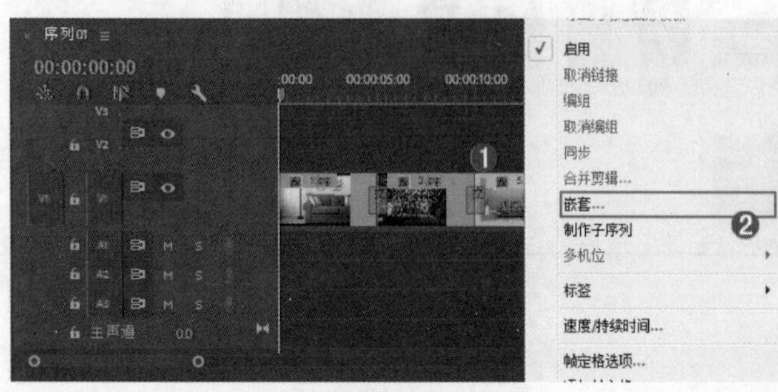

图 4-147

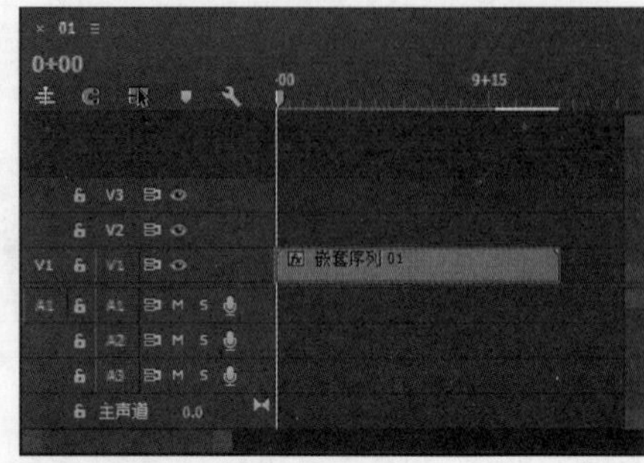

图 4-148

(7）此时拖动时间轴滑块查看最终效果，如图 4-149 所示。

图 4-149

技巧提示：

在嵌套序列上双击鼠标左键，即可打开嵌套序列，并可以在嵌套序列内对素材进行编辑，如图 4-150 所示。

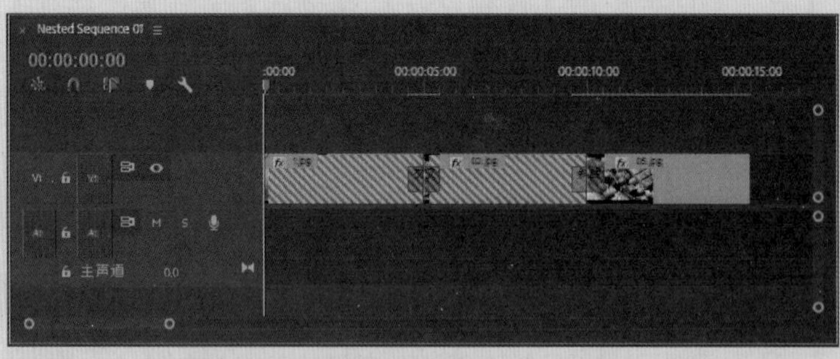

图 4-150

答疑解惑：嵌套序列有哪些优点？

嵌套序列将一些素材文件合并为一个序列，且在时间轴中仅占用一个轨道。节省编辑空间，可以对嵌套序列内的素材文件进行统一的移动和裁剪等操作，还可以双击打开嵌套序列对嵌套序列内的素材文件进行调整操作。

4.18　替换素材

技术速查：通过【替换素材】命令可以将丢失和错误的素材文件进行替换。

在编辑过程中有时会出现素材路径更换和素材丢失等问题，这些问题都会导致打开 Premiere 源文件后缺失素材文件，那么这时就可以使用【替换素材】命令对素材进行替换。同样也可以对导入错误的素材进行替换。

替换素材文件步骤如下。

（1）在【项目】面板中的素材文件上单击鼠标右键，在弹出的快捷菜单中选择【替换素材】命令，如图 4-151 所示。

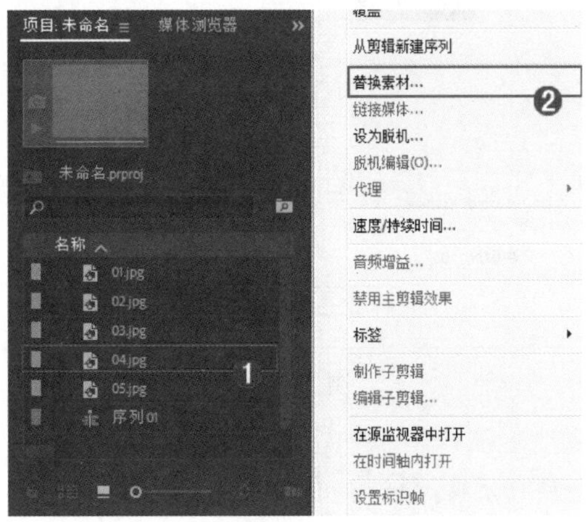

图　4-151

（2）弹出【替换素材】对话框，选择需要替换成为的素材文件，单击【选择】按钮即可，如图 4-152 所示。

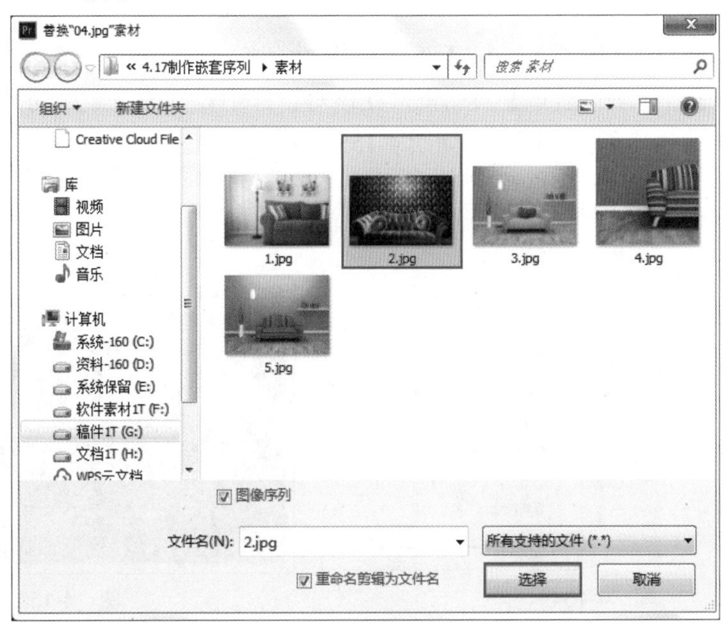

图　4-152

技巧提示：

在弹出的【替换素材】对话框中，默认选中【重命名剪辑为文件名】复选框，如图 4-153 所示。选中该复选框，可以将素材的名称也一并替换。若不选中该复选框，则被替换素材的名称会被保留下来。

图 4-153

4.19 颜色遮罩

利用彩色蒙版可以作为视频的背景或部分背景，也可以与其他素材进行混合模式等操作，使其产生特殊的效果。

创建彩色蒙版步骤如下。

（1）在菜单栏中选择【文件】/【新建】/【颜色遮罩】命令，如图 4-154 所示。

（2）弹出【新建颜色遮罩】对话框，在该对话框中设置彩色蒙版的大小和像素长宽比等参数，单击【确定】按钮即可，如图 4-155 所示。

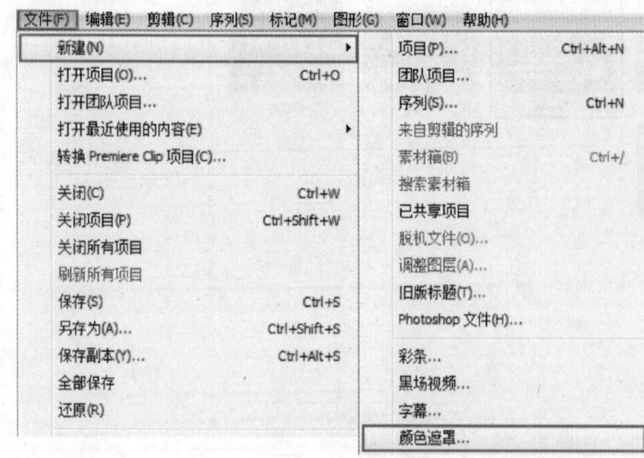

图 4-154

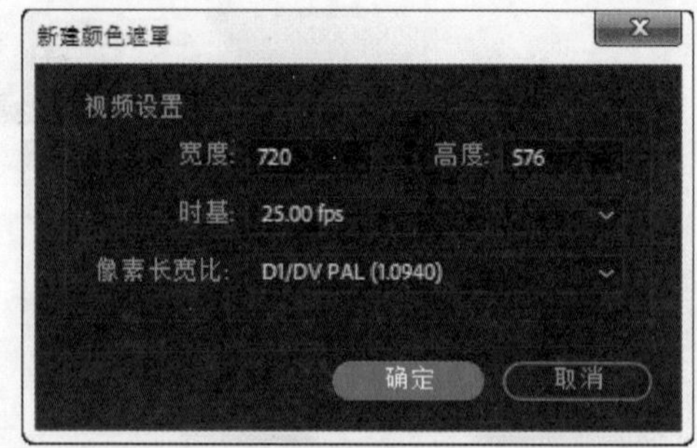

图 4-155

技巧提示：

默认情况下，【新建颜色遮罩】对话框中的参数与该序列参数相同。

（3）在弹出的【拾色器】对话框中设置合适的颜色遮罩颜色，单击【确定】按钮，如图 4-156 所示。接着在弹出的【选择名称】对话框中设置颜色遮罩的名称，单击【确定】按钮，如图 4-157 所示。

（4）此时，在【项目】面板中已经出现了颜色遮罩素材，如图 4-158 所示。

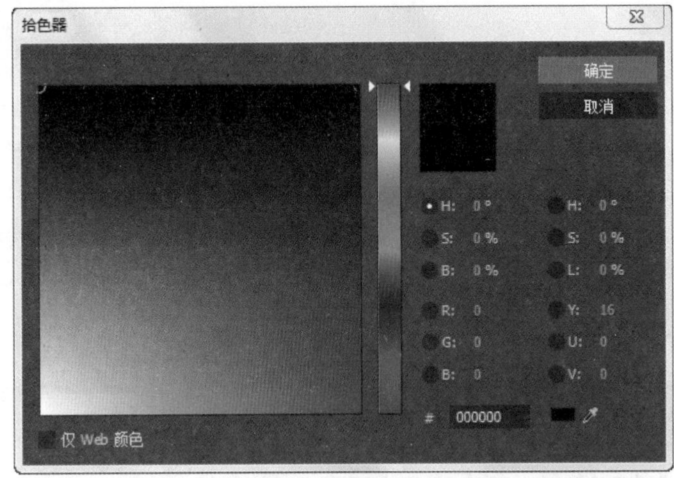

图　4-156

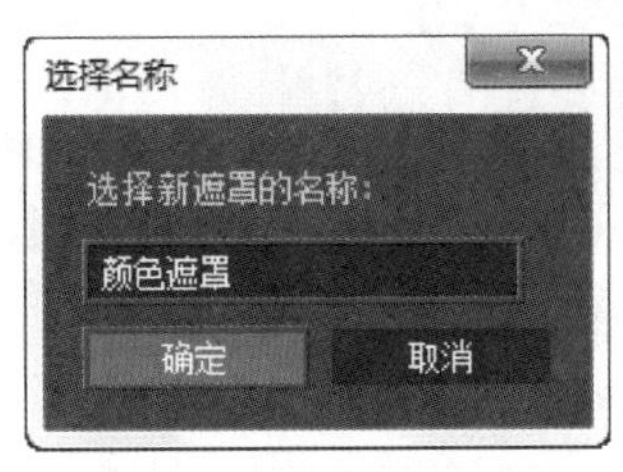

图　4-157

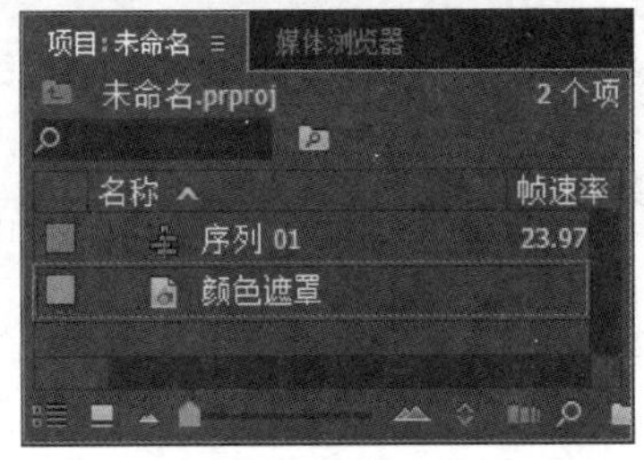

图　4-158

技术拓展：更改颜色遮罩颜色

在【项目】面板中的颜色遮罩上双击鼠标左键，就会弹出【拾色器】对话框，可以对该颜色遮罩进行颜色更改。

案例实战——制作颜色遮罩

案例文件	案例文件 \ 第 4 章 \ 颜色遮罩 .prproj
视频教学	视频文件 \ 第 4 章 \ 颜色遮罩 .flv
难易指数	★★★★★
技术要点	创建颜色遮罩

案例效果

使用颜色遮罩可以为素材添加颜色或制作背景，升华画面的整体效果。本例主要是针对“制作颜色遮罩”的方法进行练习，如图 4-159 所示。

操作步骤

（1）打开 Adobe Premiere Pro CC 2018 软件，单击【新建项目】按钮，在弹出的对话框中单击【浏览】按钮设置保存路径，在【名称】后设置文件名称，设置完成后单击【确定】按钮。接着选择【文件】/【新建】/【序列】命令，在弹出的对话框中选择【DV-PAL】/【标准 48kHz】，如图 4-160 所示。

图 4-159

（2）选择菜单栏中的【文件】/【导入】命令或按【Ctrl+I】快捷键，在打开的对话框中选择所需的素材文件，单击【打开】按钮导入，如图 4-161 所示。

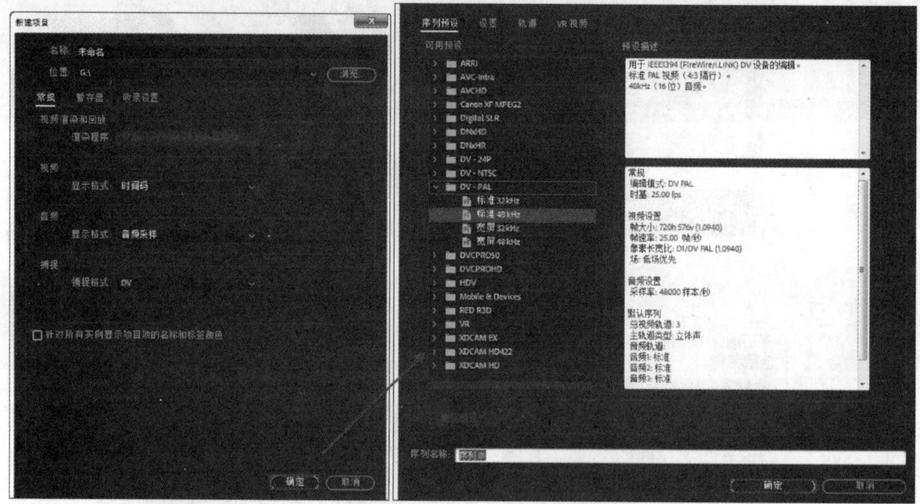

图 4-160

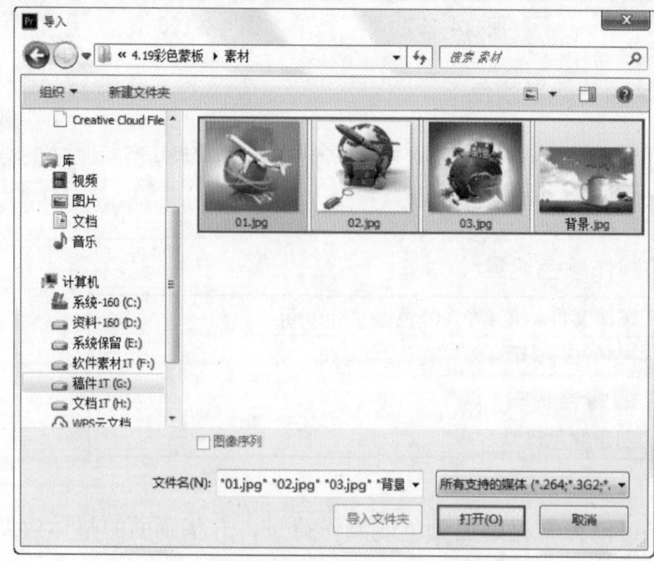

图 4-161

（3）将【项目】面板中的【背景 .jpg】素材文件拖曳到 V1 轨道上，如图 4-162 所示。

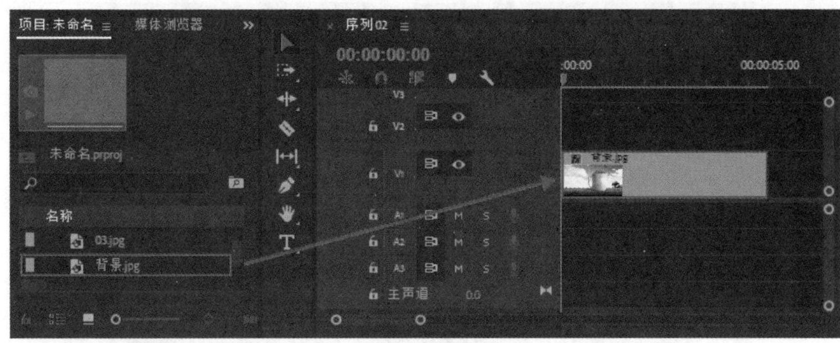

图　4-162

（4）选择 V1 轨道上的【背景 .jpg】素材文件，在【效果控件】面板中的【运动】栏设置【缩放】为 71，如图 4-163 所示。此时的效果如图 4-164 所示。

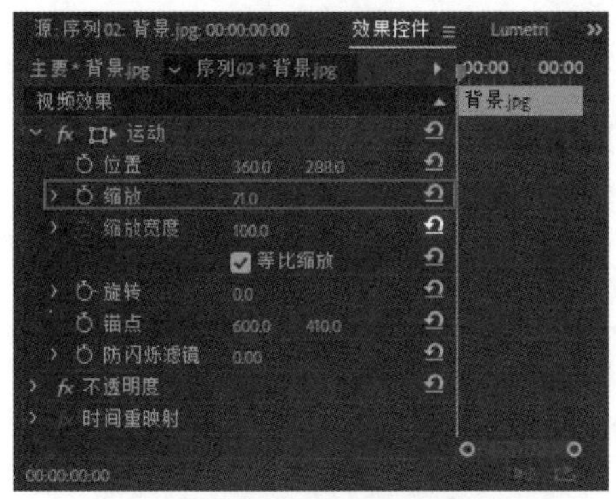

图　4-163

图　4-164

（5）创建彩色蒙版。选择【文件】/【新建】/【颜色遮罩】命令，在弹出的对话框中设置【高度】为 170，如图 4-165 所示。接着设置颜色为蓝色，如图 4-166 所示。

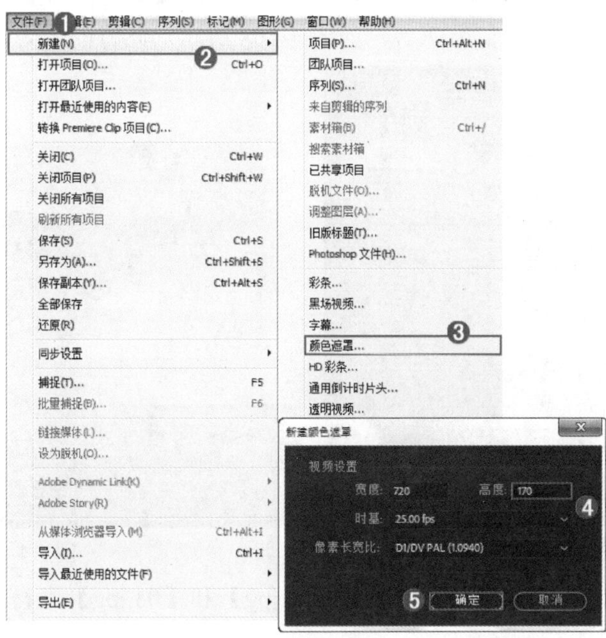

图　4-165

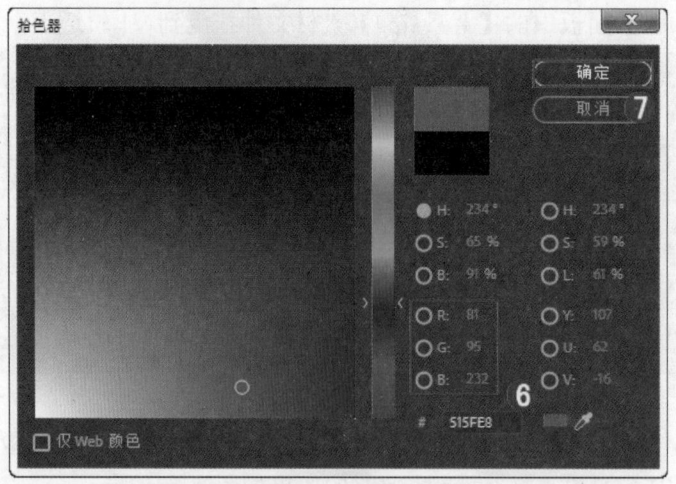

图 4-166

（6）将【项目】面板中的【颜色遮罩】拖曳到 V2 轨道上，如图 4-167 所示。

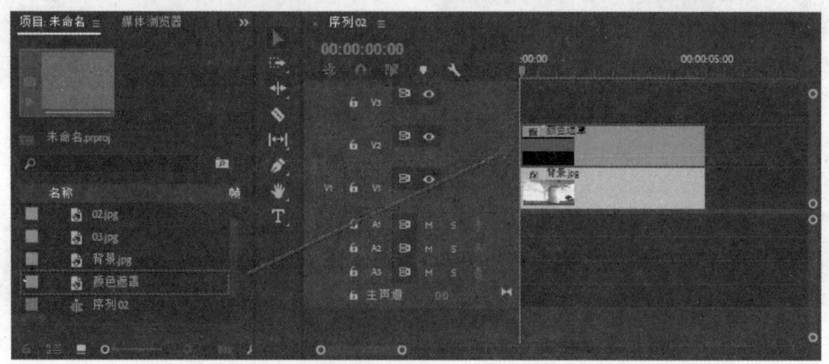

图 4-167

（7）选择 V1 轨道上的【颜色遮罩】素材文件，在【效果控件】面板中设置【位置】为（360,477），【不透明度】为 70%，如图 4-168 所示。此时的效果如图 4-169 所示。

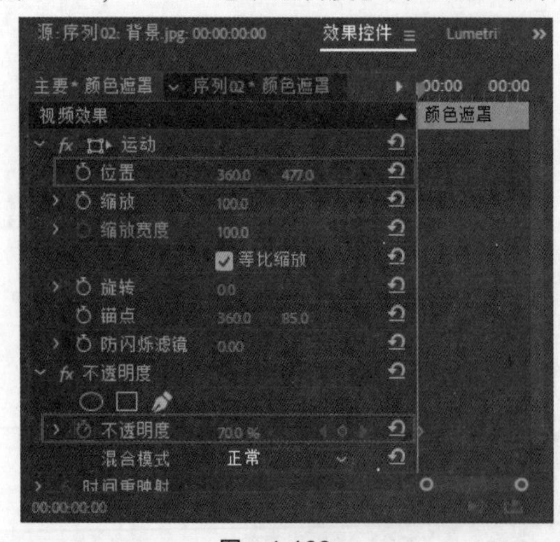

图 4-168　　　　图 4-169

（8）将【项目】面板中的【01.jpg】【02.jpg】和【03.jpg】素材文件拖曳到 V2、V3 和 V4 轨道上，如图 4-170 所示。

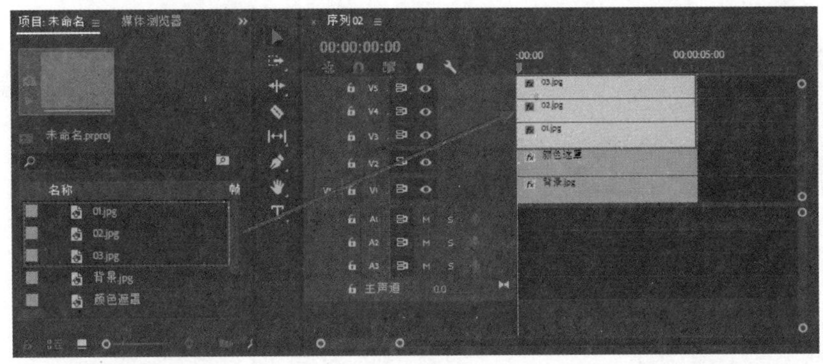

图　4-170

（9）在【效果控件】面板中设置【01.jpg】【02.jpg】和【03.jpg】素材文件的【缩放】都为 22，然后适当调整素材位置，如图 4-171 所示。

（10）此时拖动时间轴滑块查看最终效果，如图 4-172 所示。

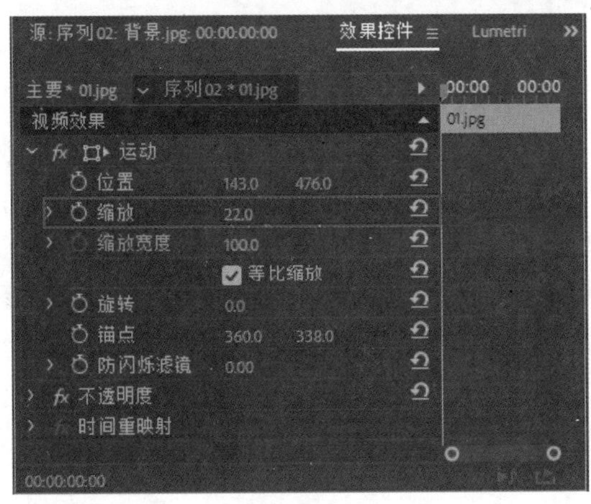

图　4-171

图　4-172

答疑解惑：彩色蒙版的作用有哪些？

利用彩色蒙版可以制作素材的装饰图案和背景，这样改变彩色蒙版的颜色就可以改变背景的颜色。彩色蒙版的大小可以在创建时根据需求来进行设定。

可以在彩色蒙版上添加渐变效果，来制作渐变背景。也可以添加其他特效和设置混合模式来得到不同的特殊效果。

本章小结

制作项目过程中，需要对素材等进行编辑操作。通过本章的学习，可以掌握 Premiere 的编辑基础方法，包括设置入点和出点、设置标记、复制和粘贴、制作嵌套序列、视频和音频链接以及颜色遮罩等基本操作。熟练应用编辑基础的方法，有利于以后的项目制作。

视频效果

在影视作品中，一般都离不开特效的应用与制作。使用特效的目的是为了作品产生更加丰富多彩的视频效果，增加画面的冲击力，以及更好地突出作品的主题、情感，从而达到制作视频的目的。本章介绍了 Adobe Premiere Pro CC 2018 中各种效果的参数和为素材添加效果的基本操作，以及应用搭配和自定义效果参数的方法。

本章重点：

- 了解什么是视频效果
- 掌握添加效果的方法
- 了解效果之间的分别和类型
- 掌握应用和自定义效果参数的方法

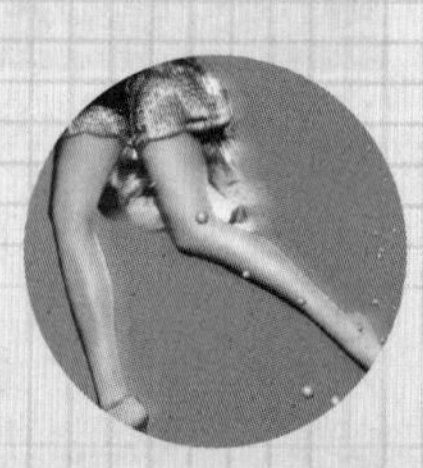

5.1　初识视频效果

5.1.1　什么是视频效果

在 Adobe Premiere Pro CC 2018 中，视频效果是一些由 Premiere 封装好的程序，专门用于处理视频画面，并且可以实现各种视觉效果。Premiere 的视频效果集合在【效果】面板中。在 Premiere 中，除了可以运用自带的视频效果对素材进行处理外，还可以运用外挂效果对素材进行处理。

5.1.2　为素材添加视频效果

技术速查：将【效果】面板中的效果直接拖曳添加到【时间轴】面板中的素材文件上即可。

为素材添加视频效果的方法有两种：一种是在【效果】面板中直接查找相应效果，然后将其添加到素材上；另一种是搜索查找相应效果，并将其添加到素材上。

1. 动手学：直接查找，并添加效果

在【效果】面板中展开相应文件夹，并将需要的视频效果直接按住鼠标左键拖曳到【时间轴】面板中的素材文件上，然后释放鼠标左键即可，如图 5-1 所示。

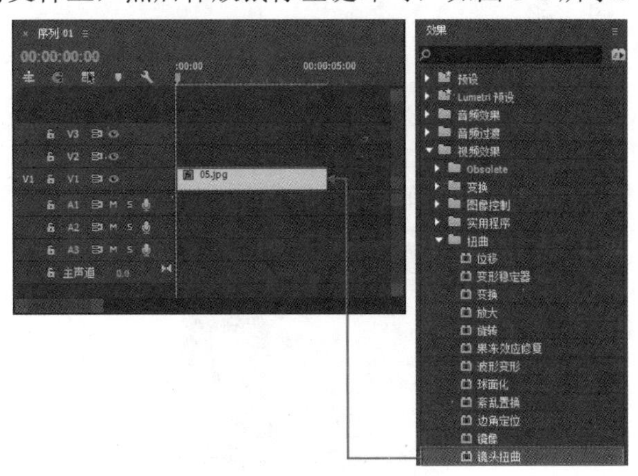

图　5-1

2. 动手学：搜索查找，并添加效果

在【效果】面板的搜索栏中输入效果的名称，软件会自动过滤并查找到所需要的效果，接着将该效果直接拖曳到素材文件上即可，如图 5-2 所示。

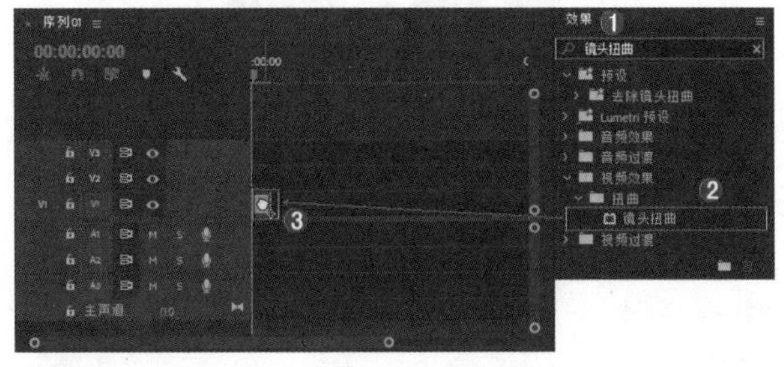

图　5-2

5.1.3　动手学：设置视频效果参数

技术速查：选择已经添加特效的视频素材文件，在【效果控件】面板可以对效果的参数进行设置。

首先将【效果】面板中的效果添加到【时间轴】面板中的素材文件上，如图 5-3 所示。然后选择该素材文件，在【效果控件】面板中对效果参数进行设置，如图 5-4 所示。

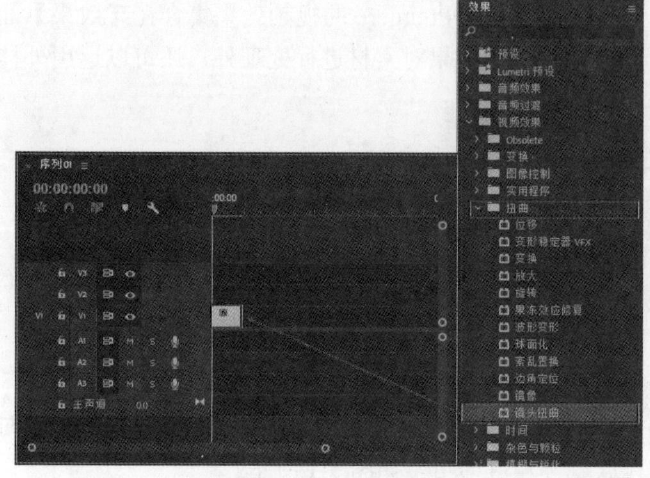

图　5-3

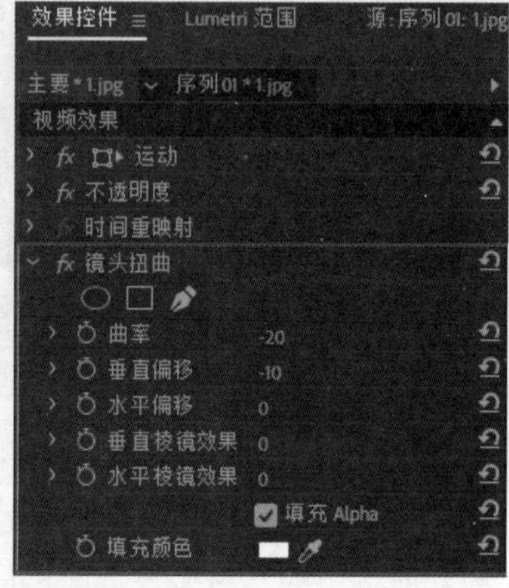

图　5-4

5.2　Obsolete 类视频效果

【Obsolete】类视频效果可以调节快速模糊效果，如图 5-5 所示。

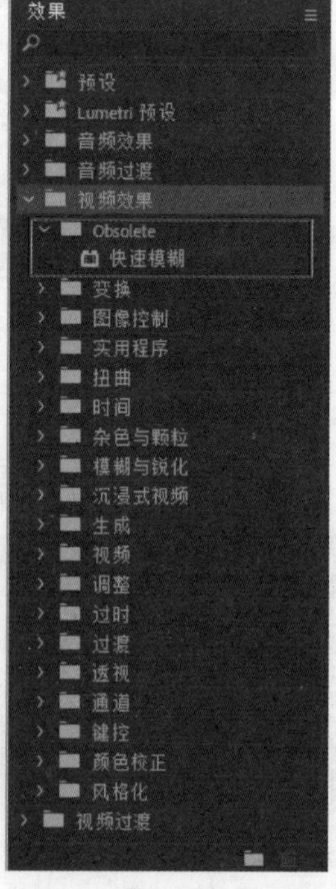

图　5-5

【快速模糊】是按设定的模糊处理方式，快速对素材进行模糊处理，如图 5-6 所示。使用该效果前后的对比效果，如图 5-7 所示。

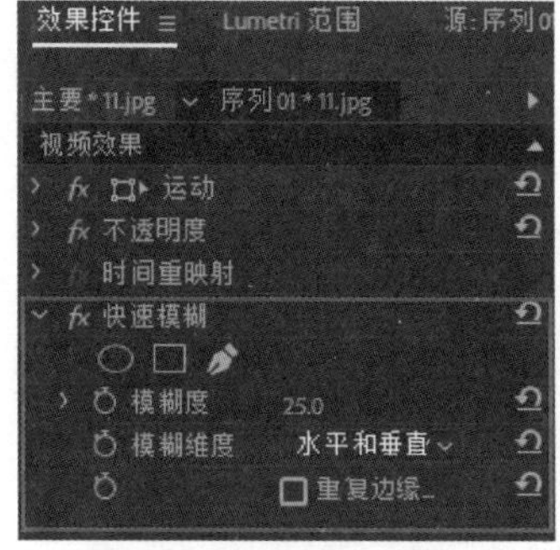

图　5-6

图　5-7

5.3　变换类视频效果

【变换】类视频效果主要是使素材产生二维或三维的形状，包括【垂直翻转】【水平翻转】【羽化边缘】和【裁剪】4 种效果。选择【效果】面板中的【视频效果】/【变换】，如图 5-8 所示。

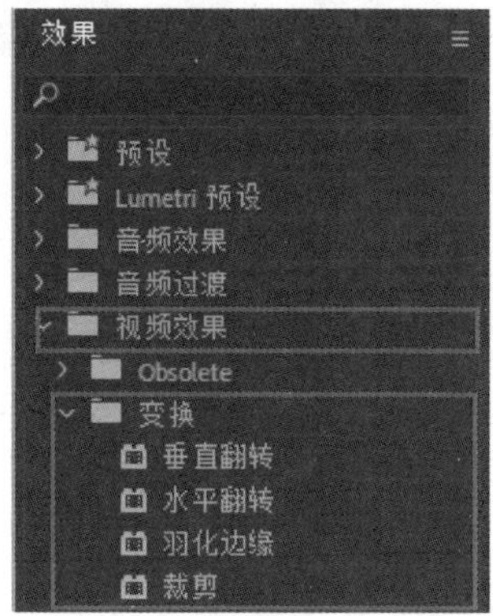

图　5-8

- 垂直翻转：【垂直翻转】效果可以使素材产生垂直翻转的画面效果，如图 5-9 所示。使用该效果前后的对比效果，如图 5-10 所示。

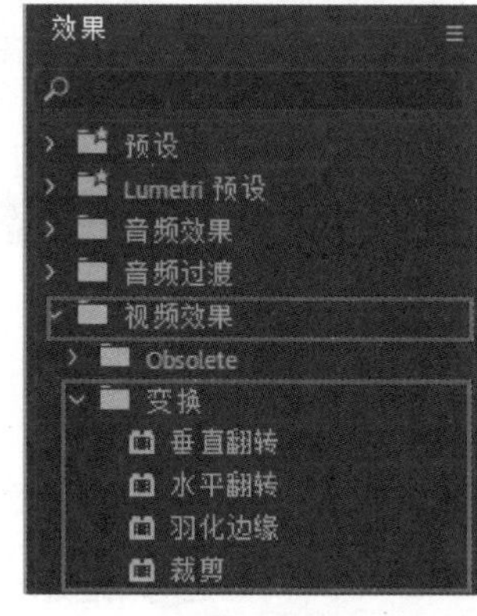

图　5-9

图　5-10

- 水平翻转:【水平翻转】效果可以使素材产生水平翻转的画面效果，如图 5-11 所示。使用该效果前后的对比效果，如图 5-12 所示。

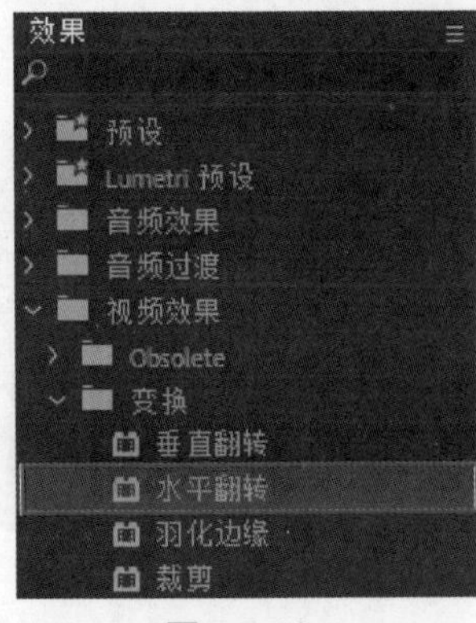

图 5-11

图 5-12

- 羽化边缘:【羽化边缘】效果可以对素材边缘进行羽化处理，如图 5-13 所示。使用该效果前后的对比效果，如图 5-14 所示。

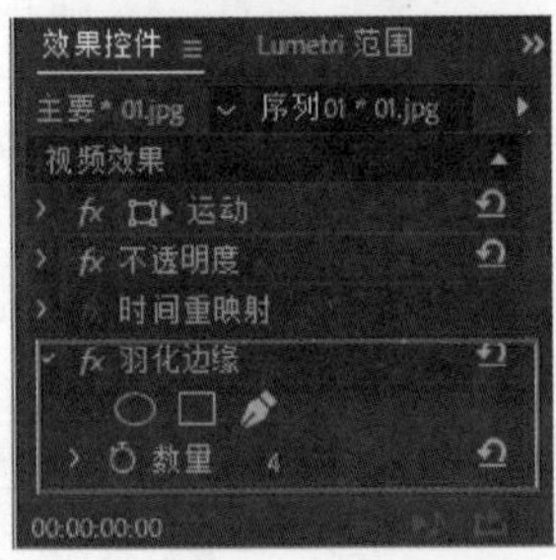

图 5-13

图 5-14

- 裁剪:【裁剪】效果可以通过设置素材四周的参数对素材进行剪裁，如图 5-15 所示。使用该效果前后的对比效果，如图 5-16 所示。

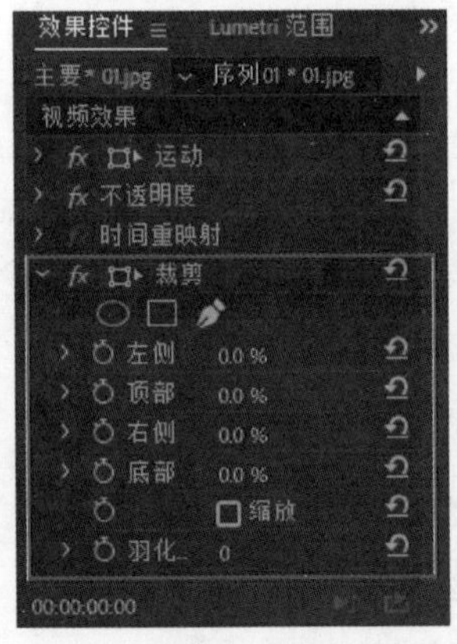

图 5-15

图 5-16

案例实战——应用垂直翻转效果

案例文件	案例文件 \ 第 5 章 \ 垂直翻转效果 .prproj
视频教学	视频文件 \ 第 5 章 \ 垂直翻转效果 .flv
难易指数	★★★★★
技术要点	垂直翻转效果的应用

扫码看视频

案例效果

日常生活中，在报纸、杂志或电视等传播媒体上，有时会看到利用垂直翻转过来的图片来创作出各种不同的艺术效果。本例主要是针对“应用垂直翻转效果”的方法进行练习，如图 5-17 所示。

图　5-17

操作步骤

（1）选择【文件】/【新建】/【项目】命令，在弹出的【新建项目】对话框中设置【名称】，并单击【浏览】按钮设置保存路径，再单击【确定】按钮，如图 5-18 所示。

（2）选择【文件】/【新建】/【序列】命令，弹出【新建序列】对话框，选择【DV-PAL】/【标准 48kHz】，单击【确定】按钮，如图 5-19 所示。

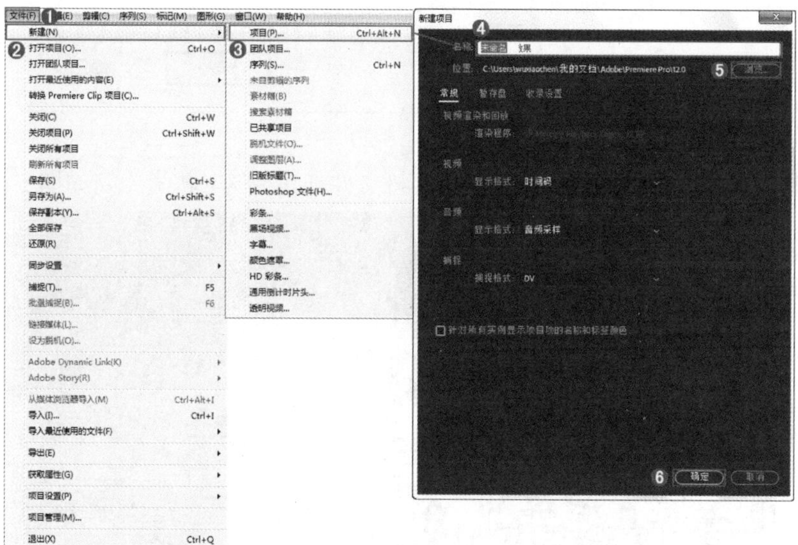

图　5-18

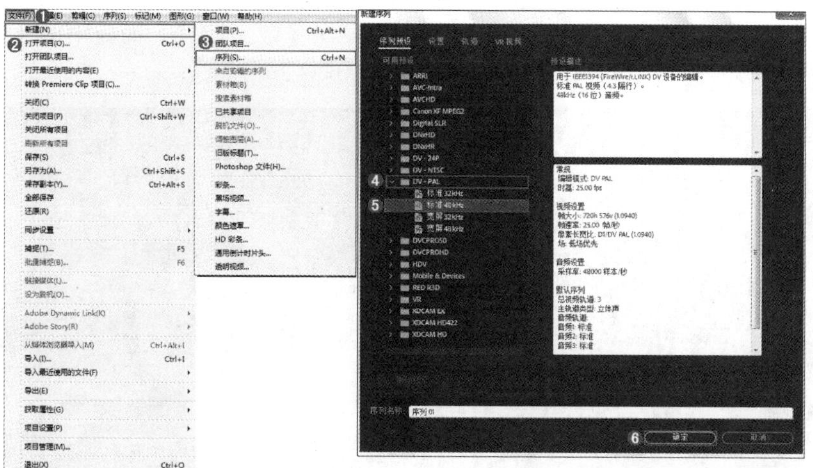

图　5-19

（3）选择菜单栏中的【文件】/【导入】命令或按【Ctrl+I】快捷键，在打开的对话框中选择所需的素材文件，单击【打开】按钮导入，如图 5-20 所示。

图 5-20

（4）将【项目】面板中的【01.jpg】素材文件拖曳到 V1 轨道上，如图 5-21 所示。

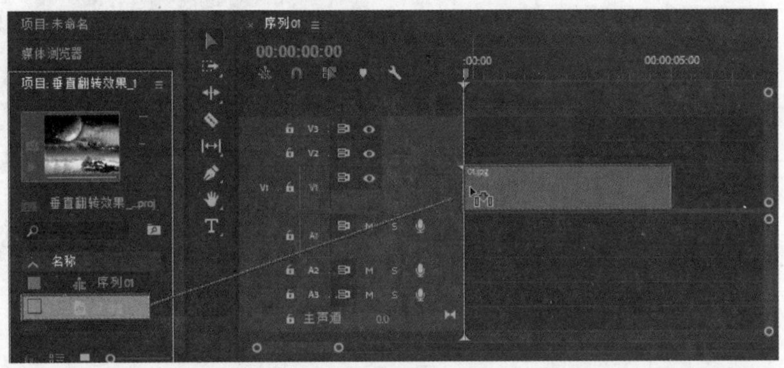

图 5-21

（5）选择 V1 轨道上的【01.jpg】素材文件，在【效果控件】面板中的【运动】栏设置【缩放】为 62，如图 5-22 所示。此时的效果如图 5-23 所示。

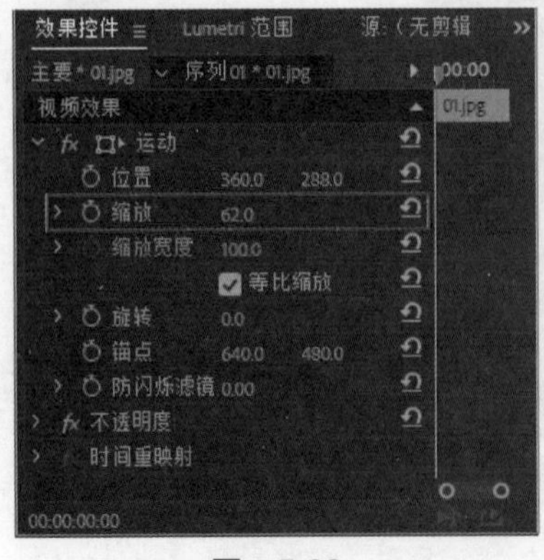

图 5-22

图 5-23

（6）在【效果】面板中搜索【垂直翻转】效果，然后按住鼠标左键将其拖曳到 V1 轨道的【01.jpg】素材文件上，如图 5-24 所示。

（7）此时拖动时间轴滑块查看最终效果，如图 5-25 所示。

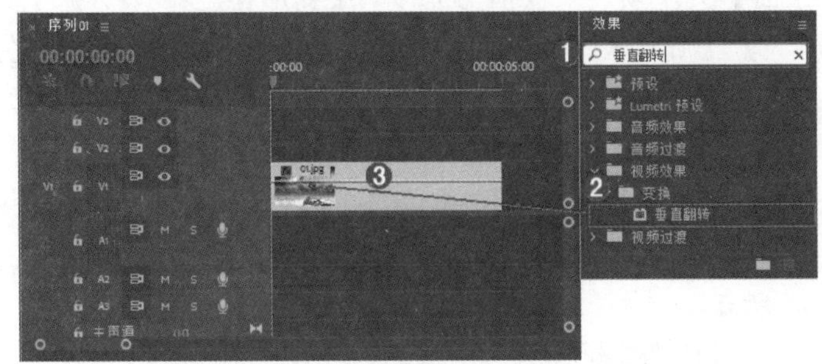

图　5-24

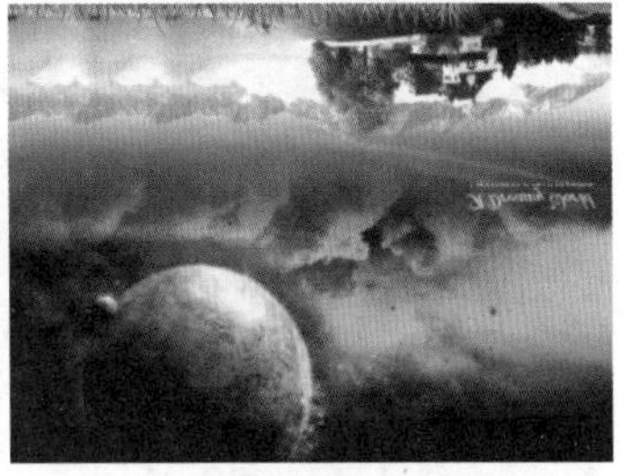

图　5-25

5.4　实用程序类视频效果

【实用程序】类视频效果主要设置素材颜色的输入和输出。该效果组中只有【Cineon 转换器】效果。选择【效果】面板中的【视频效果】/【Cineon 转换器】，如图 5-26 所示。

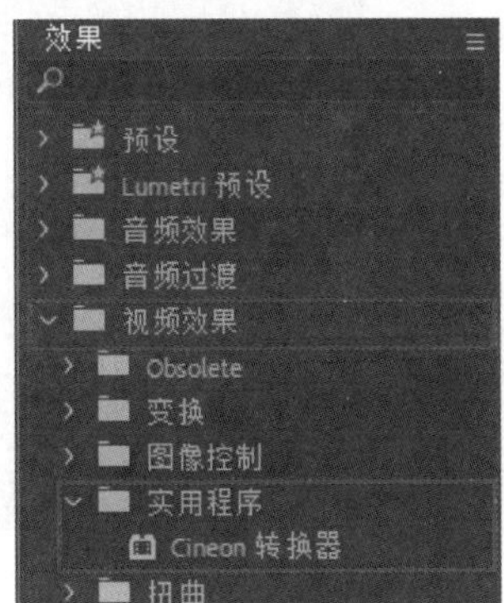

图　5-26

【Cineon 转换器】效果可以使素材的色调进行对数、线性之间转换，以达到不同的色调效果，如图 5-27 所示。使用该效果前后的对比效果，如图 5-28 所示。

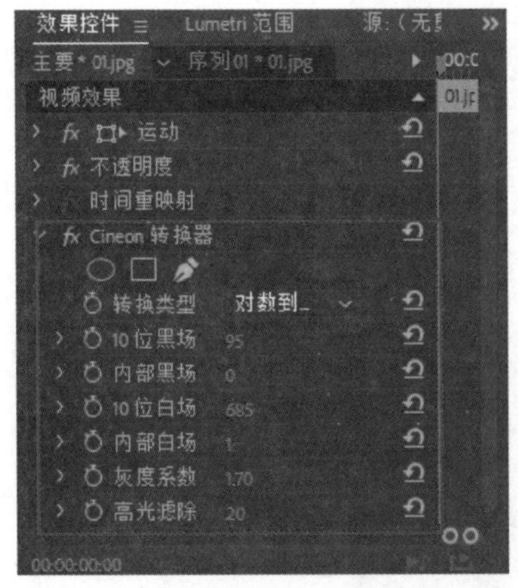

图　5-27

图　5-28

5.5 扭曲类视频效果

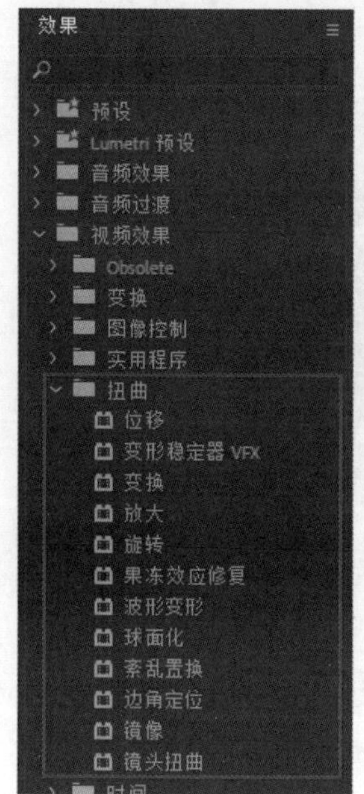

图 5-29

【扭曲】类视频效果包括【位移】【变形稳定器 VFX】【变换】【放大】【旋转】【果冻效应修复】【波形变形】【球面化】【紊乱置换】【边角定位】【镜像】和【镜头扭曲】等效果，如图 5-29 所示。

➘ 位移：【位移】效果可以应用不同的形式对素材进行扭曲变形处理，如图 5-30 所示。使用该效果前后的对比效果，如图 5-31 所示。

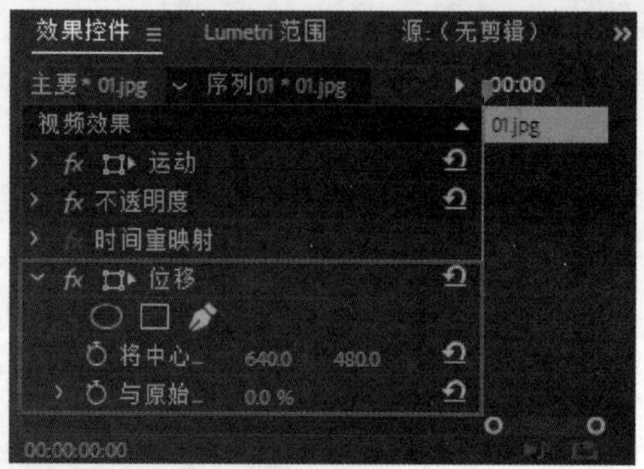

图 5-30

图 5-31

➘ 变形稳定器 VFX：消除因摄像机移动而产生的抖动感，使画面更加平稳，如图 5-32 所示。

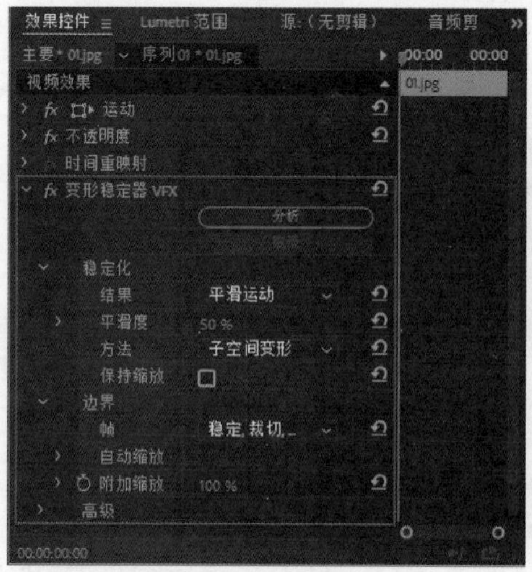

图 5-32

- 变换：【变换】效果可以对图像的锚点、位置、尺寸、透明度、倾斜度和快门角度等进行综合调整，如图 5-33 所示。使用该效果前后的对比效果，如图 5-34 所示。

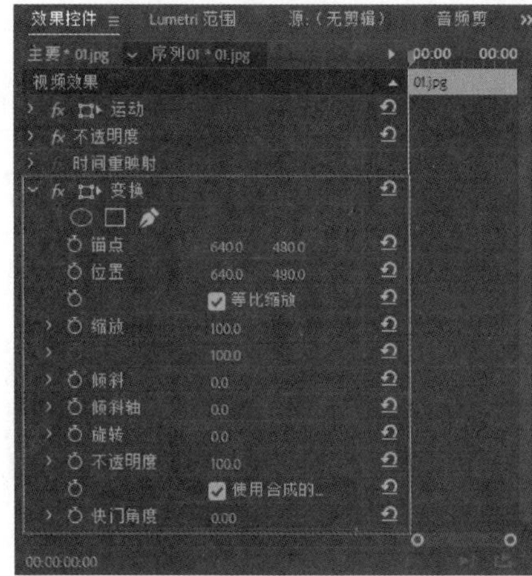

图　5-33

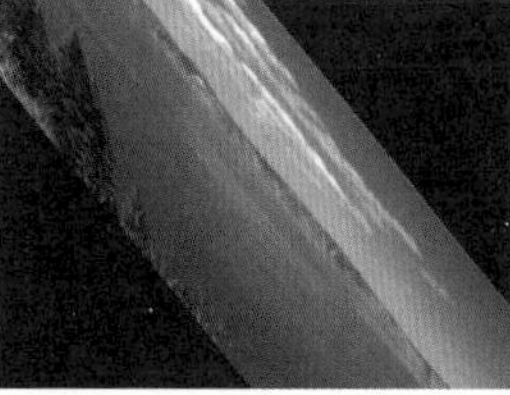

图　5-34

- 放大：【放大】效果可以使素材产生类似放大镜的扭曲变形效果，如图 5-35 所示。使用该效果前后的对比效果，如图 5-36 所示。

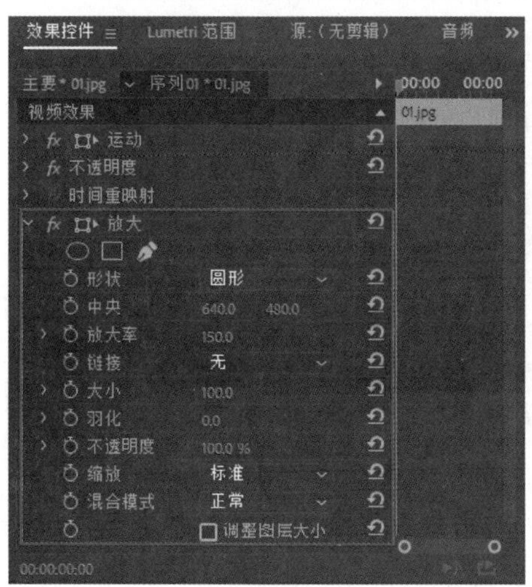

图　5-35

图　5-36

- 旋转：【旋转】效果可以使素材产生沿指定中心旋转变形的效果，如图 5-37 所示。使用该效果前后的对比效果，如图 5-38 所示。

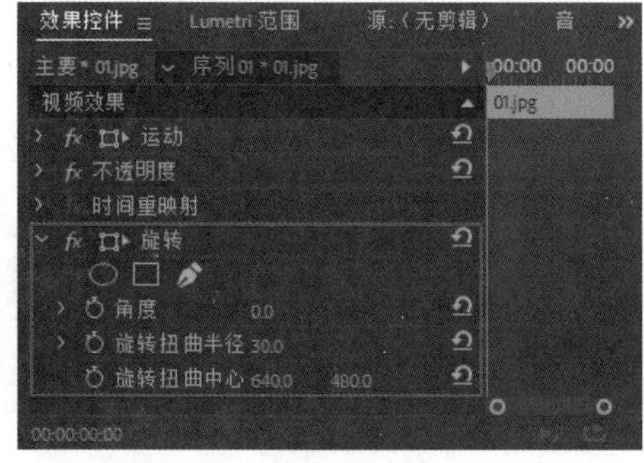

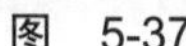

图　5-37

图　5-38

- **果冻效应修复**：【果冻效应修复】效果指定帧速率（扫描时间）的百分比。在变形中执行更为详细的点分析。在使用【变形】方法时可用，如图 5-39 所示。使用该效果前后的对比效果不过于明显，如图 5-40 所示。

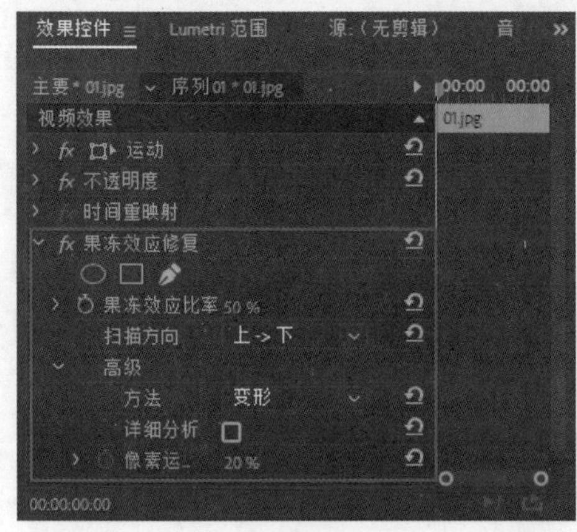

图 5-39

图 5-40

- **波形变形**：【波形变形】效果可以使素材产生一种类似水波浪的扭曲效果，如图 5-41 所示。使用该效果前后的对比效果，如图 5-42 所示。

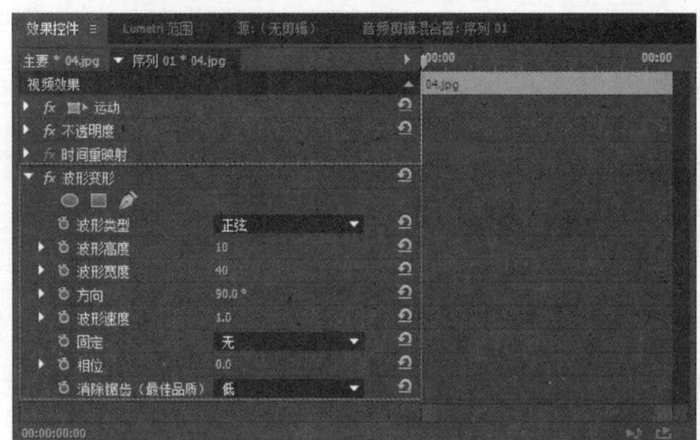

图 5-41

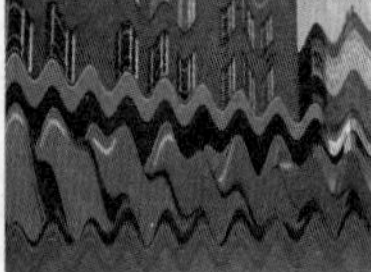

图 5-42

- **球面化**：【球面化】效果可以使素材产生球形的扭曲变形效果，如图 5-43 所示。使用该效果前后的对比效果，如图 5-44 所示。

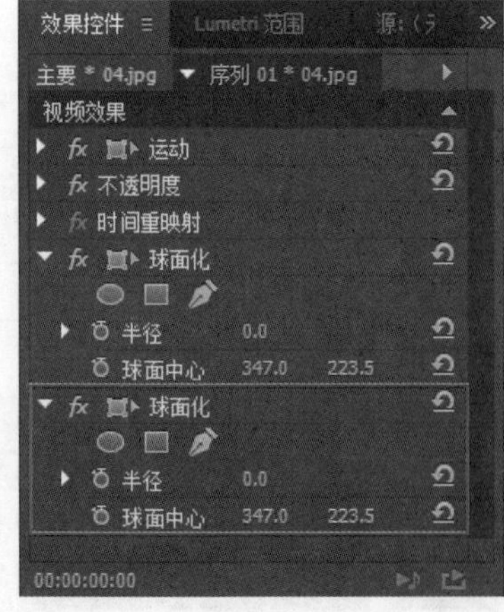

图 5-43

图 5-44

- **紊乱置换：**【紊乱置换】效果可以使素材产生各种凸起、旋转等效果，如图 5-45 所示。使用该效果前后的对比效果，如图 5-46 所示。

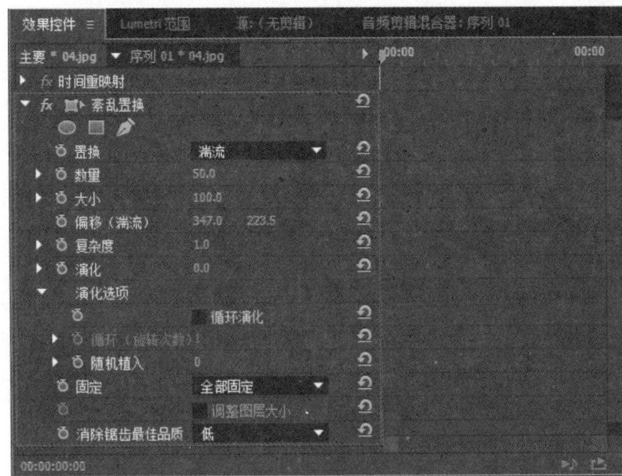

图　5-45

图　5-46

- **边角定位：**【边角定位】效果可以利用图像 4 个边角坐标位置的变化对图像进行透视扭曲，如图 5-47 所示。使用该效果前后的对比效果，如图 5-48 所示。

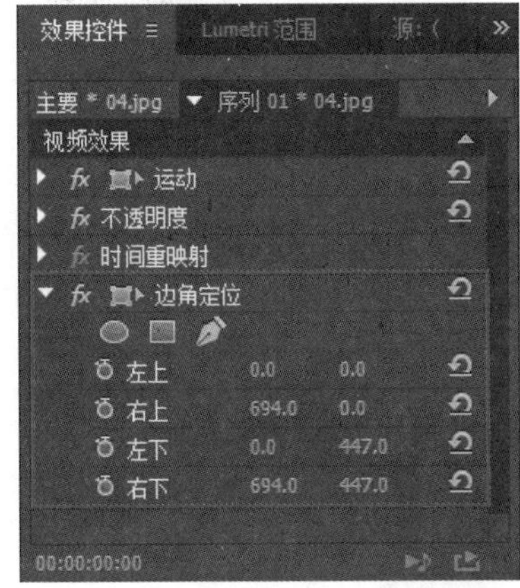

图　5-47

图　5-48

- **镜像：**【镜像】效果可以按照指定的方向和角度将图像沿某一条直线分割为两部分，制作出相反的画面效果，如图 5-49 所示。使用该效果前后的对比效果，如图 5-50 所示。

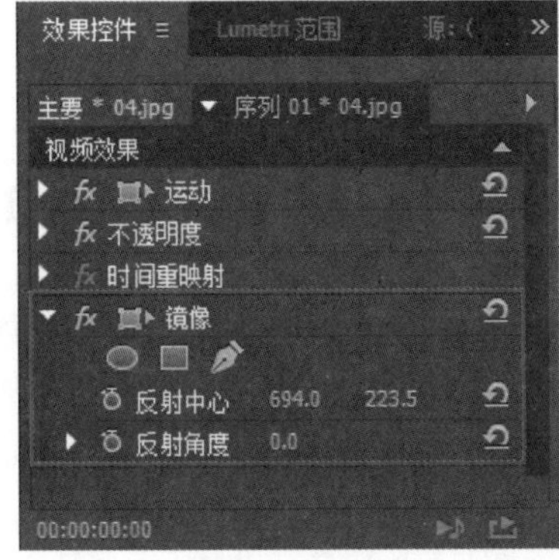

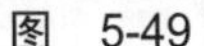

图　5-49

图　5-50

- 镜头扭曲：【镜头扭曲】效果可以使画面沿水平轴和垂直轴扭曲变形，如图 5-51 所示。使用该效果前后的对比效果，如图 5-52 所示。

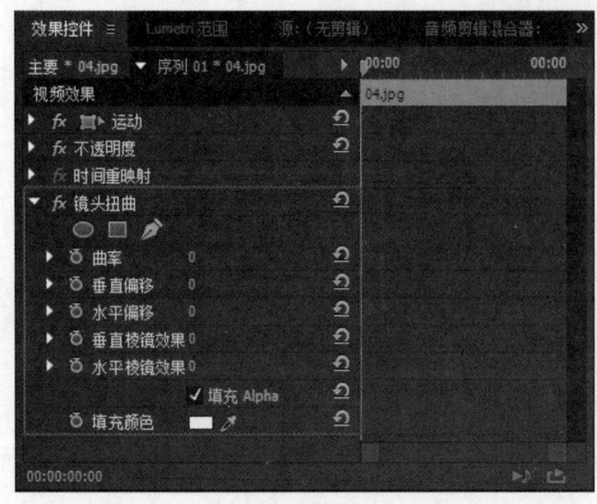

图 5-51

图 5-52

案例实战——应用镜头扭曲效果

案例文件	案例文件 \ 第 5 章 \ 镜头扭曲效果 .prproj
视频教学	视频文件 \ 第 5 章 \ 镜头扭曲效果 .flv
难易指数	★★★★★
技术要点	镜头扭曲效果的应用

扫码看视频

案例效果

扭曲是物体因外力作用而扭转变形，是改变物体形状的一种方法。利用【镜头扭曲】效果可以在不改变原物体形状的情况下在后期制作时制作出扭曲效果。本例主要是针对“应用镜头扭曲效果”的方法进行练习，如图 5-53 所示。

图 5-53

操作步骤

（1）选择【文件】/【新建】/【项目】命令，在弹出的【新建项目】对话框中设置【名称】，并单击【浏览】按钮设置保存路径，再单击【确定】按钮，如图 5-54 所示。

（2）选择【文件】/【新建】/【序列】命令，弹出【新建序列】对话框，选择【DV-PAL】/【标准 48kHz】，单击【确定】按钮，如图 5-55 所示。

（3）选择菜单栏中的【文件】/【导入】命令或按【Ctrl+I】快捷键，在打开的对话框中选择所需的素材文件，单击【打开】按钮导入，如图 5-56 所示。

（4）将【项目】面板中的【01.jpg】素材文件拖曳到 V1 轨道上，如图 5-57 所示。

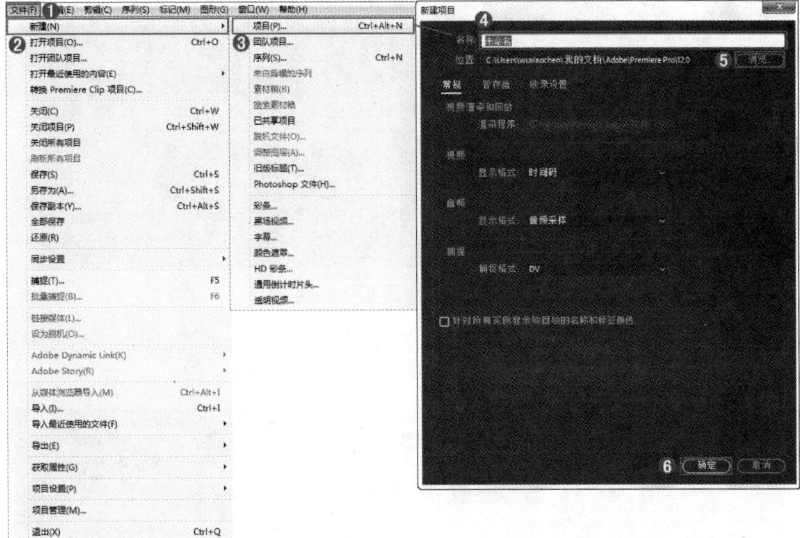

图　5-54

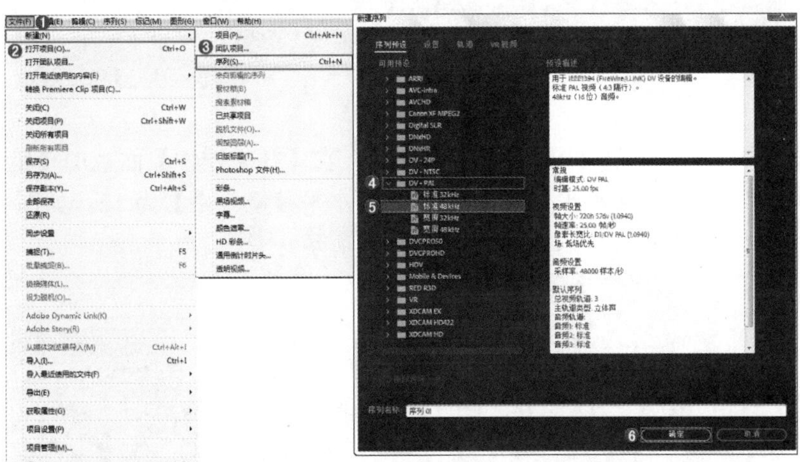

图　5-55

图　5-56

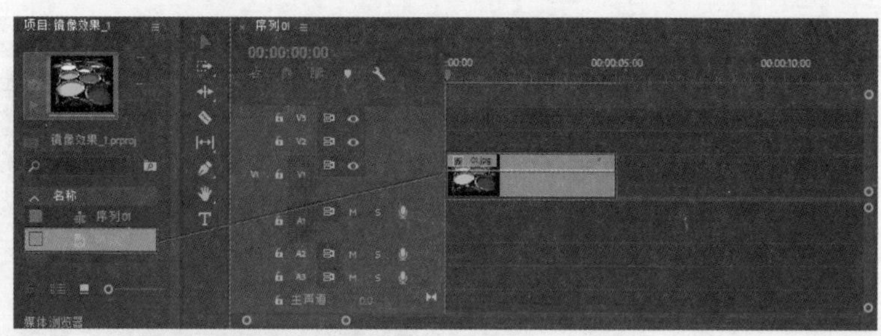

图　5-57

（5）在【效果】面板中搜索【镜头扭曲】效果，然后按住鼠标左键将其拖曳到 V1 轨道的【01.jpg】素材文件上，如图 5-58 所示。

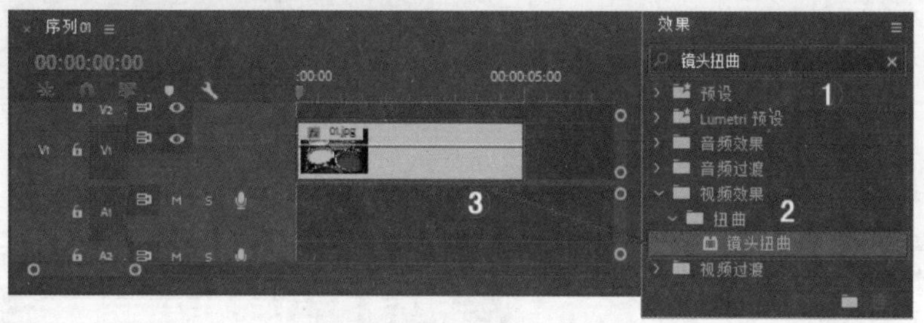

图　5-58

（6）选择 V1 轨道上的【01.jpg】素材文件，在【效果控件】面板的【镜头扭曲】栏中设置【曲率】为 –70，【水平偏移】为 22，【水平棱镜效果】为 12，如图 5-59 所示。此时拖动时间轴滑块查看最终的效果，如图 5-60 所示。

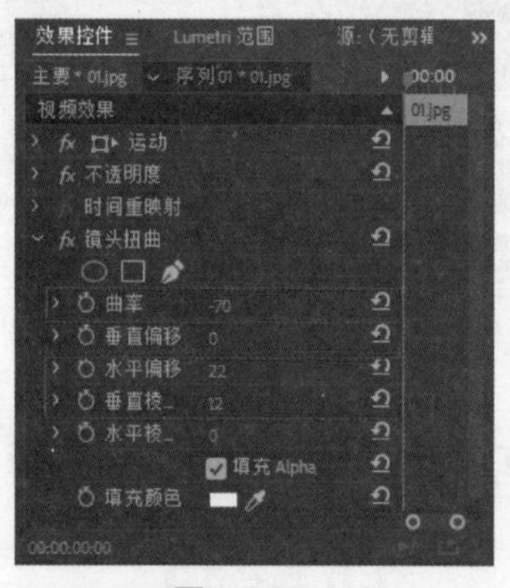

图　5-59

图　5-60

答疑解惑：【镜头扭曲】效果可以应用于哪些方面？

镜头扭曲是产生一种将图像进行旋转的效果。中心的旋转程度比边缘的旋转程度大，而且边扭曲边对图像进行球面化的挤压。可以用于影视转场和针对某一对象制作出类似扭曲旋转消失的效果。

5.6　时间类视频效果

【时间】类视频效果包括【像素运动模糊】【抽帧时间】【时间扭曲】和【残影】4 个视频效果，如图 5-61 所示。

➘ 像素运动模糊：【像素运动模糊】效果可使画面像素发生不同程度的运动模糊，如图 5-62 所示。

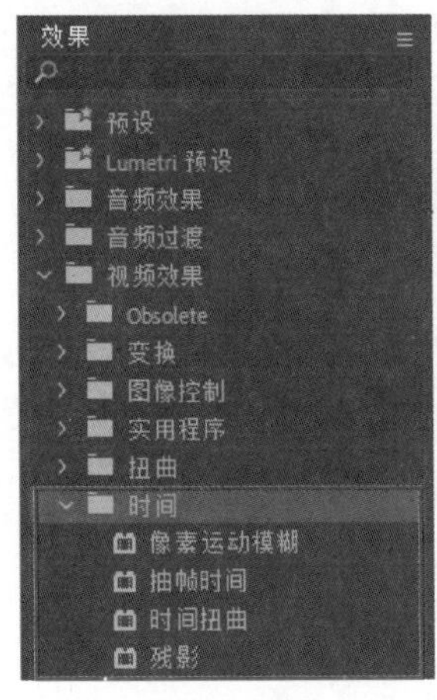

图　5-61

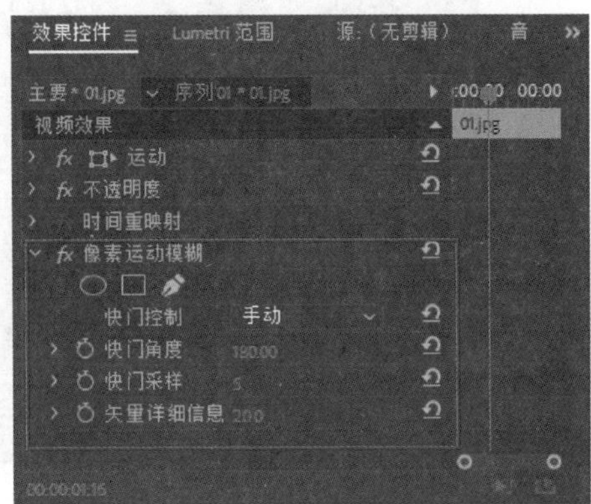

图　5-62

➘ 抽帧时间：【抽帧时间】效果可以将素材锁定到一个指定的帧率，从而产生跳帧的播放效果，如图 5-63 所示。

➘ 时间扭曲：【时间扭曲】效果可让该素材在不同帧的情况下发生扭曲变化，如图 5-64 所示。

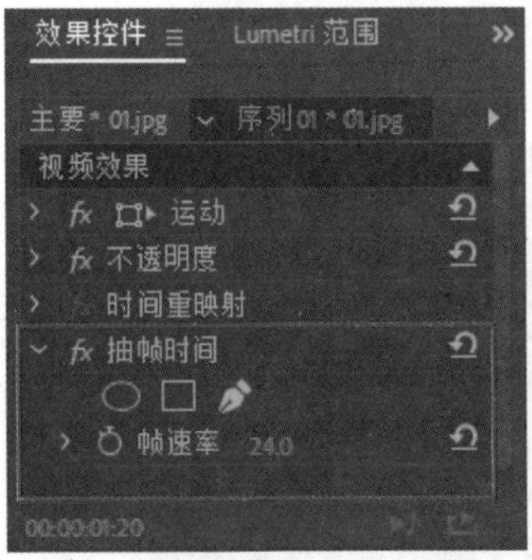

图　5-63

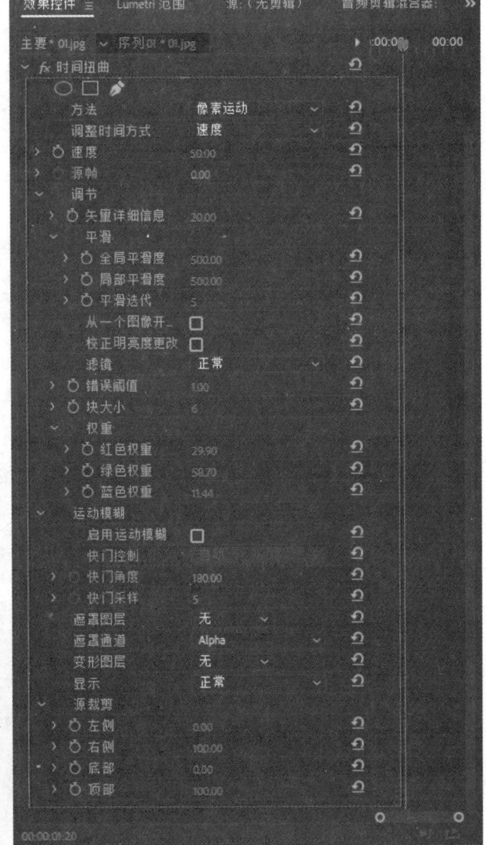

图　5-64

- 残影：【残影】效果可以将素材中不同时间的多个帧组合起来同时播放，产生残影效果，类似于声音中的回音效果，常用于动态视频素材中，如图 5-65 所示。

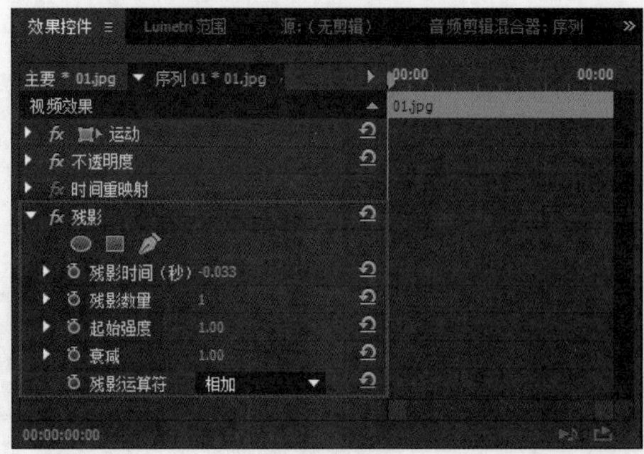

图 5-65

5.7 杂色与颗粒类视频效果

【杂色与颗粒】类视频效果以 Alpha 通道、HLS 为条件，对素材应用不同效果的颗粒和划痕效果，如图 5-66 所示，包括【中间值】【杂色】【杂色 Alpha】【杂色 HLS】【杂色 HLS 自动】和【蒙尘与划痕】6 个视频效果。

- 中间值：【中间值】效果可以在素材上添加中间值，使画面颜色虚化处理，如图 5-67 所示。使用该效果前后的对比效果，如图 5-68 所示。

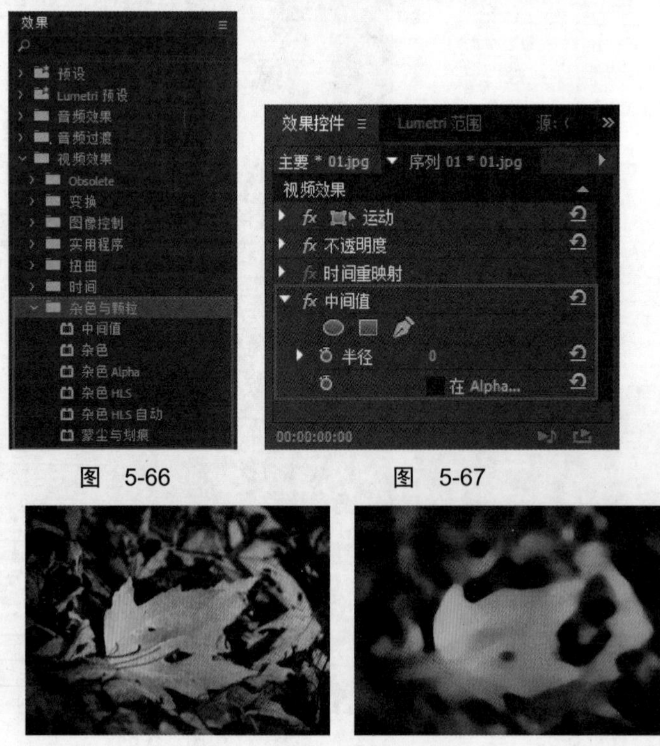

图 5-66　　图 5-67

图 5-68

- 杂色：【杂色】效果可以使素材画面添加颗粒噪波点，如图 5-69 所示。使用该效果前后的对比效果，如图 5-70 所示。

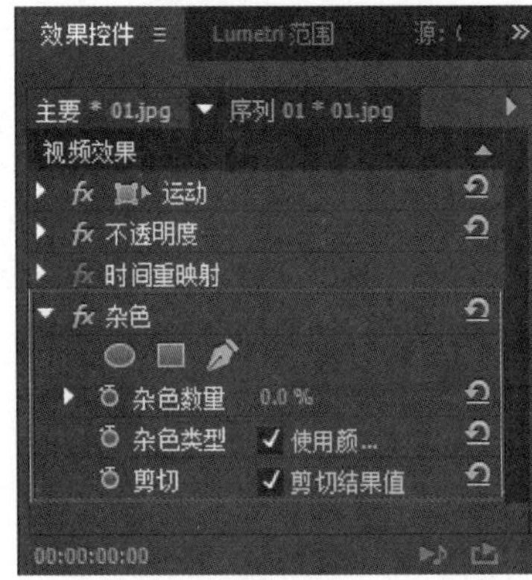

图 5-69

图 5-70

- 杂色 Alpha：【杂色 Alpha】效果可以对素材应用不同规则的颗粒效果，如图 5-71 所示。使用该效果前后的对比效果，如图 5-72 所示。

图 5-71

图 5-72

- 杂色 HLS：【杂色 HLS】效果可以通过参数的调节设置生成杂色的产生位置和透明度，如图 5-73 所示。使用该效果前后的对比效果，如图 5-74 所示。

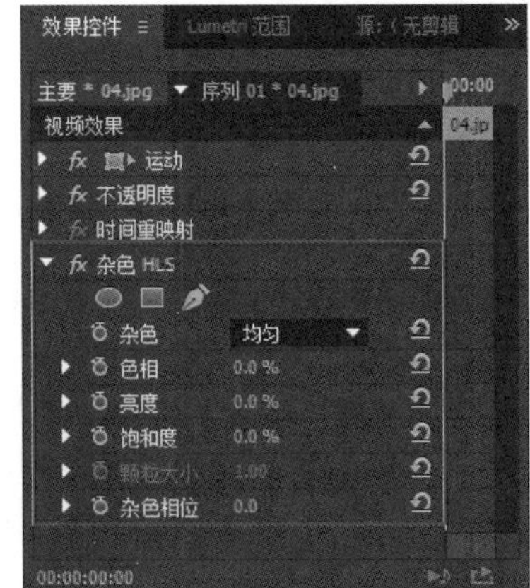

图 5-73

图 5-74

- **杂色 HLS 自动**：调节该效果中的参数，可以自动为画面添加杂色，生成噪波动画效果，如图 5-75 所示。使用该效果前后的对比效果，如图 5-76 所示。

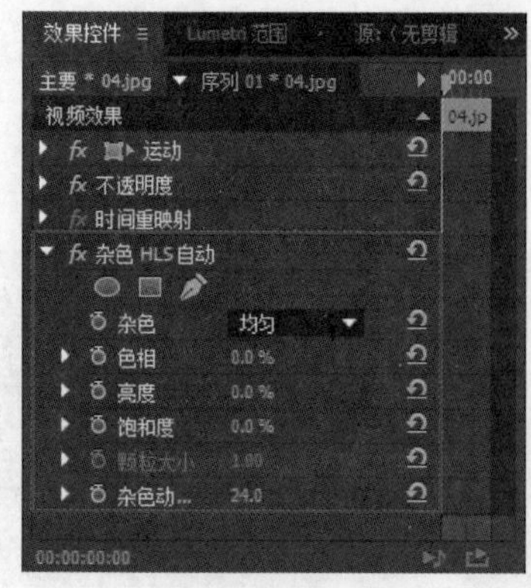

图 5-75

图 5-76

- **蒙尘与划痕**：【蒙尘与划痕】效果可以在素材上添加蒙尘与划痕，并通过调节半径和阈值控制视觉效果，如图 5-77 所示。使用该效果前后的对比效果，如图 5-78 所示。

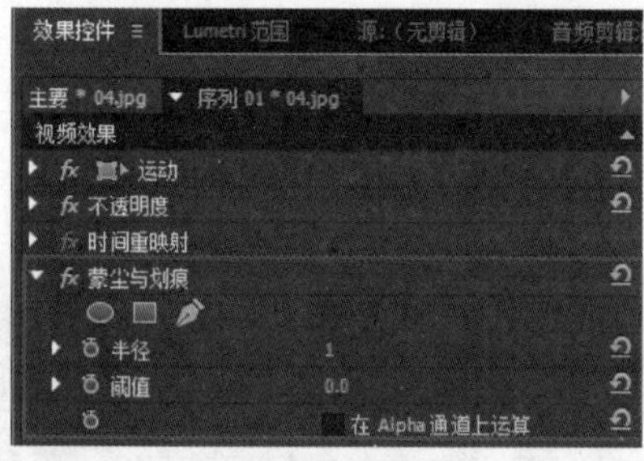

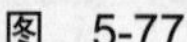
图 5-77

图 5-78

5.8 模糊与锐化类视频效果

【模糊与锐化】类视频效果包括【复合模糊】【方向模糊】【相机模糊】【通道模糊】【钝化蒙板】【锐化】和【高斯模糊】效果，如图 5-79 所示。

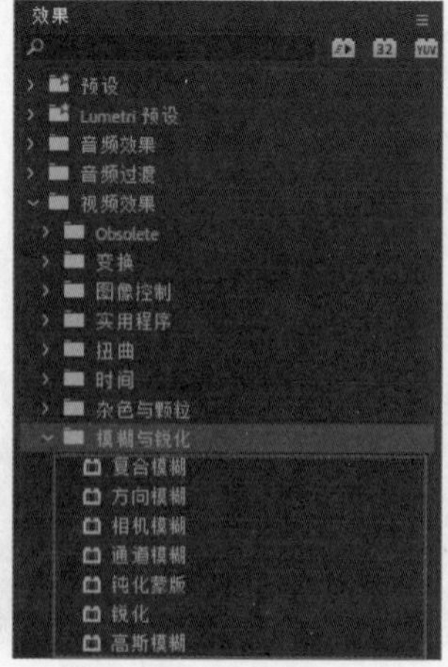

图 5-79

- **复合模糊：**【复合模糊】效果可以指定一个轨道层，然后与当前素材进行混合模糊处理，产生模糊效果，如图 5-80 所示。使用该效果前后的对比效果，如图 5-81 所示。

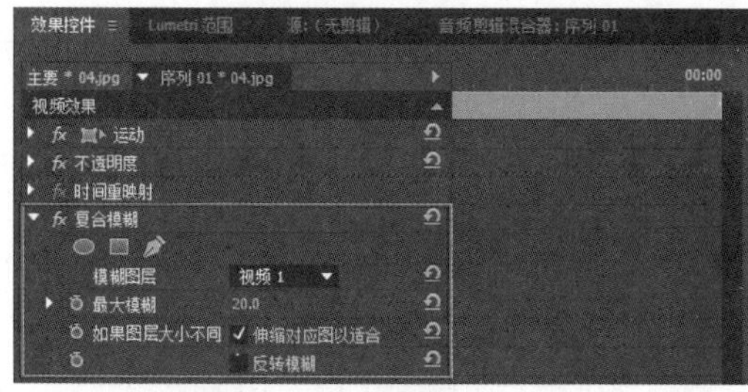

图　5-80

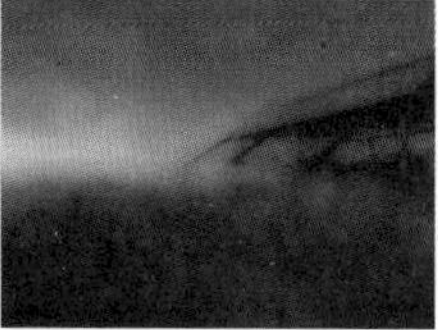

图　5-81

- **方向模糊：**【方向模糊】效果按特定的方向进行模糊，如图 5-82 所示。使用该效果前后的对比效果，如图 5-83 所示。

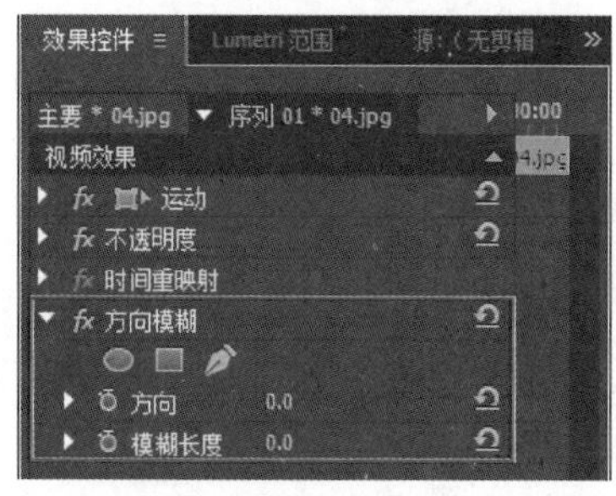

图　5-82

图　5-83

- **相机模糊：**【相机模糊】效果可以模拟摄像机变焦拍摄时产生的图像模糊效果，如图 5-84 所示。使用该效果前后的对比效果，如图 5-85 所示。

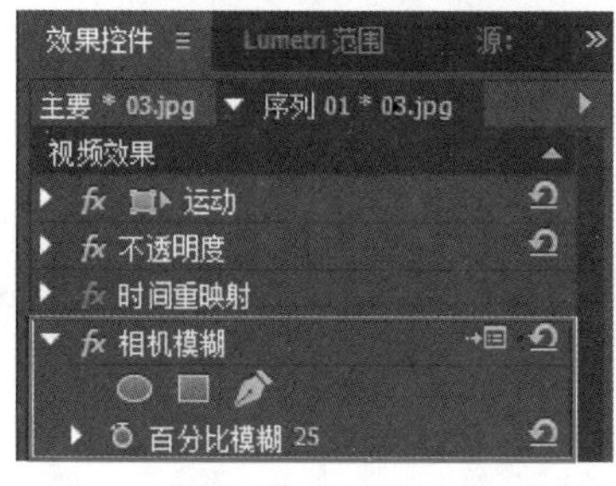

图　5-84

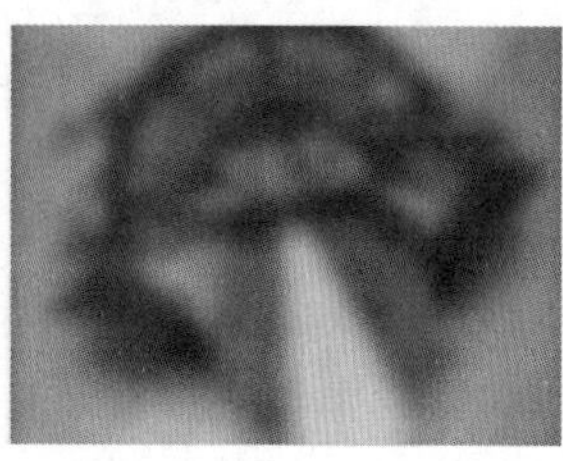

图　5-85

- **通道模糊：**【通道模糊】效果可以对单独的红、绿、蓝、Alpha 通道进行模糊处理，使素材产生特殊的效果，如图 5-86 所示。使用该效果前后的对比效果，如图 5-87 所示。

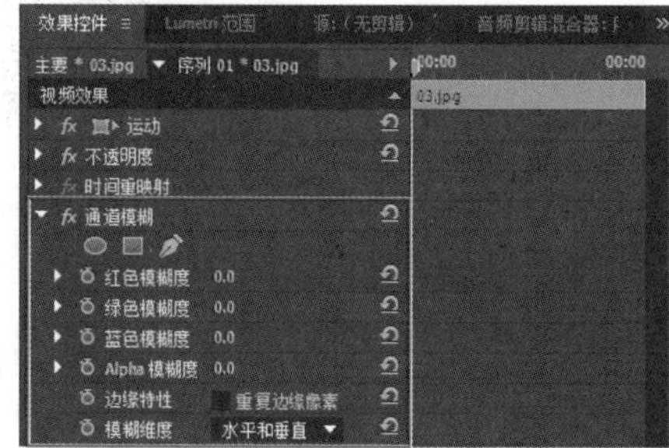

图　5-86

图　5-87

- 钝化蒙版：增加定义边缘的颜色之间的对比，如图 5-88 所示。使用该效果前后的对比效果，如图 5-89 所示。

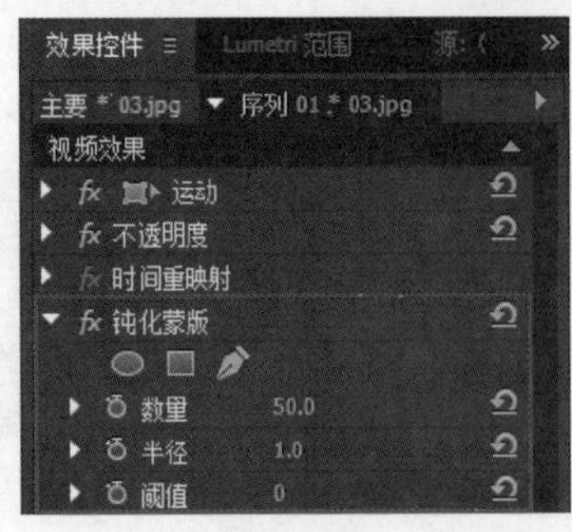

图 5-88

图 5-89

- 锐化：【锐化】效果增加相邻色彩像素的对比度，从而提高清晰度，如图 5-90 所示。使用该效果前后的对比效果，如图 5-91 所示。

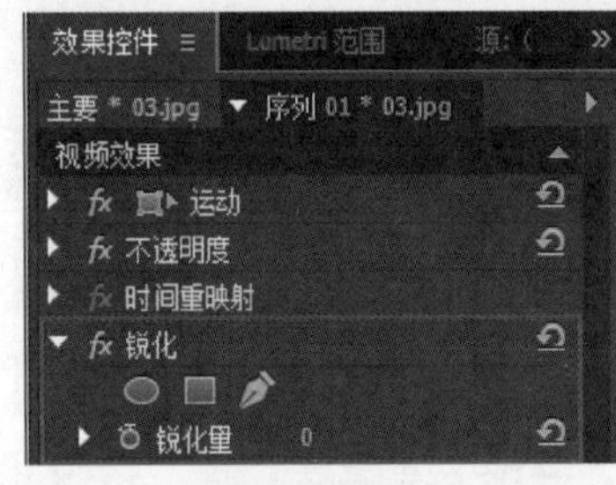

图 5-90

图 5-91

- 高斯模糊：【高斯模糊】效果模糊和柔化图像，消除了噪点，如图 5-92 所示。使用该效果前后的对比效果，如图 5-93 所示。

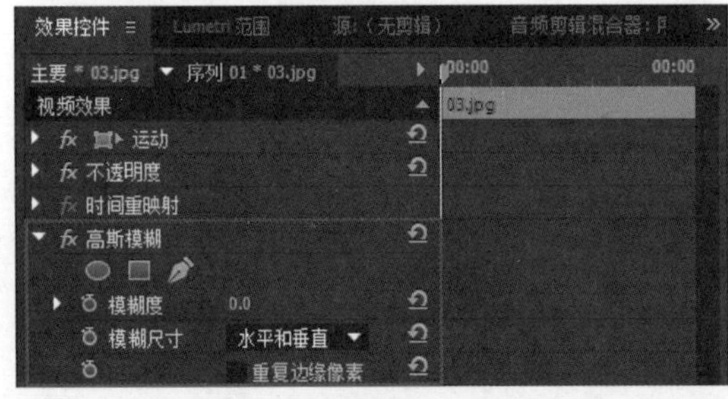

图 5-92

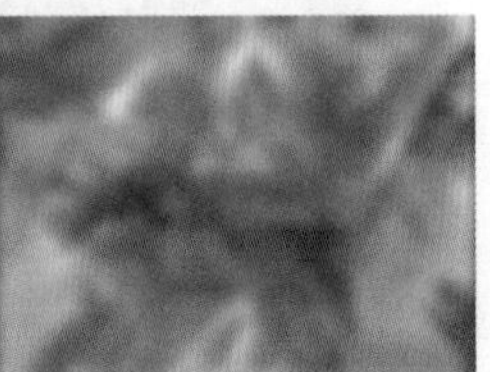

图 5-93

案例实战——应用方向模糊效果

案例文件	案例文件 \ 第 5 章 \ 方向模糊效果 .prproj
视频教学	视频文件 \ 第 5 章 \ 方向模糊效果 .flv
难易指数	★★★★★
技术要点	方向模糊效果的应用

扫码看视频

案例效果

【方向模糊】效果可以使侧重对象产生不确定性，是一种留给人们领悟、体会、选择的弹性空间的方法，也可以是一种侧重表现某一个对象的方式，并可适当设置模糊的级别和角度。本例主要是针对“应用方向模糊效果”的方法进行练习，如图 5-94 所示。

图　5-94

操作步骤

（1）选择【文件】/【新建】/【项目】命令，弹出【新建项目】对话框，设置【名称】，并单击【浏览】按钮设置保存路径，再单击【确定】按钮，如图 5-95 所示。选择【文件】/【新建】/【序列】命令，弹出【新建序列】对话框，选择【DV-PAL】/【标准 48kHz】，单击【确定】按钮，如图 5-96 所示。

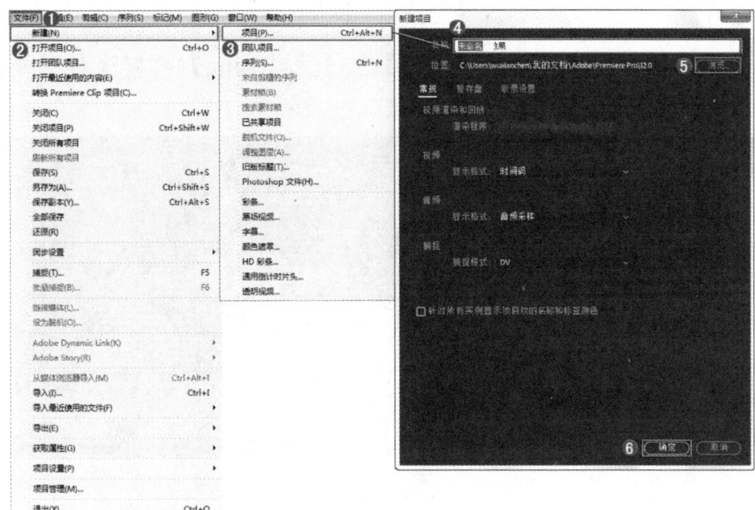

图　5-95

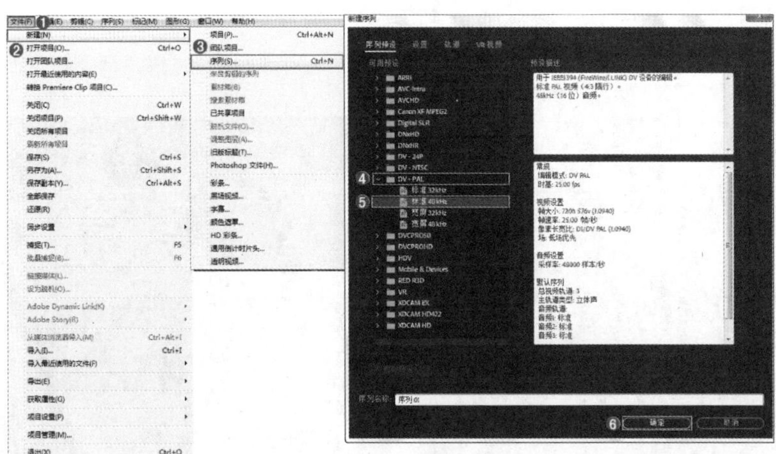

图　5-96

（2）选择菜单栏中的【文件】/【导入】命令或按【Ctrl+I】快捷键，在打开的对话框中选择所需的素材文件，单击【打开】按钮导入，如图 5-97 所示。

图 5-97

（3）将【项目】面板中的【背景 .jpg】和【人物 .png】素材文件分别拖曳到 V1 和 V2 轨道上，如图 5-98 所示。

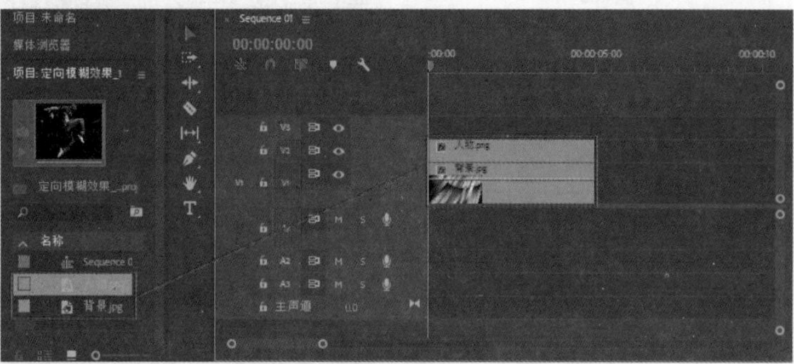

图 5-98

（4）选择 V2 轨道上的【人物 .png】素材文件，在【效果控件】面板中的【运动】栏设置【位置】为（360,311），【缩放】为 67，如图 5-99 所示。此时的效果如图 5-100 所示。

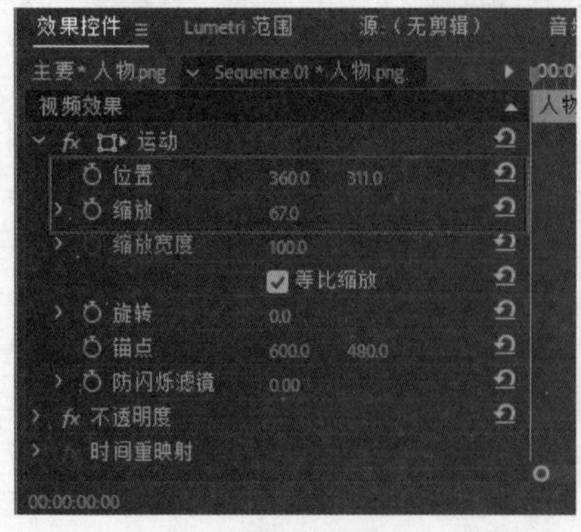

图 5-99

图 5-100

（5）在【效果】面板中搜索【方向模糊】效果，然后按住鼠标左键将其拖曳到 V2 轨道的【人物 .png】素材文件上，如图 5-101 所示。

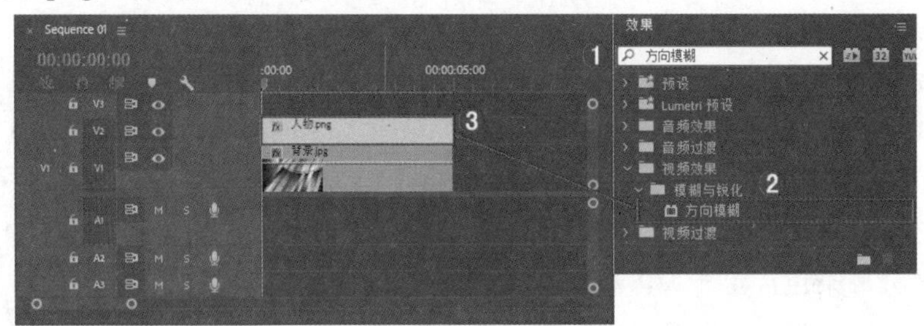

图　5-101

（6）选择 V2 轨道上的【人物 .png】素材文件，将时间轴滑块拖到起始帧的位置，在【效果控件】面板的【方向模糊】栏中单击【方向】和【模糊长度】前面的按钮，开启自动关键帧。接着将时间轴滑块拖到第 1 秒 10 帧的位置，设置【方向】为 45°，【模糊长度】为 20，如图 5-102 所示。此时效果，如图 5-103 所示。

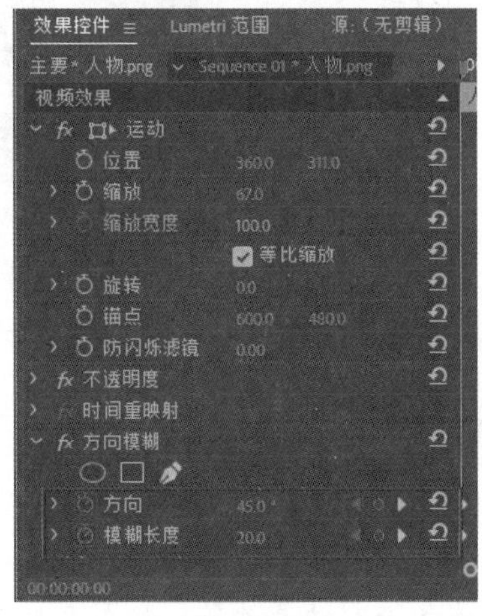

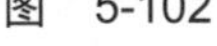
图　5-102

图　5-103

（7）继续将时间轴滑块拖到第 2 秒 10 帧的位置，设置【方向】为 –45°，【模糊长度】为 10。最后将时间轴滑块拖到第 3 秒 10 帧的位置，设置【方向】为 0°，【模糊长度】为 0，如图 5-104 所示。此时拖动时间轴滑块查看最终的效果，如图 5-105 所示。

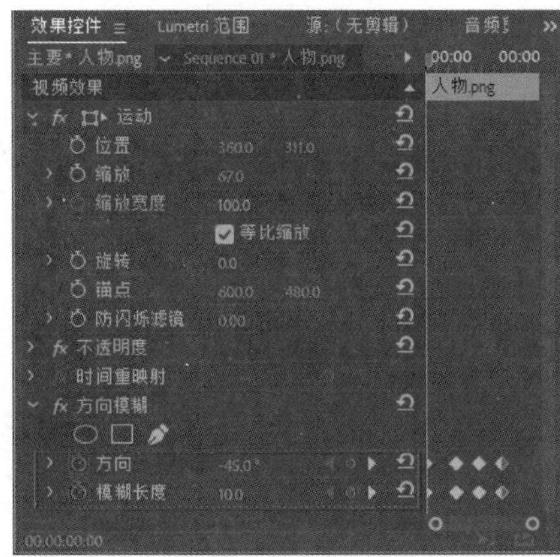

图　5-104

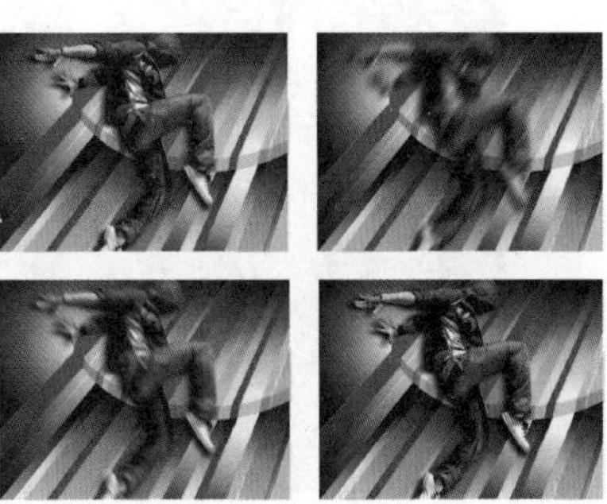

图　5-105

5.9 沉浸式视频类效果

【沉浸式视频】类视频效果包括【VR 分形杂色】【VR 发光】【VR 平面到球面】【VR 投影】【VR 数字故障】【VR 旋转球面】【VR 模糊】【VR 色差】【VR 锐化】【VR 降噪】和【VR 颜色渐变】效果，如图 5-106 所示。

- VR 分形杂色：用于 VR 沉浸式分形杂色效果。
- VR 发光：用于 VR 沉浸式的发光效果。
- VR 平面到球面：用于 VR 沉浸式的从平面到球面处理效果。
- VR 投影：用于 VR 沉浸式的投影效果。
- VR 数字故障：用于 VR 沉浸式的数字故障效果。
- VR 旋转球面：用于 VR 沉浸式的旋转球面效果。
- VR 模糊：用于 VR 沉浸式模糊效果。
- VR 色差：用于 VR 沉浸式效果的色差校正。
- VR 锐化：用于 VR 沉浸式效果的锐化处理。
- VR 降噪：用于 VR 沉浸式效果的降噪处理。
- VR 颜色渐变：用于 VR 沉浸式效果的颜色渐变。

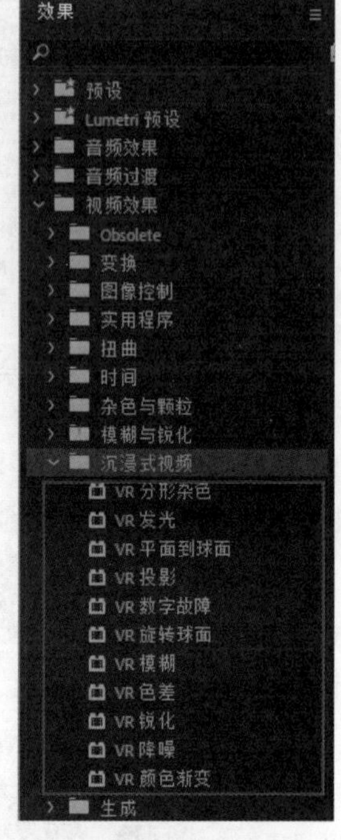

图 5-106

5.10 生成类视频效果

【生成】类视频效果主要是对素材进行效果处理，渲染生成镜头光晕、闪电等效果。【生成】类效果有 12 种效果处理方式。选择【效果】面板中的【视频效果】/【生成】，如图 5-107 所示。

- 书写：【书写】效果可以制作出画笔的笔迹和绘制动画效果，如图 5-108 所示。

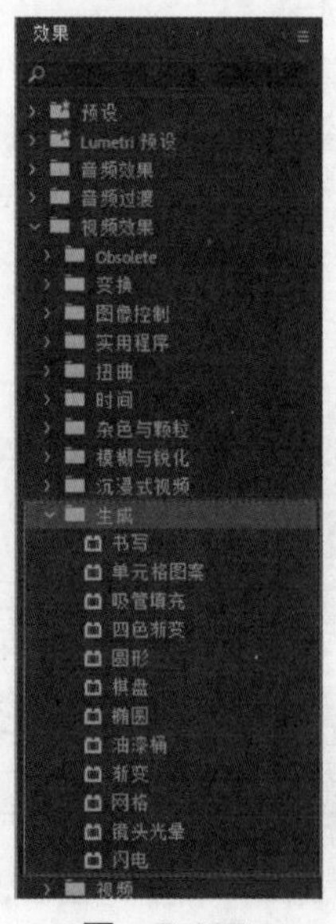

图 5-107

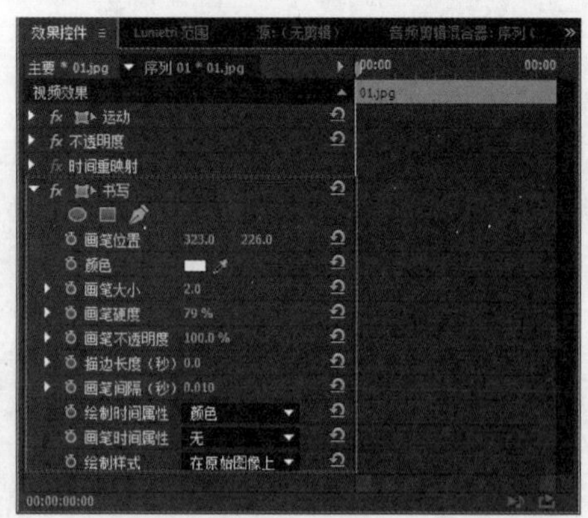

图 5-108

- 单元格图案：【单元格图案】效果可以在视频素材上添加单元格图案，通过调节其参数控制静态或动态的背景纹理和图案，如图 5-109 所示。使用该效果前后的对比效果，如图 5-110 所示。

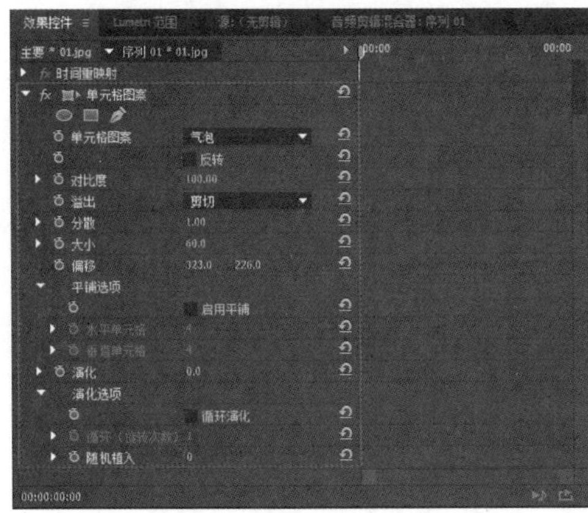

图　5-109

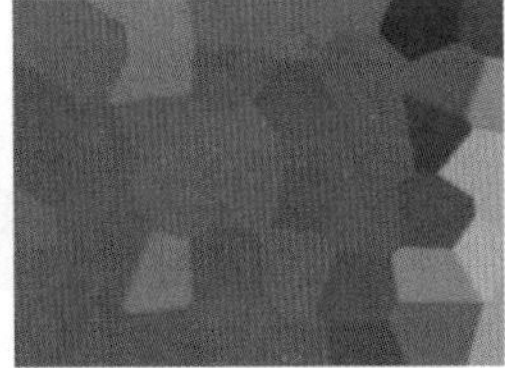
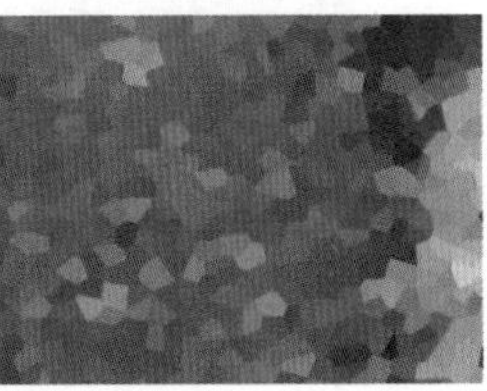

图　5-110

- 吸管填充：【吸管填充】效果可以利用视频素材中的颜色，对素材进行填充修改，可调整素材的整体色调，如图 5-111 所示。使用该效果前后的对比效果，如图 5-112 所示。

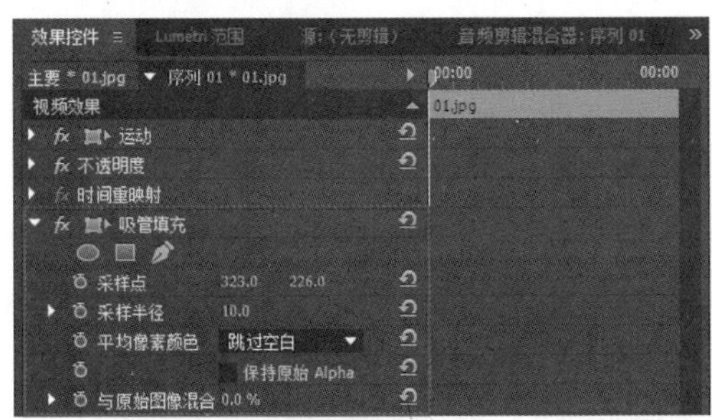

图　5-111

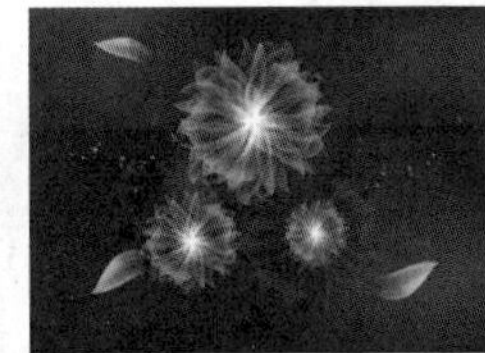

图　5-112

- 四色渐变：【四色渐变】效果可以在视频素材上通过调节透明度和叠加的方式，产生特殊的四色渐变的效果，如图 5-113 所示。使用该效果前后的对比效果，如图 5-114 所示。

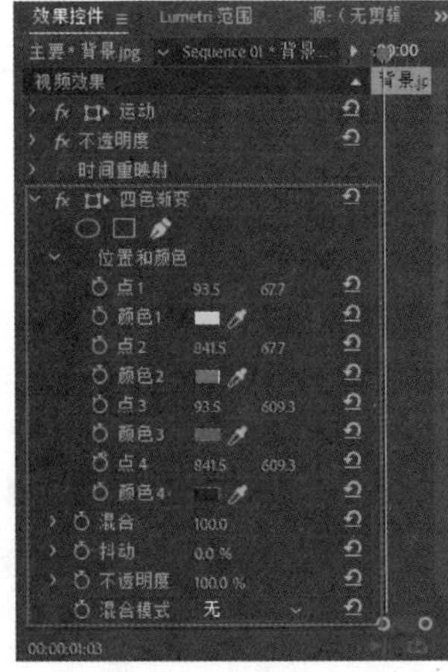

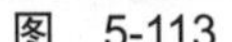
图　5-113

图　5-114

- 圆形：【圆形】效果可以在视频素材上通过添加一个圆形，并对其半径、羽化、混合模式等参数进行调节产生特殊的效果，如图 5-115 所示。使用该效果前后的对比效果，如图 5-116 所示。

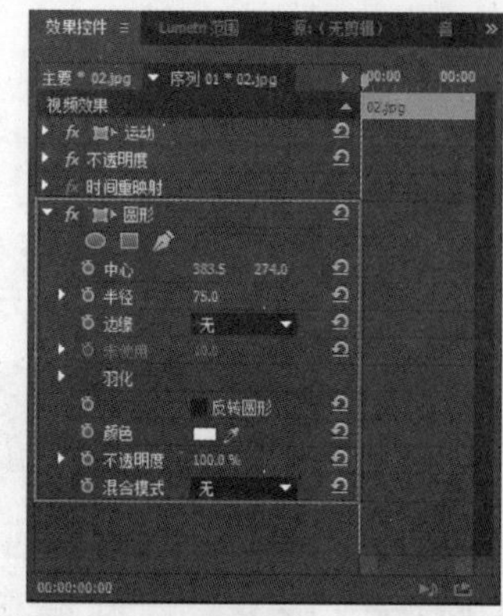

图 5-115

图 5-116

- 棋盘：【棋盘】效果可以在视频素材上添加、产生特殊的矩形的棋盘效果，如图 5-117 所示。使用该效果前后的对比效果，如图 5-118 所示。

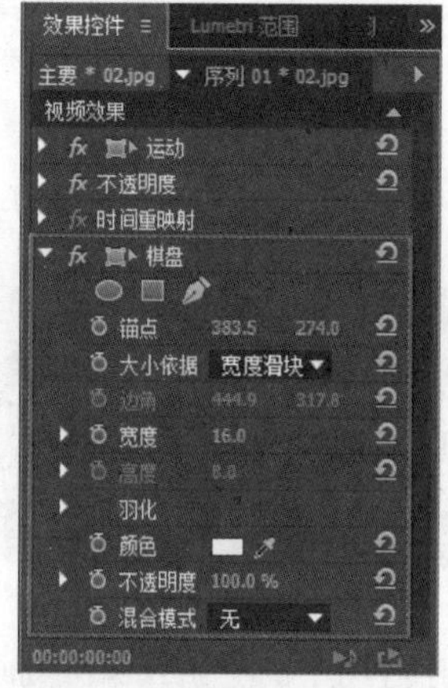

图 5-117

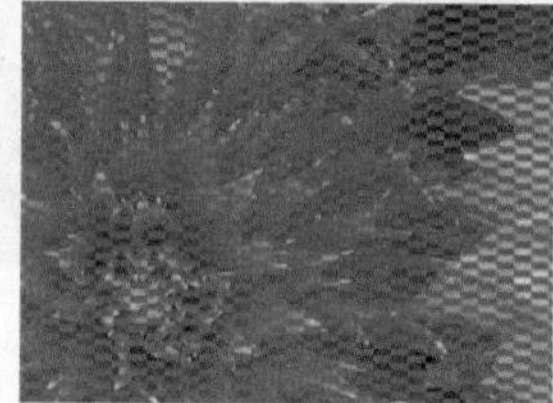

图 5-118

- 椭圆：【椭圆】效果是在素材视频上添加一个椭圆，通过调节它的大小、透明度、混合程度等产生效果，如图 5-119 所示。使用该效果前后的对比效果，如图 5-120 所示。

图 5-119

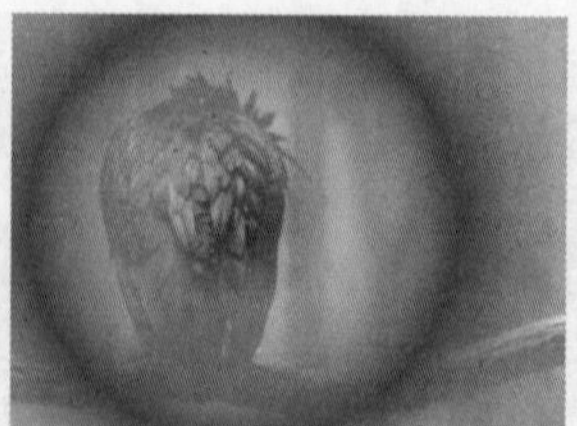

图 5-120

- 油漆桶：【油漆桶】效果可以为素材指定的区域填充颜色，如图 5-121 所示。使用该效果前后的对比效果，如图 5-122 所示。

图　5-121

图　5-122

- 渐变：【渐变】效果可以令素材按照线性或径向的方式产生颜色渐变效果，如图 5-123 所示。使用该效果前后的对比效果，如图 5-124 所示。

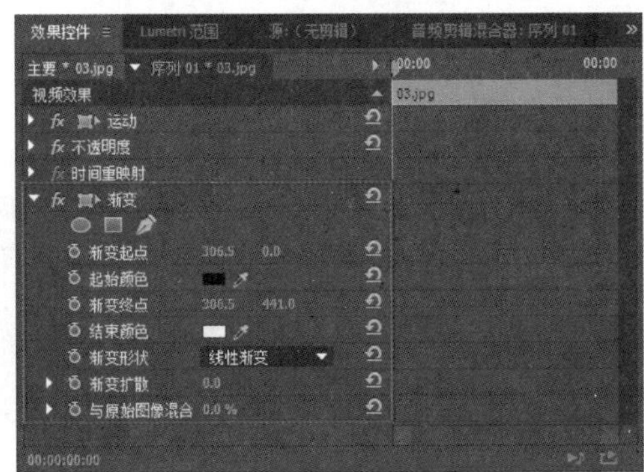

图　5-123

图　5-124

- 网格：【网格】效果可以为素材添加不同大小和混合模式的网格效果，如图 5-125 所示。使用该效果前后的对比效果，如图 5-126 所示。

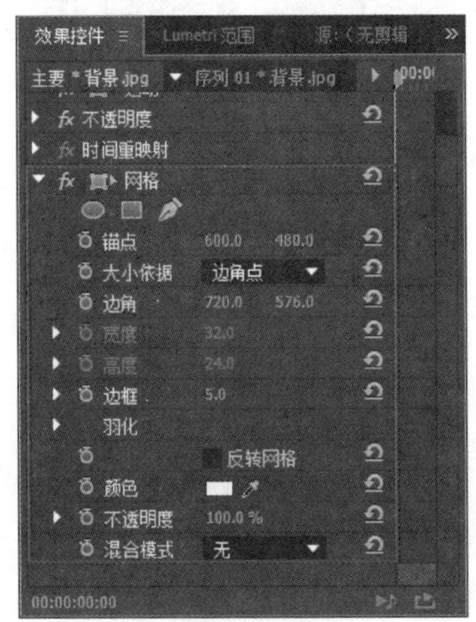

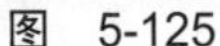

图　5-125

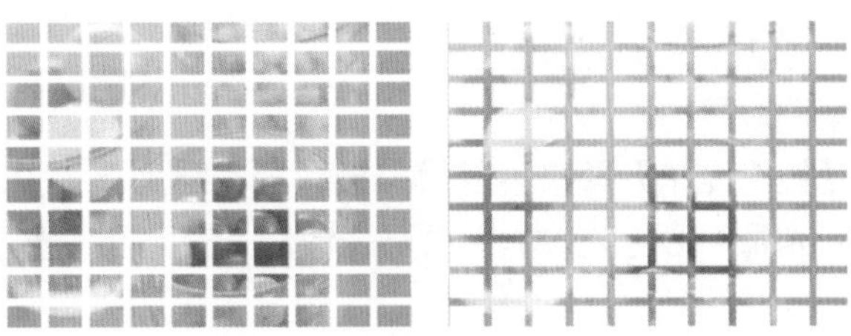

图　5-126

- 镜头光晕：【镜头光晕】效果可以模拟摄像机在强光照射下产生的镜头光晕效果，如图 5-127 所示。使用该效果前后的对比效果，如图 5-128 所示。

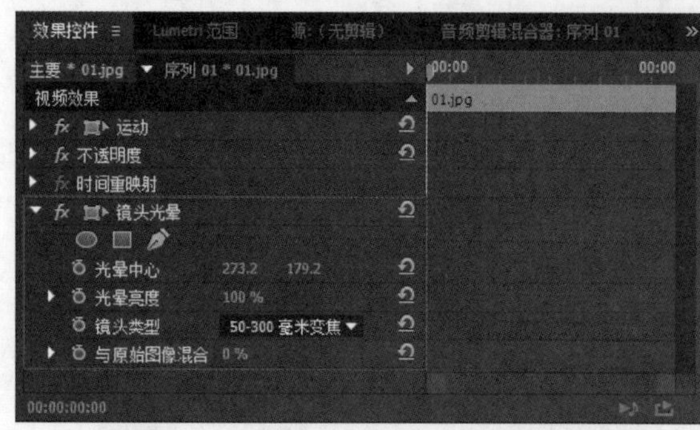

图 5-127

图 5-128

- 闪电：【闪电】效果可以在素材画面上模拟闪电划过的视觉效果，如图 5-129 所示。使用该效果前后的对比效果，如图 5-130 所示。

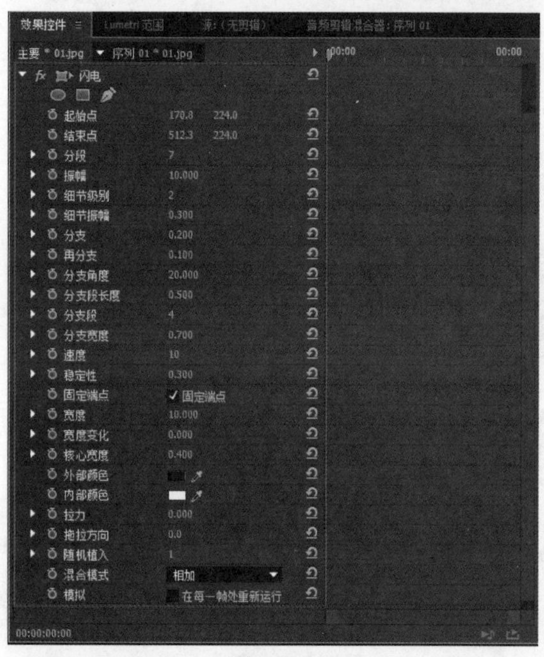

图 5-129

图 5-130

案例实战——应用镜头光晕效果

案例文件	案例文件 \ 第 5 章 \ 镜头光晕效果 .prproj
视频教学	视频文件 \ 第 5 章 \ 镜头光晕效果 .flv
难易指数	★★★★★
技术要点	镜头光晕效果

扫码看视频

案例效果

【镜头光晕】效果可以模拟摄影机在强光下拍摄时所产生的光晕效果，并且可以调节镜头和光晕中心位置。本例主要是针对“应用镜头光晕效果”的方法进行练习，如图 5-131 所示。

操作步骤

图 5-131

（1）选择【文件】/【新建】/【项目】命令，在弹出的【新建项目】对话框中设置【名称】，并单击【浏览】按钮设置保存路径，再单击【确定】按钮，如图 5-132 所示。选择【文件】/【新建】/【序列】命令，弹出【新建序列】对话框，选择【DV-PAL】/【标准 48kHz】，单击【确定】按钮，如图 5-133 所示。

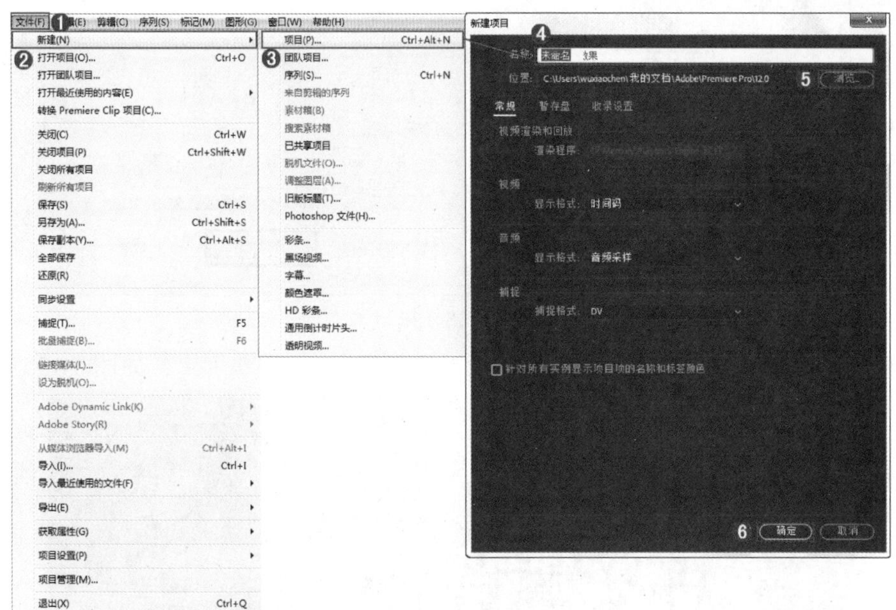

图 5-132

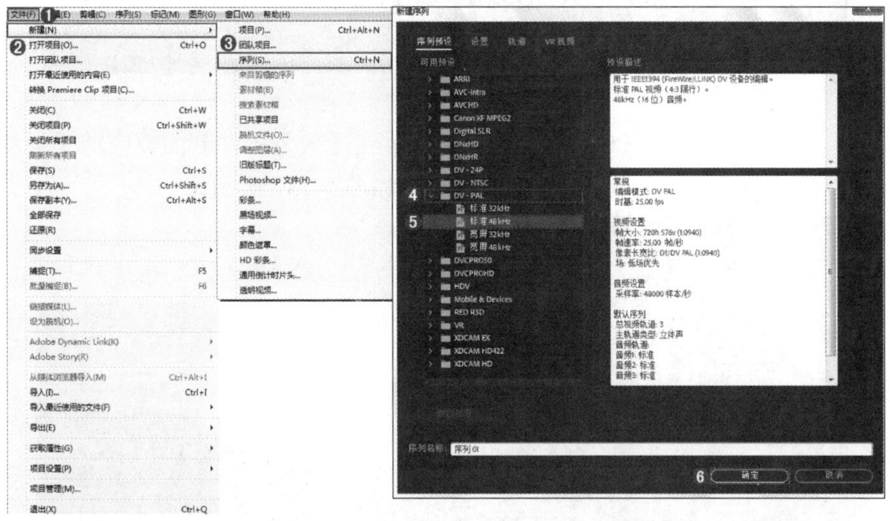

图 5-133

（2）选择菜单栏中的【文件】/【导入】命令或按【Ctrl+I】快捷键，在打开的对话框中选择所需的素材文件，单击【打开】按钮导入，如图 5-134 所示。

图 5-134

（3）将【项目】面板中的【01.jpg】素材文件拖曳到 V1 轨道上，如图 5-135 所示。

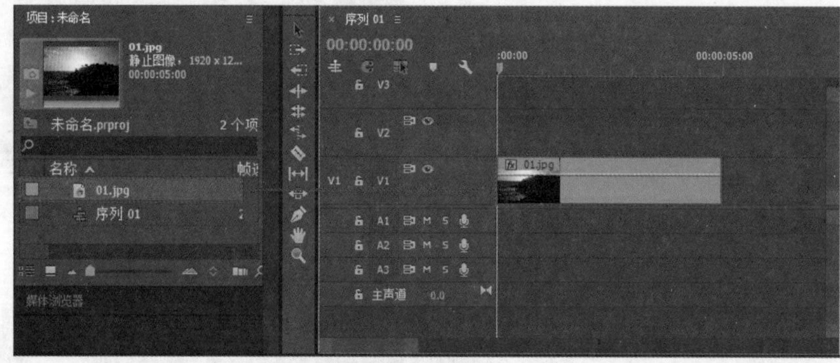

图 5-135

（4）选择 V1 轨道上的【01.jpg】素材文件，在【效果控件】面板中的【运动】栏设置【缩放】为 49，如图 5-136 所示。此时的效果如图 5-137 所示。

图 5-136

图 5-137

（5）在【效果】面板中搜索【镜头光晕】效果，然后按住鼠标左键将其拖曳到 V1 轨道的【01.jpg】素材文件上，如图 5-138 所示。

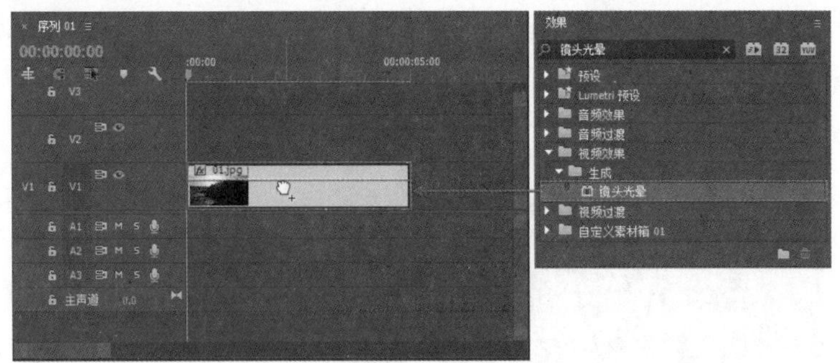

图　5-138

（6）选择 V1 轨道上的【01.jpg】素材文件，打开【效果控件】面板中的【镜头光晕】栏，设置【光晕中心】为（867,431），如图 5-139 所示。此时拖动时间线轴块查看最终的效果，如图 5-140 所示。

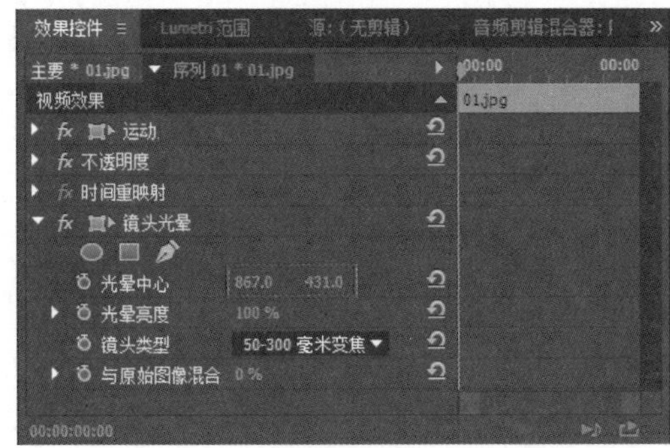

图　5-139

图　5-140

5.11　视频类视频效果

【视频】类视频效果包括【SDR 遵从情况】【剪辑名称】【时间码】和【简单文本】等效果。选择【效果】面板中的【视频效果】/【视频】，如图 5-141 所示。

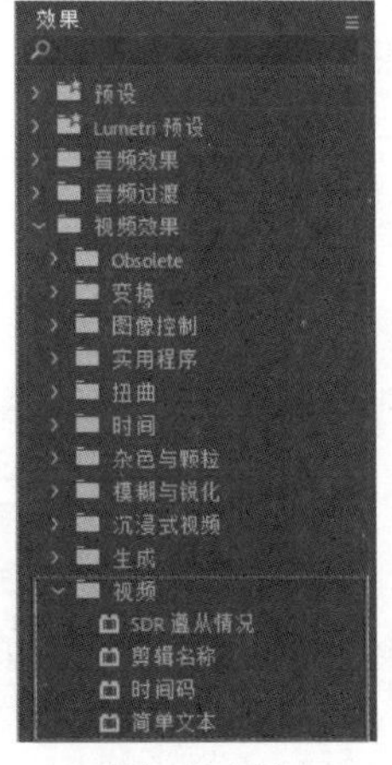

图　5-141

- SDR 遵从情况：【SDR 遵从情况】效果位于【导出】设置的【效果】选项卡中，如图 5-142 所示。
- 剪辑名称：【剪辑名称】效果会使素材文件在【节目】监视器显现素材名称，如图 5-143 所示。

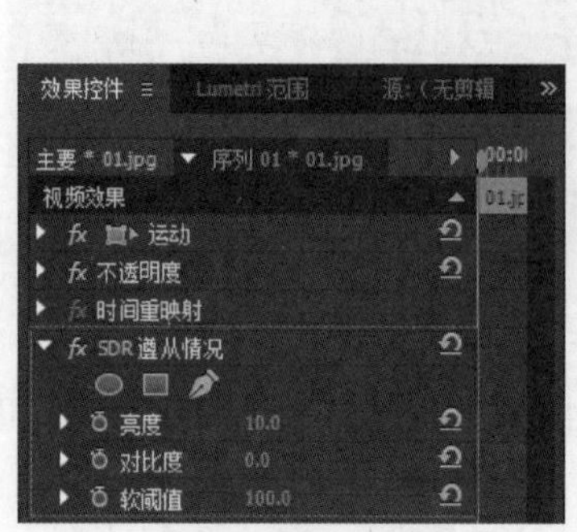

图 5-142

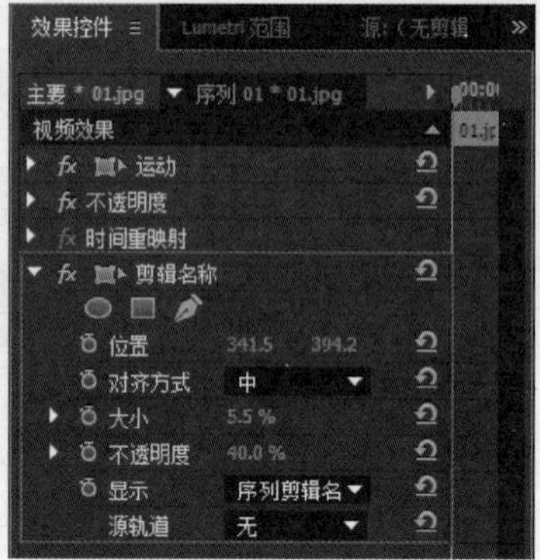

图 5-143

- 时间码：【时间码】效果可以在素材上添加与摄像机同步的时间码，以精准对位与编辑，如图 5-144 所示。使用该效果前后的对比效果，如图 5-145 所示。

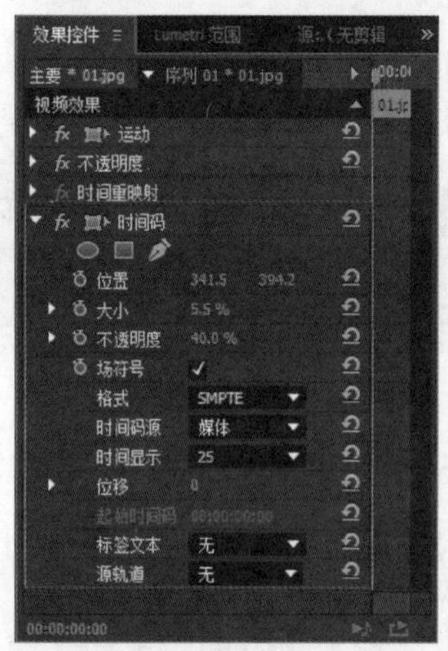

图 5-144　　图 5-145

- 简单文本：【简单文本】效果会使素材文件在【节目】监视器中显现该文本，如图 5-146 所示。使用该效果前后的对比效果，如图 5-147 所示。

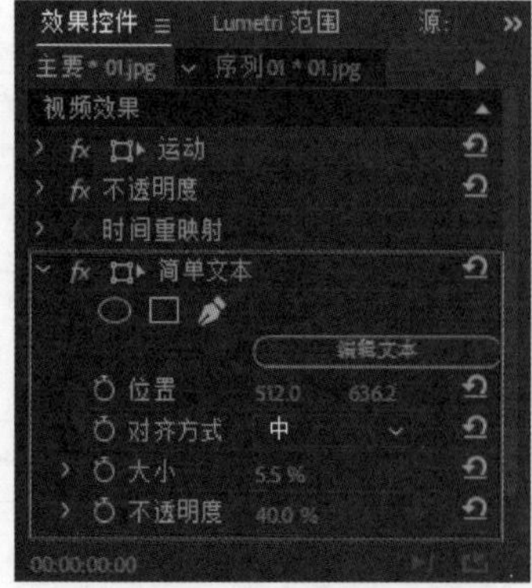

图 5-146　　图 5-147

5.12　调整类视频效果

【调整类】视频效果包括【ProcAmp】【光照效果】【卷积内核】【提取】和【色阶】等效果。选择【效果】面板中的【视频效果】/【调整】，如图 5-148 所示。

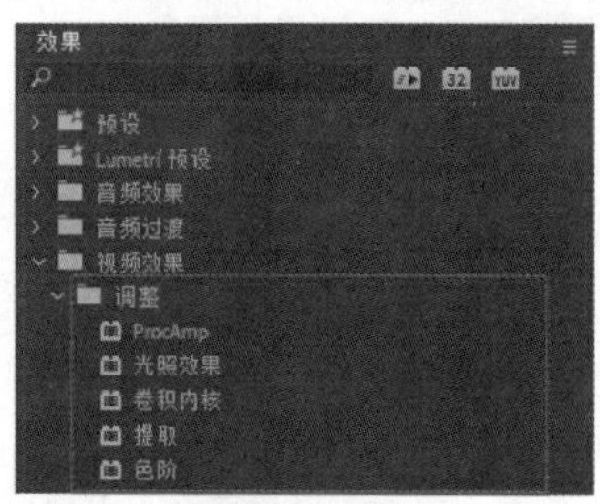

图　5-148

- ProcAmp：【ProcAmp】效果可以调整素材的亮度、对比度、色相、饱和度，如图 5-149 所示。使用该效果前后的对比效果，如图 5-150 所示。

图　5-149

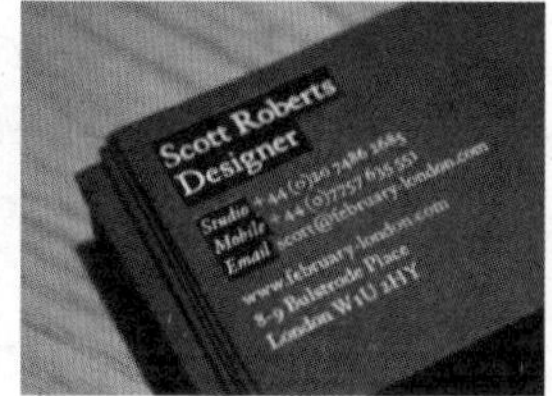

图　5-150

- 光照效果：【光照效果】效果可以为素材模拟出灯光效果，如图 5-151 所示。使用该效果前后的对比效果，如图 5-152 所示。

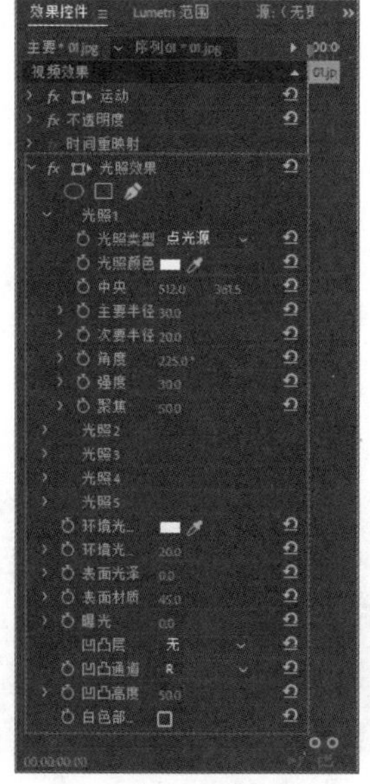

图　5-151

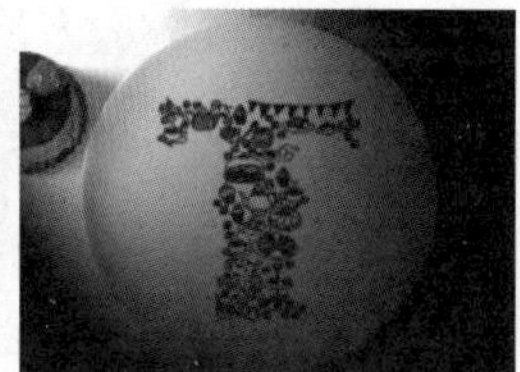

图　5-152

- **卷积内核**：【卷积内核】效果可以根据特定的数学公式对素材进行处理，如图 5-153 所示。使用该效果前后的对比效果，如图 5-154 所示。

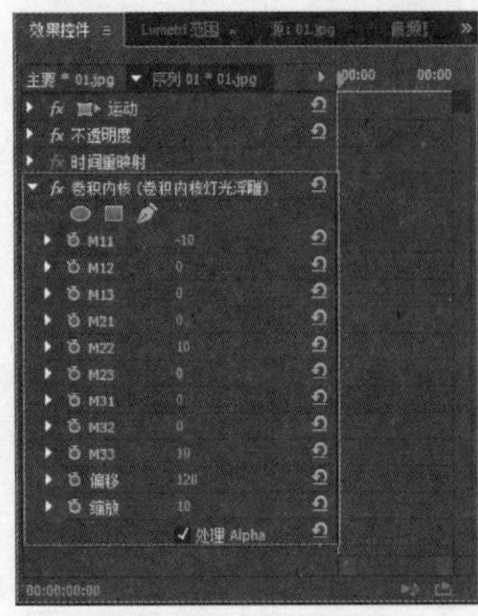

图 5-153

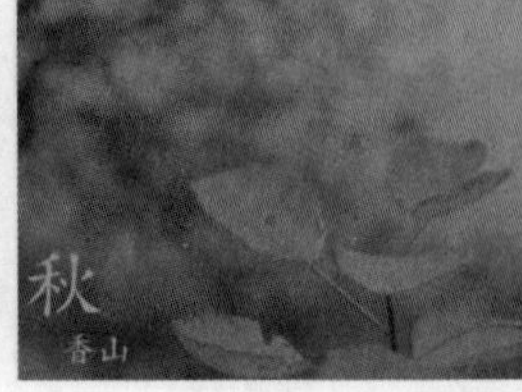

图 5-154

- **提取**：【提取】效果可消除视频剪辑的颜色，创建一个灰度图像，如图 5-155 所示。使用该效果前后的对比效果，如图 5-156 所示。

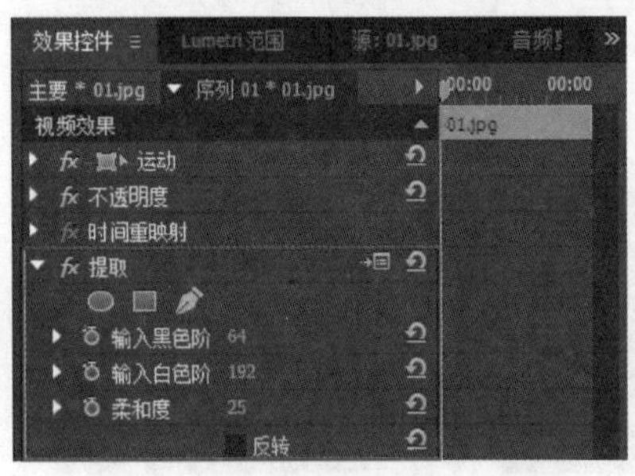

图 5-155

图 5-156

- **色阶**：【色阶】效果将亮度、对比度、色彩平衡等功能结合，对图像进行明度、阴暗层次和中间色的调整、保存和载入设置等，如图 5-157 所示。使用该效果前后的对比效果，如图 5-158 所示。

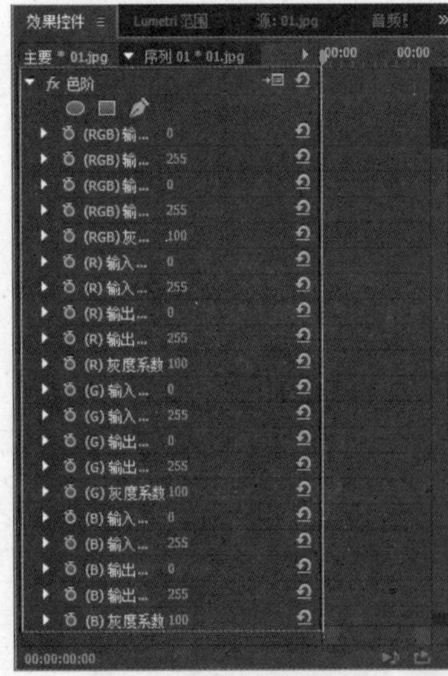

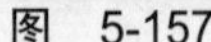

图 5-157

图 5-158

案例实战——应用光照效果

案例文件	案例文件 \ 第 5 章 \ 光照效果 .prproj
视频教学	视频文件 \ 第 5 章 \ 光照效果 .flv
难易指数	★★★★★
技术要点	光照效果的应用

扫码看视频

案例效果

照明就是利用各种光源照亮工作和生活场所或个别物体。太阳和自然环境中的光叫作自然光。人工光源产生的光叫作人工照明。照明主要目的就是制造出舒适的可见度和愉快的环境。本例主要是针对“应用光照效果”的方法进行练习，如图 5-159 所示。

图 5-159

操作步骤

（1）选择【文件】/【新建】/【项目】命令，在弹出的【新建项目】对话框中设置【名称】，并单击【浏览】按钮设置保存路径，再单击【确定】按钮，如图 5-160 所示。选择【文件】/【新建】/【序列】命令，弹出【新建序列】对话框，选择【DV-PAL】/【标准 48kHz】，单击【确定】按钮，如图 5-161 所示。

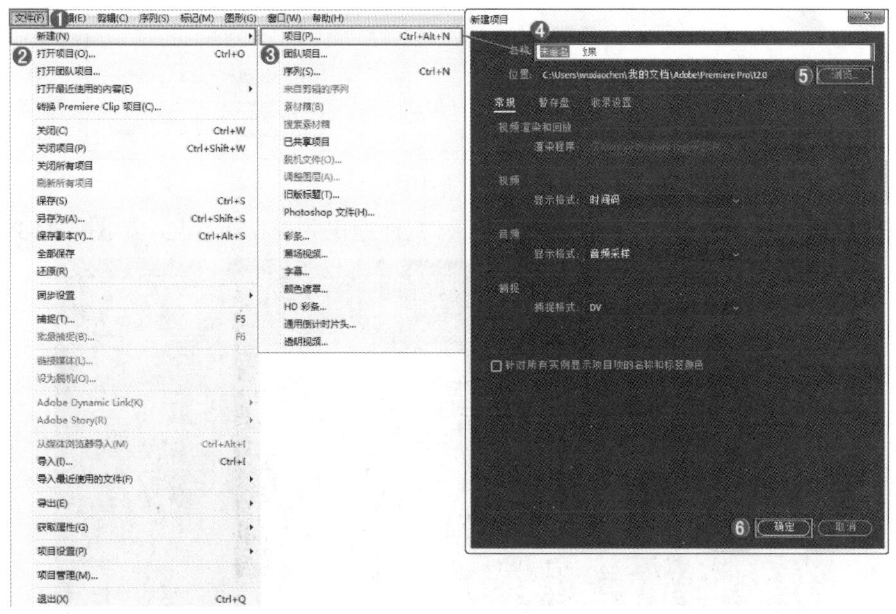

图 5-160

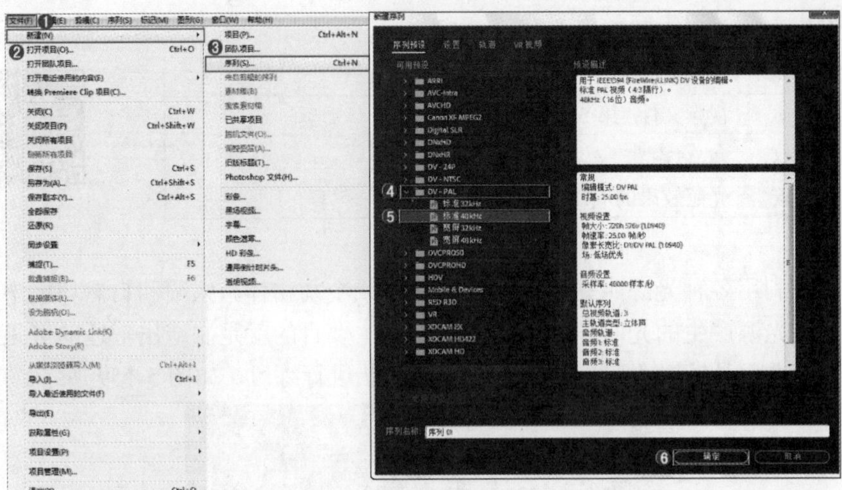

图 5-161

（2）选择菜单栏中的【文件】/【导入】命令或按【Ctrl+I】快捷键，在打开的对话框中选择所需的素材文件，单击【打开】按钮导入，如图 5-162 所示。

图 5-162

（3）将【项目】面板中的【01.jpg】素材文件拖曳到 V1 轨道上，如图 5-163 所示。

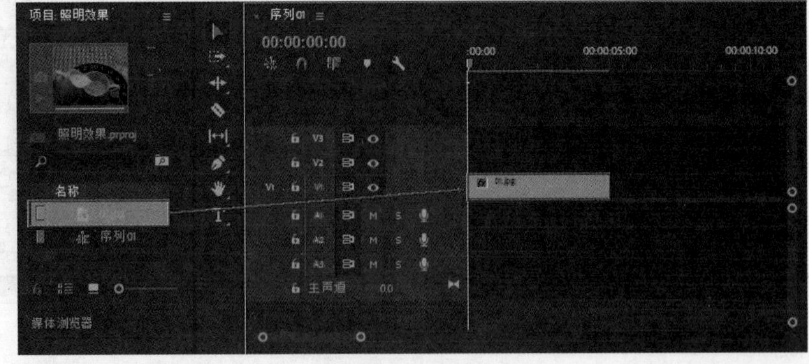

图 5-163

（4）选择 V1 轨道上的【01.jpg】素材文件，在【效果控件】面板中的【运动】栏设置【缩放】为 77，如图 5-164 所示。此时的效果如图 5-165 所示。

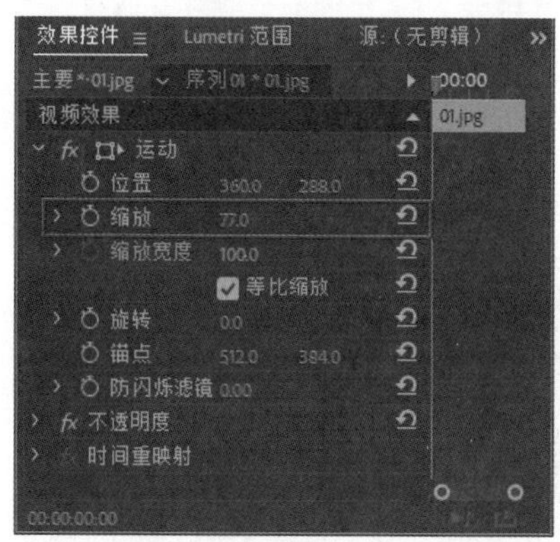

图　5-164

图　5-165

（5）在【效果】面板中搜索【光照效果】，然后按住鼠标左键将其拖曳到 V1 轨道的【01.jpg】素材文件上，如图 5-166 所示。

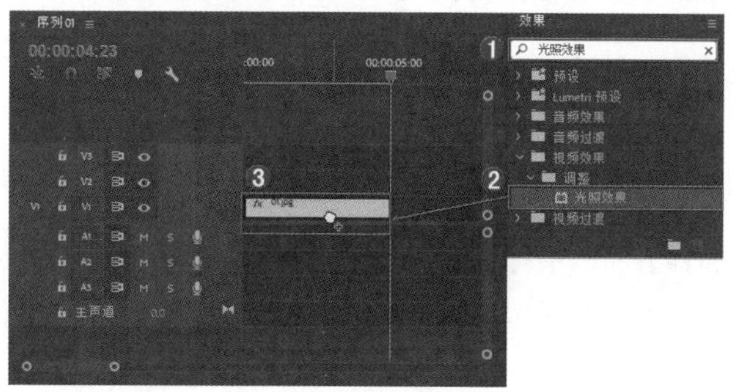

图　5-166

（6）选择 V1 轨道上的【01.jpg】素材文件，打开【效果控件】面板中的【光照效果】栏中的【光照 1】。设置【光照颜色】为浅黄色，【中央】为（439,322），【主要半径】为 34，【次要半径】为 21，【角度】为 84，【强度】为 27，如图 5-167 所示。此时的效果如图 5-168 所示。

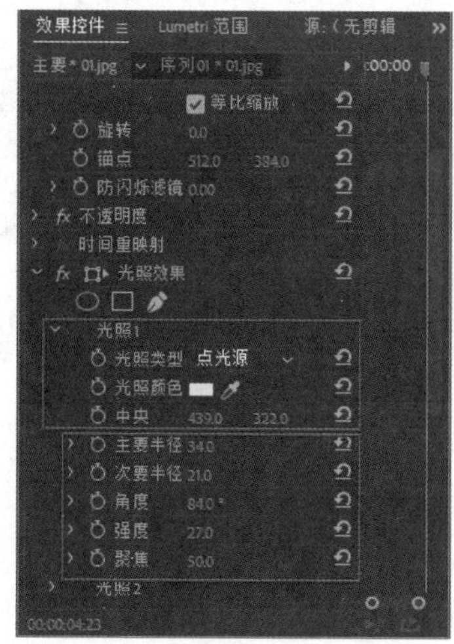

图　5-167

图　5-168

（7）再打开【光照 2】，设置【光照类型】为【点光源】，【光照颜色】为浅黄色，【中央】为（579,384），【主要半径】为 36，【角度】为 37，【强度】为 27，如图 5-169 所示。此时的效果如图 5-170 所示。

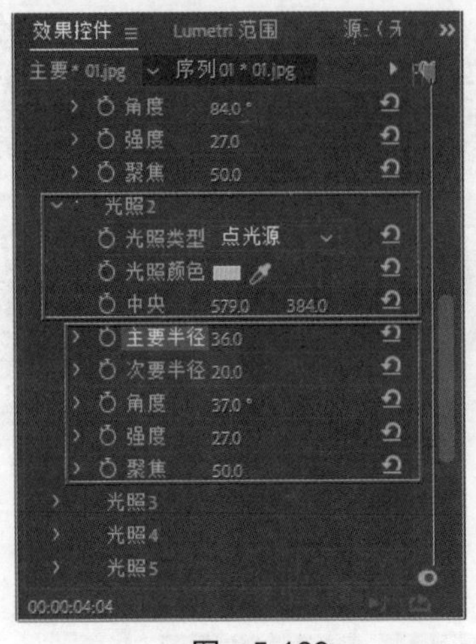

图 5-169

图 5-170

技巧提示：

开启【光照 2】效果，是为【光照 1】添加辅助光源，从而使光线效果产生更加明显和多层次的灯光效果。

（8）在【效果控件】面板中打开【光照效果】栏，设置【环境光照颜色】为浅黄色，【环境光照强度】为 50，如图 5-171 所示。此时拖动时间轴滑块查看最终的效果，如图 5-172 所示。

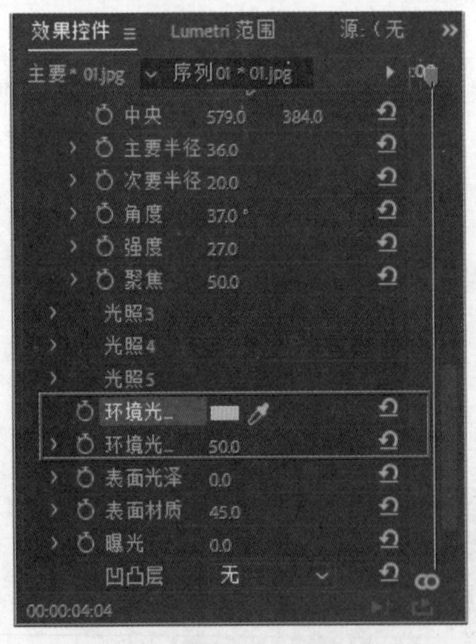

图 5-171

图 5-172

答疑解惑：还可以制作出哪些不同的光照效果？

根据光照效果，通过添加不同的照明光源和参数的调节就可以制作出各式各样的光照效果，例如，射灯效果、舞台追光效果和房间里的不同灯光效果等。不断地调整尝试，就可以制作出各种不同的光照效果。

5.13　过渡类视频效果

【过渡】类视频效果主要是用来制造素材间的过渡效果，此类效果和视频编辑中的转场效果相似，但用法不同，该类效果可以单独对素材进行效果转场，而视频转场是在两个视频素材的连接处制造转场效果。【过渡】包括【块溶解】【径向擦除】【渐变擦除】【百叶窗】和【线性擦除】5 种效果，选择【效果】面板中的【视频效果】/【过渡】，如图 5-173 所示。

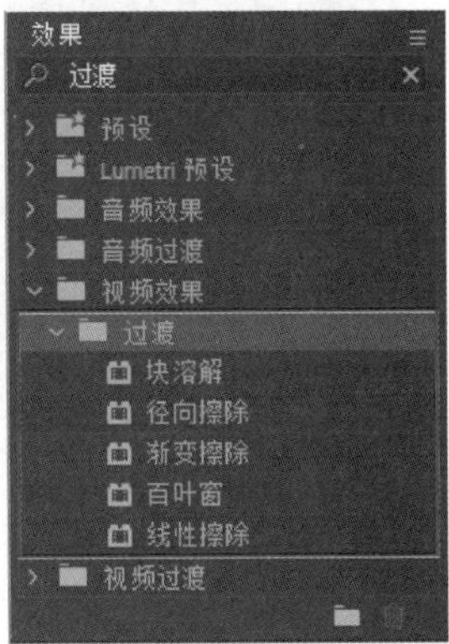

图　5-173

- 块溶解：【块溶解】效果可以使素材图像产生随机板块溶解的效果，如图 5-174 所示。使用该效果前后的对比效果，如图 5-175 所示。

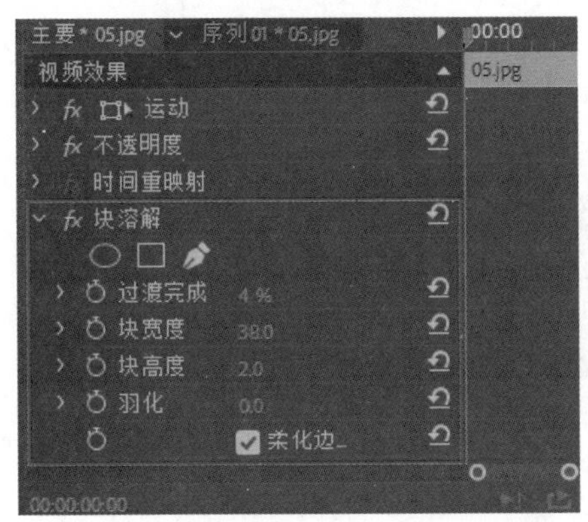

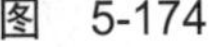

图　5-174

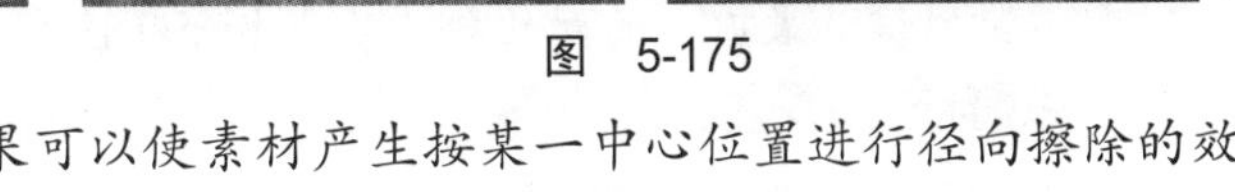

图　5-175

- 径向擦除：【径向擦除】效果可以使素材产生按某一中心位置进行径向擦除的效果，如图 5-176 所示。使用该效果前后的对比效果，如图 5-177 所示。

图　5-176

图　5-177

- 渐变擦除：【渐变擦除】效果可以使素材产生梯状渐变擦除的效果，如图 5-178 所示。使用该效果前后的对比效果，如图 5-179 所示。

图 5-178

图 5-179

- 百叶窗:【百叶窗】效果可以使素材产生百叶窗过渡的效果，如图 5-180 所示。使用该效果前后的对比效果，如图 5-181 所示。

图 5-180

图 5-181

- 线性擦除:【线性擦除】效果可以使素材产生线性擦除的效果，如图 5-182 所示。使用该效果前后的对比效果，如图 5-183 所示。

图 5-182

图 5-183

案例实战——应用百叶窗效果

案例文件	案例文件 \ 第 5 章 \ 百叶窗效果 .prproj
视频教学	视频文件 \ 第 5 章 \ 百叶窗效果 .flv
难易指数	★★★★★
技术要点	百叶窗效果的应用

扫码看视频

案例效果

百叶窗拥有独一无二的灵活调节的叶片，可以制作反转叶片效果来转换画面。本例主要是针对“应用百叶窗效果”的方法进行练习，如图 5-184 所示。

操作步骤

图 5-184

（1）选择【文件】/【新建】/【项目】命令，在弹出的【新建项目】对话框中设置【名称】，并单击【浏览】按钮设置保存路径，再单击【确定】按钮，如图 5-185 所示。然后在【项目】面板空白处单击鼠标右键，在弹出的快捷菜单中选择【新建项目】/【序列】命令，弹出【新建序列】对话框，选择【DV-PAL】/【标准 48kHz】，单击【确定】按钮，如图 5-186 所示。

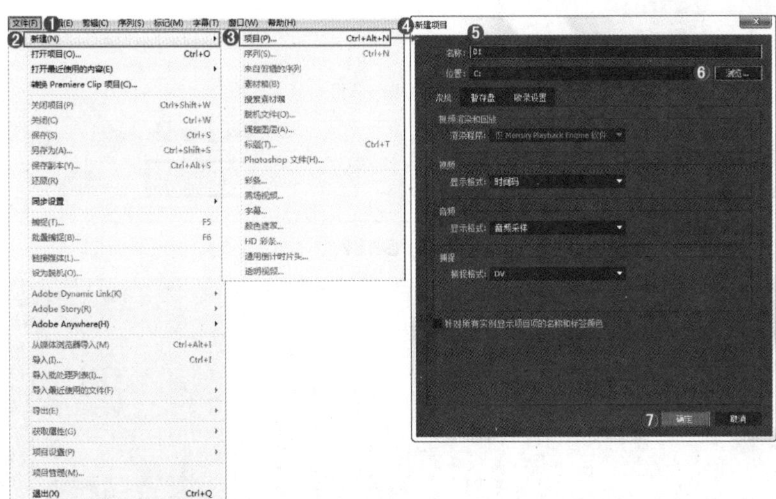

图 5-185

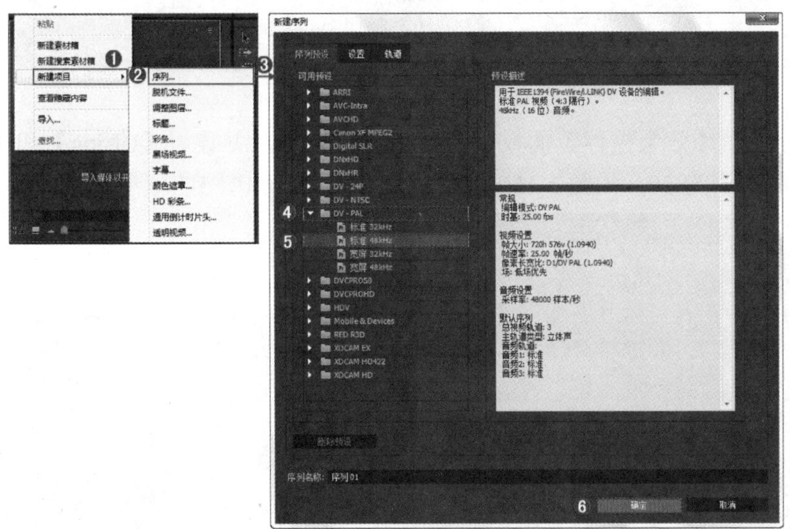

图 5-186

（2）选择菜单栏中的【文件】/【导入】命令或按【Ctrl+I】快捷键，在打开的对话框中选择所需的素材文件，单击【打开】按钮导入，如图 5-187 所示。

（3）将【项目】面板中的【01.jpg】和【02.jpg】素材文件拖曳到 V1 和 V2 轨道上，如图 5-188 所示。

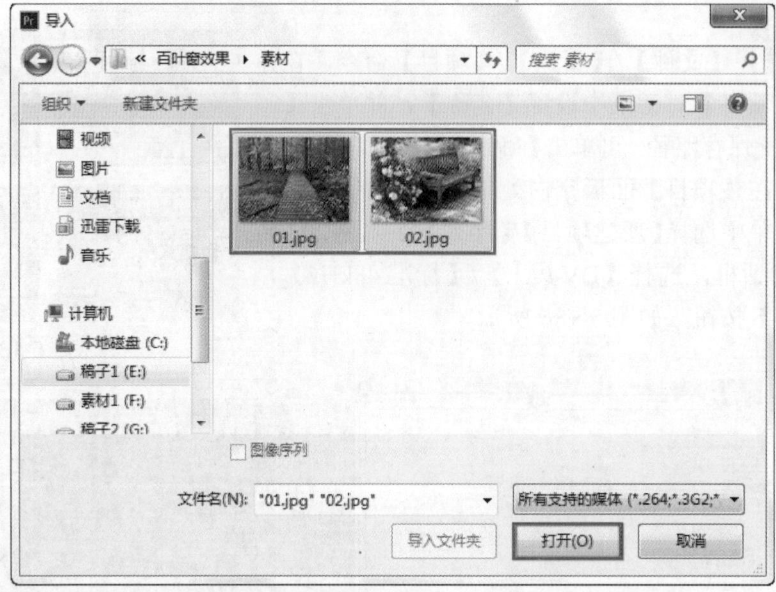

图 5-187

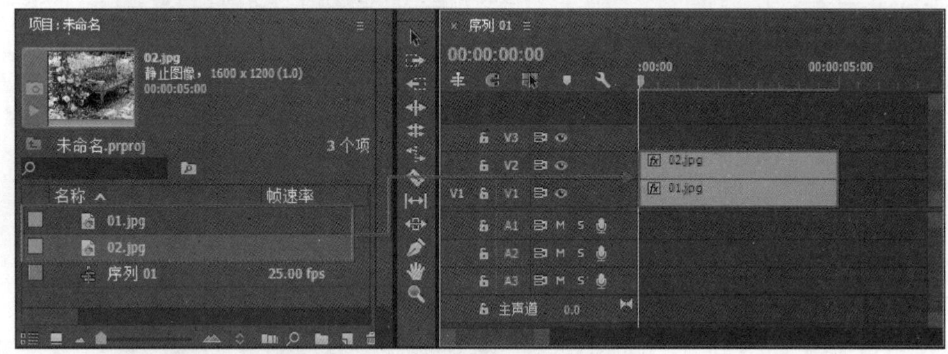

图 5-188

（4）分别在【效果控件】面板中展开【运动】栏，并设置【01.jpg】和【02.jpg】素材文件的【缩放】为 50，如图 5-189 所示。此时的效果如图 5-190 所示。

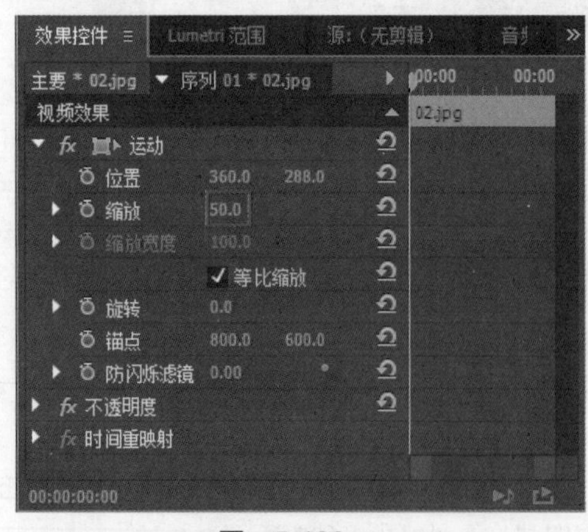

图 5-189

图 5-190

（5）在【效果】面板中搜索【百叶窗】效果，然后按住鼠标左键将其拖曳到 V1 轨道的【01.jpg】素材文件上，如图 5-191 所示。

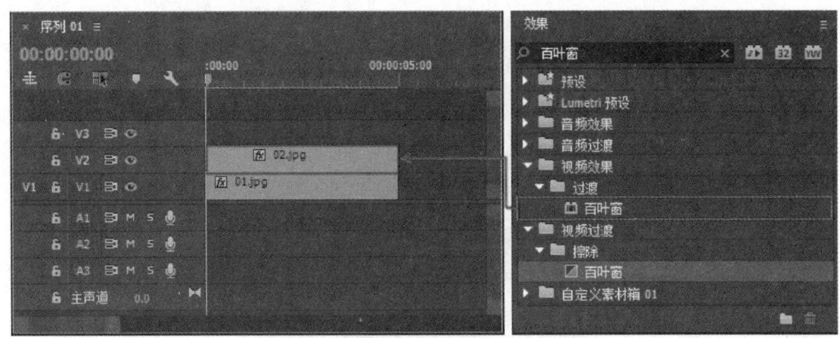

图 5-191

（6）选择 V2 轨道上的【02.jpg】素材文件，将时间轴滑块拖到起始帧的位置，在【效果控件】面板中展开【百叶窗】栏，并单击【过渡完成】前面的按钮，开启自动关键帧。接着将时间轴滑块拖到第 4 秒的位置，设置【过渡完成】为 100%，如图 5-192 所示。此时拖动时间轴滑块查看效果，如图 5-193 所示。

图 5-192　　　　图 5-193

（7）继续设置【百叶窗】栏中的【方向】为 90，【宽度】为 80，如图 5-194 所示。此时拖动时间轴滑块查看最终的效果，如图 5-195 所示。

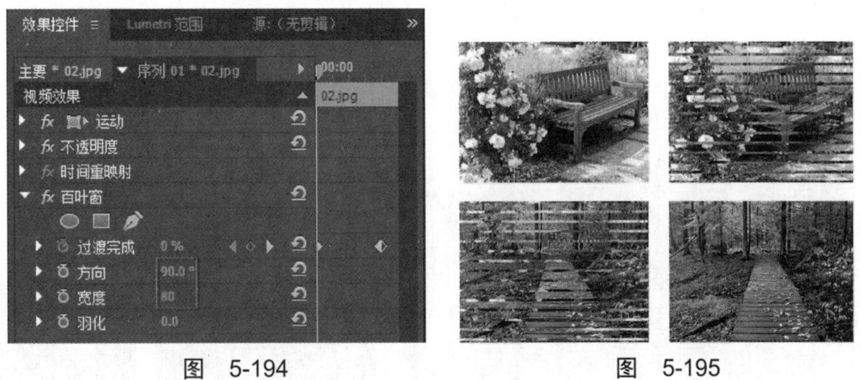

图 5-194　　　　图 5-195

5.14 透视类视频效果

【透视】类视频效果主要是给视频素材添加各种透视效果，包括【基本 3D】【投影】【放射阴影】【斜角边】和【斜面 Alpha】5 种，选择【效果】面板中的【视频效果】/【透视】，如图 5-196 所示。

图 5-196

- 基本 3D：【基本 3D】效果可以对素材进行三维变换，绕水平轴或垂直轴进行旋转，可以产生图像运动的效果，并且可以将图片拉近或推远，如图 5-197 所示。使用该效果前后的对比效果，如图 5-198 所示。

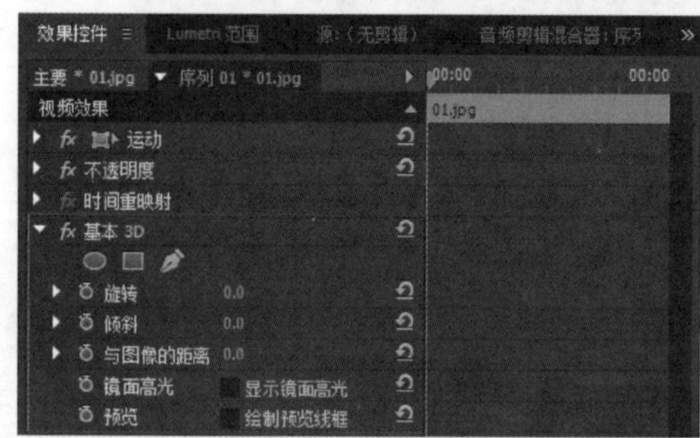

图 5-197

图 5-198

- 投影：【投影】效果可以为素材添加阴影的效果，一般应用于多轨道文件中。选择【效果】面板中的【视频效果】/【透视】/【投影】效果，如图 5-199 所示。使用该效果前后的对比效果，如图 5-200 所示。

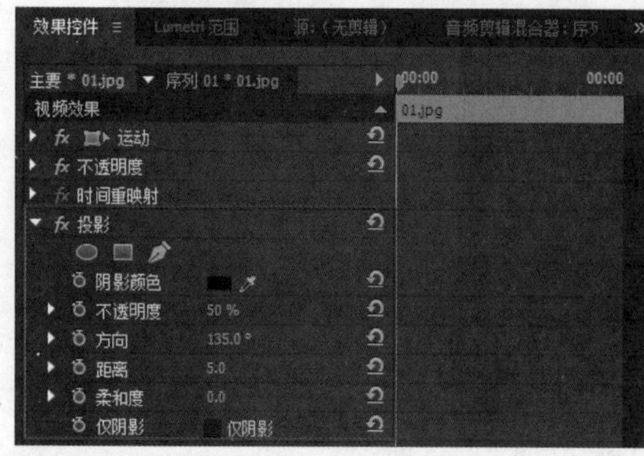

图 5-199

图 5-200

- 放射阴影：【放射阴影】效果与【投影】效果类似，但比【投影】效果在控制上变化多一些，它可以使一个三维层的影子投射到一个二维层，如图 5-201 所示。

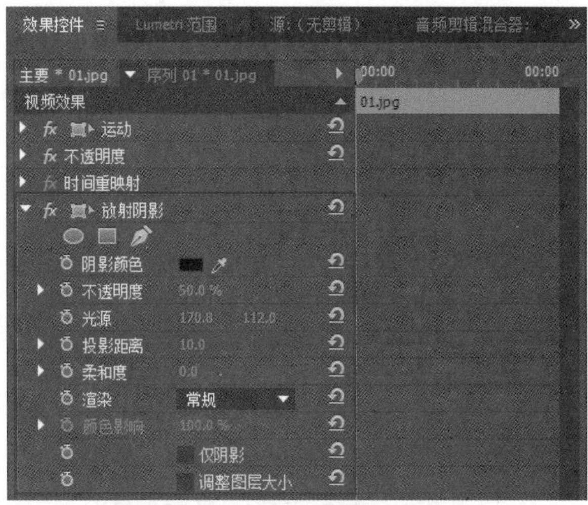

图　5-201

- 斜角边：【斜角边】效果可以使素材的边缘产生立体的效果，但边缘斜切只能对矩形的图像形状应用，不能应用在带有 Alpha 通道的图像上，如图 5-202 所示。使用该效果前后的对比效果，如图 5-203 所示。

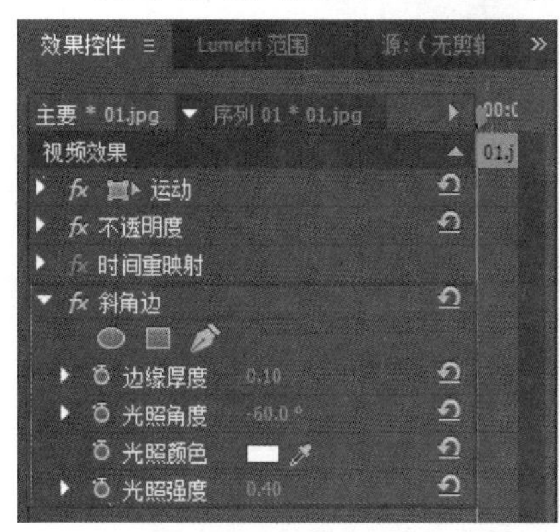

图　5-202

图　5-203

- 斜面 Alpha：【斜面 Alpha】效果可以使素材出现分界，是通过二维的 Alpha 通道效果形成三维立体外观。斜切效果特别适合包含文本的图像，如图 5-204 所示。使用该效果前后的对比效果，如图 5-205 所示。

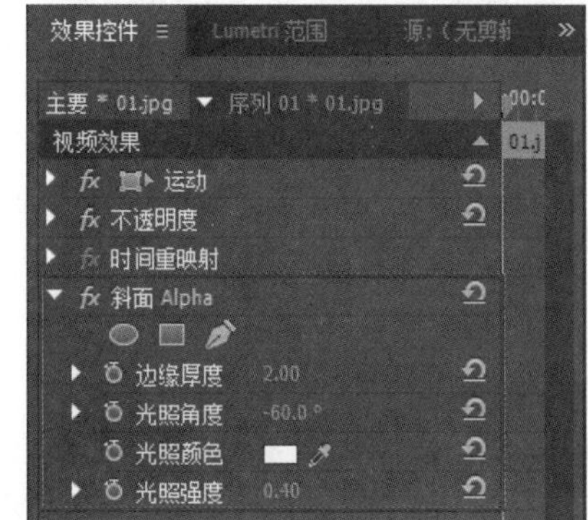

图　5-204

图　5-205

案例实战——应用投影效果

案例文件	案例文件 \ 第 5 章 \ 投影效果 .prproj
视频教学	视频文件 \ 第 5 章 \ 投影效果 .flv
难易指数	★★★★★
技术要点	投影效果的应用

扫码看视频

案例效果

在一个有光线照射的空间里，由于物体遮挡了光线的传播，而光线不能穿过不透明的物体从而形成了较暗区域，就是投影，即一种光学现象。本例主要是针对“应用投影效果”的方法进行练习，如图 5-206 所示。

图 5-206

操作步骤

（1）选择【文件】/【新建】/【项目】命令，在弹出的【新建项目】对话框中设置【名称】，并单击【浏览】按钮设置保存路径，再单击【确定】按钮，如图 5-207 所示。选择【文件】/【新建】/【序列】命令，弹出【新建序列】对话框，选择【DV-PAL】/【标准 48kHz】，单击【确定】按钮，如图 5-208 所示。

（2）选择菜单栏中的【文件】/【导入】命令或按【Ctrl+I】快捷键，在打开的对话框中选择所需的素材文件，单击【打开】按钮导入，如图 5-209 所示。

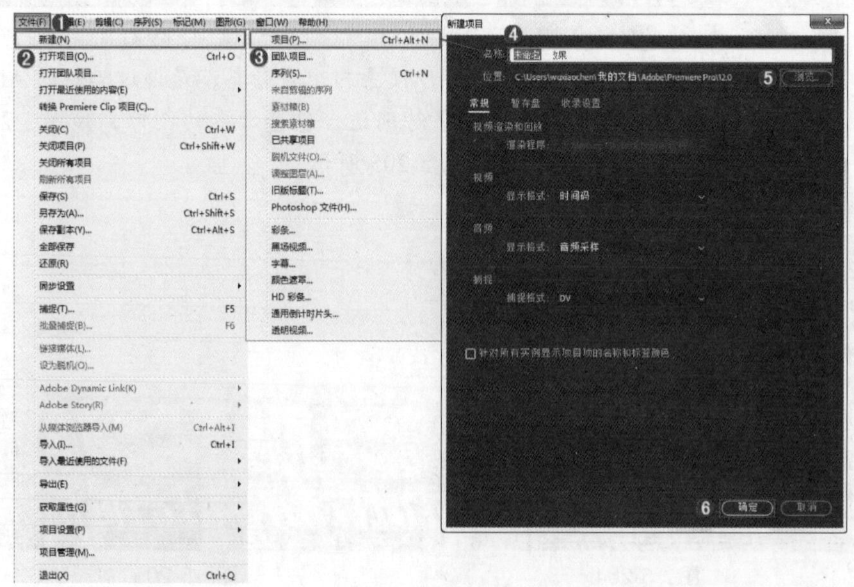

图 5-207

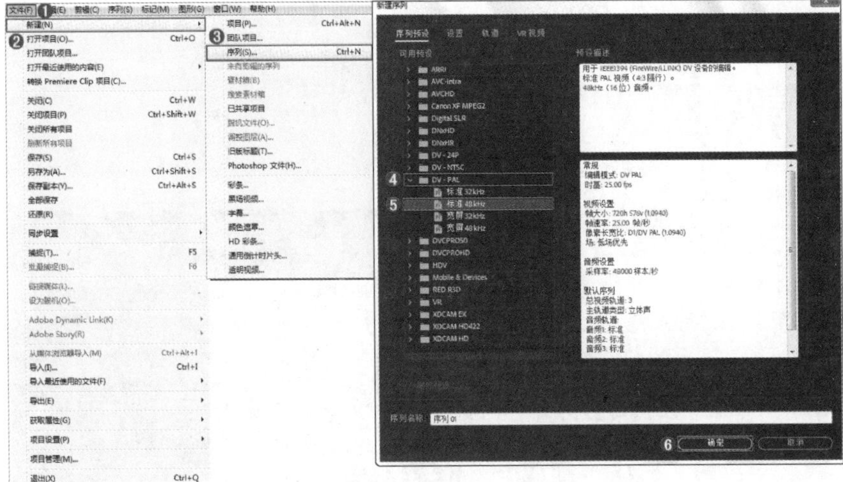

图　5-208

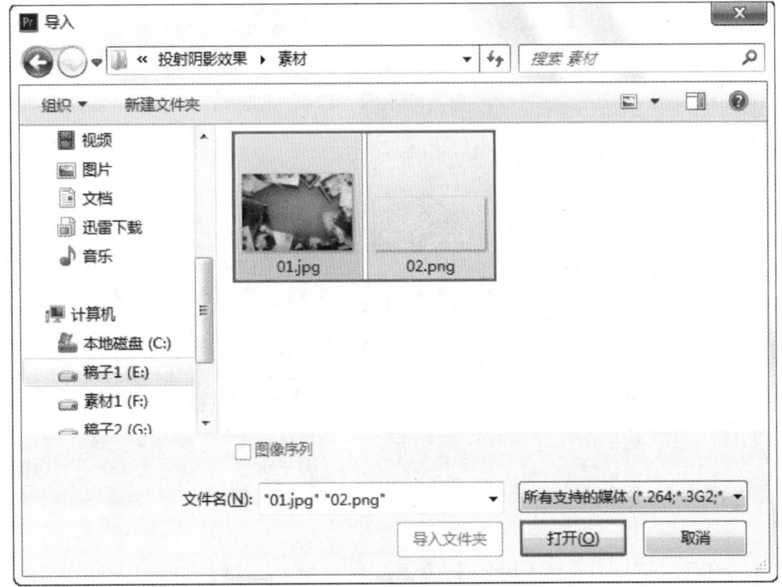

图　5-209

（3）将【项目】面板中的【01.jpg】和【02.png】素材文件分别拖曳到 V1 和 V2 轨道上，如图 5-210 所示。

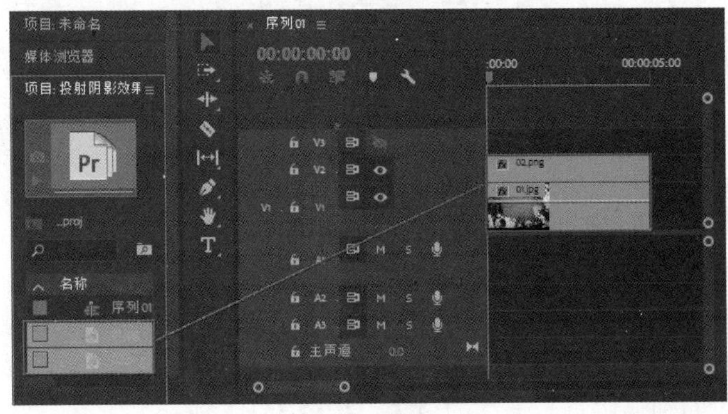

图　5-210

（4）选择 V1 轨道上的【01.jpg】素材文件，在【效果控件】面板中的【运动】栏设置【缩放】为 23，如图 5-211 所示。此时的效果如图 5-212 所示。

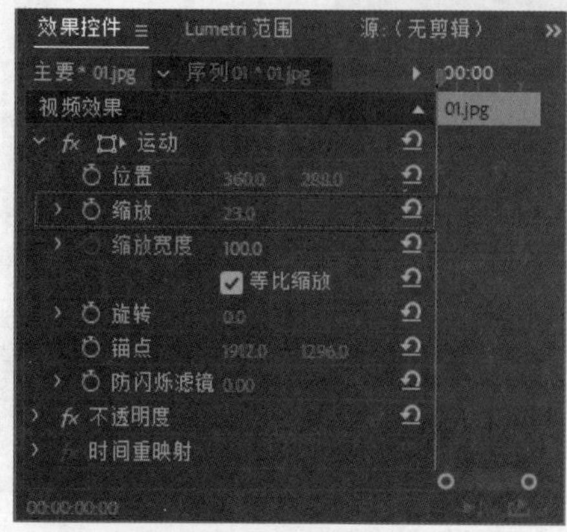

图 5-211

图 5-212

（5）选择 V2 轨道上的【02.png】素材文件，在【效果控件】面板中的【运动】栏设置【位置】为（360,226），【缩放】为 92，如图 5-213 所示。此时的效果如图 5-214 所示。

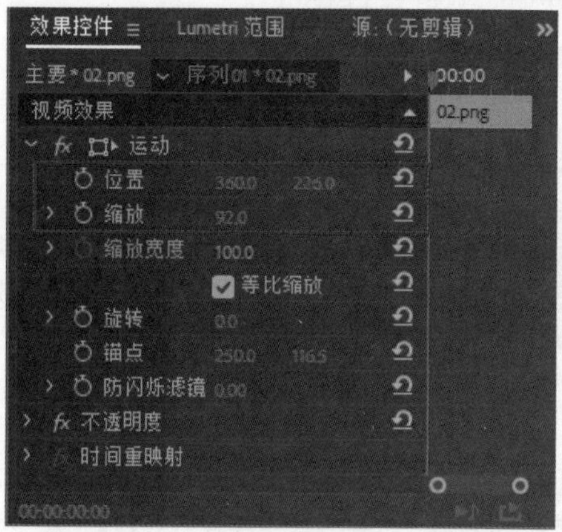

图 5-213

图 5-214

（6）在【效果】面板中搜索【投影】效果，按住鼠标左键将其拖曳到 V2 轨道的【02.png】素材文件上，如图 5-215 所示。

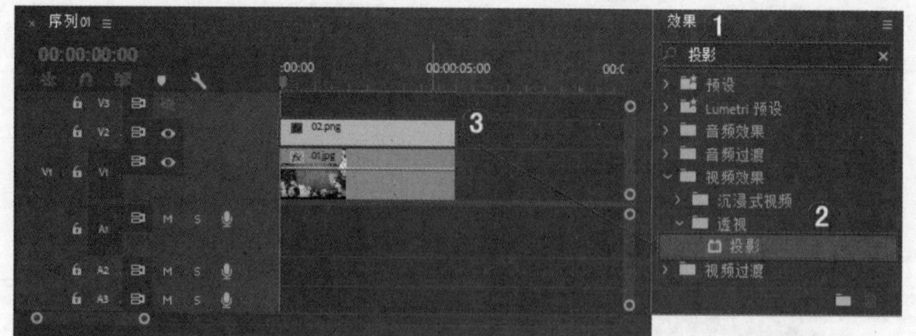

图 5-215

（7）选择 V2 轨道的【02.png】素材文件，打开【效果控件】面板中的【投影】栏，设置【不透明度】为 85%，【方向】为 203°，【距离】为 45，【柔和度】为 14，如图 5-216 所示。此时拖动时间轴滑块查看最终的效果，如图 5-217 所示。

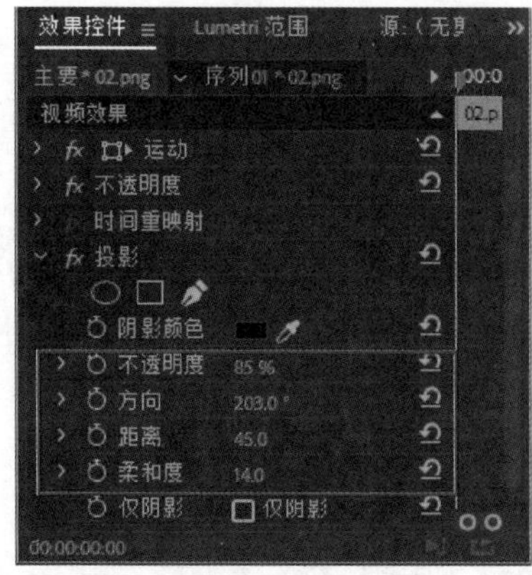

图　5-216

图　5-217

案例实战——应用斜面 Alpha 效果

案例文件	案例文件 \ 第 5 章 \ 斜面 Alpha 效果 .prproj
视频教学	视频文件 \ 第 5 章 \ 斜面 Alpha 效果 .flv
难易指数	★★★★★
技术要点	横排文字工具、阴影和斜面 Alpha 效果的应用

扫码看视频

案例效果

在许多平面构图中经常会有一些具有立体感效果的图案。这是因为有些图案添加了斜角效果，使其边缘产生了一定的斜角，从而形成类似立体的效果。本例主要是针对“应用斜面 Alpha 效果”的方法进行练习，如图 5-218 所示。

图　5-218

操作步骤

（1）选择【文件】/【新建】/【项目】命令，在弹出的【新建项目】对话框中设置【名称】，并单击【浏览】按钮设置保存路径，再单击【确定】按钮，如图 5-219 所示。选择【文件】/【新建】/【序列】命令，弹出【新建序列】对话框，选择【DV-PAL】/【标准 48kHz】，单击【确定】按钮，如图 5-220 所示。

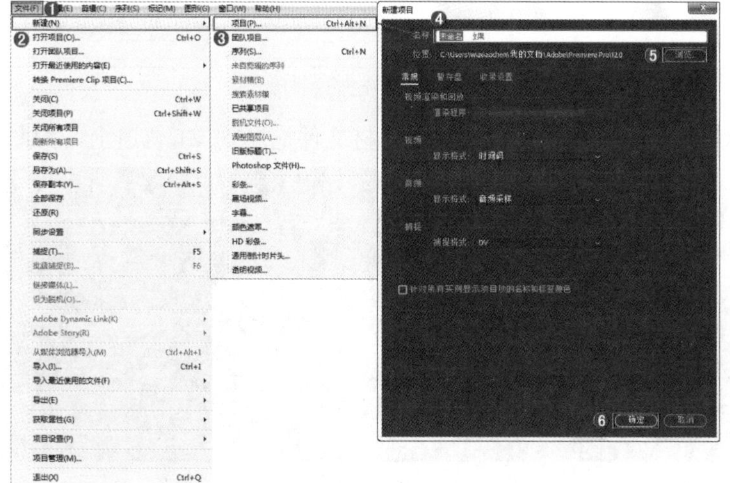

图　5-219

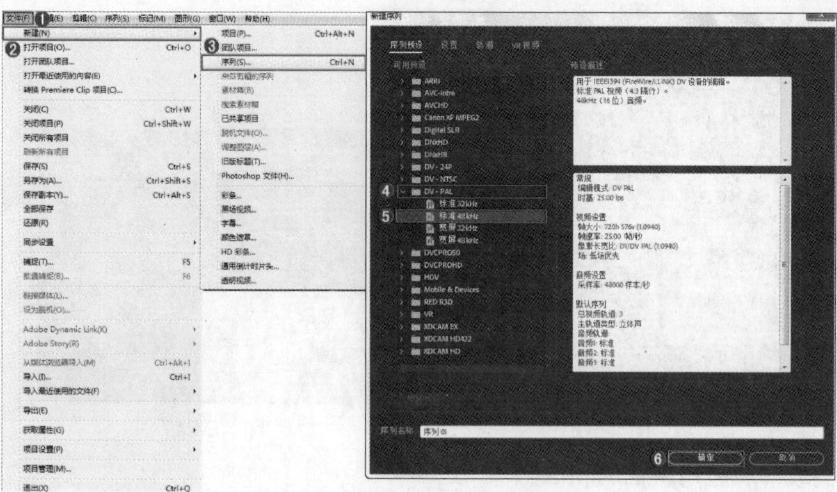

图 5-220

（2）选择菜单栏中的【文件】/【导入】命令或按【Ctrl+I】快捷键，在打开的对话框中选择所需的素材文件，单击【打开】按钮导入，如图 5-221 所示。

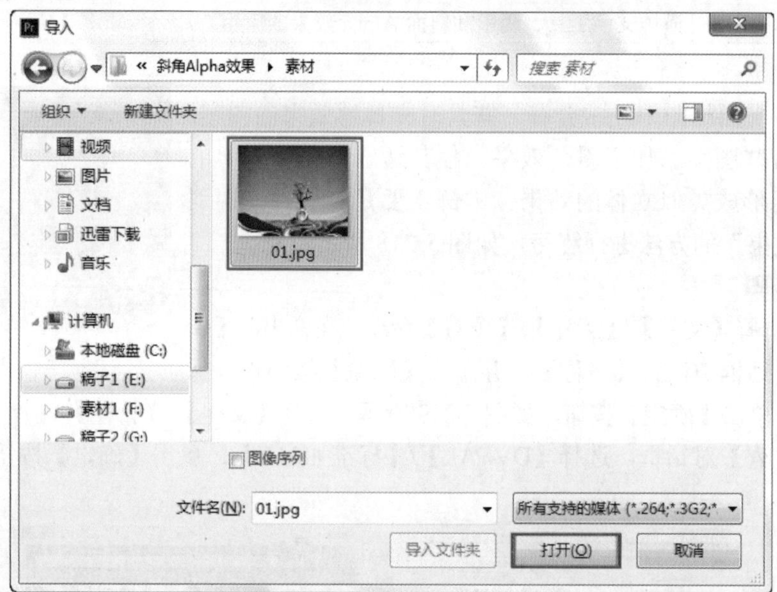

图 5-221

（3）将【项目】面板中的【01.jpg】素材文件拖曳到 V1 轨道上，如图 5-222 所示。

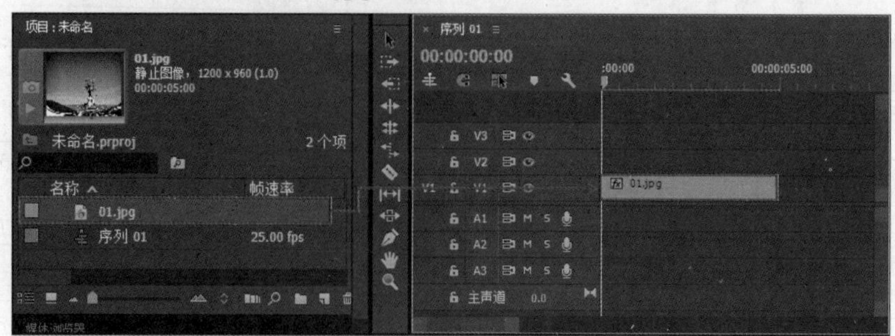

图 5-222

（4）选择 V1 轨道上的【01.jpg】素材文件，在【效果控件】面板中的【运动】栏设置【缩放】为 66，如图 5-223 所示。此时的效果如图 5-224 所示。

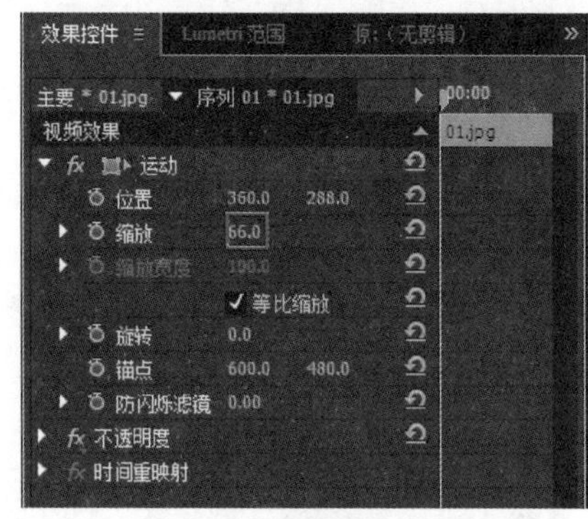

图　5-223

图　5-224

（5）为素材创建字幕。选择【文件】/【新建】/【旧版标题】命令，在弹出的【新建字幕】对话框中单击【确定】按钮，如图 5-225 所示。

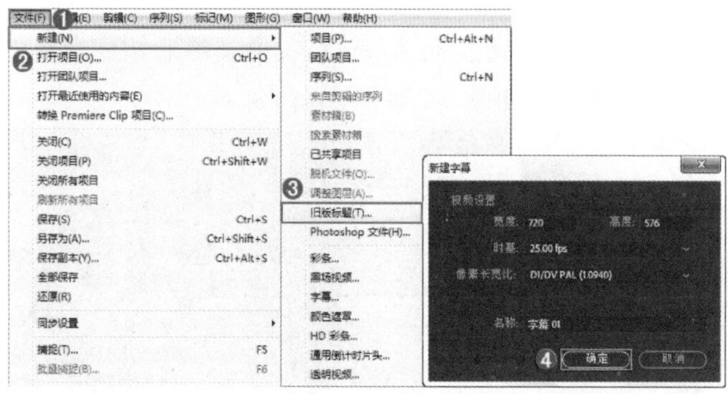

图　5-225

（6）在【字幕】面板中，单击 T（横排文字工具）按钮，然后在字幕工作区输入文字【Peace】，并设置【字体系列】为【Aharoni】，【字体大小】为 227，【颜色】为绿色。接着选中【阴影】复选框，设置【距离】为 17，【扩展】为 49，如图 5-226 所示。

图　5-226

技巧提示：

文字的阴影效果，也可以在将文字拖曳到【时间轴】面板中后，将【效果】中的【投影】效果添加到文字上，再加以调整，最终效果是一样的。

（7）关闭【字幕】面板，将【项目】面板中的【字幕 01】素材文件拖曳到 V2 轨道上，如图 5-227 所示。

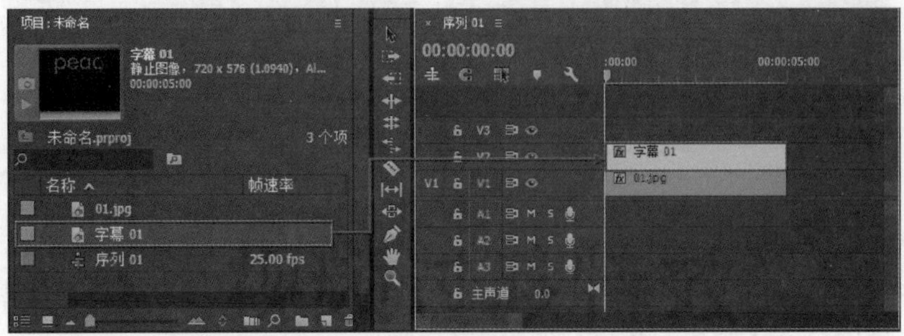

图 5-227

（8）在【效果】面板中搜索【斜面 Alpha】效果，然后按住鼠标左键将其拖曳到 V2 轨道的【字幕 01】素材文件上，如图 5-228 所示。

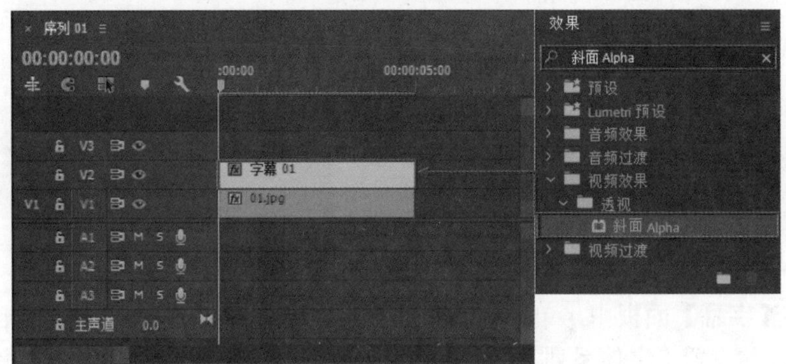

图 5-228

（9）选择 V2 轨道上的【字幕 01】素材文件，打开【效果控件】面板中的【斜面 Alpha】栏，设置【边缘厚度】为 6.8，【光照角度】为 –70，如图 5-229 所示。此时拖动时间轴滑块查看最终的效果，如图 5-230 所示。

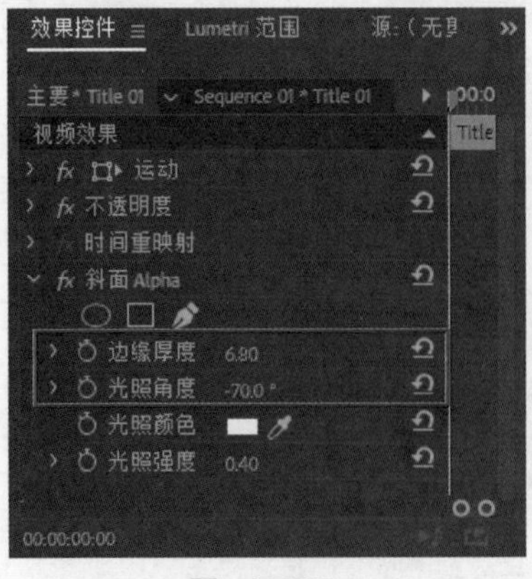

图 5-229

图 5-230

答疑解惑：斜角效果有哪些作用？

斜角效果即将物体的棱角制作成一定的斜面效果。为素材添加斜角效果，可以使素材看起来有一定的立体感。根据素材的内容，斜角的厚度可以进行适当调整来表现不同的效果。
例如，单独的二维效果给人孤独单薄的感觉，添加斜角效果加以调整，可以使其看起来更加具有力量和厚重感。

5.15　通道类视频效果

【通道】类视频效果包括【反转】【复合运算】【混合】【算术】【纯色合成】【计算】和【设置遮罩】等效果，如图 5-231 所示。

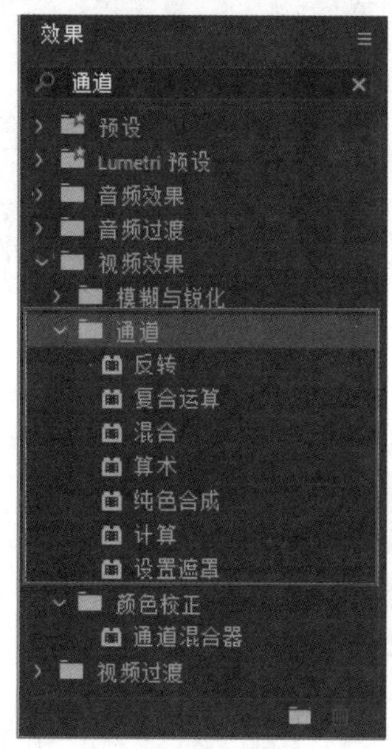

图　5-231

- 反转：【反转】效果可以反转素材的通道，如图 5-232 所示。使用该效果前后的对比效果，如图 5-233 所示。

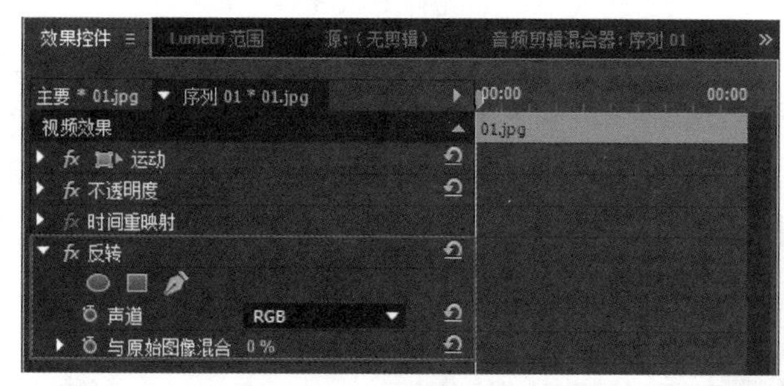

图　5-232

图　5-233

- 复合运算：【复合运算】效果用于一个指定的视频轨道与原素材的通道进行混合，如图 5-234 所示。使用该效果前后的对比效果，如图 5-235 所示。

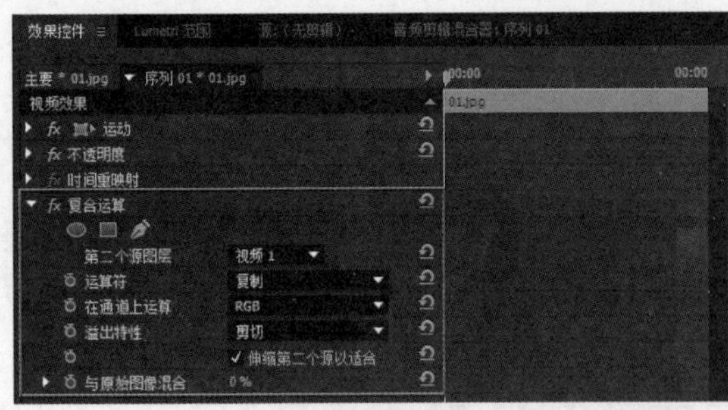

图 5-234　　图 5-235

- 混合:【混合】效果可以指定一个轨道与原素材进行混合，产生效果，如图 5-236 所示。

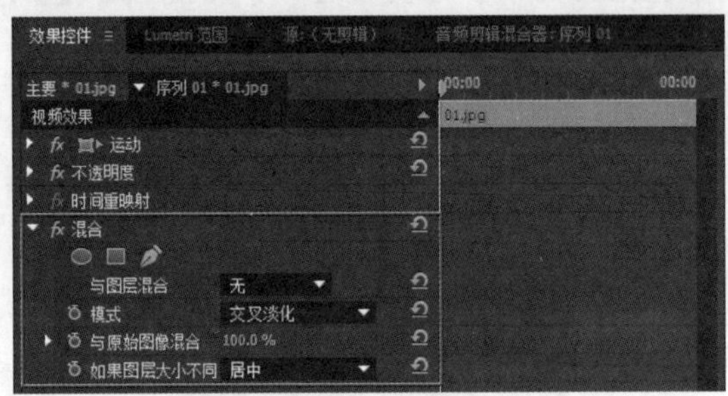

图 5-236

- 算术:【算术】效果可以调节 RGB 通道值，产生素材混合效果，如图 5-237 所示。使用该效果前后的对比效果，如图 5-238 所示。

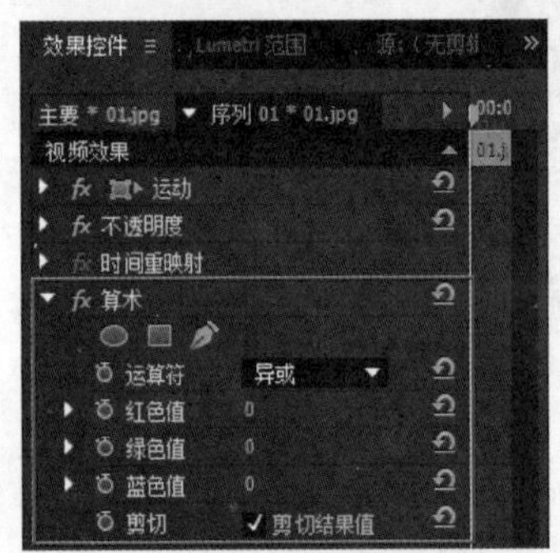

图 5-237　　图 5-238

- 纯色合成:【纯色合成】效果提供了一种快速的方式将原素材的通道与指定的一种颜色值进行混合，如图 5-239 所示。使用该效果前后的对比效果，如图 5-240 所示。

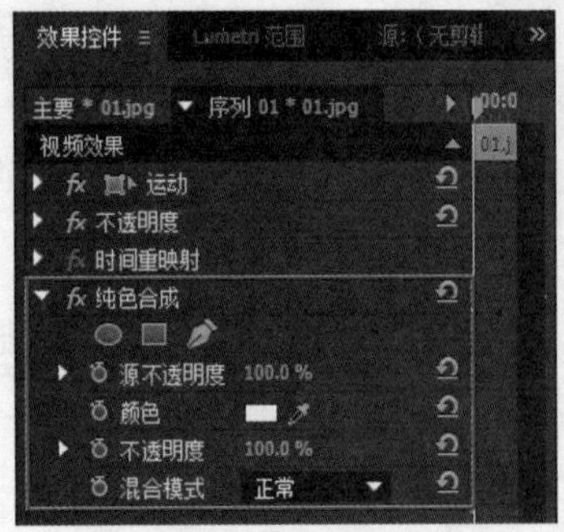

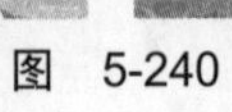

图 5-239　　图 5-240

- 计算：【计算】效果可以指定素材的通道与原素材的通道进行混合，如图 5-241 所示。使用该效果前后的对比效果，如图 5-242 所示。

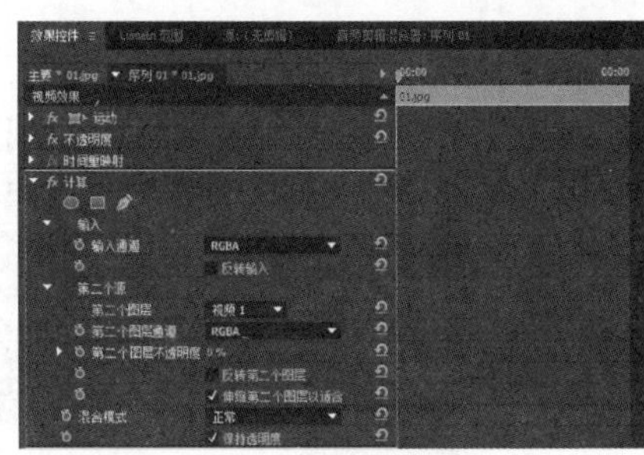

图　5-241

图　5-242

- 设置遮罩：【设置遮罩】效果可以指定素材的通道作为遮罩与原素材进行混合，如图 5-243 所示。使用该效果前后的对比效果，如图 5-244 所示。

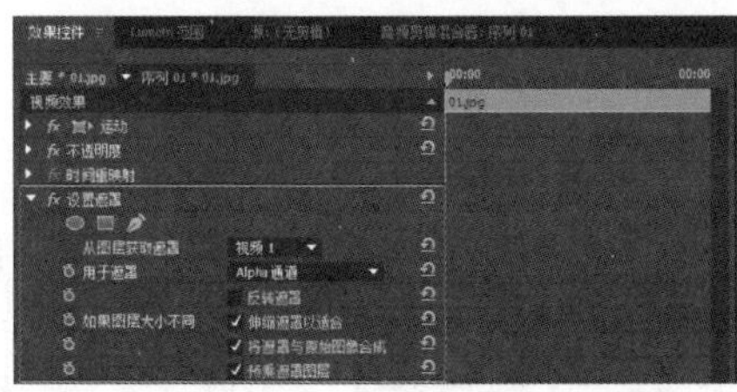

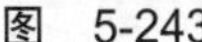

图　5-243

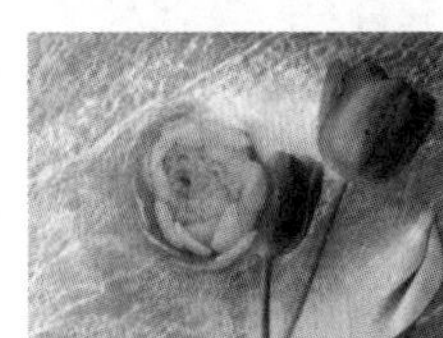

图　5-244

5.16　风格化类视频效果

【风格化】类视频效果是一组风格化效果，用来模拟一些实际的绘画效果，使图像产生丰富的视觉效果，包括【Alpha 发光】【复制】【彩色浮雕】【抽帧】【曝光过度】【查找边缘】【浮雕】【画笔描边】【粗糙边缘】【纹理化】【闪光灯】【阈值】和【马赛克】13 种效果，如图 5-245 所示。

- Alpha 发光：【Alpha 发光】效果可以对含有通道的素材起作用，在通道的边缘部分产生一圈渐变的辉光效果，也可以在单独的图像上应用，制作发光的效果，如图 5-246 所示。

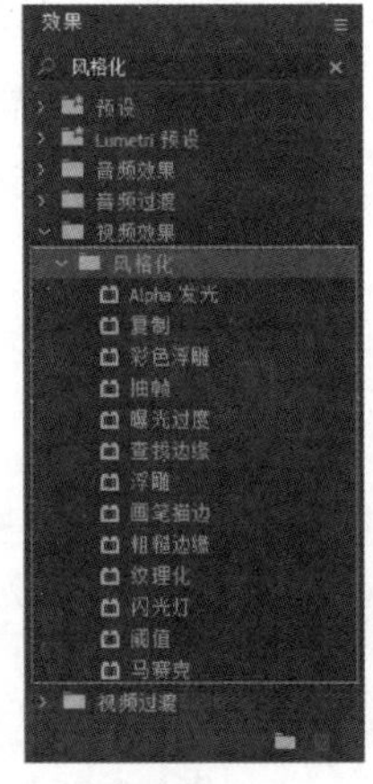

图　5-245

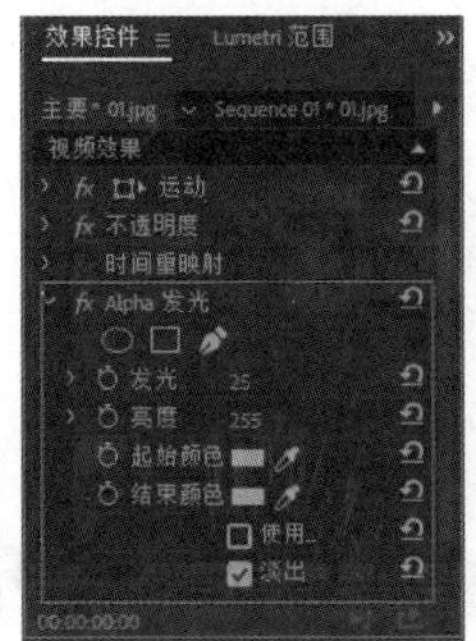

图　5-246

- 复制：【复制】效果可以将素材横向和纵向复制并排列，产生大量的复制相同素材，如图 5-247 所示。使用该效果前后的对比效果，如图 5-248 所示。

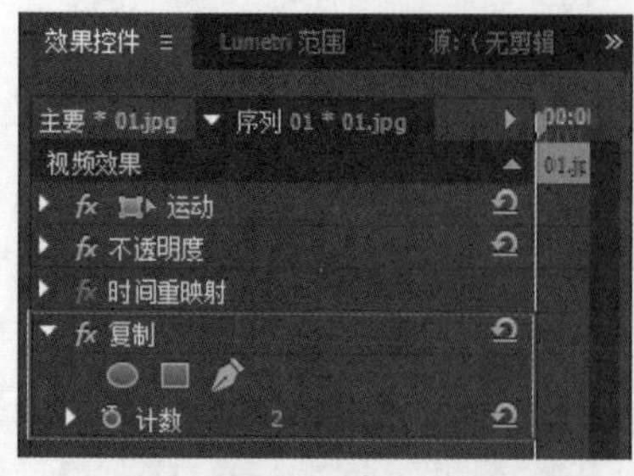

图 5-247

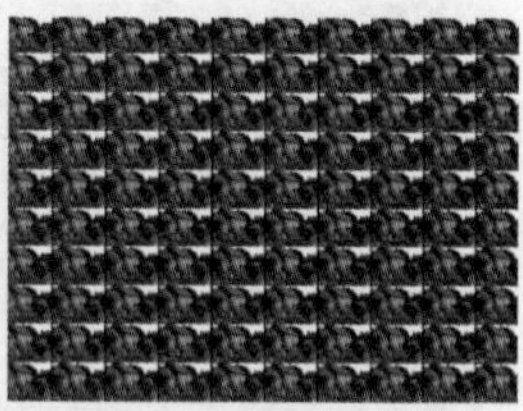

图 5-248

- 彩色浮雕：【彩色浮雕】效果可以调节参数，使素材产生浮雕效果，和【浮雕】效果不同的是，【彩色浮雕】包含颜色，如图 5-249 所示。使用该效果前后的对比效果，如图 5-250 所示。

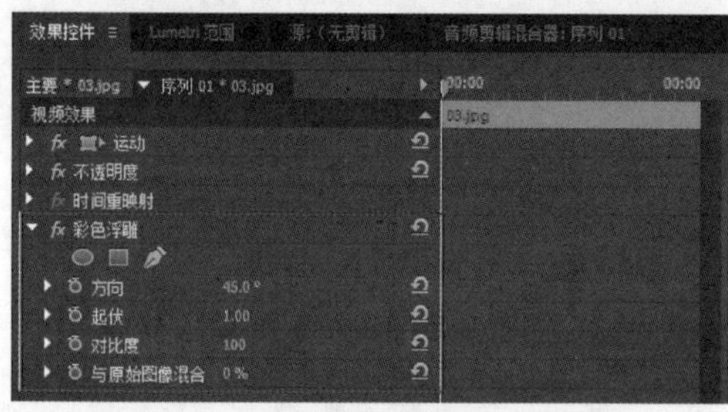

图 5-249

图 5-250

- 抽帧：【抽帧】效果可以将素材锁定到一个指定的帧率，从而产生跳帧的播放效果，如图 5-251 所示。使用该效果前后的对比效果，如图 5-252 所示。

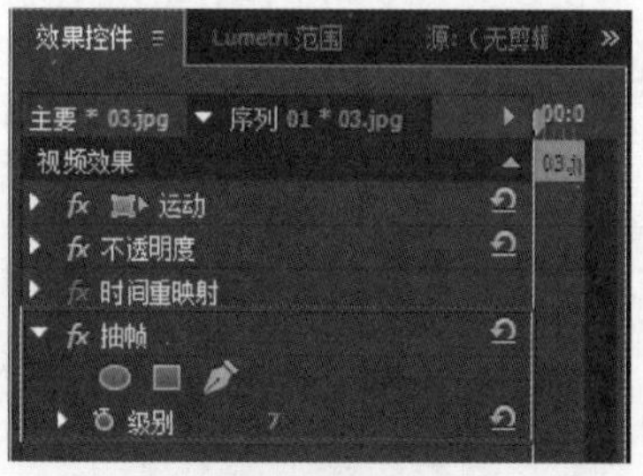

图 5-251

图 5-252

- 曝光过度：【曝光过度】效果可以通过对其参数值的调节，设置曝光强度效果，如图 5-253 所示。使用该效果前后的对比效果，如图 5-254 所示。

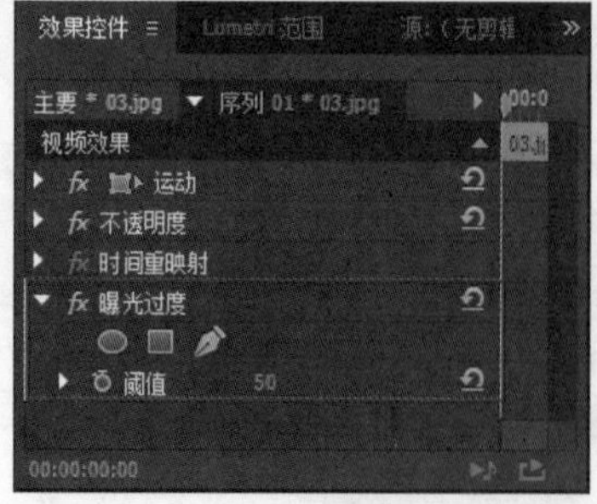

图 5-253

图 5-254

- 查找边缘：【查找边缘】效果可以对素材的边缘进行勾勒，从而使素材产生类似素描或底片的效果，如图 5-255 所示。使用该效果前后的对比效果，如图 5-256 所示。

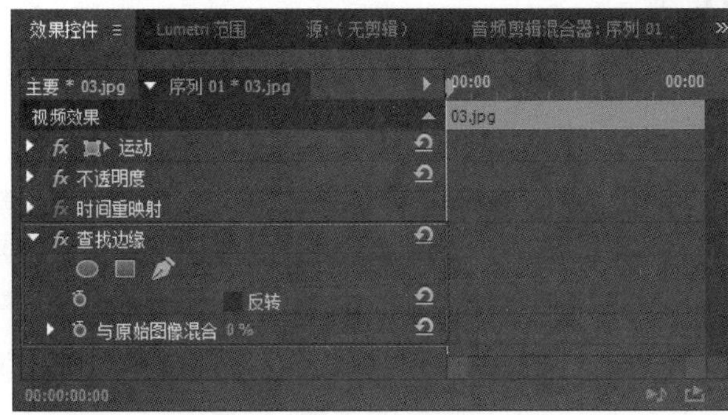

图　5-255

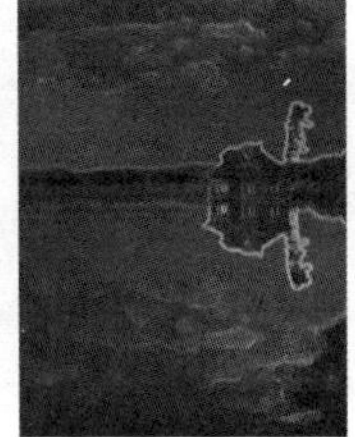

图　5-256

- 浮雕：【浮雕】效果和【彩色浮雕】效果不同的是，产生的素材视频浮雕为灰色，如图 5-257 所示。使用该效果前后的对比效果，如图 5-258 所示。

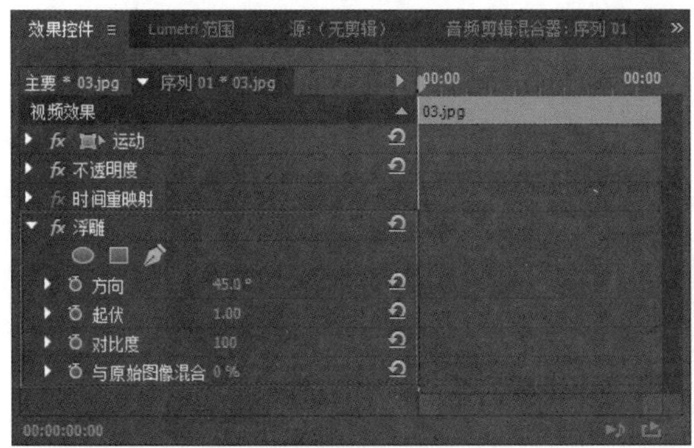

图　5-257

图　5-258

- 画笔描边：【画笔描边】效果可以调节参数，使素材产生类似水彩画效果，如图 5-259 所示。使用该效果前后的对比效果，如图 5-260 所示。

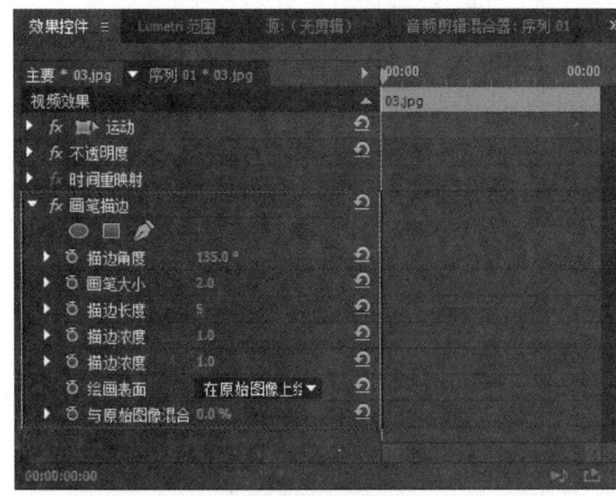

图　5-259

图　5-260

- 粗糙边缘：【粗糙边缘】效果可以将素材画面边缘制作出粗糙效果和腐蚀效果，如图 5-261 所示。使用该效果前后的对比效果，如图 5-262 所示。

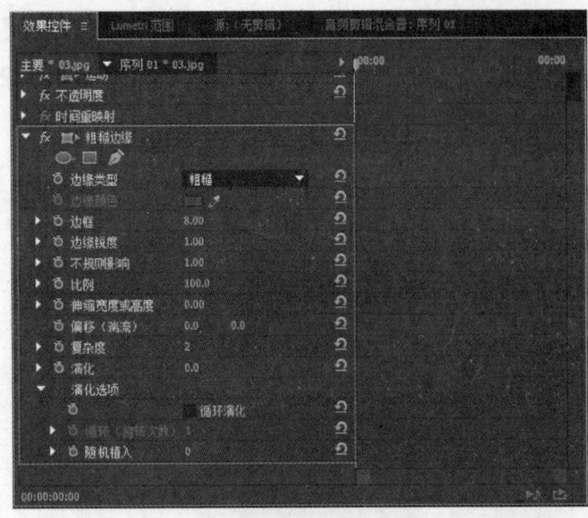

图 5-261　　　　图 5-262

- 纹理化：【纹理化】效果可以在素材中产生浮雕形式的贴图效果，如图 5-263 所示。使用该效果前后的对比效果，如图 5-264 所示。

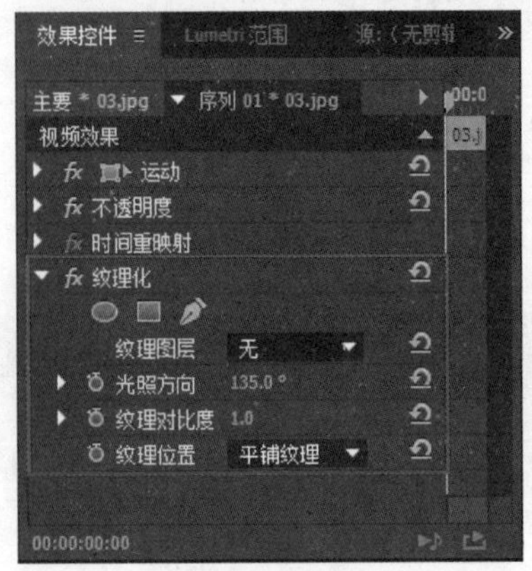

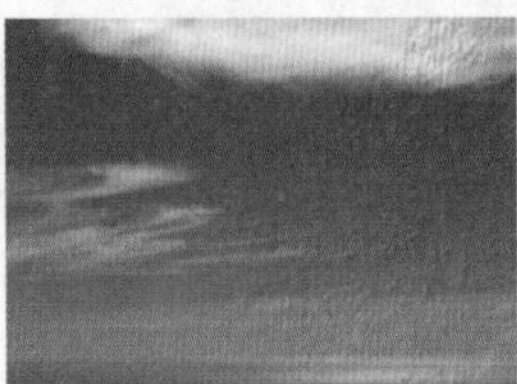

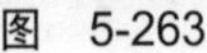
图 5-263　　　　图 5-264

- 闪光灯：【闪光灯】效果能够以一定的周期或随机地对一个片断进行算术运算，模拟画面闪光的效果，可以模拟计算机屏幕的闪烁或配合音乐增强感染力等，如图 5-265 所示。使用该效果前后的对比效果，如图 5-266 所示。

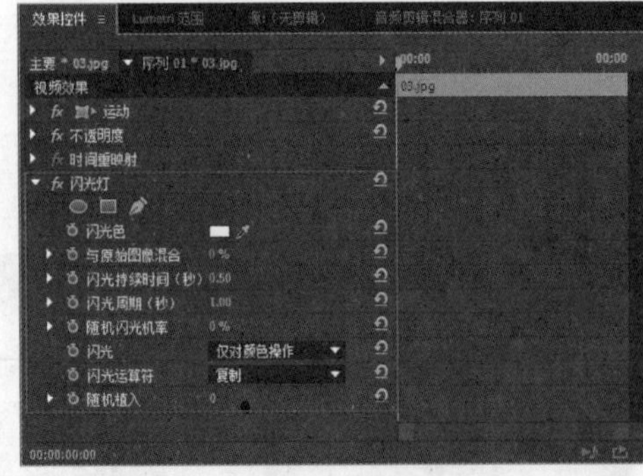

图 5-265　　　　图 5-266

- 阈值：【阈值】效果可以将一个灰度或色彩素材转换为高对比度的黑白图像，并通过调整阈值级别来控制黑白所占有的比例，如图 5-267 所示。使用该效果前后的对比效果，如图 5-268 所示。

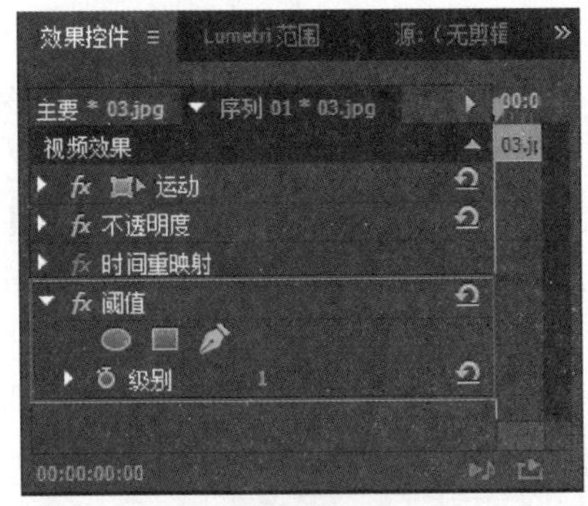

图　5-267

图　5-268

- 马赛克：【马赛克】效果可以将画面分成若干个网格，每一个都可用本格内所有颜色的平均色进行填充，使画面产生分块式的马赛克效果，如图 5-269 所示。使用该效果前后的对比效果，如图 5-270 所示。

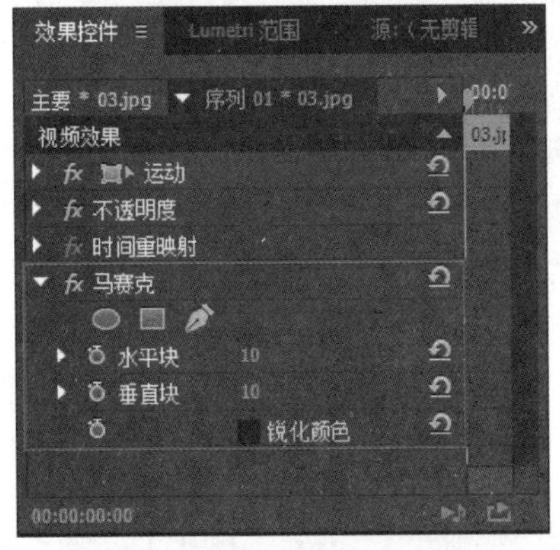

图　5-269

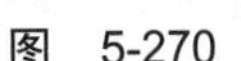

图　5-270

综合实战：制作铅笔画效果

案例文件	案例文件 \ 第 5 章 \ 铅笔画效果 .prproj
视频教学	视频文件 \ 第 5 章 \ 铅笔画效果 .flv
难易指数	★★★★★
技术要点	黑白、查找边缘、快速模糊效果的应用

扫码看视频

案例效果

铅笔画是指使用铅笔绘制的画，包括铅笔素描、铅笔速写等。铅笔画，是一切图形艺术的基础，其基本表现为主要线条轮廓、肌理明暗关系等。本例主要是针对“制作铅笔画效果”的方法进行练习，如图 5-271 所示。

图　5-271

操作步骤

（1）选择【文件】/【新建】/【项目】命令，在弹出的【新建项目】对话框中设置【名称】，并单击【浏览】按钮设置保存路径，再单击【确定】按钮，如图 5-272 所示。然后在【项目】面板空白处单击鼠标右键，在弹出的快捷菜单中选择【新建项目】/【序列】命令，弹出【新建序列】对话框，选择【DV-PAL】/【标准 48kHz】，单击【确定】按钮，如图 5-273 所示。

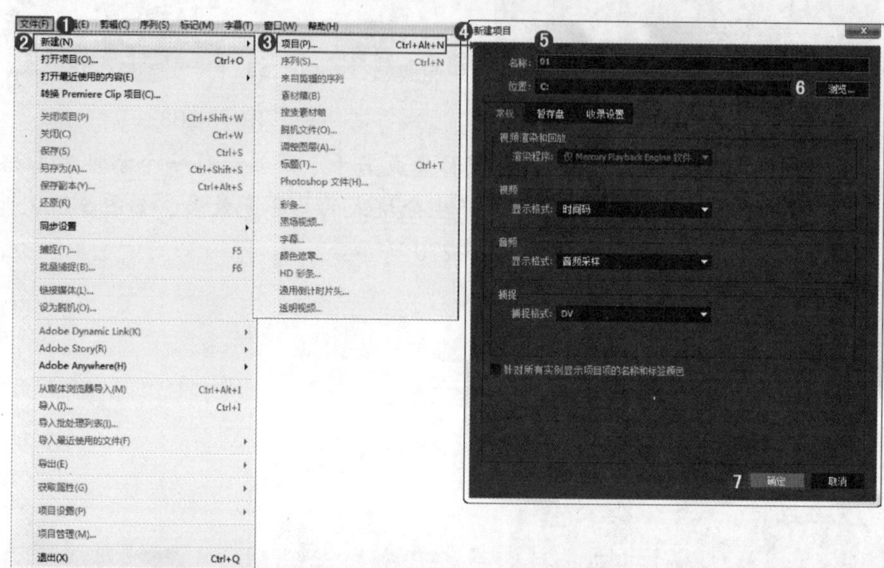

图 5-272

图 5-273

（2）选择菜单栏中的【文件】/【导入】命令或按【Ctrl+I】快捷键，在打开的对话框中选择所需的素材文件，单击【打开】按钮导入，如图 5-274 所示。

（3）将【项目】面板中的【1.jpg】和【2.jpg】两个素材文件拖曳到 V1 和 V2 轨道上，如图 5-275 所示。

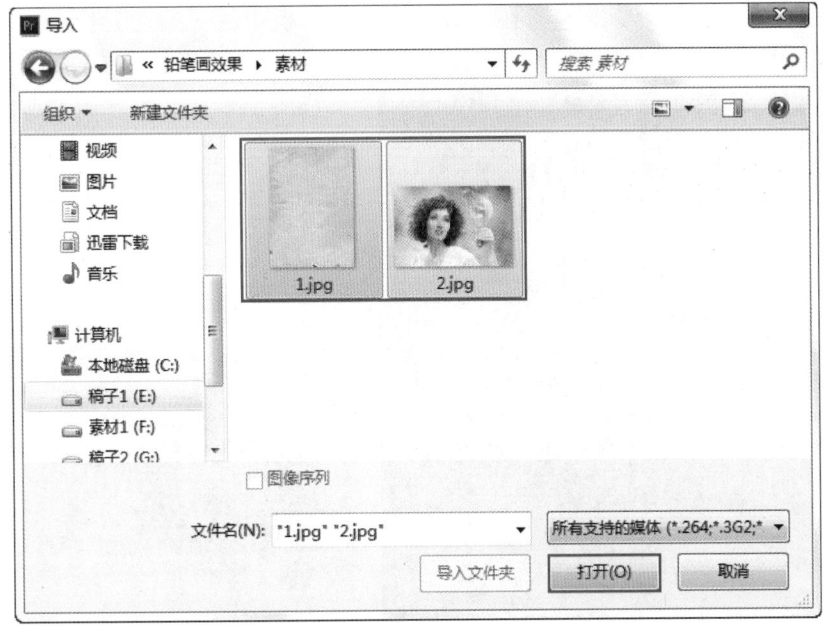

图 5-274

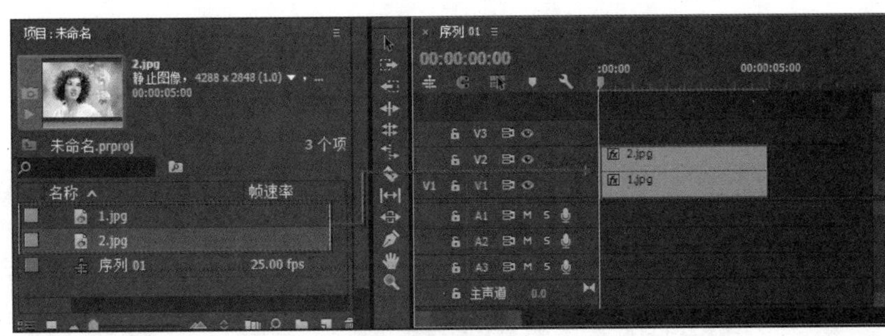

图 5-275

（4）选择 V1 轨道上的【1.jpg】素材文件，在【效果控件】面板中的【运动】栏设置【缩放】为 30，设置【旋转】为 90°，如图 5-276 所示。此时暂时隐藏 V2 轨道上的素材文件，查看效果，如图 5-277 所示。

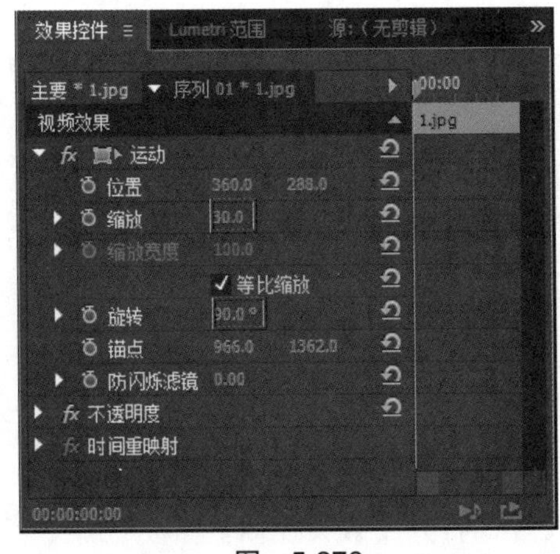

图 5-276

图 5-277

（5）选择 V2 轨道上的【2.jpg】素材文件，单击鼠标右键，在弹出的快捷菜单中选择【缩放为帧大小】命令。接着在【效果控件】面板中的【运动】栏设置【缩放】为114，【混合模式】为【相乘】，如图 5-278 所示。此时的效果如图 5-279 所示。

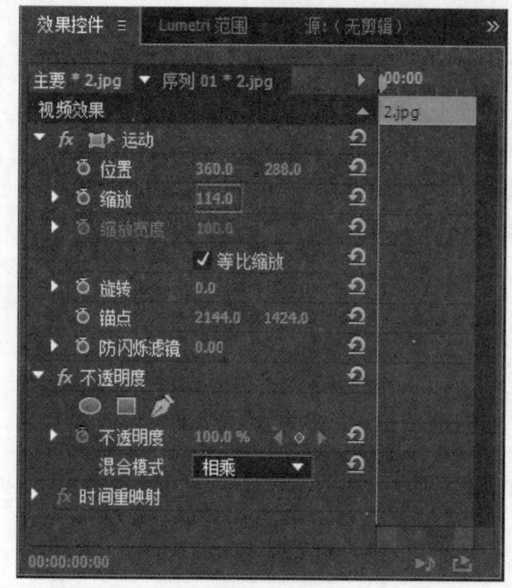

图 5-278

图 5-279

（6）在【效果】面板中搜索【黑白】效果，然后按住鼠标左键将其拖曳到 V1 轨道的【2.jpg】素材文件上；如图 5-280 所示。此时的效果如图 5-281 所示。

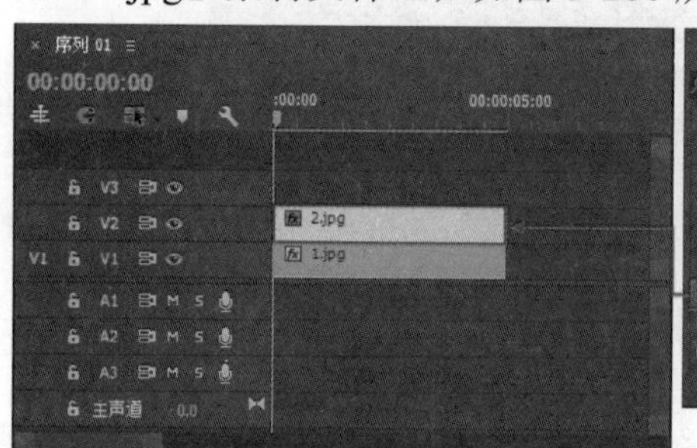

图 5-280

图 5-281

（7）在【效果】面板中搜索【查找边缘】效果，然后按住鼠标左键将其拖曳到 V2 轨道的【2.jpg】素材文件上，如图 5-282 所示。

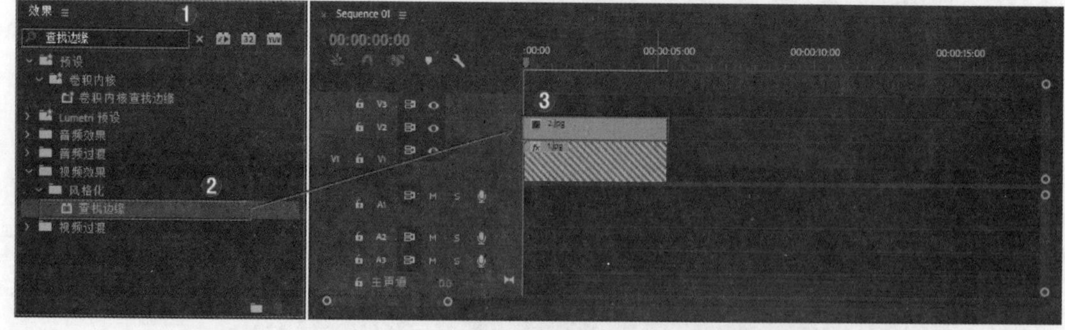

图 5-282

（8）选择 V2 轨道上的【2.jpg】素材文件，打开【效果控件】面板中的【查找边缘】栏，设置【与原始图像混合】为 5%，如图 5-283 所示。此时的效果如图 5-284 所示。

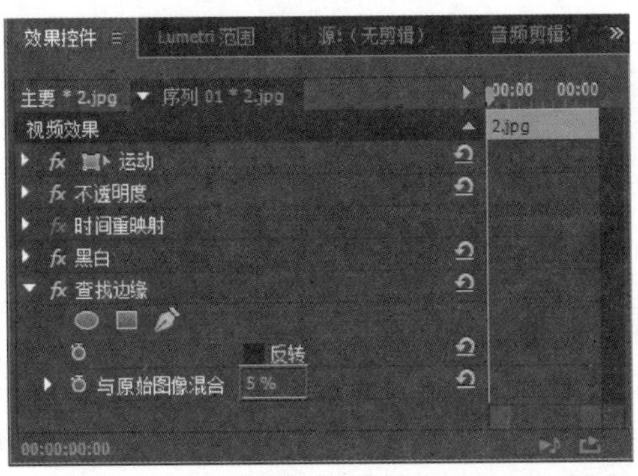

图　5-283

图　5-284

（9）在【效果】面板中搜索【快速模糊】效果，然后按住鼠标左键将其拖曳到 V2 轨道的【2.jpg】素材文件上，如图 5-285 所示。

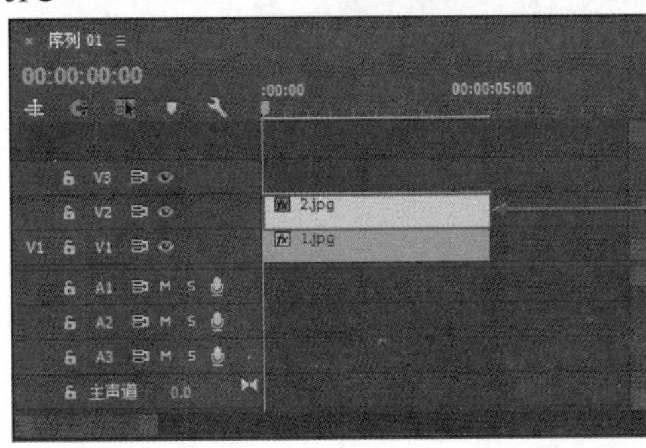

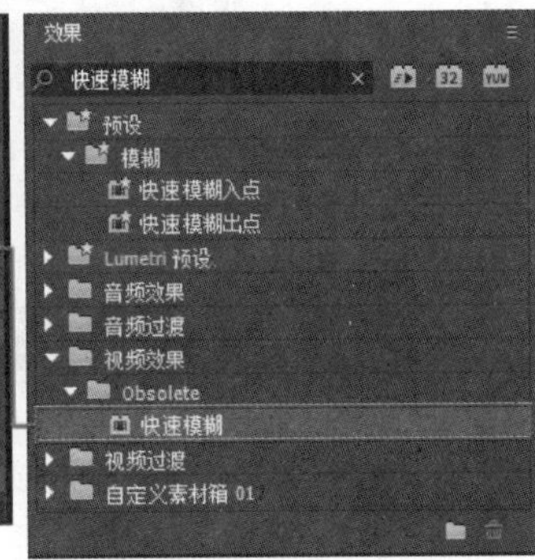

图　5-285

（10）选择 V2 轨道上的【2.jpg】素材文件，打开【效果控件】面板中的【快速模糊】栏，设置【模糊度】为 2，【模糊维度】为【水平】，如图 5-286 所示。此时拖动时间轴滑块查看最终的效果，如图 5-287 所示。

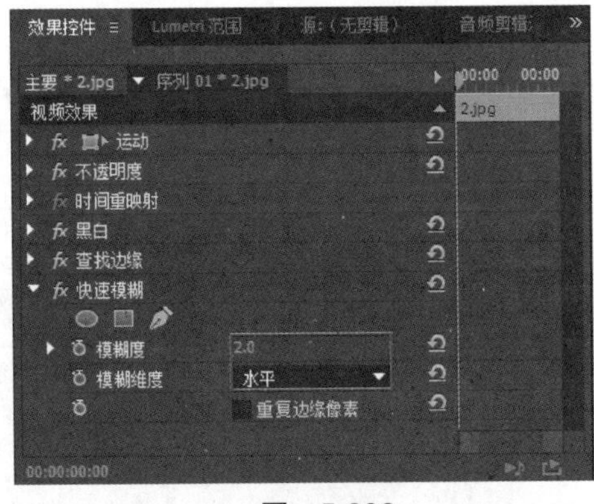

图　5-286

图　5-287

答疑解惑：制作铅笔画效果时要注意哪些问题？

铅笔画通常是以单色线条来画出物体明暗的画，采用线与面的表现方式。因为铅笔画通常都是黑白的，所以要将画面进行黑白处理。

每一个物体在光照下都有亮灰暗三部分。从最深到最亮依次是明暗交界线、暗部、反光、灰部、亮部。因此在制作时，亮部要尽量避免过脏，暗部要尽量避免过暗。

案例实战——应用浮雕效果

案例文件	案例文件 \ 第 5 章 \ 浮雕效果 .prproj
视频教学	视频文件 \ 第 5 章 \ 浮雕效果 .flv
难易指数	★★★★★
技术要点	浮雕效果的应用

扫码看视频

案例效果

浮雕是雕塑与绘画结合的产物，利用透视等因素来表现三维空间效果，并只有一面或两面观看。浮雕在内容、形式和材质上丰富多彩。近年来，它在城市美化中占有重要的地位。本例主要是针对“应用浮雕效果”的方法进行练习，如图 5-288 所示。

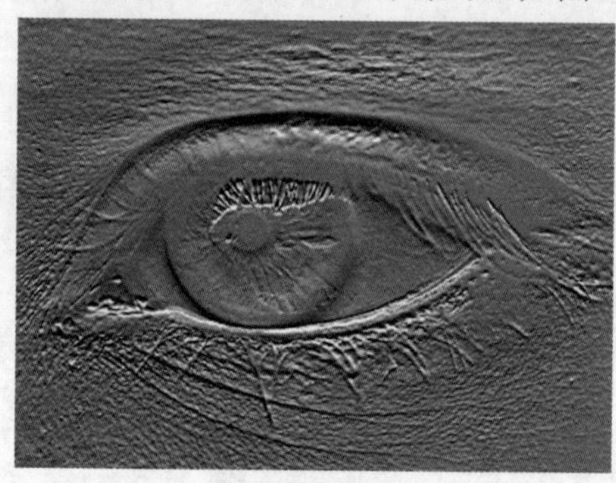

图　5-288

操作步骤

（1）选择【文件】/【新建】/【项目】命令，在弹出的【新建项目】对话框中设置【名称】，并单击【浏览】按钮设置保存路径，再单击【确定】按钮，如图 5-289 所示。然后在【项目】面板空白处单击鼠标右键，在弹出的快捷菜单中选择【新建项目】/【序列】命令，弹出【新建序列】对话框，选择【DV-PAL】/【标准 48kHz】，单击【确定】按钮，如图 5-290 所示。

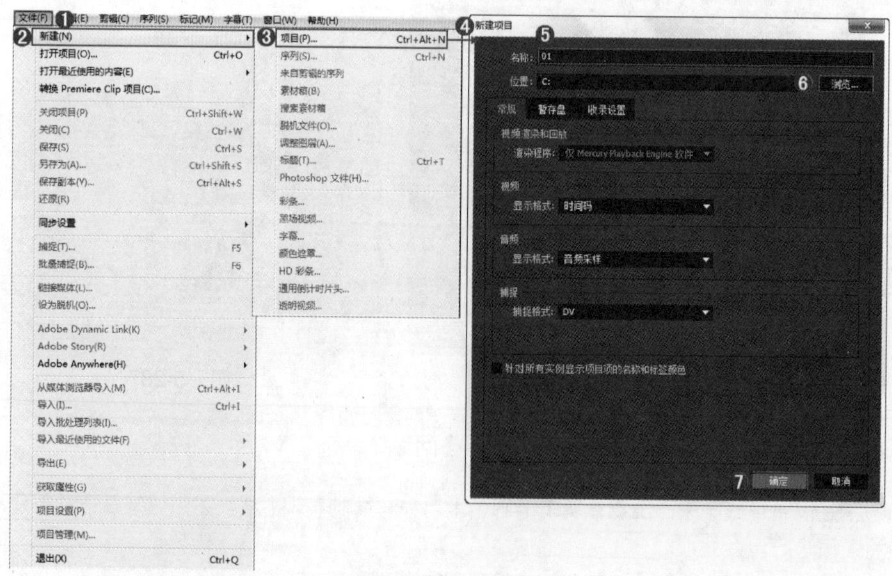

图　5-289

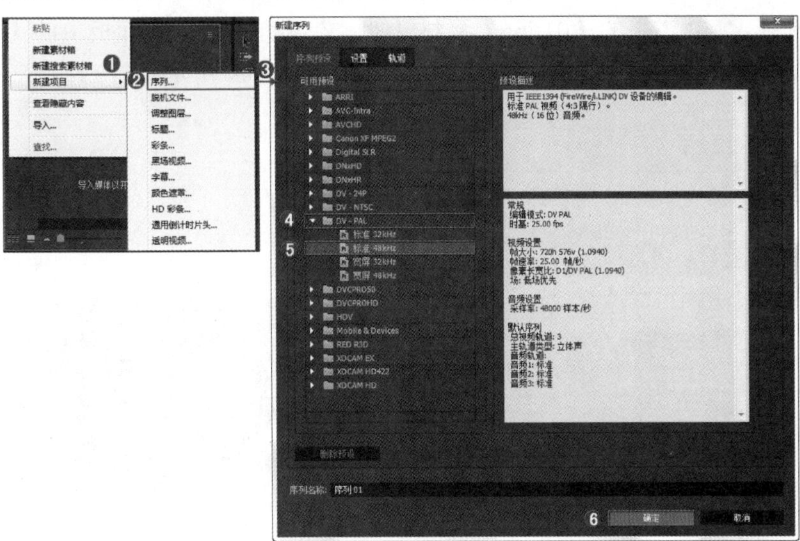

图　5-290

（2）选择菜单栏中的【文件】/【导入】命令或按【Ctrl+I】快捷键，在打开的对话框中选择所需的素材文件，单击【打开】按钮导入，如图 5-291 所示。

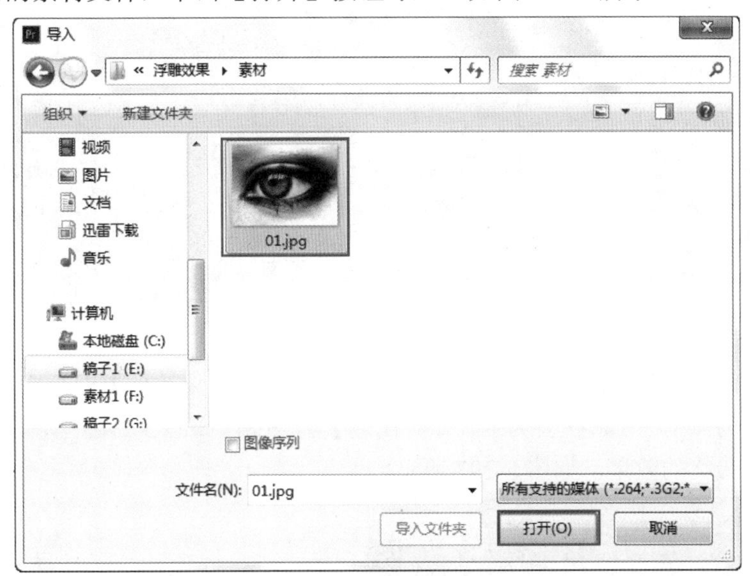

图　5-291

（3）将【项目】面板中的【01.jpg】素材文件拖曳到 V1 轨道上，如图 5-292 所示。

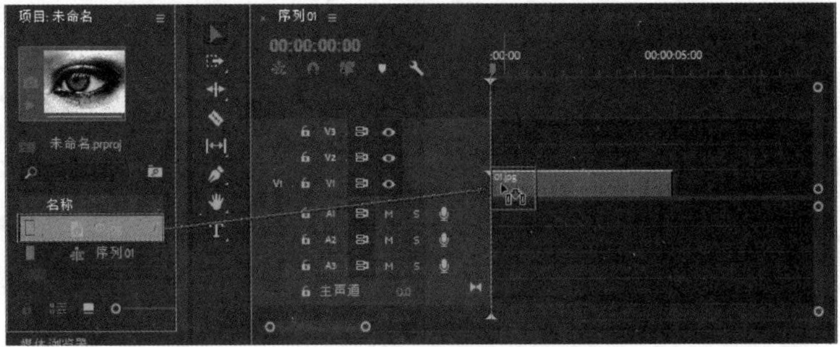

图　5-292

（4）选择 V1 轨道上的【01.jpg】素材文件，在【效果控件】面板中的【运动】栏设置【缩放】为 40，如图 5-293 所示。此时的效果如图 5-294 所示。

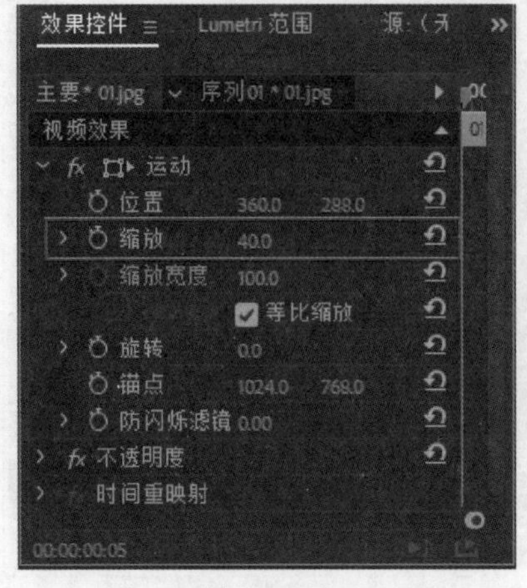

图 5-293

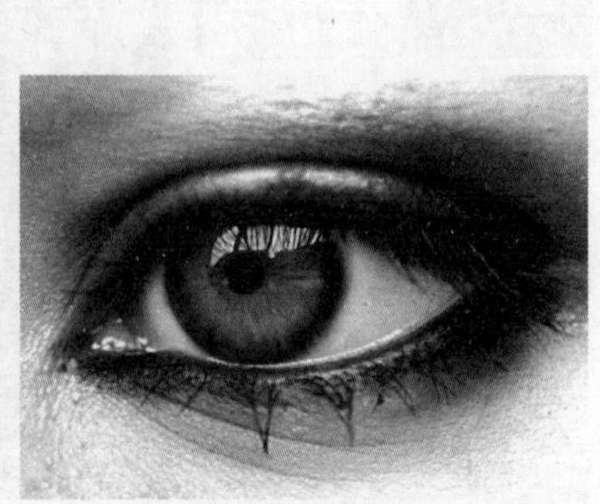

图 5-294

（5）在【效果】面板中搜索【浮雕】效果，然后按住鼠标左键将其拖曳到 V1 轨道的【01.jpg】素材文件上，如图 5-295 所示。

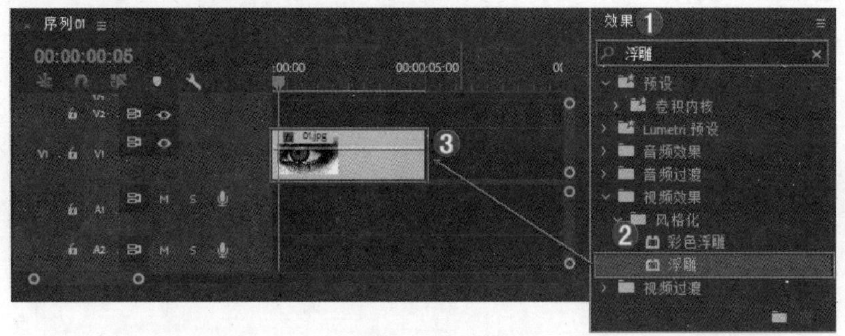

图 5-295

（6）选择 V1 轨道上的【01.jpg】素材文件，打开【效果控件】面板中的【浮雕】栏，设置【方向】为 4°，【起伏】为 4，【对比度】为 208，如图 5-296 所示。此时，拖动时间轴滑块查看最终的效果，如图 5-297 所示。

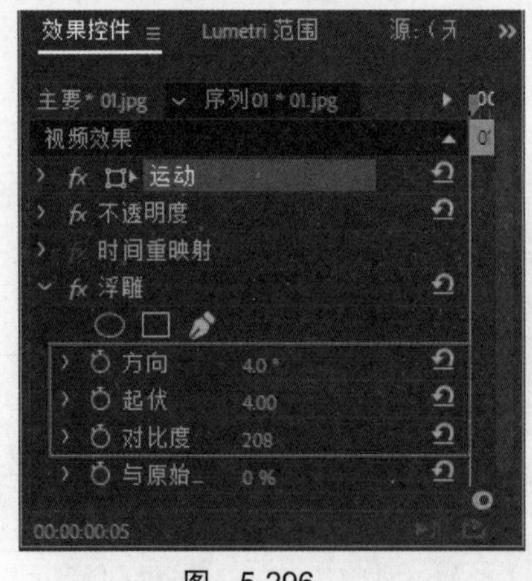

图 5-296

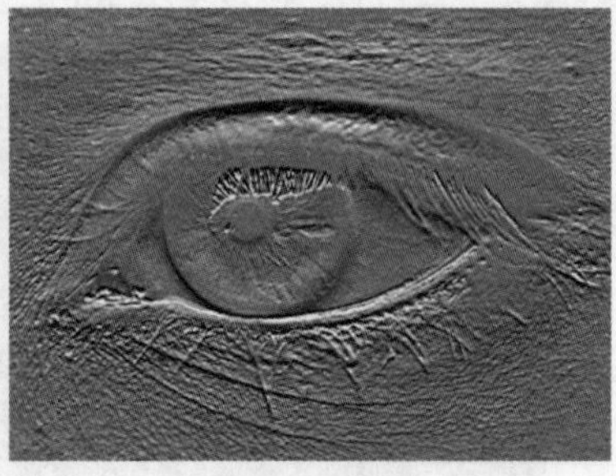

图 5-297

答疑解惑：【浮雕】效果主要应用在哪些方面？

由于浮雕是呈现在另一平面上的，且所占空间较小，所以适用于多种环境的装饰，因此在制作器具和建筑效果上经常使用。浮雕在内容、形式和材质上丰富多彩，浮雕的材料有石头、木头和金属等，可以据此制作出不同的浮雕效果。

本章小结

在制作影片过程中，视频特效是被应用最多的功能之一。通过本章的学习，可以掌握视频特效的特点和功能，了解制作某一类型的效果应该使用哪些类型的特效。特效的选择很大程度上会影响画面效果。多加练习可以将各种效果做到运用自如的程度，为制作特殊效果的视频打下牢固基础。

Chapter 06

第6章

视频过渡特效

使用 Adobe Premiere Pro CC 2018 编辑项目时，在素材的场景和场景、镜头和镜头之间可以添加适当的过渡效果，这就需要掌握各种过渡效果的使用方法和技巧。本章介绍了如何使用过渡效果，以及适当调整过渡效果的自定义参数和多重过渡的综合应用。

本章重点：

- 了解什么是过渡效果
- 掌握添加和删除过渡的基本操作
- 了解各类型过渡效果
- 掌握过渡效果的综合应用

6.1　初识过渡效果

过渡效果，指从一个场景切换到另一个场景时画面的表现形式。过渡效果可以产生多种切换的效果，使得两个画面过渡非常和谐，常用来制作电影、电视剧、广告、电子相册等两个画面的切换，如图 6-1 所示。

图　6-1

6.2　过渡的基本操作

单击【效果】面板中的【视频过渡】，其中包括【3D 运动】【划像】【擦除】【沉浸式视频】【溶解】【滑动】【缩放】和【页面剥落】8 类视频过渡效果，如图 6-2 所示。

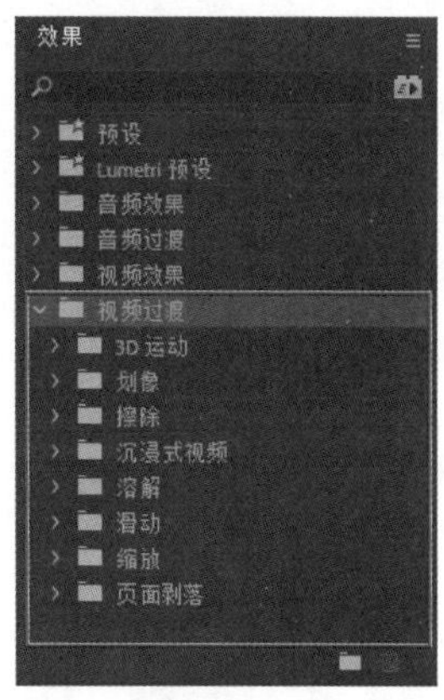

图　6-2

6.2.1　添加和删除过渡

1．动手学：添加过渡

在【效果】面板中，选择【视频过渡】下的过渡效果，然后按住鼠标左键将其拖曳到【时间轴】面板中的素材文件上即可，如图 6-3 所示。

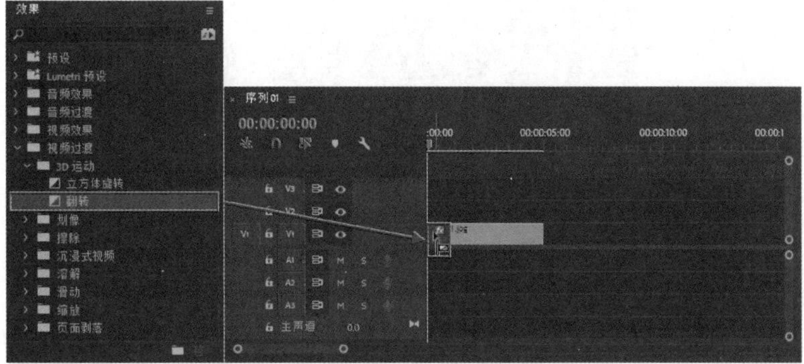

图　6-3

2. 动手学：删除过渡

在【时间轴】面板中素材文件的过渡效果上单击鼠标右键，在弹出的快捷菜单中选择【清除】命令。此时，该过渡效果已经被删除，如图 6-4 所示。

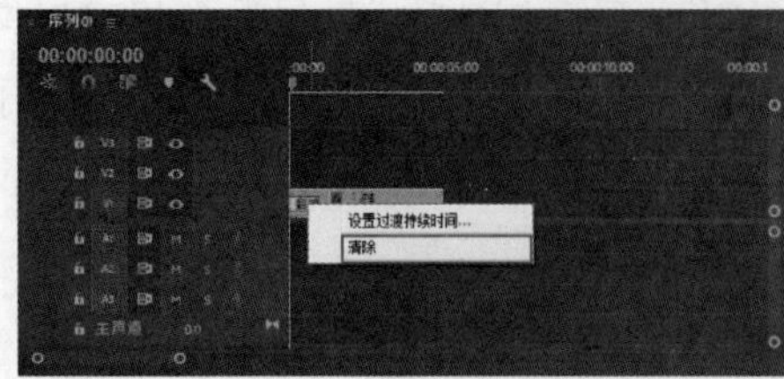
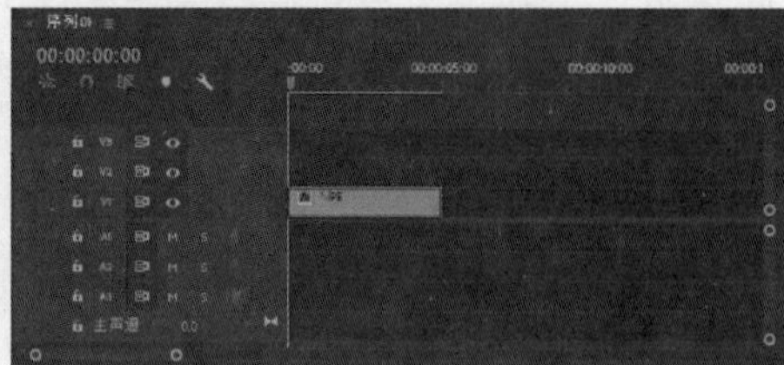

图 6-4

技巧提示：

也可以选择素材文件上的过渡效果，然后按【Delete】键来删除。这种方法更为常用和简单。

6.2.2 动手学：编辑过渡效果

首先，选择素材文件上的过渡效果（见图 6-5）。然后在【效果控件】面板中即可对该过渡效果的时间和属性等进行编辑，如图 6-6 所示。

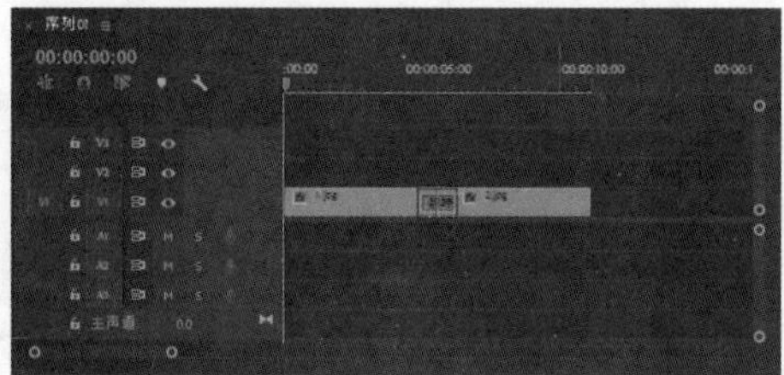

图 6-5

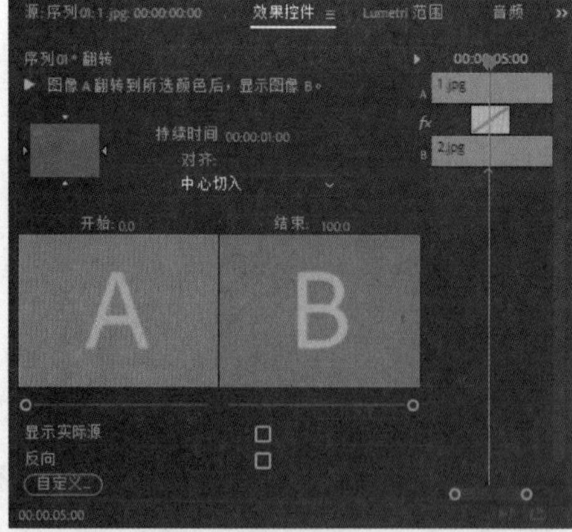

图 6-6

6.3 3D 运动类视频过渡

【3D 运动】类视频过渡效果主要通过模拟三维空间中的运动物体来使画面产生过渡，包括【立方体旋转】和【翻转】两个效果，如图 6-7 所示。

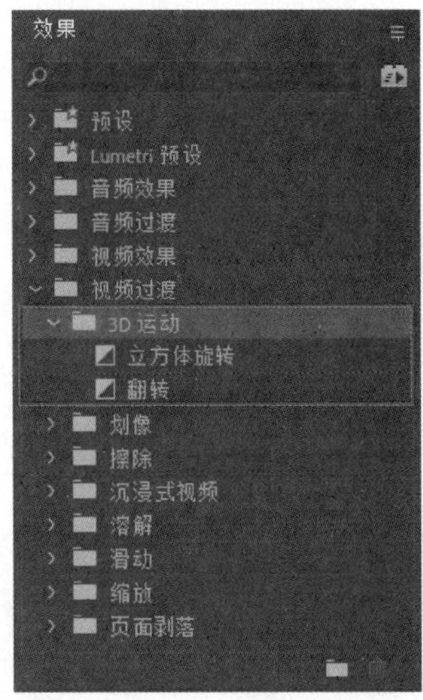

图 6-7

- 立方体旋转：该切换效果可以使素材以旋转的3D立方体的形式从素材A切换到素材B，如图6-8所示。使用该过渡效果制作的效果，如图6-9所示。

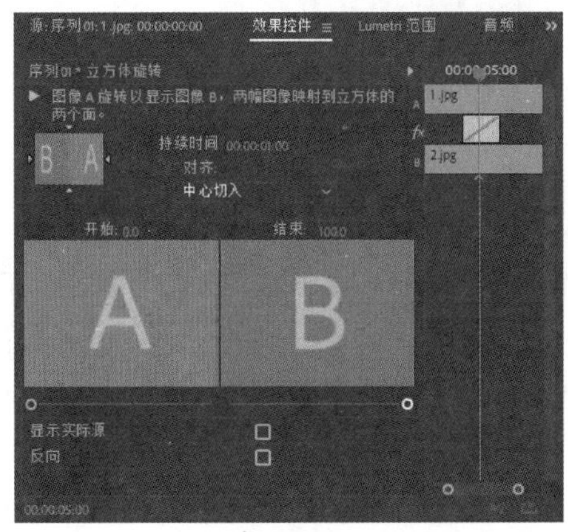

图 6-8

图 6-9

- 翻转：该切换效果是垂直翻转素材A，然后逐渐显示出来素材B，如图6-10所示。使用该过渡效果制作的效果，如图6-11所示。

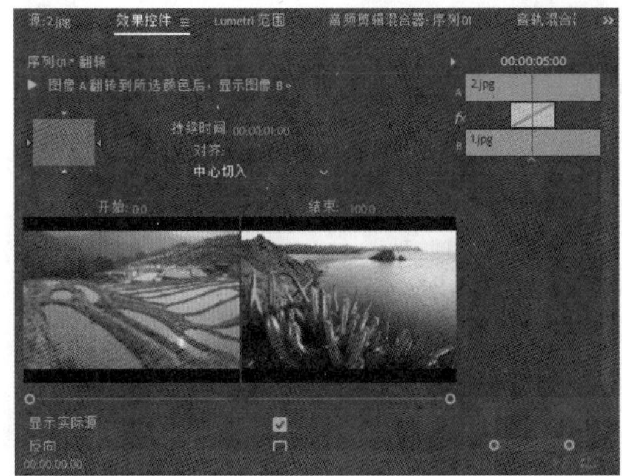

图 6-10

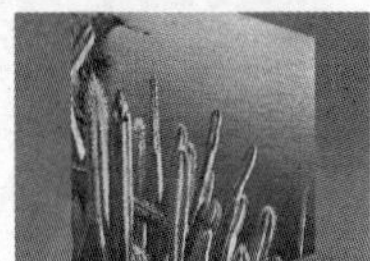

图 6-11

案例实战——应用立方体旋转过渡效果

案例文件	案例文件 \ 第 6 章 \ 立方体旋转 .prproj
视频教学	视频文件 \ 第 6 章 \ 立方体旋转 .flv
难易指数	★★★★★
技术要点	立方体旋转过渡效果的应用

扫码看视频

案例效果

3D 运动类主要用于实现三维立体视觉过渡效果，是将两个或多个素材作为立方体的面，通过旋转立方体将素材逐渐显示出来。本例主要是针对“应用立方体旋转过渡效果”的方法进行练习，如图 6-12 所示。

图　6-12

操作步骤

（1）打开 Adobe Premiere Pro CC 2018 软件，单击【新建项目】按钮，在弹出的对话框中单击【浏览】按钮设置保存路径，在【名称】后设置文件名称，设置完成后单击【确定】按钮。接着选择【文件】/【新建】/【序列】命令，在弹出的对话框中选择【DV-PAL】/【标准 48kHz】，如图 6-13 所示。

（2）选择菜单栏中的【文件】/【导入】命令或按【Ctrl+I】快捷键，在打开的对话框中选择所需的素材文件，单击【打开】按钮导入，如图 6-14 所示。

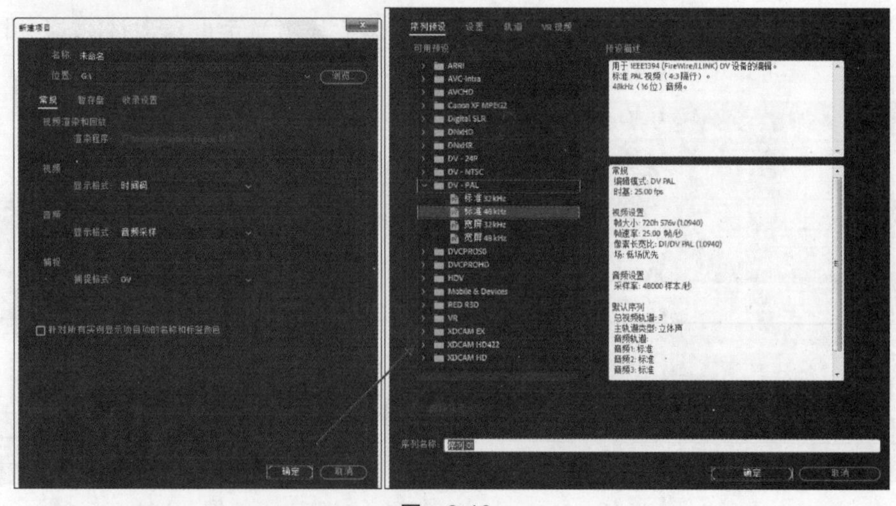

图　6-13

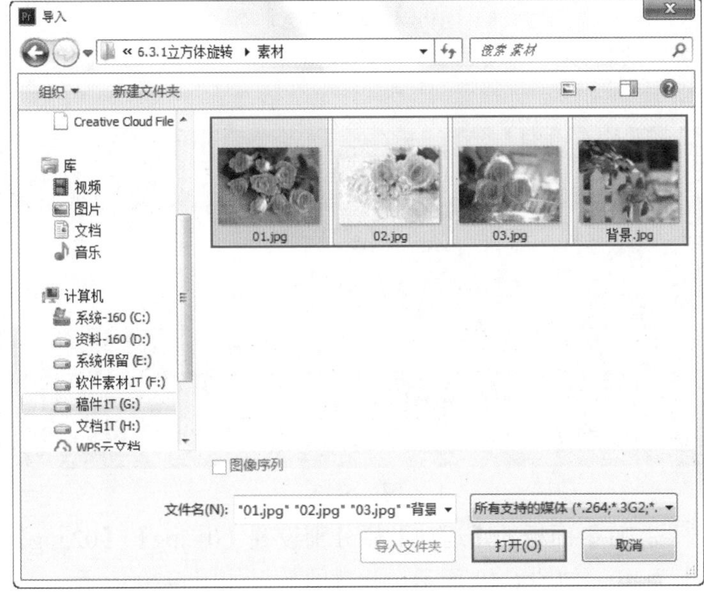

图　6-14

（3）将【项目】面板的【背景 .jpg】素材文件拖曳到【时间轴】面板中的 V1 轨道上，如图 6-15 所示。

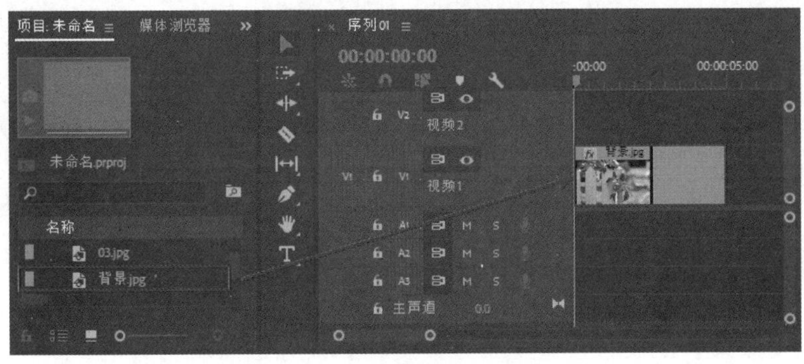

图　6-15

（4）选择 V1 轨道上的【背景 .jpg】素材文件，在【效果控件】面板中的【运动】栏设置【缩放】为 62，结束时间设置为 6 秒，如图 6-16 所示。此时的效果如图 6-17 所示。

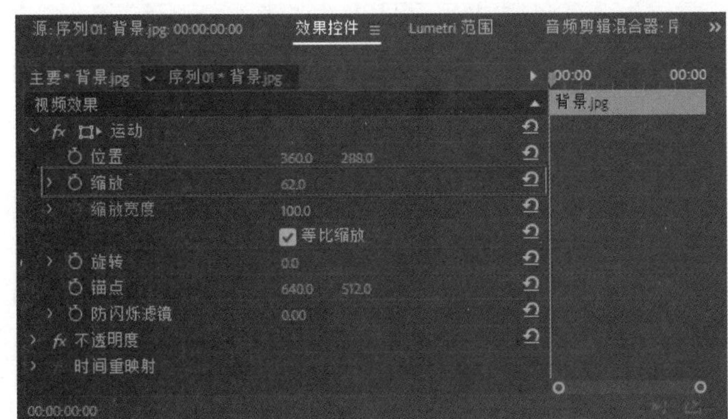

图　6-16

图　6-17

（5）将【项目】面板中的【01.jpg】【02.jpg】和【03.jpg】素材文件拖曳到 V2 轨道上，设置每个素材的持续时间均为 2 秒，并设置结束时间与 V1 轨道上的素材文件相同，如图 6-18 所示。

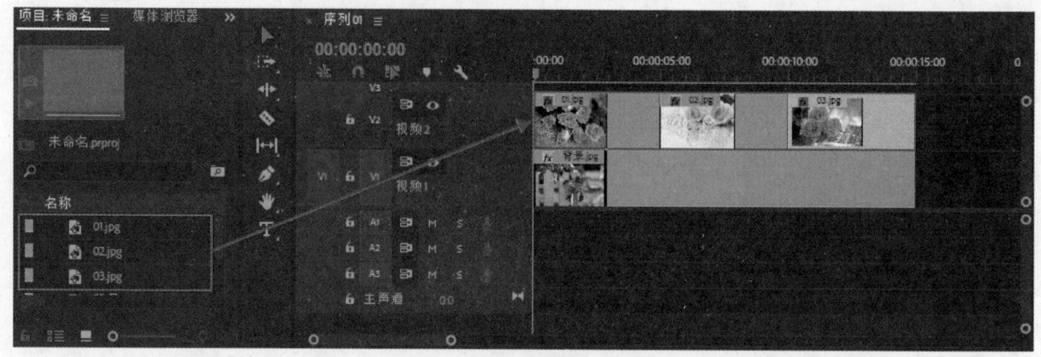

图 6-18

（6）在【效果控件】面板的【运动】栏分别设置【01.jpg】【02.jpg】和【03.jpg】素材文件的【缩放】为 40，如图 6-19 所示。此时的效果如图 6-20 所示。

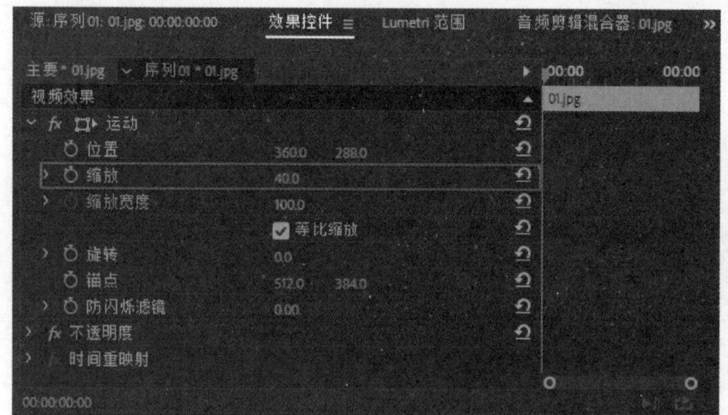

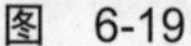
图 6-19

图 6-20

（7）在【效果】面板中搜索【立方体旋转】效果，然后将其拖曳到 V2 轨道上的 3 个素材文件中间，如图 6-21 所示。

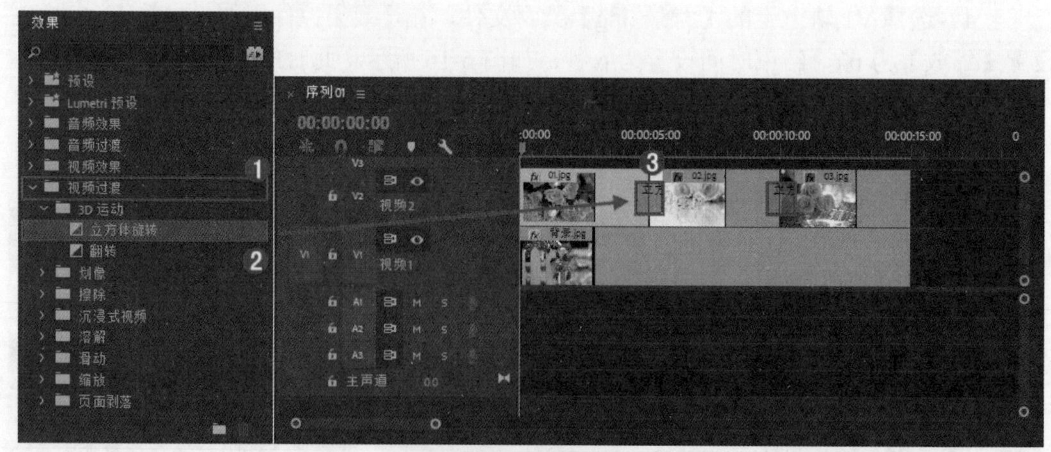

图 6-21

技巧提示：

也可以在【效果】面板中选择【视频过渡】/【3D 运动】/【立方体旋转】。每个文件夹对应不同的效果，所以这种方法适用于所有效果，如图 6-22 所示。

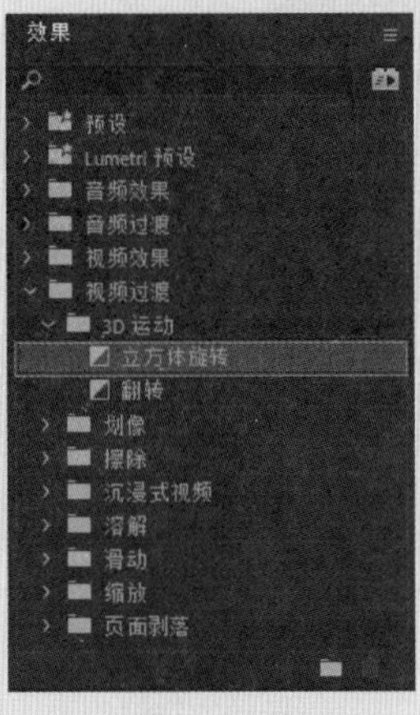

图　6-22

（8）此时拖动时间轴滑块查看最终效果，如图 6-23 所示。

图　6-23

6.4　划像类视频过渡

【划像】类视频过渡效果将一个视频素材逐渐淡入另一个视频素材中，包括【交叉划像】【圆划像】【盒形划像】和【菱形划像】4 个效果，如图 6-24 所示。

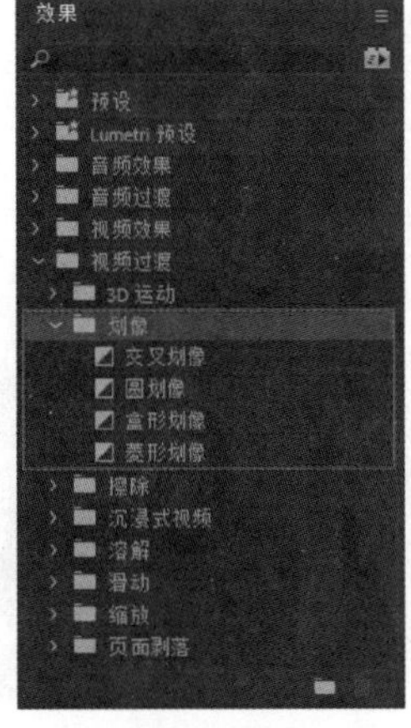

图　6-24

- 交叉划像：该切换效果是素材 B 逐渐出现在一个十字行中，该十字越来越大，最后占据整个画面，如图 6-25 所示。使用该过渡效果制作的效果，如图 6-26 所示。

图 6-25　　　　图 6-26

- 圆划像：该切换效果中素材 B 逐渐出现在慢慢变大的圆形中，该圆形将占据整个画面，如图 6-27 所示。使用该过渡效果制作的效果，如图 6-28 所示。

图 6-27　　　　图 6-28

- 盒形划像：该切换效果是素材 B 逐渐显示在一个慢慢变大的矩形中，如图 6-29 所示。使用该过渡效果制作的效果，如图 6-30 所示。

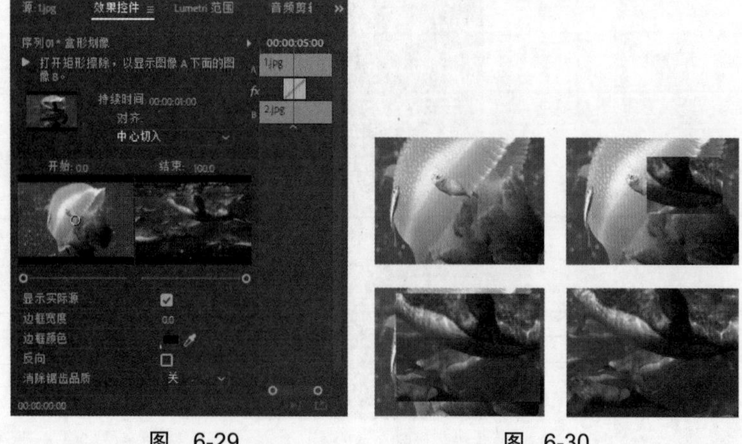

图 6-29　　　　图 6-30

- 菱形划像：该切换效果中素材 B 逐渐出现在一个菱形中，该菱形逐渐占据整个画面，如图 6-31 所示。使用该过渡效果制作的效果，如图 6-32 所示。

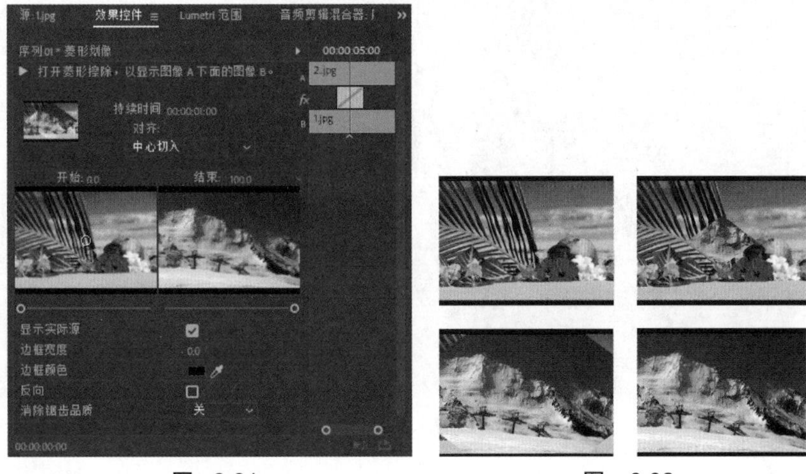

图 6-31　　　　图 6-32

案例实战——应用圆划像过渡效果

案例文件	案例文件 \ 第 6 章 \ 圆划像 .prproj
视频教学	视频文件 \ 第 6 章 \ 圆划像 .flv
难易指数	★★★★★
技术要点	【圆划像】过渡效果的应用

扫码看视频

案例效果

【圆划像】过渡效果主要是一个圆形图案从中间由小变大直至显示出下一个素材。本例主要是针对“应用圆划像过渡效果”的方法进行练习，如图 6-33 所示。

图　6-33

操作步骤

（1）打开 Adobe Premiere Pro CC 2018 软件，单击【新建项目】按钮，在弹出的对话框中单击【浏览】按钮设置保存路径，在【名称】后设置文件名称，设置完成后单击【确定】按钮。接着选择【文件】/【新建】/【序列】，在弹出的对话框中选择【DV-PAL】/【标准 48kHz】，如图 6-34 所示。

（2）选择菜单栏中的【文件】/【导入】命令或者按【Ctrl+I】快捷键，将所需素材文件导入，如图 6-35 所示。

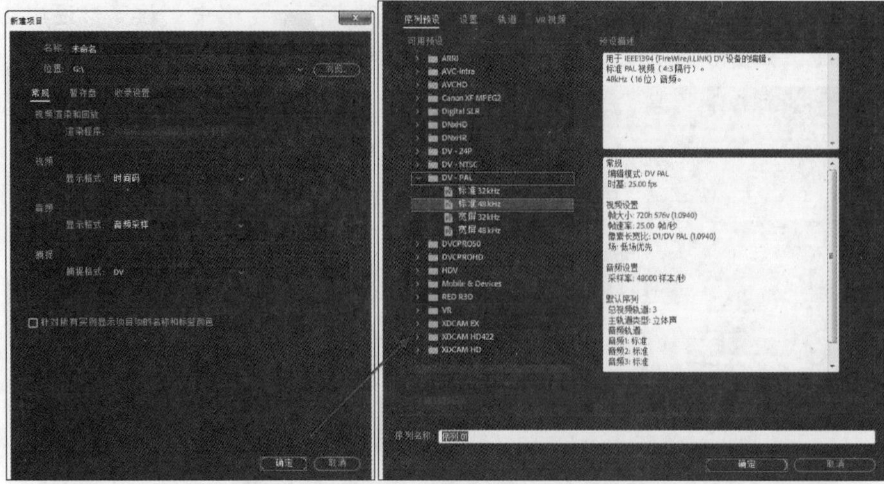

图 6-34

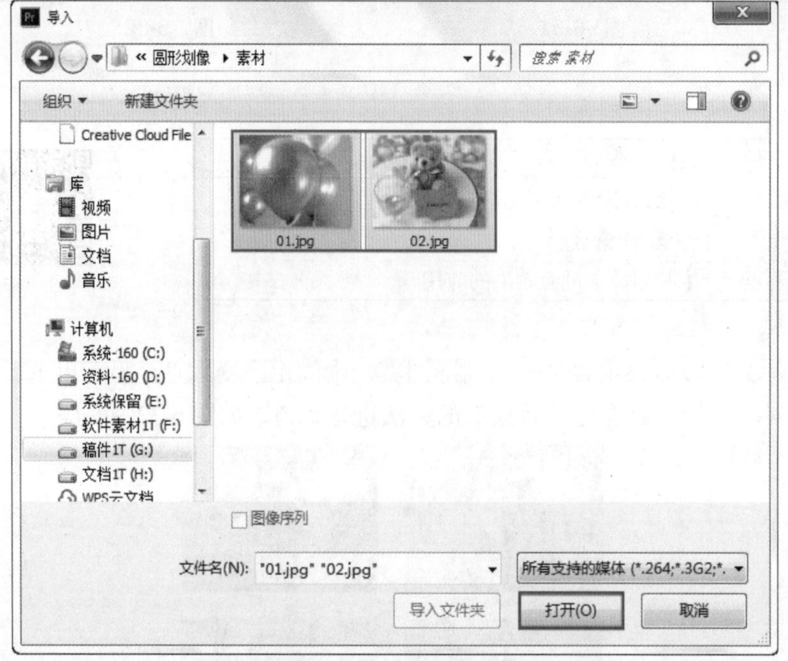

图 6-35

（3）将【项目】面板中的素材文件拖曳到【时间轴】面板中的 V1 轨道上，如图 6-36 所示。

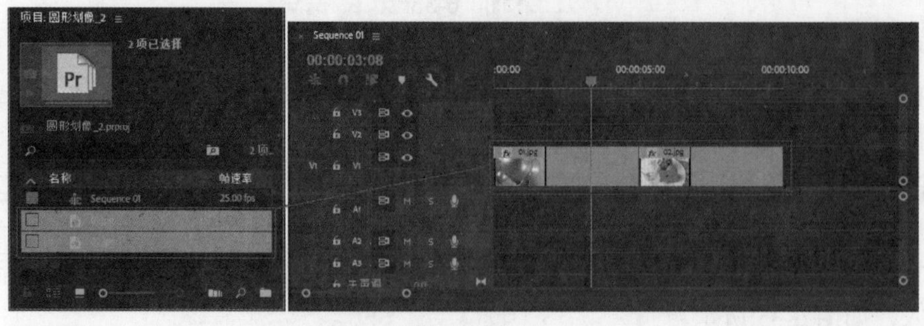

图 6-36

（4）分别选择 V1 轨道上的素材文件，在【效果控件】面板中的【运动】栏分别设置【缩放】为 62，如图 6-37 所示。此时的效果如图 6-38 所示。

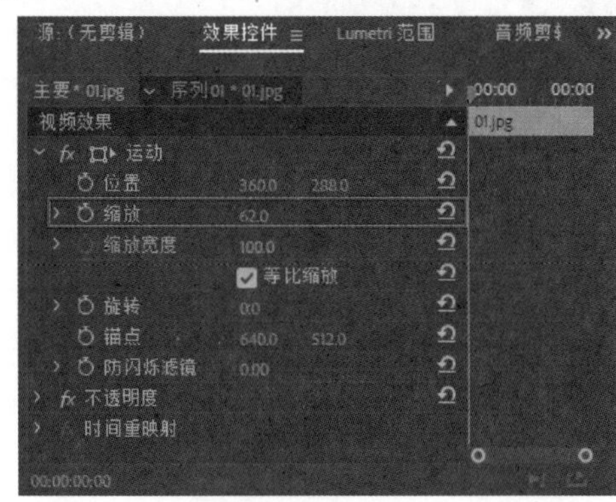

图　6-37

图　6-38

（5）在【效果】面板中搜索【圆划像】效果，然后拖曳到【01.jpg】和【02.jpg】两个素材文件中间，如图 6-39 所示。

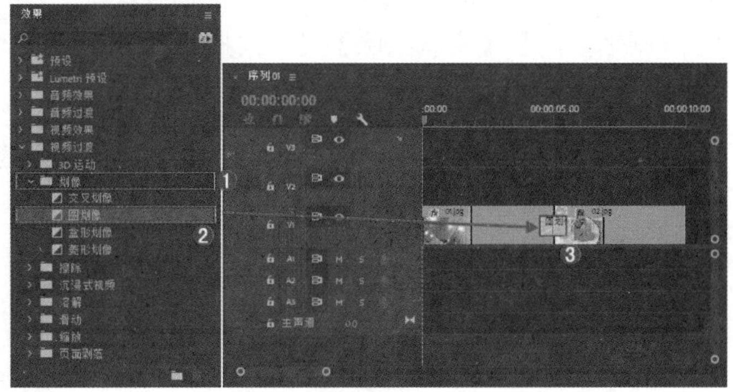

图 6-39

技巧提示：

在【效果控件】面板中，设置【边框宽度】来控制划像边缘宽度，设置【边框颜色】来控制边宽的颜色，还可以移动中心点来控制圆划像的中心位置，如图 6-40 所示。效果如图 6-41 所示。

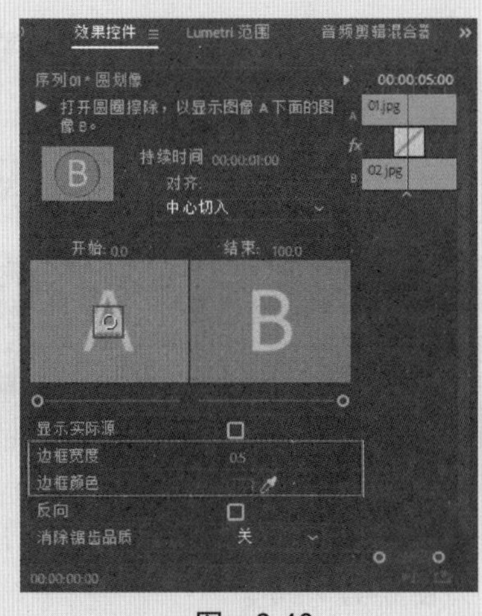

图　6-40

图　6-41

（6）此时拖动时间轴滑块查看最终效果，如图 6-42 所示。

图 6-42

6.5 擦除类视频过渡

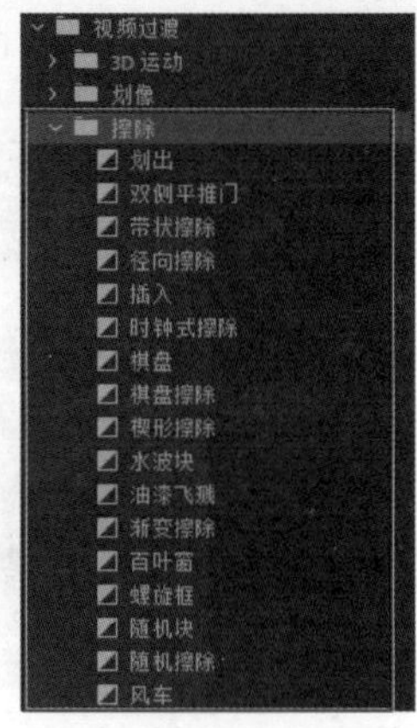

图 6-43

【擦除】类视频过渡效果擦除素材 A 的不同部分来显示素材 B，包括【划出】【双侧平推门】【带状擦除】【径向擦除】【插入】【时钟式擦除】【棋盘】【棋盘擦除】【楔形擦除】【水波块】【油漆飞溅】【渐变擦除】【百叶窗】【螺旋框】【随机块】【随机擦除】和【风车】17 个效果，如图 6-43 所示。

- 划出：该切换效果会使素材 A 以水平方向右滑动，显现素材 B，如图 6-44 所示。使用该过渡效果制作的效果，如图 6-45 所示。

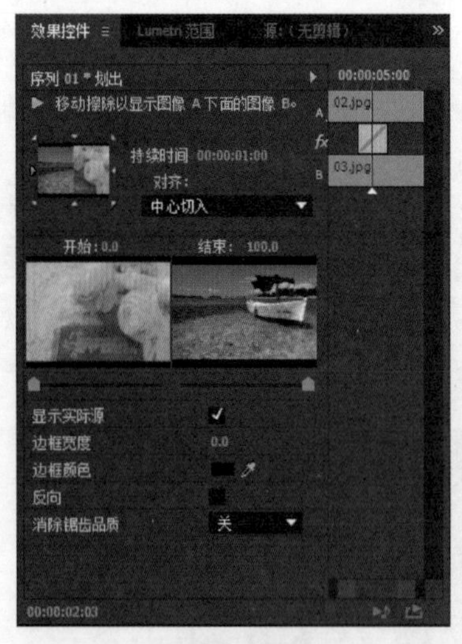

图 6-44

图 6-45

- 双侧平推门：该切换效果会使素材 A 从中心向两侧推开，显现素材 B，如图 6-46 所示。使用该过渡效果制作的效果，如图 6-47 所示。

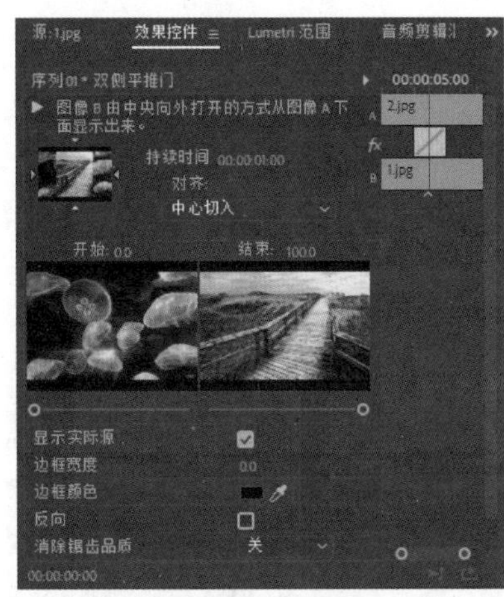

图 6-46　　图 6-47

- 带状擦除：该切换效果会使素材 B 从水平方向以条状进入并覆盖素材 A，如图 6-48 所示。使用该过渡效果制作的效果，如图 6-49 所示。

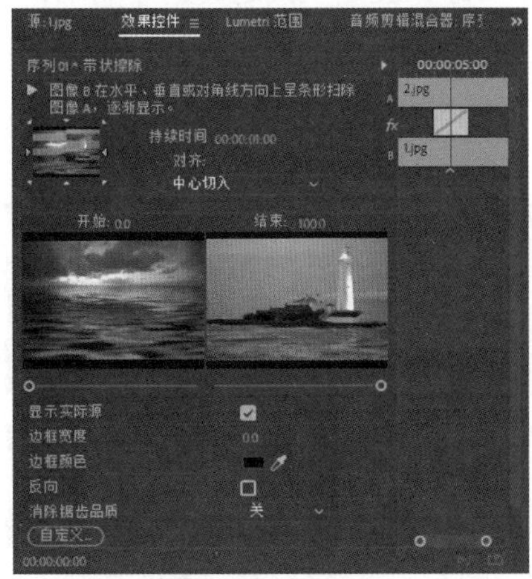

图 6-48　　图 6-49

- 径向擦除：该切换效果会使素材 A 右上角向下移动，直至显现素材 B，如图 6-50 所示。使用该过渡效果制作的效果，如图 6-51 所示。

图 6-50　　图 6-51

➘ 插入：该切换效果会使素材 B 从素材 A 的左上角斜插进入画面，如图 6-52 所示。使用该过渡效果制作的效果，如图 6-53 所示。

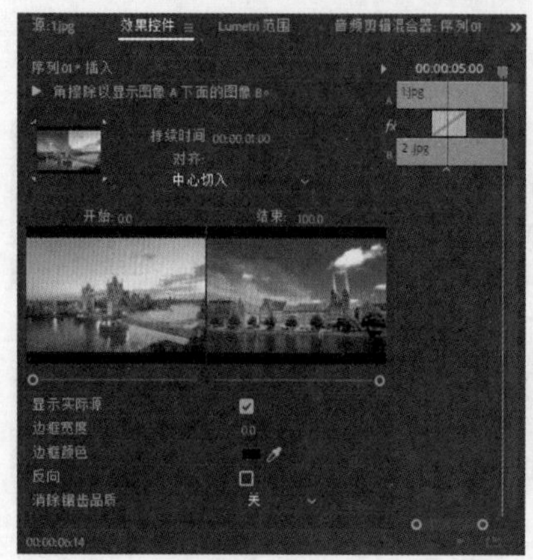

图 6-52

图 6-53

➘ 时钟式擦除：该切换效果会使素材 A 以时钟放置方式过渡到素材 B，如图 6-54 所示。使用该过渡效果制作的效果，如图 6-55 所示。

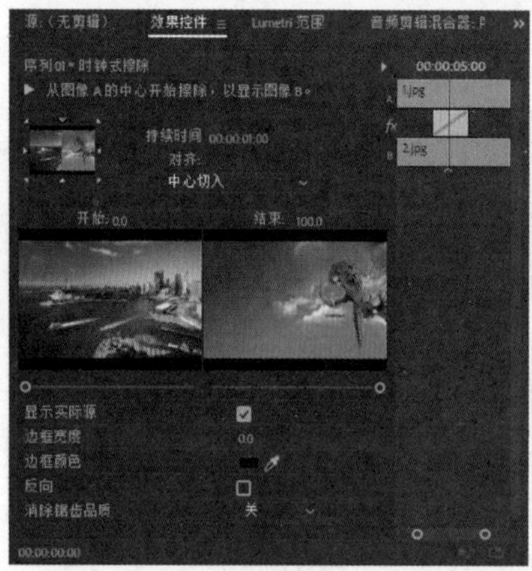

图 6-54

图 6-55

➘ 棋盘：该切换效果会使素材 B 以方格形式逐行出现覆盖素材 A，如图 6-56 所示。使用该过渡效果制作的效果，如图 6-57 所示。

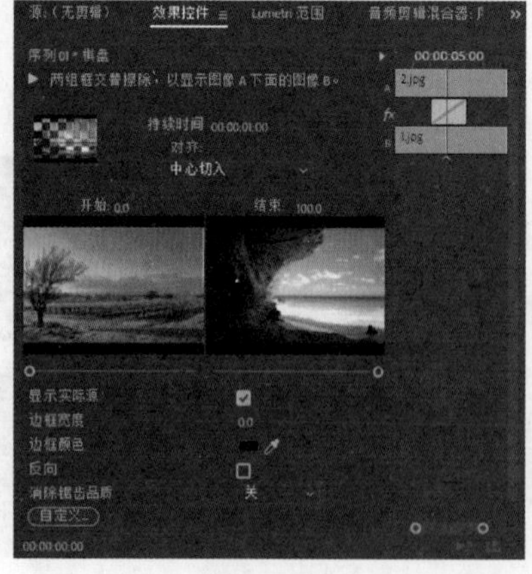

图 6-56

图 6-57

- 棋盘擦除：该切换效果会使素材 A 以棋盘消失方式过渡到素材 B，如图 6-58 所示。使用该过渡效果制作的效果，如图 6-59 所示。

图　6-58　　　图　6-59

- 楔形擦除：该切换效果会使素材 B 呈扇形打开扫入，如图 6-60 所示。使用该过渡效果制作的效果，如图 6-61 所示。

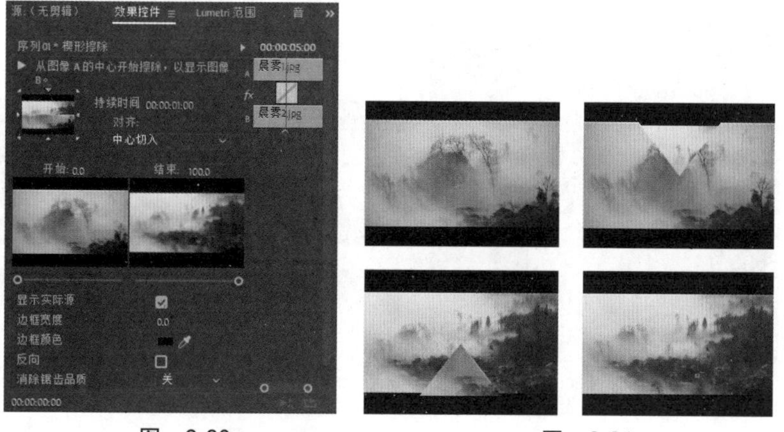

图　6-60　　　图　6-61

- 水波块：该切换效果会使素材 A 由上至下渐退，直至显现素材 B，如图 6-62 所示。使用该过渡效果制作的效果，如图 6-63 所示。

图　6-62　　　图　6-63

- 油漆飞溅：该切换效果会使素材 B 以墨点状覆盖素材 A，如图 6-64 所示。使用该过渡效果制作的效果，如图 6-65 所示。

图 6-64　　图 6-65

- 渐变擦除：该切换效果会使素材 A 左上角逐渐向右下角渐变，直至显现素材 B，如图 6-66 所示。使用该过渡效果制作的效果，如图 6-67 所示。

图 6-66　　图 6-67

- 百叶窗：该切换效果会使素材 B 在逐渐加粗的线条中逐渐显示，类似于百叶窗效果，如图 6-68 所示。使用该过渡效果制作的效果，如图 6-69 所示。

图 6-68　　图 6-69

- 螺旋框：该切换效果会使素材 B 以螺旋块状旋转出现，可设置水平 / 垂直输入的方格数量，如图 6-70 所示。使用该过渡效果制作的效果，如图 6-71 所示。

图 6-70　　图 6-71

- 随机块：该切换效果会使素材 B 以方块形式随意出现覆盖素材 A，如图 6-72 所示。使用该过渡效果制作的效果，如图 6-73 所示。

图 6-72　　图 6-73

- 随机擦除：该切换效果会使素材 B 产生随意方块方式由上向下擦除形式覆盖素材 A，如图 6-74 所示。使用该过渡效果制作的效果，如图 6-75 所示。

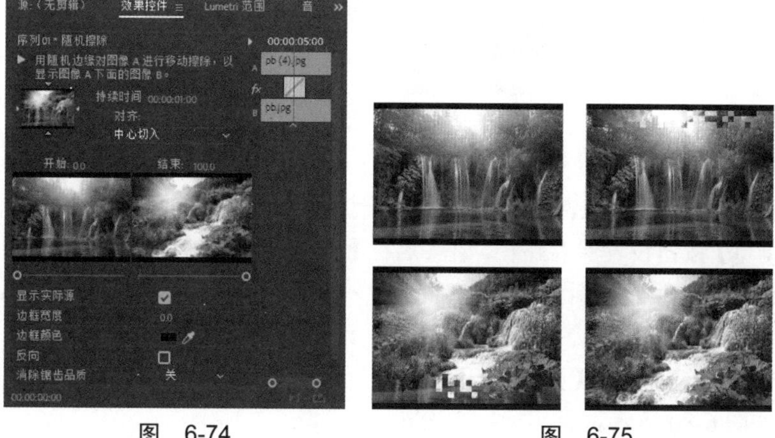

图 6-74　　图 6-75

- 风车：该切换效果会使素材 B 以风车轮状旋转覆盖素材 A，如图 6-76 所示。使用该过渡效果制作的效果，如图 6-77 所示。

图 6-76　　图 6-77

案例实战——应用划出过渡效果

案例文件	案例文件 \ 第 6 章 \ 划出过渡 .prproj
视频教学	视频文件 \ 第 6 章 \ 划出过渡 .flv
难易指数	★★★★★
技术要点	划出过渡效果的应用

扫码看视频

案例效果

【划出】过渡效果主要是将素材以一个方向进入画面，然后直至逐渐覆盖另一个素材。本例主要是针对“应用划出过渡效果”的方法进行练习，如图 6-78 所示。

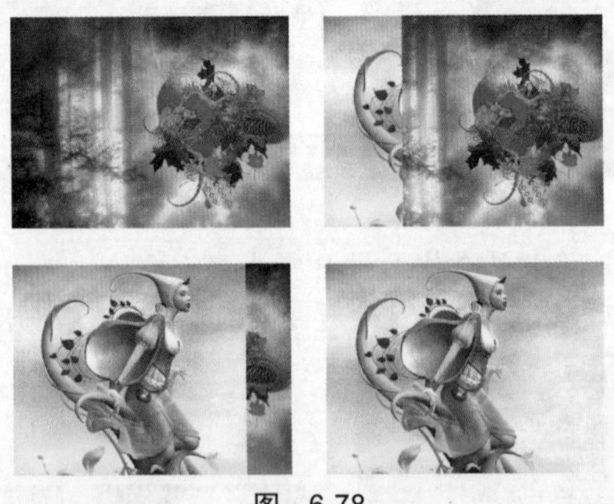

图 6-78

操作步骤

（1）打开 Adobe Premiere Pro CC 2018 软件，单击【新建项目】按钮，在弹出的对话框中单击【浏览】按钮设置保存路径，在【名称】后设置文件名称，设置完成后单击【确定】按钮。接着选择【文件】/【新建】/【序列】命令，在弹出的对话框中选择【DV-PAL】/【标准 48kHz】，如图 6-79 所示。

（2）选择菜单栏中的【文件】/【导入】命令或者按【Ctrl+I】快捷键，将所需素材文件导入，如图 6-80 所示。

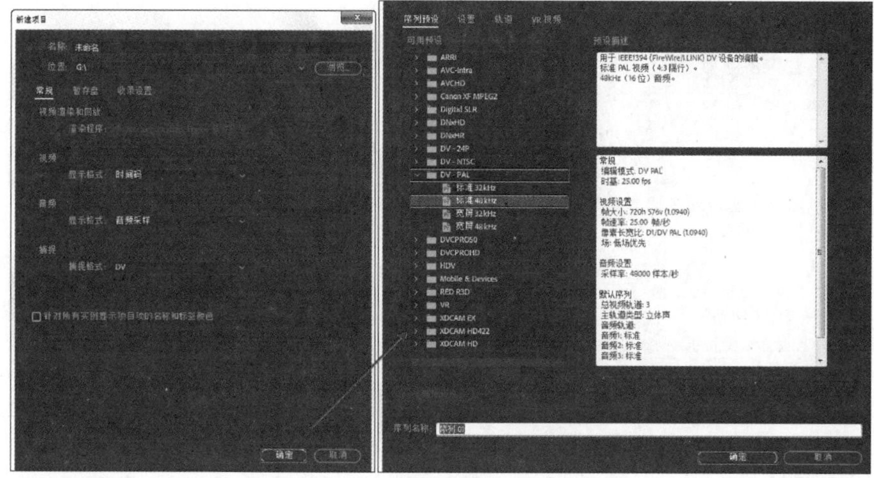

图　6-79

图　6-80

（3）将【项目】面板的素材文件拖曳到 V1 轨道上，如图 6-81 所示。

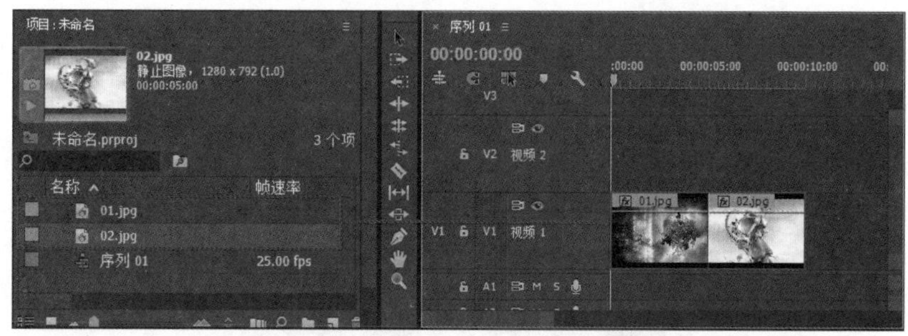

图　6-81

（4）分别选择 V1 轨道上的素材文件，在【效果控件】面板中展开【运动】栏，分别设置【缩放】为 74，如图 6-82 所示。此时的效果如图 6-83 所示。

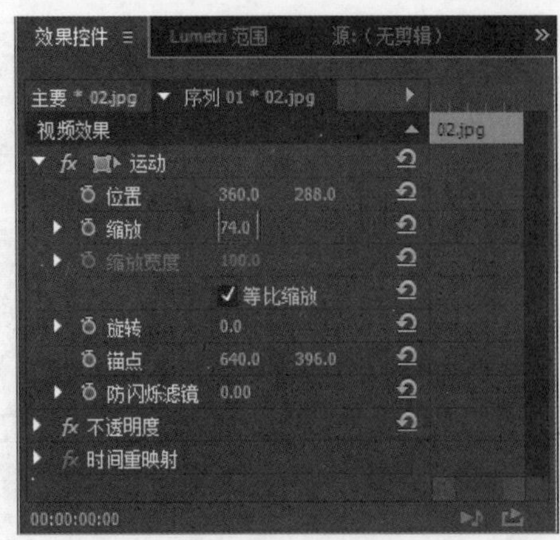

图 6-82

图 6-83

（5）在【效果】面板中搜索【划出】效果，然后拖曳到【01.jpg】和【02.jpg】两个素材文件中间，如图 6-84 所示。

（6）此时拖动时间轴滑块查看最终效果，如图 6-85 所示。

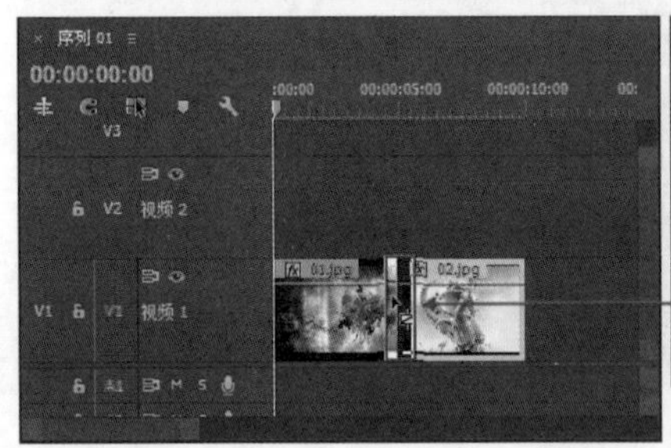

图 6-84

图 6-85

案例实战——应用棋盘擦除过渡效果

案例文件	案例文件 \ 第 6 章 \ 棋盘擦除 .prproj
视频教学	视频文件 \ 第 6 章 \ 棋盘擦除 .flv
难易指数	★★★★★
技术要点	棋盘擦除过渡效果的应用

扫码看视频

案例效果

【棋盘擦除】过渡效果主要是以棋盘格的形式将素材逐渐擦除，直至显示出下一个素材。本例主要是针对“应用棋盘擦除过渡效果”的方法进行练习，如图 6-86 所示。

图 6-86

操作步骤

（1）打开 Adobe Premiere Pro CC 2018 软件，单击【新建项目】按钮，在弹出的对话框中单击【浏览】按钮设置保存路径，在【名称】后设置文件名称，设置完成后单击【确定】按钮。接着选择【文件】/【新建】/【序列】命令，在弹出的对话框中选择【DV-PAL】/【标准 48kHz】，如图 6-87 所示。

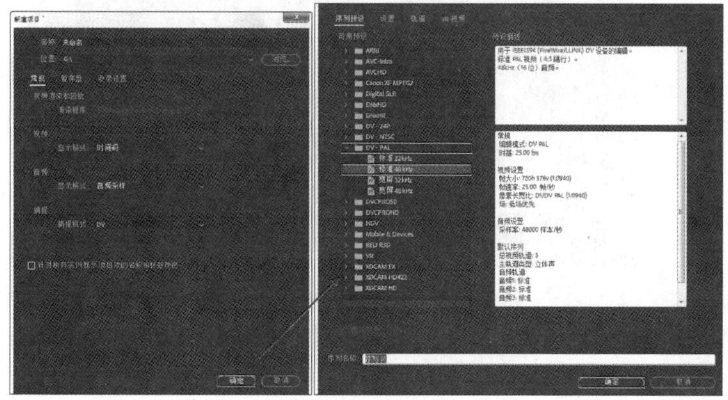

图　6-87

（2）选择菜单栏中的【文件】/【导入】命令或者按【Ctrl+I】快捷键，将所需素材文件导入，如图 6-88 所示。

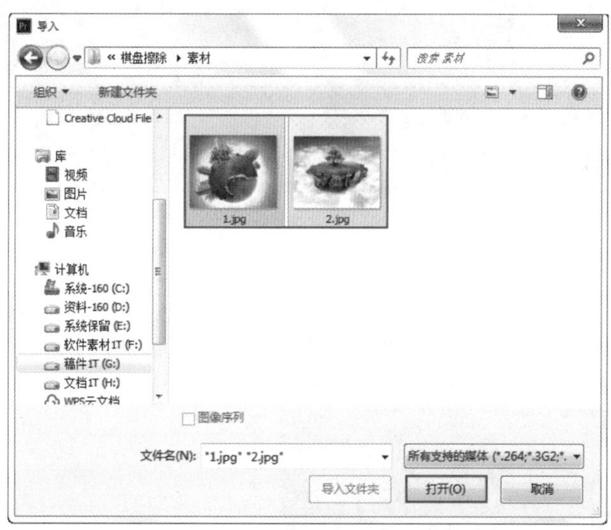

图　6-88

（3）将【项目】面板的素材文件拖曳到 V1 轨道上，如图 6-89 所示。

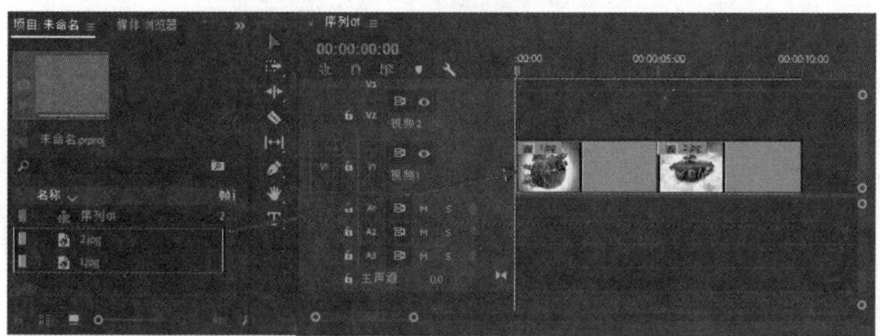

图　6-89

（4）分别选择 V1 轨道上的素材文件，在【效果控件】面板中展开【运动】栏，分别设置【01.jpg】的【位置】为（360，330），【缩放】为 51，【02.jpg】的【位置】为（360，330），【缩放】为 58，如图 6-90 所示。

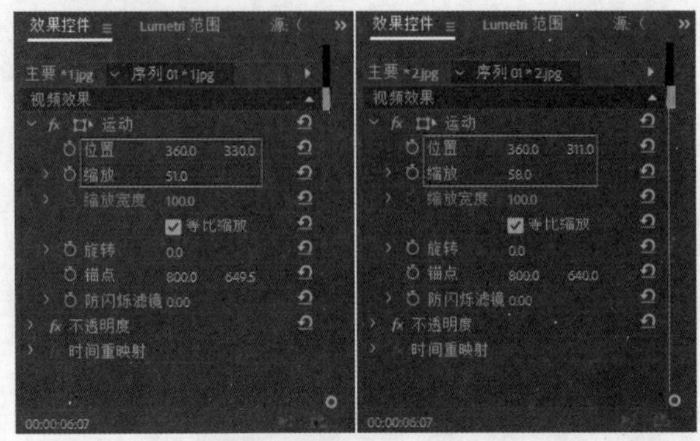

图 6-90

（5）在【效果】面板中搜索【棋盘擦除】效果，然后拖曳到【01.jpg】和【02.jpg】两个素材文件中间，如图 6-91 所示。

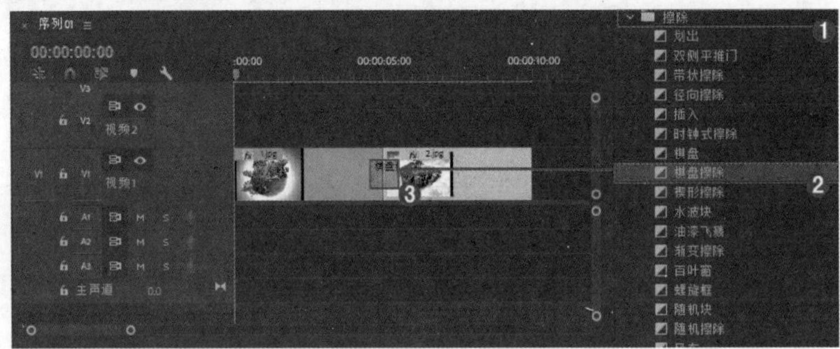

图 6-91

技巧提示：

在【效果控件】面板中，可以调节带状条的边宽和变色。单击【自定义】按钮，在弹出的对话框中设置垂直和水平方向的切片数，如图 6-92 所示。效果如图 6-93 所示。

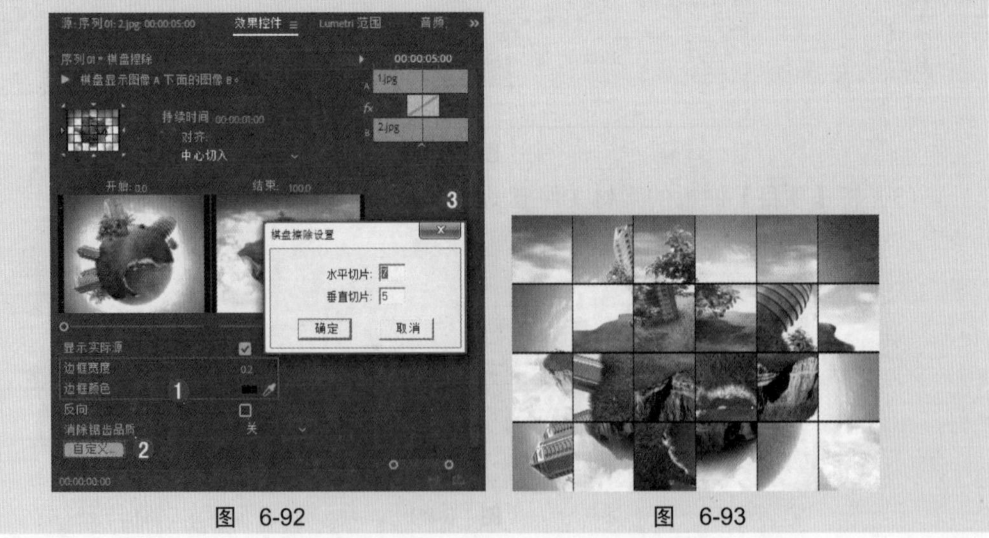

图 6-92　　图 6-93

（6）此时拖动时间轴滑块查看最终效果，如图 6-94 所示。

图　6-94

6.6　溶解类视频过渡

溶解主要体现在一个画面逐渐消失，同时另一个画面逐渐显现，包括【MorphCut】【交叉溶解】【叠加溶解】【渐隐为白色】【渐隐为黑色】【胶片溶解】和【非叠加溶解】7 个效果，如图 6-95 所示。

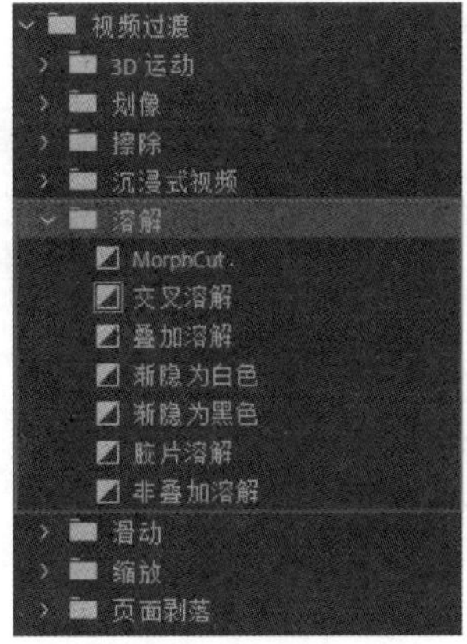

图　6-95

- MorphCut：该切换效果使用脸部追踪和帧内插值，使当前画面更加顺畅柔和地转换到下一画面中，如图 6-96 所示。使用该过渡效果制作的效果，如图 6-97 所示。

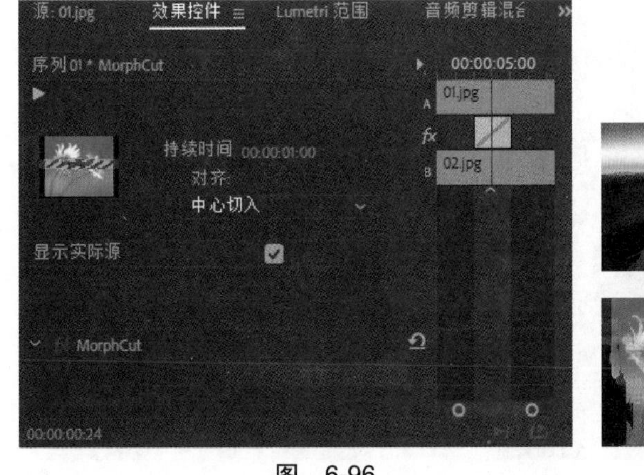

图　6-96

图　6-97

- 交叉溶解：该切换效果中，素材 B 在素材 A 淡出之前淡入，如图 6-98 所示。使用该过渡效果制作的效果，如图 6-99 所示。

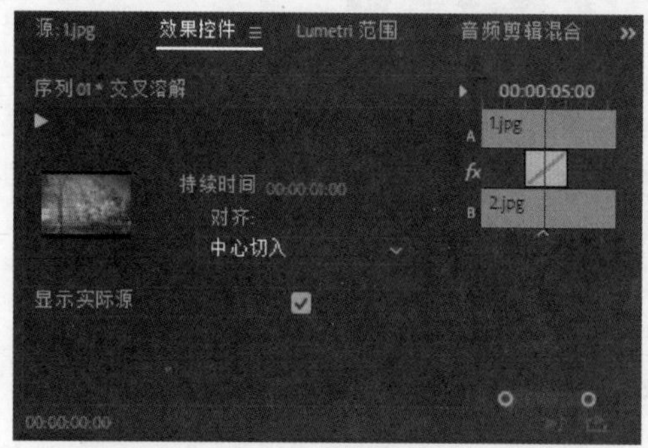

图 6-98

图 6-99

- 叠加溶解：该切换效果创建从一个素材到下一个素材的淡化，如图 6-100 所示。使用该过渡效果制作的效果，如图 6-101 所示。

图 6-100

图 6-101

- 渐隐为白色：该切换效果是素材 A 淡化为白色，然后淡化为素材 B，如图 6-102 所示。使用该过渡效果制作的效果，如图 6-103 所示。

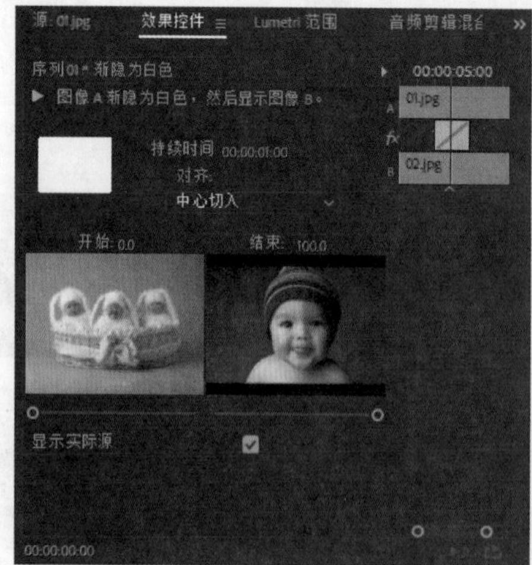

图 6-102

图 6-103

- 渐隐为黑色：该切换效果是素材 A 逐渐淡化为黑色，然后再淡化为素材 B，如图 6-104 所示。使用该过渡效果制作的效果，如图 6-105 所示。

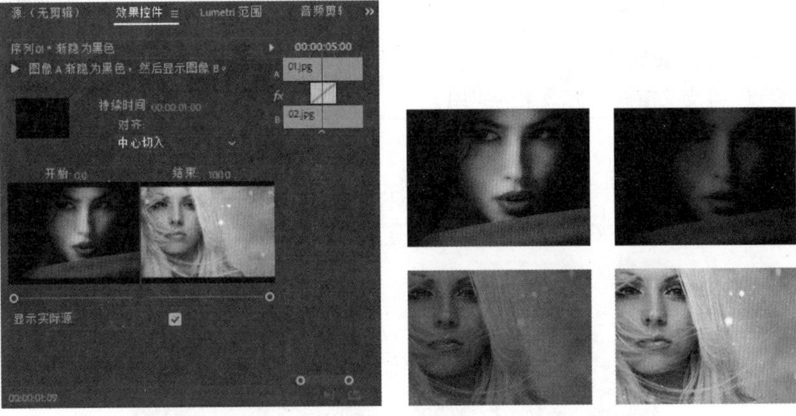

图 6-104　　图 6-105

- 胶片溶解：该过渡效果是素材 A 逐渐透明至显示出素材 B，如图 6-106 所示。使用该过渡效果制作的效果，如图 6-107 所示。

图 6-106　　图 6-107

- 非叠加溶解：该切换效果是素材 B 逐渐出现在素材 A 的彩色区域内，如图 6-108 所示。使用该过渡效果制作的效果，如图 6-109 所示。

图 6-108　　图 6-109

案例实战——应用交叉溶解过渡效果

案例文件	案例文件 \ 第 6 章 \ 交叉溶解 .prproj
视频教学	视频文件 \ 第 6 章 \ 交叉溶解 .flv
难易指数	★★★★★
技术要点	交叉溶解过渡效果的应用

扫码看视频

案例效果

【交叉溶解】过渡效果主要是素材逐渐淡化，然后画面显现出下一个素材，即淡入淡出过渡效果。本例主要是针对“应用交叉溶解过渡效果”的方法进行练习，如图 6-110 所示。

图 6-110

操作步骤

（1）打开 Adobe Premiere Pro CC 2018 软件，单击【新建项目】按钮，在弹出的对话框中单击【浏览】按钮设置保存路径，在【名称】后设置文件名称，设置完成后单击【确定】按钮。接着选择【文件】/【新建】/【序列】命令，在弹出的对话框中选择【DV-PAL】/【标准 48kHz】，如图 6-111 所示。

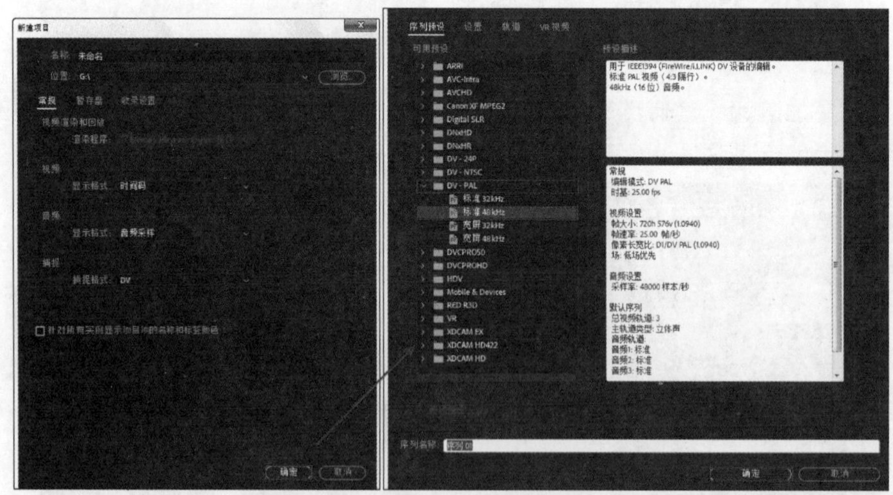

图 6-111

（2）选择菜单栏中的【文件】/【导入】命令或者按【Ctrl+I】快捷键，将所需素材文件导入，如图 6-112 所示。

图　6-112

（3）将【项目】面板的素材文件拖曳到 V1 轨道上，如图 6-113 所示。

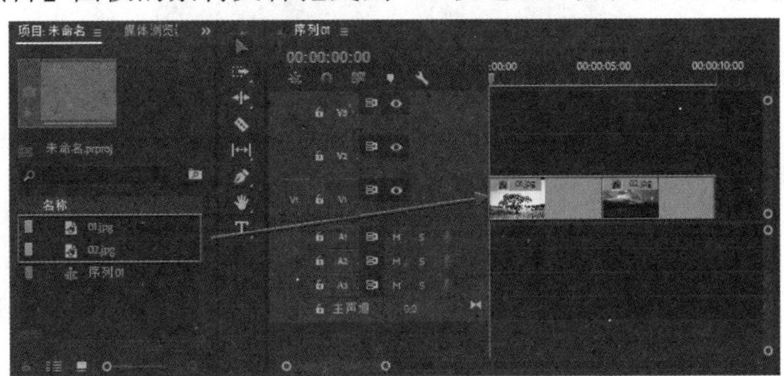

图　6-113

（4）分别选择 V1 轨道上的素材文件，在【效果控件】面板中展开【运动】栏，分别设置【缩放】为 54，如图 6-114 所示。此时的效果如图 6-115 所示。

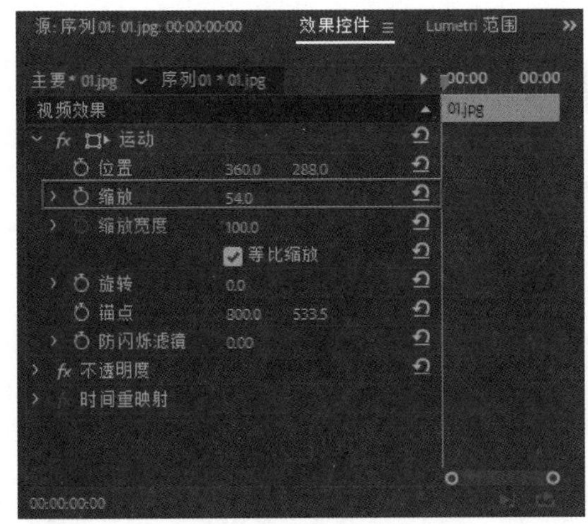

图　6-114

图　6-115

（5）在【效果】面板中搜索【交叉溶解】效果，然后拖曳到【01.jpg】和【02.jpg】两个素材文件中间，如图 6-116 所示。

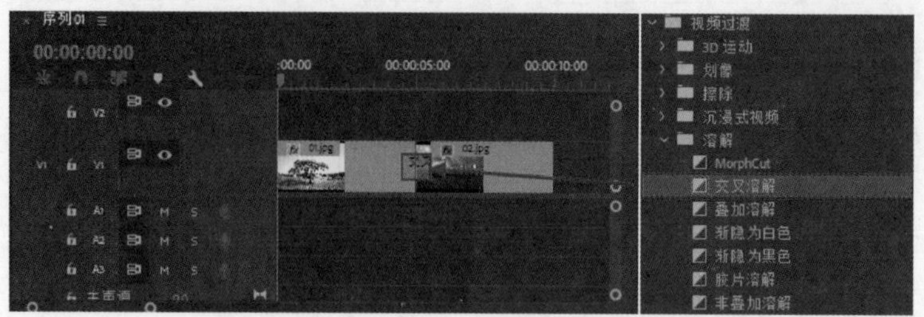

图 6-116

（6）此时拖动时间轴滑块查看最终效果，如图 6-117 所示。

图 6-117

答疑解惑：【交叉溶解】过渡效果产生的不同效果有哪些？

过渡效果在用于某一个图像和视频素材时，根据素材的不同，出现的效果也不同。例如，将【交叉溶解】施加于单独素材的首端或尾端时，可实现淡入淡出的效果。
但当【交叉溶解】效果在多个相邻素材之间，就会产生两种素材相互混合出现的效果。

6.7 滑动类视频过渡

滑动是表现过渡的最简单形式，将一个画面移开即可显示另一个画面，包括【中心拆分】【带状滑动】【拆分】【推】和【滑动】5 个效果，如图 6-118 所示。

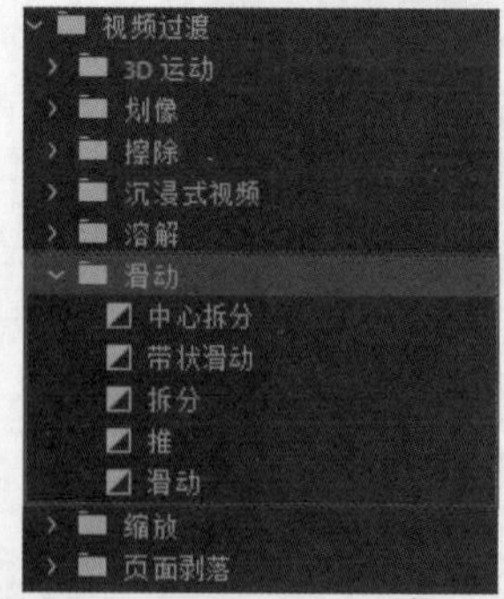

图 6-118

- 中心拆分：该切换效果会使素材 A 从中心分裂为 4 块，向四角滑出，如图 6-119 所示。使用该过渡效果制作的效果，如图 6-120 所示。

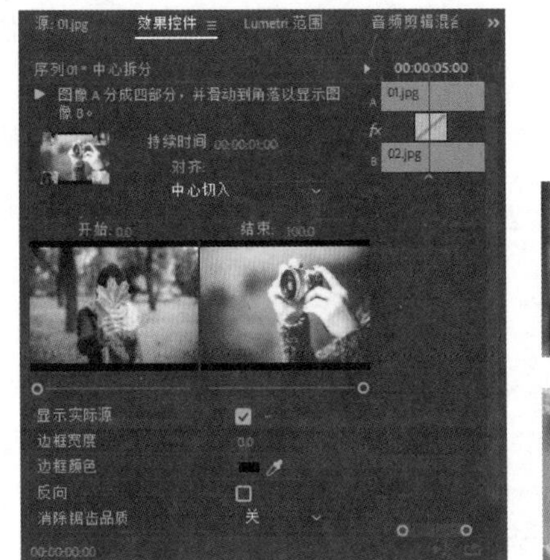

图　6-119

图　6-120

➘ 带状滑动：该切换效果会使素材 B 以条状进入，并逐渐覆盖素材 A，如图 6-121 所示。使用该过渡效果制作的效果，如图 6-122 所示。

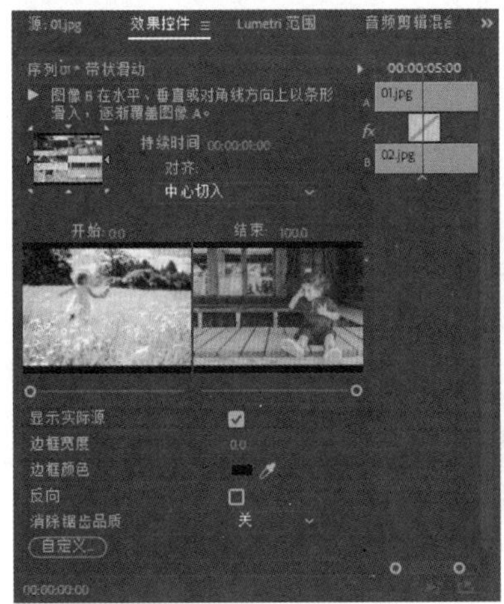

图　6-121

图　6-122

➘ 拆分：该切换效果会使素材 A 像自动门一样打开，并露出素材 B，如图 6-123 所示。使用该过渡效果制作的效果，如图 6-124 所示。

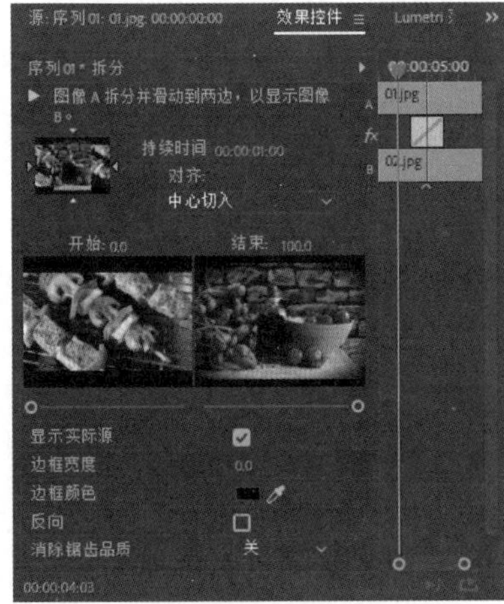

图　6-123

图　6-124

- 推：该切换效果会使素材 B 将素材 A 推出屏幕，如图 6-125 所示。使用该过渡效果制作的效果，如图 6-126 所示。

图 6-125　　图 6-126

- 滑动：该切换效果会使素材 B 滑入，并逐渐覆盖素材 A，如图 6-127 所示。使用该过渡效果制作的效果，如图 6-128 所示。

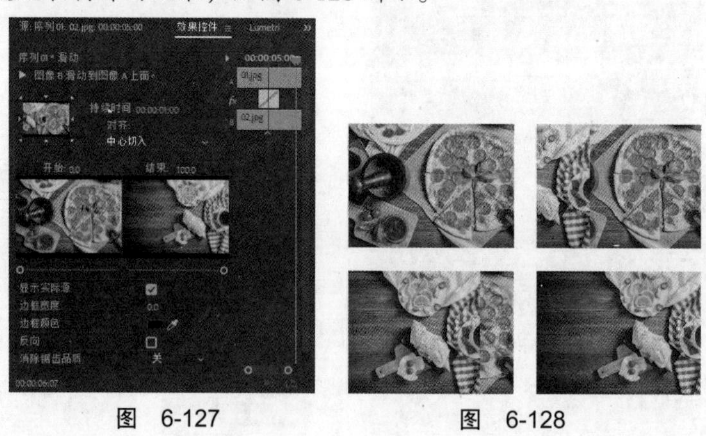

图 6-127　　图 6-128

6.8 缩放类视频过渡

【缩放】类视频过渡效果会对画面进行放大或者缩小操作，同时使缩放过后的画面运动起来，这就形成了花样丰富的转场特效，包含【交叉缩放】效果，如图 6-129 所示。

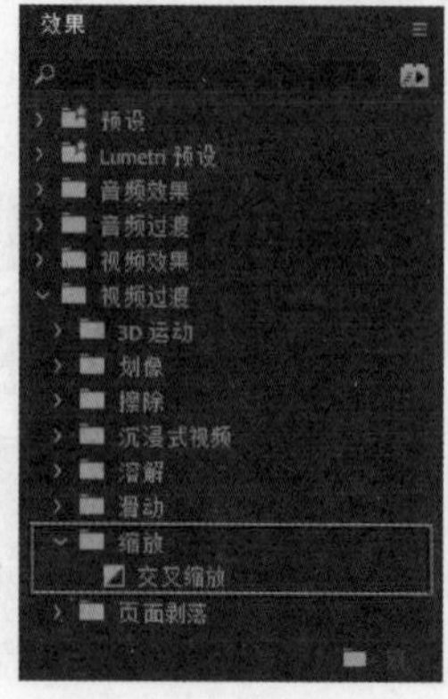

图 6-129

【交叉缩放】切换效果会使素材 A 放大冲出画面，而素材 B 则缩小进入画面，如图 6-130 所示。使用该过渡效果制作的效果，如图 6-131 所示。

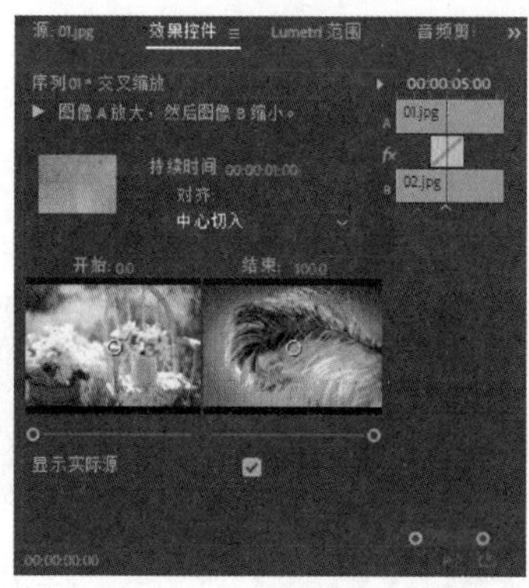

图　6-130

图　6-131

6.9　页面剥落类视频过渡

【页面剥落】类视频过渡效果包括【翻页】和【页面剥落】两个效果，如图 6-132 所示。

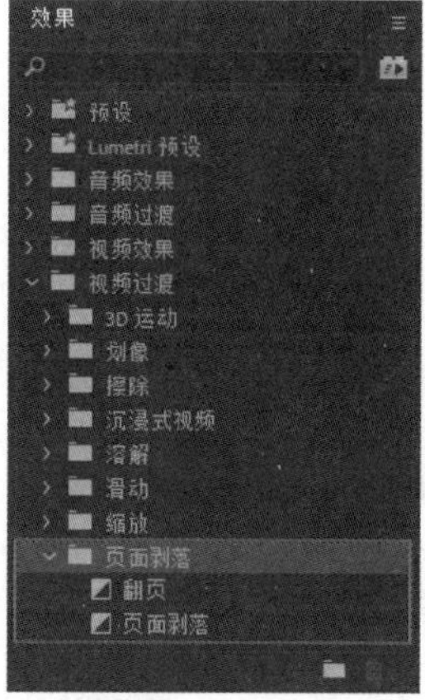

图　6-132

- 翻页：该切换效果可使素材 A 画面沿某一角翻转页面至消失，逐渐显现出素材 B，如图 6-133 所示。使用该过渡效果制作的效果，如图 6-134 所示。

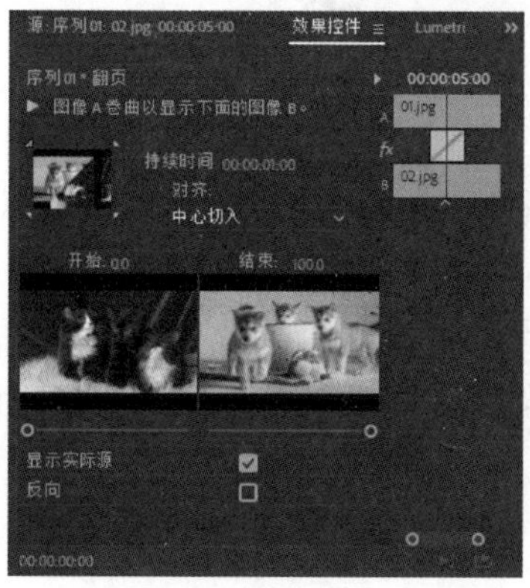

图　6-133

图　6-134

➘ 页面剥落：该切换效果会使素材 A 由中心点向四周分别被卷起的效果，并逐渐露出素材 B，如图 6-135 所示。使用该过渡效果制作的效果，如图 6-136 所示。

图 6-135　　　　图 6-136

案例实战——应用翻页过渡效果

案例文件	案例文件 \ 第 6 章 \ 翻页 .prproj
视频教学	视频文件 \ 第 6 章 \ 翻页 .flv
难易指数	★★★★★
技术要点	翻页过渡效果的应用

扫码看视频

案例效果

【翻页】过渡效果主要是将素材以翻页的方式从一角翻起出画，直至显示出下一个素材。本例主要是针对“应用翻页过渡效果”的方法进行练习，如图 6-137 所示。

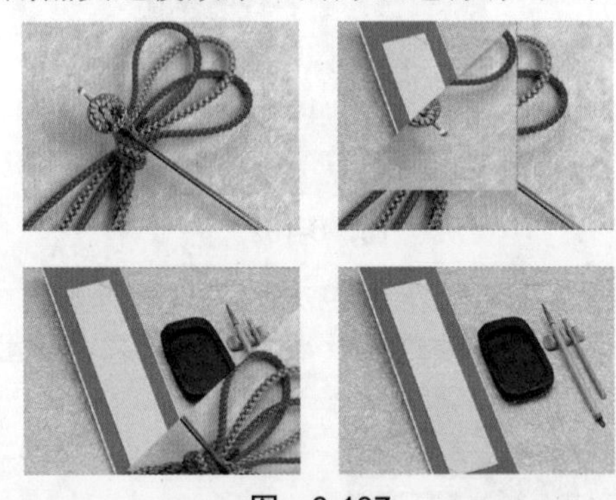

图　6-137

操作步骤

（1）打开 Adobe Premiere Pro CC 2018 软件，单击【新建项目】按钮，在弹出的对话框中单击【浏览】按钮设置保存路径，在【名称】后设置文件名称，设置完成后单击【确定】按钮。接着选择【文件】/【新建】/【序列】命令，在弹出的对话框中选择【DV-PAL】/【标准 48kHz】，如图 6-138 所示。

（2）选择菜单栏中的【文件】/【导入】命令或者按【Ctrl+I】快捷键，将所需素材文件导入，如图 6-139 所示。

图　6-138

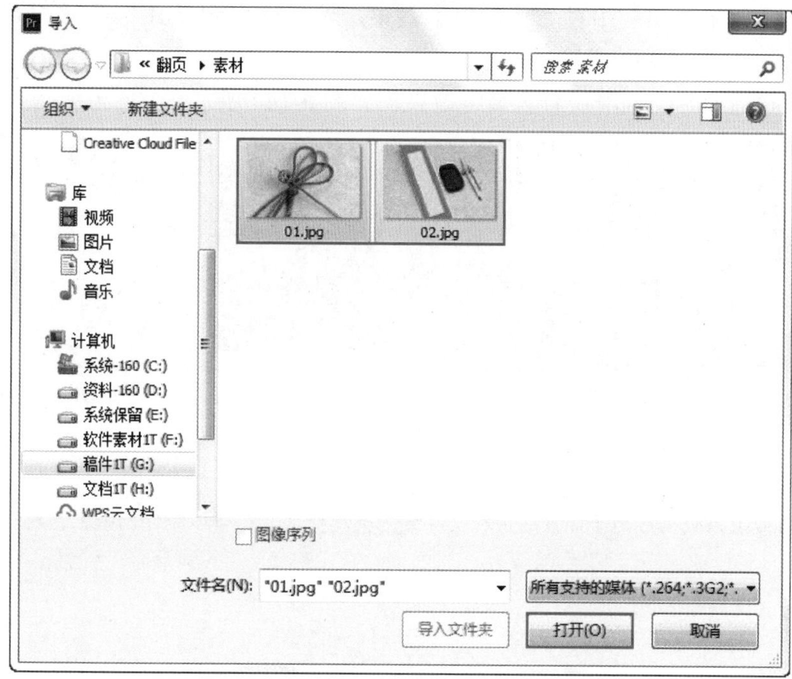

图　6-139

（3）将【项目】面板的素材文件拖曳到 V1 轨道上，如图 6-140 所示。

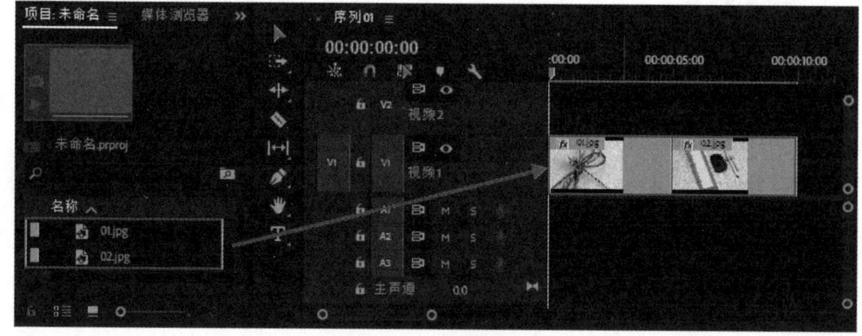

图　6-140

（4）分别选择 V1 轨道上的素材文件，在【效果控件】面板中展开【运动】栏，分别设置【缩放】为 50，如图 6-141 所示。此时的效果如图 6-142 所示。

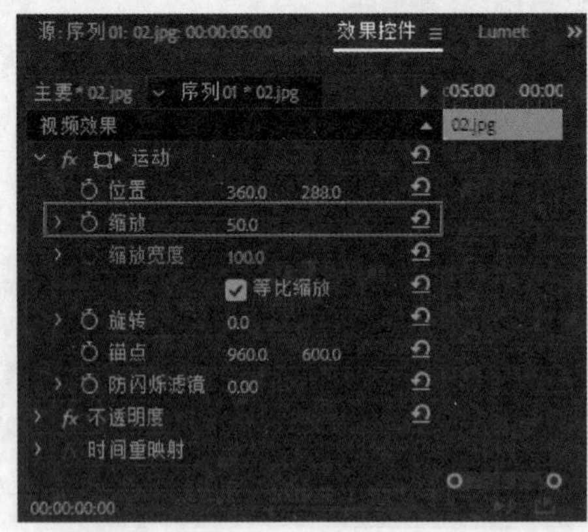

图　6-141

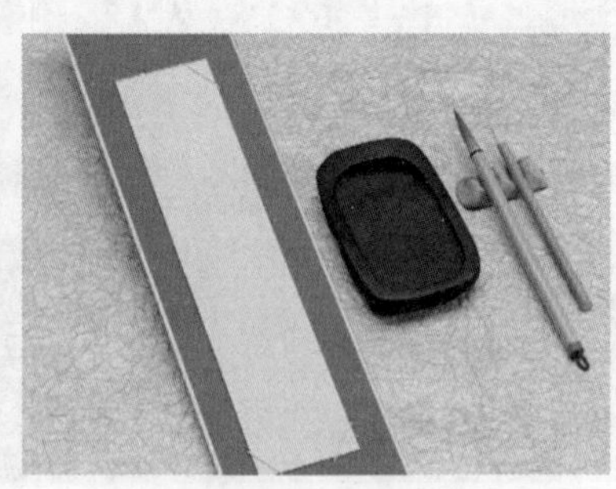

图　6-142

（5）在【效果】面板中搜索【翻页】效果，然后拖曳到【01.jpg】和【02.jpg】两个素材文件中间，如图 6-143 所示。

（6）此时拖动时间轴滑块查看最终效果，如图 6-144 所示。

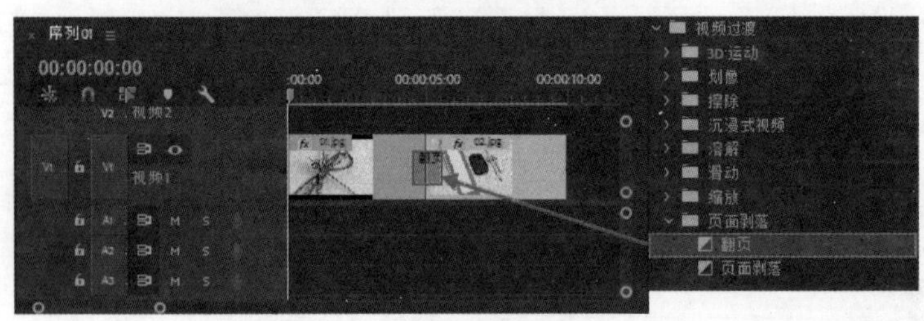

图　6-143

图　6-144

答疑解惑：【翻页】过渡效果常应用于哪些素材上面？

【翻页】过渡效果系列常应用于照片海报和文件纸张类素材上面，可以制作出纸张、卷轴翻转或剥落的视觉效果。

本 章 小 结

通过对本章的学习，读者可以了解各种视频过渡效果的应用，这有助于在编辑视频时，制作出较好的转场动画效果。

调色技术

在 Adobe Premiere Pro CC 2018 中，对素材可以使用多种调色特效，从而制作出不同色彩画面效果。在应用调色效果之前，需要了解什么是调色，调色的应用方法是什么。本章介绍了调色效果的使用方法和基本应用操作，以及常用调色的技巧。

本章重点：

- 了解什么是调色
- 了解调色的效果
- 掌握调色效果的应用方法
- 掌握常用的调色技巧

7.1 初识调色

色彩既是对客观世界的反映，又是对主观世界的感受。调色具有很强的规律性，涉及色彩构成理论、颜色模式转换理论、通道理论。常用的调色效果包括色阶、曲线、颜色平衡、色相 / 饱和度等基本调色方式。

7.1.1 什么是色彩设计

色彩设计是设计领域中最为重要的一门课程，探索和研究色彩在物理学、生理学、心理学及化学方面的规律，以及对人的心理、生理产生的影响。如图 7-1 所示为颜色色环。

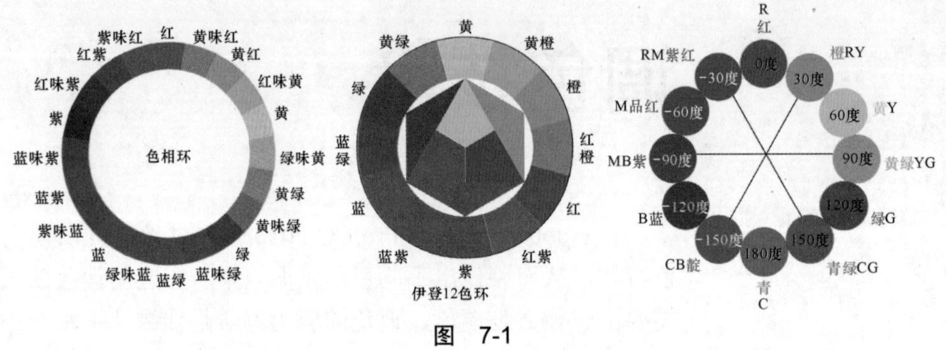

图 7-1

7.1.2 色彩的混合原理

技术速查：色彩的混合有加色混合、减色混合和中性混合 3 种形式。最为常用的是加色混合和减色混合。

1．动手学：加色混合

在对已知光源色研究过程中，发现色光的三原色与颜料色的三原色有所不同。色光的三原色为红（略带橙味儿）、绿、蓝（略带紫味儿），而色光三原色混合后的间色（红紫、黄、绿青）相当于颜料色的三原色，色光在混合中会使混合后的色光明度增加，使色彩明度增加的混合方法称为加法混合，也叫色光混合，如图 7-2 所示。

（1）红光 + 绿光 = 黄光

（2）红光 + 蓝光 = 品红光

（3）蓝光 + 绿光 = 青光

（4）红光 + 绿光 + 蓝光 = 白光

2．动手学：减色混合

当色料混合一起时，呈现另一种颜色效果，就是减色混合法。色料的三原色分别为品红、青和黄色，因为一般三原色色料的颜色本身就不够纯正，所以混合以后的色彩也不是标准的红、绿和蓝色。三原色色料的混合有着以下规律，如图 7-3 所示。

（1）青色 + 品红色 = 蓝色

（2）青色 + 黄色 = 绿色

（3）品红色 + 黄色 = 红色

（4）品红色 + 黄色 + 青色 = 黑色

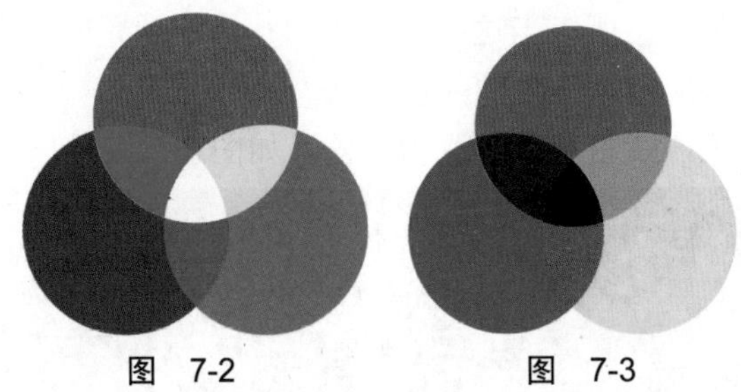

图　7-2　　　　　　图　7-3

7.1.3　色彩的三大属性

就像人类有性别、年龄、人种等可判别个体的属性一样，色彩也具有其独特的三大属性：色相、明度、纯度。任何色彩都有色相、明度、纯度 3 个方面的性质，这 3 种属性是界定色彩感官识别的基础。灵活地应用三属性变化也是色彩设计的基础，通过色彩的色相、明度、纯度的共同作用才能更加合理地达到某些目的或效果作用。“有彩色”具有色相、明度和纯度 3 个属性，“无彩色”只拥有明度。

1. 色相

色相就是色彩的“相貌”，色相与色彩的明暗无关，是区别色彩的名称或种类。色相是根据该颜色光波长短划分的，只要色彩的波长相同，色相就相同，波长不同才产生色相的差别。

说到色相就不得不了解一下什么是“三原色”“二次色”以及“三次色”。

三原色是 3 种基本原色构成，原色是指不能透过其他颜色的混合调配而得出的“基本色”。

二次色即“间色”，是由两种原色混合调配而得出的。三次色即是由原色和二次色混合而成的颜色。

原色：红　蓝　黄

二次色：橙　绿　紫

三次色：红橙　黄橙　黄绿　蓝绿　蓝紫　红紫

“红、橙、黄、绿、青、蓝、紫”是日常中最常听到的基本色，在各色中间加插一两个中间色，即可制出十二基本色相，如图 7-4 所示。

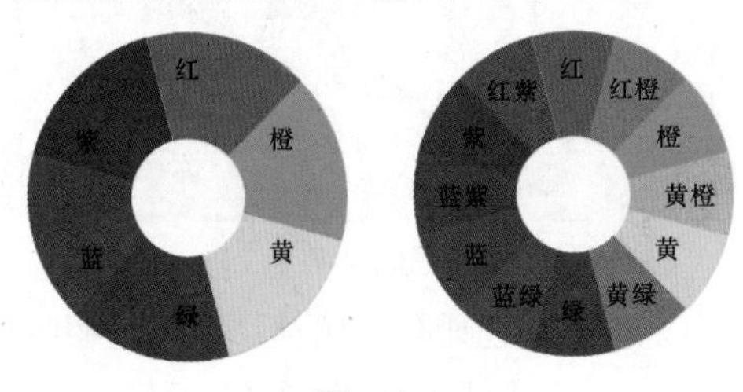

图　7-4

在色相环中，穿过中心点的对角线位置的两种颜色是相互的互补色，即角度为180° 时。因为这两种色彩的差异最大，所以当这两种颜色相互搭配并置时，两种色彩的特征会相互衬托的十分明显。补色搭配也是常见的配色方法。

红色与绿色互为补色，紫色和黄色互为补色，如图 7-5 所示。

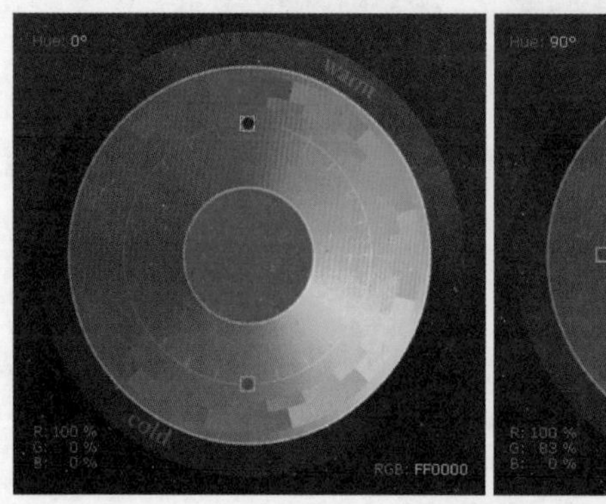

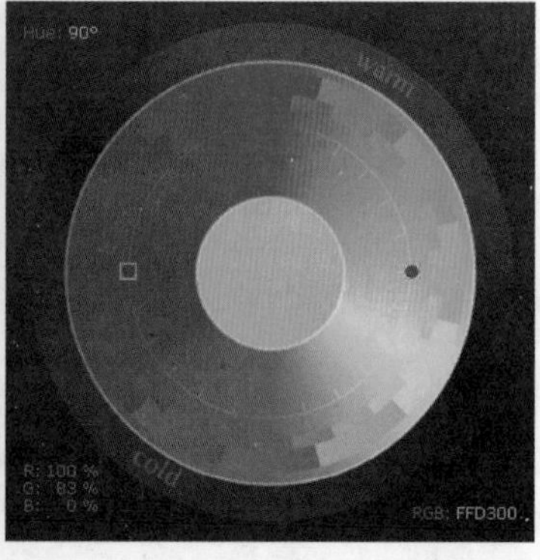

图 7-5

2. 明度

明度是眼睛对光源和物体表面的明暗程度的感觉，主要是由光线强弱决定的一种视觉经验。明度也可以简单地理解为颜色的亮度。明度越高，色彩越白越亮，反之则越暗，如图 7-6 所示。

图 7-6

色彩的明暗程度有两种情况，即同一颜色的明度变化和不同颜色的明度变化。同一色相的明度深浅变化效果如图 7-7 所示。不同的色彩也都存在明暗变化，其中黄色明度最高，紫色明度最低，红、绿、蓝、橙色的明度相近，为中间明度。

图 7-7

使用不同明度的色块可以帮助表达画面的感情。不同色相中的不同明度效果，如图 7-8 所示。在同一色相中的明度深浅变化效果，如图 7-9 所示。

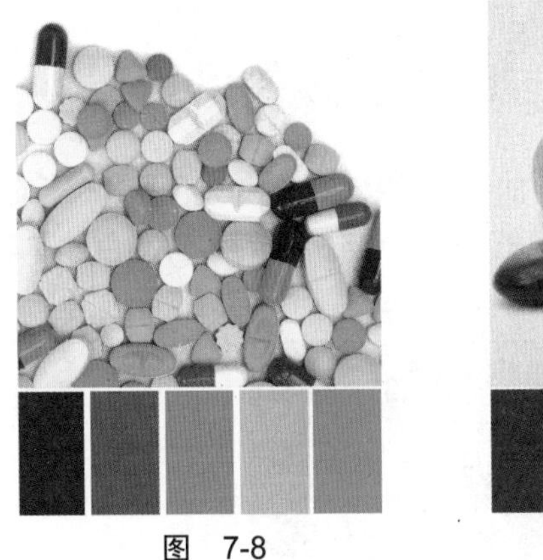

图　7-8

图　7-9

3．纯度

纯度是指色彩的鲜浊程度，也就是色彩的饱和度。物体的饱和度取决于该物体表面选择性的反射能力。在同一色相中添加白色、黑色或灰色都会降低它的纯度。如图 7-10 所示为有彩色与无彩色的加法。

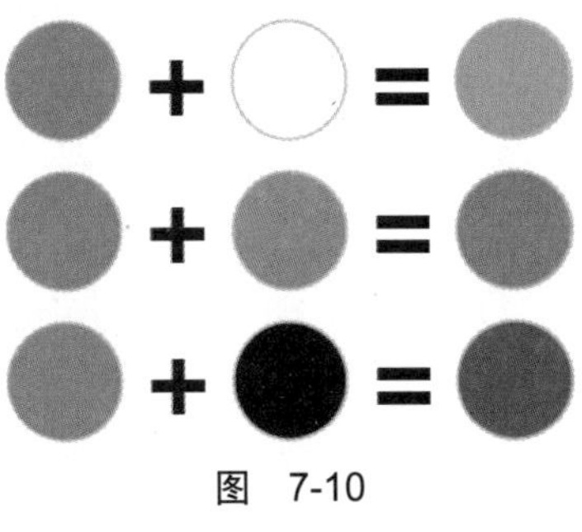

图　7-10

色彩的纯度也像明度一样有着丰富的层次，使得纯度的对比呈现出变化多样的效果。混入的黑、白、灰成分越多，则色彩的纯度越低。以红色为例，在加入白色、灰色和黑色后其纯度都会随着降低，如图 7-11 所示。

高纯度

中纯度

低纯度

图　7-11

在设计中可以通过控制色彩纯度的方式对画面进行调整。纯度越高，画面颜色效果越鲜艳、明亮，给人的视觉冲击力越强；反之，色彩的纯度越低，画面的灰暗程度就会增加，其所产生的效果就更加柔和、舒服。如图 7-12 所示高纯度给人一种艳丽的感觉，而低纯度给人一种灰暗的感觉。

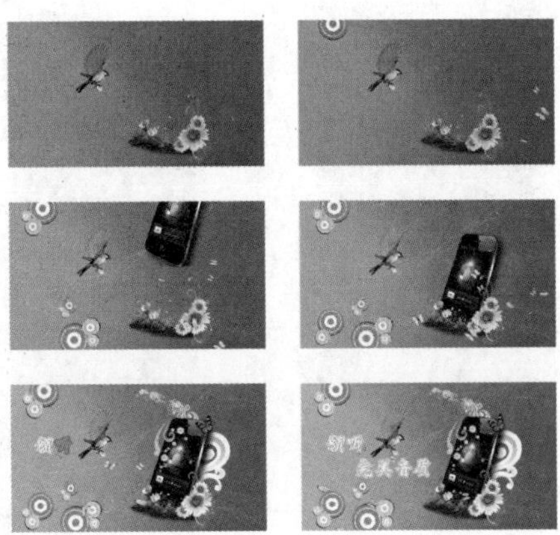

图　7-12

7.2 过时类视频效果

【过时】类视频效果中包括【RGB 曲线】【RGB 颜色校正器】【三向颜色校正器】【亮度曲线】【亮度校正器】【快速颜色校正器】【自动对比度】【自动色阶】【自动颜色】和【阴影 / 高光】等视频效果。选择【效果】面板中的【视频效果】/【过时】，如图 7-13 所示。

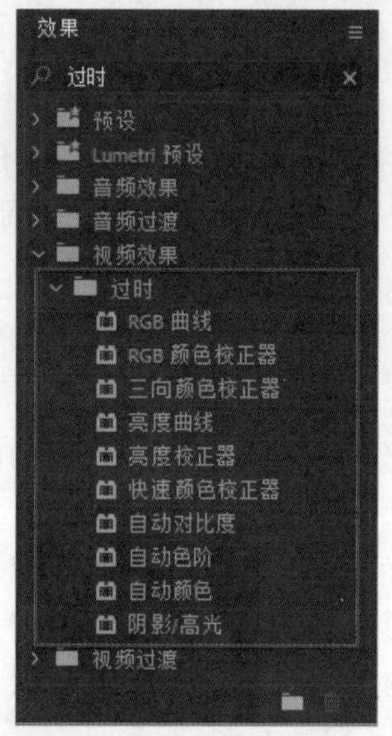

图 7-13

- RGB 曲线：【RGB 曲线】效果针对每个颜色通道使用曲线调整来调整剪辑的颜色，如图 7-14 所示。画面对比效果如图 7-15 所示。

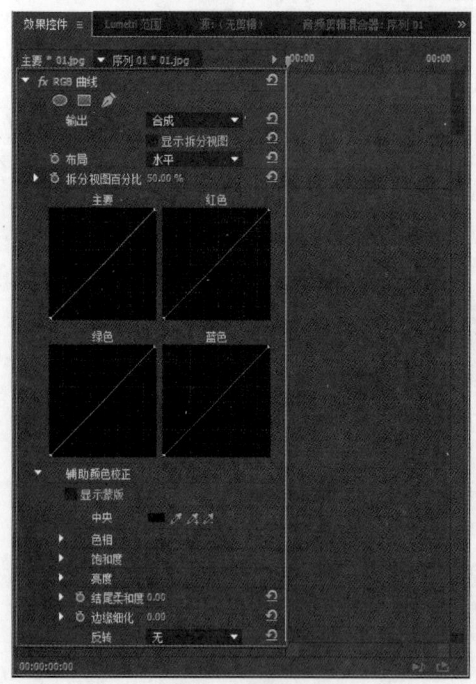

图 7-14

图 7-15

- RGB 颜色校正器：【RGB 颜色校正器】效果将调整应用于为高光、中间调和阴影定义的色调范围，从而调整剪辑中的颜色，如图 7-16 所示。画面对比效果如图 7-17 所示。

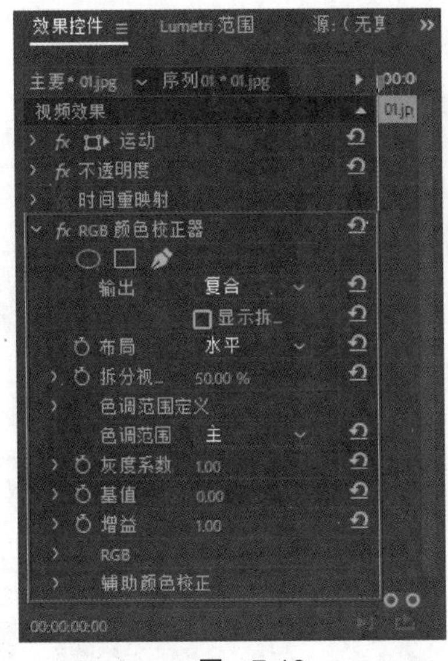

图　7-16

图　7-17

- 三向颜色校正器：【三向颜色校正器】效果可针对阴影、中间调和高光调整剪辑的色相、饱和度和亮度，从而进行精细校正，如图 7-18 所示。
- 亮度曲线：【亮度曲线】效果使用曲线调整来调整剪辑的亮度和对比度，如图 7-19 所示。

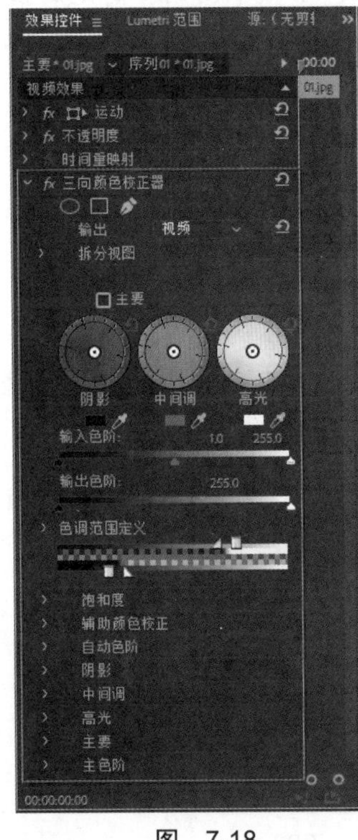

图　7-18

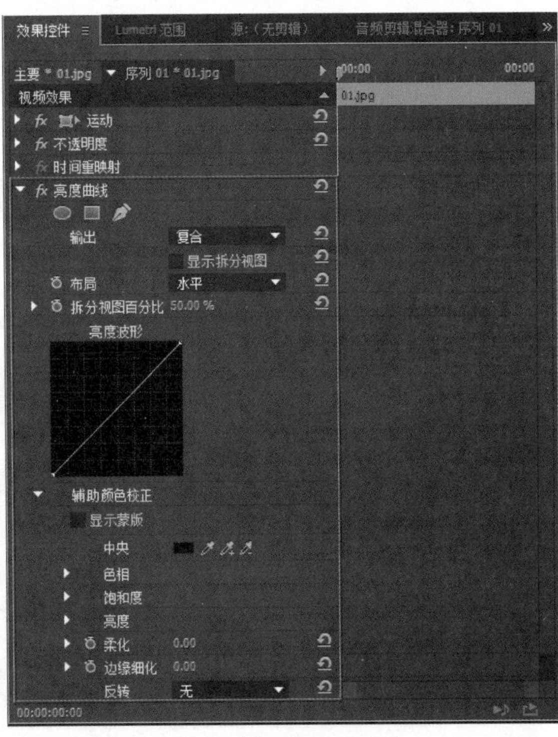

图　7-19

- 亮度校正器：【亮度校正器】效果可用于调整剪辑高光、中间调和阴影中的亮度和对比度，如图 7-20 所示。画面对比效果如图 7-21 所示。

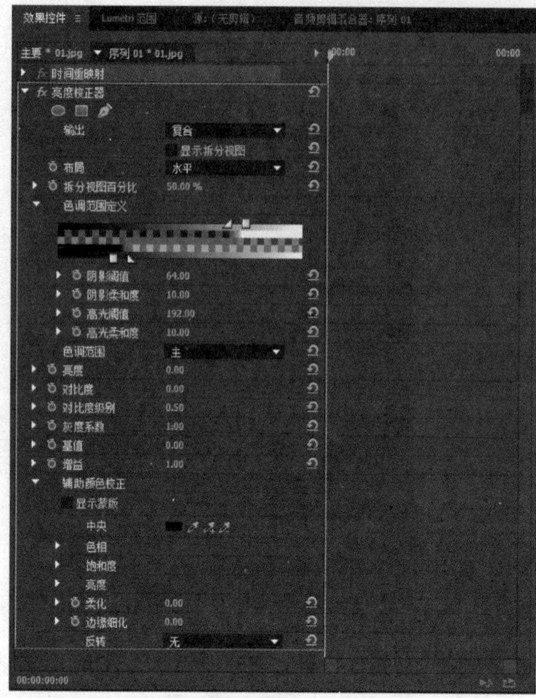

图 7-20

图 7-21

- 快速颜色校正器：【快速颜色校正器】效果使用色相和饱和度控件来调整剪辑的颜色。此效果也有色阶控件，用于调整图像阴影、中间调和高光的强度，如图 7-22 所示。画面对比效果如图 7-23 所示。

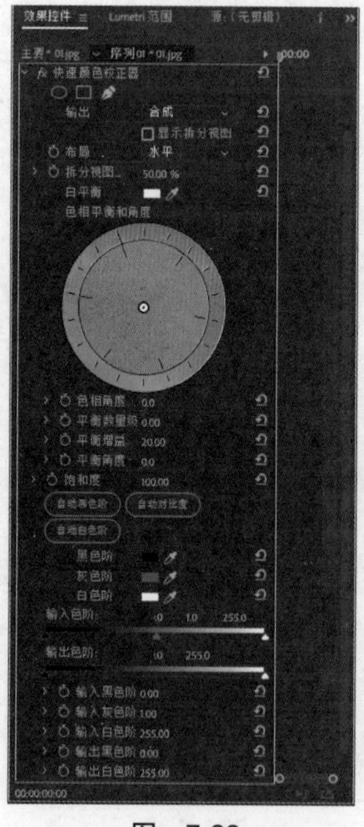

图 7-22

图 7-23

➘ 自动对比度：【自动对比度】效果效果可以对素材进行自动对比度调节，如图 7-24 所示。画面对比效果如图 7-25 所示。

图　7-24

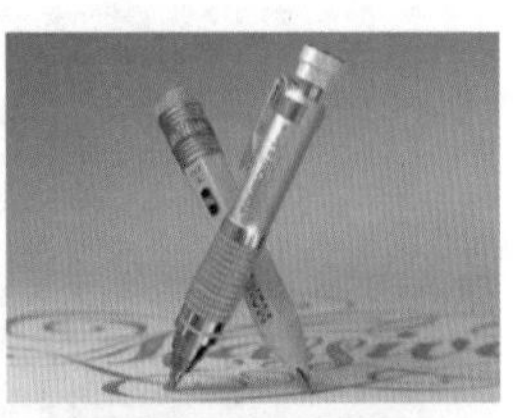

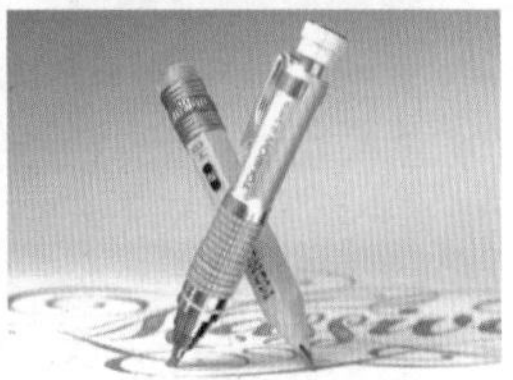

图　7-25

➘ 自动色阶：【自动色阶】效果可以对素材进行自动色阶调节，如图 7-26 所示。画面对比效果如图 7-27 所示。

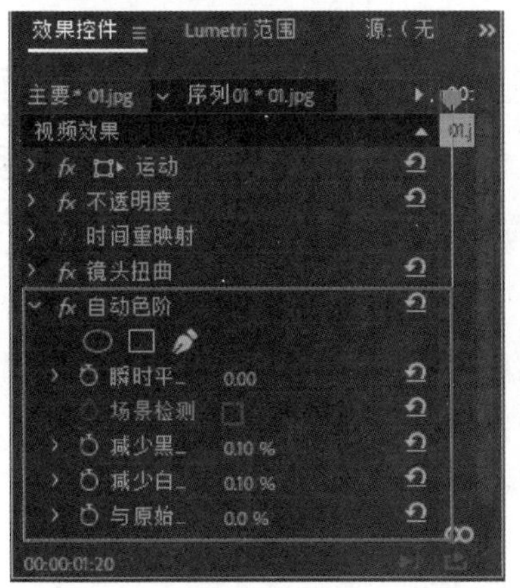

图　7-26

图　7-27

➘ 自动颜色：【自动颜色】效果对素材进行自动色彩调节，如图 7-28 所示。画面对比效果如图 7-29 所示。

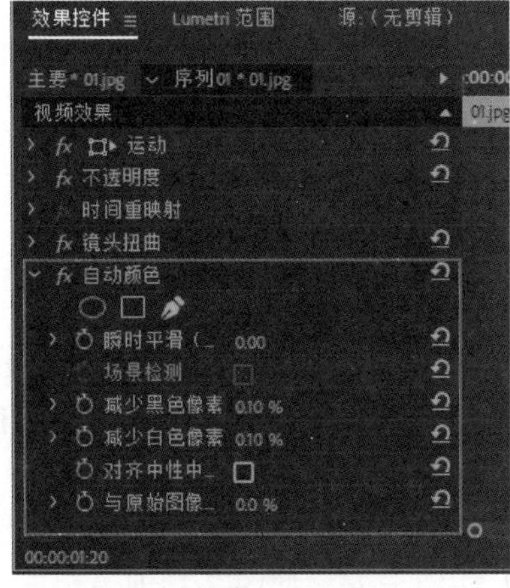

图　7-28

图　7-29

➘ 阴影 / 高光：【阴影 / 高光】效果效果可以调整素材阴影、高光部分，如图 7-30 所示。画面对比效果如图 7-31 所示。

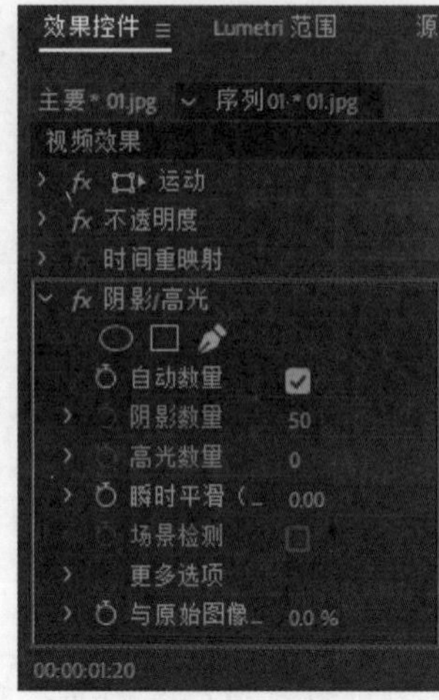

图 7-30

图 7-31

案例实战——制作黑夜变白天效果

案例文件	案例文件 \ 第 7 章 \ 黑夜变白天 .prproj
视频教学	视频文件 \ 第 7 章 \ 黑夜变白天 .flv
难易指数	★★★★★
技术要点	RGB 颜色校正器和亮度与对比度效果的应用

扫码看视频

案例效果

一天分白天和黑夜，白天通常指从黎明至天黑的一段时间，物体清晰可见，而黑夜通常指从太阳落山到次日黎明，天空通常为黑色，物体都开始不清晰起来。本例主要是针对“制作黑夜变白天效果”的方法进行练习，如图 7-32 所示。

图 7-32

操作步骤

（1）打开 Adobe Premiere Pro CC 2018 软件，单击【新建项目】按钮，在弹出的对话框中单击【浏览】按钮设置保存路径，在【名称】后设置文件名称，设置完成后单击【确定】按钮。接着选择【文件】/【新建】/【序列】命令，在弹出的对话框中选择【DV-PAL】/【标准 48kHz】，如图 7-33 所示。

（2）选择菜单栏中的【文件】/【导入】命令或按【Ctrl+I】快捷键，在打开的对话框中选择所需的素材文件，单击【打开】按钮导入，如图 7-34 所示。

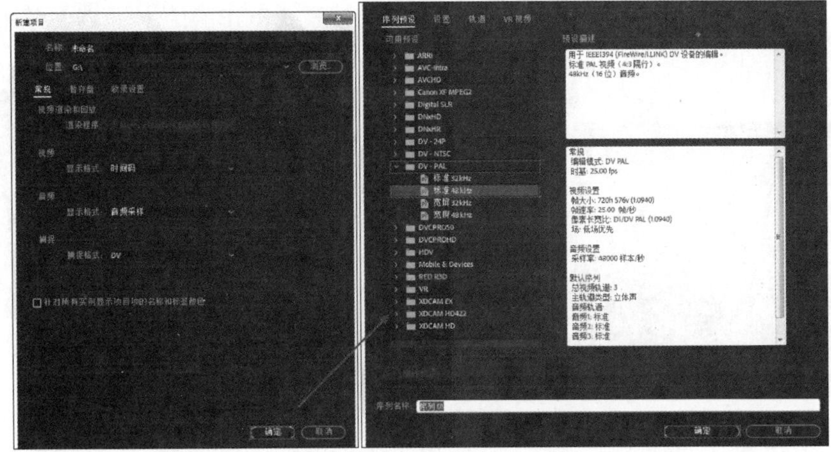

图　7-33

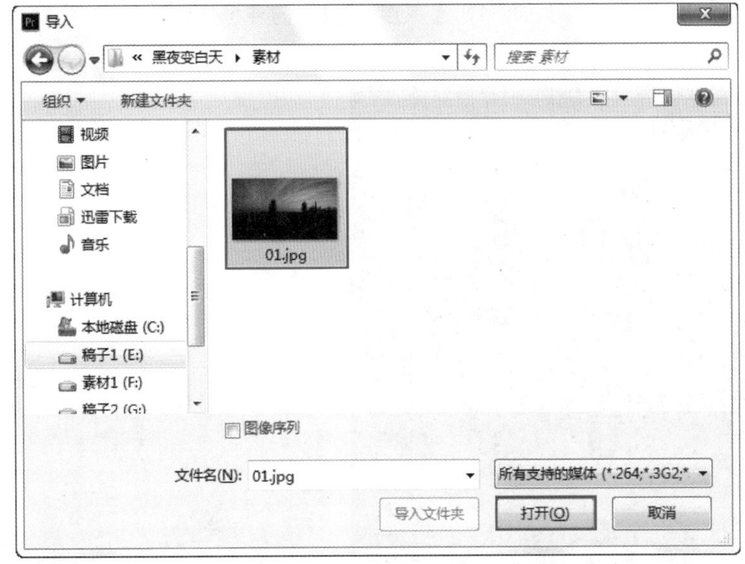

图　7-34

（3）将【项目】面板中的【01.jpg】素材文件拖曳到 V1 轨道上，如图 7-35 所示。

（4）选择时间线 V1 轨道上的【01.jpg】素材文件，在【效果控件】面板中的【运动】栏设置【缩放】为 54，如图 7-36 所示。

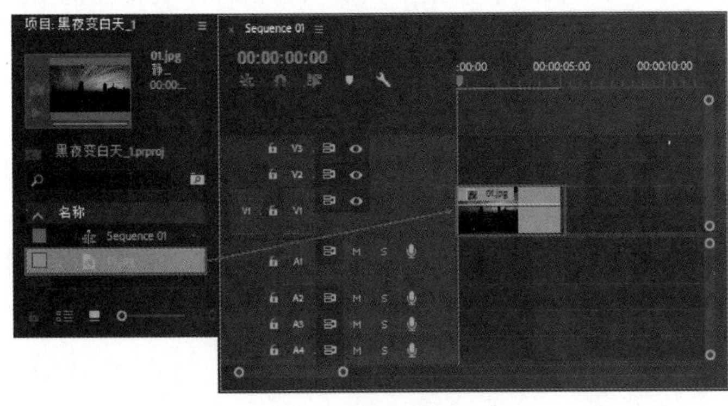

图　7-35

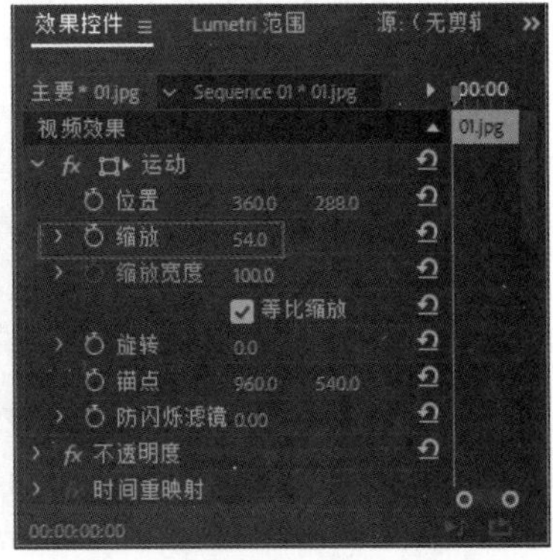

图　7-36

（5）效果如图 7-37 所示。在【效果】面板中搜索【RGB 颜色校正器】效果，并拖曳到 V1 轨道上，如图 7-38 所示。

图 7-37

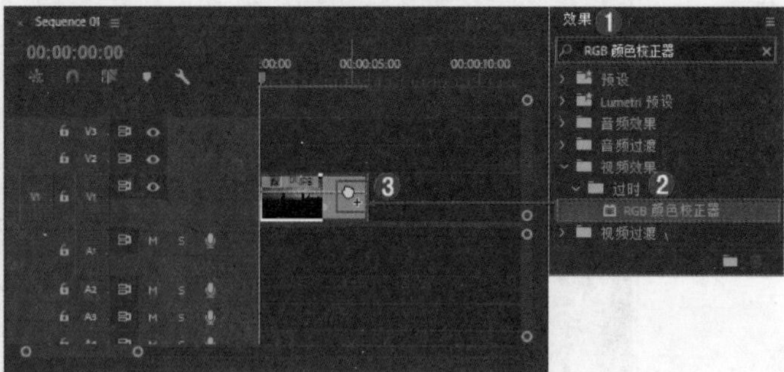

图 7-38

（6）选择 V1 轨道上的【01.jpg】素材文件，打开【效果控件】面板中的【RGB 颜色校正器】栏，设置【阴影阈值】为 64，【灰度系数】为 4.5，如图 7-39 所示。效果如图 7-40 所示。

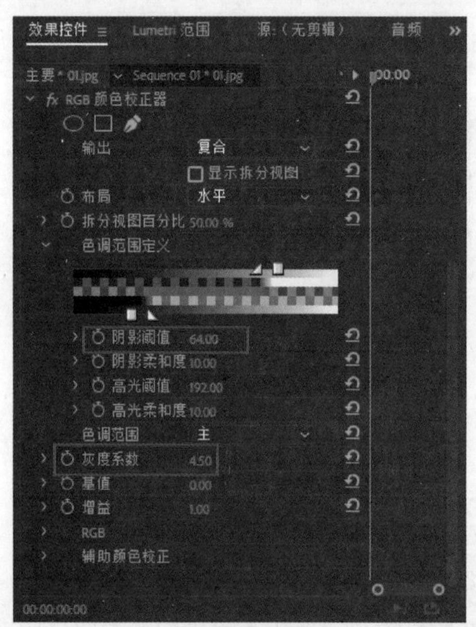

图 7-39

图 7-40

（7）在【效果】面板中搜索【亮度与对比度】效果，然后按住鼠标左键将其拖曳到 V1 轨道的【01.jpg】素材文件上，如图 7-41 所示。

图 7-41

（8）选择 V1 轨道上的【01.jpg】素材文件，在【效果控件】面板中的【亮度与对比度】栏中设置【亮度】为 15，【对比度】为 12，如图 7-42 所示。

（9）此时拖动时间轴滑块查看最终效果，如图 7-43 所示。

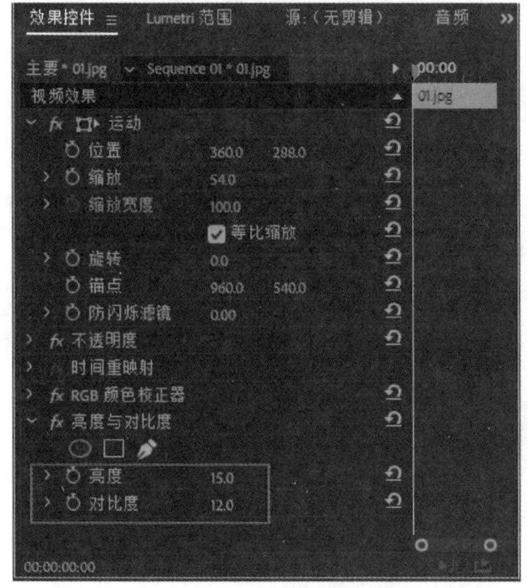

图　7-42

图　7-43

答疑解惑：可否将白天制作成黑夜的效果？

可以，通过调整色彩校正中的参数和各个颜色的变化，可以将白天制作出黑夜的效果。同时调节亮度和对比度，使物体在黑夜中的效果更加明显。

在制作黑夜和白天的转换时，需要注意周边环境。变为白天时，注意光线的亮度，调节亮度和对比度，使物体看起来更加清晰。变为黑天时，注意不能过于黑，要有一定的光线。可以添加模糊效果来体现黑夜的感觉。

案例实战——制作怀旧质感画卷

案例文件	案例文件 \ 第 7 章 \ 怀旧质感画卷 .prproj
视频教学	视频文件 \ 第 7 章 \ 怀旧质感画卷 .flv
难易指数	★★★★★
技术要点	快速颜色校正器、更改颜色、色阶、亮度与对比度效果的应用

扫码看视频

案例效果

怀旧的色调是电影、广告中常用的一种技巧，而且逐渐成为一种时尚类型。本例主要是针对“制作怀旧质感画卷”的方法进行练习，如图 7-44 所示。

图　7-44

操作步骤

Part01 导入背景和风景素材

（1）打开 Adobe Premiere Pro CC 2018 软件，单击【新建项目】按钮，在弹出的对话框中单击【浏览】按钮设置保存路径，在【名称】后设置文件名称，设置完成后单击【确定】按钮。接着选择【文件】/【新建】/【序列】命令，在弹出的对话框中选择【DV-PAL】/【标准 48kHz】，如图 7-45 所示。

（2）选择菜单栏中的【文件】/【导入】命令或按【Ctrl+I】快捷键，在打开的对话框中选择所需的素材文件，单击【打开】按钮导入，如图 7-46 所示。

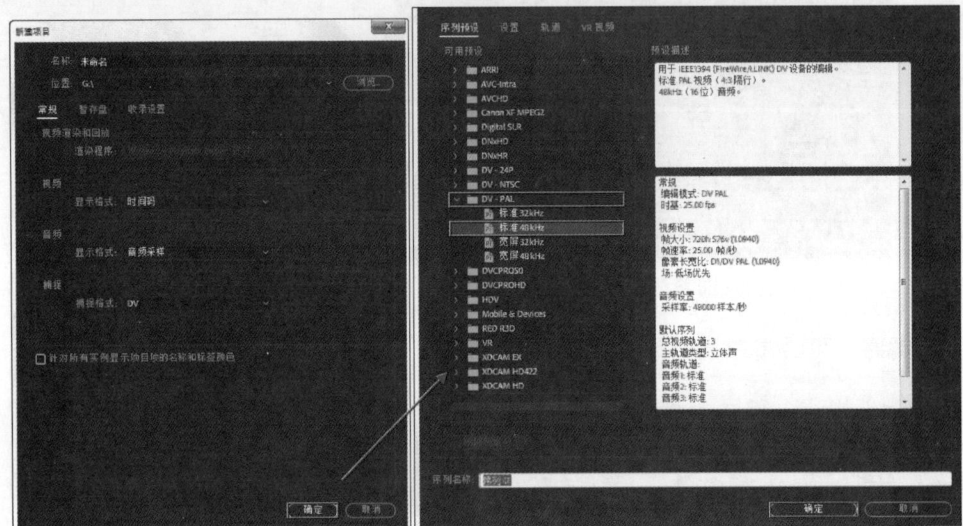

图 7-45

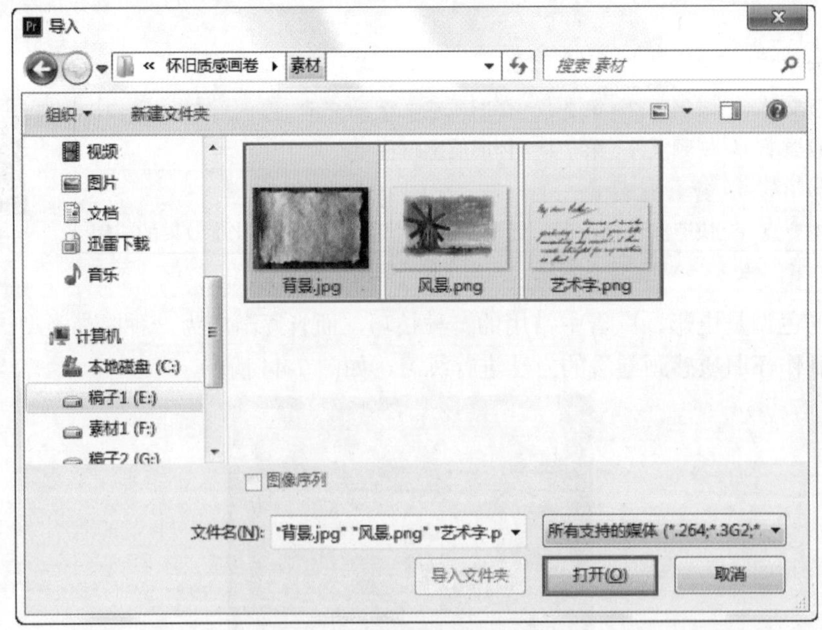

图 7-46

（3）将【项目】面板中的【背景 .jpg】素材文件拖曳到 V1 轨道上，如图 7-47 所示。

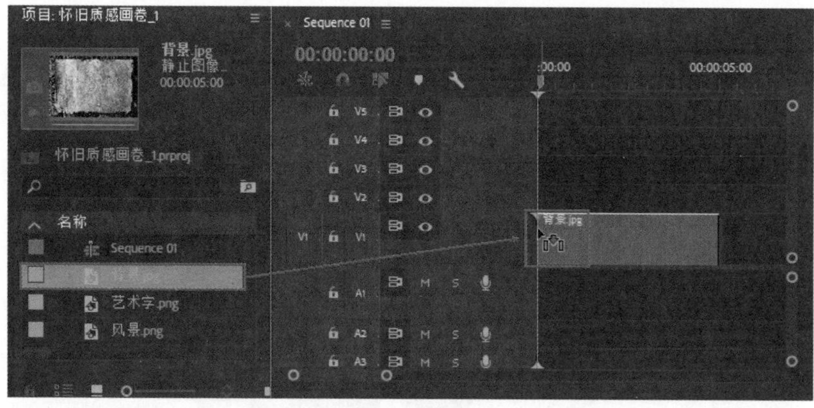

图　7-47

（4）选择 V1 轨道上的【背景 .jpg】素材文件，在【效果控件】面板中的【运动】栏设置【缩放】为 29，如图 7-48 所示。此时效果，如图 7-49 所示。

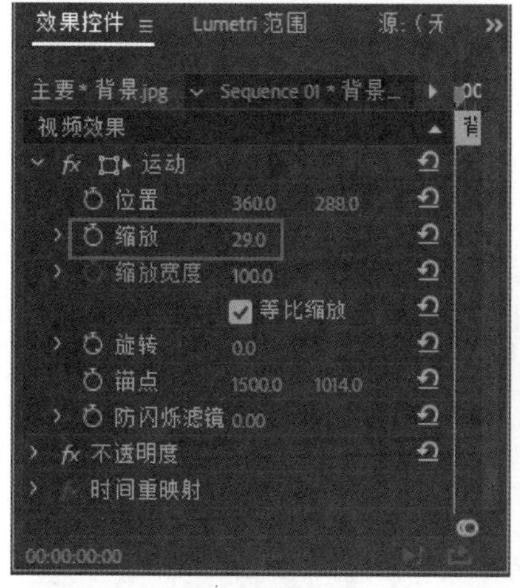

图　7-48

图　7-49

（5）将【项目】面板中的【风景 .png】素材文件拖曳到 V2 轨道上，如图 7-50 所示。

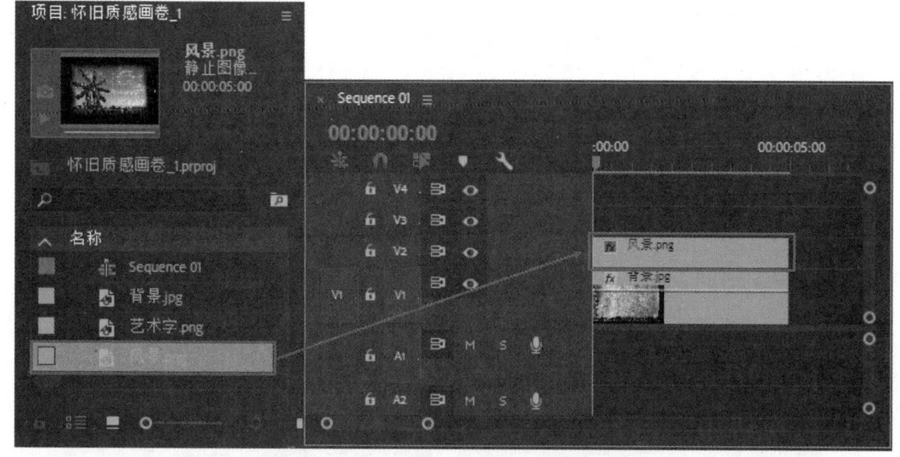

图　7-50

（6）选择 V2 轨道上的【风景 .jpg】素材文件，在【效果控件】面板中的【运动】栏设置【缩放】为 29，【混合模式】为【相乘】，如图 7-51 所示。此时的效果如图 7-52 所示。

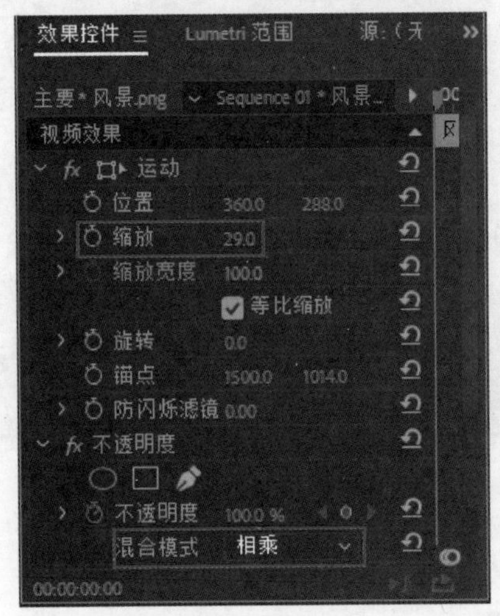

图 7-51

图 7-52

Part02 制作怀旧的色彩效果

（1）在【效果】面板中搜索【亮度与对比度】效果，然后按住鼠标左键将其拖曳到 V2 轨道的【风景 .png】素材文件上，如图 7-53 所示。

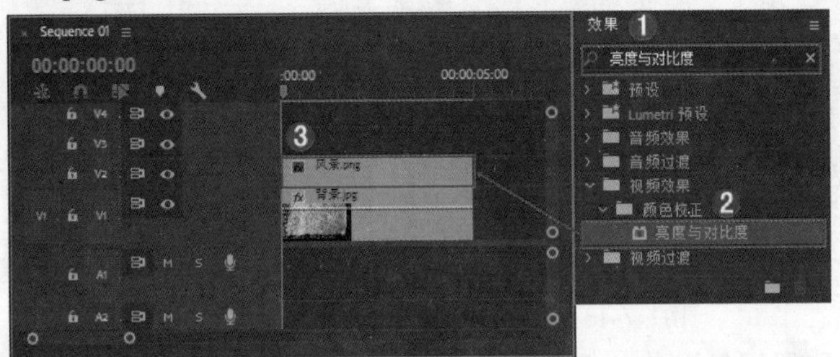

图 7-53

（2）选择 V2 轨道上的【风景 .png】素材文件，在【效果控件】面板中的【亮度与对比度】栏设置【亮度】为 40，如图 7-54 所示。此时的效果如图 7-55 所示。

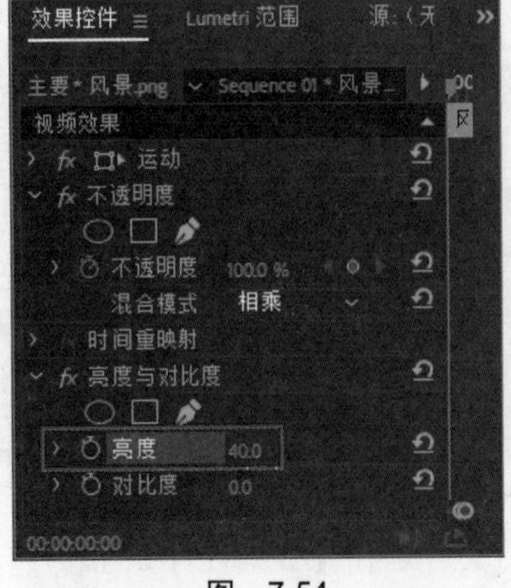

图 7-54

图 7-55

（3）在【效果】面板中搜索【快速颜色校正器】效果，然后按住鼠标左键将其拖曳到 V2 轨道的【风景 .png】素材文件上，如图 7-56 所示。

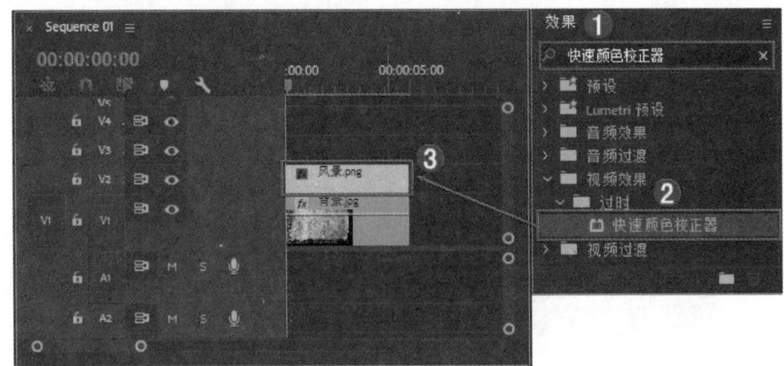

图　7-56

（4）选择 V2 轨道上的【风景 .png】素材文件，在【效果控件】面板中的【快速颜色校正器】栏设置【色相角度】为 180°，【输入灰度级】为 1.8，如图 7-57 所示。此时的效果如图 7-58 所示。

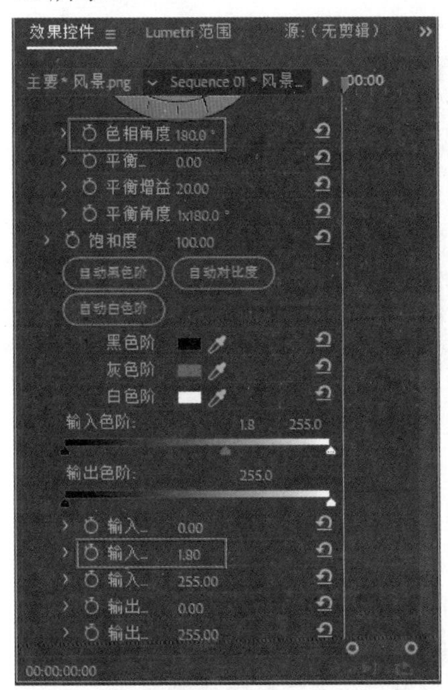

图　7-57

图　7-58

技术拓展：复古颜色的搭配原则

色彩在一幅作品中占主导地位，可以引导人们心理产生一定的情感变化。在本案例中我们制作了复古颜色，以褐色、咖啡色为主基调色，给人一种怀旧、复古的感觉，同时褐色、咖啡色也会体现出稳定、厚重的感觉。这些色彩的共同特点是明度较低，搭配色彩时尽量避开鲜艳的颜色，达到画面的和谐统一，如图 7-59 所示。

图　7-59

（5）在【效果】面板中搜索【更改颜色】效果，然后按住鼠标左键将其拖曳到 V2 轨道的【风景 .png】素材文件上，如图 7-60 所示。

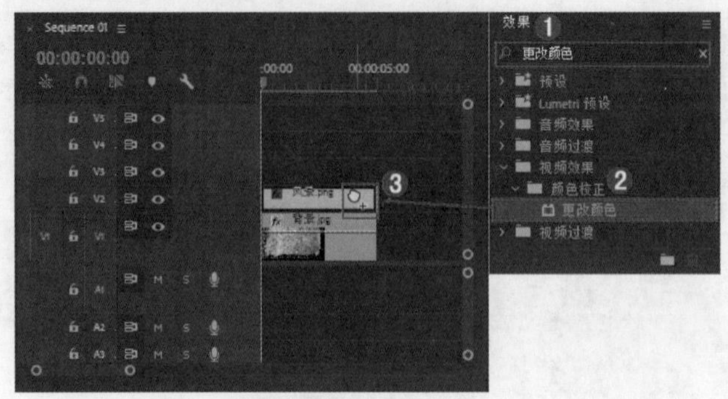

图 7-60

（6）选择 V2 轨道上的【风景 .png】素材文件，在【效果控件】面板中的【更改颜色】栏设置【色相变换】为 188，【亮度变换】为 –26，【要更改的颜色】为浅灰色，如图 7-61 所示。此时的效果如图 7-62 所示。

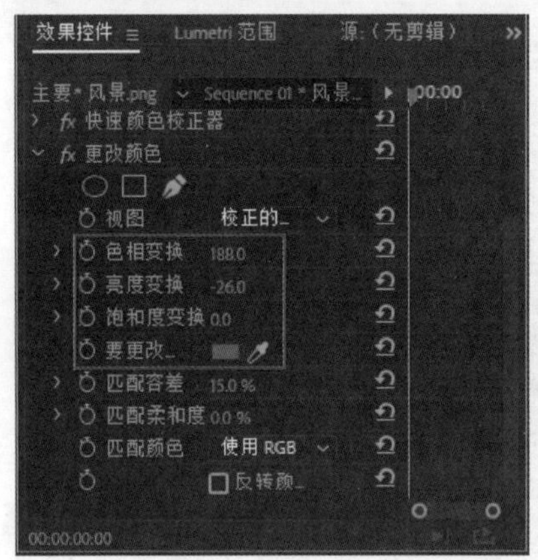

图 7-61

图 7-62

（7）在【效果】面板中搜索【色阶】效果，然后按住鼠标左键将其拖曳到 V2 轨道的【风景 .png】素材文件上，如图 7-63 所示。

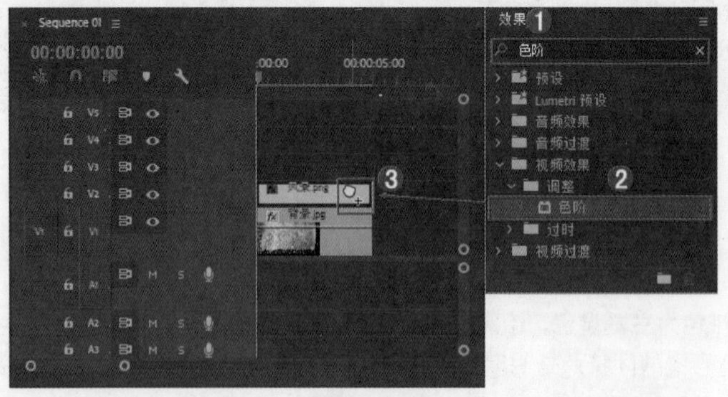

图 7-63

（8）选择 V2 轨道上的【风景 .png】素材文件，在【效果控件】面板中的【色阶】栏设置【（RGB）输入黑色阶】为 32，【（RGB）输出黑色阶】为 20，如图 7-64 所示。此时的效果如图 7-65 所示。

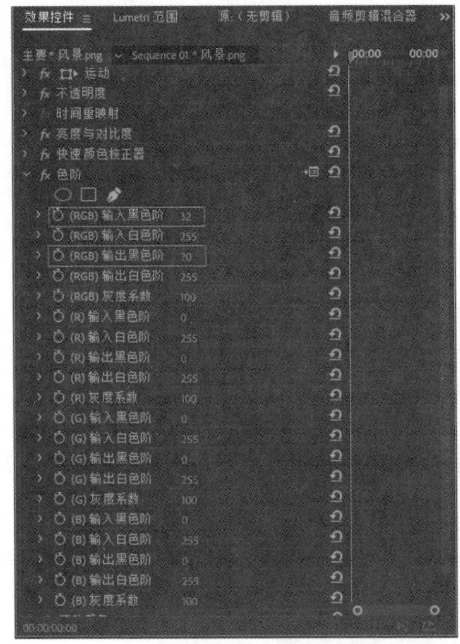

图　7-64

图　7-65

（9）将【项目】面板中的【艺术字 .png】素材文件拖曳到 V3 轨道上，如图 7-66 所示。

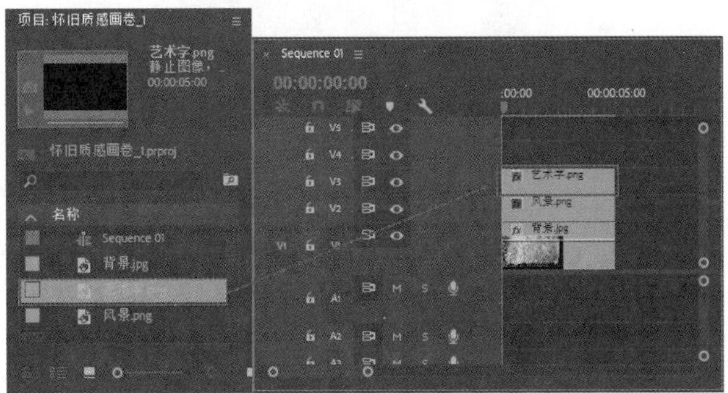

图　7-66

（10）选择 V3 轨道上的【艺术字 .png】素材文件，在【效果控件】面板中的【运动】栏设置【位置】为（518,346），【缩放】为 29，如图 7-67 所示。最终的效果如图 7-68 所示。

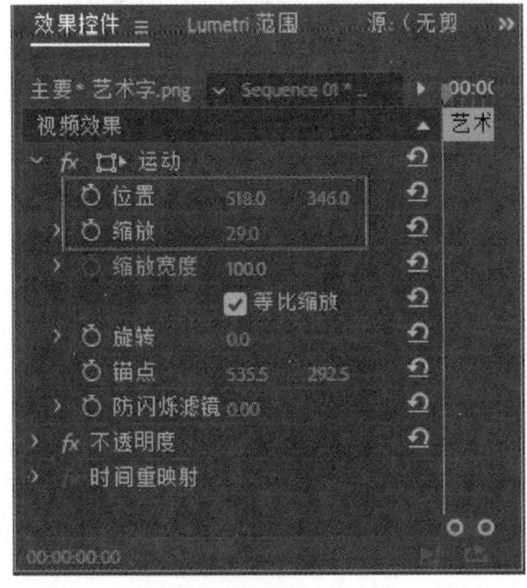

图　7-67

图　7-68

7.3 颜色校正类视频效果

【颜色校正】类视频效果主要可以调节各种和颜色有关的效果，如更改颜色、曲线等，包括【ASC CDL】【Lumetri 颜色】【亮度与对比度】【分色】【均衡】【更改为颜色】【更改颜色】【色彩】【视频限幅器】【通道混合器】【颜色平衡】和【颜色平衡（HLS）】等效果，如图 7-69 所示。

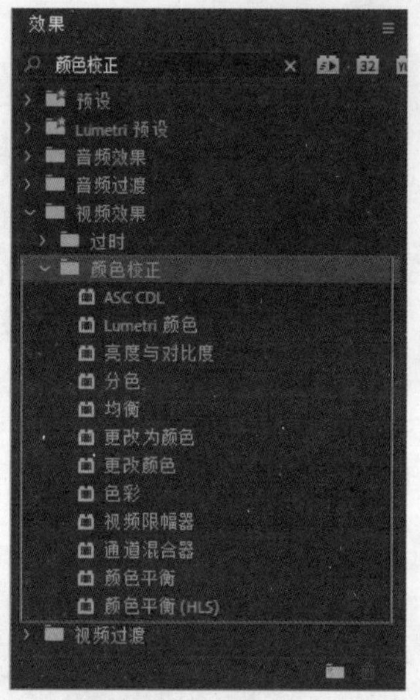

图 7-69

- ASC CDL：【ASC CDL】效果可以对素材画面的颜色及饱和度进行调节，如图 7-70 所示。画面对比效果如图 7-71 所示。

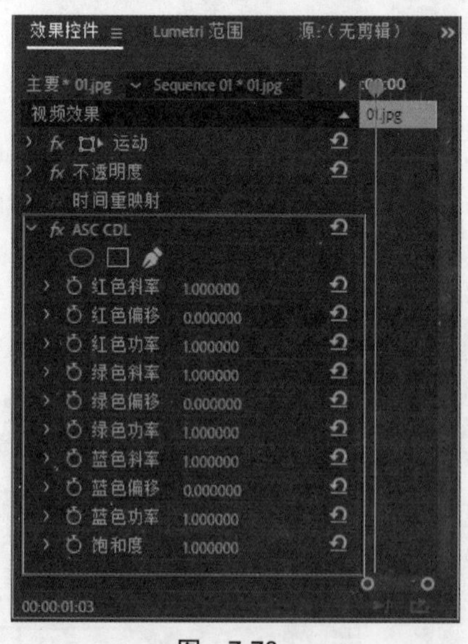

图 7-70

图 7-71

- Lumetri 颜色：【Lumetri 颜色】效果可以对素材画面的颜色进行基本校正，如图 7-72 所示。

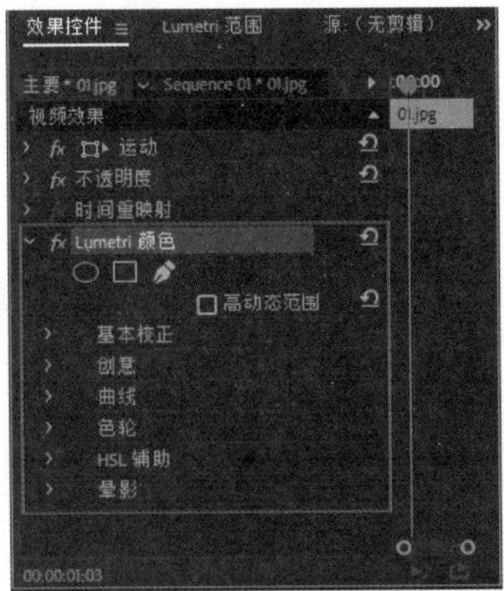

图　7-72

- 亮度与对比度：【亮度与对比度】效果可以对素材画面的亮度和对比度进行调节，如图 7-73 所示。画面对比效果如图 7-74 所示。

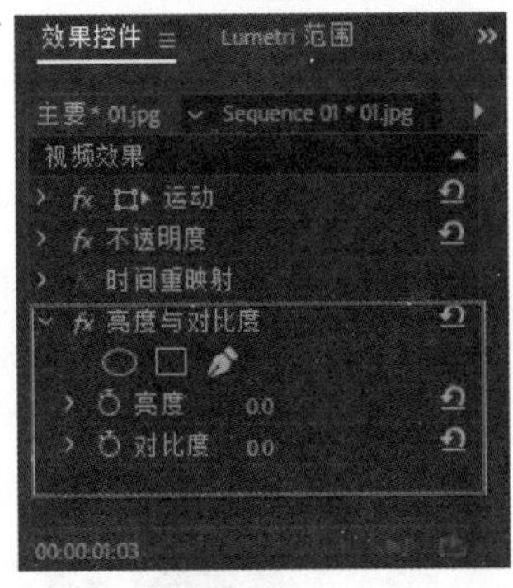

图　7-73　　　　图　7-74

- 分色：【分色】效果可以设置一种颜色范围保留该颜色，而其他颜色漂白转换为灰度效果，如图 7-75 所示。画面对比效果如图 7-76 所示。

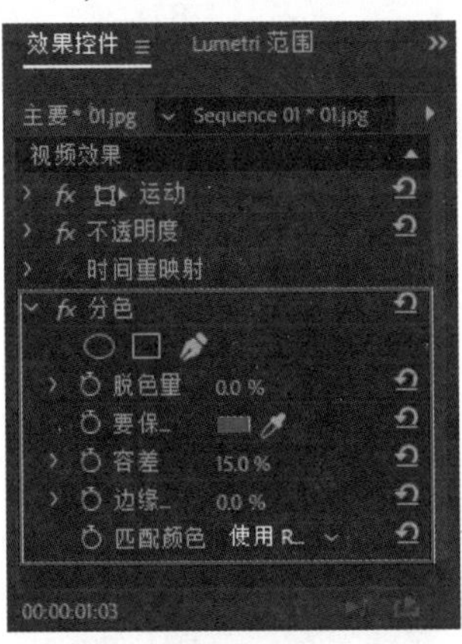

图　7-75　　　　图　7-76

- 均衡：【均衡】效果可以通过 RGB、亮度或 Photoshop 样式 3 种方式对素材进行色彩均化，如图 7-77 所示。
- 更改为颜色：【更改为颜色】效果可以通过颜色的选择将一种颜色直接改变成为另一种颜色，如图 7-78 所示。

- 更改颜色：【更改颜色】效果可以调整素材画面的色相、亮度和饱和度的颜色范围，如图 7-79 所示。

图 7-77

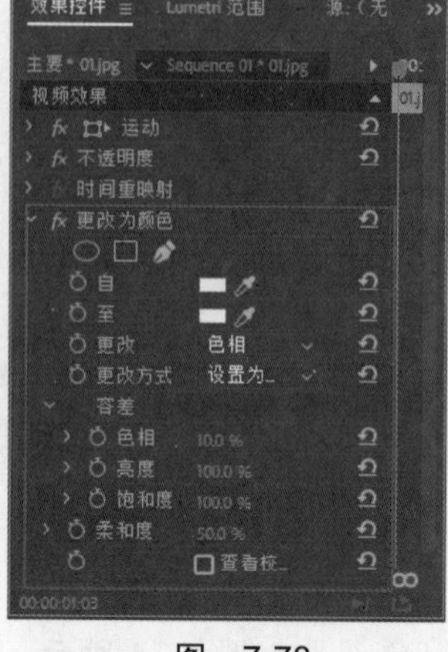

图 7-78

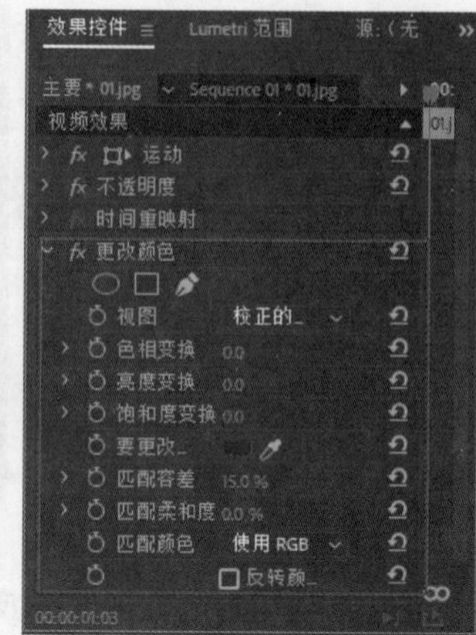

图 7-79

- 色彩：【色彩】效果可以通过指定的颜色对图像进行颜色映射处理，如图 7-80 所示。画面对比效果如图 7-81 所示。

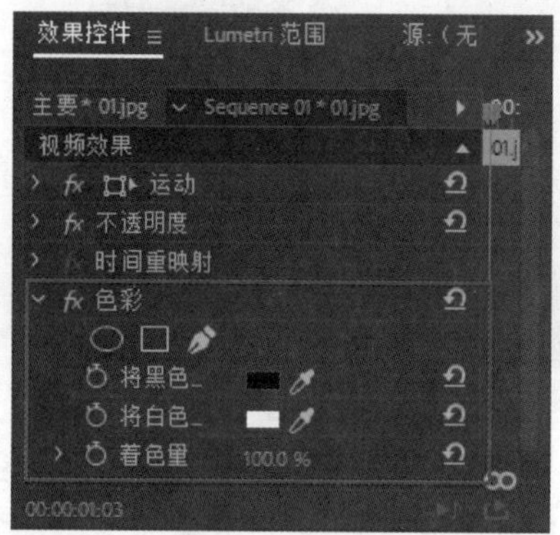

图 7-80

图 7-81

- 视频限幅器：【视频限幅器】效果可以对素材的色彩值进行调节，设置视频限制的范围，以便素材能够在电视中更精确地显示，如图 7-82 所示。画面对比效果如图 7-83 所示。

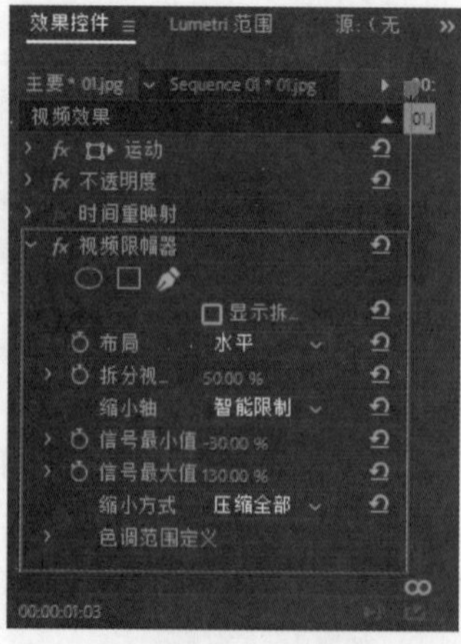

图 7-82

图 7-83

- 通道混合器：【通道混合器】效果可以修改一个或多个通道的颜色值来调整素材的颜色，如图 7-84 所示。画面对比效果如图 7-85 所示。

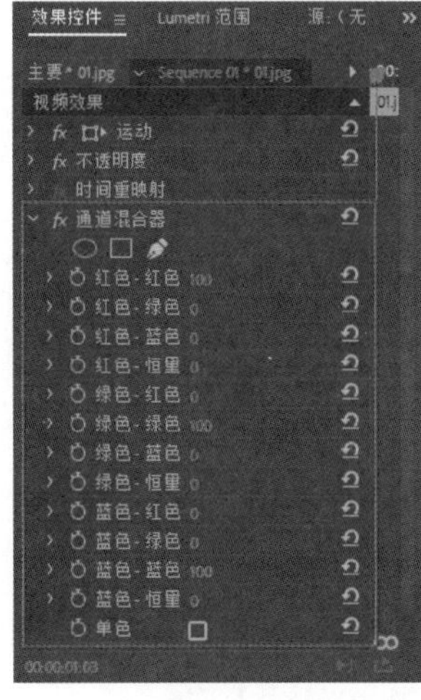

图　7-84

图　7-85

- 颜色平衡：【颜色平衡】效果可以调整素材画面的阴影、中间调和高光的色彩比例，如图 7-86 所示。画面对比效果如图 7-87 所示。

图　7-86

图　7-87

- 颜色平衡（HLS）：【颜色平衡（HLS）】效果可以通过对素材的色相、亮度和饱和度各项参数的调整，来改变颜色，如图 7-88 所示。画面对比效果如图 7-89 所示。

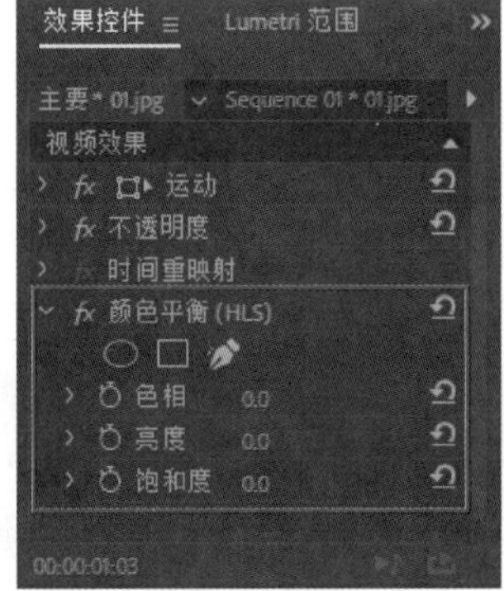

图　7-88

图　7-89

案例实战——制作红霞满天效果

案例文件	案例文件 \ 第 7 章 \ 红霞满天 .prproj
视频教学	视频文件 \ 第 7 章 \ 红霞满天 .flv
难易指数	★★★★★
技术要点	更改为颜色、颜色平衡、亮度与对比度效果的应用

扫码看视频

案例效果

在日出日落时太阳呈现红色，当红色的光照到天空和云上时就形成了红霞。红霞给人一种美的感受且红霞在中国有吉祥的意思，古有谚语：“朝霞不出门，晚霞行千里”，说的就是红霞这一自然景观。本例主要是针对“制作红霞满天效果”的方法进行练习，如图 7-90 所示。

图 7-90

操作步骤

（1）打开 Adobe Premiere Pro CC 2018 软件，单击【新建项目】按钮，在弹出的对话框中单击【浏览】按钮设置保存路径，在【名称】后设置文件名称，设置完成后单击【确定】按钮。接着选择【文件】/【新建】/【序列】命令，在弹出的对话框中选择【DV-PAL】/【标准 48kHz】，如图 7-91 所示。

（2）选择菜单栏中的【文件】/【导入】命令或按【Ctrl+I】快捷键，在打开的对话框中选择所需的素材文件，单击【打开】按钮导入，如图 7-92 所示。

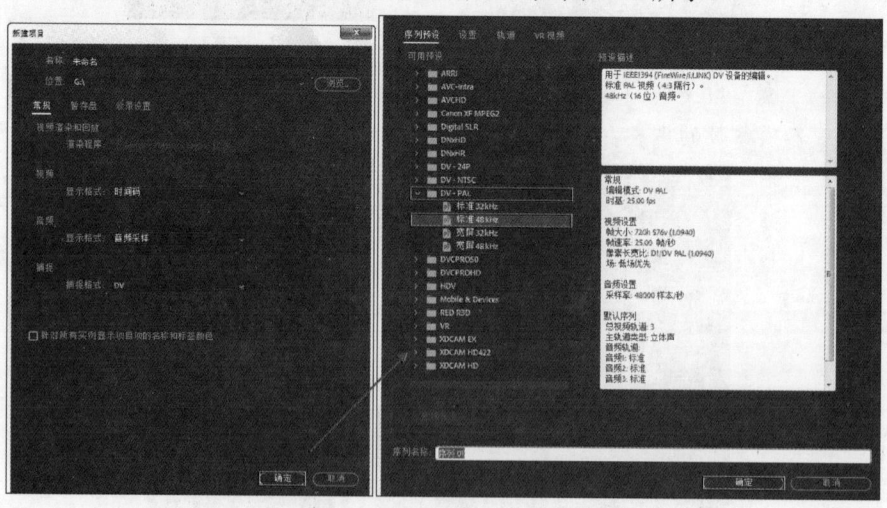

图 7-91

图　7-92

（3）将【项目】面板中的【01.jpg】素材文件拖曳到 V1 轨道上，如图 7-93 所示。

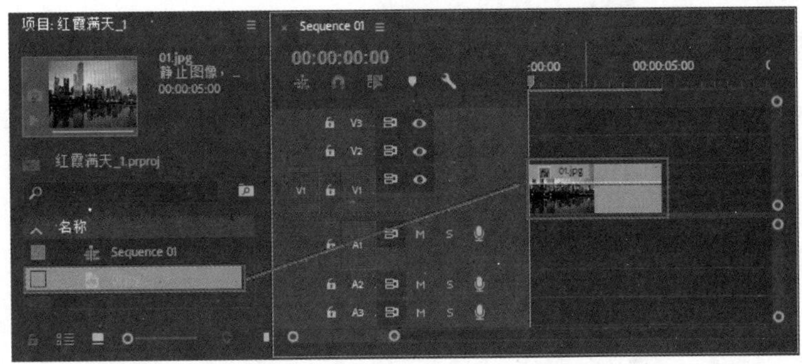

图　7-93

（4）选择 V1 轨道上的【01.jpg】素材文件，在【效果控件】面板中的【运动】栏设置【缩放】为 50，如图 7-94 所示。此时的效果如图 7-95 所示。

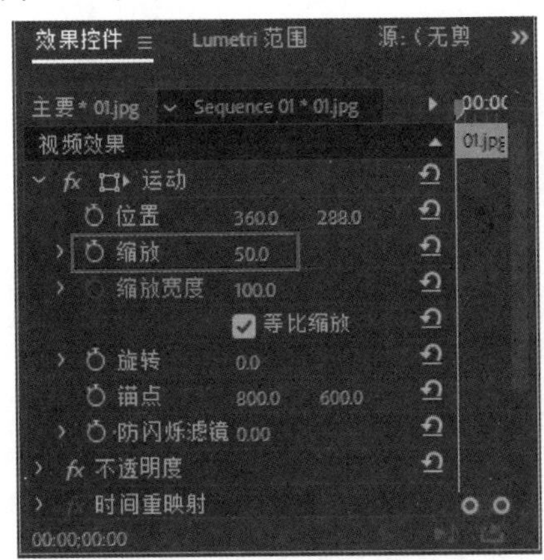

图　7-94

图　7-95

（5）在【效果】面板中搜索【更改为颜色】效果，然后按住鼠标左键将其拖曳到 V1 轨道的【01.png】素材文件上，如图 7-96 所示。

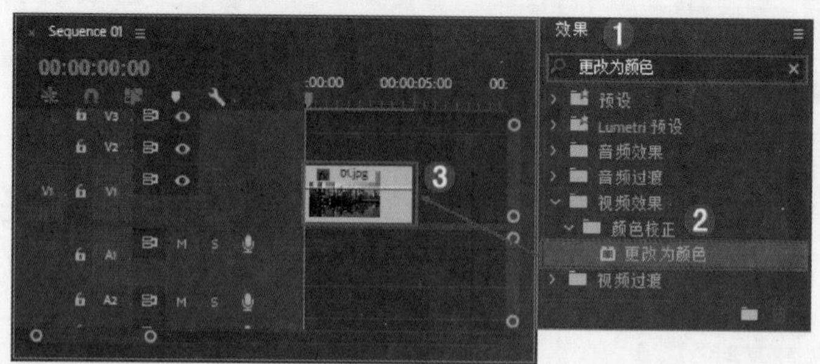

图 7-96

（6）选择 V1 轨道上的【01.png】素材文件，在【效果控件】面板中的【更改为颜色】栏设置【自】为浅紫色，【至】为红色，【色相】为 20%，【亮度】为 20%，【饱和度】为 40%，如图 7-97 所示。此时的效果如图 7-98 所示。

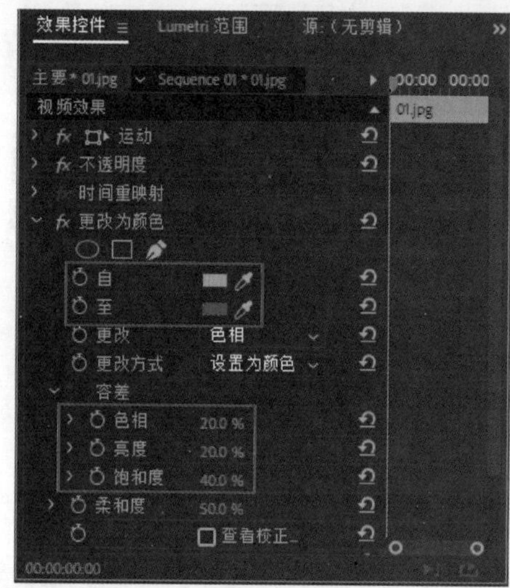

图 7-97

图 7-98

（7）在【效果】面板中搜索【颜色平衡】效果，然后按住鼠标左键将其拖曳到 V1 轨道的【01.jpg】素材文件上，如图 7-99 所示。

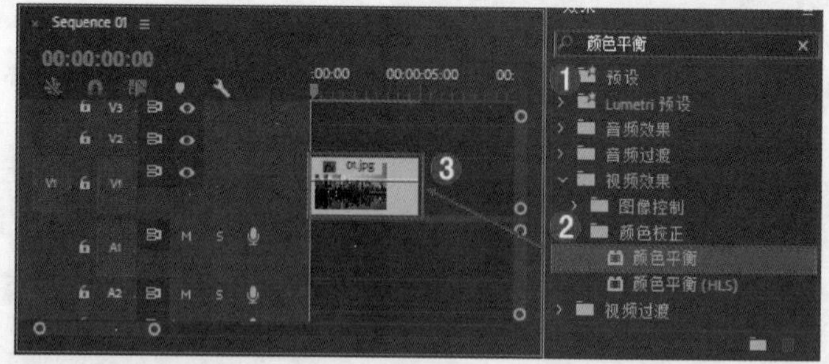

图 7-99

（8）选择 V1 轨道上的【01.jpg】素材文件，打开【效果控件】面板中的【颜色平衡】栏，设置【阴影红色平衡】为 33，【中间调红色平衡】为 21，【高光红色平衡】为 16，如图 7-100 所示。此时的效果如图 7-101 所示。

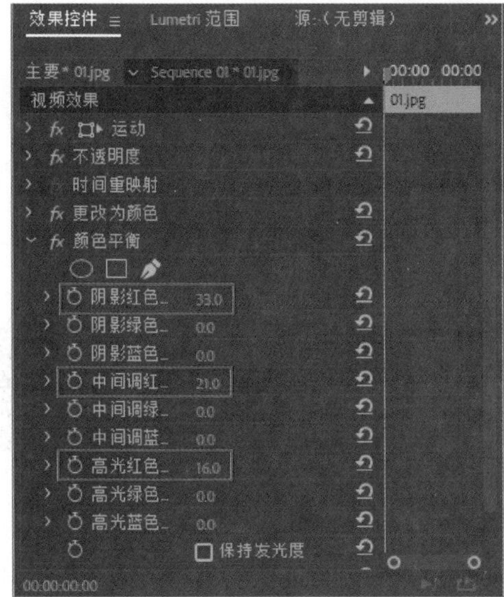

图　7-100　　　　图　7-101

（9）在【效果】面板中搜索【亮度与对比度】效果，然后按住鼠标左键将其拖曳到 V1 轨道的【01.jpg】素材文件上，如图 7-102 所示。

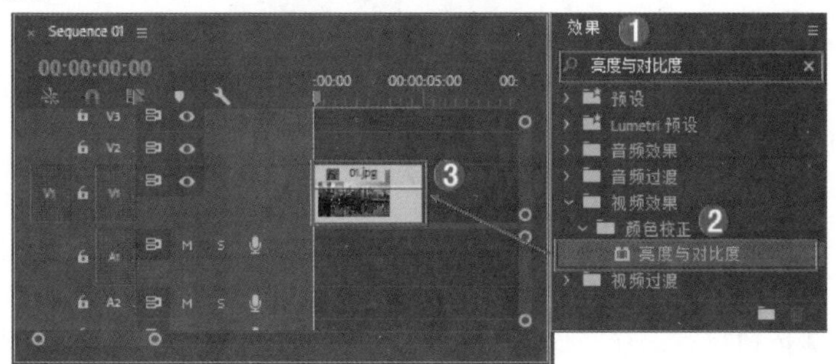

图　7-102

（10）选择 V1 轨道上的【01.jpg】素材文件，打开【效果控件】面板中的【亮度与对比度】栏，设置【亮度】为 –12，【对比度】为 15，如图 7-103 所示。最终的效果如图 7-104 所示。

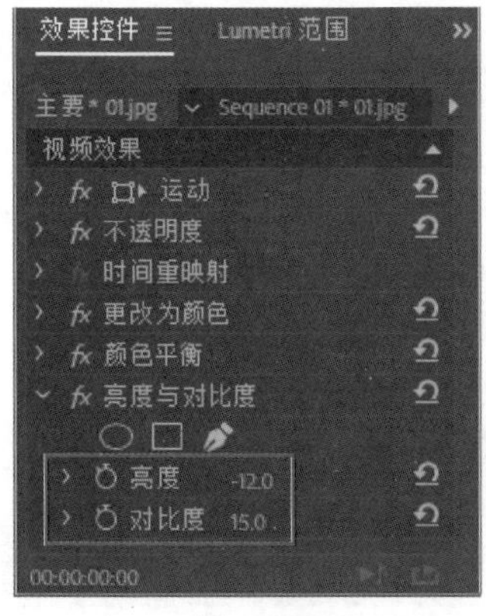

图　7-103　　　　图　7-104

答疑解惑：怎样让红霞的效果更加真实？

红霞是由于空气分子对光线的散射产生的。当空气中的尘埃、水汽等杂质越多时，其色彩越显著。红霞多在日出和日落时出现，所以在制作红霞效果时，避免太阳高照的中午和太阳出现明显的素材。
在云多的时候，光线也会使云层变为红色或者橙色，所以将云层也调节出红色或橙色的效果会更加真实。

案例实战——制作衣服变色效果

案例文件	案例文件\第 7 章\衣服变色效果 .prproj
视频教学	视频文件\第 7 章\衣服变色效果 .flv
难易指数	★★★★★
技术要点	更改颜色和亮度与对比度效果的应用

扫码看视频

案例效果

不同的色彩给人以不同的感官享受，例如，红色给人热情奔放的感觉，而紫色给人神秘和高雅的感觉。本例主要是针对“制作衣服变色效果”的方法进行练习，如图 7-105 所示。

图 7-105

操作步骤

（1）打开 Adobe Premiere Pro CC 2018 软件，单击【新建项目】按钮，在弹出的对话框中单击【浏览】按钮设置保存路径，在【名称】后设置文件名称，设置完成后单击【确定】按钮。接着选择【文件】/【新建】/【序列】命令，在弹出的对话框中选择【DV-PAL】/【标准 48kHz】，如图 7-106 所示。

（2）选择菜单栏中的【文件】/【导入】命令或按【Ctrl+I】快捷键，在打开的对话框中选择所需的素材文件，单击【打开】按钮导入，如图 7-107 所示。

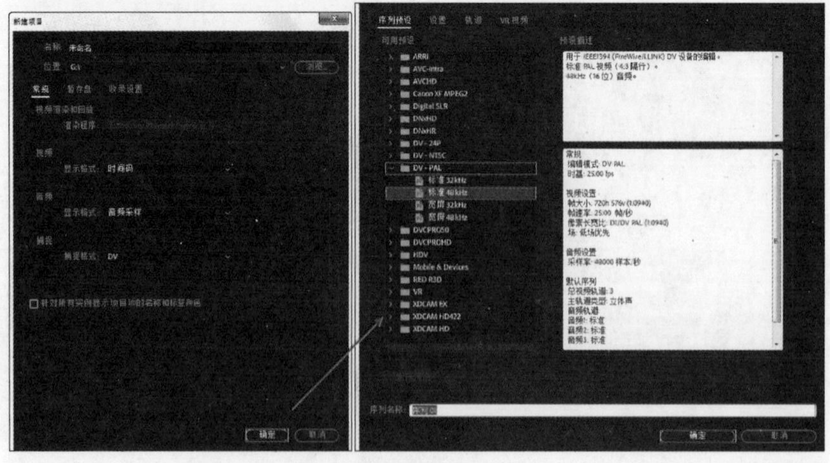

图 7-106

图 7-107

（3）将【项目】面板中的【01.jpg】素材文件分别拖曳到 V1 和 V2 轨道上，如图 7-108 所示。

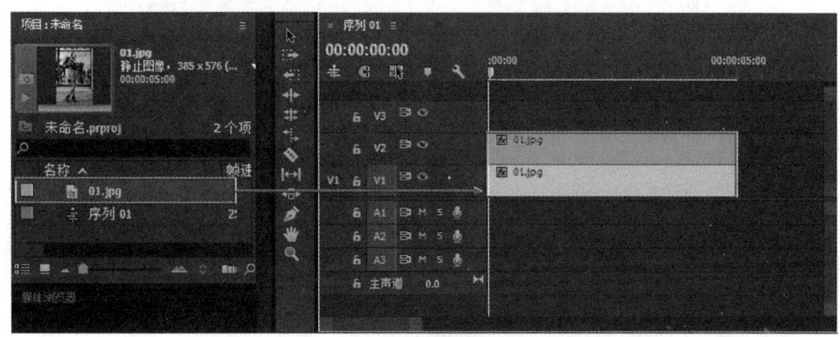

图 7-108

（4）选择 V1 轨道上的【01.jpg】素材文件，在【效果控件】面板中的【运动】栏设置【位置】为（175,288），【缩放】为 105，如图 7-109 所示。

图 7-109

（5）选择 V2 轨道上的【01.jpg】素材文件，在【效果控件】面板中的【运动】栏设置【位置】为（543,288），【缩放】为 105，如图 7-110 所示。

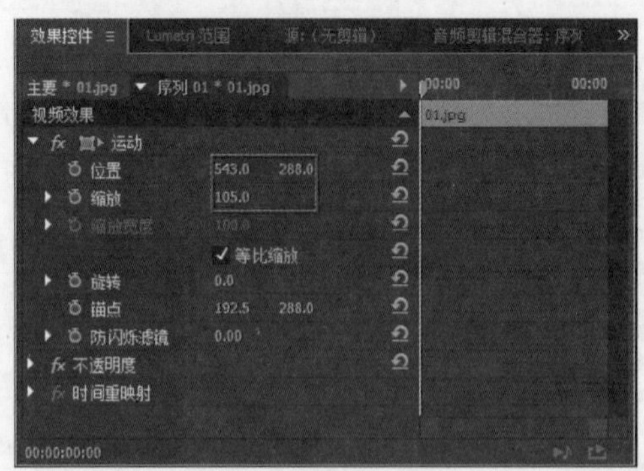

图 7-110

（6）在【效果】面板中搜索【亮度与对比度】效果，按住鼠标左键将其拖曳到 V1 轨道的【01.jpg】素材文件上，如图 7-111 所示。

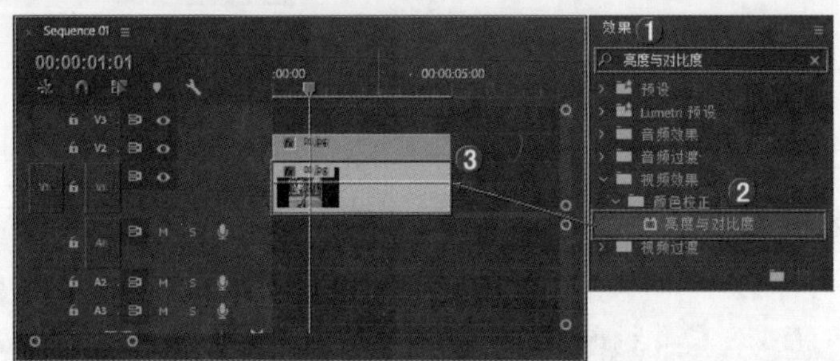

图 7-111

（7）选择 V1 轨道上的【01.jpg】素材文件，在【效果控件】面板中的【亮度与对比度】栏设置【亮度】为 16，【对比度】为 29，如图 7-112 所示。此时的效果如图 7-113 所示。

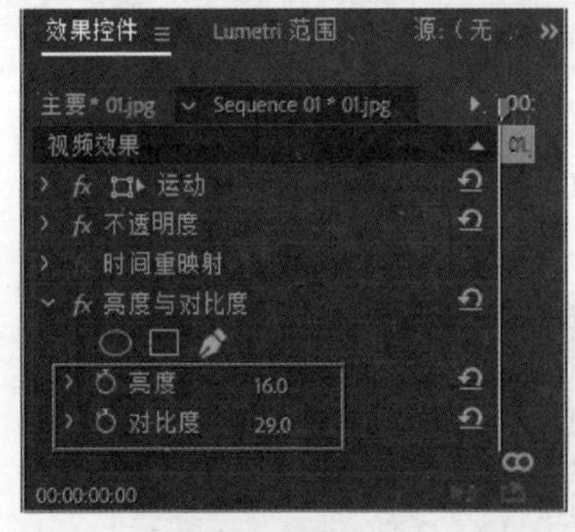

图 7-112

图 7-113

（8）在【效果】面板中搜索【更改颜色】效果，按住鼠标左键将其拖曳到 V1 轨道的【01.jpg】素材文件上，如图 7-114 所示。

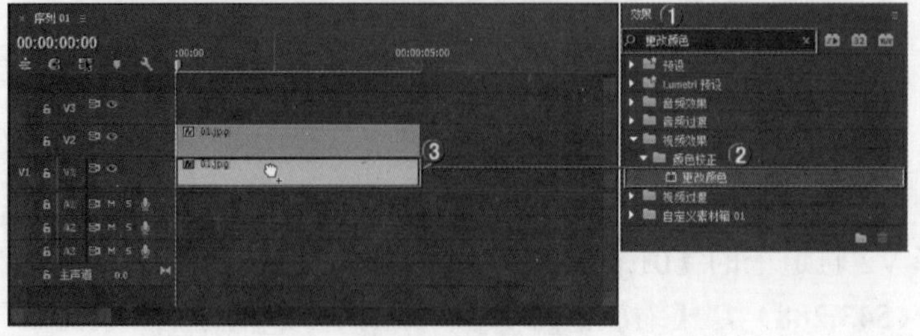

图 7-114

（9）选择 V1 轨道上的【01.jpg】素材文件，在【效果控件】面板中的【更改颜色】栏设置【匹配颜色】为【使用色相】，【要更改的颜色】为蓝色，【色相变换】为 69，【饱和度变换】为 –10，【匹配容差】为 25%，【匹配柔和度】为 3%，如图 7-115 所示。此时的效果如图 7-116 所示。

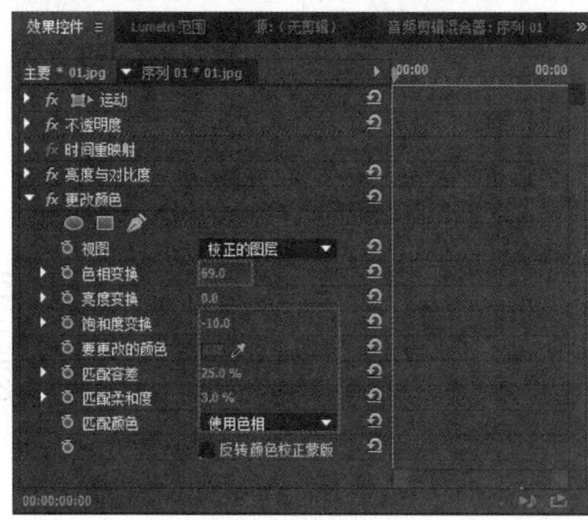

图　7-115

图　7-116

（10）选择 V1 轨道上的【01.jpg】素材文件，将其【效果控件】面板中的【亮度与对比度】和【更改颜色】效果复制到 V2 轨道的【01.jpg】素材文件上，选择 V2 轨道的素材文件，在【效果控件】面板中展开【更改颜色】，设置【色相变换】为 238，【饱和度变换】为 -15，【匹配容差】为 36%，【匹配柔和度】为 5%，如图 7-117 和图 7-118 所示。

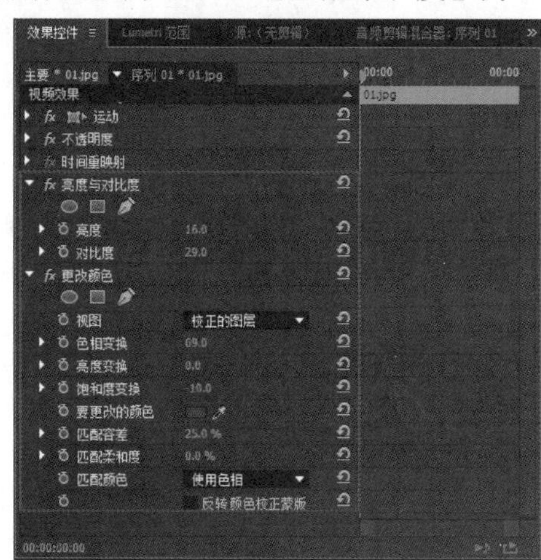

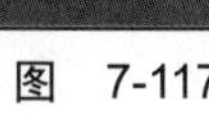

图　7-117

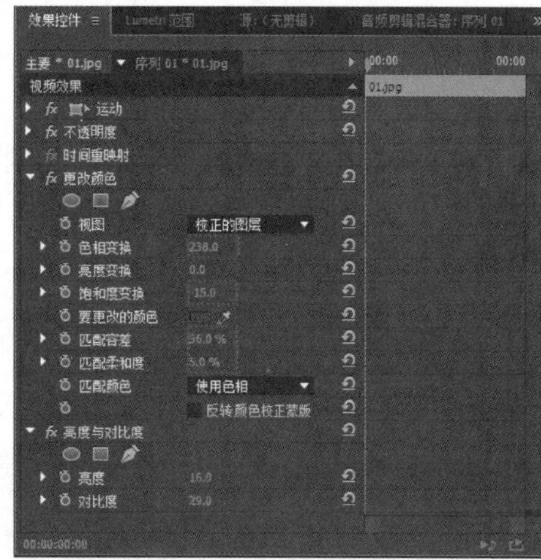

图　7-118

（11）此时拖动时间轴滑块查看最终效果，如图 7-119 所示。

图　7-119

答疑解惑：在应用【要更改的颜色】时，应该怎样选择？

（1）可以在【要更改的颜色】中直接输入颜色的 RGB 数值，也可以使用吸管工具吸取图片中的颜色，然后调节相关数值进行颜色的更改。
（2）更改颜色的效果对视频素材同样有效果，而且还可以更改地面、墙壁等颜色。根据需要调整数值就能得到不同的颜色效果。
（3）彩色或有色系列是指除了黑白系列以外的各种颜色。颜色的 3 个基本特征包括色相、饱和度和明度。这三者在视觉中组成一个统一的视觉效果，给人以不同颜色的感官享受。

案例实战——制作版画效果

案例文件	案例文件 \ 第 7 章 \ 版画效果 .prproj
视频教学	视频文件 \ 第 7 章 \ 版画效果 .flv
难易指数	★★★★★
技术要点	颜色平衡、亮度与对比度、阈值、快速模糊和色彩效果的应用

扫码看视频

案例效果

版画是一种视觉艺术，是经过构思和创作，然后版制印刷所产生的艺术作品。古代版画主要是木刻，也有少数铜版刻和套色漏印。独特的刀味与木味使它在中国文化艺术史上具有独立的艺术价值与地位。本例主要是针对“制作版画效果”的方法进行练习，如图 7-120 所示。

图　7-120

操作步骤

Part01　制作纸张效果

（1）打开 Adobe Premiere Pro CC 2018 软件，单击【新建项目】按钮，在弹出的对话框中单击【浏览】按钮设置保存路径，在【名称】后设置文件名称，设置完成后单击【确定】按钮。接着选择【文件】/【新建】/【序列】命令，在弹出的对话框中选择【DV-PAL】/【标准 48kHz】，如图 7-121 所示。

（2）选择菜单栏中的【文件】/【导入】命令或按【Ctrl+I】快捷键，在打开的对话框中选择所需的素材文件，单击【打开】按钮导入，如图 7-122 所示。

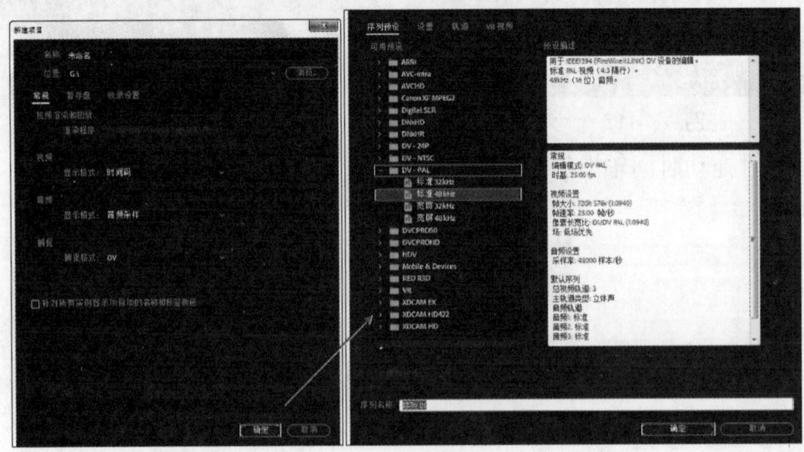
图　7-121

图 7-122

（3）将【项目】面板中的【纸 .jpg】素材文件拖曳到 V1 轨道上，如图 7-123 所示。

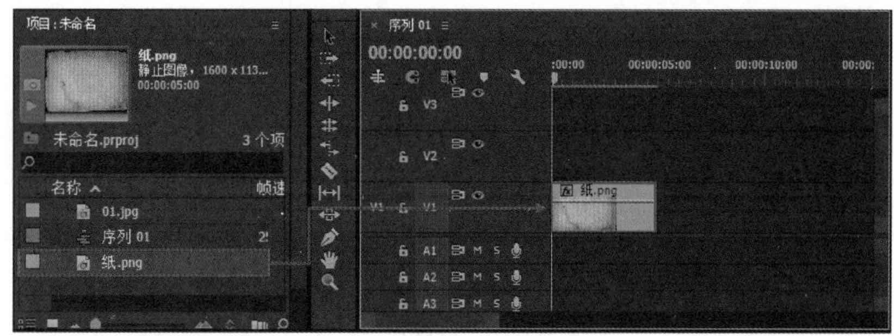

图 7-123

（4）在【效果】面板中搜索【亮度与对比度】效果，按住鼠标左键将其拖曳到 V1 轨道的【纸 .png】素材文件上，如图 7-124 所示。

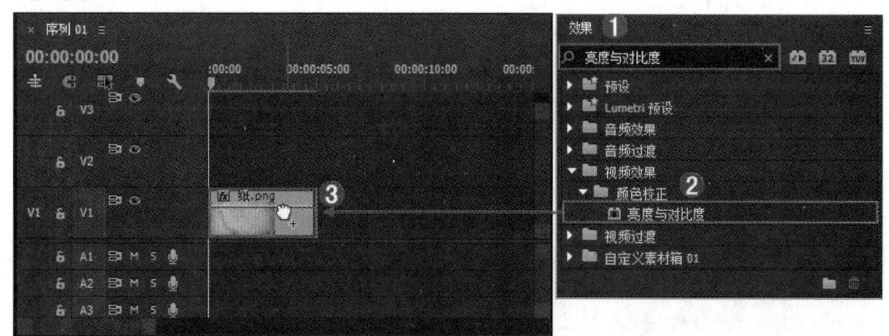

图 7-124

（5）选择 V1 轨道上的【纸 .png】素材文件，在【效果控件】面板中展开【运动】栏，设置【缩放】为 54。接着展开【亮度与对比度】栏设置【亮度】为 5，【对比度】为 15，如图 7-125 所示。此时的效果如图 7-126 所示。

图 7-125

图 7-126

Part02 制作纸张上的版画

（1）在【效果】面板中搜索【颜色平衡】效果，按住鼠标左键将其拖曳到 V1 轨道的【纸 .png】素材文件上，如图 7-127 所示。

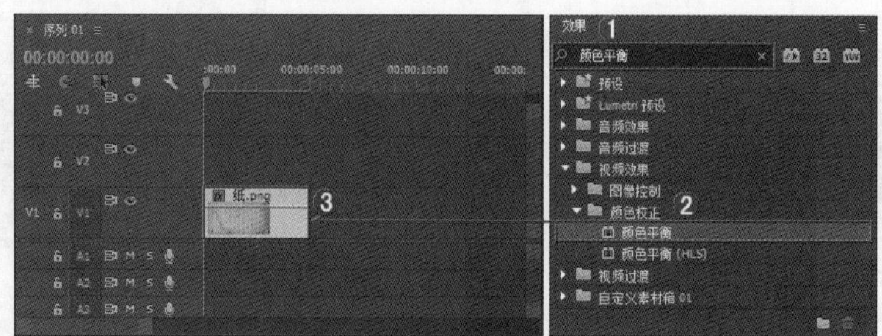

图 7-127

（2）选择 V1 轨道上的【纸 .png】素材文件，在【效果控件】面板中的【颜色平衡】栏设置【阴影红色平衡】为 –24，【中间调红色平衡】为 –6，【高光蓝色平衡】为 10，如图 7-128 所示。此时的效果如图 7-129 所示。

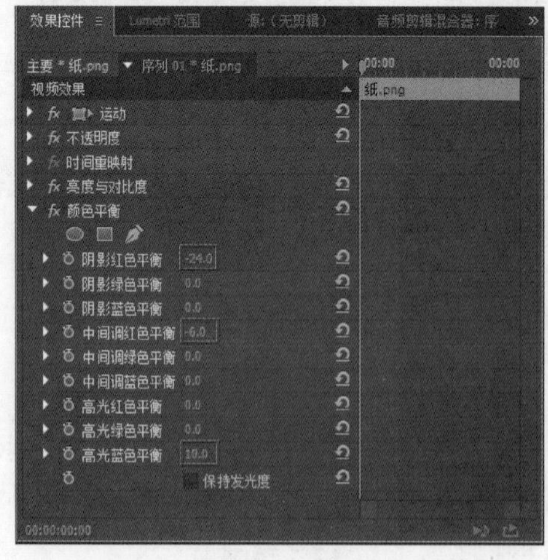

图 7-128

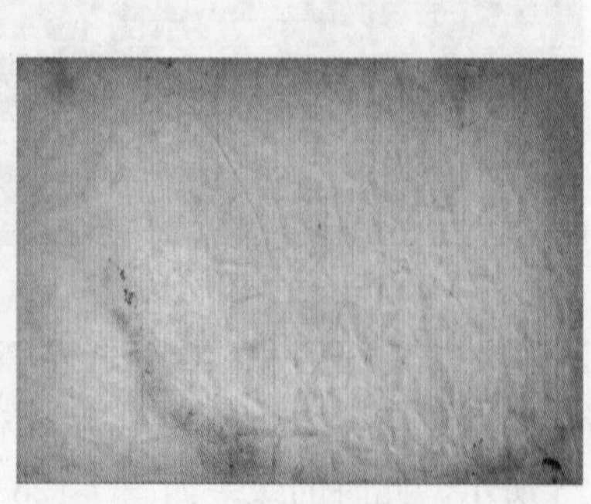

图 7-129

（3）将【项目】面板中的【01.jpg】素材文件拖曳到 V2 轨道上，如图 7-130 所示。

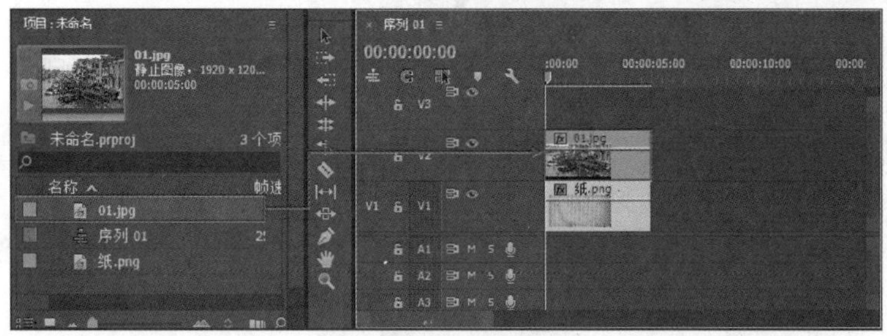

图　7-130

（4）选择 V2 轨道上的【01.jpg】素材文件，在【效果控件】面板中的【运动】栏设置【缩放】为 49，【混合模式】为【相乘】，如图 7-131 所示。此时的效果如图 7-132 所示。

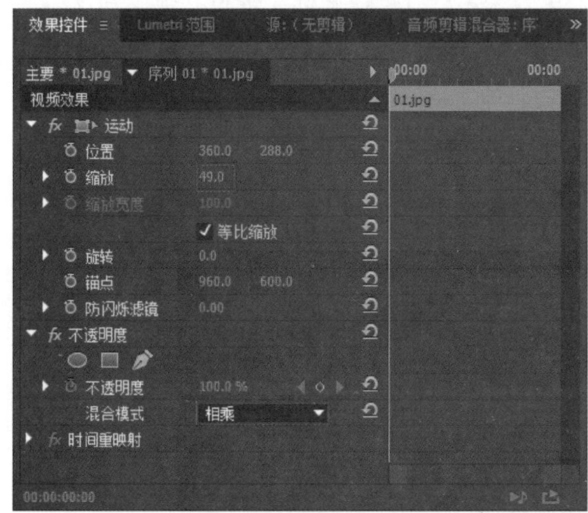

图　7-131　　　　图　7-132

（5）在【效果】面板中搜索【阈值】效果，然后按住鼠标左键将其拖曳到 V2 轨道的【01.jpg】素材文件上，如图 7-133 所示。

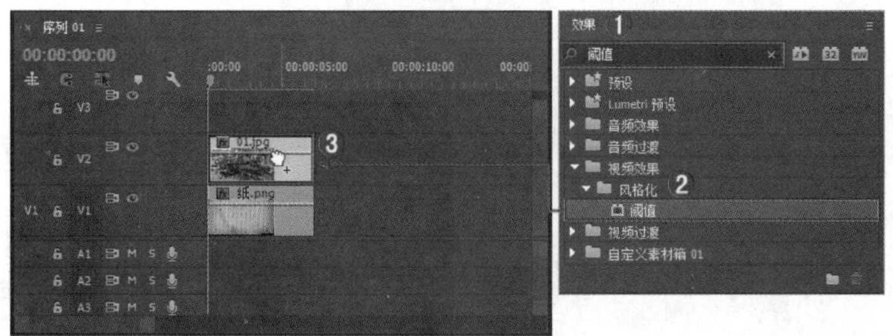

图　7-133

（6）选择 V2 轨道上的【01.jpg】素材文件，然后将时间线拖到起始帧的位置，然后单击 按钮开启自动关键帧，设置【级别】为 -5。接着将时间线拖到第 1 秒 13 帧的位置，设置【级别】为 0。继续将时间线拖到第 3 秒 24 帧的位置，设置【级别】为 0。最后将时间线拖到第 4 秒 12 帧的位置，设置【级别】为 -5，如图 7-134 所示。此时效果如图 7-135 所示。

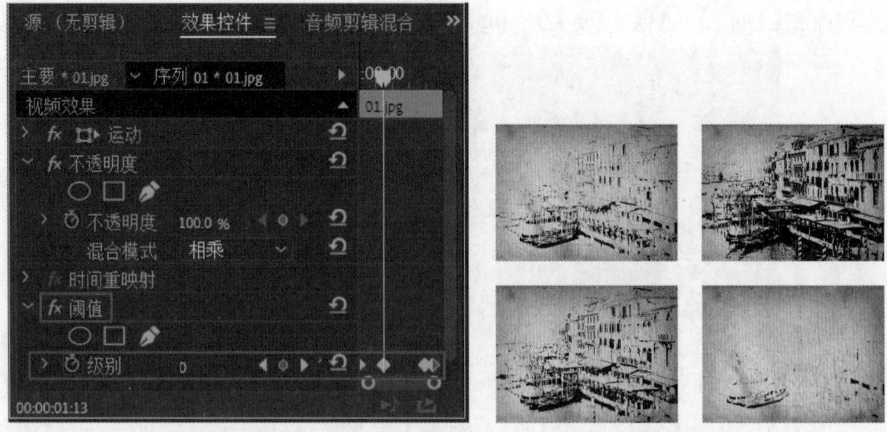

图 7-134　　图 7-135

（7）在【效果】面板中搜索【色彩】效果，然后按住鼠标左键将其拖曳到 V2 轨道上，如图 7-136 所示。

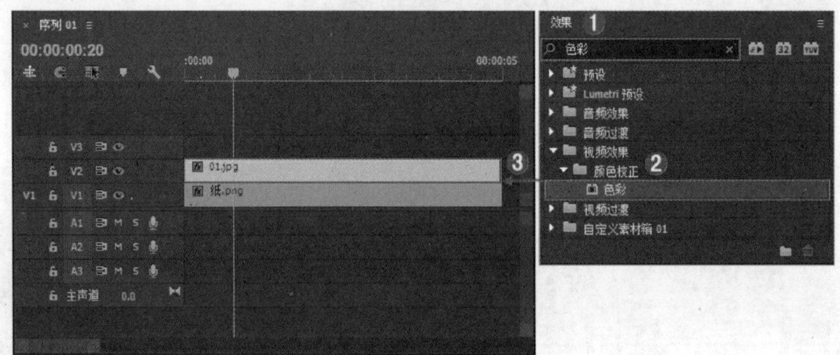

图 7-136

（8）选择 V2 轨道上的【01.jpg】素材文件，在【效果控件】面板中的【色彩】栏设置【将黑色映射到】为深红色，如图 7-137 所示。此时的效果如图 7-138 所示。

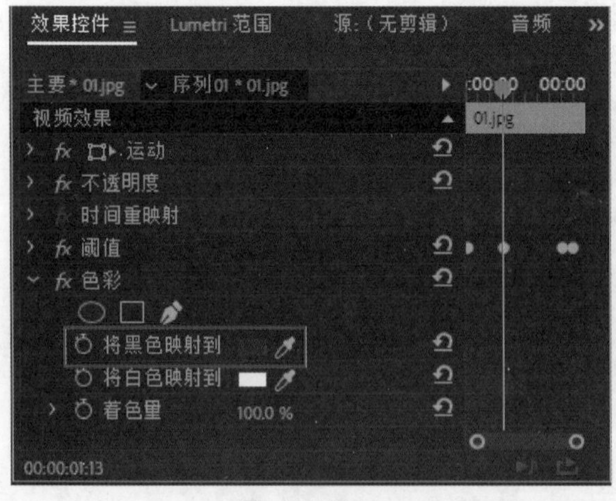

图 7-137

图 7-138

（9）在【效果】面板中搜索【快速模糊】效果，然后按住鼠标左键将其拖曳到 V2 轨道的【01.jpg】素材文件上，如图 7-139 所示。

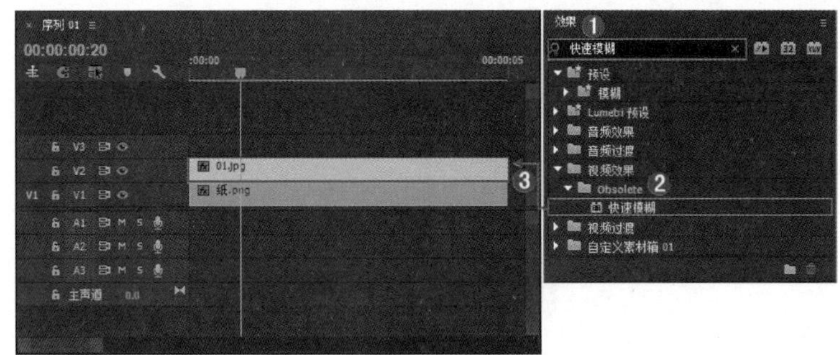

图 7-139

技巧提示：

在添加了阈值和着色效果后，画面边缘过于清晰，不像版画的印画效果，所以添加【快速模糊】效果，可以更真实地反映出版画的轻微模糊效果。

（10）选择 V2 轨道上的【01.jpg】素材文件，在【效果控件】面板中的【快速模糊】栏设置【模糊度】为 3，如图 7-140 所示。

（11）此时拖动时间轴滑块查看最终效果，如图 7-141 所示。

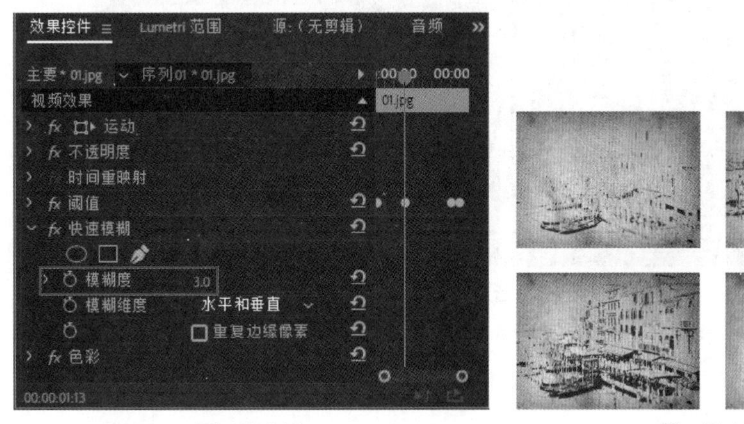

图 7-140　　　　图 7-141

答疑解惑：在制作时，可以更换版画和背景颜色吗？

可以更换颜色，在应用【色彩】效果时，更改【将黑色映射到】的颜色即可以更改版画的颜色。更改【将白色映射到】的颜色即可以更改版画的背景颜色。

案例实战——Lomo 风格效果

案例文件	案例文件 \ 第 7 章 \Lomo 风格效果 .prproj
视频教学	视频文件 \ 第 7 章 \Lomo 风格效果 .flv
难易指数	★★★★★
技术要点	颜色平衡、四色渐变和亮度与对比度效果的应用

扫码看视频

案例效果

Lomo 是一种自然的、即兴的美学，体现模糊与随机性的潮流经典，即生活中所有的一种自然的朦胧的美。本例主要是针对“Lomo 风格效果”的方法进行练习，如图 7-142 所示。

图 7-142

操作步骤

（1）打开 Adobe Premiere Pro CC 2018 软件，单击【新建项目】按钮，在弹出的对话框中单击【浏览】按钮设置保存路径，在【名称】后设置文件名称，设置完成后单击【确定】按钮。接着选择【文件】/【新建】/【序列】命令，在弹出的对话框中选择【DV-PAL】/【标准 48kHz】，如图 7-143 所示。

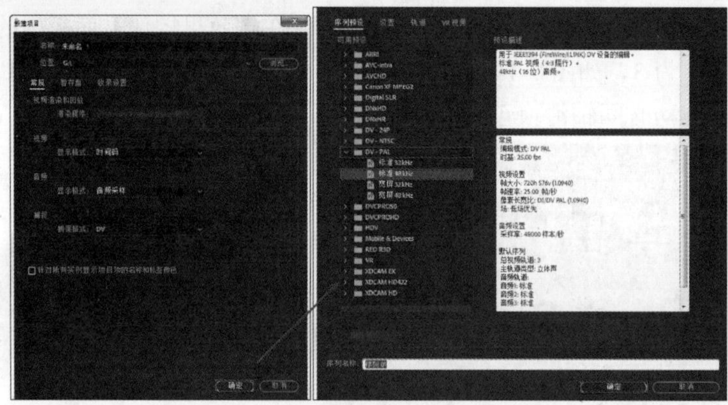

图 7-143

（2）选择菜单栏中的【文件】/【导入】命令或按【Ctrl+I】快捷键，在打开的对话框中选择所需的素材文件，单击【打开】按钮导入，如图 7-144 所示。

图 7-144

（3）将【项目】面板中的【01.jpg】素材文件拖曳到 V1 轨道上，如图 7-145 所示。

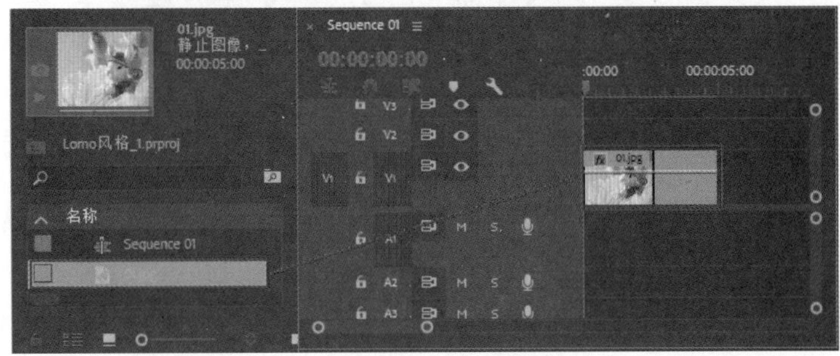

图 7-145

（4）在【效果】面板中搜索【亮度与对比度】效果，然后按住鼠标左键将其拖曳到 V1 轨道的【01.jpg】素材文件，如图 7-146 所示。

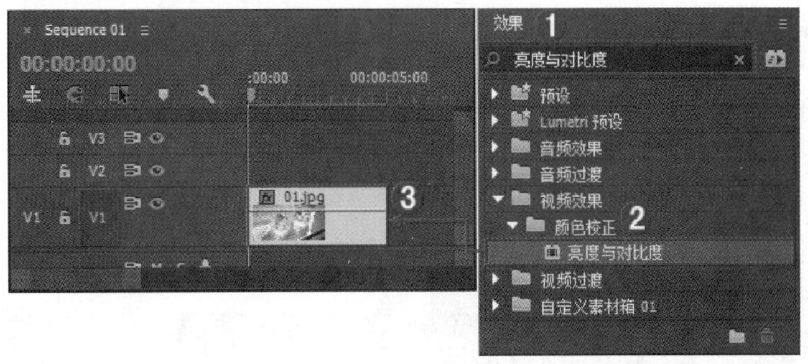

图 7-146

（5）选择 V1 轨道上的【01.jpg】素材文件，在【效果控件】面板中的【运动】栏设置【缩放】为 62。接着打开【效果控件】面板中的【亮度与对比度】栏，设置【亮度】为 −10，【对比度】为 5，如图 7-147 所示。此时的效果如图 7-148 所示。

图 7-147

图 7-148

（6）在【效果】面板中搜索【颜色平衡】效果，然后按住鼠标左键将其拖曳到 V1 轨道的【01.jpg】素材文件，如图 7-149 所示。

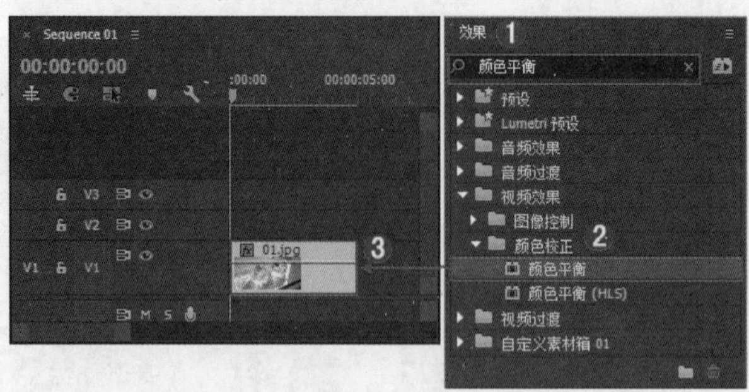

图 7-149

（7）选择 V1 轨道上的【01.jpg】素材文件，打开【效果控件】面板中的【颜色平衡】栏，设置【阴影红色平衡】为 -48，【阴影绿色平衡】为 37，【中间调红色平衡】为 100，【中间调蓝色平衡】为 20，如图 7-150 所示。此时的效果如图 7-151 所示。

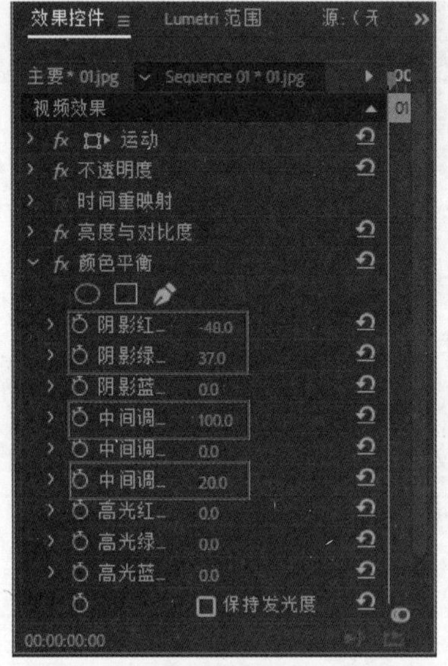

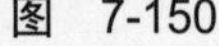
图 7-150

图 7-151

（8）在【效果】面板中搜索【四色渐变】效果，然后按住鼠标左键将其拖曳到 V1 轨道的【01.jpg】素材文件上，如图 7-152 所示。

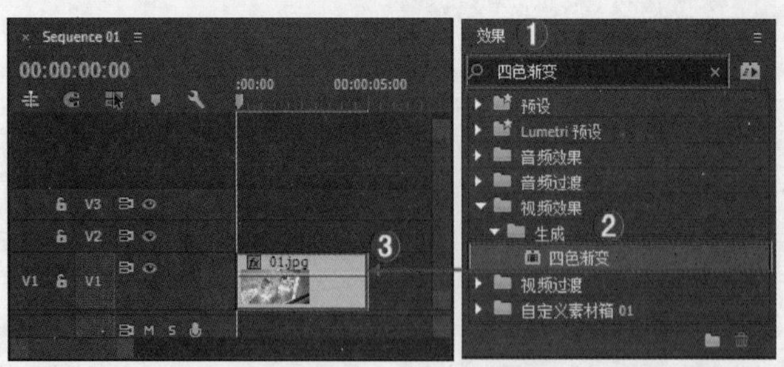

图 7-152

（9）选择 V1 轨道上的【01.jpg】素材文件，打开【效果控件】面板中的【四色渐变】栏，设置【混合模式】为【变亮】，【点 1】为（236,777），【点 2】为（600,497），【点 3】为（237,345），【点 4】为（1138,875），【混合】为 400，【不透明度】为 90%，如图 7-153 所示。

（10）此时拖动时间轴滑块查看最终效果，如图 7-154 所示。

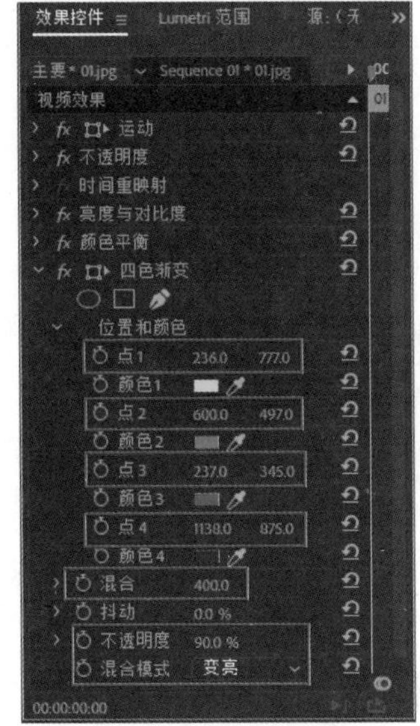

图　7-153

图　7-154

答疑解惑：Lomo 风格的主要色调有哪些？

Lomo 风格的主要色调是红、黄、蓝，在制作 Lomo 风格时，这 3 种颜色的色泽突出。再为素材添加模糊和自然光线效果，制作出自然和随机性的感觉。

Lomo 的效果主要来源于 Lomo 相机的特殊效果，所以在制作时，可以借鉴相机的效果，调暗图片的光线，使红、黄、蓝的颜色突出，还可以调整光线为四周暗中间亮的效果。

7.4　图像控制类视频效果

【图像控制】类视频效果主要是对素材进行色彩处理，包括【灰度系数校正】【颜色平衡（RGB）】【颜色替换】【颜色过滤】和【黑白】5 种效果。选择【效果】面板中的【视频效果】/【图像控制】，如图 7-155 所示。

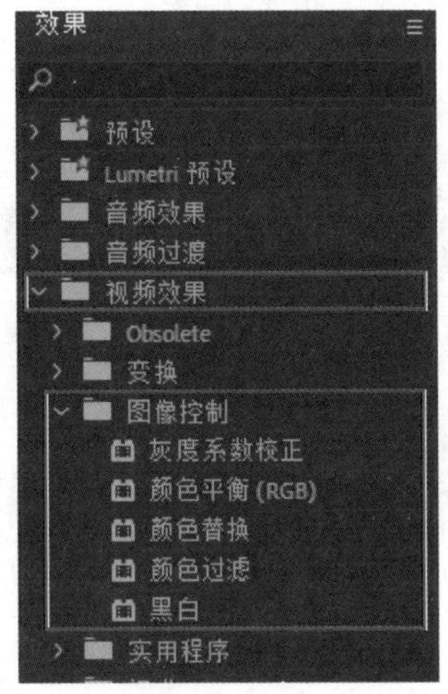

图　7-155

- 灰度系数校正：【灰度系数校正】效果可以对素材的中间色的明暗度进行调整，而使素材效果变暗或变亮，如图 7-156 所示。画面对比效果如图 7-157 所示。

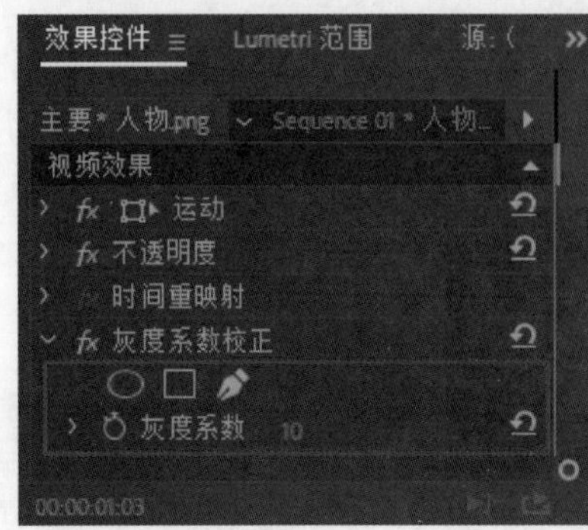

图 7-156

图 7-157

- 颜色平衡（RGB）：【颜色平衡（RGB）】效果可以通过 RGB 值对素材的颜色进行处理，如图 7-158 所示。画面对比效果如图 7-159 所示。

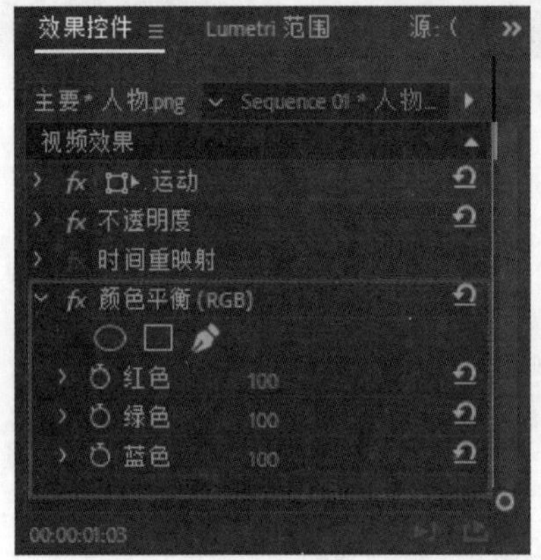

图 7-158

图 7-159

- 颜色替换：【颜色替换】效果可以用新的颜色替换原素材上取样的颜色，如图 7-160 所示。画面对比效果如图 7-161 所示。

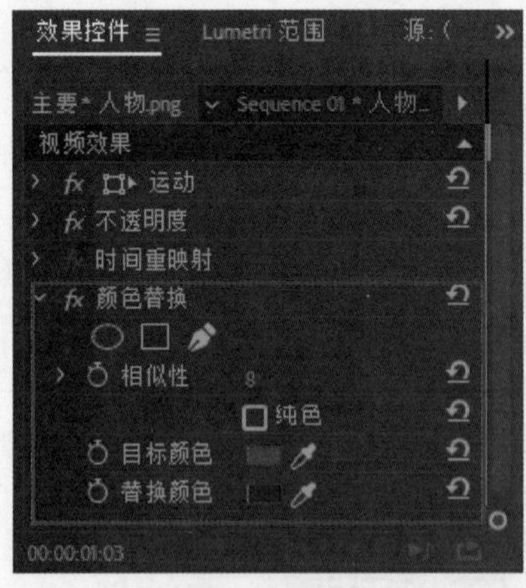

图 7-160

图 7-161

- 颜色过滤：【颜色过滤】效果将剪辑转换成灰度，但不包括指定的单个颜色，如图 7-162 所示。

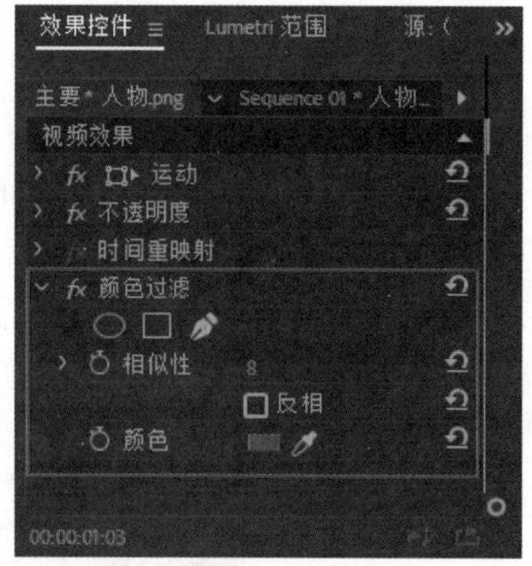

图 7-162

- 黑白：【黑白】效果可以将色彩视频素材处理为黑白效果，如图 7-163 所示。画面对比效果图 7-164 所示。

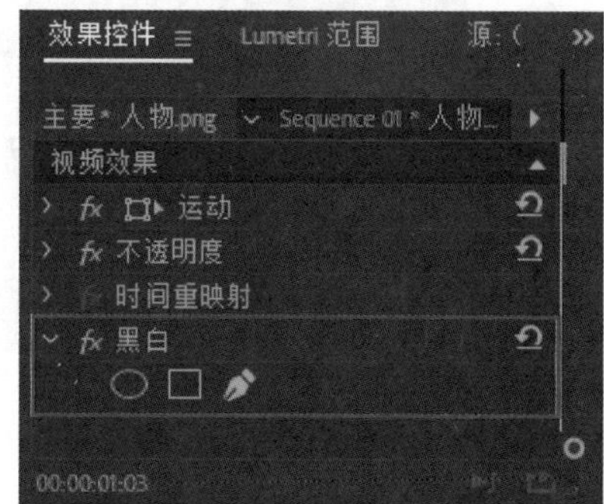

图 7-163

图 7-164

综合实例——制作水墨效果

案例文件	案例文件 \ 第 7 章 \ 水墨画效果 .prproj
视频教学	视频文件 \ 第 7 章 \ 水墨画效果 .flv
难易指数	★★★★★
技术要点	黑白、色阶效果的应用

扫码看视频

案例效果

水墨效果是一种常用的特殊表现技法，一般指用水和墨所作的画。由墨色的焦、浓、重、淡、清产生丰富的变化，表现物象，有独到的艺术效果。本例主要是针对“制作水墨效果”的方法进行练习，如图 7-165 所示。

图 7-165

操作步骤

Part01　制作单色背景

（1）选择【文件】/【新建】/【项目】命令，弹出【新建项目】对话框，设置【名称】，并单击【浏览】按钮设置保存路径，再单击【确定】按钮，如图 7-166 所示。在【项目】面板空白处单击鼠标右键，在弹出的快捷菜单中选择【新建项目】/【序列】命令，弹出【新建序列】对话框，选择【DV-PAL】/【标准 48kHz】，单击【确定】按钮，如图 7-167 所示。

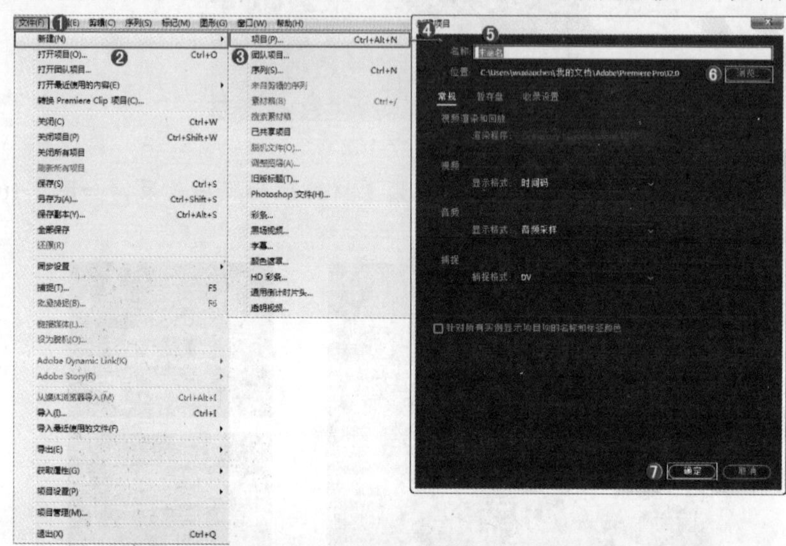

图　7-166

图　7-167

（2）选择菜单栏中的【文件】/【导入】命令或按【Ctrl+I】快捷键，在打开的对话框中选择所需的素材文件，单击【打开】按钮导入，如图 7-168 所示。

（3）选择菜单栏中的【文件】/【新建】/【颜色遮罩】命令，在弹出的对话框中单击【确定】按钮，如图 7-169 所示。接着在弹出的【拾色器】对话框中设置颜色为浅灰色，单击【确定】按钮，如图 7-170 所示。

图 7-168

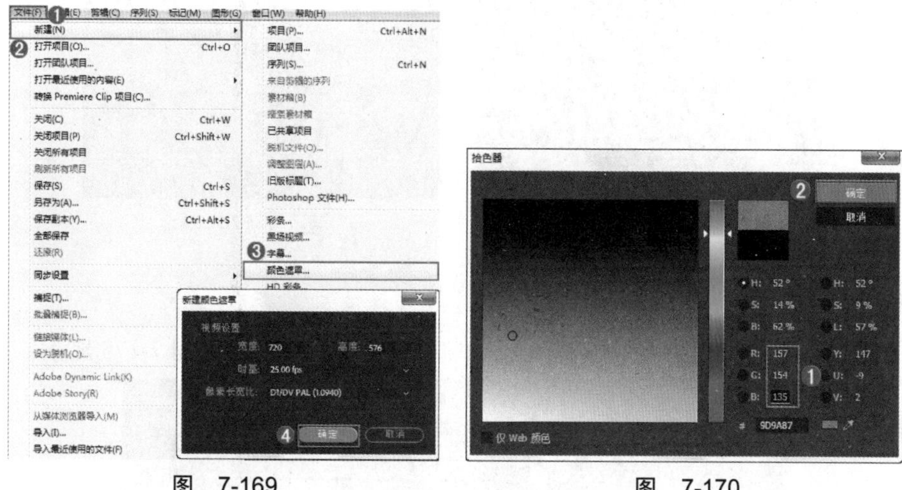

图 7-169　　　　图 7-170

（4）此时将【项目】面板中的【颜色遮罩】素材拖曳到 V1 轨道上，如图 7-171 所示。

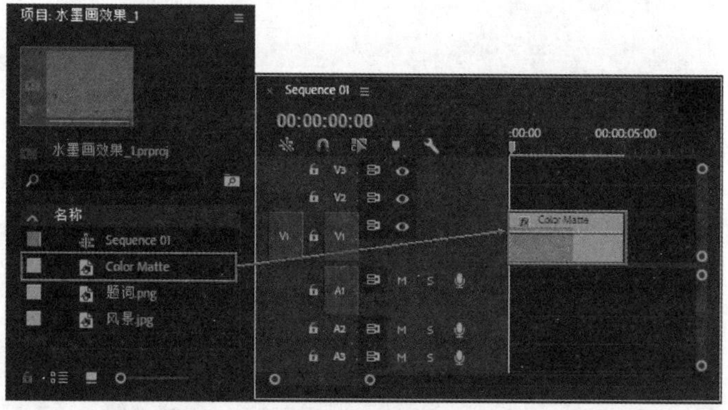

图 7-171

（5）在【效果】面板中搜索【杂色】效果，按住鼠标左键将其拖曳到 V1 轨道的【颜色遮罩】素材上，如图 7-172 所示。

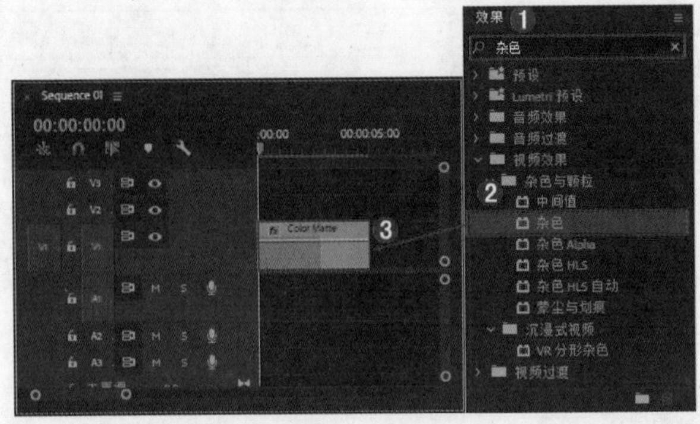

图 7-172

（6）选择 V1 轨道上的【颜色遮罩】素材文件，在【效果控件】面板中的【杂色】栏设置【杂色数量】为 7%，如图 7-173 所示。此时的效果如图 7-174 所示。

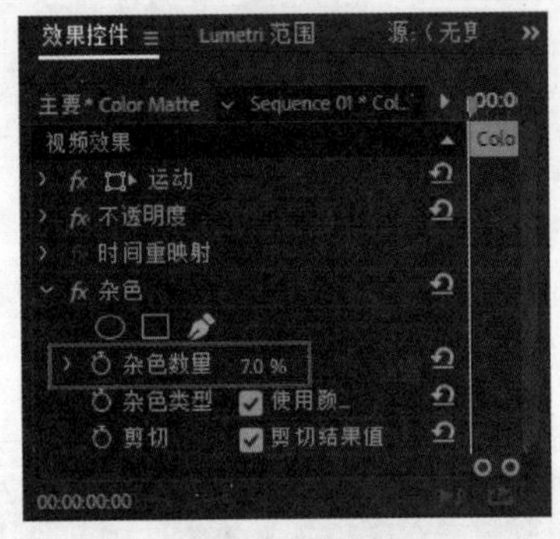

图 7-173

图 7-174

Part02　制作黑白的水墨风景效果

（1）将【项目】面板中的【风景 .jpg】拖曳到 V2 轨道上，如图 7-175 所示。

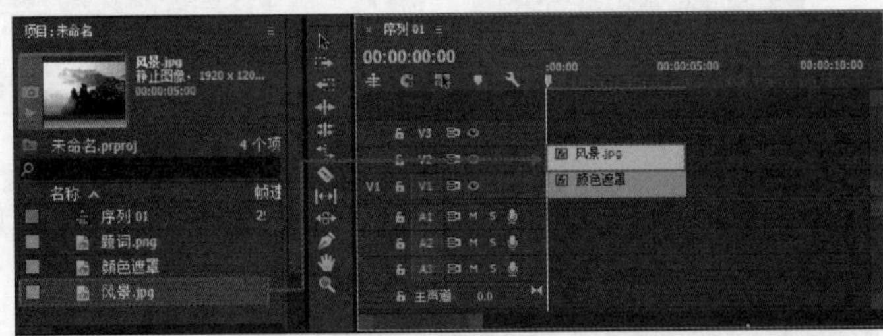

图 7-175

（2）在【效果】面板中搜索【裁剪】效果，按住鼠标左键将其拖曳到 V2 轨道的【风景 .jpg】素材文件上，如图 7-176 所示。

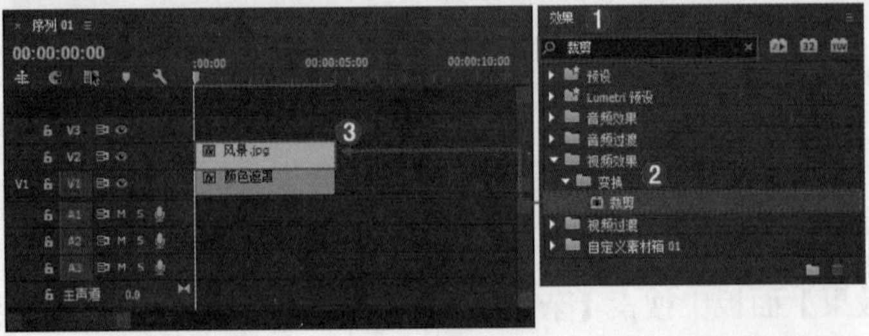

图 7-176

（3）选择 V2 轨道上的【风景 .jpg】素材文件，在【效果控件】面板中的【运动】栏设置【位置】为（360,335），【缩放】为 42。接着展开【裁剪】栏，设置【底部】为 20%，如图 7-177 所示。此时的效果如图 7-178 所示。

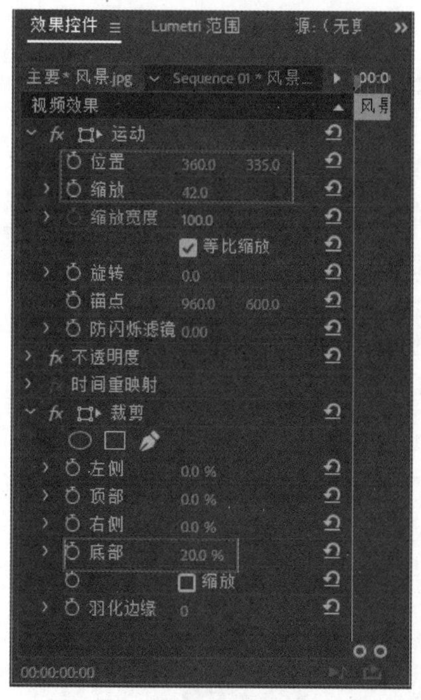

图　7-177

图　7-178

（4）在【效果】面板中搜索【黑白】效果，按住鼠标左键将其拖曳到 V2 轨道的【风景 .jpg】素材文件上，如图 7-179 所示。

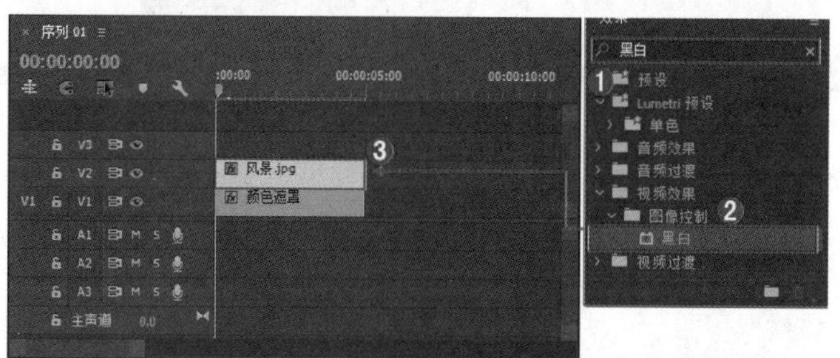

图　7-179

（5）在【效果】面板中搜索【色阶】效果，按住鼠标左键将其拖曳到 V2 轨道的【风景 .jpg】素材文件上，如图 7-180 所示。

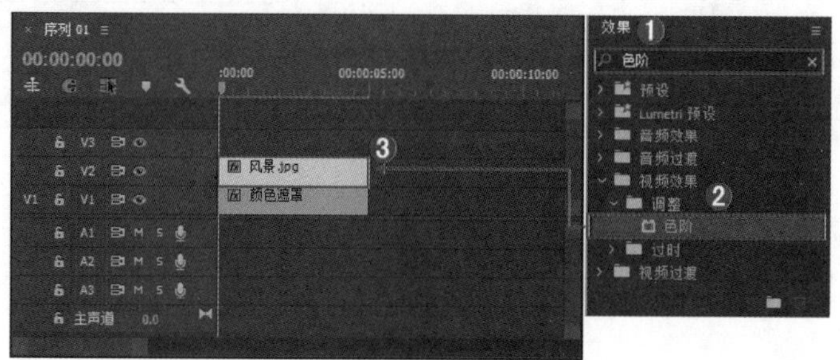

图　7-180

（6）选择 V2 轨道上的【风景 .jpg】素材文件，展开【效果控制】面板中的【色阶】栏，设置【（RGB）输入黑色阶】为 69，【（RGB）输入白色阶】为 251，【（RGB）输出黑色阶】为 25，【（RGB）灰度系数】为 97，【（B）输出白色阶】为 240，如图 7-181 所示。此时的效果如图 7-182 所示。

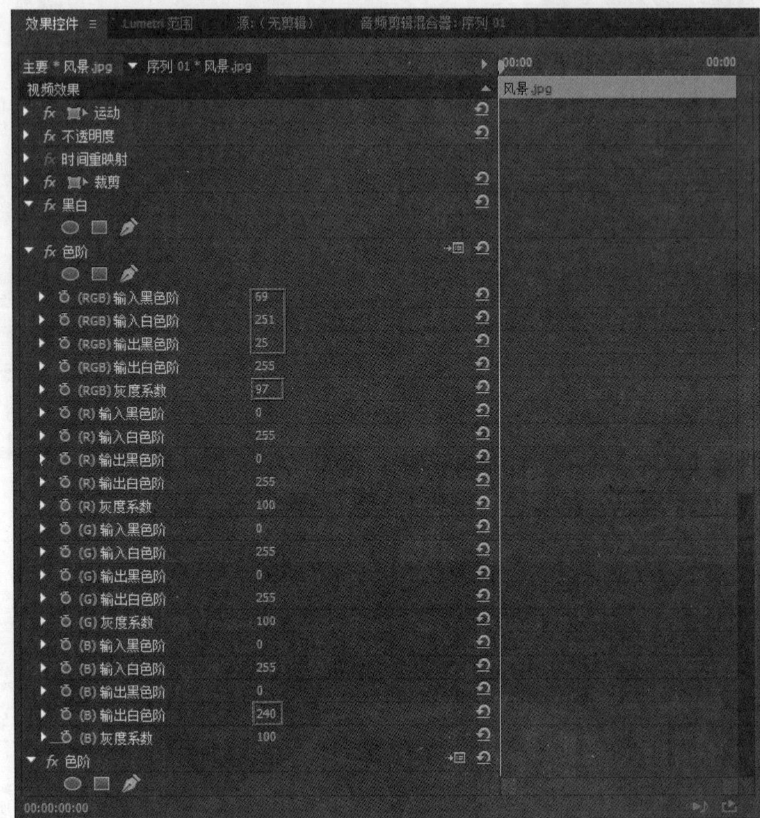

图 7-181

图 7-182

（7）在【效果】面板中搜索【高斯模糊】效果，按住鼠标左键将其拖曳到 V2 轨道的【风景 .jpg】素材文件上，如图 7-183 所示。

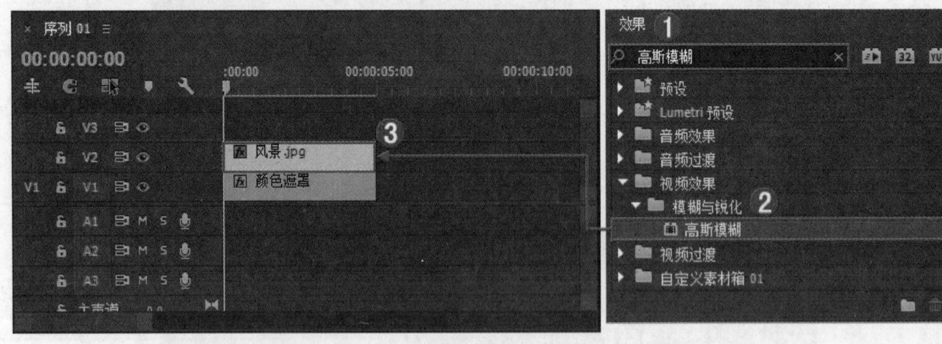

图 7-183

（8）选择 V2 轨道上的【风景 .jpg】素材文件，在【效果控件】面板中的【高斯模糊】栏设置【模糊度】为 7，如图 7-184 所示。此时的效果如图 7-185 所示。

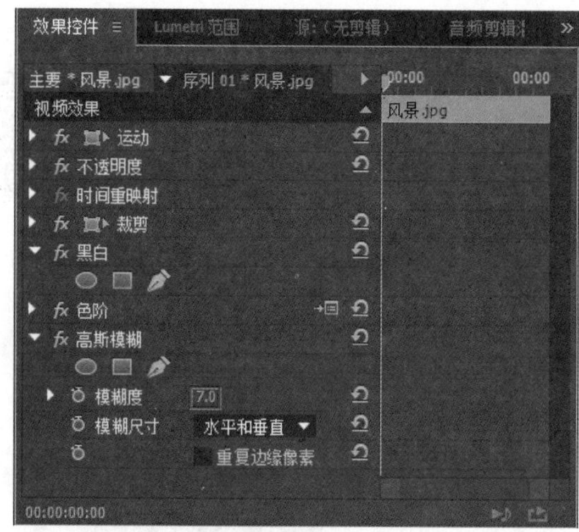

图 7-184

图 7-185

（9）将【项目】面板中的【题词 .png】素材文件拖曳到 V3 轨道上，如图 7-186 所示。

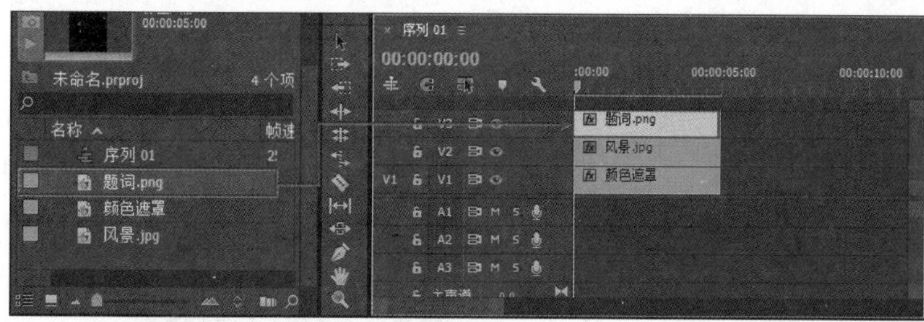

图 7-186

（10）选择 V3 轨道上的【题词 .png】素材文件，在【效果控件】面板中的【运动】栏设置【位置】为（100,288），【缩放】为 18，如图 7-187 所示。最终的效果如图 7-188 所示。

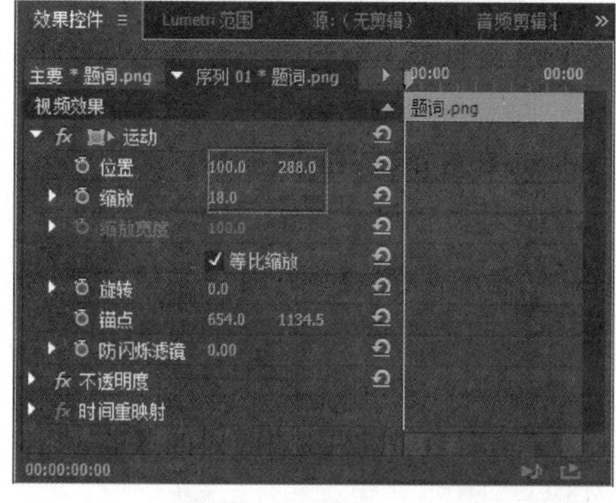

图 7-187

图 7-188

答疑解惑：怎样使水墨的质感更突出？

（1）把握住画面的黑白灰层次，会使得画面层次分明。注意画面颜色，可略带红色，体现中国风的效果。

（2）适当添加景深效果、云雾效果，使得画面“流动”起来。

（3）水墨元素一定要清晰，如墨滴、书法字、落款等。

案例实战——制作阴天效果

案例文件	案例文件 \ 第 7 章 \ 阴天效果 .prproj
视频教学	视频文件 \ 第 7 章 \ 阴天效果 .flv
难易指数	★★★★★
技术要点	颜色过滤和亮度与对比度效果的应用

扫码看视频

案例效果

在下雨的前后，会出现阴天的情况，主要体现在阳光很少，不能透过天空上的云层，使天空呈现出阴暗的状况，且云层多为黑灰色效果。本例主要是针对“制作阴天效果”的方法进行练习，如图 7-189 所示。

图 7-189

操作步骤

（1）选择【文件】/【新建】/【项目】命令，弹出【新建项目】对话框，设置【名称】，并单击【浏览】按钮设置保存路径，再单击【确定】按钮，如图 7-190 所示。然后在【项目】面板空白处单击鼠标右键，在弹出的快捷菜单中选择【新建项目】/【序列】命令，弹出【新建序列】对话框，选择【DV-PAL】/【标准 48kHz】，单击【确定】按钮，如图 7-191 所示。

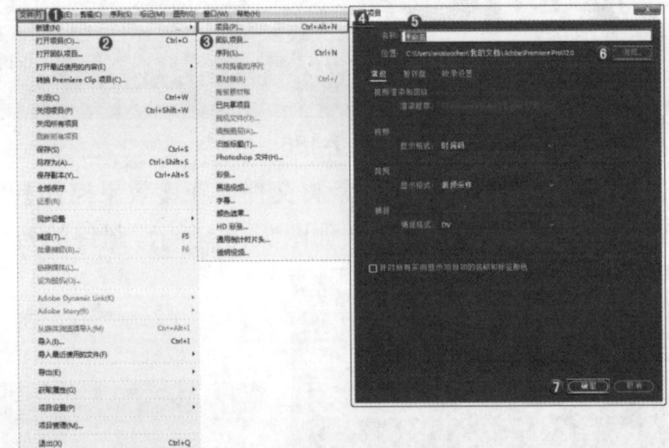
图 7-190

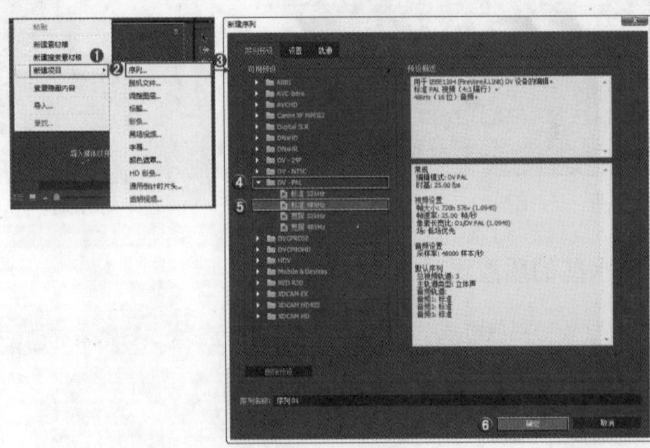
图 7-191

（2）选择菜单栏中的【文件】/【导入】命令或按【Ctrl+I】快捷键，在打开的对话框中选择所需的素材文件，单击【打开】按钮导入，如图 7-192 所示。

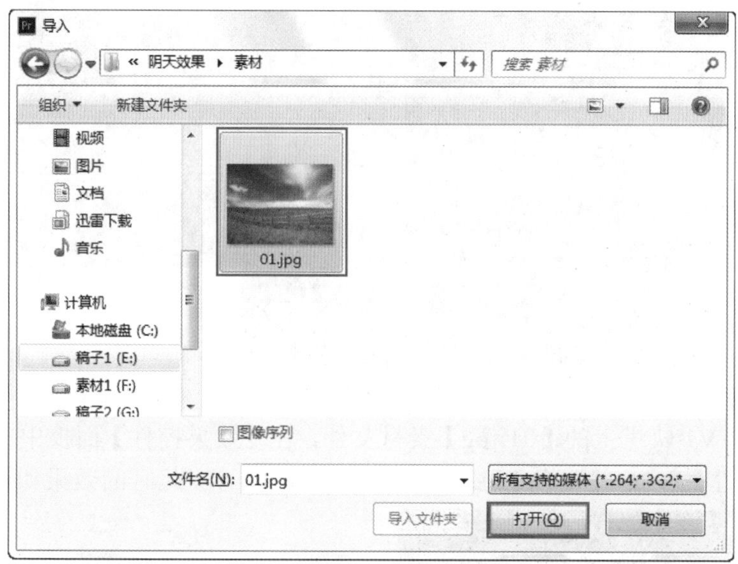

图　7-192

（3）将【项目】面板中的【01.jpg】素材文件拖曳到 V1 轨道上，如图 7-193 所示。

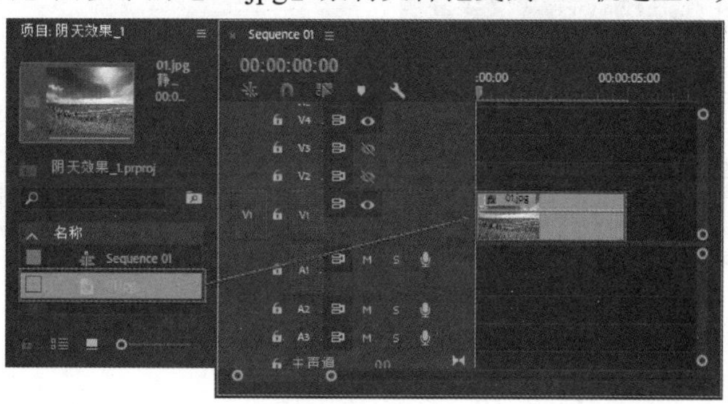

图　7-193

（4）选择 V1 轨道上的【01.jpg】素材文件，在【效果控制】面板中的【运动】栏设置【缩放】为 52，如图 7-194 所示。此时的效果如图 7-195 所示。

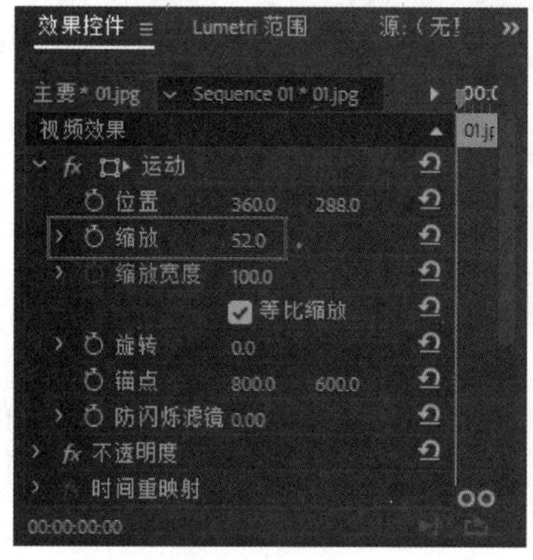

图　7-194

图　7-195

（5）在【效果】面板中搜索【颜色过滤】效果，按住鼠标左键将其拖曳到 V1 轨道的【01.jpg】素材文件上，如图 7-196 所示。

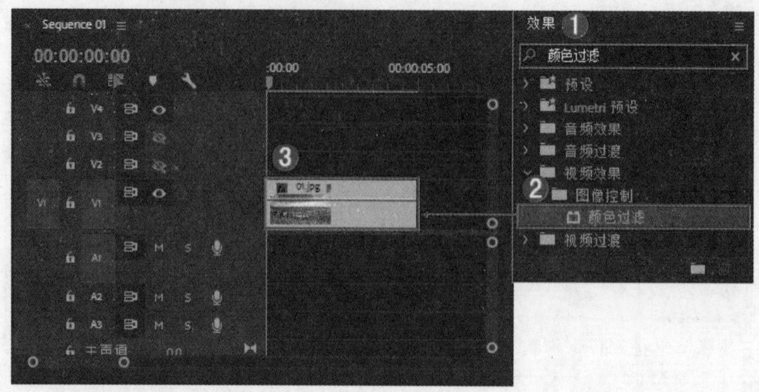

图 7-196

（6）选择 V1 轨道上的【01.jpg】素材文件，在【效果控件】面板中的【颜色过滤】栏设置【相似性】为 24，【颜色】为绿色，如图 7-197 所示。此时的效果如图 7-198 所示。

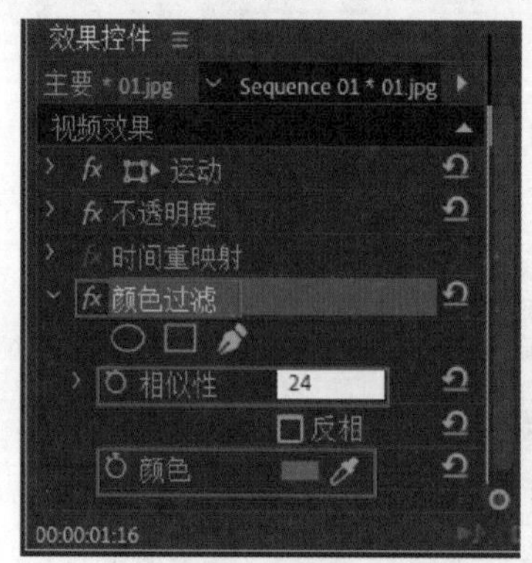

图 7-197

图 7-198

（7）在【效果】面板中搜索【亮度与对比度】效果，然后按住鼠标左键将其拖曳到 V1 轨道的【01.jpg】素材文件上，如图 7-199 所示。

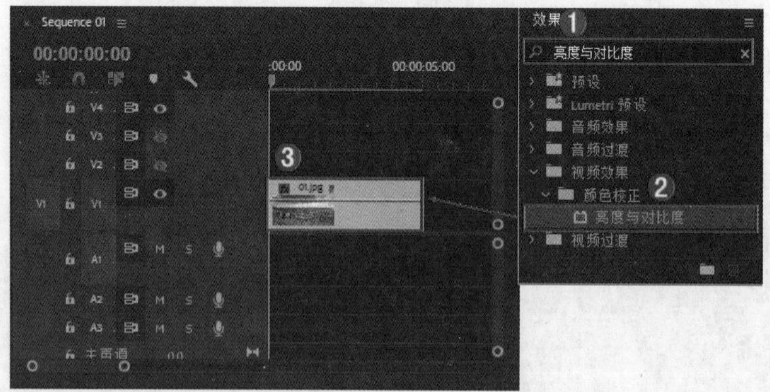

图 7-199

（8）选择 V1 轨道上的【01.jpg】素材文件，在【效果控件】面板中的【亮度与对比度】栏设置【亮度】为 –54，【对比度】为 9，如图 7-200 所示。最终的效果如图 7-201 所示。

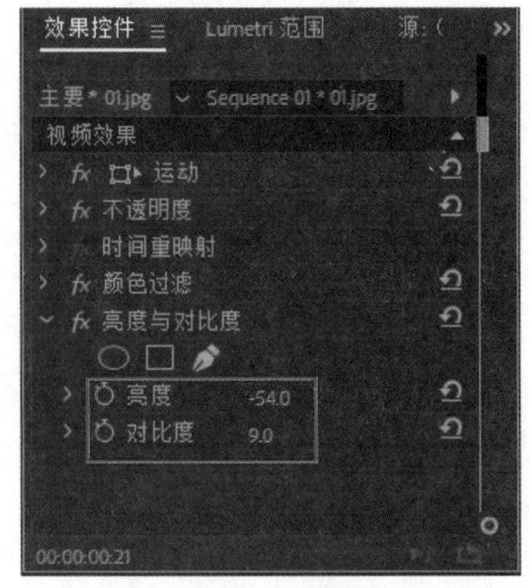

图　7-200

图　7-201

本章小结

调色是调整画面氛围的一种常用方法，不同的色调效果会使画面传递出不同信息。通过本章的学习，可以掌握常用的调色方法，以及各种调色效果的合理应用。熟练应用调色的技术，可以使制作出来的作品画面感觉和氛围更佳。

文字效果

在制作项目时，常需要添加片头和片尾字幕，以及其他丰富多彩的文字效果。这时，可以在【字幕】面板使用字幕工具进行添加，并可以根据需要调整字幕的大小、字体和添加描边等效果。本章介绍了添加字幕和设置字幕属性的方法，以及字幕和视频特效相结合的应用。

本章重点：

- 了解字幕的基本操作
- 掌握常用字幕工具的使用
- 掌握字幕属性的调节方法
- 掌握创建滚动字幕效果

8.1　初识字幕文字

字幕是指以文字的方式呈现电视、电影作品里面的对话等非影像内容，也指影视作品后期加工而添加的文字，将语音内容以字幕方式显示。字幕还可以用于画面装饰上，起到丰富画面内容的效果。

8.1.1　文字的重要性

文字在画面中占有重要的位置。文字本身的变化及文字的编排、组合，对画面来说极为重要。文字不仅是信息的传达，也是视觉传达最直接的方式，在画面中运用好文字，首先要掌握的是字体、字号、字距、行距，然后灵活运用制作出合适的文字效果。

8.1.2　字体的应用

字体是文字的表现形式，不同的字体带给人的视觉感受和心理感受不同，这就说明字体具有强烈的感情性格，设计者要充分利用字体的这一特性，选择准确的字体，有助于主题内容的表达。美的字体可以使观众感到愉悦，帮助阅读和理解，如图 8-1 所示。

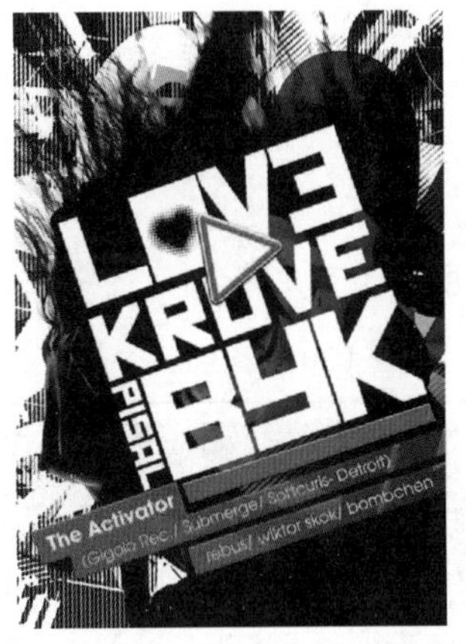

图　8-1

8.2　【字幕】面板

合理利用字幕，在影视作品的开头部分可以起到引入主题和解释画面等作用。打开 Adobe Premiere Pro CC 2018 软件，新建一个项目文件，然后选择【文件】/【新建】/【旧版标题】命令，如图 8-2 所示。

在新建字幕时弹出的【新建字幕】对话框中可以为字幕命名和设置字幕长宽比，单击【确定】按钮即可，如图 8-3 所示。

字幕的基本工具包括【字幕】面板、【字幕工具】栏、【字幕动作】栏、【字幕属性】面板和【字幕样式】面板，如图 8-4 所示。

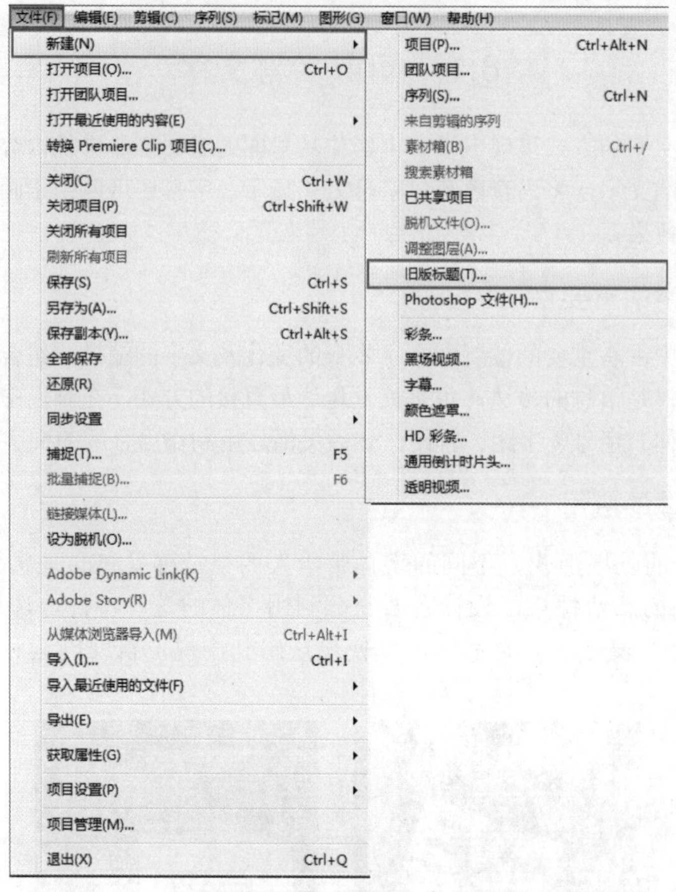

图 8-2

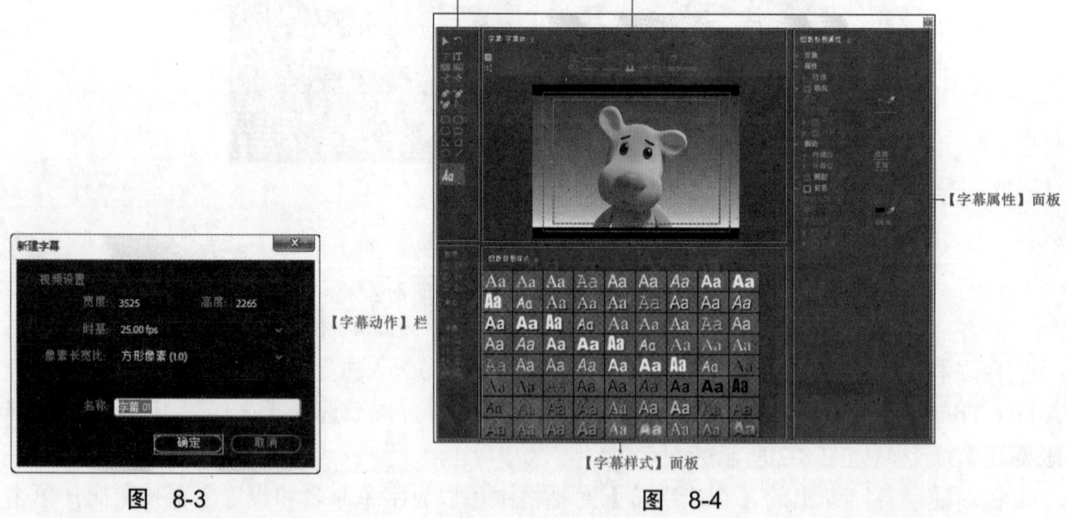

图 8-3　　　　图 8-4

8.2.1 【字幕工具】栏

技术速查:【字幕工具】栏中提供了选择文字、制作文字、编辑文字和绘制图形的基本工具。

【字幕工具】栏默认在【字幕】面板的左侧，如图 8-5 所示。

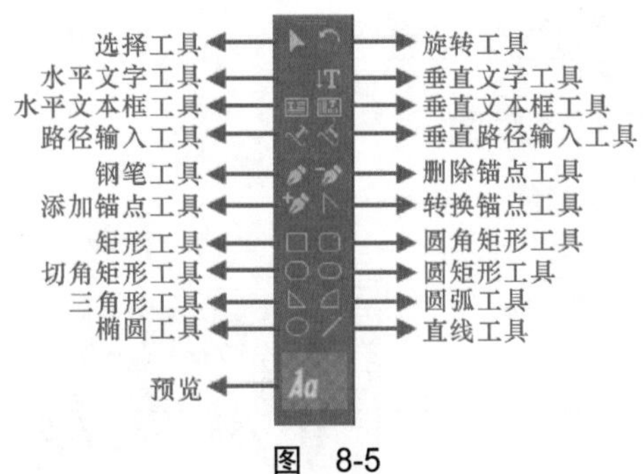

图 8-5

- （选择工具）：用来对字幕工作区中的对象进行选择，包括字幕和各种几何图形。
- （旋转工具）：单击该按钮后，将鼠标移到当前所选对象上鼠标将变成旋转状，在对象所围边框的 6 个锚点上拖曳鼠标即可进行旋转。按【V】键可以在【选择工具】和【旋转工具】之间相互切换。如图 8-6 所示为旋转前后的对比效果。

图 8-6

- （水平文字工具）：单击该按钮，然后在字幕工作区单击鼠标会出现一个文本输入框，此时就可以输入字幕文字了。也可以按住鼠标左键在字幕工作区拖曳出一个矩形文本框，输入的文字将自动在矩形框内进行多行排列。
- （垂直文字工具）：选择该工具后输入文字时，文字将自动从上向下、从右到左竖着排列。
- （水平文本框工具）：单击该按钮后，需要先在字幕工作区拖曳出一个矩形框以输入多行文字。也就是先单击水平文本框工具，然后拖曳出文本输入框，如图 8-7 所示。

图 8-7

- （垂直文本框工具）：单击该按钮后需要先在字幕工作区拖曳出一个矩形框以便输入多行文字。
- （路径输入工具）：使输入的文字沿着字幕绘制的曲线路径进行排列。输入的文本字符和路径是垂直的。
- （垂直路径输入工具）：输入的字符和路径是平行的。

1．动手学：输入文字

（1）选择菜单栏中的【文件】/【新建】/【旧版标题】命令，在弹出的【新建字幕】对话框中单击【确定】按钮，如图 8-8 所示。

（2）在【字幕】面板中单击（文字工具）按钮，然后在字幕工作区中单击鼠标左键出现文本框，如图 8-9 所示。接着输入文字，输入完成后单击空白处面板即可，最后可以使用（选择工具）适当调整文字位置，如图 8-10 所示。

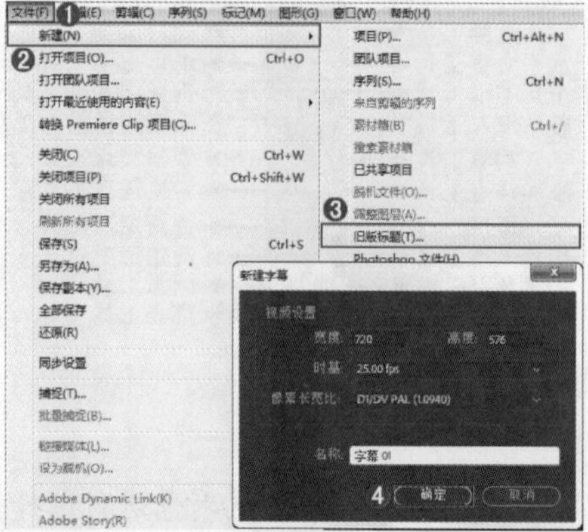
文件(F)
新建(N)
打开项目(O)...
打开团队项目...
打开最近使用的内容(E)
关闭(C)
关闭项目(P)
关闭所有项目
保存(S)
另存为(A)...
保存副本(Y)...
全部保存
还原(R)
同步设置
捕捉(T)...
批量捕捉(B)...
Adobe Dynamic Link(K)
Adobe Story(R)
项目(P)...
团队项目...
序列(S)...
已共享项目
旧版标题(T)...
新建字幕
视频设置
宽度: 720
高度: 576
时基: 25.00 fps
像素长宽比: D1/DV PAL (1.0940)
名称: 字幕 01
确定
取消

图 8-8

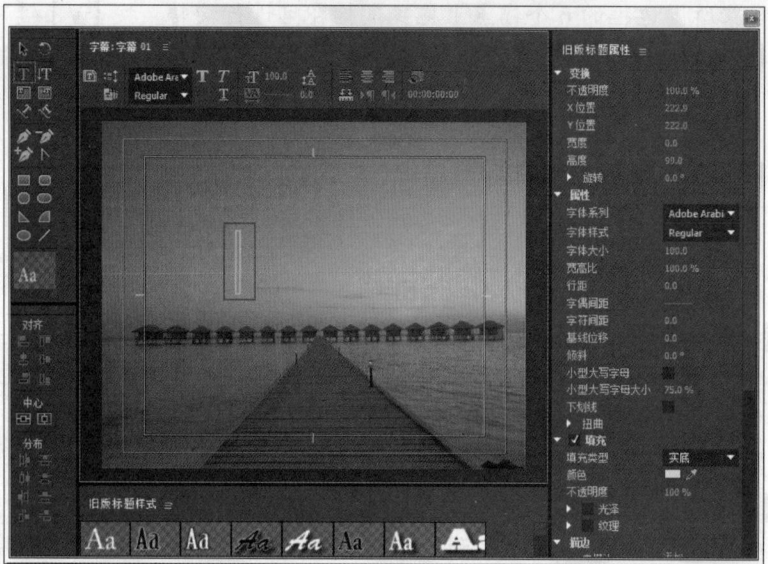

图 8-9

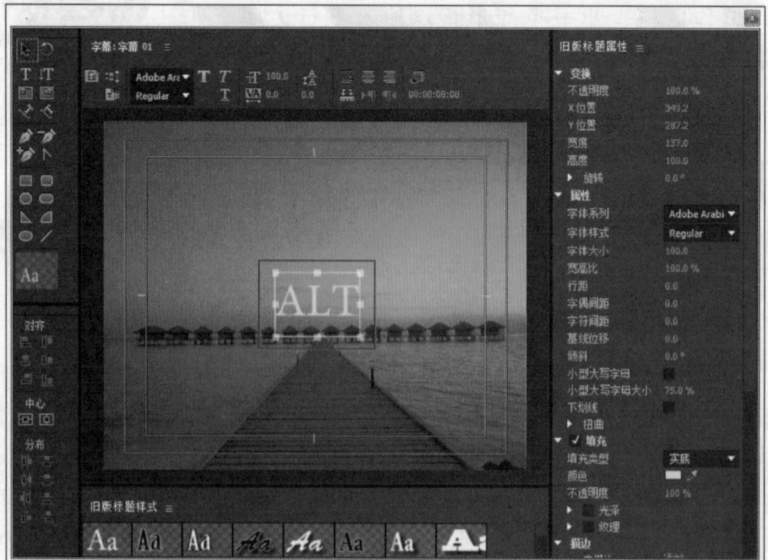

图 8-10

（3）关闭【字幕】面板，然后将字幕【字幕 01】素材文件从【项目】面板中拖曳到 V2 轨道上即可，如图 8-11 所示。

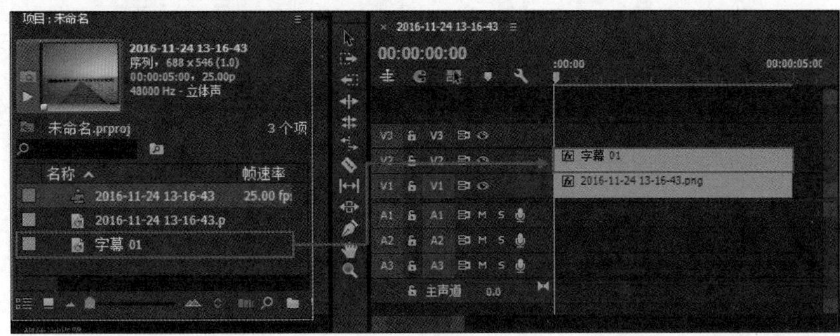

图　8-11

技巧提示：

在 Adobe Premiere Pro CC 2018 中直接关闭【字幕】面板，字幕将自动储存在【项目】面板中。

（4）此时拖动时间轴滑块查看最终效果，如图 8-12 所示。

图　8-12

- （钢笔工具）：用于绘制贝塞尔曲线，并且可以选择曲线上的点和点上的控制手柄。
- （删除锚点工具）：选择该工具后单击贝塞尔曲线上的锚点，可以将该点删除。
- （添加锚点工具）：选择该工具后在贝塞尔曲线上单击，可以添加更多的锚点。
- （转换锚点工具）：默认情况下，锚点使用两条（外切）切线用来对该点处的弧度进行修改，选择该工具后单击该点，则该点处的曲线将转换为内切形式。

技巧提示：

在选择并使用（钢笔工具）、（删除锚点工具）、（添加锚点工具）和（转换锚点工具）时，按住【Ctrl】键，可以整体选择绘制的图案，并进行移动和缩放。

2. 动手学：【钢笔工具】绘制图案

（1）在【字幕工具】栏中单击（钢笔工具）按钮，然后在字幕工作区中单击鼠标绘制图案，并适当调整锚点位置，如图 8-13 所示。

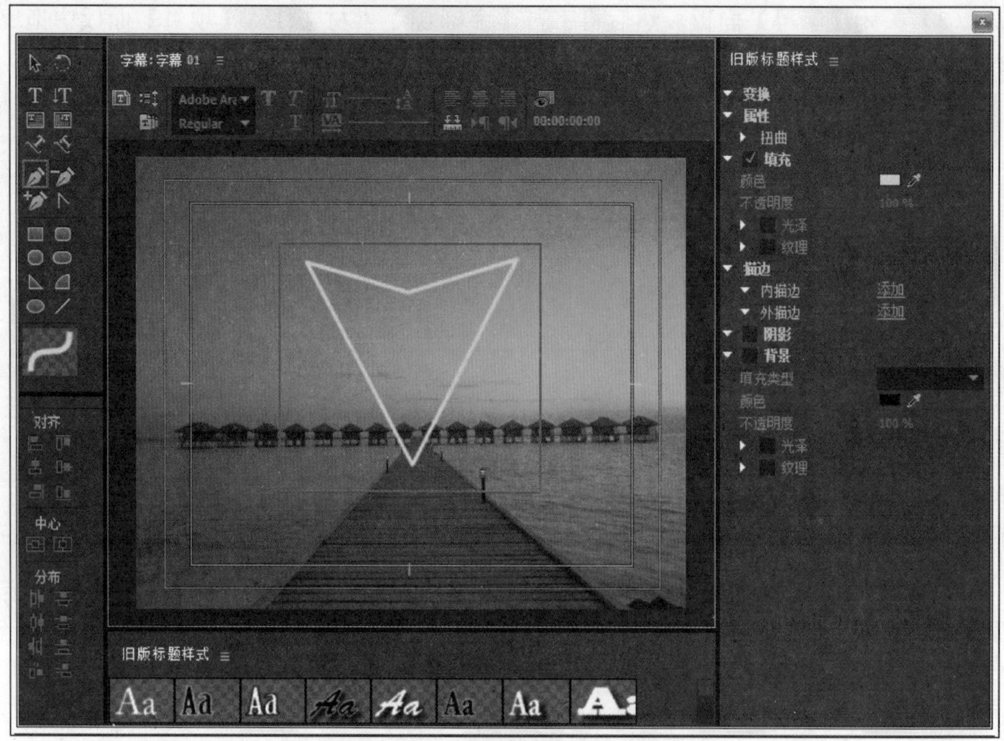

图 8-13

（2）选择（转换锚点工具），然后对一些锚点的控制手柄进行调节，完善图案效果，如图 8-14 所示。

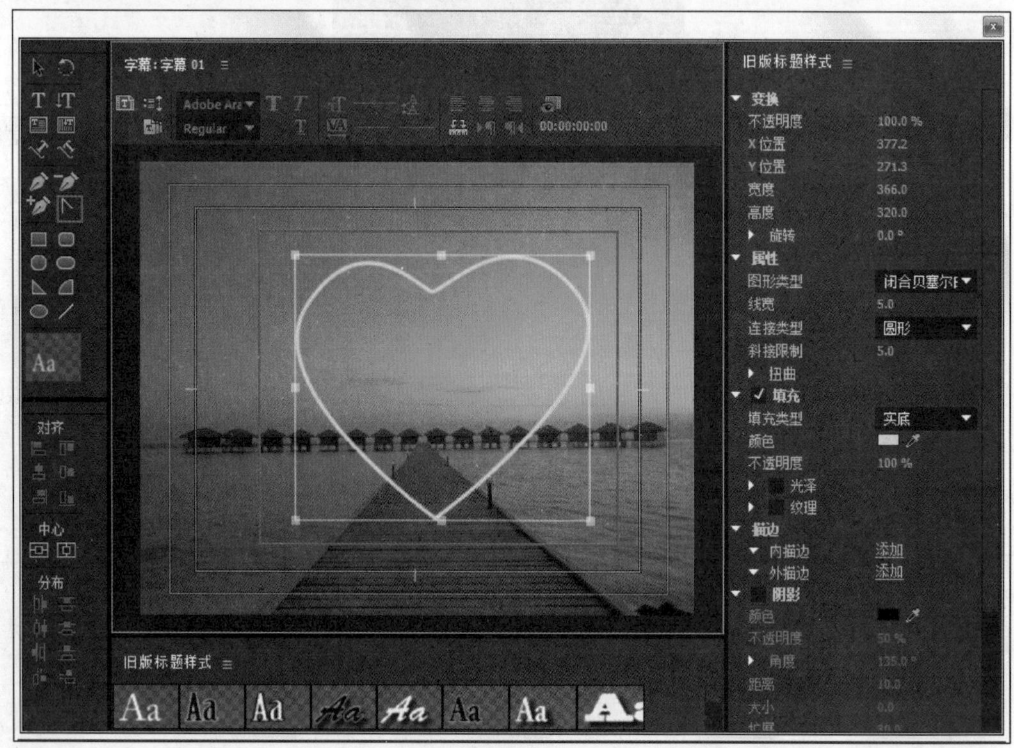

图 8-14

- （矩形工具）：选择该工具后可以在字幕工作区中绘制一个矩形框。矩形框颜色为默认的灰白，但可以修改。
- （圆角矩形工具）：绘制的矩形在拐角处是弧形的，但 4 个边上始终有一段是直的。
- （切角矩形工具）：用来在字幕工作区绘制一个八边形。
- （圆矩形工具）：比【圆角矩形工具】提供更加圆角化的拐角，因而可以用它绘制出一个圆形——按住【Shift】键后绘制，即可画出一个正圆。
- （三角形工具）：可以绘制出任意形状的三角状图形。按住【Shift】键后可以绘制一个等腰三角形。
- （圆弧工具）：绘制任意弧度的弧形。按住【Shift】键后可以绘制一个 90° 的扇形。
- （椭圆工具）：绘制一个椭圆。按住【Shift】键后可以绘制出一个正圆。
- （直线工具）：绘制一条线段，按住鼠标左键后滑动即可在鼠标按下时的位置和松开时的位置两点之间绘制出一条线段。按住【Shift】键后可以绘制 45° 整数倍方向的线段。

3. 动手学：图形工具绘制图案

在【字幕工具】栏中单击（矩形工具）按钮，然后在字幕工作区中按住鼠标左键拖曳绘制图案，并适当调整其位置，如图 8-15 所示。

（1）在【字幕属性】面板中可以在【图形类型】下拉列表框中选择该图案的类型，如图 8-16 所示。

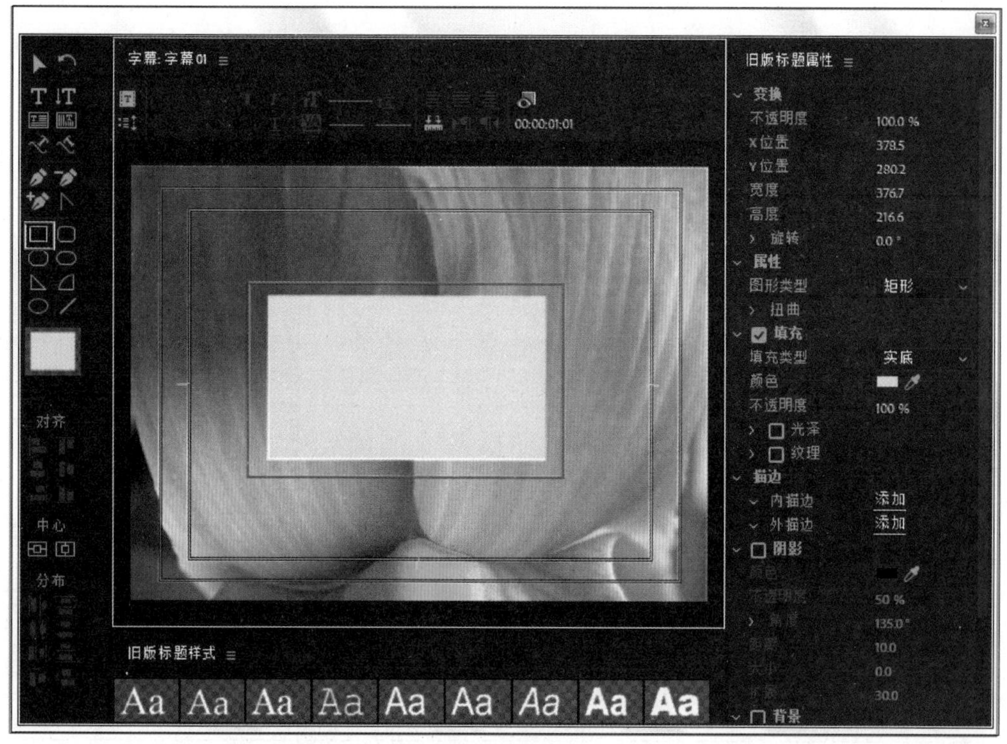

图　8-15

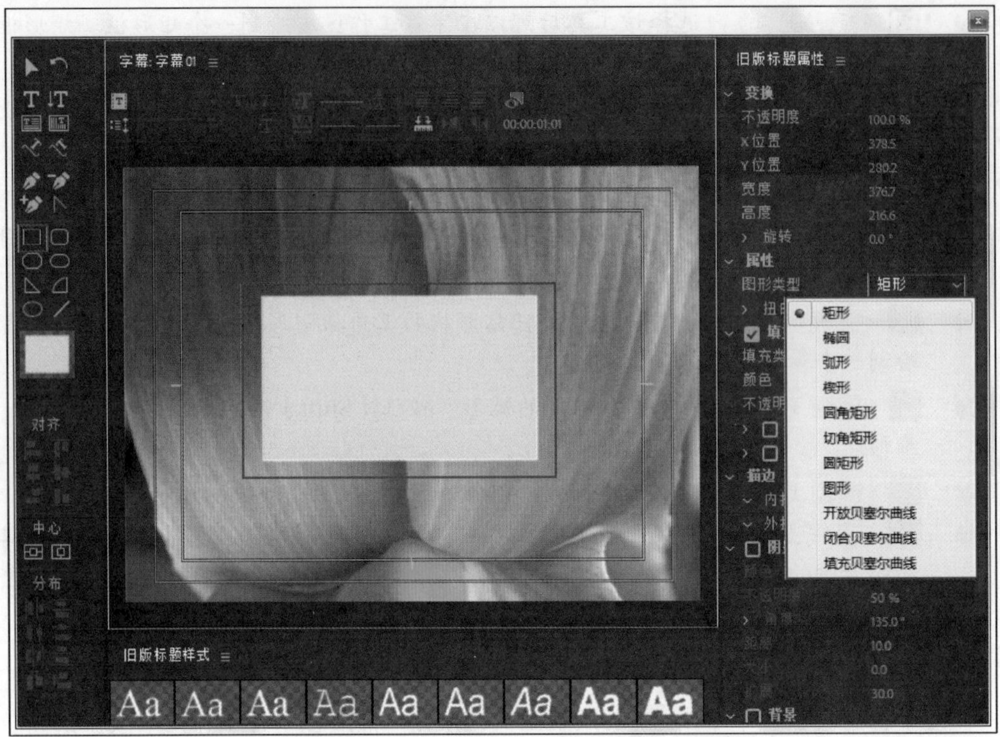

图 8-16

（2）若选择关于贝塞尔曲线的图形类型，则可以使用 （添加锚点工具）和 （转换锚点工具）对图案进行操作，如图 8-17 所示。

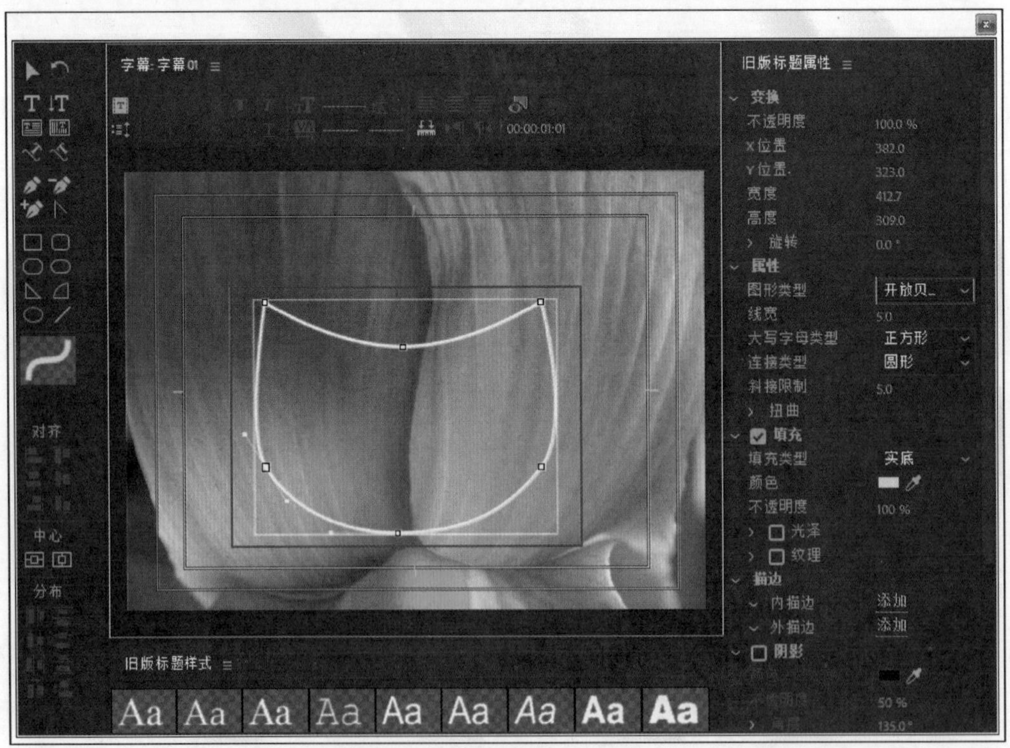

图 8-17

技巧提示：

其他图形工具的使用方法也与 （矩形工具）相同。

8.2.2 【字幕】属性栏

技术速查：【字幕】属性栏用于新建字幕，设置字幕的运动、字体、对其方式和视频背景等。

【字幕】属性栏如图 8-18 所示。

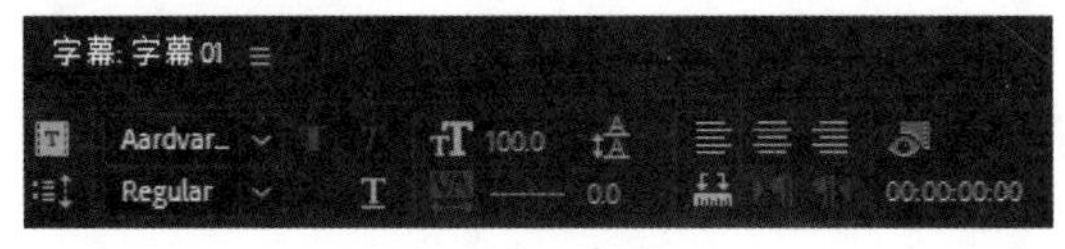

图 8-18

技巧提示：

随着面板的大小调节，【字幕】属性栏中的选项和按钮等也会随之重新排列，如图 8-19 所示。

图 8-19

- （字幕列表）：如果创建了多个字幕，在不关闭【字幕】面板的情况下，可通过该列表在字幕文件之间切换编辑。
- （新建字幕）：在当前字幕的基础上创建一个新的字幕。
- （滚动/游动选项）：可设置字幕的类型、滚动方向和时间帧，如图 8-20 所示。

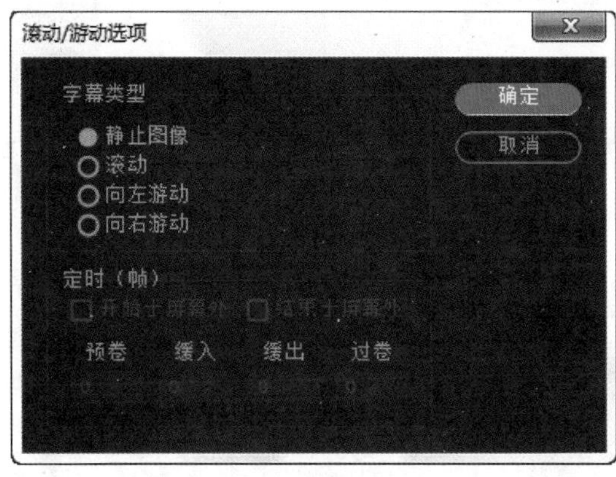

图 8-20

- 静止图像：字幕不会产生运动效果。
- 滚动：设置字幕沿垂直方向滚动。选中【开始于屏幕外】和【结束于屏幕外】复选框后，字幕将从下向上滚动。
- 向左游动：字幕沿水平方向向左滚动。
- 向右游动：字幕沿水平方向向右滚动。
- 开始于屏幕外：选中该复选框，字幕从屏幕外开始进入。
- 结束于屏幕外：选中该复选框，字幕滚到屏幕外结束。

- 预卷：设置字幕滚动的开始帧数。
- 缓入：设置字幕从滚动开始缓入的帧数。
- 缓出：设置字幕缓出结束的帧数。
- 过卷：设置字幕滚动的结束帧数。

- Aardvar...（字体）：设置字体类型。
- Regular（字体类型）：设置字体的字形，如（加粗）、（倾斜）、（下画线）。
- （字体大小）：设置文字的大小。
- （字偶间距）：设置文字的间距。
- （行距）：设置文字的行距。
- （左对其）、（居中）、（右对其）：设置文字的对其方式。
- （显示背景视频）：单击该按钮，将显示当前视频时间位置视频轨道的素材效果并显示出时间码。

动手学：设置文字属性

选择字幕工作区中的文字，然后即可在上方的【字幕】属性栏中调整（字体大小）、Aardvar...（字体）和Regular（字体类型）等参数，如图 8-21 所示。

图 8-21

8.2.3 【字幕动作】栏

技术速查：【字幕动作】栏用于选择对象的对齐与分布设置。

【字幕动作】栏如图 8-22 所示。

（1）对齐：选择对象的对齐方式。

- （水平靠左）：所有选择的对象以最左边的基准对齐，如图 8-23 所示。
- （垂直靠上）：所有选择的对象以最上方的对象对齐。
- （水平居中）：所有选择的对象以水平中心的对象对齐。
- （垂直居中）：所有选择的对象以垂直中心的对象对齐。
- （水平靠右）：所有选择的对象以最右边的对象对齐，如图 8-24 所示。

图　8-22

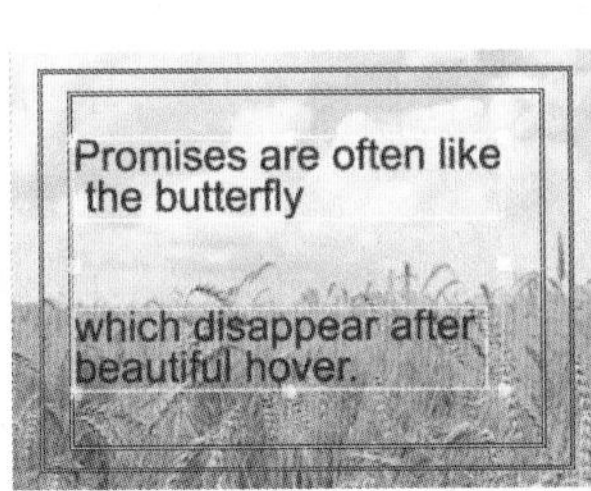

图　8-23

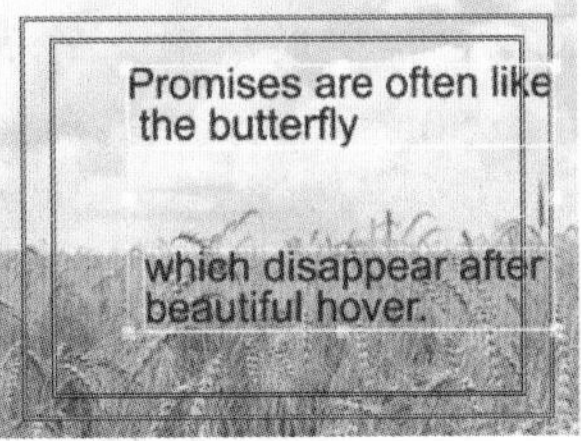

图　8-24

- （垂直靠下）：所有选择的对象以最下方的对象对齐。

（2）中心：设置对象在窗口中的中心对齐方式。

- （垂直居中）：选择对象与预演窗口在垂直方向居中对齐。
- （水平居中）：选择对象与预演窗口在水平方向居中对齐。

（3）分布：设置 3 个以上对象的对齐方式。

- （水平靠左）：所有选择对象都以最左边的对象对齐。
- （垂直靠上）：所有选择对象都以最上方的对象对齐。
- （水平居中）：所有选择对象都以水平中心的对象对齐。
- （垂直居中）：所有选择对象都以垂直中心的对象对齐。
- （水平靠右）：所有选择对象都以最右边的对象对齐。
- （垂直靠下）：所有选择对象都以最下方的对象对齐。
- （水平等距间隔）：所有选择的对象水平间距平均对齐。
- （垂直等距间隔）：所有选择对象垂直间距平均对齐。

8.2.4　【字幕属性】面板

技术速查：【字幕属性】面板用于更改文字的相关属性，共分为 6 个子菜单栏。

【字幕属性】面板如图 8-25 所示。

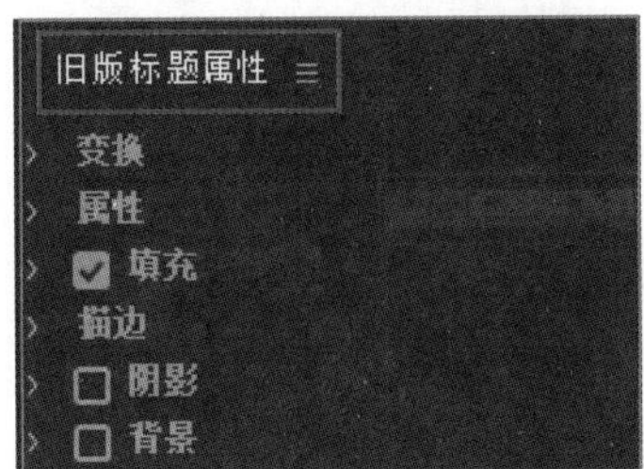

图　8-25

1. 变换

【变换】栏主要用于设置字幕的透明度、位置和旋转等参数。其参数面板如图 8-26 所示。

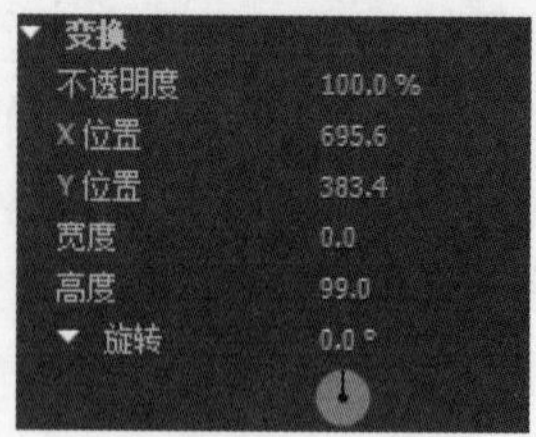

图 8-26

- 不透明度：控制所选对象的不透明度。如图 8-27 所示为设置【不透明度】分别为 100 和 50 的对比效果。

图 8-27

- X 位置：设置在 X 轴的具体位置。
- Y 位置：设置在 Y 轴的具体位置。
- 宽度：设置所选对象的水平宽度数值。
- 高度：设置所选对象的垂直高度数值。
- 旋转：设置所选对象的旋转角度。

2. 属性

【属性】栏主要用于设置字幕的字体、字体样式和行距等参数。其参数面板如图 8-28 所示。

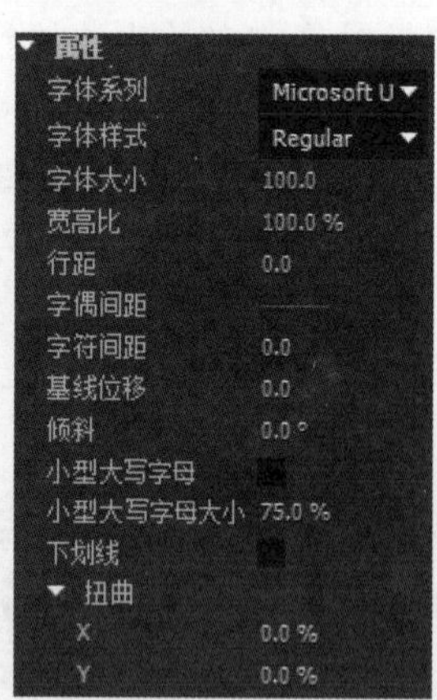

图 8-28

- 字体系列：设置文字的字体。
- 字体样式：设置文字的字体样式。
- 字体大小：设置文字的大小。
- 宽高比：设置文字的长度和宽度的比例。

- 行距：设置文字的行间距或列间距。
- 字偶间距：设置文字的字间距。如图 8-29 所示为【字偶间距】分别为 0 和 20 的对比效果。

图　8-29

- 字符间距：在字距设置的基础上进一步设置文字的字距。
- 基线位移：用来调整文字的基线位置。
- 倾斜：调整文字倾斜度。
- 小型大写字母：调整英文字母。
- 小型大写字母大小：调整大写字母的大小。
- 下画线：为选择文字添加下画线。
- 扭曲：将文字进行 X 轴或 Y 轴方向的扭曲变形。如图 8-30 所示为 Y 轴数值为 0 与 –100 的对比效果。

图　8-30

技巧提示：

【属性】栏中的参数与【字幕】属性栏中的参数按钮的作用是相同的，如图 8-31 所示。

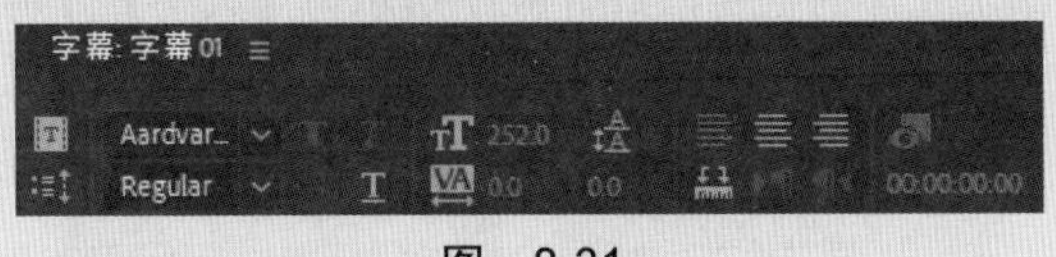

图　8-31

3. 填充

【填充】栏用于对选择对象填充的操作。其参数面板如图 8-32 所示。

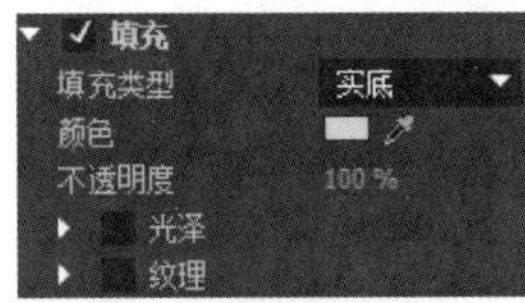

图　8-32

- 填充类型：可以设置颜色填充的类型，包括【实底】【线性渐变】【径向渐变】【四色渐变】【斜面】【消除】和【重影】7 种。
  - 实底：为文字填充单一的颜色。
  - 线性渐变：为文字填充两种颜色混合的线性渐变，并可以调整渐变颜色的透明度和角度，如图 8-33 所示。

- 径向渐变：为文字填充两种颜色混合的径向渐变。
- 四色渐变：为文字填充 4 种颜色混合的渐变，如图 8-34 所示。

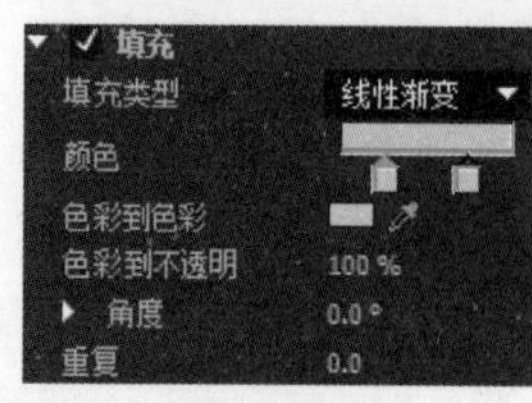

图 8-33

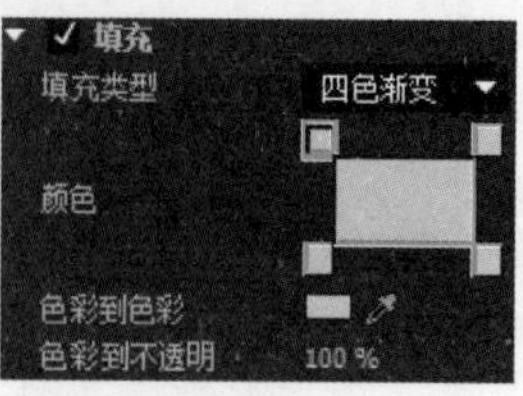

图 8-34

- 斜面：为文字设置斜面浮雕效果，如图 8-35 所示。
- 消除：消除文字的填充。
- 重影：将文字的填充去除。

➘ 光泽：选中该选项，可以为字幕工作区中的文字或图案添加光泽效果。其参数面板如图 8-36 所示。

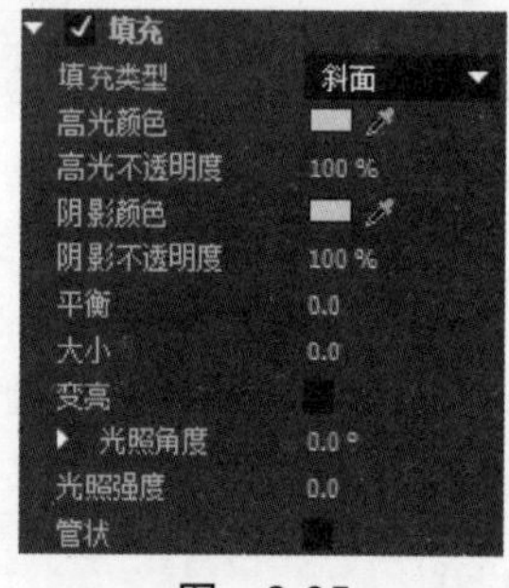

图 8-35

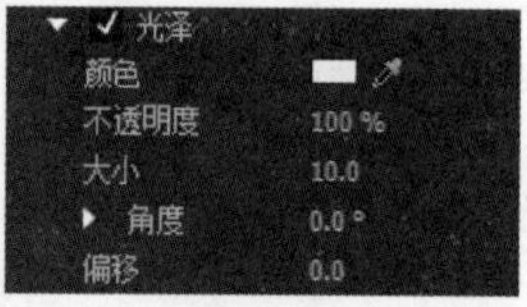

图 8-36

- 颜色：设置添加光泽的颜色。
- 不透明度：设置添加光泽的透明度。
- 大小：设置添加光泽的宽度。如图 8-37 所示为【大小】分别为 10 和 70 的对比效果。

图 8-37

- 角度：设置添加光泽的旋转角度。
- 偏移：设置光泽在文字或图案上的位置。

➘ 纹理：选中该选项，可以为文字添加纹理效果。其参数面板如图 8-38 所示。

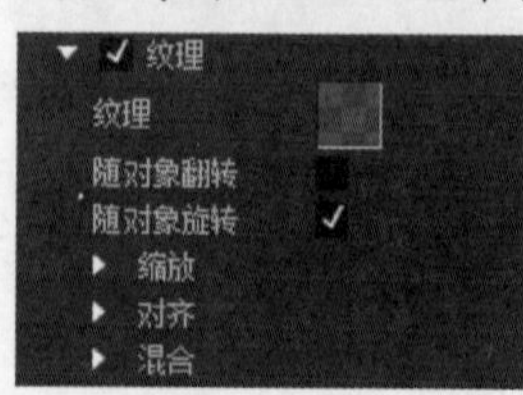

图 8-38

- 纹理：单击右侧的 按钮，即可在弹出的【选择纹理图像】对话框中选择一张图片作为纹理进行填充。如图 8-39 所示为填充纹理前后的对比效果。

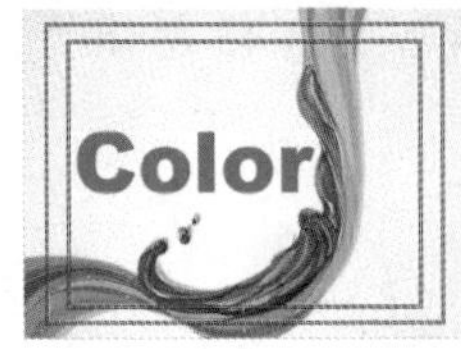

图　8-39

- 随对象翻转：选中该选项，填充的图案和图形一起翻转。
- 随对象旋转：选中该选项，填充图案和图形一起旋转。
- 缩放：对文字进行在 X 轴 Y 轴上的缩放、平铺设置，可水平、垂直缩放对象。
- 对齐：对文字进行 X 轴 Y 轴上的位置确定，可通过偏移和对齐调整填充图案的位置。
- 混合：可对填充色、纹理进行混合，也可以通过通道进行混合。

4．描边

【描边】栏用于对文字进行描边处理，可设置内部描边和外部描边效果。需要先单击【添加】超链接，才会出现参数面板，如图 8-40 所示。

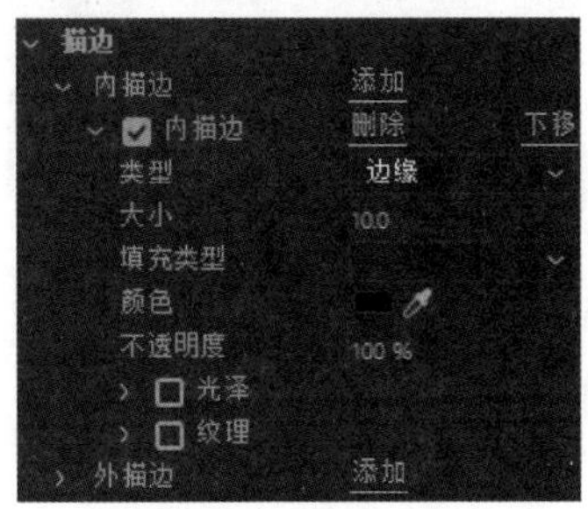

图　8-40

➘ 内描边：为文字内侧添加描边。

- 类型：设置描边类型，包括【深度】、【边缘】和【凹进】。
- 大小：设置描边宽度。如图 8-41 所示为添加【内描边】前后的对比效果。

图　8-41

➘ 外描边：为文字外侧添加描边。

技巧提示：

多次单击【内描边】和【外描边】右侧的【添加】超链接，可以添加多个内部描边或外部描边效果。

5．阴影

【阴影】栏用于设置文字的阴影。其参数面板如图 8-42 所示。

➘ 颜色：设置阴影颜色。

- 不透明度：设置阴影的不透明度。
- 角度：设置阴影的角度。
- 距离：设置阴影与原图之间的距离。如图 8-43 所示为设置【距离】分别是 0 和 30 时的对比效果。

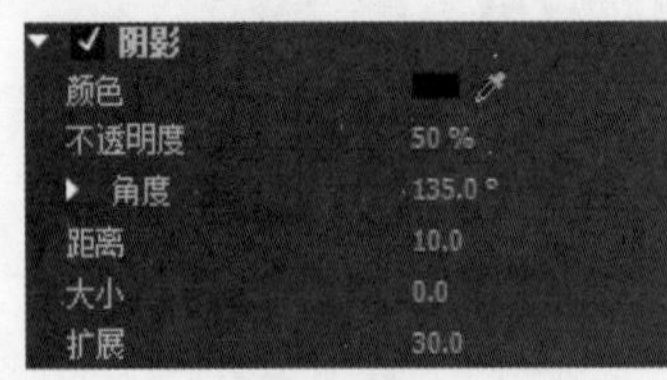

图 8-42

图 8-43

- 大小：设置阴影的大小。
- 扩展：设置阴影的扩展程度。

6. 背景

【背景】栏用于控制字幕的背景。其参数面板如图 8-44 所示。

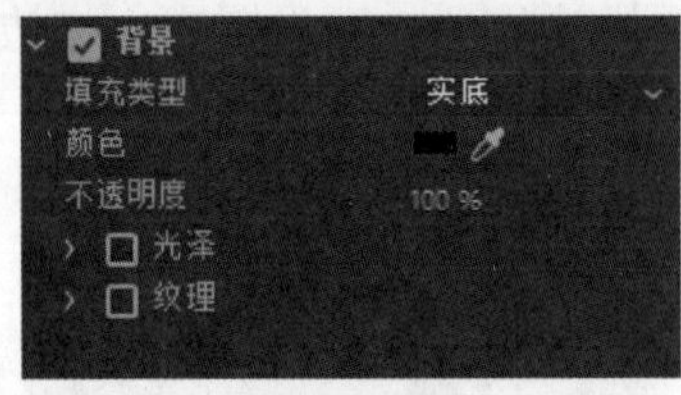

图 8-44

- 填充类型：设置背景填充的类型，包括【实底】【线性渐变】【径向渐变】【四色渐变】【斜面】【消除】和【重影】7 种。
- 颜色：设置背景颜色。
- 不透明度：设置背景填充颜色的透明度。

8.2.5 【字幕样式】面板

技术速查：【字幕样式】面板用于给文字添加不同的字幕样式，有很多默认的字幕样式可供选择，直接单击即可进行更换。

【字幕样式】面板如图 8-45 所示。

图 8-45

选项区中的字体样式是系统默认的样式，可以从中选择比较常用的字体样式。单击按钮，在弹出的菜单中可以进行【新建样式】【应用样式】以及【重置样式库】等操作，如图 8-46 所示。

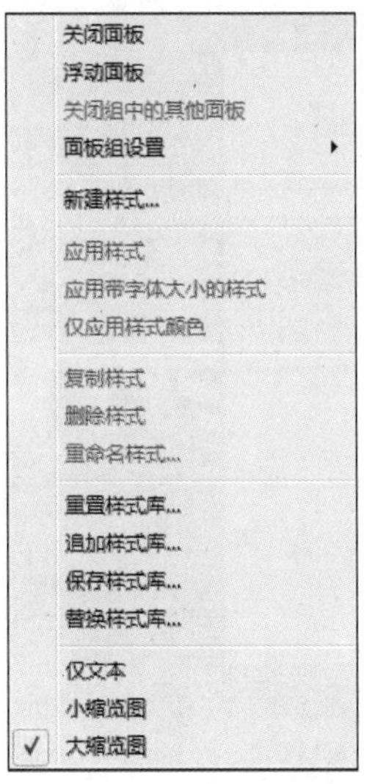

图　8-46

- 关闭面板、浮动面板、关闭组中的其他面板：对窗口进行相应的调整。
- 新建样式：选择该命令，可以在弹出的【新建样式】对话框中设置要保存文字样式的名称，如图 8-47 所示。

图　8-47

- 应用样式：可对文字使用设置完成的样式。
- 应用带字体大小的样式：文字应用某样式时，应用该样式的全部属性。
- 仅应用样式颜色：文字应用某样式时，只应用该样式的颜色效果。
- 复制样式：选择某样式后，选择该命令可对样式进行复制。
- 删除样式：将不需要的样式清除。
- 重命名样式：对样式进行重命名。
- 重置样式库：选择该命令，样式库将还原。
- 追加样式库：添加样式种类，选中要添加的样式单击打开即可。
- 保存样式库：将样式库进行保存。
- 替换样式库：选择打开的样式库替换原来的样式库。
- 仅文本：选择该命令，样式库中只显示样式的名称。
- 小缩览图、大缩览图：调整样式库的图标显示大小。

8.2.6　动手学：添加新的字幕样式

（1）在【字幕】面板中选择已经设置完成的文字，然后单击【字幕样式】面板上的按钮，在弹出的菜单中选择【新建样式】命令，如图 8-48 所示。

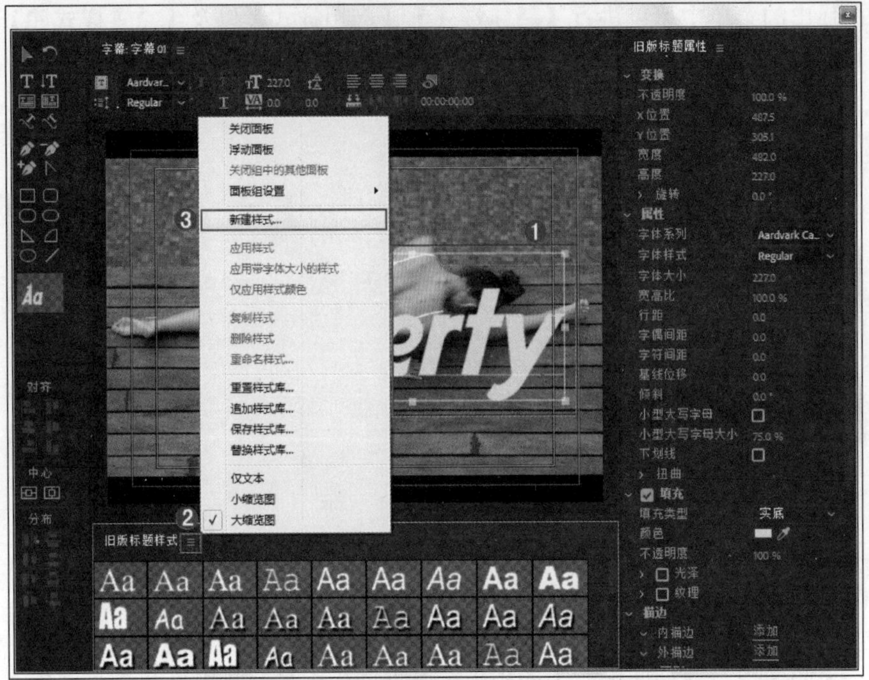

图 8-48

（2）在弹出的对话框中可以设置新建字幕样式的名称，如图 8-49 所示。

图 8-49

（3）此时在【字幕样式】面板中的最后出现了新添加的字幕样式，如图 8-50 所示。

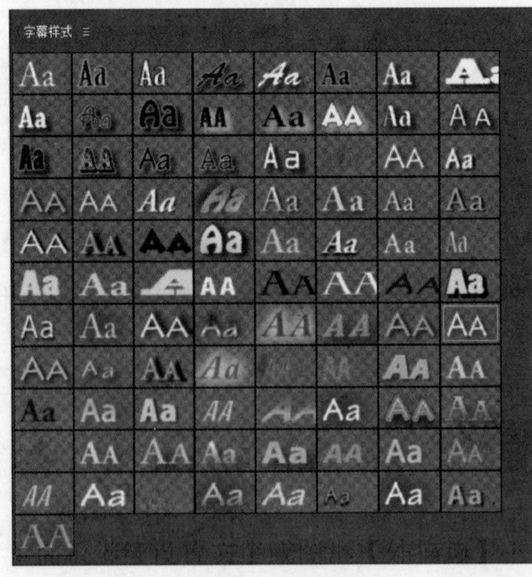

图 8-50

8.3　创建滚动字幕

滚动字幕可以设置在影片的开始或结束的位置，用来显示影片的相应信息。也可以放在影片中间，配合画面起到解释的作用。Premiere 将滚动字幕分为【滚动】和【游动】两种。

在 Adobe Premiere Pro CC 2018 中创建滚动字幕的方法有以下两种。

1. 动手学：向上滚动字幕

（1）选择菜单栏中的【文件】/【新建】/【旧版标题】命令，在弹出的【新建字幕】对话框中单击【确定】按钮，如图 8-51 所示。

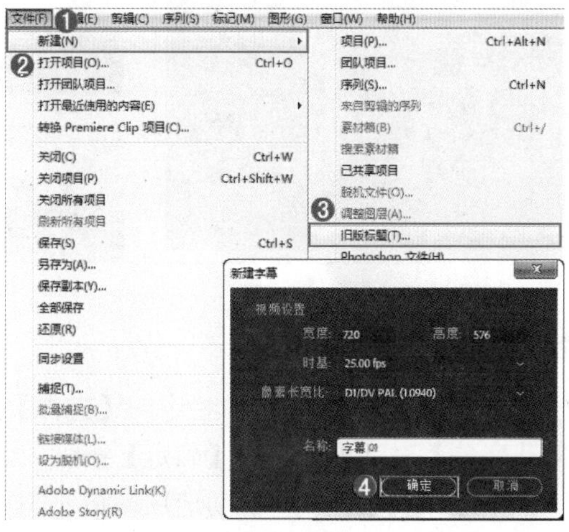

图　8-51

（2）在弹出的【字幕】面板中单击 T（文字工具）按钮，然后在字幕工作区中输入文字，如图 8-52 所示。

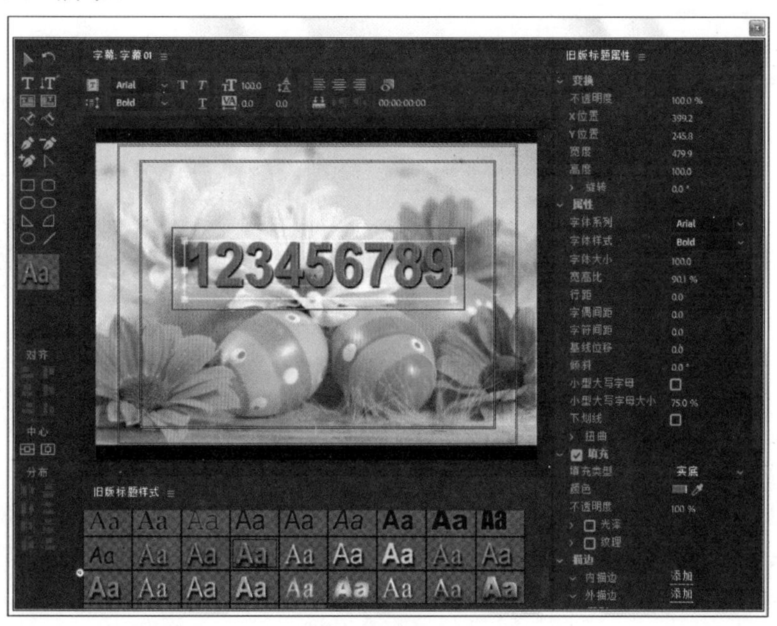

图　8-52

（3）单击【字幕】属性栏上的 （滚动 / 游动选项）按钮，然后在弹出的【滚动 / 游动选项】对话框中选中【开始于屏幕外】复选框，如图 8-53 所示。

（4）关闭【字幕】面板，将其添加到时间轴轨道中，拖动时间轴滑块查看字幕向上滚动效果，如图 8-54 所示。

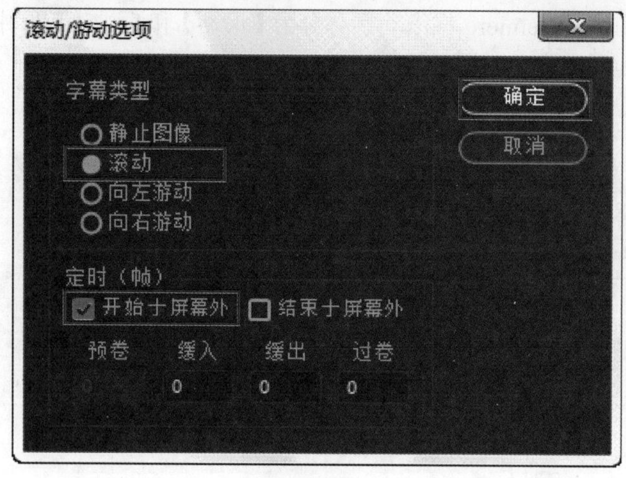

图 8-53

图 8-54

2．动手学：左右滚动字幕

（1）在静态字幕中创建滚动字幕。选择菜单栏中的【文件】/【新建】/【旧版标题】命令，然后在弹出的【新建字幕】对话框中单击【确定】按钮，如图 8-55 所示。

（2）单击【字幕】面板上的 （滚动 / 游动选项）按钮，然后在弹出的【滚动 / 游动选项】对话框中选中【向左游动】单选按钮，接着选中【开始于屏幕外】和【结束于屏幕外】复选框，如图 8-56 所示。

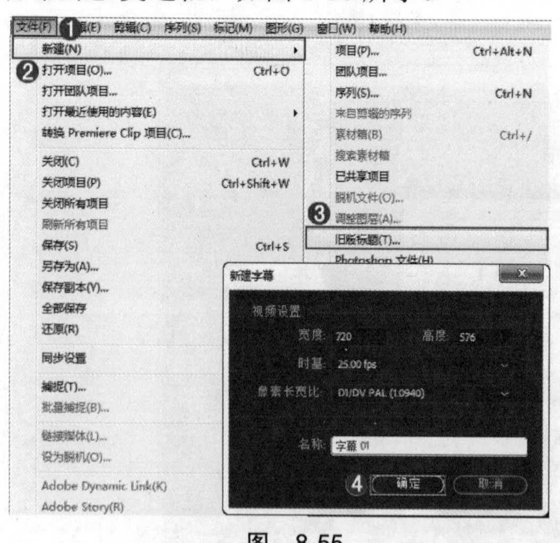

图 8-55

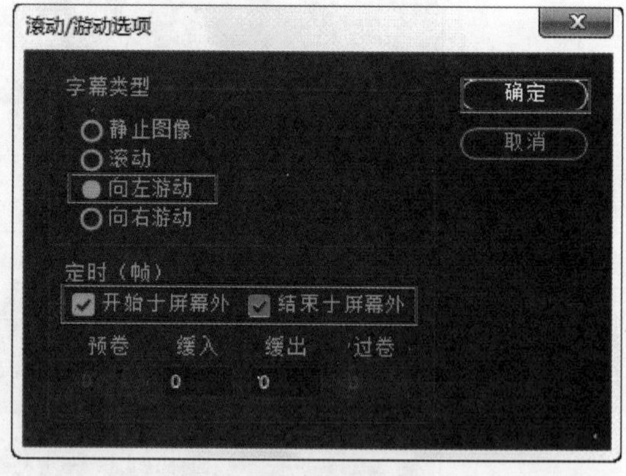

图 8-56

（3）单击 （文字工具）按钮，然后在字幕工作区中输入文字，如图 8-57 所示。

（4）关闭【字幕】面板，然后将其添加到时间轴轨道中，拖动时间轴滑块查看字幕从右至左的滚动效果，如图 8-58 所示。

图　8-57

图　8-58

✍技巧提示：

若选中【向右游动】单选按钮，则字幕会从左至右滚动。

8.4　常用文字的制作方法

文字是信息传达的主要方式之一。在 Adobe Premiere Pro CC 2018 中创建文字，然后通过调整【字幕】面板中的属性参数和添加【效果】面板中的效果，可以制作出一些常用的文字效果。

8.4.1　基础字幕动画效果

技术速查：将制作完成的字幕添加到【时间轴】面板中后，可以在【效果控件】面板中设置其位置、大小和透明度等参数。

选择【时间轴】面板中的字幕素材，在【效果控件】面板的【运动】栏中单击【位置】【缩放】或【旋转】等属性前面的◙（关键帧）按钮，即可添加该属性的关键帧动画，如图 8-59 所示。

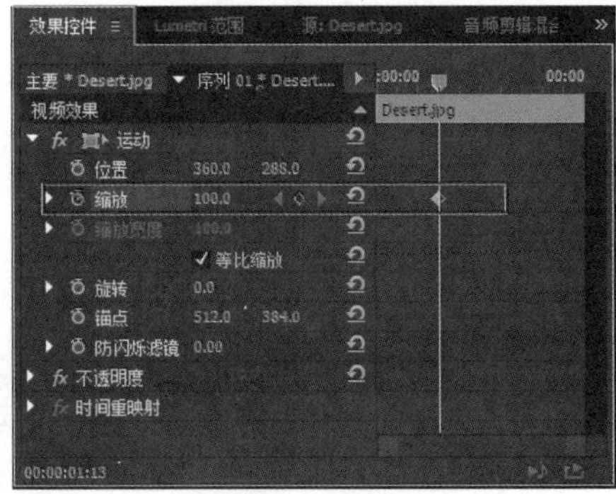

图　8-59

案例实战——制作字幕的淡入淡出效果

案例文件	案例文件 \ 第 8 章 \ 字幕的淡入淡出 .prproj
视频教学	视频文件 \ 第 8 章 \ 字幕的淡入淡出 .flv
难易指数	★★★★★
技术要点	文字工具、不透明度和动画关键帧效果的应用

扫码看视频

案例效果

视频播放时，经常会有标题字幕逐渐显现，然后又逐渐消失的效果，且画面不受影响。本例主要是针对“制作字幕的淡入淡出效果”的方法进行练习，如图 8-60 所示。

图 8-60

操作步骤

（1）选择【文件】/【新建】/【项目】命令，弹出【新建项目】对话框，设置【名称】，并单击【浏览】按钮设置保存路径，如图 8-61 所示。然后在【项目】面板空白处单击鼠标右键，在弹出的快捷菜单中选择【新建项目】/【序列】命令，弹出【新建序列】对话框，选择【DV-PAL】/【标准 48kHz】，如图 8-62 所示。

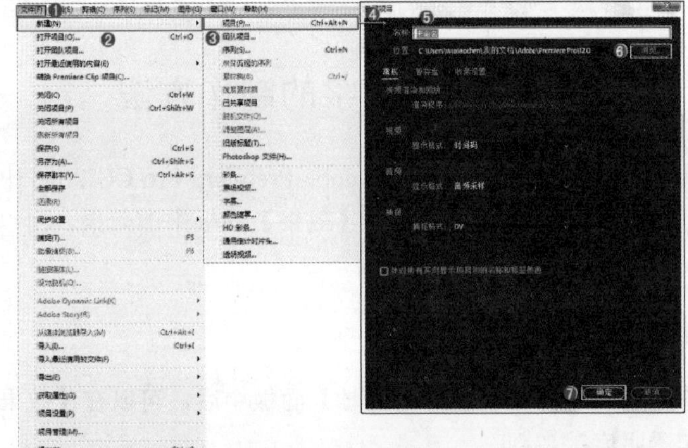

图 8-61

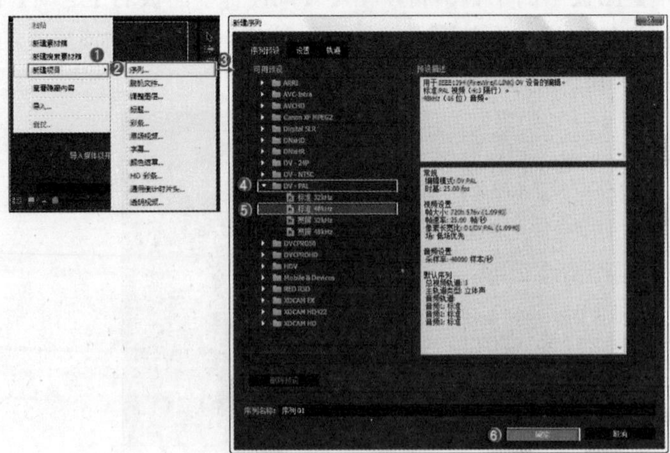

图 8-62

（2）在【项目】面板空白处双击鼠标左键，在打开的对话框中选择所需的素材文件，单击【打开】按钮导入，如图 8-63 所示。

图 8-63

（3）将【项目】面板中的【01.jpg】素材文件拖曳到 V1 轨道上，如图 8-64 所示。

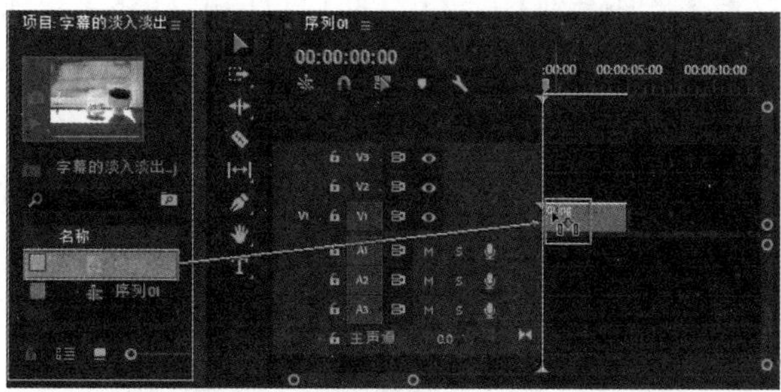

图 8-64

技巧提示：

通常情况下，将【项目】面板中的素材拖曳到【时间轴】面板的轨道上后，会发现素材显示的比较长或者比较短，此时可以将其在【时间轴】面板中进行缩放，以达到更适合查看的效果，如图 8-65 所示。

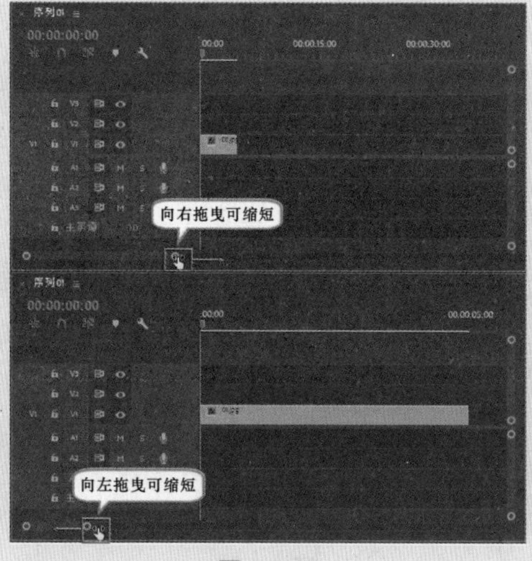

图 8-65

（4）选择 V1 轨道上的【01.jpg】素材文件，在【效果控件】面板的【运动】栏中设置【缩放】为 51，如图 8-66 所示。此时的效果如图 8-67 所示。

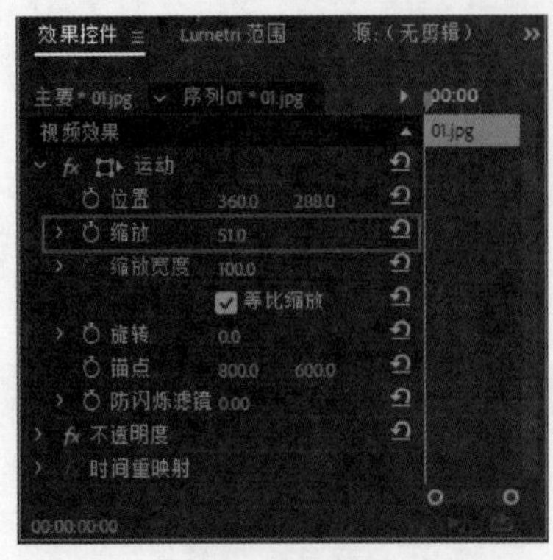

图 8-66

图 8-67

（5）选择菜单栏中的【文件】/【新建】/【旧版标题】命令，在弹出的【新建字幕】对话框中单击【确定】按钮，如图 8-68 所示。

（6）在【字幕】面板中选择 T（文字工具），然后在字幕工作区输入文字【Hilarious】，在【字幕属性】面板设置【字体系列】为【FZLanTingHei-R-GBK】，【颜色】为浅红色。接着选中【阴影】，设置【角度】为 –173°，【扩展】为 40，如图 8-69 所示。

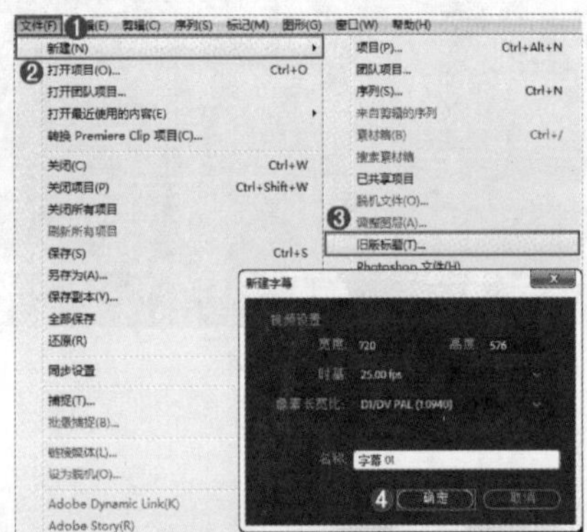

图 8-68

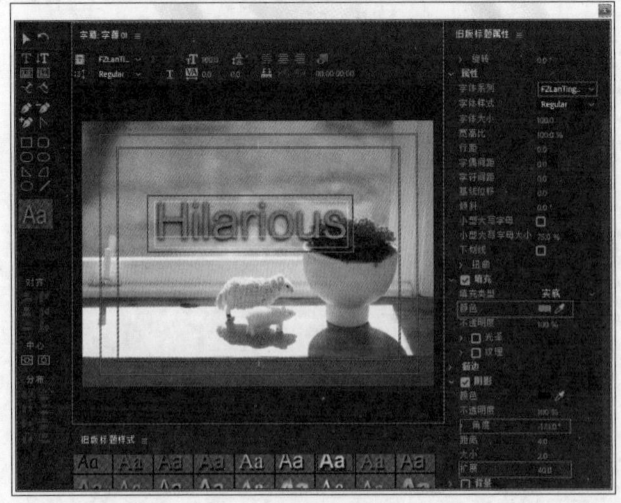

图 8-69

（7）关闭【字幕】面板，然后将【字幕 01】素材文件从【项目】面板中拖曳到 V2 轨道上，如图 8-70 所示。

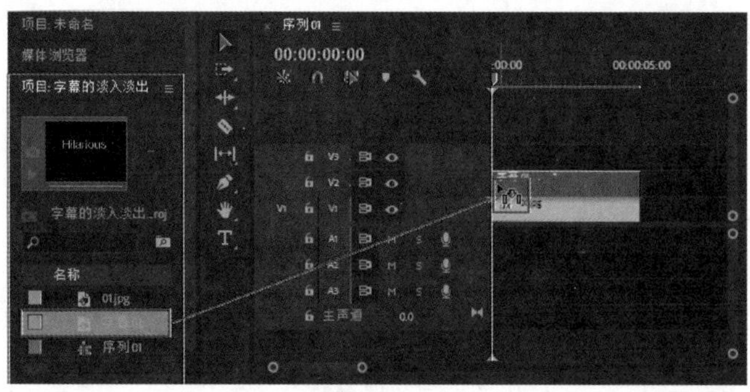

图　8-70

（8）选择 V2 轨道上的【字幕 01】素材文件，然后展开【效果控件】面板中的【不透明度】栏，将时间轴滑块拖动到初始位置，设置【不透明度】为 0%。将时间轴滑块拖动到 1 秒，设置【不透明度】为 30%。将时间轴滑块拖动到 2 秒，设置【不透明度】为 90%。将时间轴滑块拖动到 3 秒，设置【不透明度】为 100%。将时间轴滑块拖动到 3 秒 23 帧，设置【不透明度】为 0%，如图 8-71 所示。

（9）此时拖动时间轴滑块查看最终效果，如图 8-72 所示。

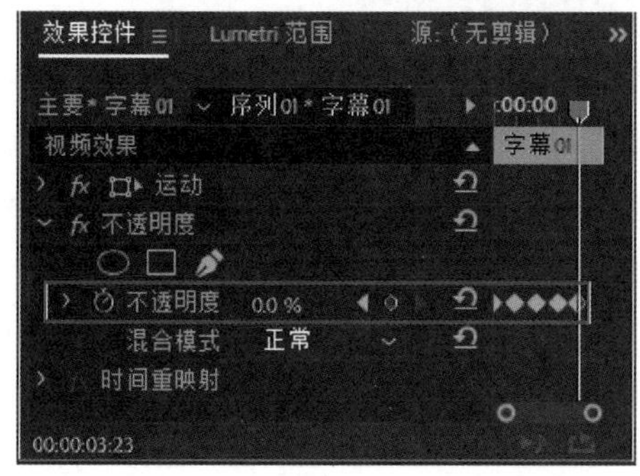

图　8-71

图　8-72

技巧提示：

在 Premiere 中，可以拖动时间轴滑块查看动画效果，当然也可以单击【节目】面板中的【播放】按钮▶，进行播放，如图 8-73 所示。

图　8-73

8.4.2 滚动字幕效果

技术速查：通过 ▤（滚动 / 游动选项）可以制作出上下或左右的滚动字幕效果。

在【字幕】面板中制作出上下或左右的滚动字幕后，可以通过给文字更改颜色、添加描边和阴影等，制作出精美的滚动字幕效果。

案例实战——制作画面底部滚动字幕效果

案例文件	案例文件 \ 第 8 章 \ 底部滚动字幕 .prproj
视频教学	视频文件 \ 第 8 章 \ 底部滚动字幕 .flv
难易指数	★★★★★
技术要点	文字工具、滚动 / 游动选项和描边效果的应用

扫码看视频

案例效果

看电视和纪录片时，经常会看见屏幕下方的滚动字幕，这些字幕常常为节目预告或当前节目的介绍等。本例主要是针对“制作画面底部滚动字幕效果”的方法进行练习，如图 8-74 所示。

图 8-74

操作步骤

（1）选择【文件】/【新建】/【项目】命令，弹出【新建项目】对话框，设置【名称】，并单击【浏览】按钮设置保存路径，如图 8-75 所示。然后在【项目】面板空白处单击鼠标右键，在弹出的快捷菜单中选择【新建项目】/【序列】命令，弹出【新建序列】对话框，选择【DV-PAL】/【标准 48kHz】，如图 8-76 所示。

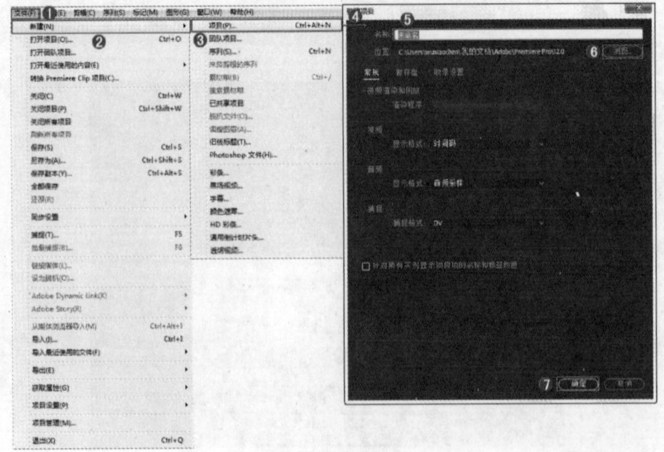

图 8-75

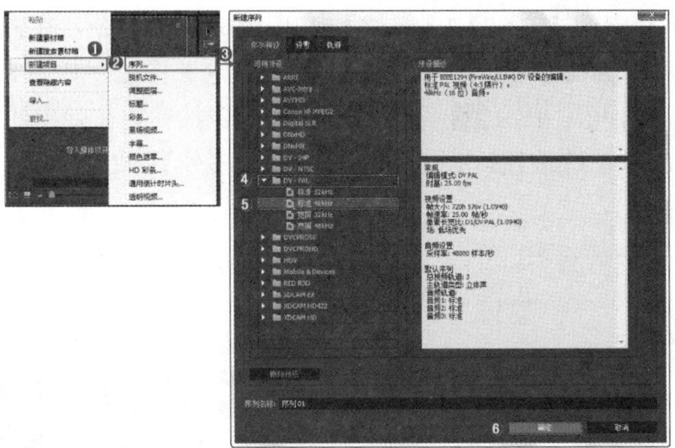

图　8-76

(2) 在【项目】面板中空白处双击鼠标左键，在打开的对话框中选择所需的素材文件，单击【打开】按钮导入，如图 8-77 所示。

图　8-77

(3) 将【项目】面板中的素材文件按顺序拖曳到【时间轴】面板的 V1 轨道上，如图 8-78 所示。

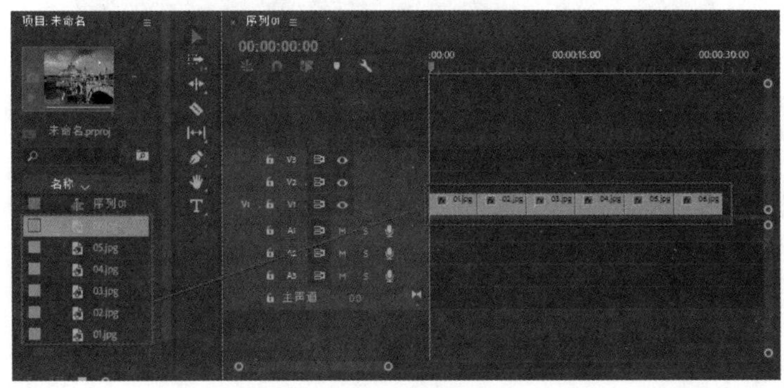

图　8-78

（4）选择菜单栏中的【文件】/【新建】/【旧版标题】命令，在弹出的【新建字幕】对话框中设置【名称】为【字幕 01】，然后单击【确定】按钮，如图 8-79 所示。

（5）在【字幕】面板中单击 （滚动 / 游动选项）按钮，在弹出的【滚动 / 游动选项】对话框中选中【滚动】单选按钮，并选中【开始于屏幕外】和【结束于屏幕外】复选框，如图 8-80 所示。

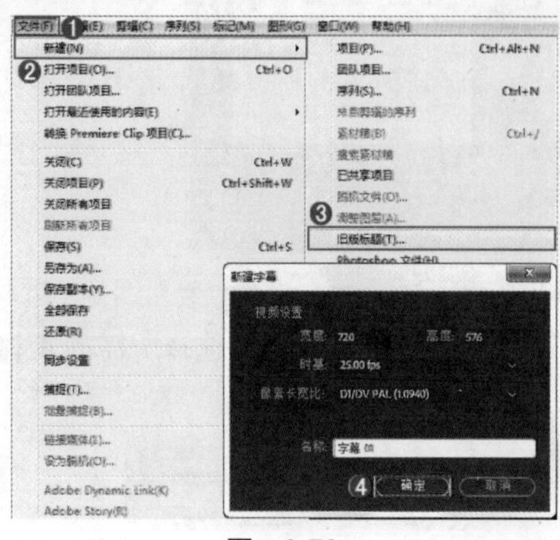

图 8-79

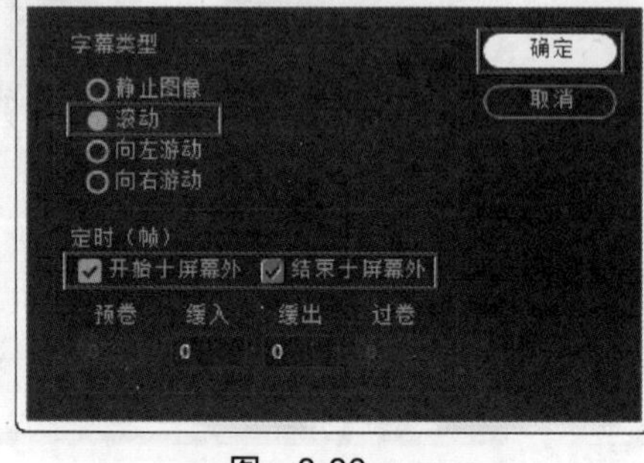

图 8-80

技巧提示：

设置【滚动】【开始于屏幕外】【结束于屏幕外】【预卷】【缓入】【缓出】【过卷】的数值可调节滚动字幕。

（6）单击 （文字工具）按钮，然后在字幕工作区输入文字，在【字体属性】面板中设置【字体系列】为【黑体】，【字体大小】为 34，【颜色】为白色。最后单击【外描边】后面的【添加】超链接，设置【大小】为 25，【颜色】为蓝色，如图 8-81 所示。

图 8-81

（7）关闭【字幕】面板，然后将【项目】面板中的【字幕 01】素材文件拖曳到 V2 轨道上，并设置结束时间与 V1 轨道上的素材相同，如图 8-82 所示。

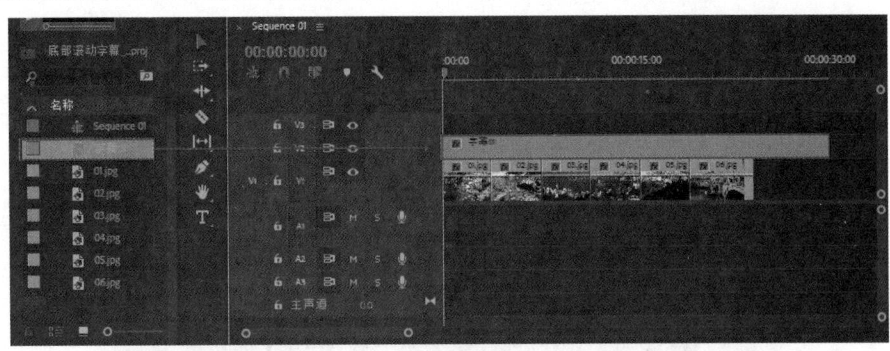

图　8-82

（8）为素材制作淡入淡出效果。选择 V1 轨道上的素材，并在起始和结束附近单击按钮，为素材添加 4 个关键帧。并选择起始和结束位置的关键帧，按住鼠标左键将其拖曳到下方，如图 8-83 所示。

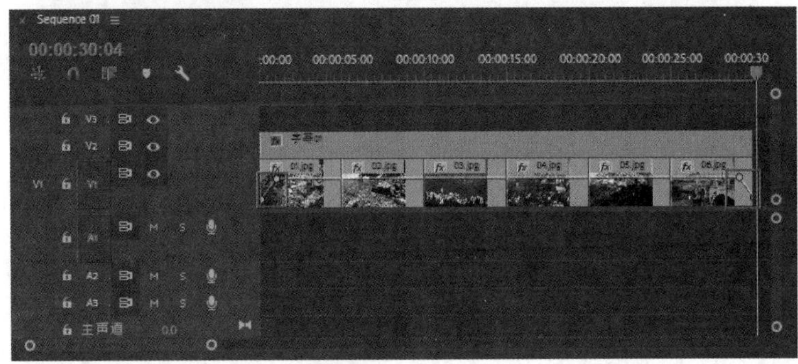

图　8-83

（9）在【效果】面板中将【叠加溶解】【带状滑动】【伸展】【时钟式擦除】和【缩放】转场效果拖曳到 V1 轨道上的素材文件之间，如图 8-84 所示。

（10）此时拖动时间轴滑块查看最终效果，如图 8-85 所示。

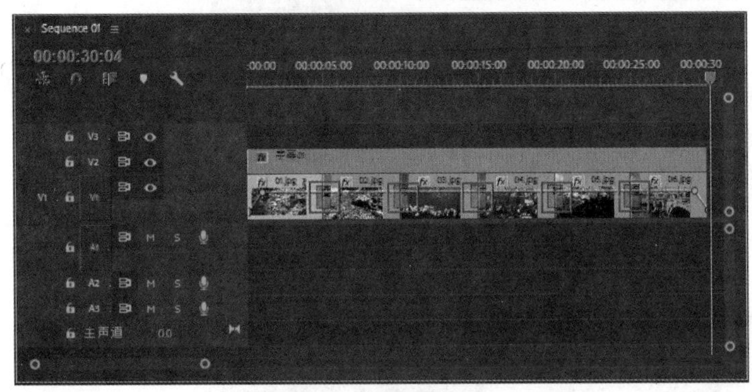

图　8-84

图　8-85

✍答疑解惑：滚动字幕可以表现哪些内容？

滚动字幕的内容可以是广告，也可以是新闻，还可以是介绍当前节目内容等，只要是不与当前画面所播出的内容产生过大的分歧，都是可以的。
制作滚动字幕时，要字幕与当前画面所播出的内容颜色分明，可以适当地添加背景颜色条和调整字体颜色，或者添加描边效果等。

8.4.3　文字色彩的应用

技术速查：在【字幕属性】面板的【填充】栏中，可以为文字设置合适的【颜色】和【光泽】效果。

（1）选择字幕工作区中的文字，在【字幕属性】面板中设置合适的颜色，并选中【光泽】效果，如图 8-86 所示。

图　8-86

（2）设置【光泽】下的【透明度】【大小】【角度】和【偏移】的参数，可以得到不同的光泽效果，如图 8-87 所示。

图　8-87

案例实战——制作多彩光泽文字效果

案例文件	案例文件 \ 第 8 章 \ 多彩光泽文字 .prproj
视频教学	视频文件 \ 第 8 章 \ 多彩光泽文字 .flv
难易指数	★★★★★
技术要点	文字工具、光泽、描边和阴影效果的应用

扫码看视频

案例效果

文字在生活中必不可少，且样式丰富多彩。文字使用不同的颜色搭配会带给人不同的视觉感受，而且好的文字色彩搭配可以吸引更多的注意力。本例主要是针对“制作多彩光泽文字效果”的方法进行练习，如图 8-88 所示。

图　8-88

操作步骤

（1）选择【文件】/【新建】/【项目】命令，弹出【新建项目】对话框，设置【名称】，并单击【浏览】按钮设置保存路径，如图 8-89 所示。然后在【项目】面板空白处单击鼠标右键，在弹出的快捷菜单中选择【新建项目】/【序列】命令，弹出【新建序列】对话框，选择【DV-PAL】/【标准 48kHz】，如图 8-90 所示。

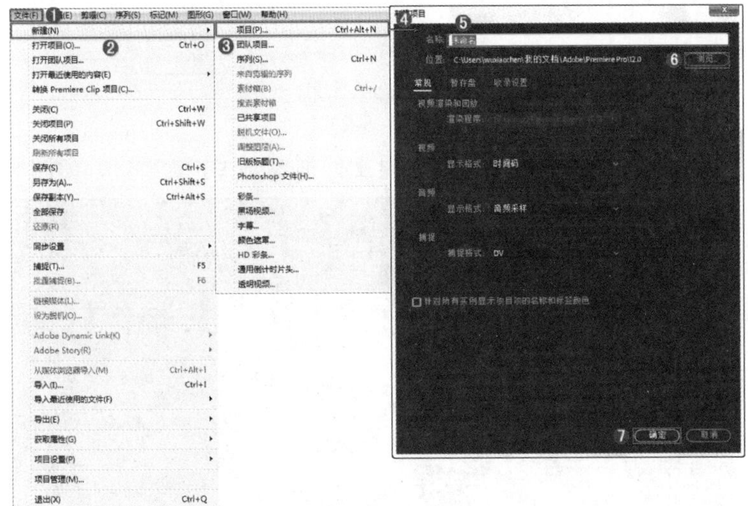

图　8-89

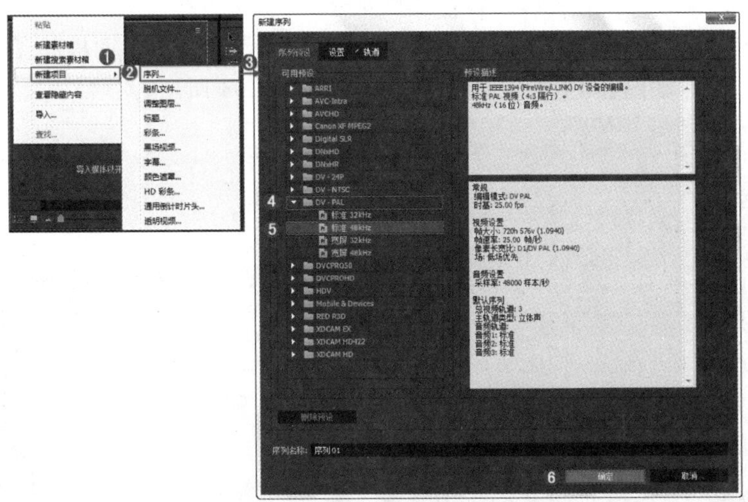

图　8-90

（2）在【项目】面板中空白处双击鼠标左键，在打开的对话框中选择所需的素材文件，单击【打开】按钮导入，如图 8-91 所示。

图 8-91

（3）将【项目】面板中的【1.jpg】素材文件拖曳到 V1 轨道上，如图 8-92 所示。

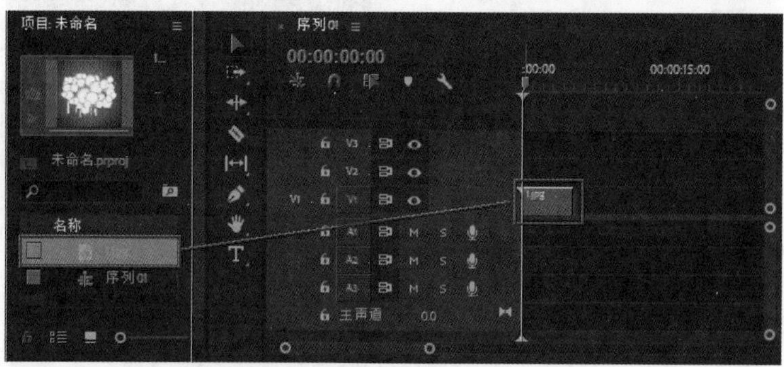

图 8-92

（4）选择 V1 轨道上的【1.jpg】素材文件，在【效果控件】面板的【运动】栏中设置【缩放】为 79，如图 8-93 所示。此时的效果如图 8-94 所示。

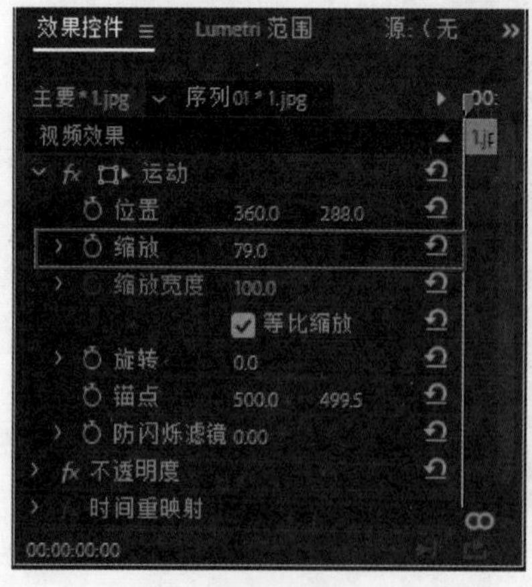

图 8-93

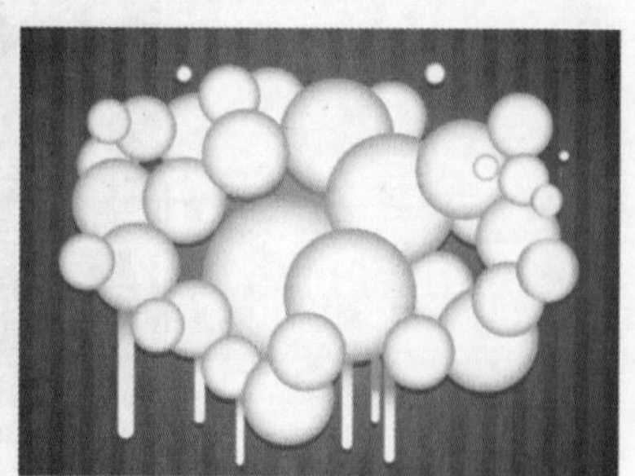

图 8-94

（5）创建字幕，选择菜单栏中的【文件】/【新建】/【旧版标题】命令，然后在弹出的【新建字幕】对话框中单击【确定】按钮，如图 8-95 所示。

（6）单击 T（文字工具）按钮，在字幕工作区中输入文字【NEW】，在【字体属性】面板中设置【字体系列】为【FZHuPo-M04T】，【字体大小】为 170，每个字母的【颜色】分别为橙色、红色和紫色，如图 8-96 所示。

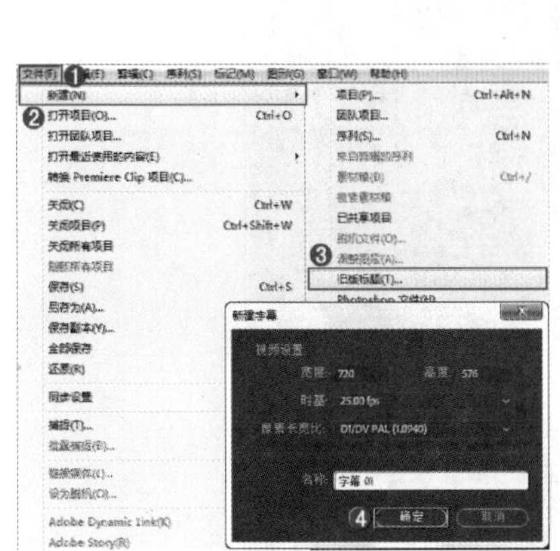

图　8-95

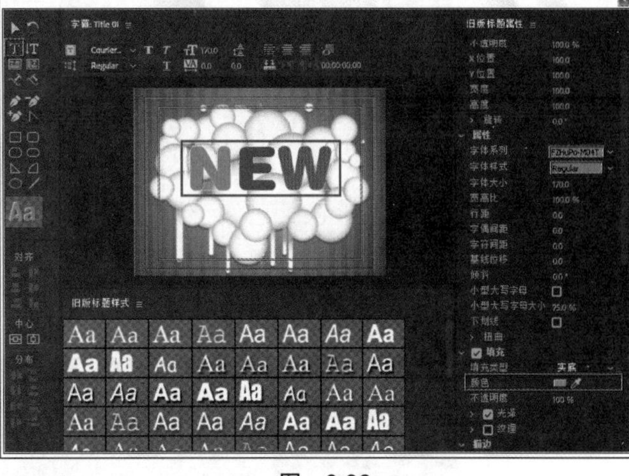

图　8-96

（7）选择文字，在【字体属性】面板选择【填充】栏中的【光泽】，设置【大小】为 76，【角度】为 25°，【偏移】为 30。接着单击【内描边】后面的【添加】超链接，设置【大小】为 23，【颜色】为白色，如图 8-97 所示。

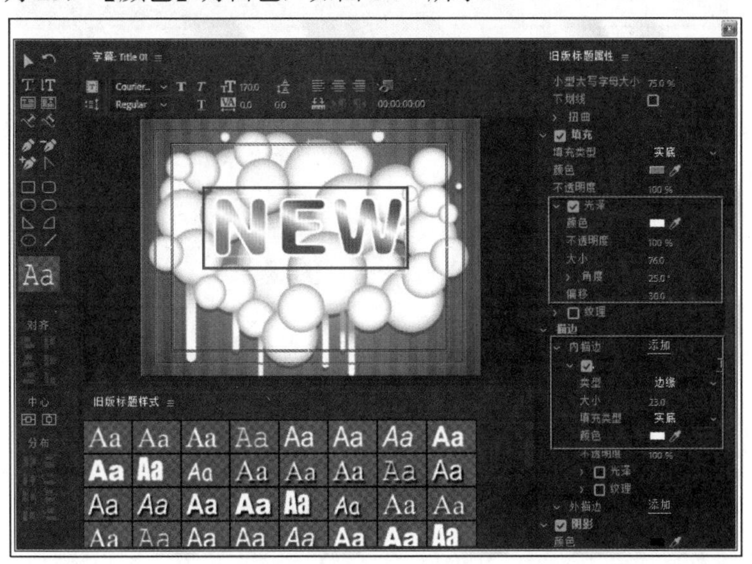

图　8-97

（8）选择文字，在【字体属性】面板选择【阴影】，设置【角度】为 –230°，【距离】为 28，【扩展】为 40，如图 8-98 所示。

（9）关闭字幕面板，在【项目】面板中将文字素材文件拖曳到【时间轴】面板中的 V2 轨道上，如图 8-99 所示。

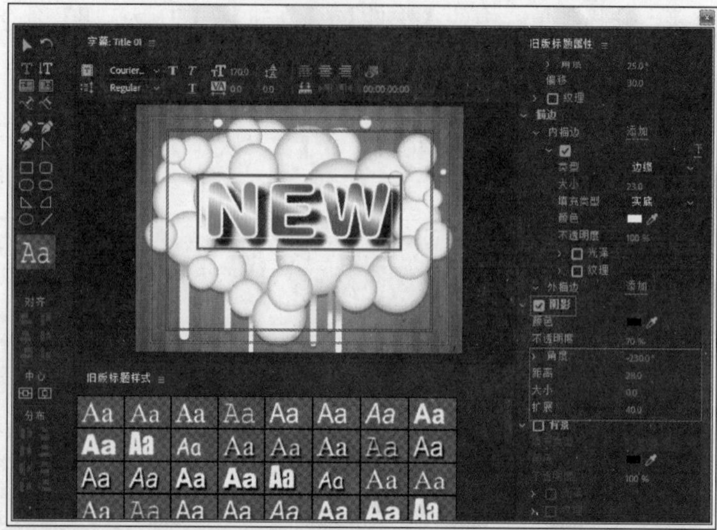

图 8-98

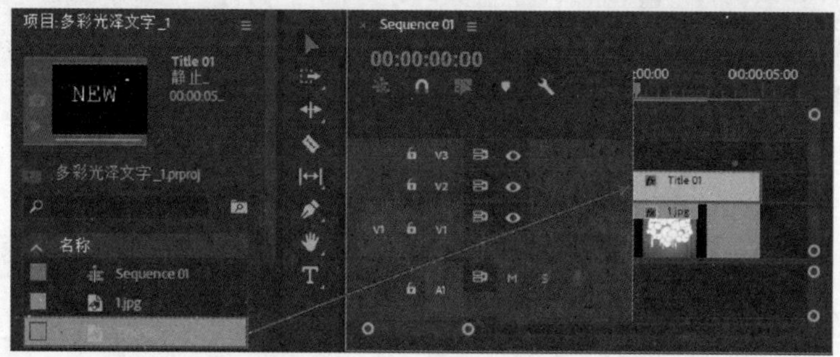

图 8-99

（10）此时拖动时间轴滑块查看最终效果，如图 8-100 所示。

图 8-100

8.4.4 制作三维空间文字

技术速查：为字幕添加描边效果，并设置【类型】为【深度】，即可模拟出类似三维空间的效果。

（1）选择文字或图形，在【字体属性】面板单击【外描边】后面的【添加】超链接，设置【类型】为【深度】，如图 8-101 所示。

（2）在【字体属性】面板继续设置文字或图形【外描边】下的【大小】和【角度】，并设置合适的颜色，如图 8-102 所示。

图　8-101

图　8-102

案例实战——制作立体背景文字效果

案例文件	案例文件 \ 第 8 章 \ 立体背景文字 .prproj
视频教学	视频文件 \ 第 8 章 \ 立体背景文字 .flv
难易指数	★★★★★
技术要点	矩形工具和描边工具效果的应用

扫码看视频

案例效果

立方体的效果常带给人力度和重量的感觉，为表达某物体代表文字的力度和视觉效果，可以在文字的基础上制作出立方体的效果。本例主要是针对“制作立体背景文字效果”的方法进行练习，如图 8-103 所示。

图 8-103

操作步骤

（1）选择【文件】/【新建】/【项目】命令，弹出【新建项目】对话框，设置【名称】，并单击【浏览】按钮设置保存路径，如图 8-104 所示。然后在【项目】面板空白处单击鼠标右键，在弹出的快捷菜单中选择【新建项目】/【序列】命令，弹出【新建序列】对话框，选择【DV-PAL】/【标准 48kHz】，如图 8-105 所示。

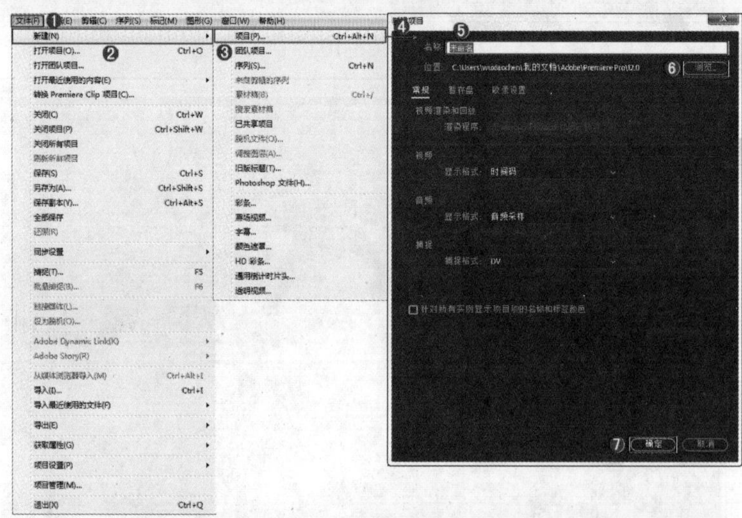

图 8-104

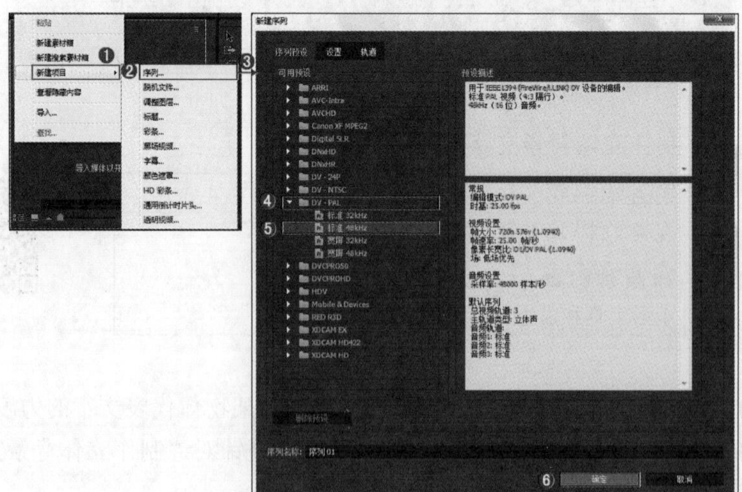

图 8-105

（2）在【项目】面板中空白处双击鼠标左键，在打开的对话框中选择所需的素材文件，单击【打开】按钮导入，如图 8-106 所示。

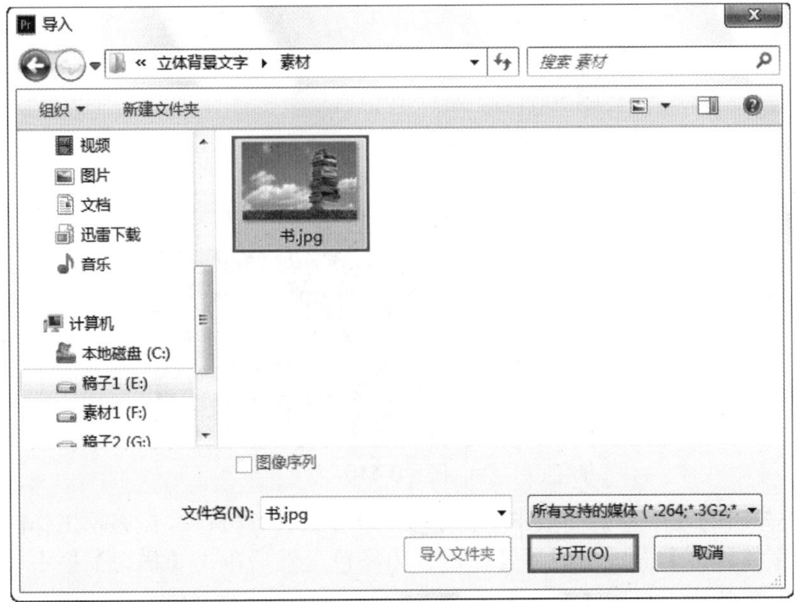

图　8-106

（3）将【项目】面板中的【书 .jpg】素材文件拖曳到 V1 轨道上，如图 8-107 所示。

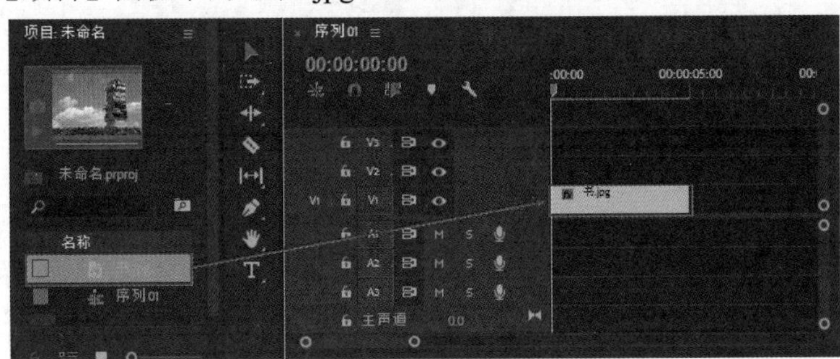

图　8-107

（4）选择 V1 轨道上的【书 .jpg】素材文件，在【效果控件】面板的【运动】栏中，设置【缩放】为 53，如图 8-108 所示。此时的效果如图 8-109 所示。

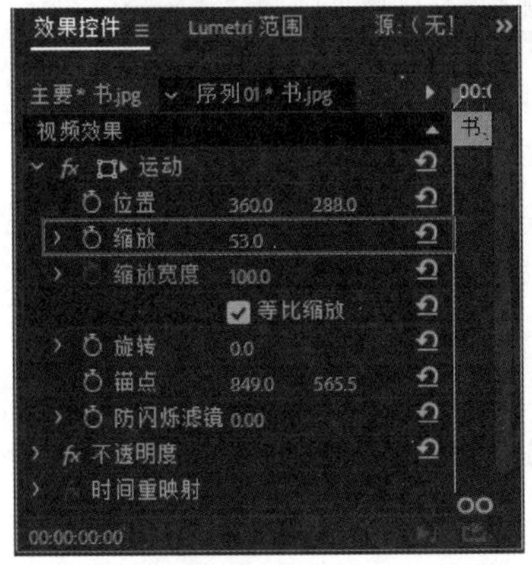

图　8-108

图　8-109

（5）创建字幕，选择菜单栏中的【文件】/【新建】/【旧版标题】命令，在弹出的【新建字幕】对话框中单击【确定】按钮，如图 8-110 所示。

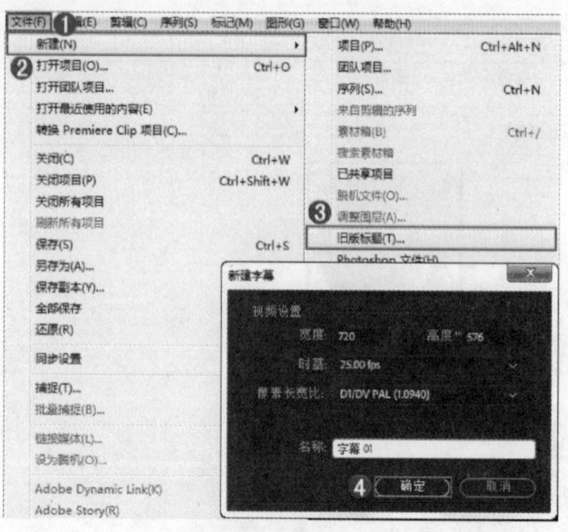

图 8-110

（6）在弹出的【字幕】面板中单击 ▢（矩形工具）按钮，在字幕工作区中绘制一个矩形，在【字体属性】面板中设置【颜色】为绿色。然后单击【描边】栏中【内描边】后面的【添加】超链接，设置【大小】为 8，【颜色】为黄色，如图 8-111 所示。

图 8-111

（7）单击【外描边】后面的【添加】超链接，然后设置【类型】为【深度】，【大小】为 52，【角度】为 165°，设置【填充类型】为【线性渐变】，【颜色】为浅绿色和深绿色，【角度】为 140°，如图 8-112 所示。

（8）单击 T（文字工具）按钮，在字幕工作区中输入文字【读书】，在【字幕属性】面板设置【字体系列】为【方正毡笔黑简体】，【字体大小】为 114，【颜色】为红色，如图 8-113 所示。

图　8-112

图　8-113

（9）在【字幕属性】面板单击【外描边】后面的【添加】超链接，然后设置【大小】为 38，【颜色】为白色，如图 8-114 所示。

（10）关闭【字幕】面板，然后将【项目】面板中的【字幕 01】素材文件拖曳到 V2 轨道中。

（11）此时拖动时间轴滑块查看最终效果，如图 8-115 所示。

图 8-114

图 8-115

答疑解惑：可以调节立方体的颜色和改变形状吗？

可以调节，在【字幕】面板的【字幕属性】面板【描边】栏的【外描边】中调整颜色和角度就可以得到各种立方体效果。同样文字的颜色也可以随意更换。
也可以改变立方体形状，在字幕工作区绘制不同形状的图形，然后填充并添加外描边就可以制作出各种不同形状的三维图形。

8.4.5 绘制字幕图案

技术速查：在【字幕】面板中利用【钢笔工具】等绘制图案，并通过调整其属性参数可以得到不同的画面效果。

在【字幕】面板中单击 （钢笔工具）按钮，然后在【工作区域】内单击鼠标左键键入锚点，再次移动鼠标位置即可再次键入锚点，并可以拖动锚点的控制杆进行路径调节，若需要设置图案的颜色，可在右侧【旧版标题属性】中进行设置，如图 8-116 所示。

图 8-116

8.4.6　文字混合模式应用

技术速查：在文字制作完成后，可以在文字图层的【效果控件】面板中调整混合模式。与背景图案结合，可以制作出多种特殊的文字效果。

选择【时间轴】面板中的字幕素材，在【效果控件】面板中即可调整其混合模式，如图 8-117 所示。

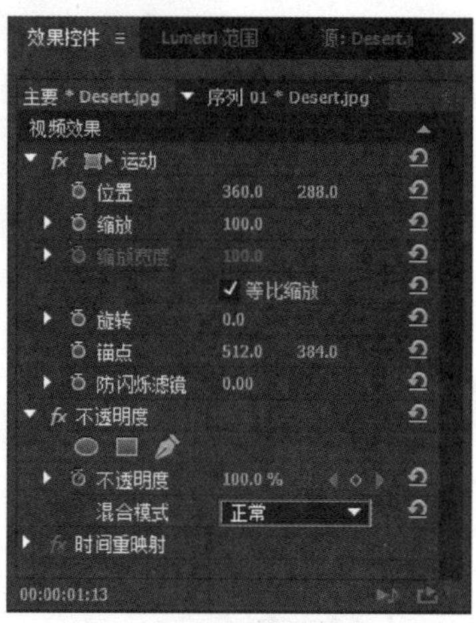

图　8-117

案例实战——制作光影文字效果

案例文件	案例文件 \ 第 8 章 \ 光影文字 .prproj
视频教学	视频文件 \ 第 8 章光影文字 .flv
难易指数	★★★★★
技术要点	文字工具、亮度与对比度、混合模式效果的应用

扫码看视频

案例效果

各种颜色的叠加和灯光的效果可以制作出各种色彩独特的特殊效果。光与影的互相搭配产生出各种各样的绚丽效果。本例主要是针对“制作光影文字效果”的方法进行练习，如图 8-118 所示。

图　8-118

操作步骤

（1）选择【文件】/【新建】/【项目】命令，弹出【新建项目】对话框，设置【名称】，并单击【浏览】按钮设置保存路径，如图 8-119 所示。然后在【项目】面板空白处单击鼠标右键，在弹出的快捷菜单中选择【新建项目】/【序列】命令，弹出【新建序列】对话框，选择【DV-PAL】/【标准 48kHz】，如图 8-120 所示。

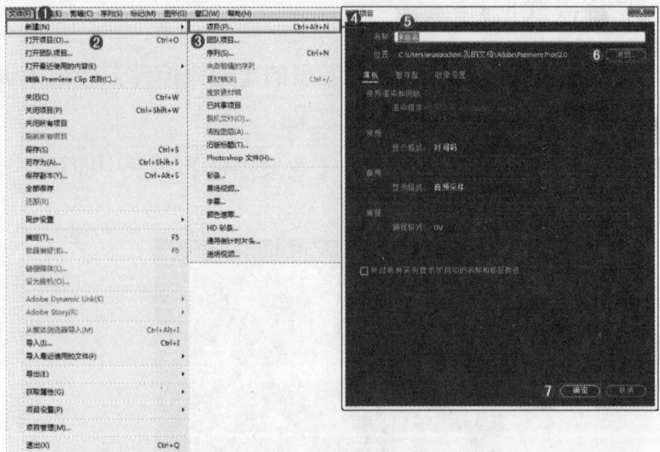

图 8-119

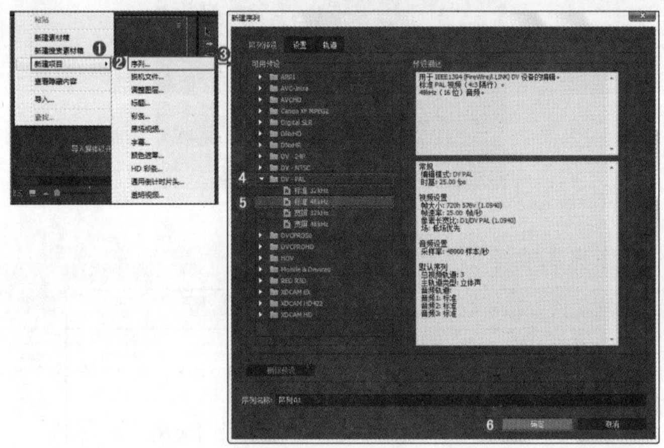

图 8-120

（2）在【项目】面板中空白处双击鼠标左键，在打开的对话框中选择所需的素材文件，单击【打开】按钮导入，如图 8-121 所示。

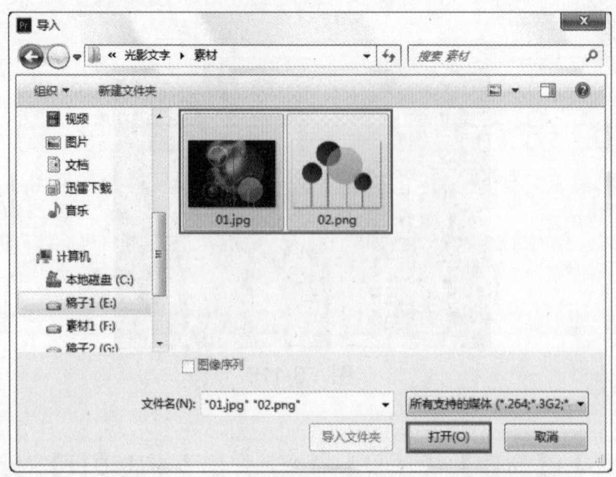

图 8-121

（3）将【项目】面板中的【01.jpg】素材文件拖曳到 V1 轨道上，如图 8-122 所示。

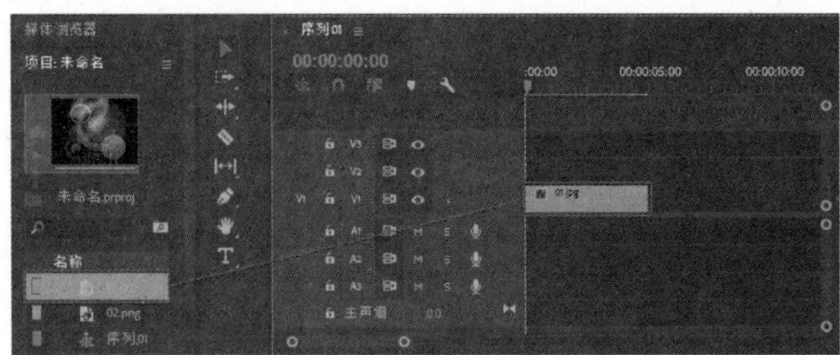
图　8-122

（4）在【效果】面板中搜索【亮度与对比度】效果，然后按住鼠标左键将其拖曳到 V1 轨道的【01.jpg】素材文件上，如图 8-123 所示。

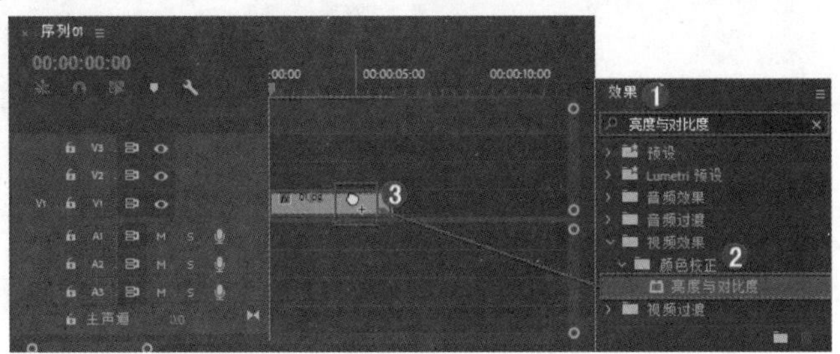
图　8-123

（5）选择 V1 轨道上的【01.jpg】素材文件，在【效果控件】面板的【运动】栏设置【缩放】为 66，打开【亮度与对比度】栏，设置【亮度】为 16，【对比度】为 19，如图 8-124 所示。此时的效果如图 8-125 所示。

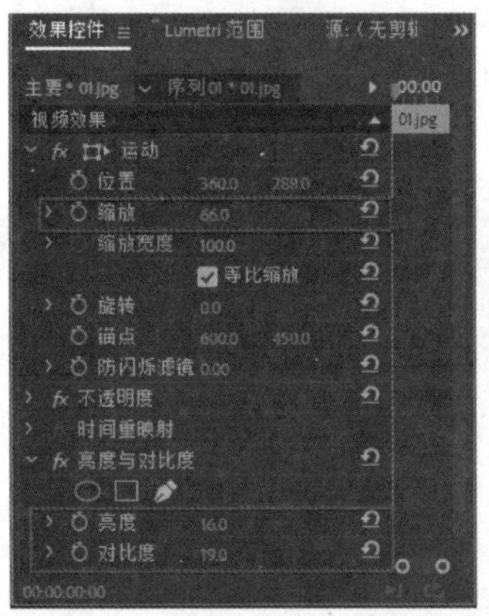
图　8-124

图　8-125

（6）将【项目】面板中的【02.png】素材文件拖曳到 V6 轨道上，如图 8-126 所示。

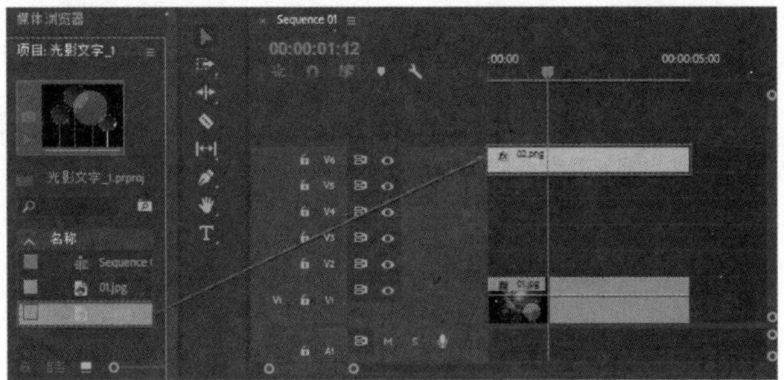
图　8-126

（7）选择 V6 轨道上的【02.png】素材文件，在【效果控件】面板的【运动】栏设置【缩放】为 63，在【不透明度】档设置【混合模式】为【变亮】，如图 8-127 所示。此时的效果如图 8-128 所示。

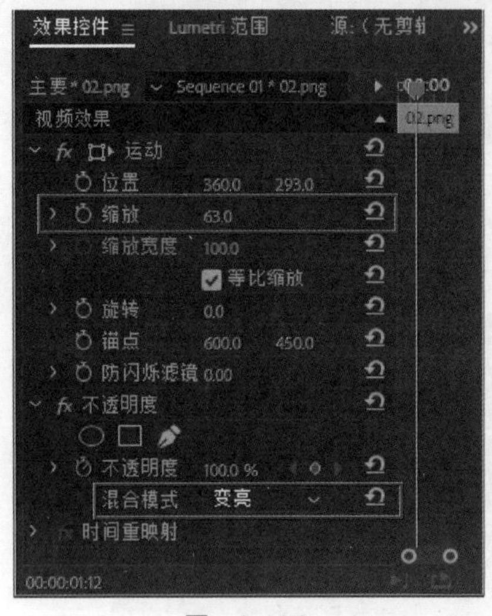

图 8-127

图 8-128

（8）选择菜单栏中的【文件】/【新建】/【旧版标题】命令，在弹出的【新建字幕】对话框中设置【名称】为【Titleol】，单击【确定】按钮，如图 8-129 所示。

（9）在【字幕】面板中单击 T （文字工具）按钮，然后在字幕工作区输入文字【B】，在【字体属性】面板设置【字体系列】为【Arial】，【字体样式】为【Bold】，【字体大小】为 140，【填充类型】为【线性渐变】，【颜色】为白色和蓝色，【角度】为 321°，如图 8-130 所示。

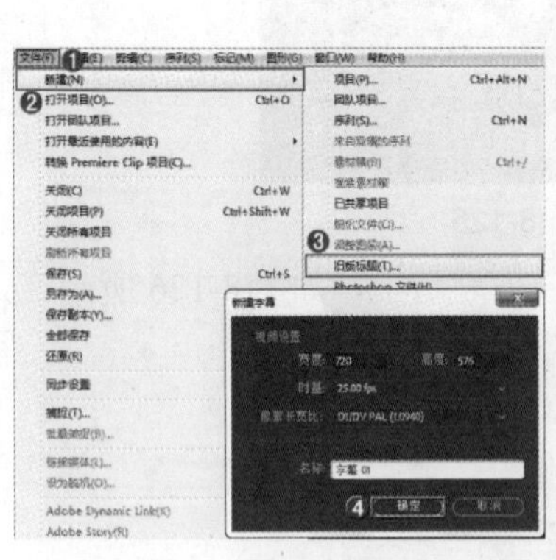

图 8-129

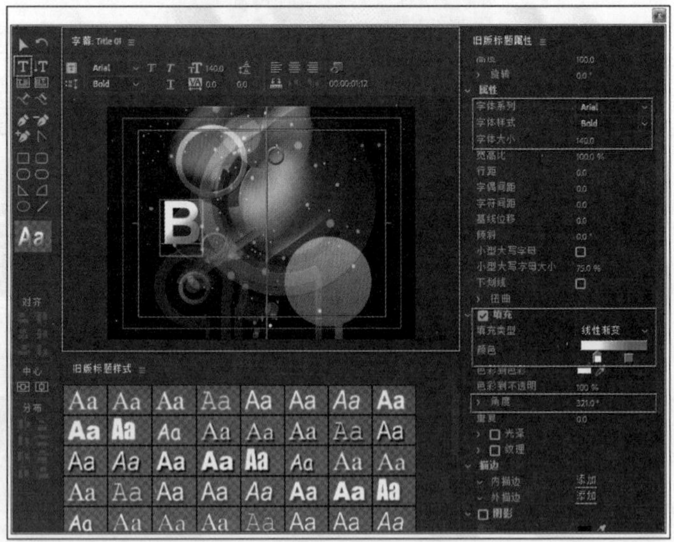

图 8-130

（10）关闭【字幕】面板，然后将【项目】面板中的【Title 01】素材文件拖曳到 V2 轨道上，如图 8-131 所示。

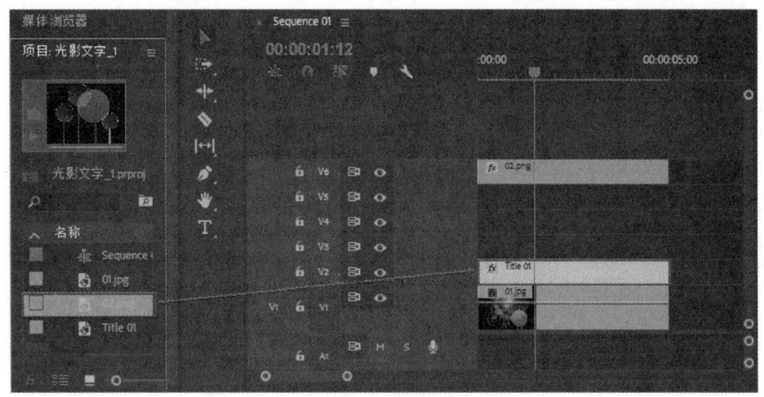

图　8-131

（11）选择【Title 01】素材文件，在【效果控件】面板中【不透明】栏设置【混合模式】为【差值】，如图 8-132 所示。此时的效果如图 8-133 所示。

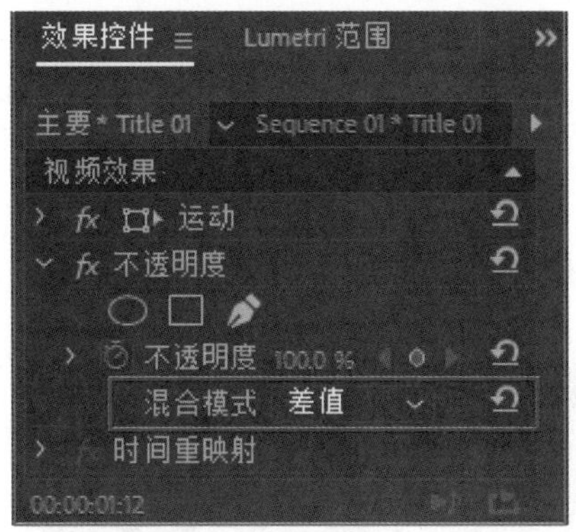

图　8-132

图　8-133

（12）以此类推，制作出【Title 02】【Title 03】【Title 04】，然后分别拖曳到 V3、V4 和 V5 轨道上，如图 8-134 所示。

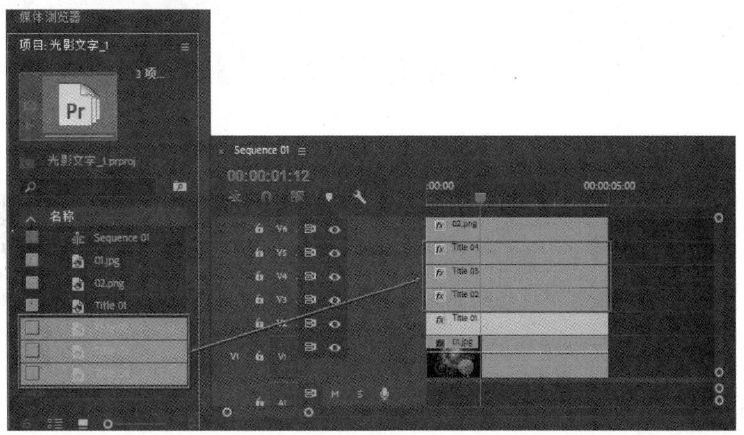

图　8-134

（13）在【效果控件】面板中的【不透明】栏分别设置【Title 02】【Title 03】【Title 04】的【混合模式】为【变亮】，如图 8-135 所示。此时拖动时间轴滑块查看最终效果，如图 8-136 所示。

图 8-135

图 8-136

答疑解惑：文字与光影效果搭配应该注意哪些问题？

文字与光影效果搭配需要注意文字与效果的一致性，包括字体和字体颜色，尽可能地使其融入其中。

8.4.7 文字与视频特效的结合

技术速查：在文字制作完成后，可以将【效果】面板中的各种效果添加到文字图层上，从而制作出精美的文字效果。

在【效果】面板中选择某一特效，然后将该特效拖曳到【时间轴】面板中的文字素材上，如图 8-137 所示。

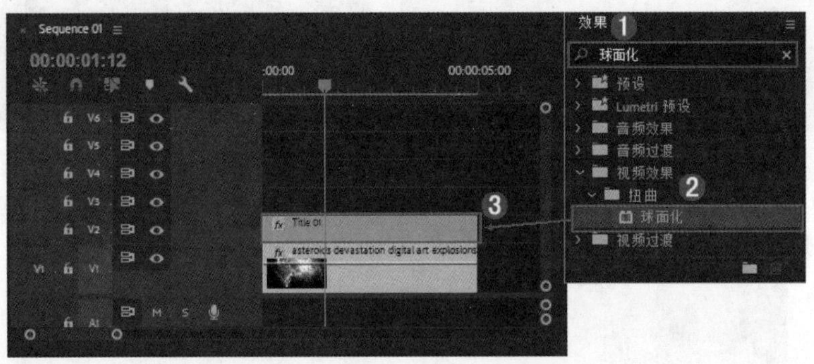

图 8-137

案例实战——制作火焰黄金文字效果

案例文件	案例文件 \ 第 8 章 \ 火焰金属文字 .prproj
视频教学	视频文件 \ 第 8 章 \ 火焰金属文字 .flv
难易指数	★★★★★
技术要点	文字工具、混合模式、斜面 Alpha 效果的应用

扫码看视频

案例效果

不同环境中的文字采用不同颜色和效果与之对应，例如，蓝天、白云场景对应的颜色一般采用蓝色搭配白色，给人清新自然的感觉。文字的不同颜色对应不同的环境感觉，文字的厚度效果还可以带给人力量感和庄重感。本例主要是针对“制作火焰黄金文字效果”的方法进行练习，如图 8-138 所示。

图　8-138

技巧提示：标志的设计方法

在本案例中使用了字母作为标志。字母设计在标志设计中常以夸张的手法进行再现，运用各种对字母的变形赋予标志不同的含义及内容，使标志更加具有内涵，引起人们对其的兴趣与关注，赢得人们的喜爱与欣赏，起到对产品及品牌的推广作用，达到对品牌的宣传目的，给人以深刻印象，如图 8-139 所示。

图　8-139

操作步骤

（1）选择【文件】/【新建】/【项目】命令，弹出【新建项目】对话框，设置【名称】，并单击【浏览】按钮设置保存路径，如图 8-140 所示。然后在【项目】面板空白处单击鼠标右键，在弹出的快捷菜单中选择【新建项目】/【序列】命令，弹出【新建序列】对话框，选择【DV-PAL】/【标准 48kHz】，如图 8-141 所示。

（2）在【项目】面板中空白处双击鼠标左键，在打开的对话框中选择所需的素材文件，单击【打开】按钮导入，如图 8-142 所示。

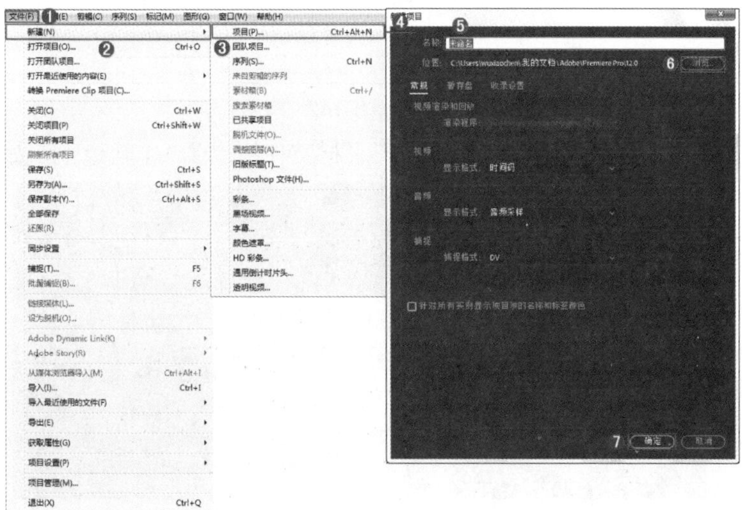

图　8-140

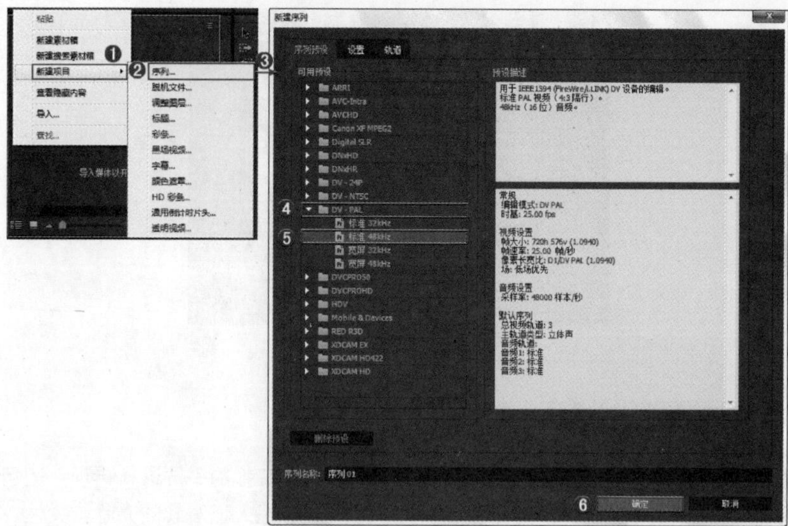

图 8-141

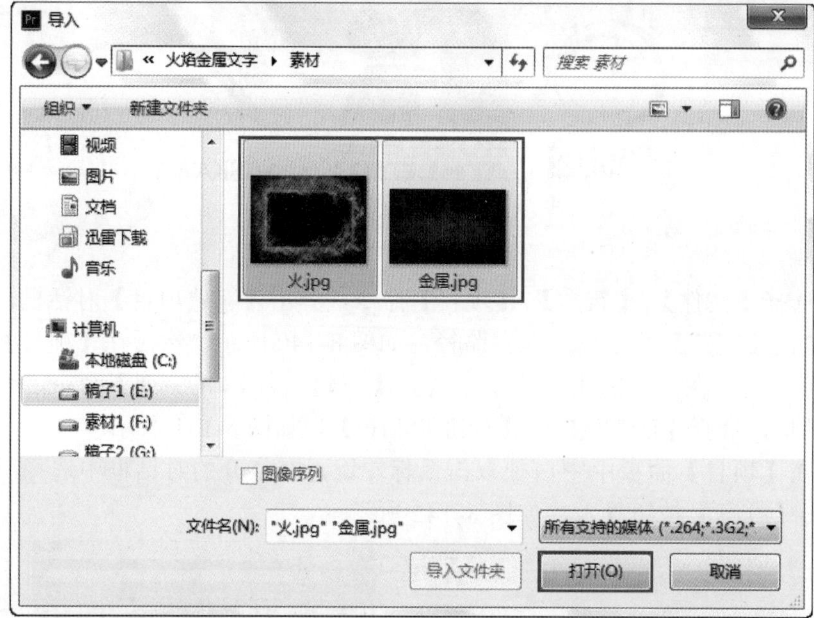

图 8-142

（3）将【项目】面板中的【金属 .jpg】素材文件拖曳到 V1 轨道上，如图 8-143 所示。

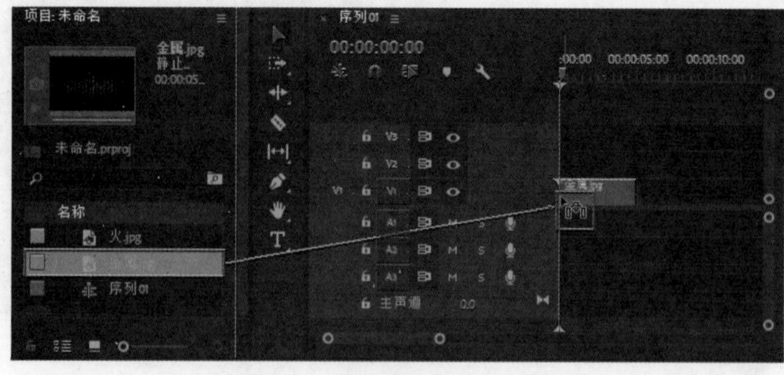

图 8-143

（4）选择 V1 轨道上的【金属 .jpg】素材文件，在【效果控件】面板的【运动】栏设置【位置】为（366,291），【缩放】为 37，如图 8-144 所示。此时效果，如图 8-145 所示。

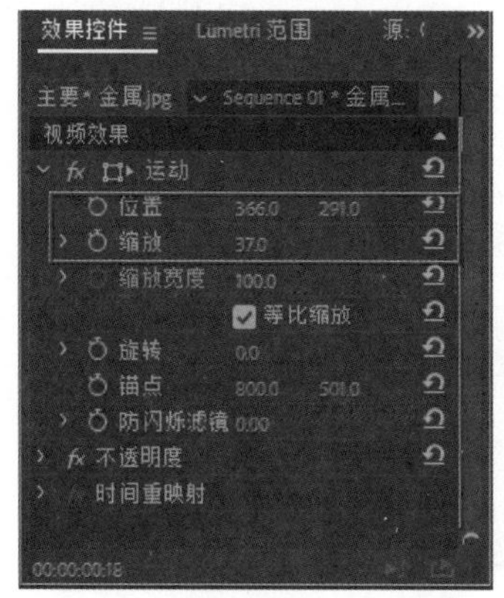

图　8-144

图　8-145

（5）将【项目】面板中的【火 .jpg】素材文件拖曳到 V4 轨道上，如图 8-146 所示。

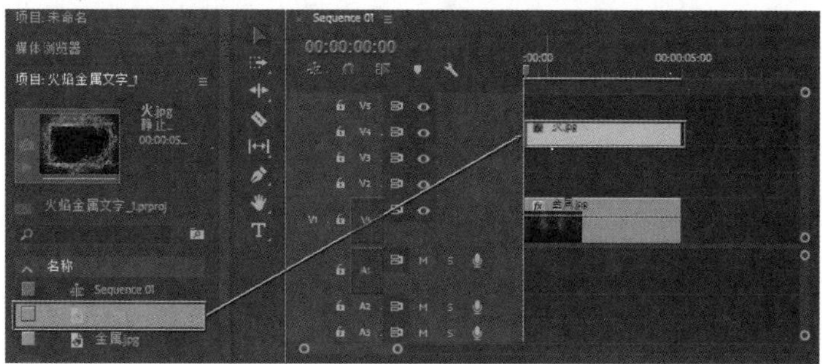

图　8-146

技巧提示：

因为接下来制作的文字要在【火 .jpg】素材文件的下面，所以将【火 .jpg】素材文件拖曳到 V4 轨道上。

（6）选择 V4 轨道上的【火 .jpg】素材文件，在【效果控件】面板的【运动】栏设置【缩放】为 40，在【不透明度】栏设置【混合模式】为【滤色】，如图 8-147 所示。此时的效果如图 8-148 所示。

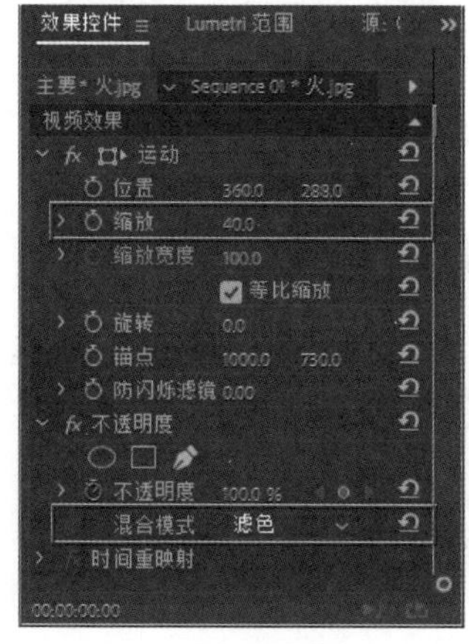

图　8-147

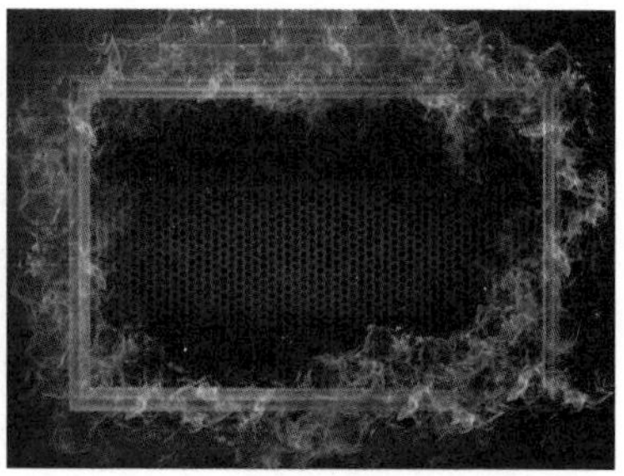

图　8-148

（7）选择菜单栏中的【文件】/【新建】/【旧版标题】命令，在弹出的【新建字幕】对话框中单击【确定】按钮，如图 8-149 所示。

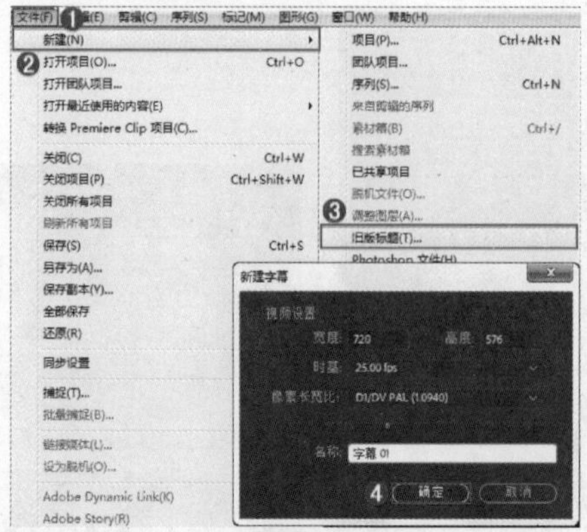

图 8-149

（8）单击 T（文字工具）按钮，然后在字幕工作区中输入文字，在【字体属性】面板设置【字体系列】为【FZCuQian-M17S】，【字体大小】为 203，【填充类型】为【线性渐变】，【颜色】为黄色和深黄色。接着选中【光泽】，设置【颜色】为黄色，【大小】为 32，【偏移】为 30，如图 8-150 所示。

图 8-150

（9）关闭【字幕】面板，然后将【项目】面板中的【字幕 01】素材文件拖曳到 V2 轨道上，如图 8-151 所示。

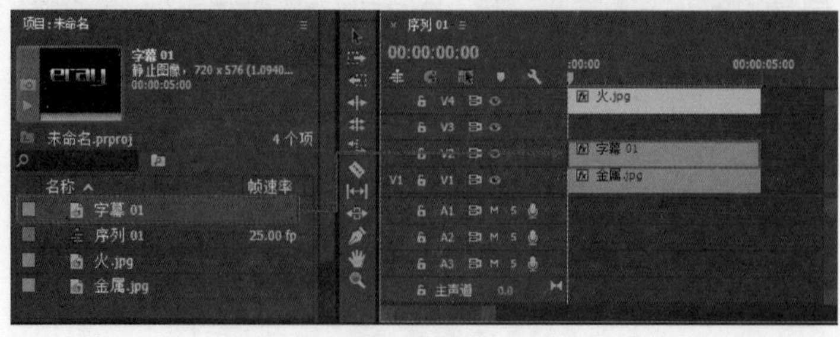

图 8-151

（10）在【效果】面板中搜索【斜面 Alpha】效果，然后按住鼠标左键将其拖曳到 V2 轨道的【字幕 01】素材文件上，如图 8-152 所示。

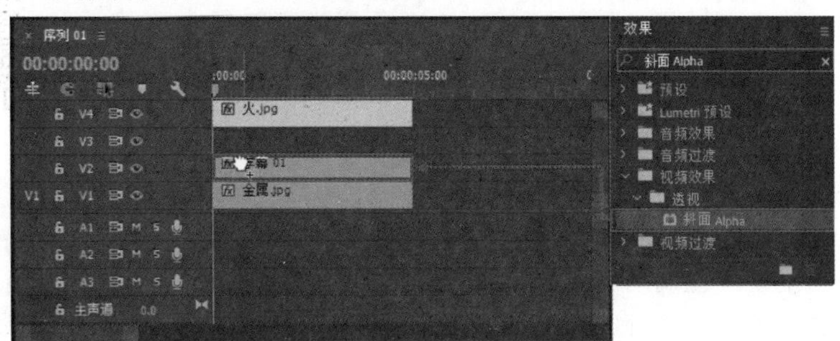

图 8-152

（11）选择 V2 轨道上的【字幕 01】素材文件，在【效果控件】面板打开【斜面 Alpha】栏，设置【边缘厚度】为 1.5，【光照角度】为 90°，【光照强度】为 0.3，如图 8-153 所示。此时的效果如图 8-154 所示。

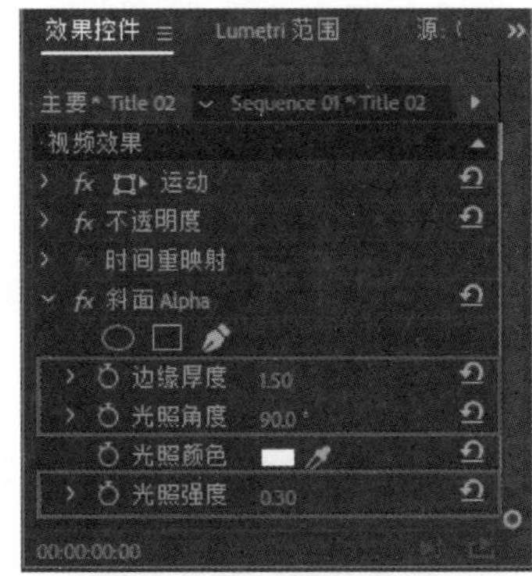

图 8-153

图 8-154

（12）以同样的方法制作出字幕【字幕 02】，并放置在 V3 轨道上。此时拖动时间轴滑块查看最终效果，如图 8-155 所示。

图 8-155

答疑解惑：黄金金属文字的特点有哪些？

黄金金属文字可以色彩绚丽，效果醒目，而且可以有反光的效果。

在制作金属文字时，为文字添加斜角效果，让文字更有立体感，还可以根据光线的不同方向调整反光的角度和偏移。

案例实战——制作彩板文字效果

案例文件	案例文件 \ 第 8 章 \ 彩板文字 .prproj
视频教学	视频文件 \ 第 8 章 \ 彩板文字 .flv
难易指数	★★★★★
技术要点	文字工具、渐变、边角定位、斜面 Alpha 效果的应用

扫码看视频

案例效果

文字的各种创意搭配，常常带给人意想不到的效果，如彩色的背景搭配统一色调的文字等。本例主要是针对“制作彩板文字效果”的方法进行练习，如图 8-156 所示。

图 8-156

操作步骤

（1）选择【文件】/【新建】/【项目】命令，弹出【新建项目】对话框，设置【名称】，并单击【浏览】按钮设置保存路径，如图 8-157 所示。然后在【项目】面板空白处单击鼠标右键，在弹出的快捷菜单中选择【新建项目】/【序列】命令，弹出【新建序列】对话框，选择【DV-PAL】/【标准 48kHz】，如图 8-158 所示。

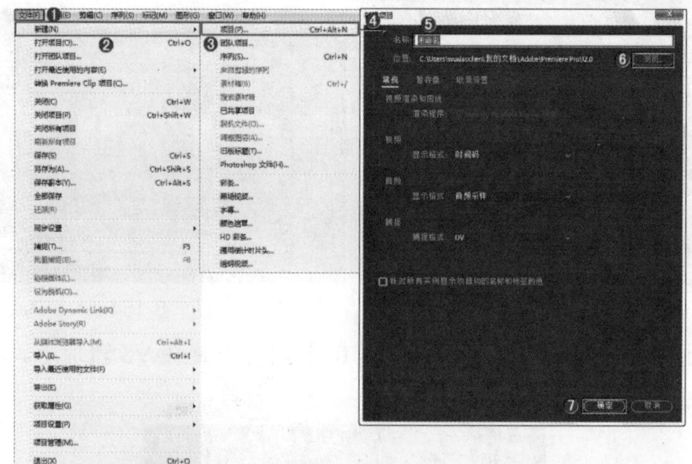
图 8-157

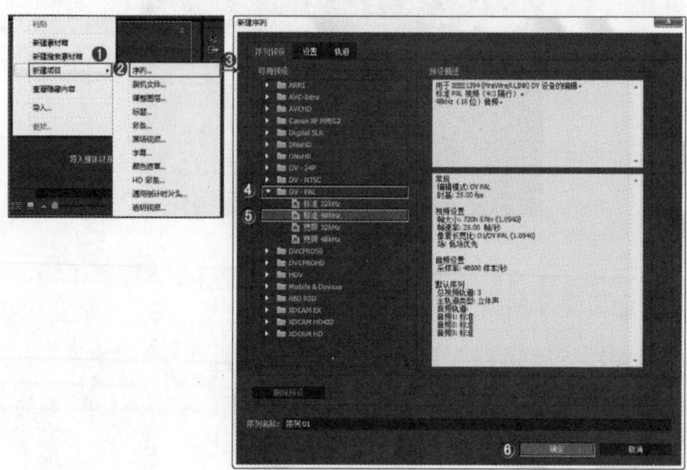
图 8-158

（2）选择菜单栏中的【文件】/【新建】/【黑场视频】，在弹出的对话框中单击【确定】按钮，如图 8-159 所示。

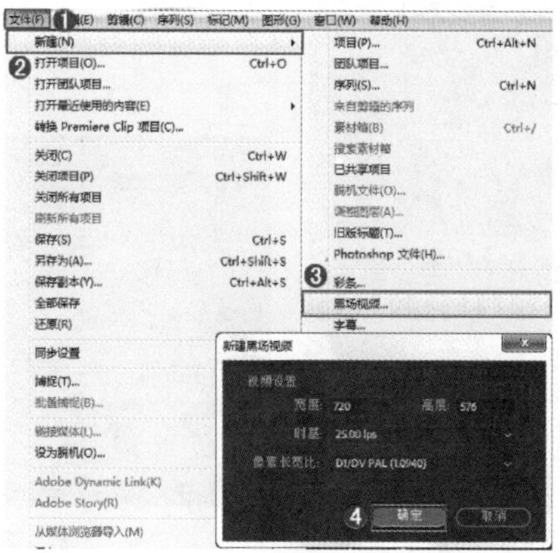

图　8-159

（3）将【项目】面板中的【黑场视频】素材文件拖曳到 V1 轨道上，如图 8-160 所示。

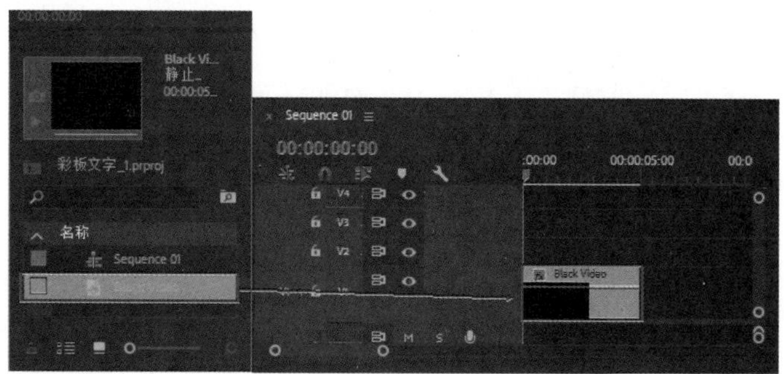

图　8-160

（4）在【效果】面板中搜索【渐变】效果，然后按住鼠标左键将其拖曳到 V1 轨道的【黑场视频】素材文件上，如图 8-161 所示。

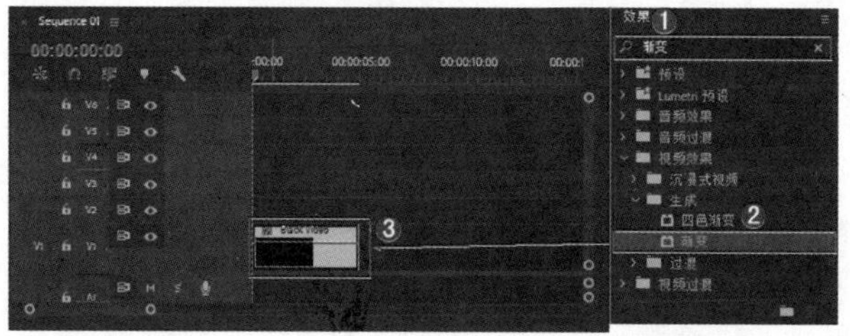

图　8-161

（5）选择 V1 轨道上的【黑场视频】素材文件，在【效果控件】面板设置【渐变】栏中的【渐变形状】为【径向渐变】。接着设置【渐变起点】为（360,288），【起始颜色】为灰色，【结束颜色】为黑色，如图 8-162 所示。此时的效果如图 8-163 所示。

（6）选择菜单栏中的【文件】/【新建】/【旧版标题】命令，在弹出的【新建字幕】对话框中设置【名称】为紫色，然后单击【确定】按钮，如图 8-164 所示。

（7）单击 ▣（矩形工具）按钮，然后在字幕工作区绘制一个矩形，在【字幕属性】面板设置【填充类型】为【线性渐变】，【颜色】为深紫色和紫色，【角度】为 270°，如图 8-165 所示。

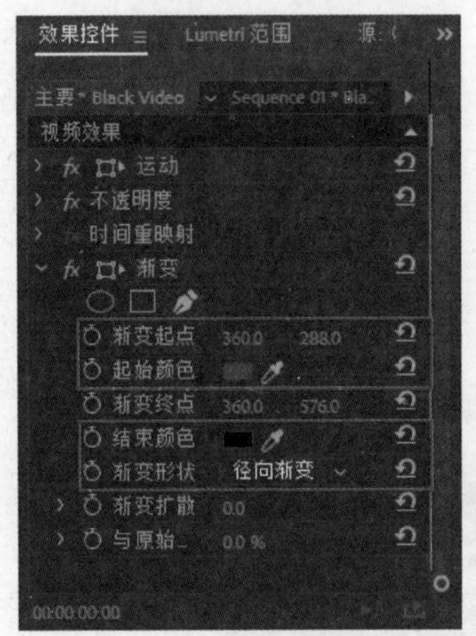

图 8-162

图 8-163

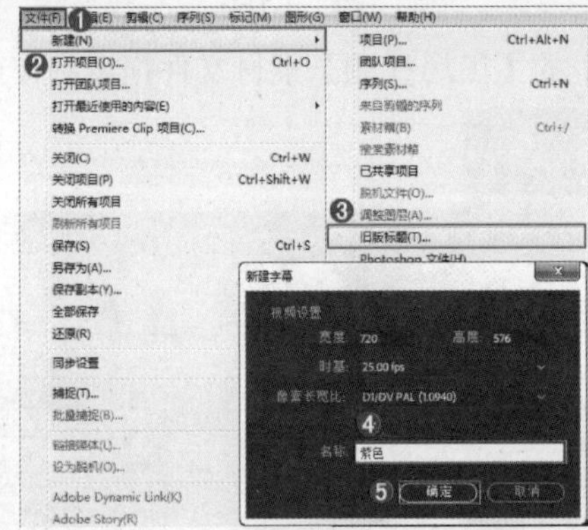

图 8-164

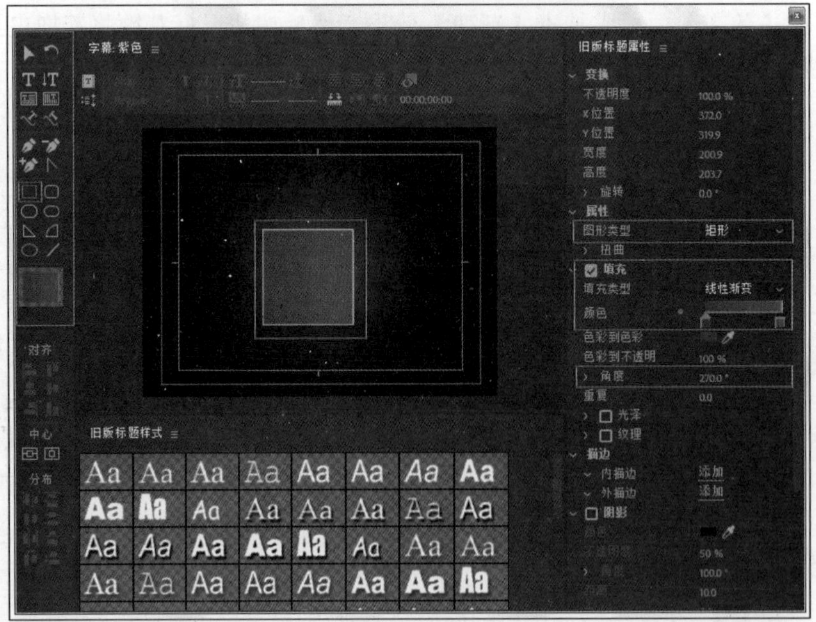

图 8-165

（8）单击 T（文字工具）按钮，然后在字幕工作区输入文字【C】，在【字幕属性】

面板设置【字体系列】为【Arial】，【字体大小】为 210，【颜色】为白色，如图 8-166 所示。

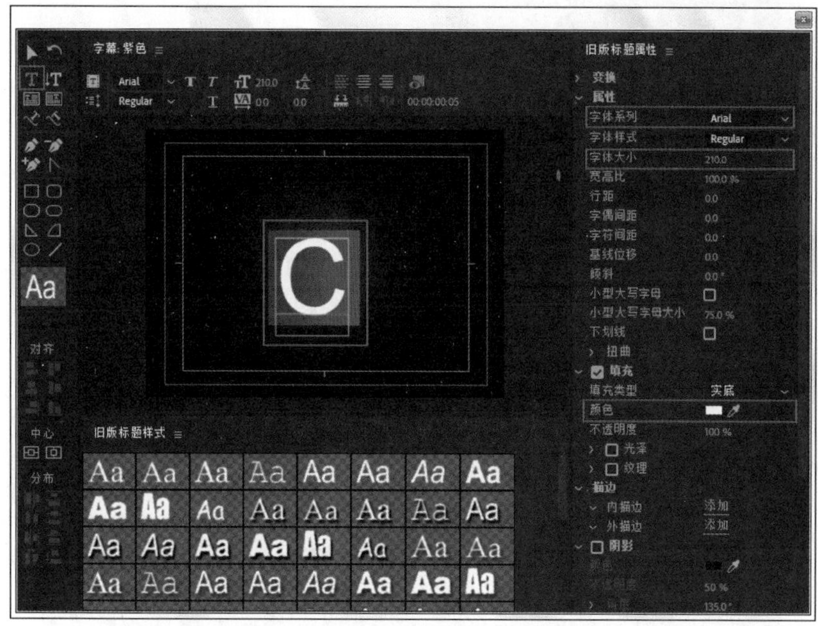

图 8-166

（9）关闭【字幕】面板，然后将【项目】面板中的【紫色】素材文件拖曳到 V2 轨道上，如图 8-167 所示。

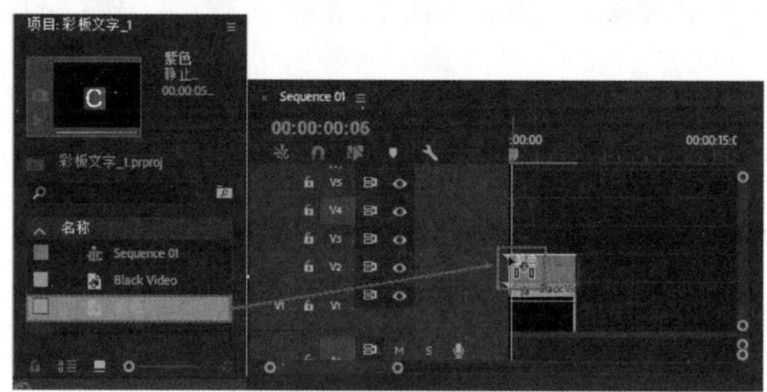

图 8-167

（10）在【效果】面板中搜索【斜面 Alpha】效果，然后按住鼠标左键将其拖曳到 V2 轨道的【紫色】素材文件上，如图 8-168 所示。

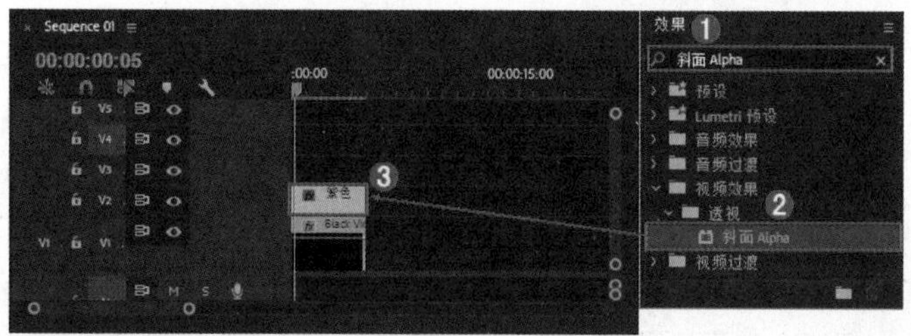

图 8-168

（11）选择 V2 轨道上的【紫色】素材文件，在【效果控件】面板打开【斜面 Alpha】栏，设置【边缘厚度】为 10，【光照角度】为 44°，如图 8-169 所示。此时的效果如图 8-170 所示。

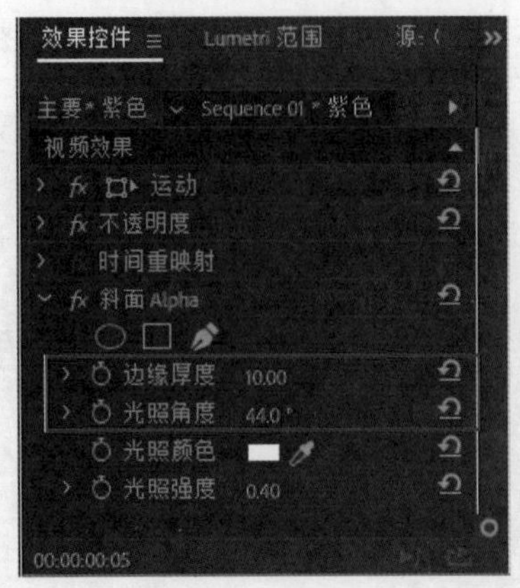

图 8-169

图 8-170

（12）在【效果】面板中搜索【边角定位】效果，然后按住鼠标左键将其拖曳到 V2 轨道的【紫色】素材文件上，如图 8-171 所示。

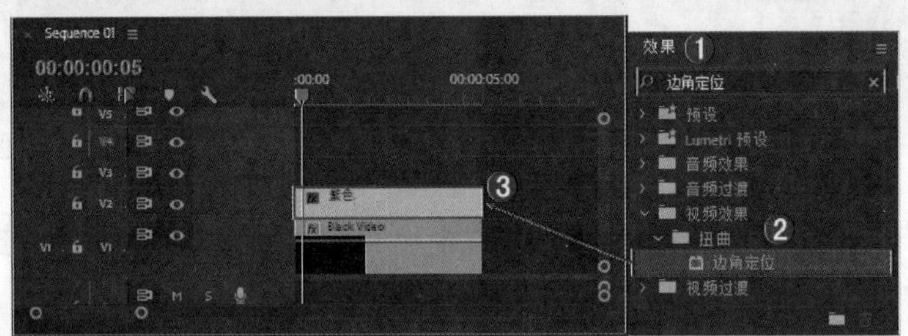

图 8-171

（13）选择 V2 轨道上的【紫色】素材文件，在【效果控件】面板的【运动】栏设置【位置】为（700,288）。接着打开【边角定位】栏，设置【左上】为（0,58），【右上】为（720,−69），【左下】为（0,506），【右下】为（720,651），如图 8-172 所示。此时的效果如图 8-173 所示。

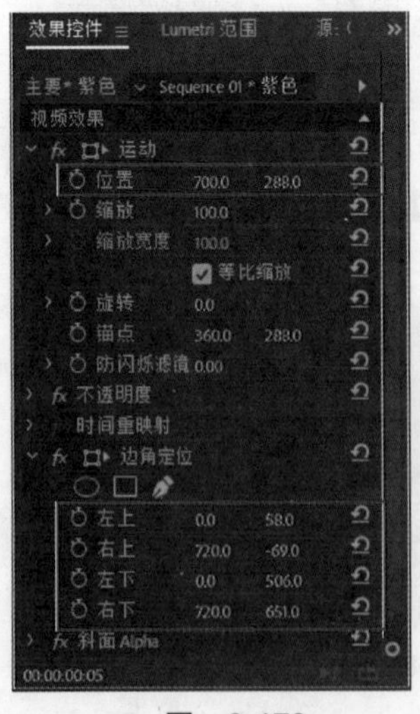

图 8-172

图 8-173

（14）以此类推，制作出【蓝色】【绿色】【橙色】【红色】4 个彩板文字，并依次将其拖曳到【时间轴】面板中的 V3、V4、V5、V6 轨道上。如图 8-174 所示。此时拖动时间轴滑块查看最终效果，如图 8-175 所示。

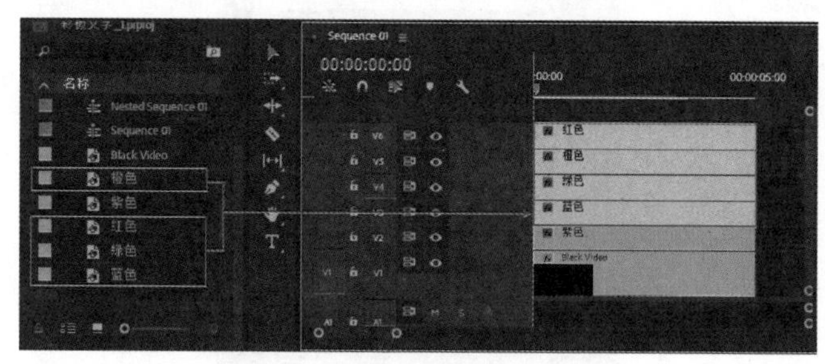

图　8-174

图　8-175

答疑解惑：彩板文字搭配的方法有哪些？

主要表现在彩板的颜色和文字能否协调，一张彩板给人孤立且单薄的感觉，所以多种色彩的搭配，带给人耳目一新的多彩感受。背板的不同效果和颜色需要搭配不同的字体。例如，有立体感的方形彩板可以搭配比较正式和端庄风格的字体。

综合实战——制作记录片头字幕效果

案例文件	案例文件 \ 第 8 章 \ 记录片头字幕 .prproj
视频教学	视频文件 \ 第 8 章 \ 记录片头字幕 .flv
难易指数	★★★★★
技术要点	动画关键帧、不透明度、矩形工具和竖排文字以及外部描边效果的应用

扫码看视频

案例效果

介绍纪录片时，通常会添加字幕来介绍影片中出现的场景，颇具中国特色的纪录片片头中可以加入具有中国色彩的文字效果进行搭配。本例主要是针对“制作记录片头字幕效果”的方法进行练习，如图 8-176 所示。

图　8-176

操作步骤

（1）选择【文件】/【新建】/【项目】命令，弹出【新建项目】对话框，设置【名称】，并单击【浏览】按钮设置保存路径，如图 8-177 所示。然后在【项目】面板空白处单击鼠标右键，在弹出的快捷菜单中选择【新建项目】/【序列】命令，弹出【新建序列】对话框，选择【DV-PAL】/【标准 48kHz】，如图 8-178 所示。

（2）在【项目】面板中空白处双击鼠标左键，在打开的对话框中选择所需的素材文件，单击【打开】按钮导入，如图 8-179 所示。

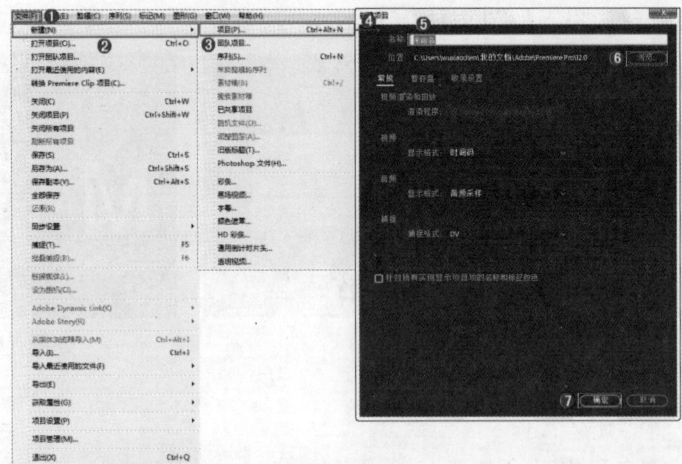

图 8-177

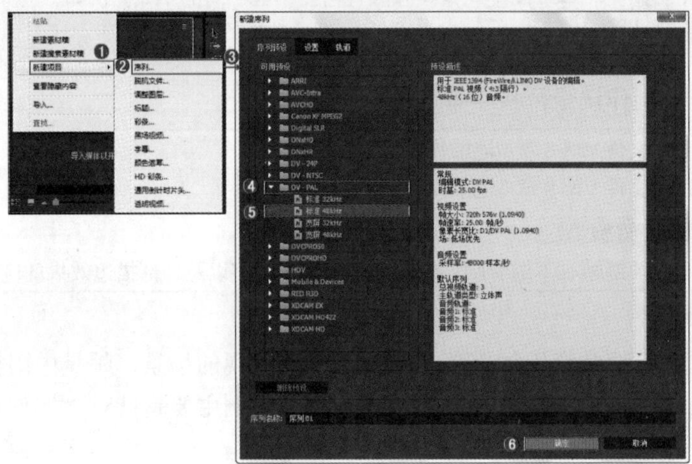

图 8-178

图 8-179

（3）将【项目】面板中的素材文件按顺序拖曳到【时间轴】面板中的 V1 轨道上，并设置每个素材的持续时间为 3 秒，如图 8-180 所示。

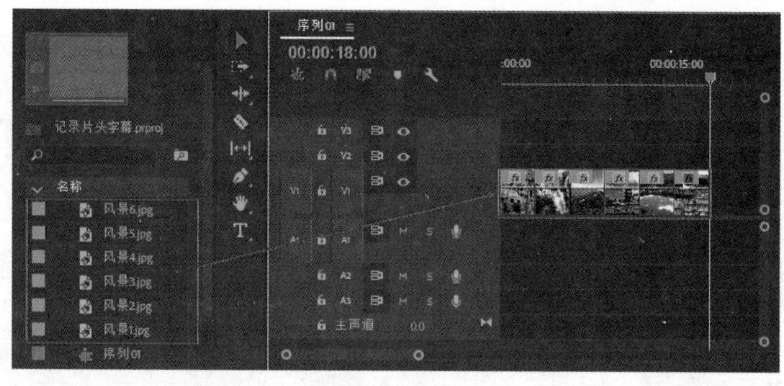

图　8-180

（4）选择 V1 轨道上的【风景 1.jpg】素材文件，然后将时间轴滑块拖到起始帧，在【效果控件】面板的【运动】栏单击【缩放】前面的 ◙ 按钮，开启自动关键帧。接着将时间轴滑块拖到第 1 秒的位置，设置【缩放】为 50，如图 8-181 所示。

（5）以此类推，将 V1 轨道上的其他风景素材文件也调整到合适的画面效果，如图 8-182 所示。

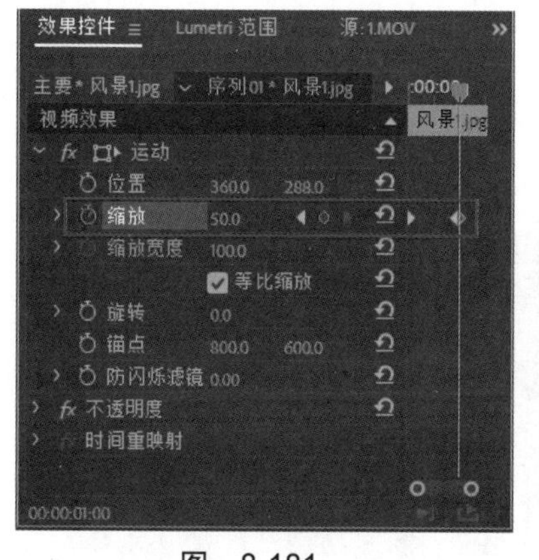

图　8-181

图　8-182

（6）为素材创建字幕。选择菜单栏中的【文件】/【新建】/【旧版标题】命令，并在弹出的【新建字幕】对话框中单击【确定】按钮，如图 8-183 所示。

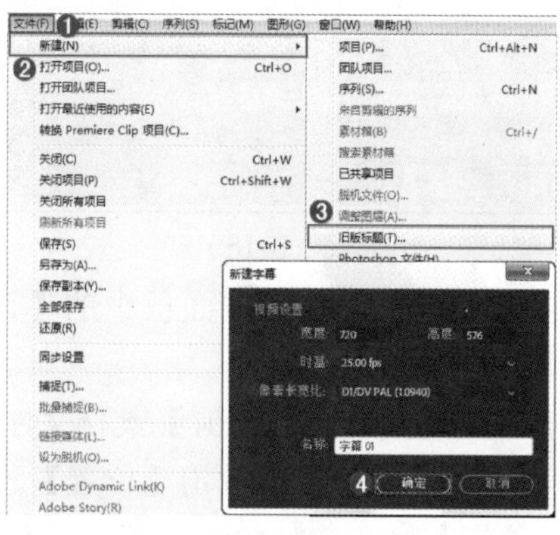

图　8-183

（7）在【字幕】面板中单击 ▭（矩形工具）按钮，并在字幕工作区绘制一个矩形，在【字幕属性】面板设置【颜色】为红色。接着单击【外描边】后面的【添加】超链接，设置【大小】为 3，【颜色】为黄色，如图 8-184 所示。

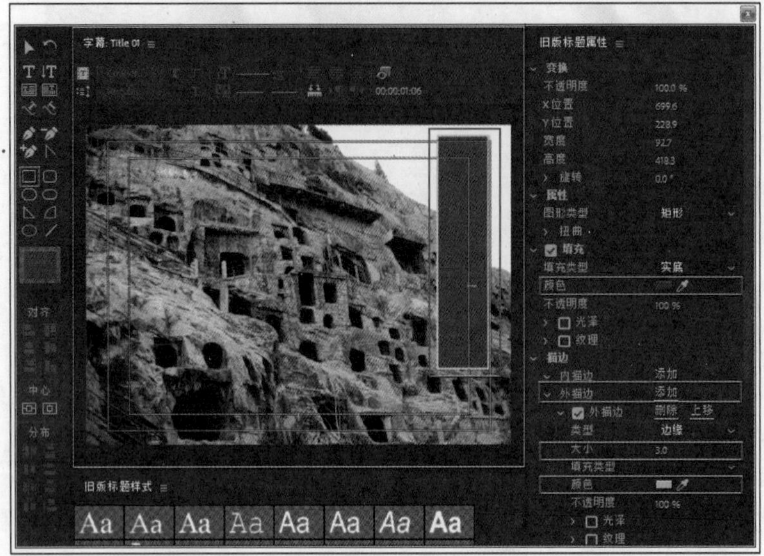

图 8-184

（8）单击（垂直文字工具）按钮，然后在字幕工作区输入文字，在【字幕属性】面板设置【字体系列】为【FZHuangCao-S09S】，【字体大小】为 91，【颜色】为白色，如图 8-185 所示。

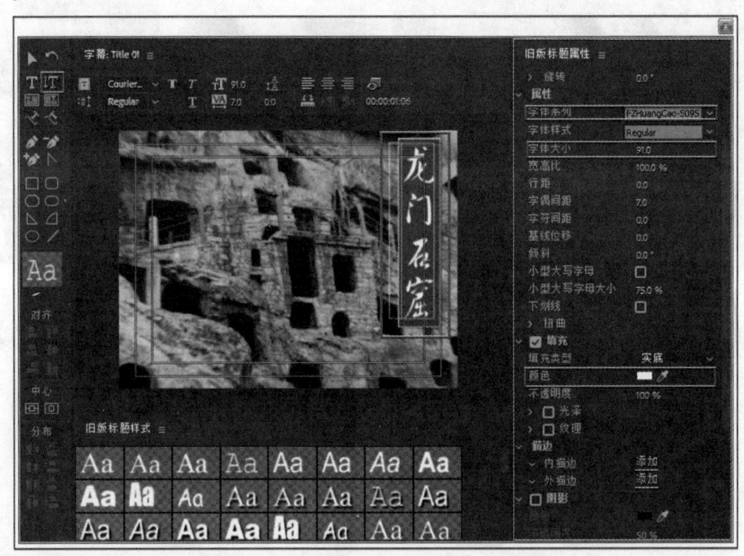

图 8-185

（9）关闭【字幕】面板，然后将【项目】面板中的【Title 01】（字幕 01）拖曳到 V2 轨道上，如图 8-186 所示。

（10）制作动画。选择 V2 轨道上的【Title 01】素材文件，然后将时间轴滑块拖到起始帧的位置，在【效果控件】面板【运动】栏单击【位置】和【缩放】前面的按钮，开启自动关键帧。接着设置【位置】为（–398,427），【缩放】为 262，【不透明度】为 0%，如图 8-187 所示。

（11）继续将时间轴滑块拖到第 1 秒的位置，在【效果控件】面板设置【位置】为（360,288），【缩放】为 100，【不透明度】为 100%，如图 8-188 所示。

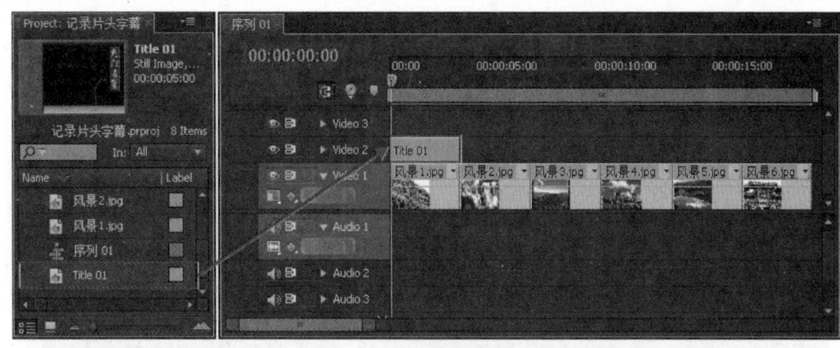

图　8-186

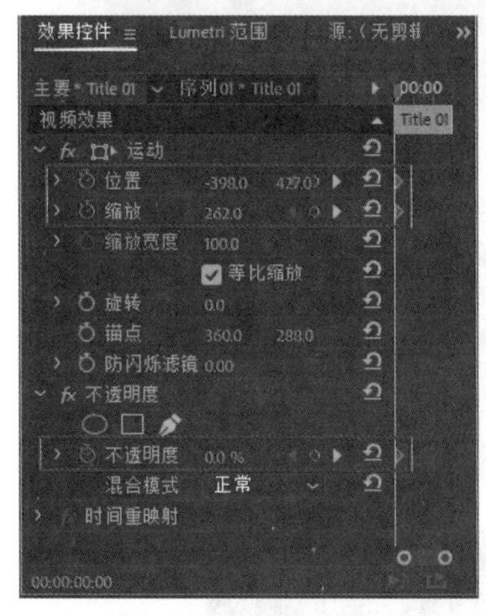

图　8-187

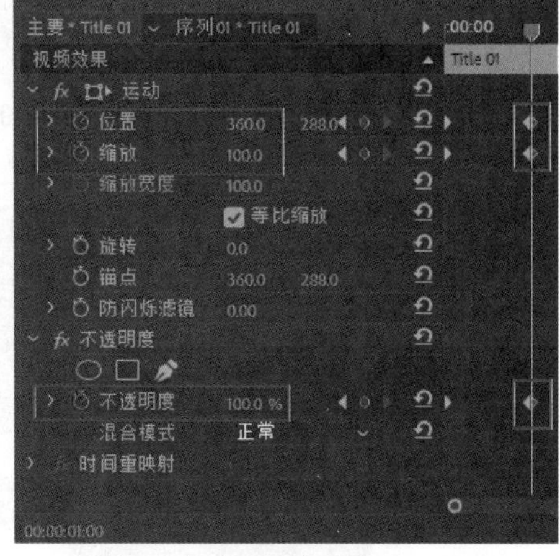

图　8-188

（12）此时拖动时间轴滑块查看效果，如图 8-189 所示。

图　8-189

（13）利用复制的方法制作出字幕文件【Title 02】（字幕 02）、【Title 03】（字幕 03）、【Title 04】（字幕 04）、【Title 05】（字幕 05）和【Title 06】（字幕 06），然后分别添加到 V2 轨道相对应的位置，并适当调节字幕动画和位置，设置文字素材的起始时间与结束时间分别与下方的素材对齐，如图 8-190 所示。

图　8-190

（14）在【效果】面板中将【划像形状】【推】【斜线滑动】【随机擦除】和【滑动】视频过渡效果拖曳到【时间轴】面板的素材文件之间，如图 8-191 所示。

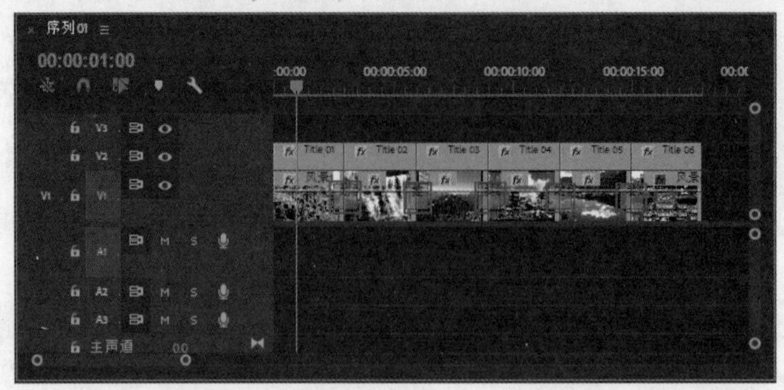

图 8-191

（15）此时拖动时间轴滑块查看最终效果，如图 8-192 所示。

图 8-192

答疑解惑：怎样使画面中的介绍文字更加突出？

把握住画面的整体层次和色彩方向，使画面与文字分明。可以更换不同颜色来搭配画面效果。也可以制作文字背景颜色和边框，但背景颜色要与画面风格相符，即突出文字效果，也与整体画面和谐统一。

本章小结

字幕的使用是非常频繁的。无论是进行平面设计，还是后期影片处理，无一例外都会被多次使用到。字幕的效果，很大程度上会影响画面效果和影片含义。所以通过本章的学习，并通过不断练习可以精通字幕技术，能够制作各种类型的字幕效果。

音频处理

在 Adobe Premiere Pro CC 2018 中可以为音频素材添加各种音频特效来制作画面音效，以及作为影片的背景音乐。为影片添加音效和背景音乐可以突出主题，烘托气氛，与影片画面相结合可以产生更加丰富的效果。本章介绍了如何添加、删除和编辑音频素材，以及音频效果和音频过渡的应用。

本章重点：

- 掌握音频的基本操作
- 了解音频特效
- 掌握音频特效的应用方法

9.1 初识音频

人类生活在一个声音的环境中，通过声音进行交谈、表达思想感情以及开展各种活动。不同的声音会使人产生不同的情绪，因此声音是很重要的。

在后期合成中有两个元素：一个是视频画面；另一个就是声音。声音的处理在后期合成中非常重要，好的视频不仅需要画面和声音同步，而且需要声音的丰富变化效果。有些画面效果虽然比较简单，但声音效果和音色上的完美应用，可以营造一种非常强烈的气氛，如喜悦、悲伤、兴奋、平静的心理反应。

思维点拨：什么是音色？

音色是指声音的感觉特性。不同的发声体能够产生不同的振动频率。可以通过音色去分辨发声体的声音特色。同样音量和音调的不同音色就像同样色度和亮度的不同色相效果一样。音色的不同取决于不同的泛音，每一种发声体发出的声音，都会有不同频率的泛音跟随，而这些泛音则决定了其不同的音色效果。

9.1.1 音频介绍

在 Premiere 中，对声音的处理主要集中在音量增减、声道设置和特效运用上。因为 Premiere 是一个剪辑软件，所以声音的制作能力相对较弱，适合在已有声音上添加特效再处理，但如果对上述技术点能够灵活运用，往往也会取得不俗的表现。

9.1.2 音频的基本操作

1. 动手学：添加音频

（1）选择菜单栏中的【文件】/【导入】命令或者按【Ctrl+I】快捷键，在弹出的对话框中选择所需的音频素材文件，单击【打开】按钮导入【项目】面板中，如图 9-1 所示。

（2）将【项目】面板中的音频素材文件按住鼠标左键拖曳到【时间轴】面板的音频轨道上，如图 9-2 所示。

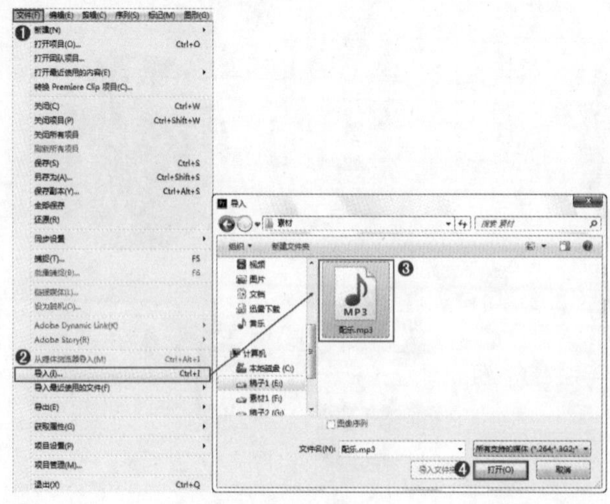

图 9-1

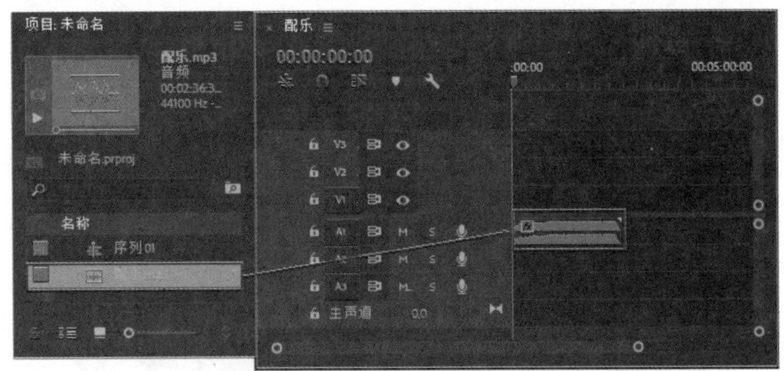

图　9-2

2．动手学：删除音频

（1）在【时间轴】面板中选择所要删除的音频文件，然后按【Delete】键删除，如图 9-3 所示。

（2）也可以在【时间轴】面板的轨道上所要删除的音频文件上单击鼠标右键，在弹出的快捷菜单中选择【清除】命令，即可删除所选音频文件，如图 9-4 所示。

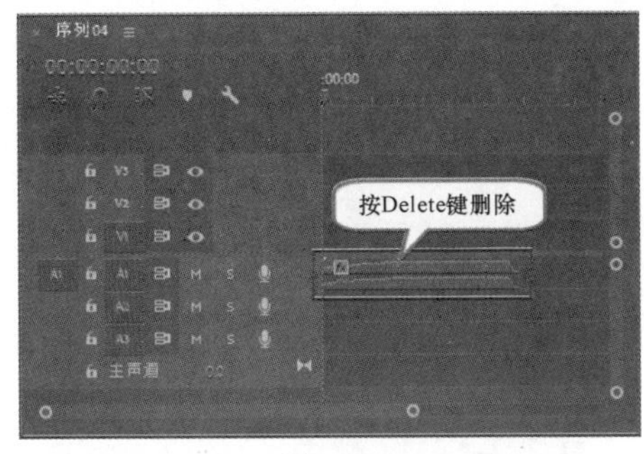

图　9-3

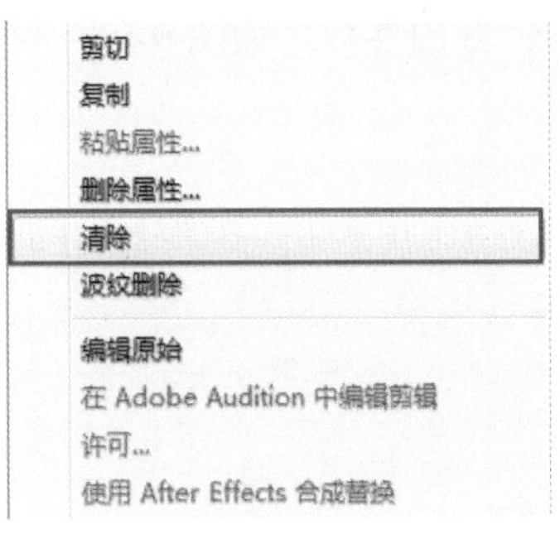

图　9-4

3．动手学：编辑音频

（1）选择【时间轴】面板中的音频素材文件（见图 9-5），然后在【效果控件】面板中即可对音频素材文件进行编辑，如图 9-6 所示。

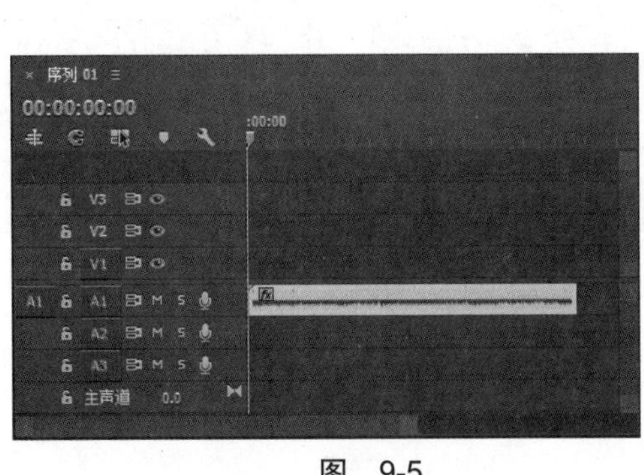

图　9-5

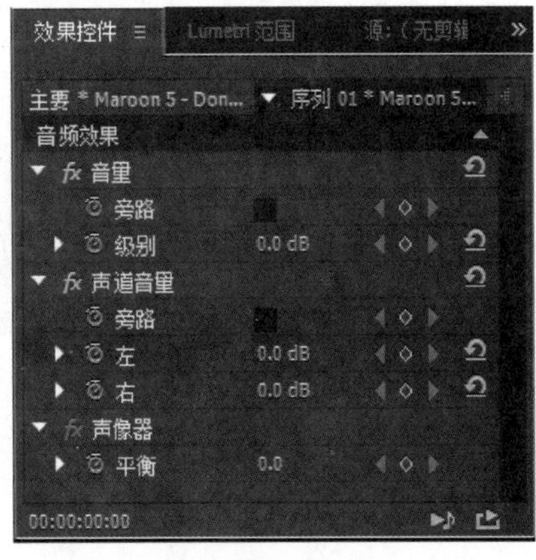

图　9-6

（2）在【效果控件】面板中添加关键帧并调节数值，能够制作出音频的淡入淡出等效果，如图 9-7 所示。

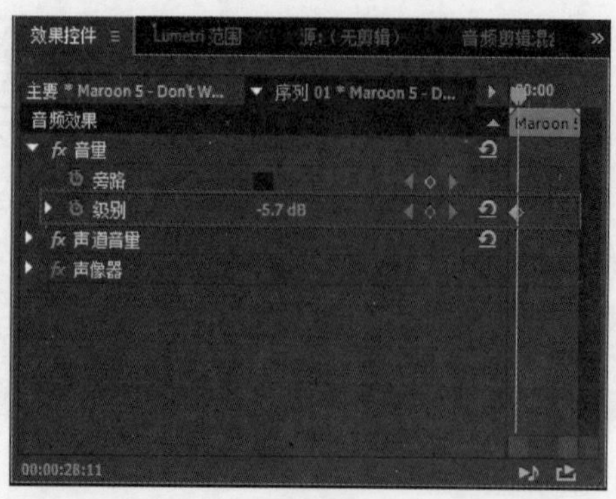

图 9-7

4．动手学：添加音频特效

（1）为音频素材文件添加特效。在【特效】面板中选择所要添加的特效，按住鼠标左键拖曳到【时间轴】面板轨道的音频素材文件上，如图 9-8 所示。

（2）选择【时间轴】面板的轨道上添加特效的音频素材文件，在【效果控件】面板中调整音频特效的参数，如图 9-9 所示。

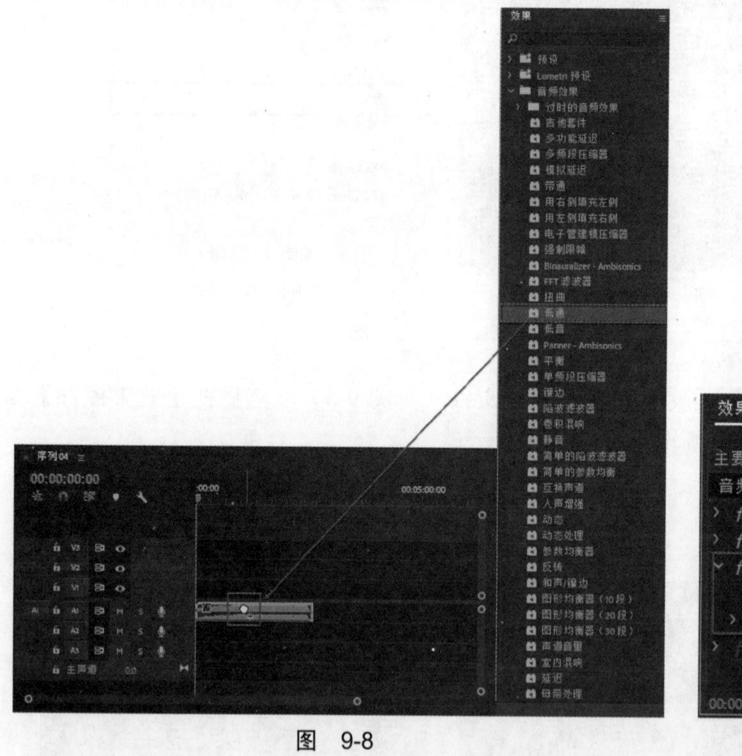

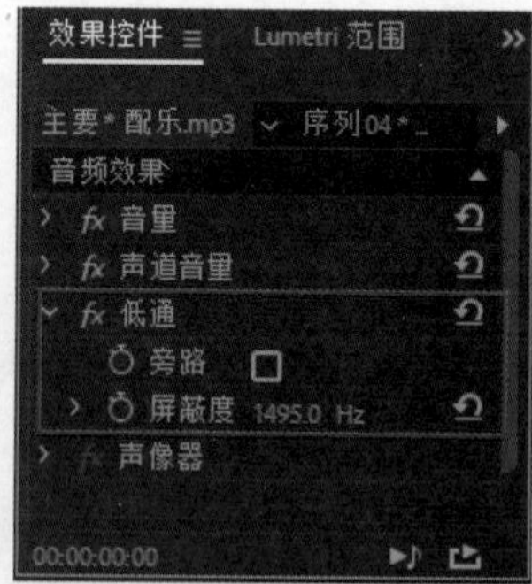

图 9-8

图 9-9

9.2 音频效果

技术速查：在【音频效果】中，主要的操作范围是音频的不同轨道。可以对音频进行添加单个特效或多个特效。

在 Adobe Premiere Pro CC 2018 中，音频特效是调节声音素材的声放属性的一种听觉特效，包括【过时的音频效果】【吉他套件】【多功能延迟】【多频段压缩器】【模拟延迟】【带通】【用右侧填充左侧】等 51 种音频特效，如图 9-10 所示。

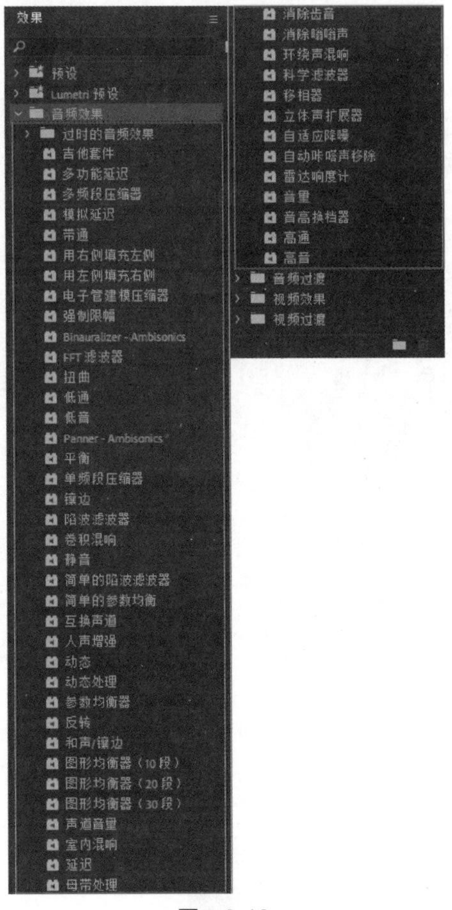

图 9-10

- 过时的音频效果：包含了多种低版本的音频效果，如图 9-11 所示。添加过时类音频效果时会弹出【音频效果替换】对话框，如图 9-12 所示。

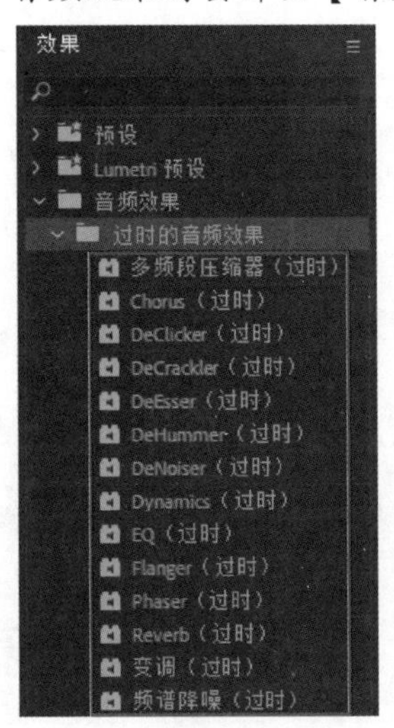

图 9-11

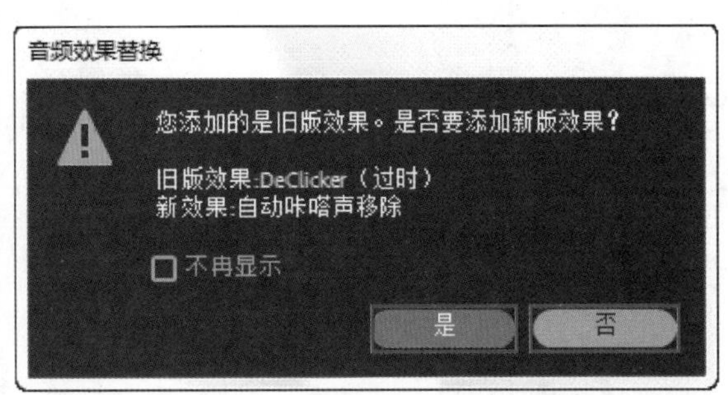

图 9-12

- 吉他套件：可以制作不同质感的音频效果，如老学校、超市扬声器、醉酒滤镜等，如图 9-13 所示。
- 多功能延迟：可以对延时效果进行高程度控制，使音频素材产生同步、重复回声效果，如图9-14所示。

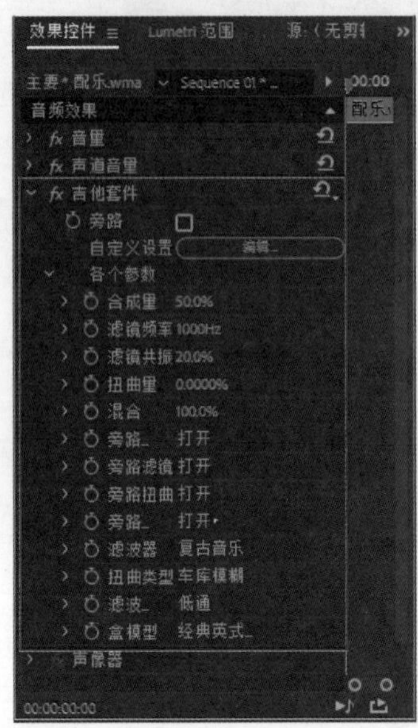

图 9-13

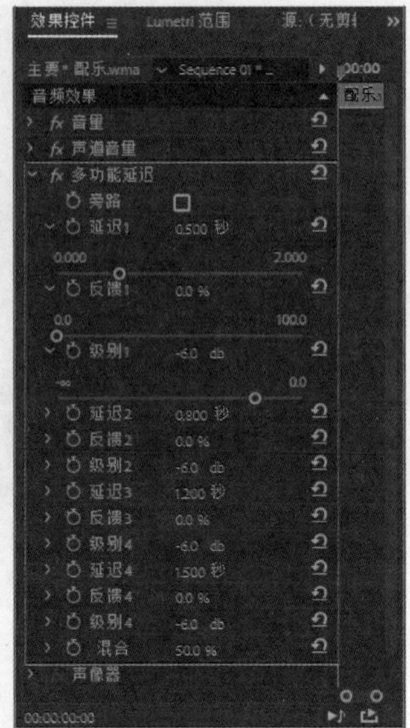

图 9-14

- 多频段压缩器：可以对音频素材的低、中、高频段进行压缩，如图 9-15 所示。
- 模拟延迟：可以模拟多种延迟效果，如峡谷回声、延迟到冲洗、循环延迟、配音延迟等，如图 9-16 所示。

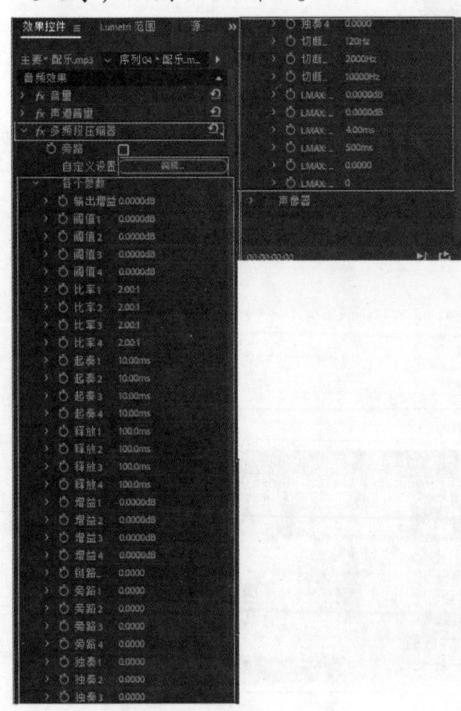

图 9-15

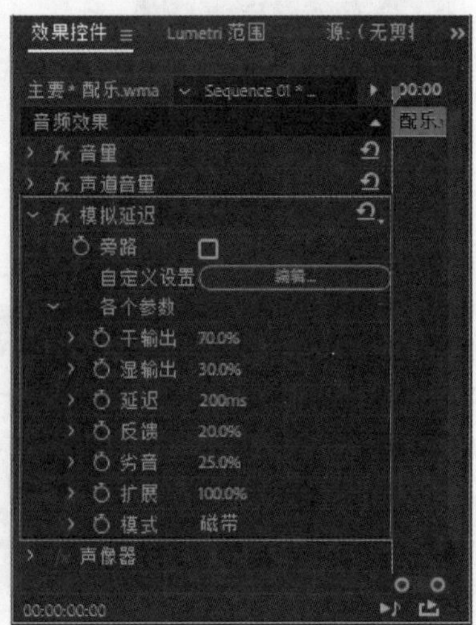

图 9-16

- 带通：主要用作限制某些音频频率的输出，如图 9-17 所示。
- 用右侧填充左侧：该特效将指定的音频素材旋转在左声道进行回放，如图 9-18 所示。

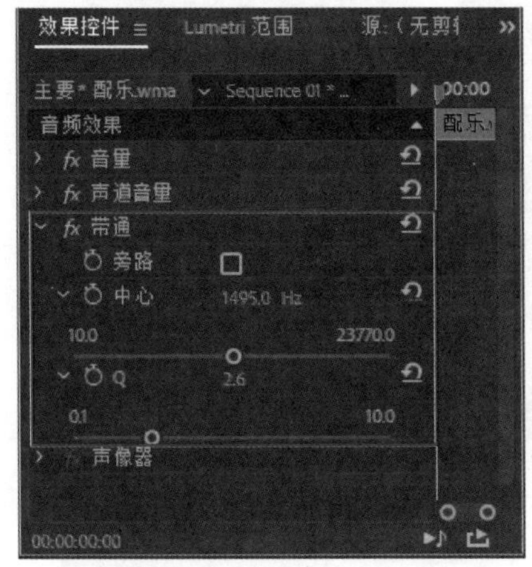

图　9-17

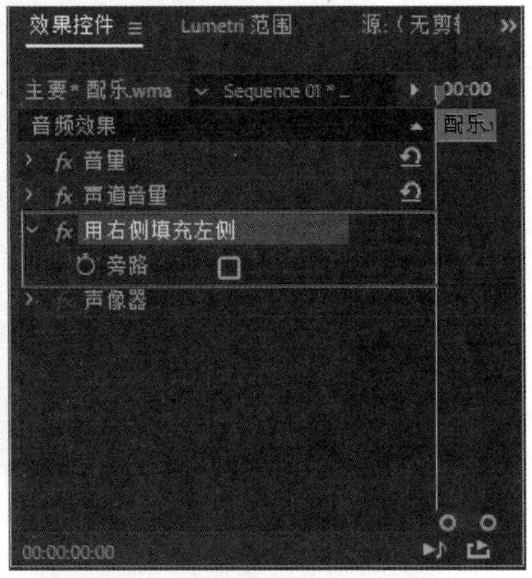

图　9-18

- 用左侧填充右侧：该特效将指定的音频素材旋转在右声道进行回放，如图 9-19 所示。
- 电子管建模压缩器：可以控制立体声左右声道的音量比，如图 9-20 所示。

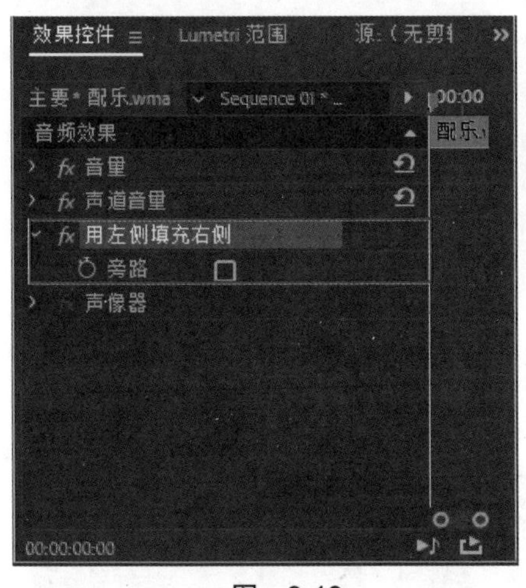

图　9-19

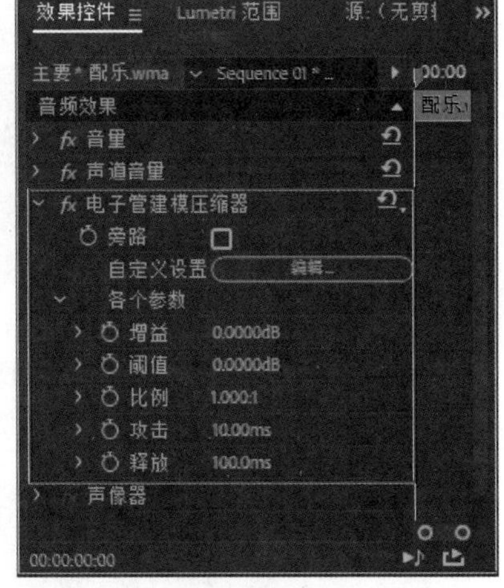

图　9-20

- 强制限幅：可模拟多种限制声音分贝效果，如失真、限幅-3dB、限幅-6dB等，如图9-21所示。
- Binauralizer-Ambisonics：该效果是采用双耳拾音技术和声场合成技术的原场传声器拾音，如图9-22所示。
- FFT 滤波器：可以控制一个数值上频率的输出，如图9-23所示。
- 扭曲：可以将音频设置为扭曲的效果，如无限扭曲、蛇皮等方式，如图9-24 所示。

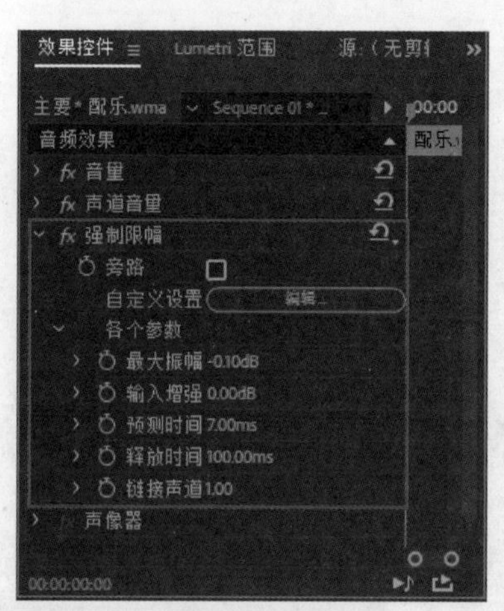

图 9-21

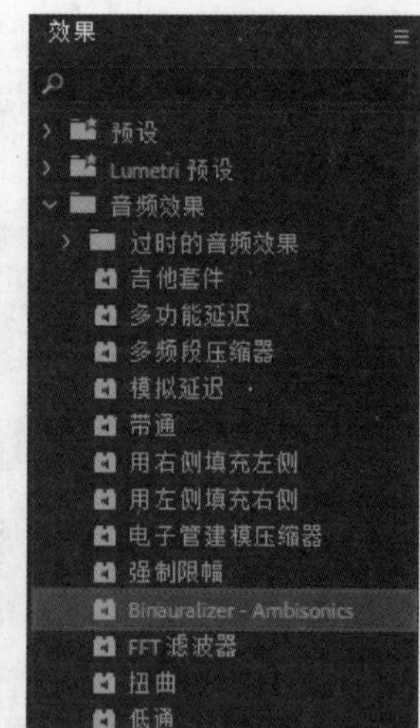

图 9-22

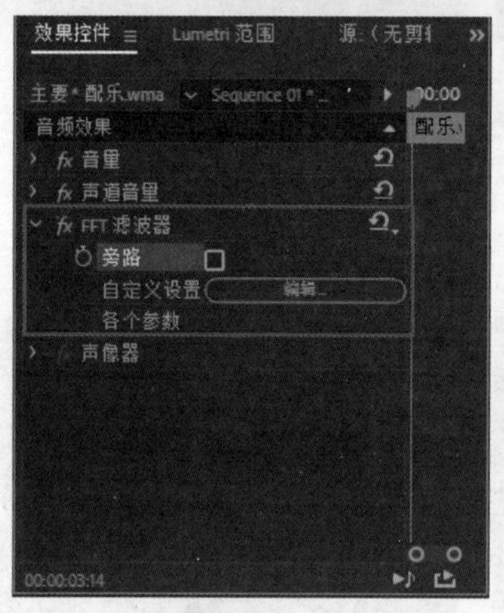

图 9-23

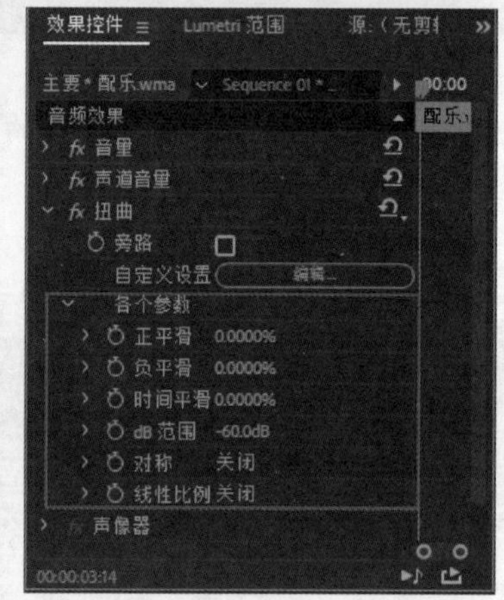

图 9-24

- 低通：可以将音频素材文件的低频部分从声音中滤除，如图9-25所示。
- 低音：可以调整音频素材的低音分贝，如图9-26所示。

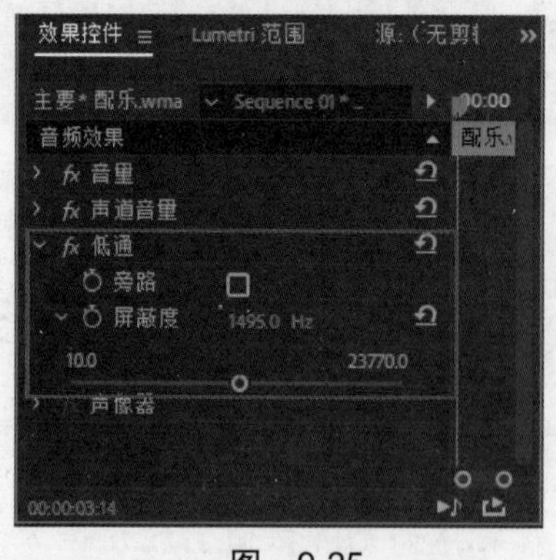

图 9-25

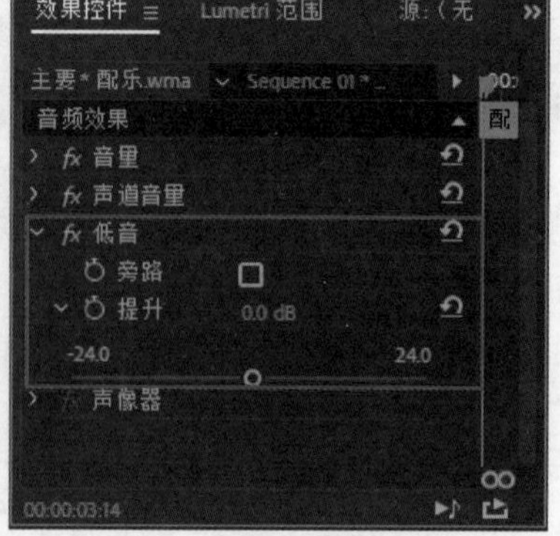

图 9-26

- Panner-Ambisonics：该效果是一款简单、有用的通用音频插件，能给予不同的立体声素材进行音轨控制，如图9-27所示。
- 平衡：可以控制立体声左右声道的音量比，如图9-28所示。

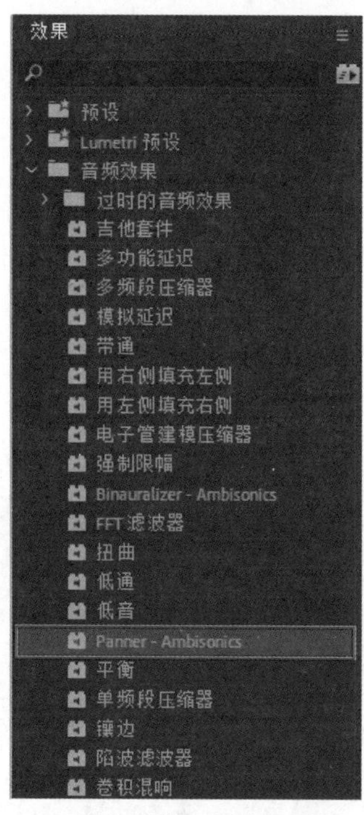

图　9-27

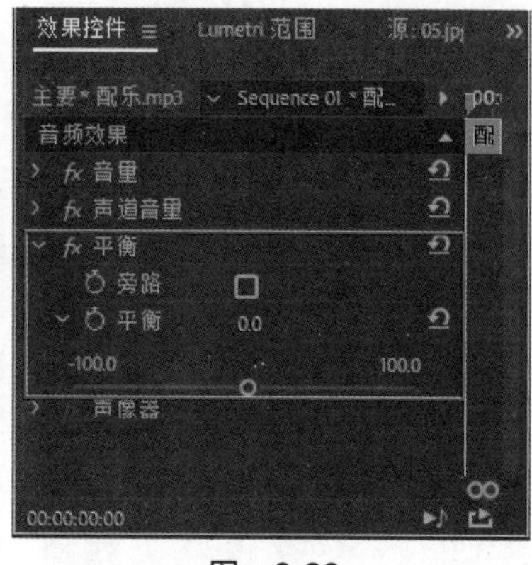

图　9-28

- **单频段压缩器**：可以通过设置增益、阈值、比例、攻击、释放参数修改声音，如图9-29所示。
- **镶边**：可以将完好的音频素材调节成声音短期延误、停滞或随机间隔变化的音频信号，如图9-30所示。

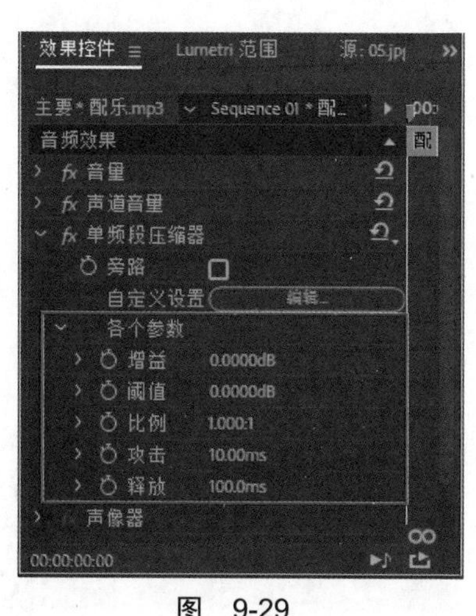

图　9-29

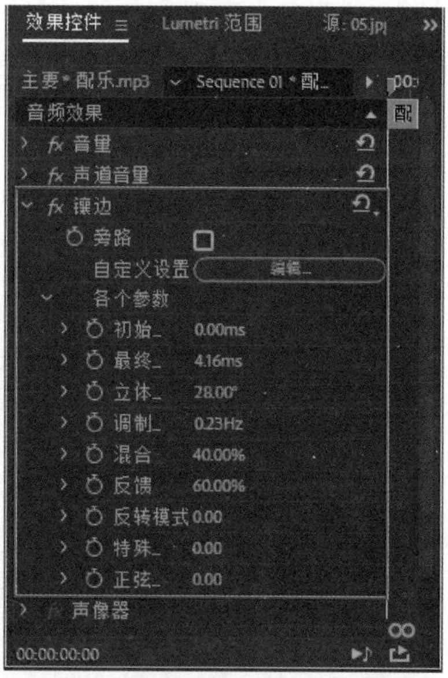

图　9-30

- **陷波滤波器**：可以制作多种音频效果，如200Hz与八度音阶、C大调和弦、轻柔的等方式，如图9-31所示。
- **卷积混响**：该效果可重现从衣柜到音乐厅的各种空间，如图9-32所示。

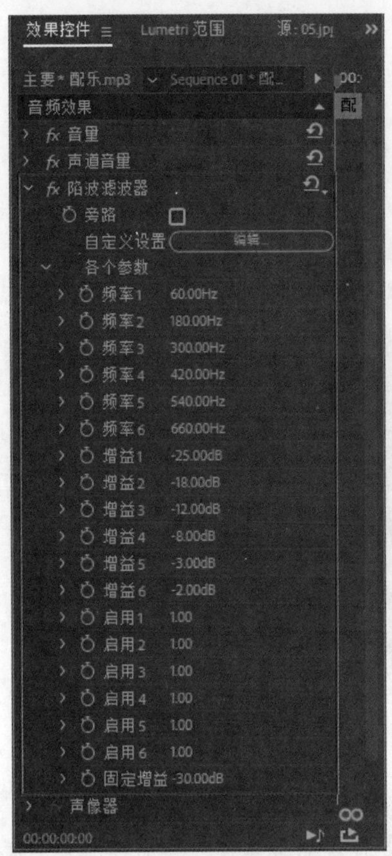

图 9-31

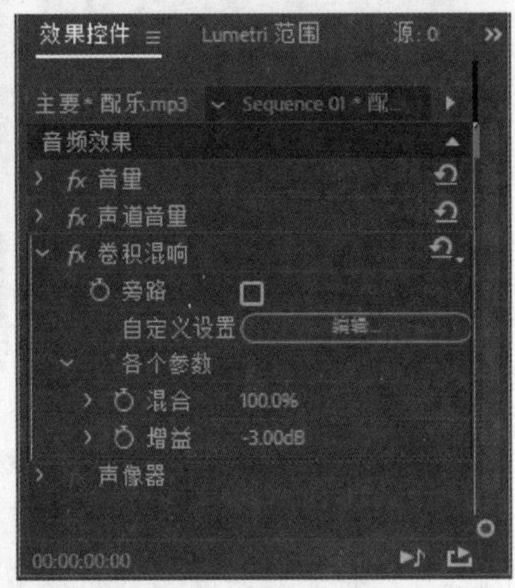

图 9-32

- 静音：可以使音频素材文件的指定部分静音，如图9-33所示。
- 简单的陷波滤波器：可通过设置旁路、中心、Q参数调整声音，如图9-34所示。

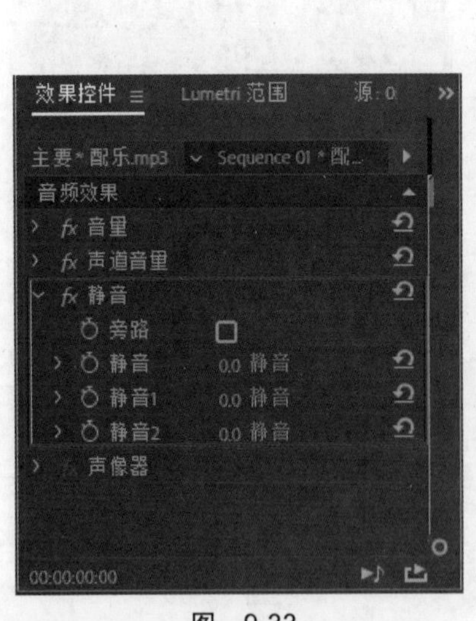

图 9-33

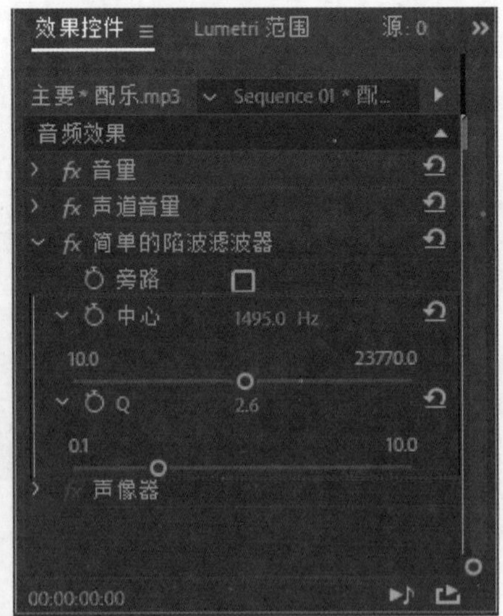

图 9-34

- 简单的参数均衡：可调整声音音调，精确地调整频率范围，如图9-35所示。
- 互换声道：可以将音频素材的左右声道互换，如图9-36所示。

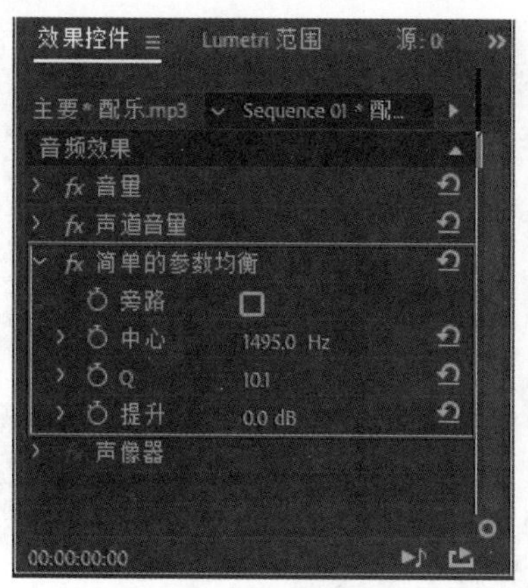

图 9-35

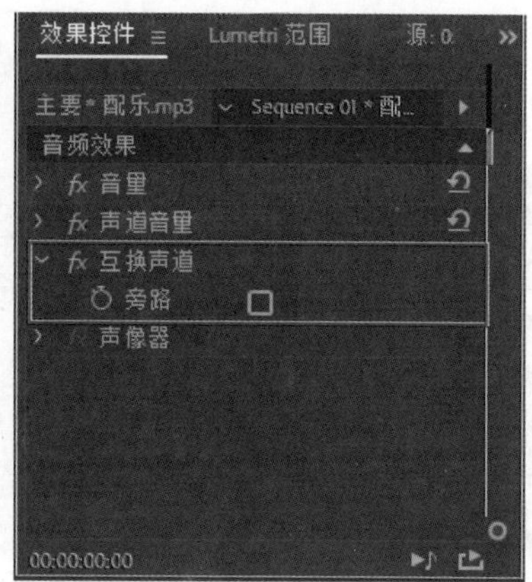

图 9-36

- 人声增强：可以令当前的人声更偏向于女性或更偏向于男性发音，如图9-37所示。
- 动态：该特效是针对音频信号中的低音与高音之间的音调，可以消除或者扩大某一个范围内的音频信号，从而突出主体信号的音量或控制声音的柔和度，如图9-38所示。

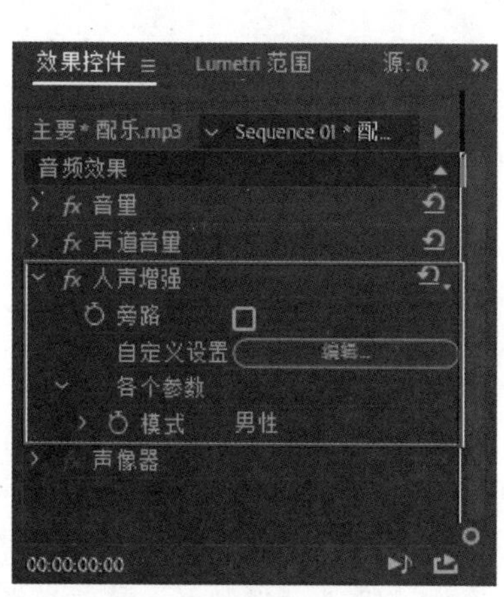

图 9-37

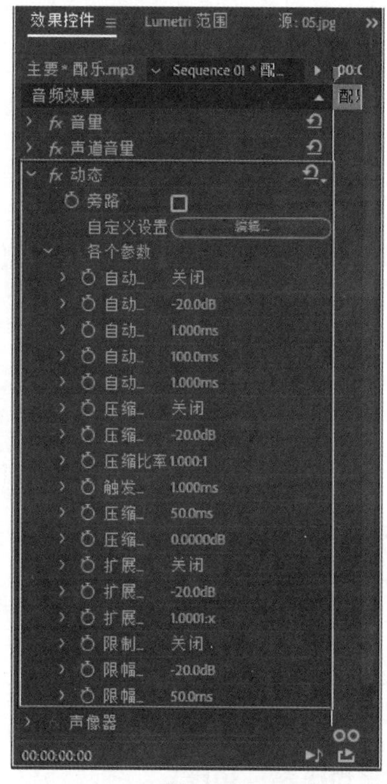

图 9-38

- 动态处理：可以模拟低音鼓、击弦贝斯、劣质吉他、慢鼓手、浑厚低音、说唱表演等效果，如图9-39所示。
- 参数均衡器：该特效均衡设置，可以精确地调节音频的高音和低音，可以在相应的频段按照百分比来调节原始音频以实现音调的变化，如图9-40所示。

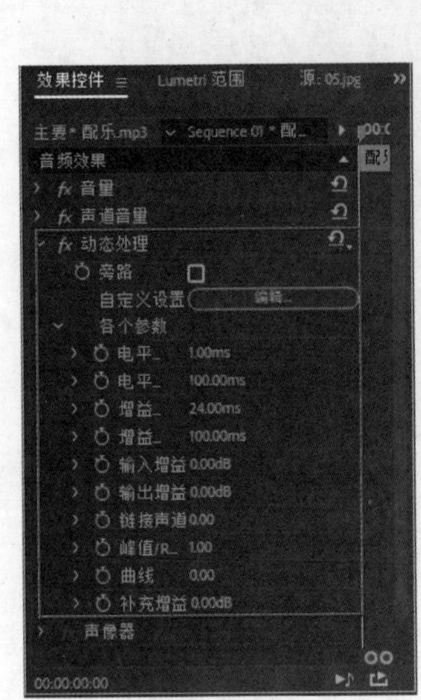

图 9-39

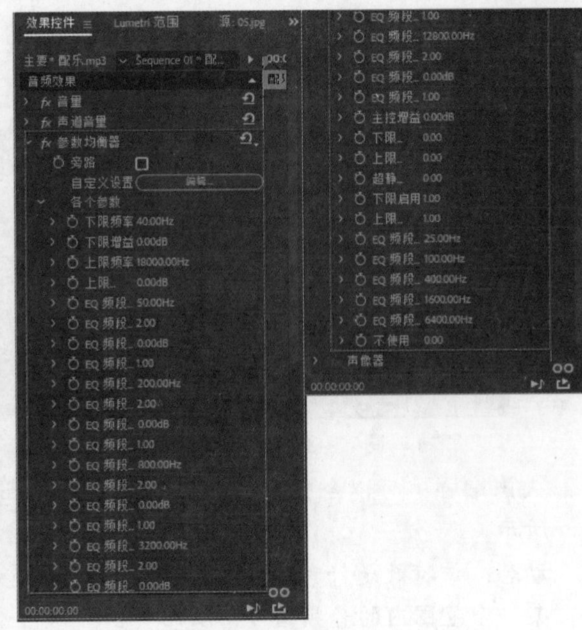

图 9-40

- 反转：可以反转当前声道状态，如图9-41所示。
- 和声/镶边：通过添加多个短延迟和少量反馈，模拟一次性播放的多种声音或乐器，如图9-42所示。

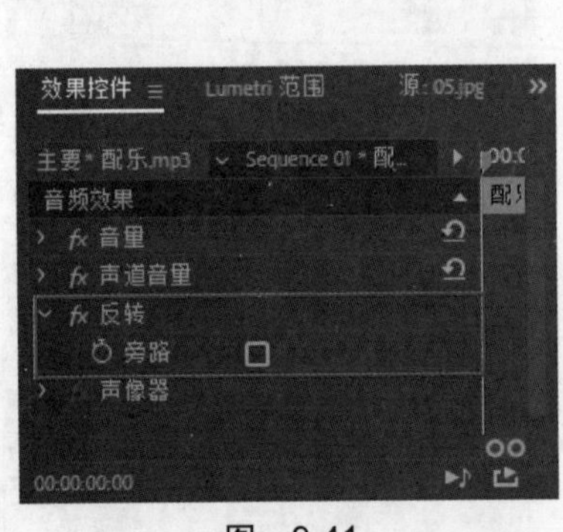

图 9-41

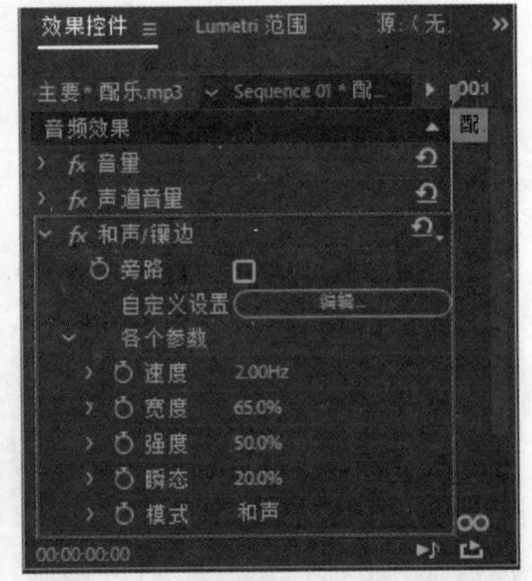

图 9-42

- 图形均衡器（10段）：可模拟低保真度、敲击树干（小心）、现场声音-提升、音乐临场感等效果，如图9-43所示。
- 图形均衡器（20段）：可模拟八度音阶划分、弦乐、明亮而有力、重金属吉他等效果，如图9-44所示。
- 图形均衡器（30段）：可模拟低音-增强清晰度、经典V、鼓等效果，如图9-45所示。
- 声道音量：可以设置左、右声道的音量大小，如图9-46所示。
- 室内混响：可模拟多种室内的混响音频效果，如大厅、房间临场感、旋涡形混响等，如图9-47所示。
- 延迟：可以为音频素材添加回声效果，如图9-48所示。

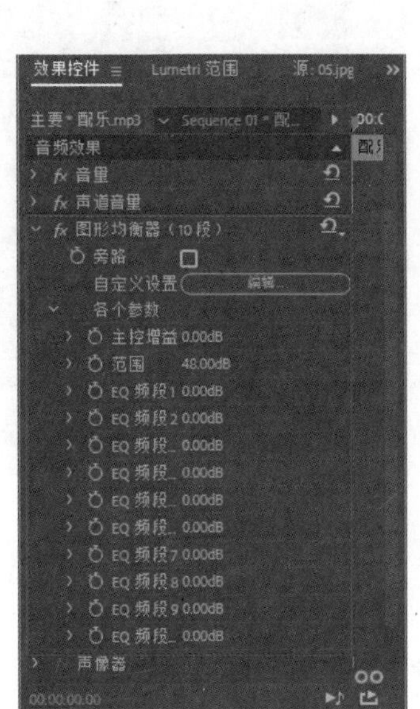

图　9-43

图　9-44

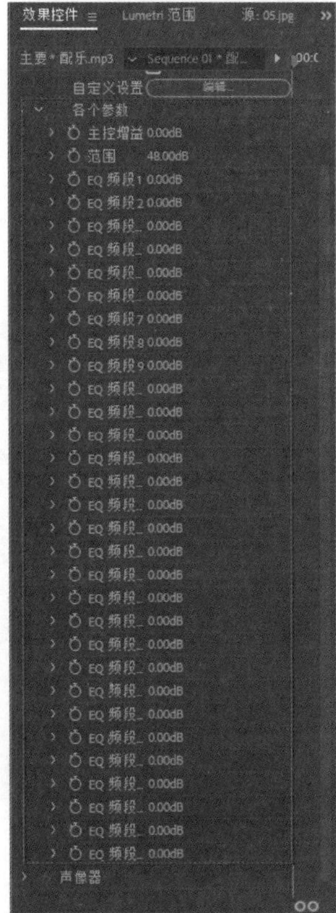

图　9-45

图　9-46

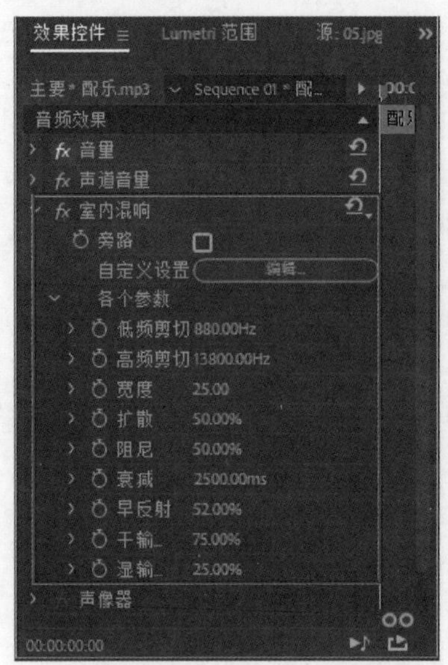

图 9-47

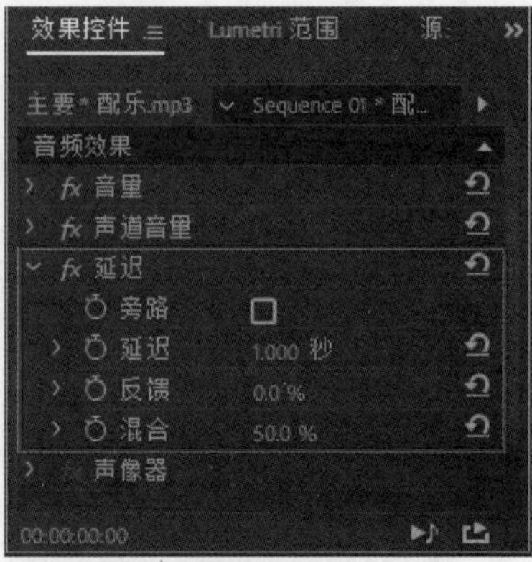

图 9-48

- 母带处理：该效果用于模拟暖色音乐厅、梦幻序列、立体声至单声道等效果，如图9-49所示。
- 消除齿音：可以为音频素材自动消除齿音，如图9-50所示。

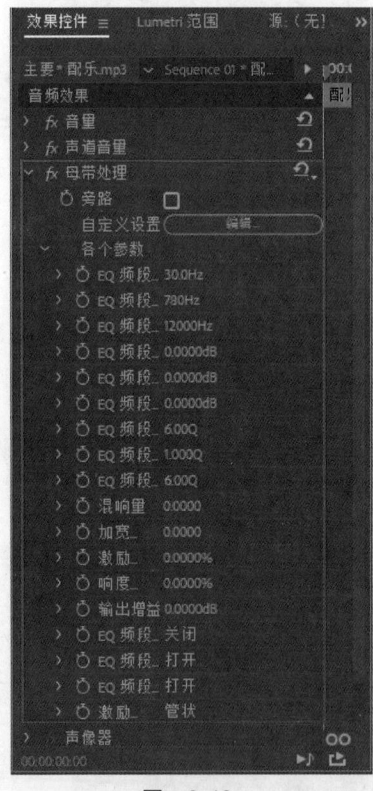

图 9-49

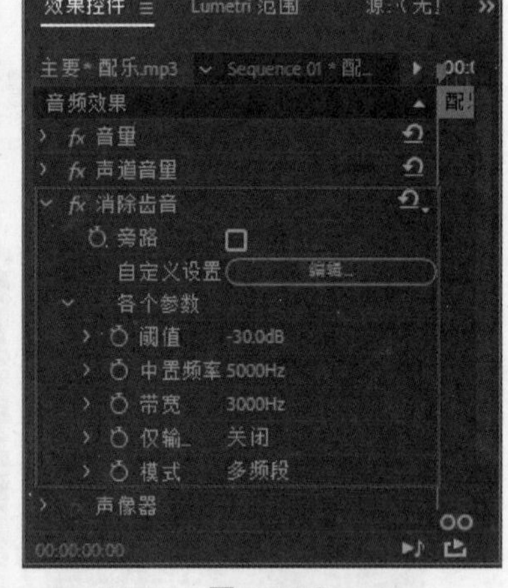

图 9-50

- 消除嗡嗡声：可以为音频素材自动消除嗡嗡声，如图9-51所示。
- 环绕声混响：可以控制立体声左右声道的音量比，如图9-52所示。

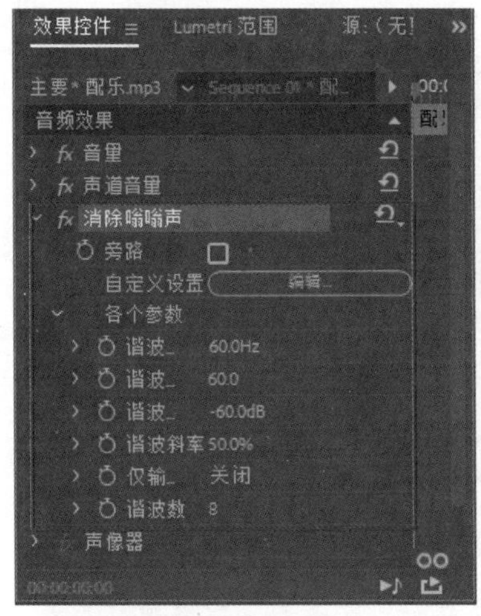

图　9-51

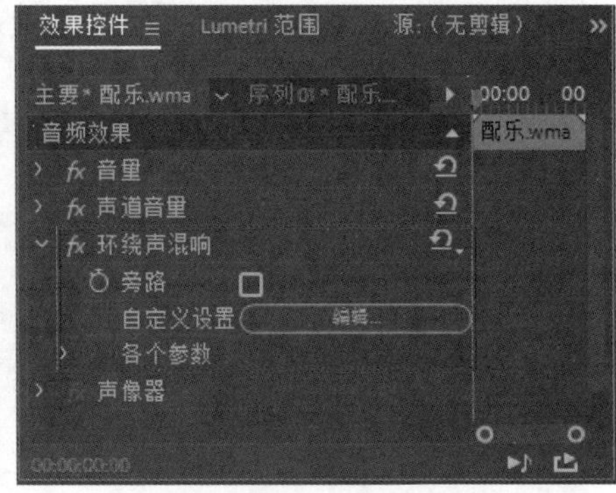

图　9-52

- 科学滤波器：可以控制立体声左右声道的音量比，如图9-53所示。
- 移相器：用于模拟低保真度相位、卡通效果、水下等效果，如图9-54所示。

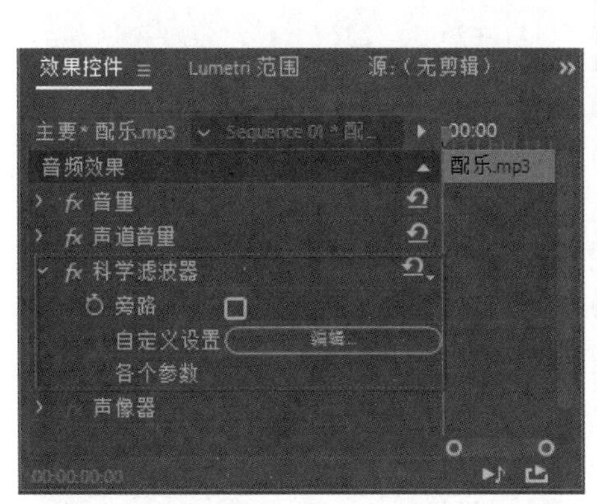

图　9-53

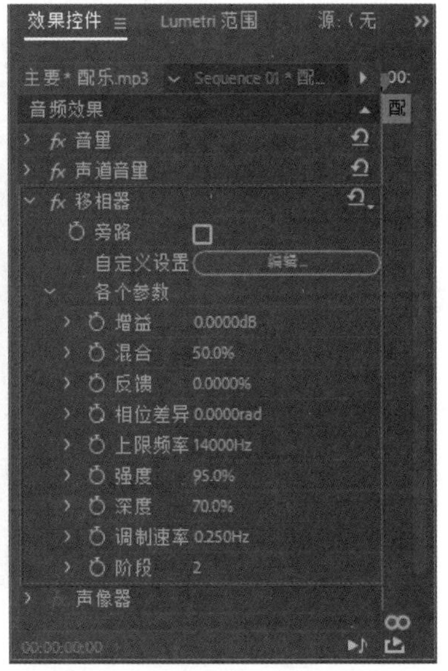

图　9-54

- 立体声扩展器：可以控制立体声的扩展效果，如图9-55所示。
- 自适应降噪：用于降噪处理，包括弱降噪、强降噪、消除单个源的混响等效果，如图9-56所示。
- 自动咔嗒声移除：可以为音频素材自动消除咔嗒声，如图9-57所示。
- 雷达响度计：可以通过调整目标响度、雷达速度、雷达分辨率、瞬时范围等参数更改音频效果，如图9-58所示。
- 音量：可以用于调节音频素材的音量大小，如图9-59所示。
- 音高换档器：可以设置伸展、愤怒的沙鼠、黑魔王等特殊音频效果，如图9-60所示。

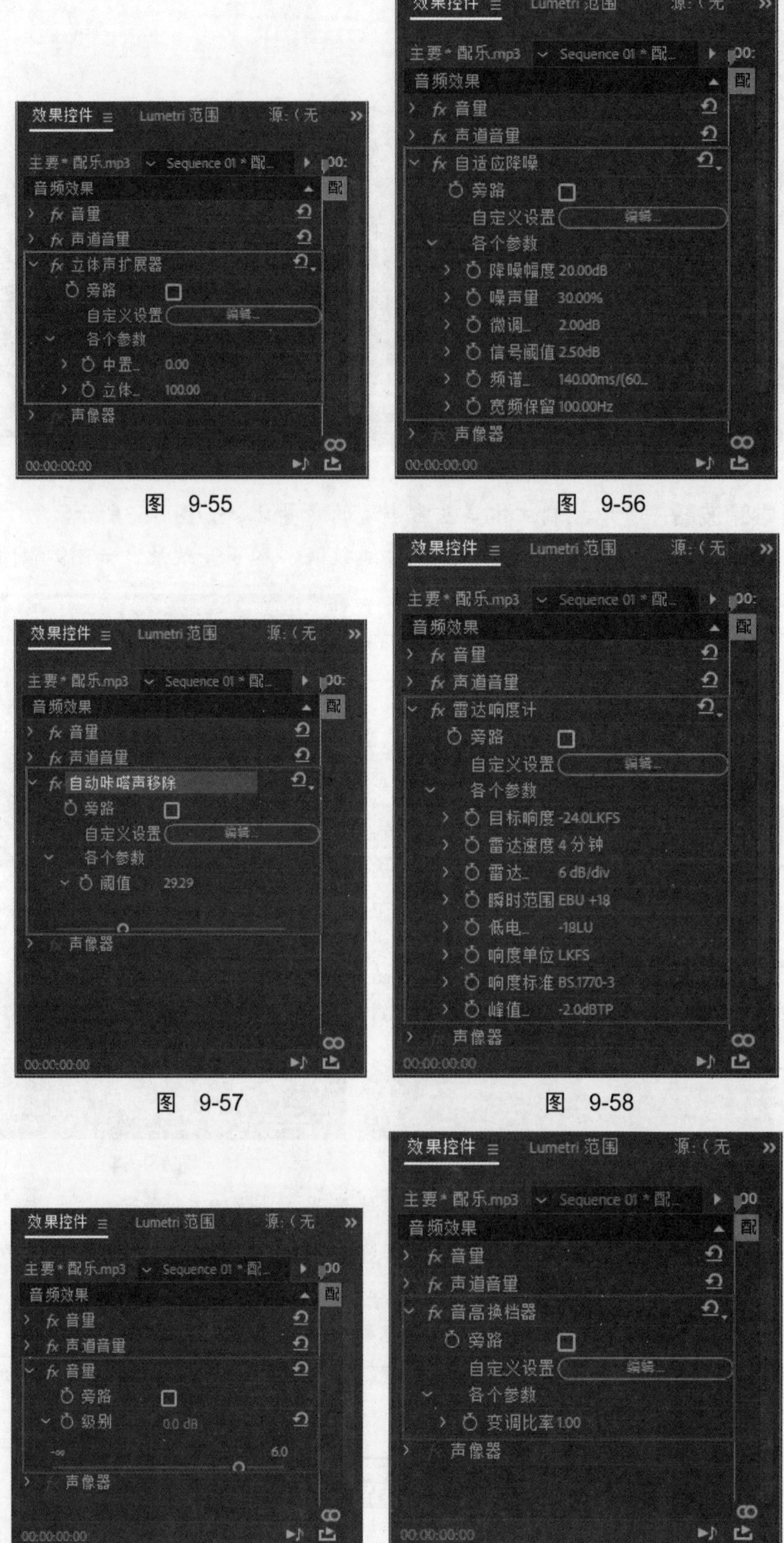

图 9-55　　图 9-56

图 9-57　　图 9-58

图 9-59　　图 9-60

- 高通：可以将音频信号的低频过滤，如图9-61所示。
- 高音：可以调整音调，提升或降低高频部分，如图9-62所示。

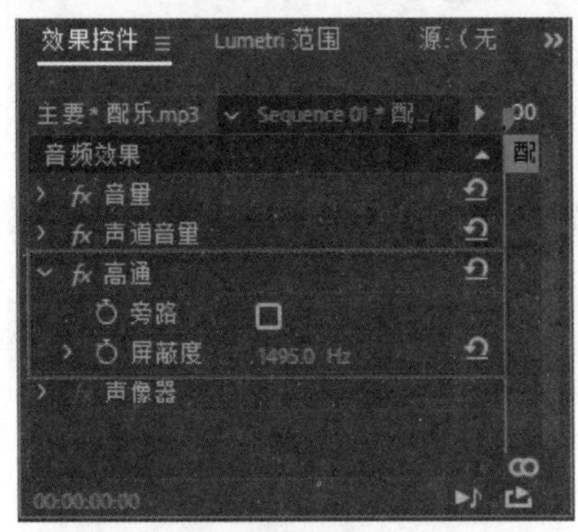

图　9-61

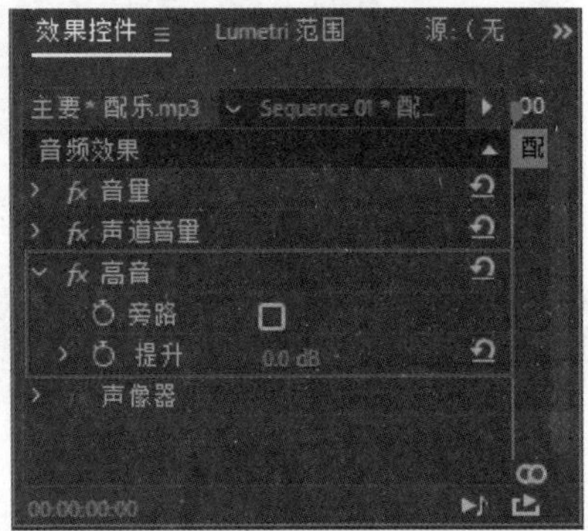

图　9-62

案例实战——制作低音效果

案例文件	案例文件 \ 第 9 章 \ 低音效果 .prproj
视频教学	视频文件 \ 第 9 章 \ 低音效果 .flv
难易指数	★★★★★
技术要点	剃刀工具和低音效果的应用

扫码看视频

案例效果

在音频中常常制作出低音效果，用来增加和减少音频素材的低音分贝。本例主要是针对“制作低音效果”的方法进行练习。

操作步骤

（1）打开素材文件【01.prproj】，然后将【项目】面板中的【配乐 .mp3】素材文件按住鼠标左键拖曳到 A1 轨道上，如图 9-63 所示。

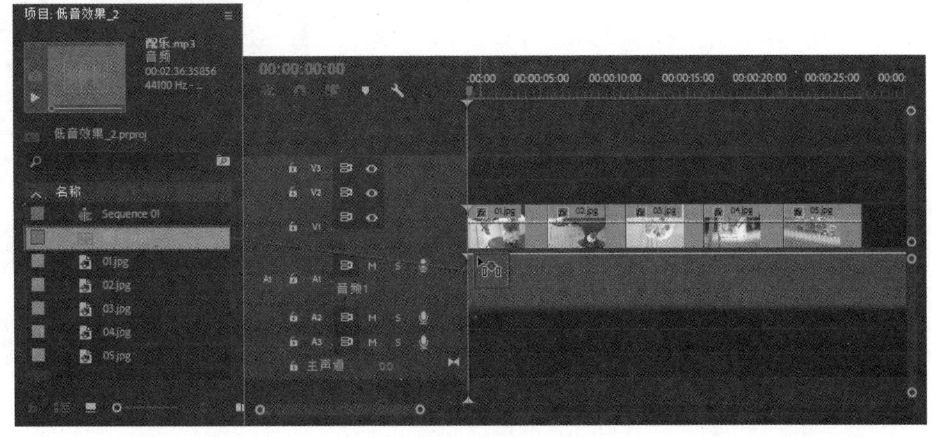

图　9-63

（2）单击 （剃刀工具）按钮，在【配乐 .mp3】素材文件第 27 秒 03 帧的位置，单击鼠标左键剪辑【配乐 .mp3】素材文件，如图 9-64 所示。

（3）单击 （选择工具）按钮，选中剪辑后半部分的【配乐 .mp3】素材文件，接着按【Delete】键删除，如图 9-65 所示。

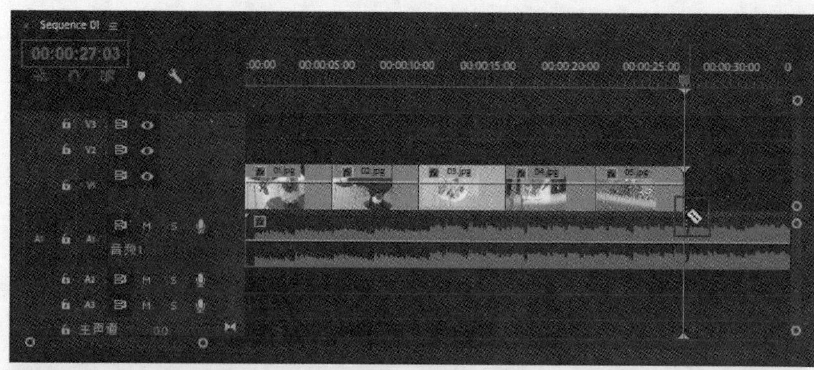

图 9-64

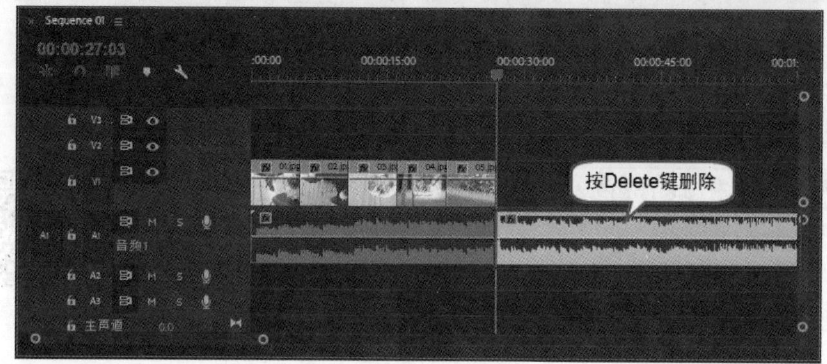

图 9-65

（4）在【效果】面板中搜索【低音】特效，然后按住鼠标左键将其拖曳到 A1 轨道的【配乐 .mp3】素材文件上，如图 9-66 所示。

（5）选择 A1 轨道上的【配乐 .mp3】素材文件，在【效果控件】面板中打开【低音】栏，设置【提升】为 8，如图 9-67 所示。此时按空格键播放预览，可以听到音频的低音效果。

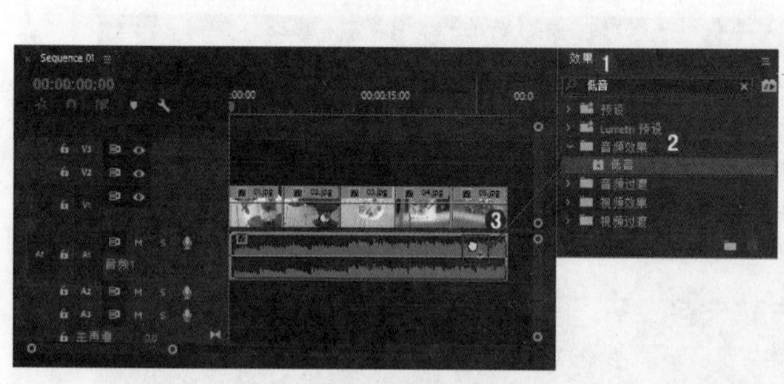

图 9-66

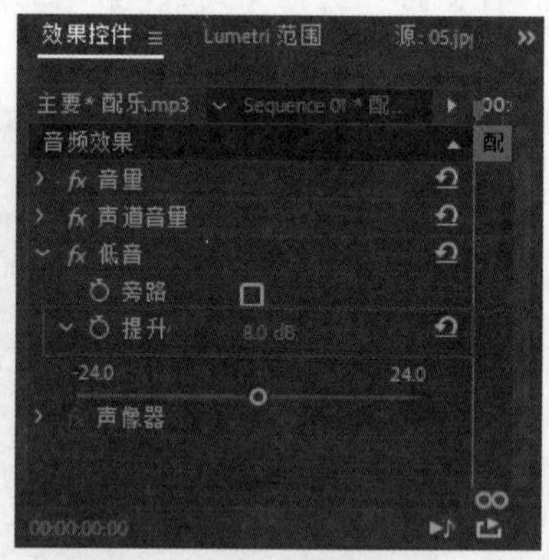

图 9-67

答疑解惑：音频效果应该如何调节？

在 Adobe Premiere Pro CC 2018 中，可以通过【效果控件】面板和【调音台】面板调节音频。【调音台】面板对所有音频轨道上的素材文件起作用，可以对音频素材文件进行统一调整。但是，【效果控件】面板的参数调节只针对音频轨道中的某一个素材文件起作用，而对其他素材文件无效。

案例实战——制作和声效果

案例文件	案例文件 \ 第 9 章 \ 和声效果 .prproj
视频教学	视频文件 \ 第 9 章 \ 和声效果 .flv
难易指数	★★★★★
技术要点	剃刀工具以及和声 / 镶边效果的应用

扫码看视频

案例效果

和声可以理解为很多人一起合唱一首歌曲。歌曲中添加和声有时比单独演唱的效果要更加动听，可以通过添加和声音频效果来制作和声效果。本例主要是针对“制作和声效果”的方法进行练习。

操作步骤

（1）打开素材文件【02.prproj】，然后将【项目】面板中的【配乐 .wma】素材文件按住鼠标左键拖曳到 A1 轨道上，如图 9-68 所示。

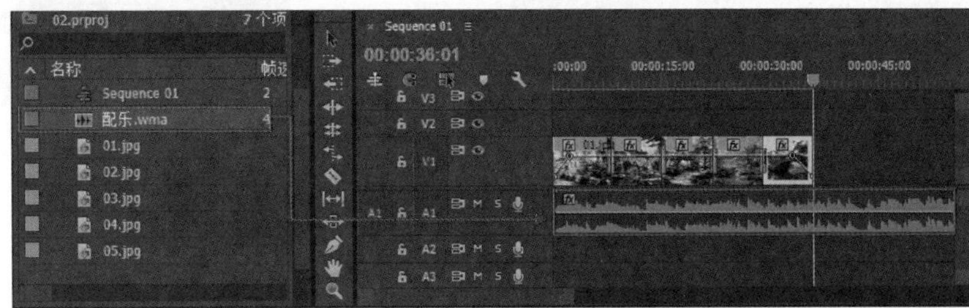

图　9-68

（2）单击 （剃刀工具）按钮，然后在【配乐 .wma】素材文件第 36 秒的位置，单击鼠标左键剪辑【配乐 .wma】素材文件，如图 9-69 所示。

图　9-69

（3）单击 （选择工具）按钮，然后选中剪辑【配乐 .wma】素材文件的后半部分，并按【Delete】键删除，如图 9-70 所示。

图　9-70

（4）在【效果】面板中搜索【和声 / 镶边】效果，按住鼠标左键拖曳到 A1 轨道的【配乐 .wma】素材文件上，如图 9-71 所示。

（5）选择 A1 轨道上的【配乐 .wma】素材文件，在【效果控件】面板展开【和声 / 镶边】栏，单击【自定义设置】后面的【编辑】按钮，此时会弹出【剪辑效果编辑器】对话框，选择【和声】模式并设置【速度】为 1.2Hz，【宽度】为 65%，【强度】为 50%，【瞬态】为 20%，如图 9-72 所示。此时按空格键播放预览，可以听到音频的和声效果。

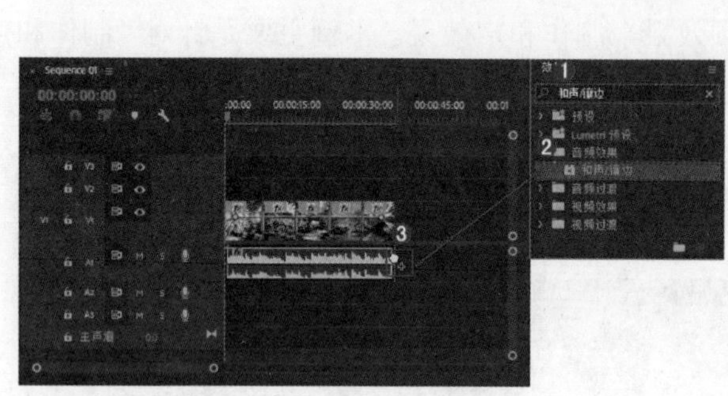

图 9-71

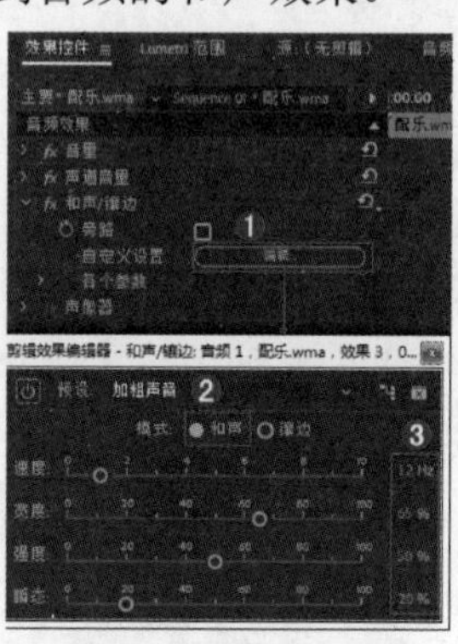

图 9-72

答疑解惑：和声效果与镶边效果有何不同？

【和声】效果和【镶边】效果的参数完全相同，但对音频添加效果后的听觉效果完全不同。【和声】效果会有多人和音的效果，而【镶边】效果通过与原音频素材的混合能产生出声音短暂延误和随机变化音调的塑胶唱片的效果。该效果窗口如图 9-73 所示。

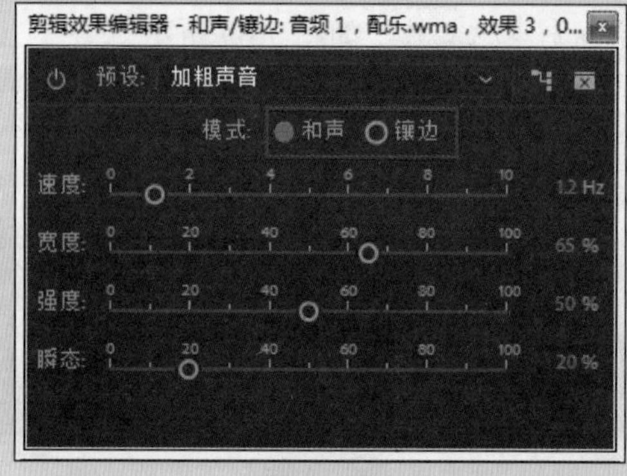

图 9-73

9.3 音频过渡

【音频过渡】包括【交叉淡化】，【交叉淡化】又包括【恒定功率】【恒定增益】和【指数淡化】3 种音乐过渡效果，如图 9-74 示。

- 恒定功率：可以对音频素材文件制作出交叉淡入淡出的效果，且是在一个恒定的速率和剪辑之间的过渡，如图9-75所示。
- 恒定增益：可以对音频素材文件制作出精确的交叉淡入淡出效果，创建一个平稳、逐渐过渡的效果，如图9-76所示。

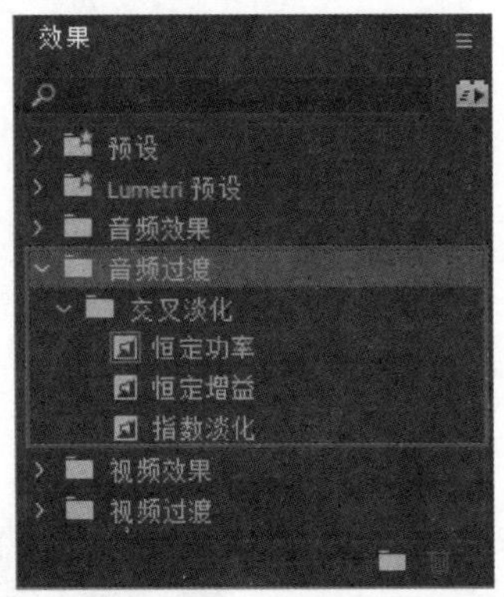

图　9-74

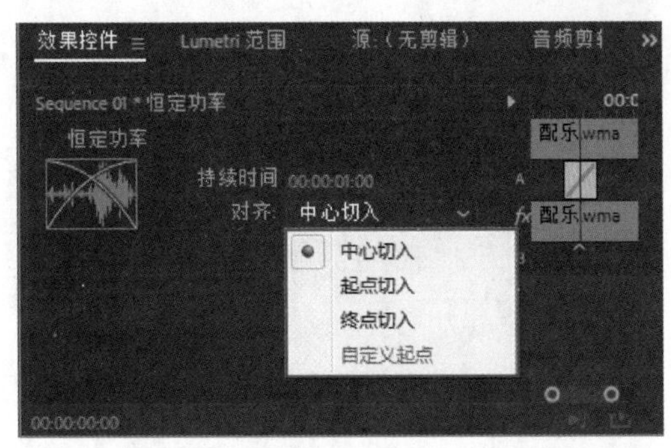

图　9-75

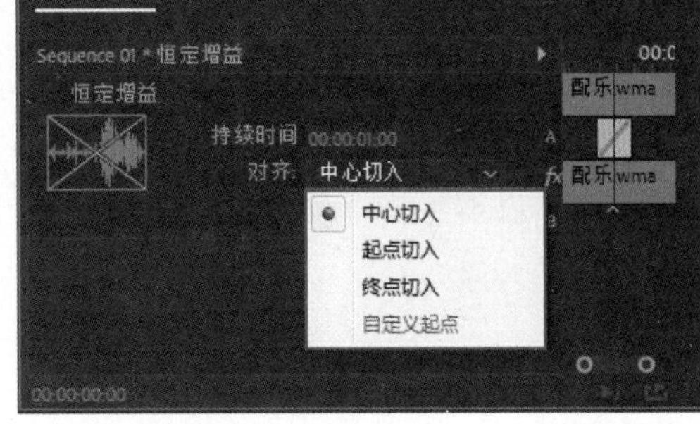

图　9-76

- 指数淡化：可以淡化线形线段的交叉。对于【恒定增益】特效，相对比较机械，如图9-77所示。

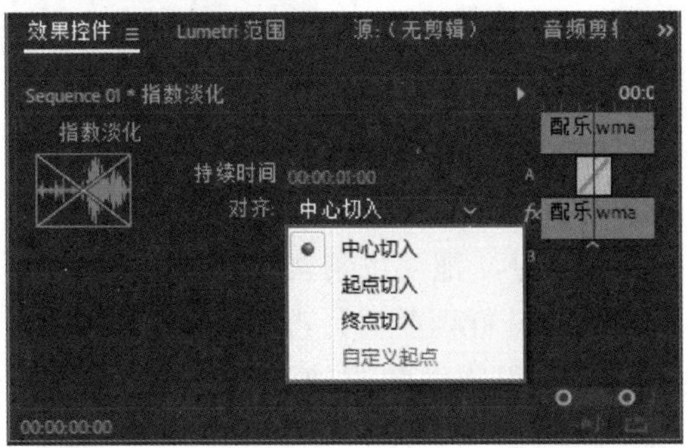

图　9-77

9.4　音轨混合器

在【音轨混合器】面板，能在收听音频和观看视频的同时调整多条音频轨道的音量等级以及摇摆 / 均衡度。Premiere 使用自动化过程来记录这些调整，然后在播放剪辑时再应用它们。【音轨混合器】面板就像一个音频合成控制台，为每一条音轨都提供了一套控制。选择【窗口】/【音轨混合器】/【序列 01】命令（见图 9-78），此时进入【音轨混合器】面板，如图 9-79 所示。

图 9-78

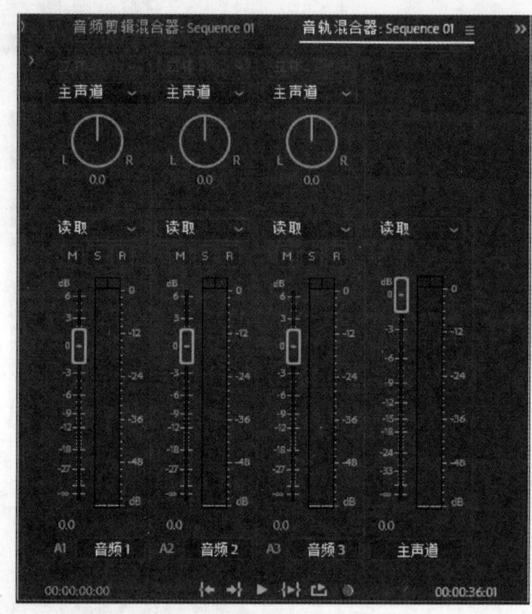

图 9-79

【音轨混合器】面板的每一个通道都设有滤波器、均衡器和音量控制等，可以对声音进行调整。【音轨混合器】面板可以对若干路外来信号做总体或单独的调整。每条单轨可根据【时间轴】面板中的相应编号，拖动每条轨道的音量调节滑块来调整音量。

在使用【音轨混合器】面板进行调整时，Premiere 同时在【时间轴】面板中音频剪辑的音量线上创建控制点，并且应用所做的改动。如图 9-80 所示为【音轨混合器】面板的各个功能菜单。

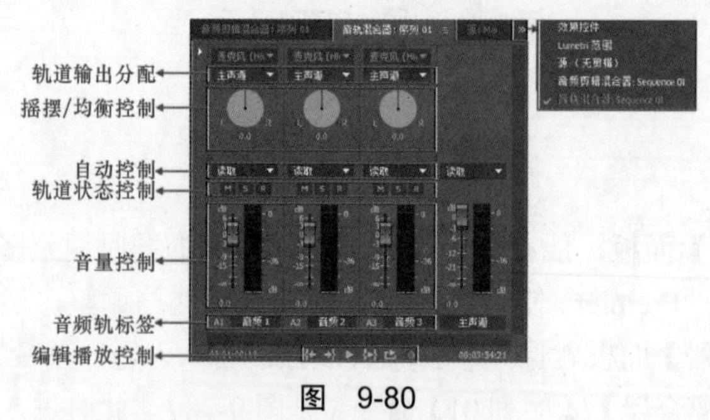

图 9-80

1．音频轨标签

音频轨标签主要用来显示音频的轨道。其参数面板如图 9-81 图所示。

A1 音频1 A2 音频2 A3 音频3 主声道

图　9-81

2. 自动控制

自动控制主要用来选择控制的方式，包括【关】【读取】【闭锁】【触动】和【写入】。其参数面板如图 9-82 所示。

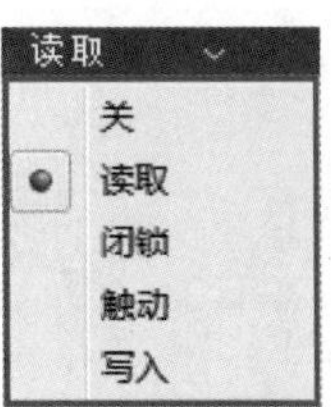

图　9-82

- 关：关闭模式。
- 读取：只是读入轨道的音量等级和摇摆/均衡数据，并保持这些控制设置不变。
- 闭锁：可以在拖动音量调节滑块和摇摆/均衡控制旋钮的同时，修改之前保持的音量等级和摇摆/均衡数据，并随后保持这些控制设置不变。
- 触动：可以只在拖动音量调节滑块和摇摆/均衡控制旋钮的同时，修改先前保存的音量等级和摇摆/均衡数据。在释放了鼠标左键后，控制将回到它们原来的位置。
- 写入：可以基于音频轨道控制的当前位置来修改先前保存的音量等级和摇摆/均衡数据。在录制期间，不必拖动控件就可自动写入系统所做的处理。

3. 摇摆 / 均衡控制

摇摆 / 均衡控制：每个音轨上都有这个控制器，作用是将单声道的音频素材在左右声道来回切换，最后将其平衡为立体声。参数范围为 –100 ～ 100。L 表示左声道，R 表示右声道，如图 9-83 所示。按住鼠标拖动旋钮上的指针对音频轨道做摇摆或均衡设置，也可以单击旋钮下边的数字，直接输入参数。负值表示将音频设定在左声道，正值表示将音频设定在右声道。

图　9-83

4. 轨道状态控制

轨道状态控制主要用来控制轨道的状态。其参数面板如图 9-84 所示。

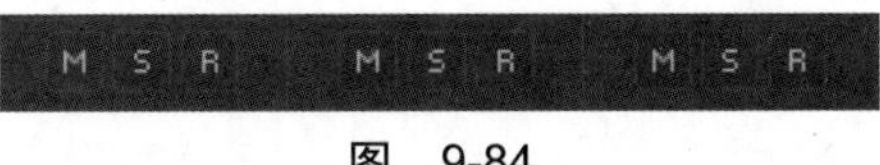

图　9-84

- M（静音轨道）：单击此按钮，音频素材播放时为静音。
- S（独奏轨道）：单击此按钮，只播放单一轨道上的音频素材，其他轨道上的音频素材则为静音。

- （启用轨道以进行录制）：单击此按钮，将外部音频设备输入的音频信号录制到当前轨道。

5. 音量控制

音量控制对当前轨道的声音进行调节，拖动（音量调节滑块），控制声音的高低，如图 9-85 所示。

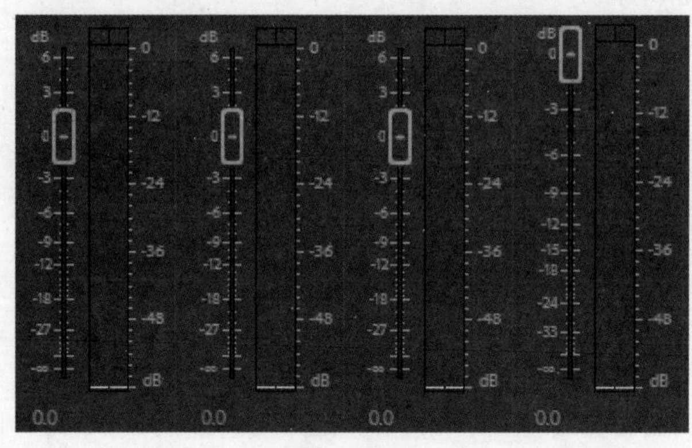

图 9-85

6. 轨道输出分配

轨道输出分配主要用来控制轨道的输出，如图 9-86 所示。

图 9-86

7. 编辑播放控制

编辑播放控制用于控制音频的播放状态，如图 9-87 所示。

图 9-87

- （转到入点）：单击此按钮，将时间轴滑块移到入点位置。
- （转到出点）：单击此按钮，将时间轴滑块移到出点位置。
- （播放）：单击此按钮，播放音频素材文件。
- （从入点播放到出点）：单击此按钮，播放入点到出点间的音频素材内容。
- （循环）：单击此按钮，循环播放音频。
- （录制）：单击此按钮，开始录制音频设备输入的信号。

9.5 音频特效关键帧

Premiere 不仅可以添加音频特效，而且可以设置相应的关键帧，使其产生音频的变化。

9.5.1 手动添加关键帧

选择【时间轴】面板中的素材文件，然后将时间轴滑块拖到合适的位置，并单击前面的 按钮，即可为音频素材文件添加一个关键帧，如图 9-88 所示。

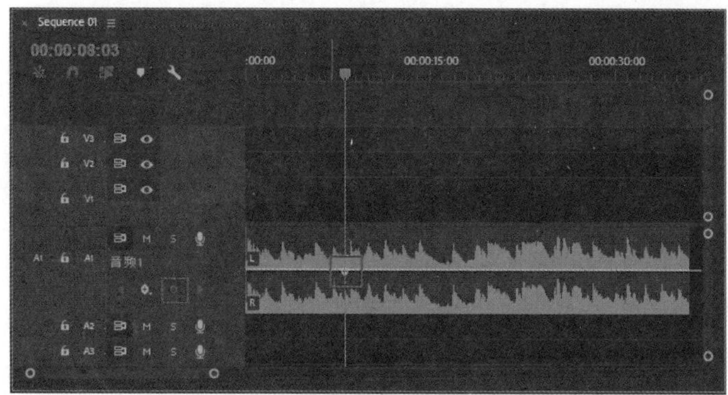

图　9-88

9.5.2　动手学：自动添加关键帧

（1）选择【时间轴】面板中的素材文件，在【效果控件】面板中拖动时间轴滑块到合适的位置，并设置【音量】栏中的【级别】为 –10，则自动添加一个关键帧，如图 9-89 所示。

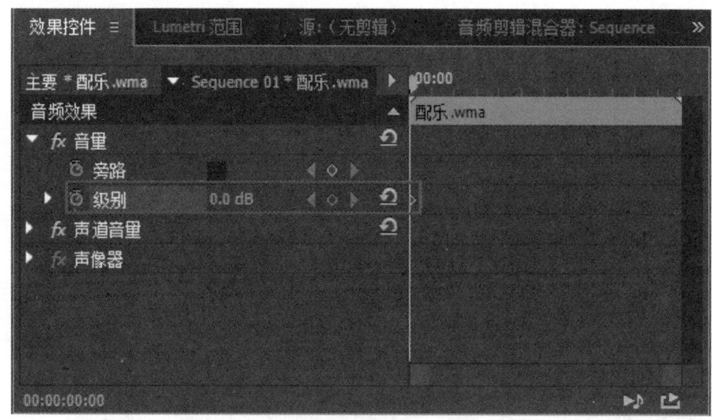

图　9-89

（2）将时间轴滑块拖到合适的位置，再次设置【级别】为 0，则又自动添加一个关键帧，如图 9-90 所示。

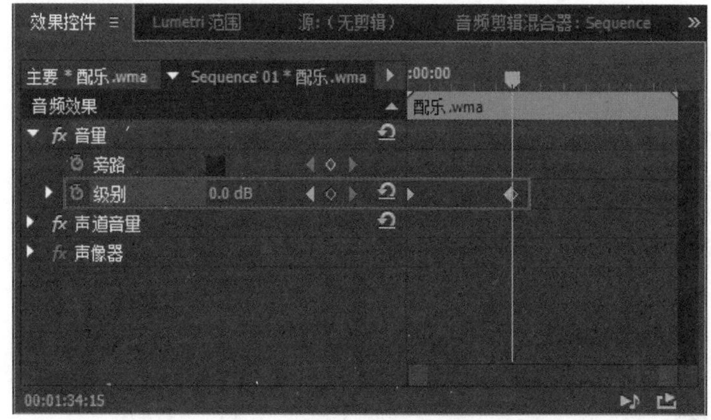

图　9-90

案例实战——改变音频的速度

案例文件	案例文件 \ 第 9 章 \ 改变音频的速度 .prproj
视频教学	视频文件 \ 第 9 章 \ 改变音频的速度 .flv
难易指数	★★★★★
技术要点	剃刀工具和速度 / 持续时间的应用

扫码看视频

案例效果

通过改变音频的速度可以改变音频的长短，并使声音产生粗细变化。本例主要是针对“改变音频的速度”的方法进行练习。

操作步骤

（1）打开素材文件【05.prproj】，将【项目】面板中的【配乐 .wma】素材文件按住鼠标左键拖曳到 A1 轨道上，如图 9-91 所示。

（2）在 A1 轨道的【配乐 .wma】素材文件上单击鼠标右键，在弹出的快捷菜单中选择【速度 / 持续时间】命令，然后在弹出的【剪辑速度 / 持续时间】对话框中设置【速度】为 110，单击【确定】按钮，如图 9-92 所示。

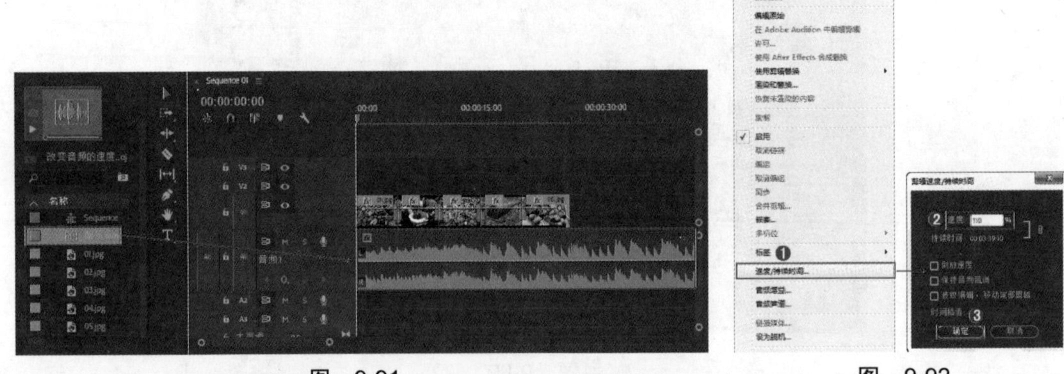

图 9-91　　图 9-92

（3）单击 (剃刀工具) 按钮，然后在【配乐 .wma】素材文件第 25 秒 20 帧的位置，单击鼠标左键剪辑【配乐 .wma】素材文件，如图 9-93 所示。

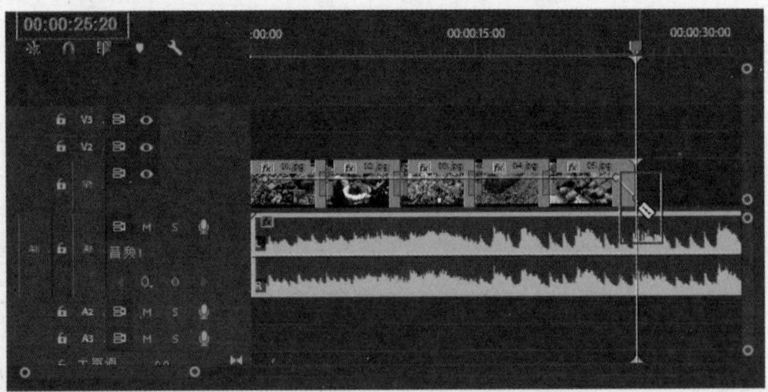

图 9-93

（4）单击 (选择工具) 按钮，选中剪辑后半部分的【配乐 .wma】素材文件，按【Delete】键删除，如图 9-94 所示。此时按空格键播放预览，可以听到音频的速度变化效果。

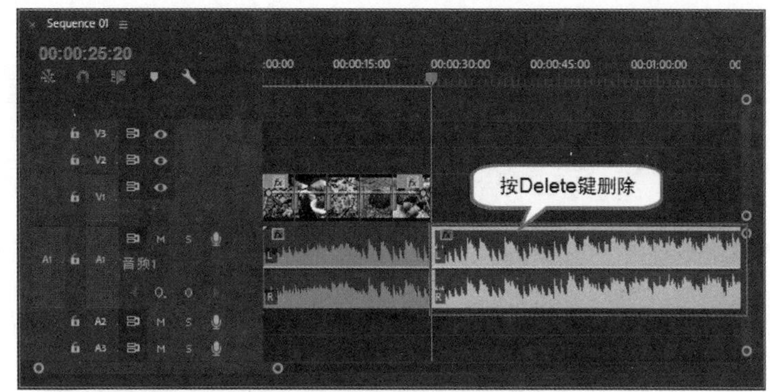

图　9-94

✍答疑解惑：【音轨混合器】的主要功能有哪些？

【音轨混合器】是一个直观的音频工具，它将【时间轴】面板中的所有音频轨道收纳在窗口中，可以调节音频素材的音量和左右声道，还可以对多个音频轨道直接进行编辑，如添加音频效果、制作自动控制等。

案例实战——声音的淡入淡出

案例文件	案例文件 \ 第 9 章 \ 声音的淡入淡出 .prproj
视频教学	视频文件 \ 第 9 章 \ 声音的淡入淡出 .flv
难易指数	★★★★★
技术要点	剃刀工具和动画帧效果的应用

扫码看视频

案例效果

影视作品中的插曲配乐等经常会使用淡入淡出的效果，因为淡入淡出效果能够使音乐更好地融入影视作品中，而不会喧宾夺主。本例主要是针对“声音的淡入淡出效果”的方法进行练习。

操作步骤

（1）打开素材文件【06.prproj】，将【项目】面板中的【配乐 .mp3】素材文件按住鼠标左键拖曳到 A1 轨道上，如图 9-95 所示。

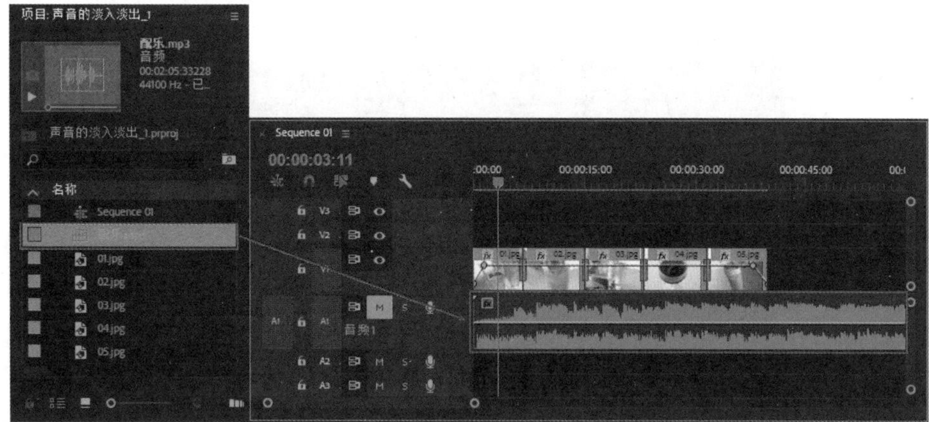

图　9-95

答疑解惑：声音淡入淡出的主要功能是什么？

声音的淡入淡出是表示声音逐渐从无到有和从有到无的效果。避免声音进入的过于突然和生硬。淡入表示一个段落的开始，淡出表示一个段落的结束。
淡入淡出效果可以使节奏舒缓，能够制造出富有表现力的气氛。

（2）单击 （剃刀工具）按钮，在【配乐 .mp3】素材文件第 39 秒 20 帧的位置，单击鼠标左键剪辑【配乐 .mp3】素材文件，如图 9-96 所示。

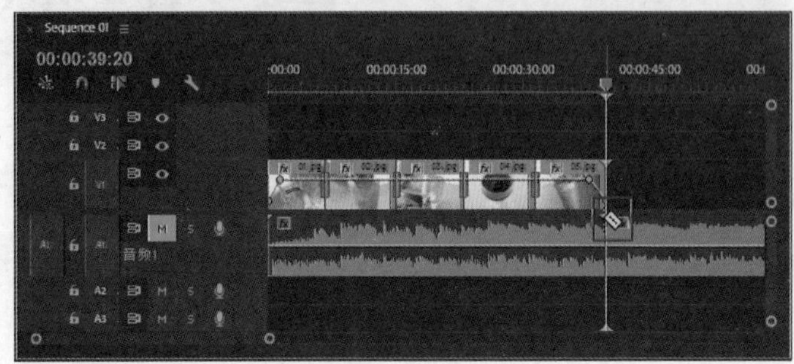

图 9-96

（3）单击 （选择工具）按钮，选中剪辑后半部分的【配乐 .mp3】素材文件，按【Delete】键删除，如图 9-97 所示。

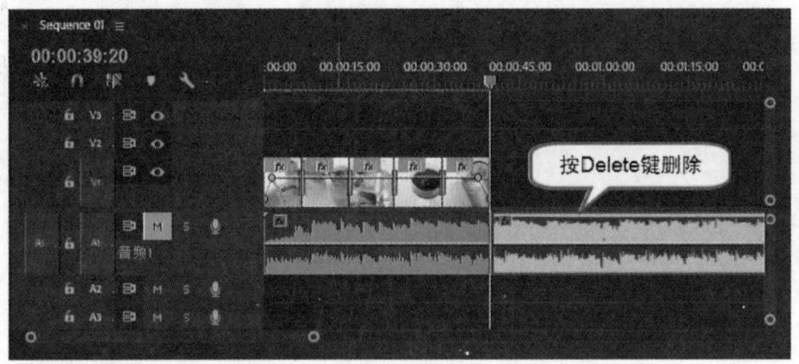

图 9-97

（4）选择时间轴 A1 轨道上的【配乐 .mp3】音频素材文件，在起始帧和结束帧的位置单击 按钮，各添加一个关键帧，然后在第 3 秒 11 帧的位置和第 36 秒 22 帧的位置各添加一个关键帧，如图 9-98 所示。

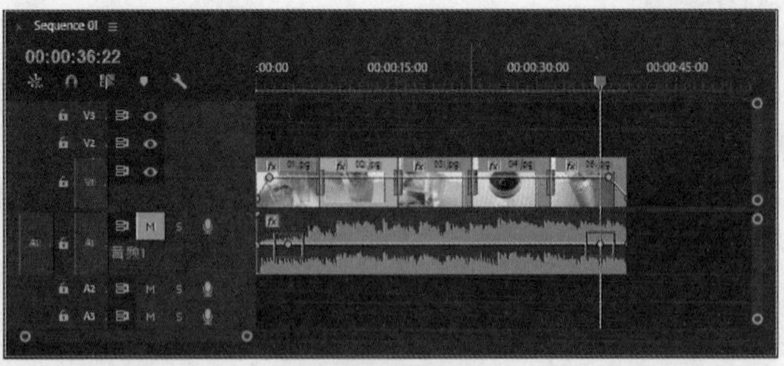

图 9-98

（5）将鼠标分别放置在第一个和最后一个关键帧上，并按住鼠标左键向下拖曳，制作出音乐的淡入淡出效果，如图 9-99 所示。此时按空格键播放预览，可以听到音频的淡入淡出效果。

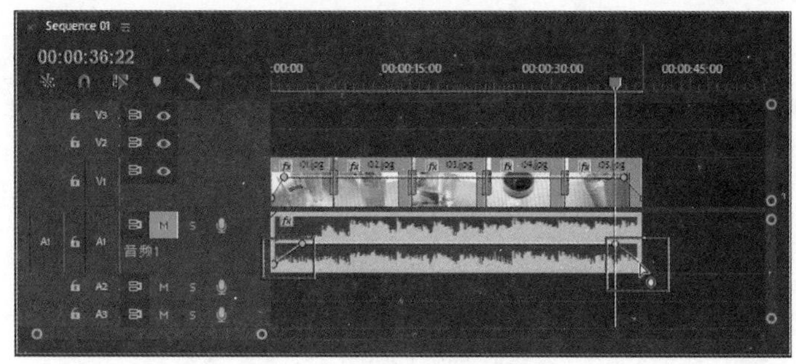

图　9-99

本章小结

音频效果是视频中的重要组成部分之一，可以通过音频烘托气氛，引导情感。本章讲解了如何添加和编辑音频素材，以及音频特效的使用。通过本章的学习，可以掌握常用的编辑音频方法和技巧。

Chapter 10

第 10 章

关键帧动画和运动特效

在 Adobe Premiere Pro CC 2018 中，可以为【时间轴】面板中的素材的相应属性添加关键帧，制作出相关动画效果。学习制作关键帧动画前，首先需要了解什么是关键帧，本章介绍了关键帧的添加、删除、复制和粘贴等基本操作，以及多个属性关键帧的综合应用。

本章重点：

- 了解什么是关键帧
- 掌握添加、移动和删除关键帧的基本操作
- 掌握复制和粘贴关键帧的方法
- 关键帧动画的应用
- 了解关键帧插值

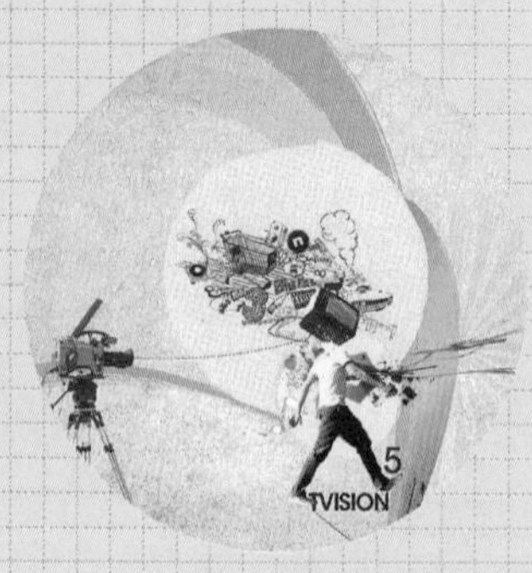

10.1　初识关键帧

使用 Premiere 的关键帧功能可以修改时间轴上某些特定点处的视频效果。通过关键帧，可以使 Premiere 应用时间轴上某一点的效果设置逐渐变化到另一点的设置。使用关键帧可以让视频素材或静态素材更加生动。还可以导入标识静态帧素材，并通过关键帧为它创建动画。

任何动画要表现运动或变化，至少前后要有两个不同的关键状态，而中间状态的变化和衔接会自动完成，表示关键状态的帧动画叫作关键帧动画。

所谓关键帧动画，就是给需要动画效果的属性准备一组与时间相关的值，这些值都是在动画序列中比较关键的帧中提取出来的，而其他时间帧中的值，可以利用这些关键值采用特定的插值方法计算得到，从而达到比较流畅的动画效果。如图 10-1 所示，分别为静止画面和关键帧动画的对比效果。

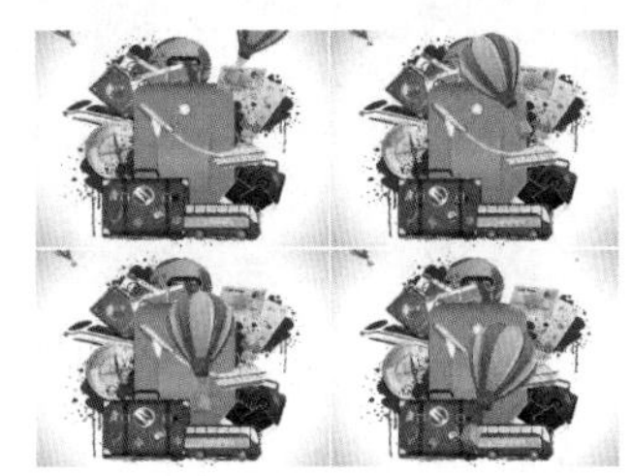

图　10-1

思维点拨：什么是帧？

帧是影像动画中最小单位的单幅影像画面，相当于电影胶片上的每一格镜头。一帧就是一副静止的画面，连续的帧就形成了动画，如电影图像等。帧数，即在 1 秒里传输的图片帧数，也可以理解为图形处理器每秒能够刷新几次，通常用 fps（Frames Per Second）表示。高的帧率可以得到更流畅、更逼真的动画。PAL 电视标准，每秒 25 帧。NTSC 电视标准，每秒 29.97 帧（简化为 30 帧）。

10.2　【效果控件】面板

导入的素材添加到视频轨道上后，选择素材，在【效果控件】面板中可以看到 3 个子菜单栏，即【运动】【不透明度】和【时间重映射】。这 3 个子菜单栏中分别包含相关参数，可以对素材进行关键帧动画等操作。

10.2.1　【效果控件】面板参数的显示与隐藏

技术速查：在【效果控件】面板中单击子菜单栏左侧的 ▶ 图标可以显示和隐藏属性参数。

单击子菜单栏左侧的 ▶ 图标，即可将该子菜单栏展开，显示子菜单栏中的选项。展开后该图标会变成 ▼ 图标，单击此图标可折叠子菜单栏，如图 10-2 所示。

【效果控件】面板的上方有一个 ▶（显示 / 隐藏时间轴视图）按钮，单击该按钮可隐藏时间轴视图，再次单击即可显示。可以便于查看和编辑关键帧，更好地掌握动画制作，如图 10-3 所示。

图 10-2

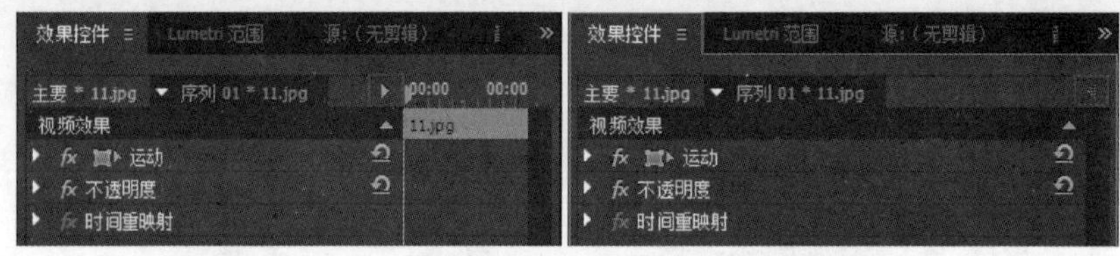

图 10-3

10.2.2 设置参数值

技术速查：可以利用鼠标拖动和输入数值来更改设置属性的参数。

单击属性后面的数值，即可输入新的参数值，如图 10-4 所示。或者将光标移动到参数值上，然后当光标变成双箭头时，按住鼠标左键左右拖动，可以调节参数值的大小，如图 10-5 所示。

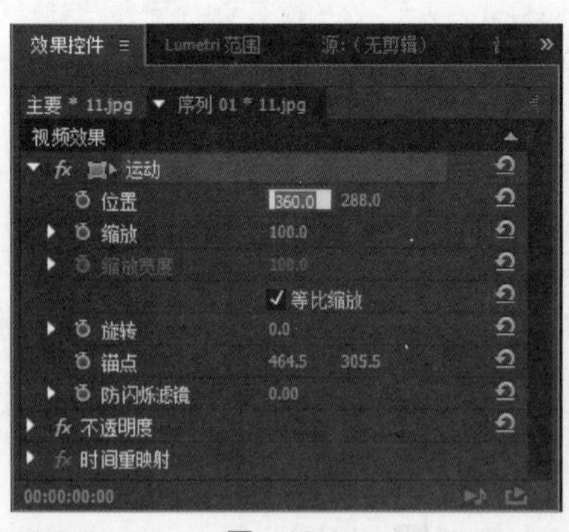

图 10-4

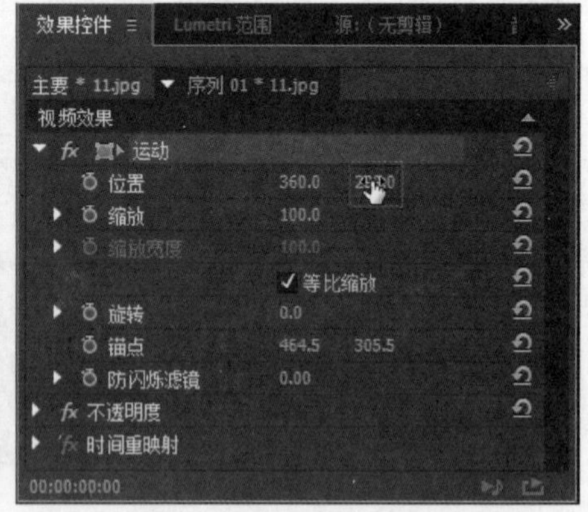

图 10-5

技巧提示：

其他属性的参数设置方法也与上述方法相同。

10.3　创建与查看关键帧

在制作关键帧动画时，必须要为某一属性创建至少两个具有不同数值的关键帧，才能为素材设置该属性动画。在添加关键帧后，可以查看已经添加的关键帧参数。

10.3.1　创建添加关键帧

技术速查：通过属性前面的（切换动画）按钮可以创建关键帧，而通过修改参数和（添加 / 删除关键帧）按钮可以快速添加关键帧。

在 Premiere 中，每一个特效或者属性都有一个对应的按钮。制作关键帧动画之前要单击按钮将其激活，激活之后即可为素材创建关键帧。

技巧提示：

已经将按钮激活了，不能再次单击该按钮创建关键帧。因为再次单击按钮将自动删除全部关键帧。

为素材添加关键帧的方法主要有以下几种。

1．动手学：在【效果控件】面板中添加关键帧

（1）在【效果控件】面板中将时间轴滑块移动到合适的位置，然后单击属性前的按钮，并更改属性参数，会自动创建关键帧，如图 10-6 所示。

图　10-6

（2）在已经激活按钮后，可以单击按钮，手动创建关键帧，而不更改参数，如图 10-7 所示。

图　10-7

2．动手学：通过【节目】监视器添加关键帧

（1）以【缩放】属性为例。在【效果控件】面板中将时间轴滑块移动到合适的位置，然后单击属性前面的按钮，并更改属性参数，会自动创建关键帧，如图 10-8 所示。该操作是为素材设置第一个关键帧，此时的效果如图 10-9 所示。

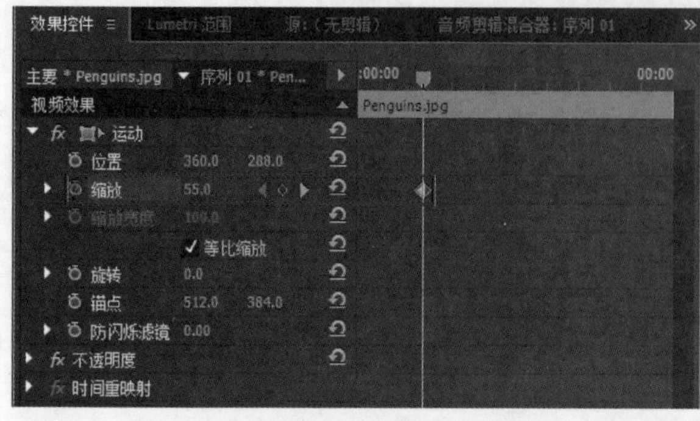
图 10-8

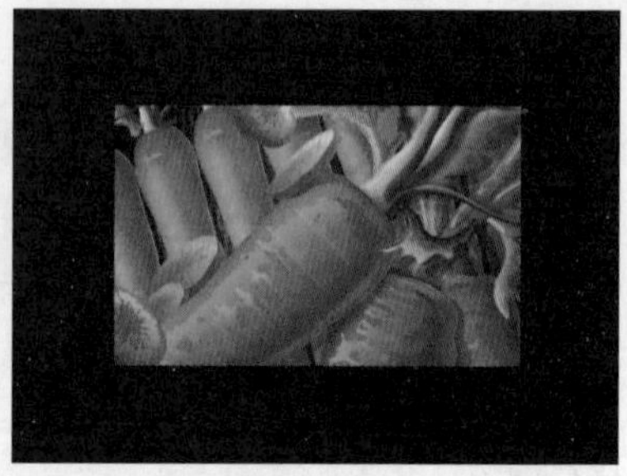
图 10-9

（2）将当前时间轴滑块移至要添加关键帧的位置，然后在【节目】监视器中直接改变素材文件大小（选择【节目】监视器中的素材，双击鼠标左键，才可以调节素材），如图 10-10 所示。此时，素材参数也跟随更改，如图 10-11 所示。

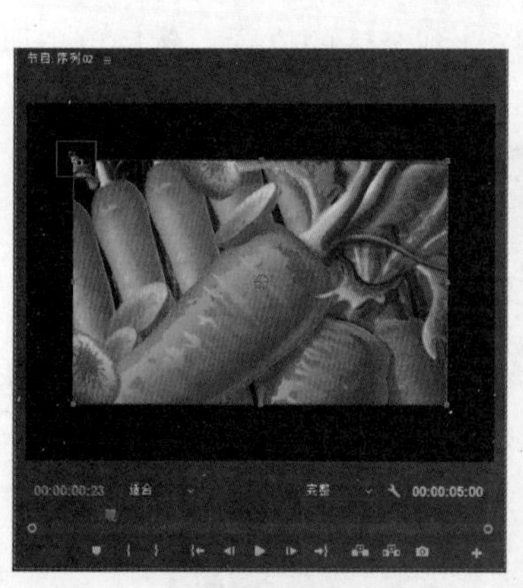
图 10-10

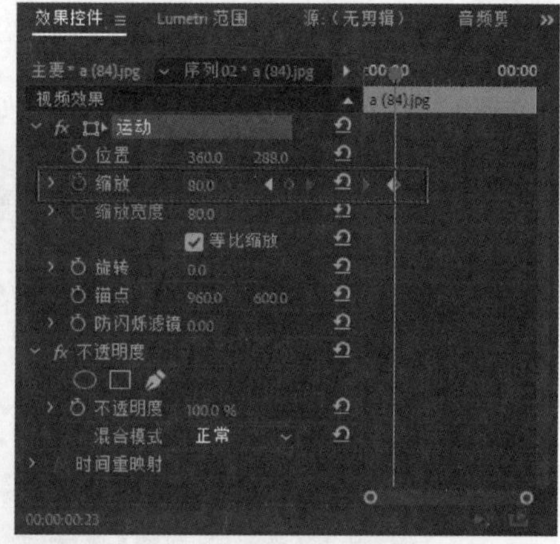
图 10-11

3．动手学：在【时间轴】面板中使用鼠标添加关键帧

（1）单击【时间轴】面板中素材文件上的效果属性菜单，然后选择要设置动画的属性，如图 10-12 所示。

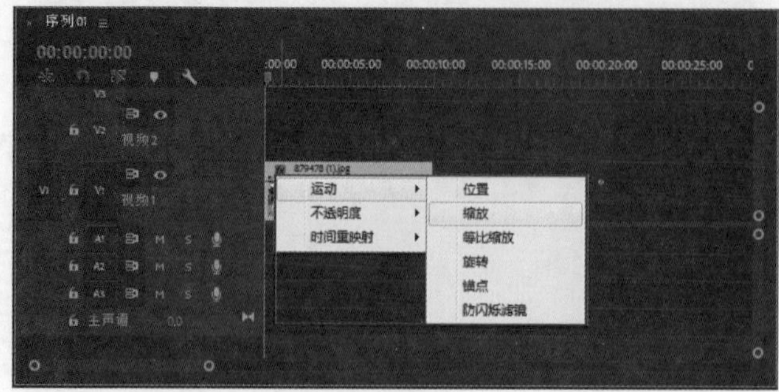
图 10-12

（2）将鼠标移动到【时间轴】面板中素材上的直线附近，鼠标呈现 状时（见图 10-13），按住【Ctrl】键，然后单击鼠标左键即可添加关键帧，如图 10-14 所示。

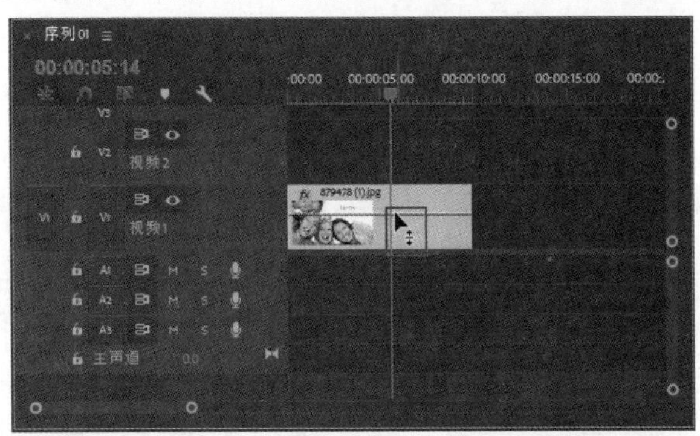

图　10-13

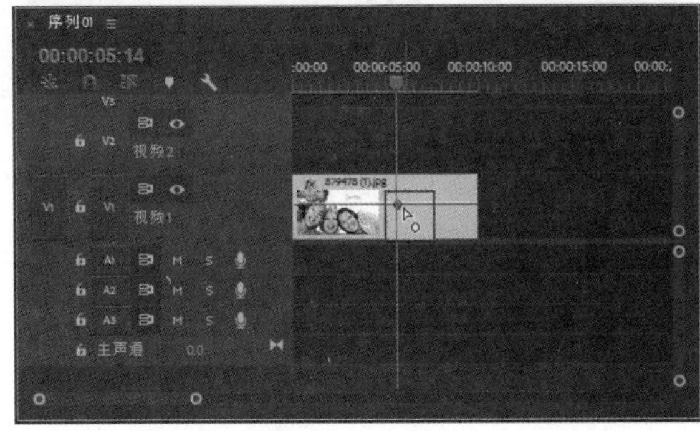

图　10-14

技巧提示：

除了【位置】和【锚点】属性，其他基本属性都可用此方法在【时间轴】面板中添加关键帧。

4．动手学：在【时间轴】面板中使用【添加 / 删除关键帧】按钮添加关键帧

将时间轴滑块拖到需要添加关键帧的位置，然后单击该素材轨道前面的（添加 / 删除关键帧）按钮，即可添加一个关键帧，如图 10-15 所示。

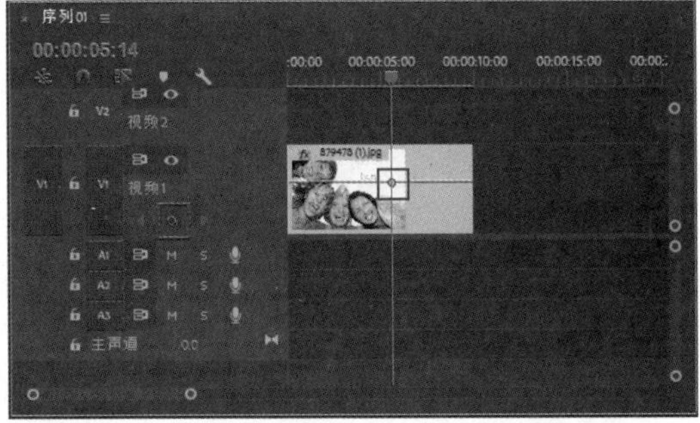

图　10-15

技巧提示：

所有属性都可以利用（添加 / 删除关键帧）按钮添加关键帧。

10.3.2 查看关键帧

技术速查：通过关键帧导航器可以查看已经添加的关键帧。

创建关键帧后，可以使用关键帧导航器查看关键帧，如图 10-16 所示。同样，在【时间轴】面板中也可以通过关键帧导航器查看关键帧，如图 10-17 所示。

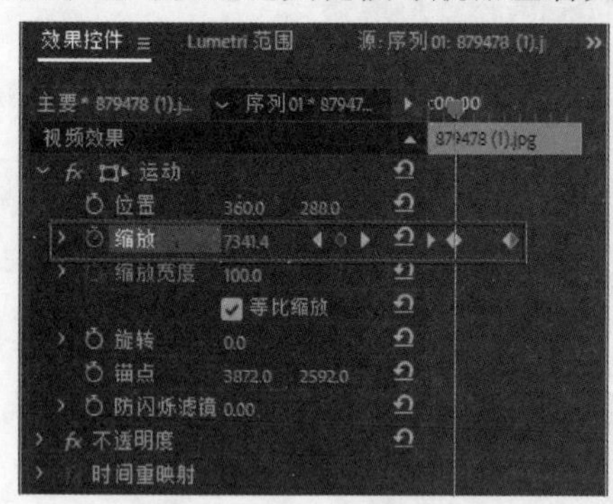

图 10-16

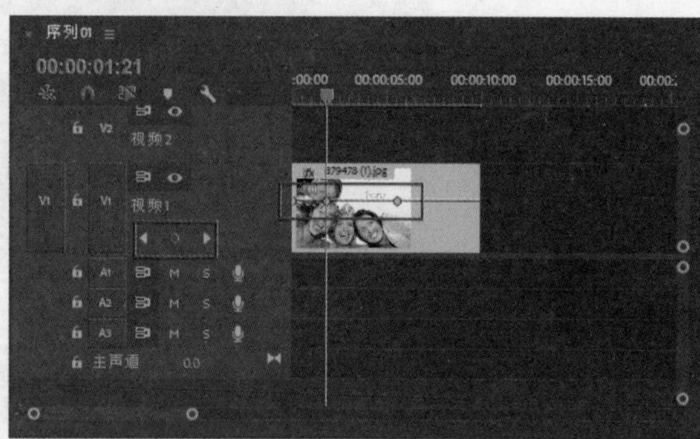

图 10-17

- （跳转到前一关键帧）：可以跳转到前一个关键帧的位置。
- （跳转到下一关键帧）：可以跳转到后一个关键帧的位置。
- （添加/删除关键帧）：为每个属性添加或删除关键帧。
- ：表示当前位置左右均有关键帧。
- ：表示当前位置右侧有关键帧。
- ：表示当前位置左侧有关键帧。
- ：表示当前时间轴滑块位于关键帧上。
- ：表示当前时间轴滑块位置没有关键帧。

若要让时间轴滑块与关键帧对齐，需要按住【Shift】键，然后向关键帧方向拖动时间轴滑块，时间轴滑块会自动与关键帧对齐，如图 10-18 所示。

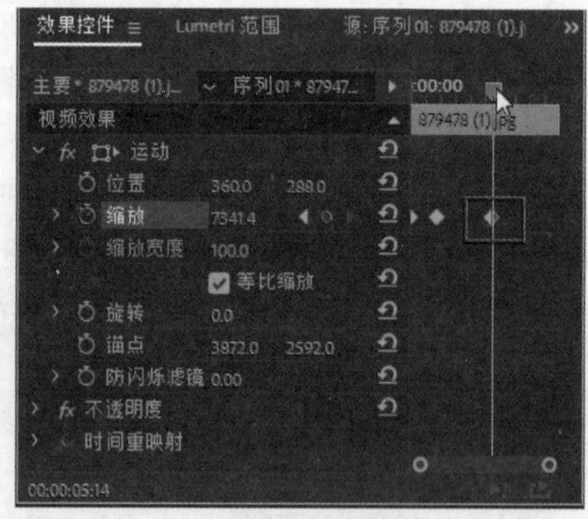

图 10-18

10.4 编辑关键帧

创建完关键帧后，要为效果设置动画，这时就要重新编辑关键帧。关键帧的编辑包括选择关键帧、移动关键帧、复制 / 粘贴关键帧和删除关键帧等。

10.4.1　选择关键帧

选择关键帧后，可以方便对选择的关键帧进行操作而不影响其他关键帧。

1．动手学：选择指定关键帧

（1）若要选择指定的关键帧，首先要单击 （选择工具）按钮，然后在【效果控件】面板中单击需要选择的关键帧即可，如图 10-19 所示。

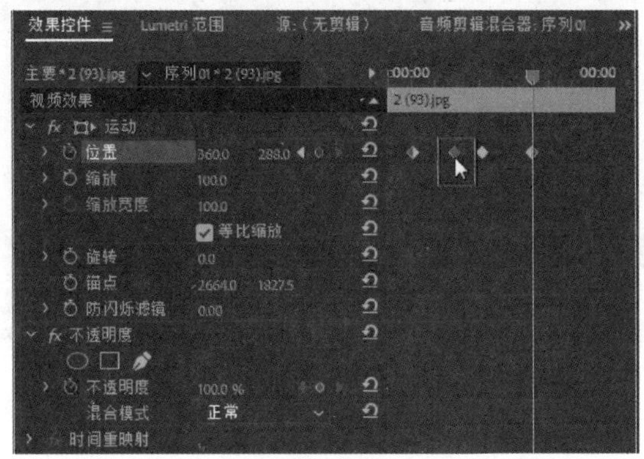

图　10-19

（2）按住【Shift】键，可以多选。关键帧显示为蓝色时，表示该关键帧已经被选择，如图 10-20 所示。

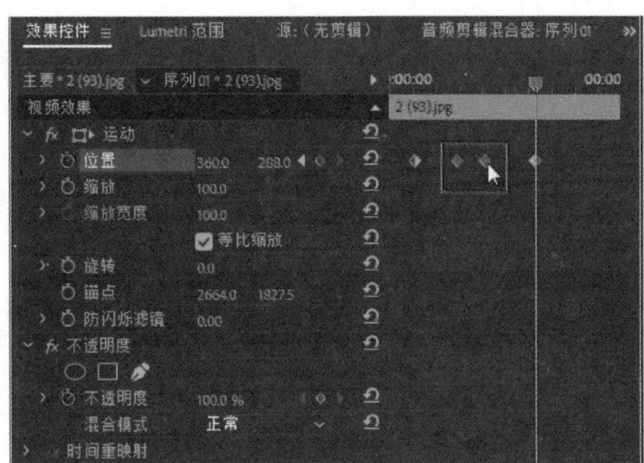

图　10-20

技巧提示：

使用同样的方法，也可在【时间轴】面板中选择关键帧，如图 10-21 所示。

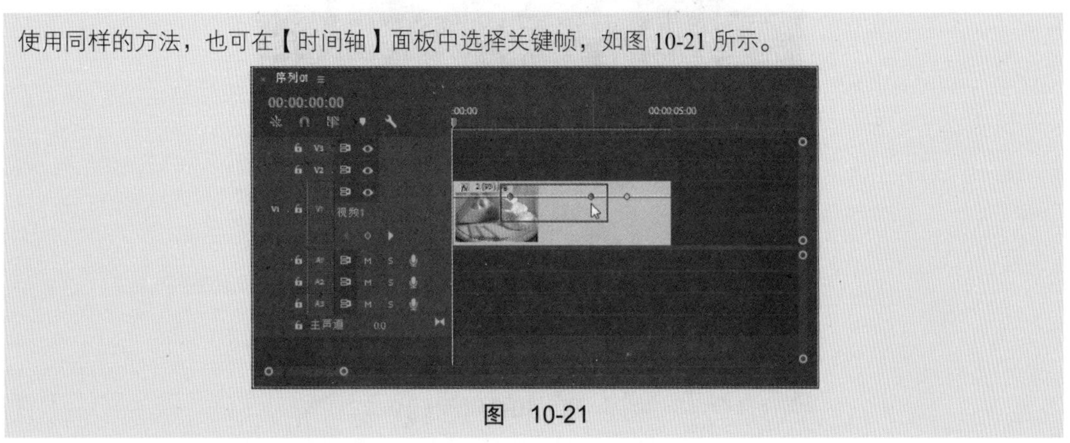

图　10-21

2．动手学：选择某属性全部关键帧

若要选择某一属性的全部关键帧，在【效果控件】面板中双击该属性的名称，即可选择该属性的全部关键帧，如图 10-22 所示。

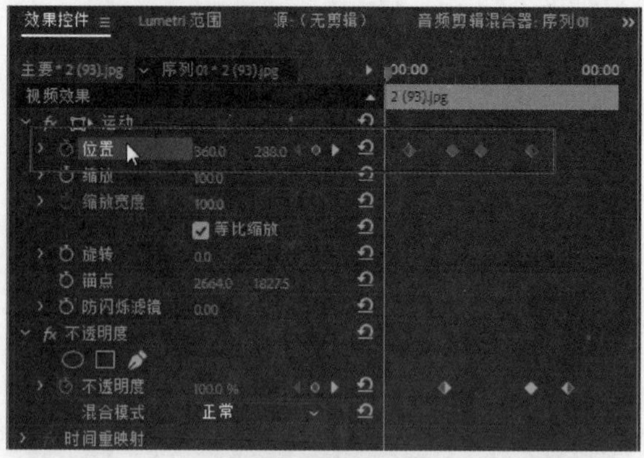

图 10-22

3．动手学：框选关键帧

可以利用鼠标框选多个关键帧，在需要选择的范围内按住鼠标左键，并拖曳出一个框选范围，如图 10-23 所示。然后释放鼠标左键，此时在框选范围内的关键帧都已经被选择，如图 10-24 所示。

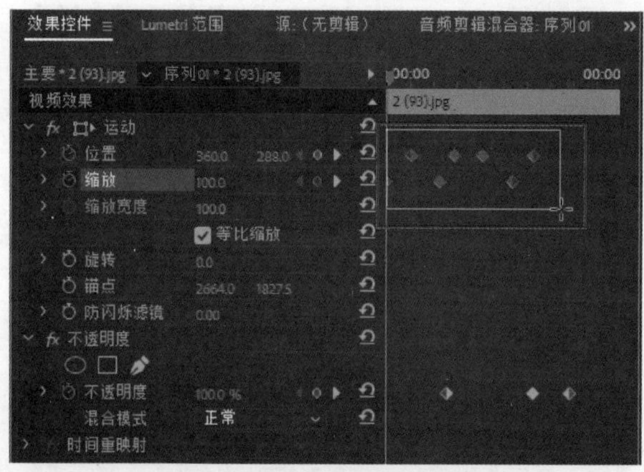

图 10-23

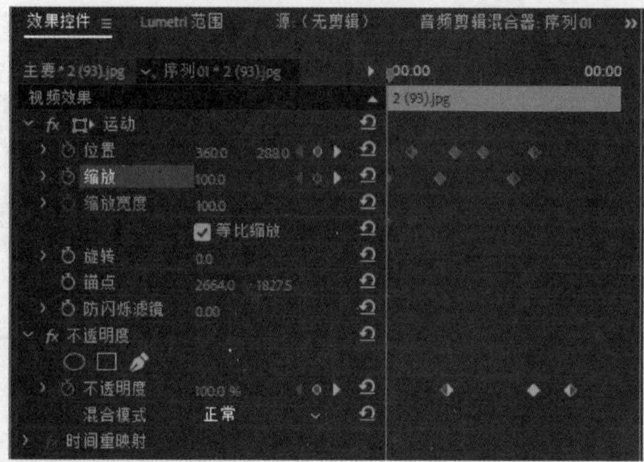

图 10-24

10.4.2　移动关键帧

在关键帧的时间位置需要更改时，可以直接移动关键帧来修改动画的时间位置。

1. 动手学：移动单个关键帧

单击▶（选择工具）按钮，在【效果控件】面板中选择某一关键帧，如图 10-25 所示。按住鼠标左键，将其进行左右拖曳，即可移动该关键帧的位置，如图 10-26 所示。移动到指定位置后释放鼠标左键即可。

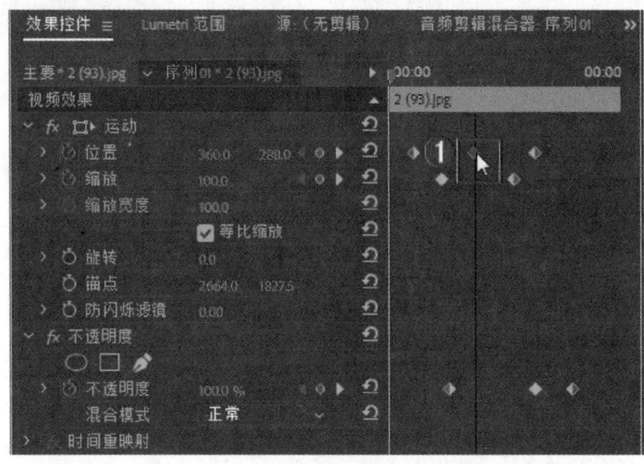

图　10-25

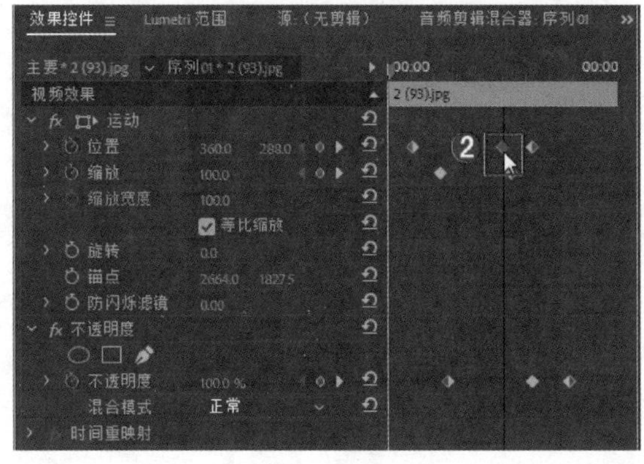

图　10-26

2. 动手学：移动多个关键帧

可以同时移动多个关键帧。首先选择多个关键帧（见图 10-27）然后在其中一个关键帧上按住鼠标左键，并将其进行左右拖曳，即可同时移动多个关键帧的位置，如图 10-28 所示。

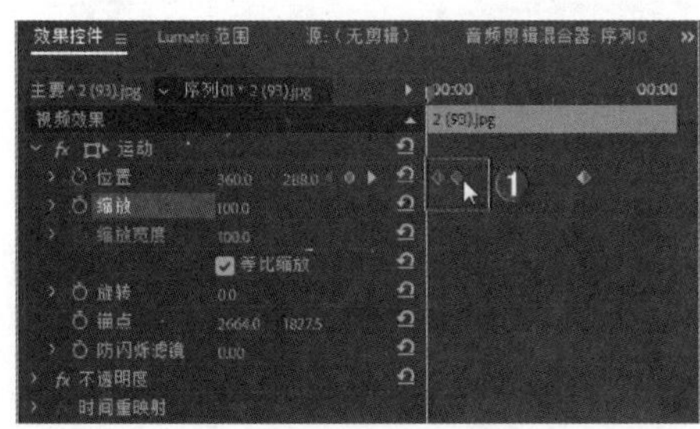

图　10-27

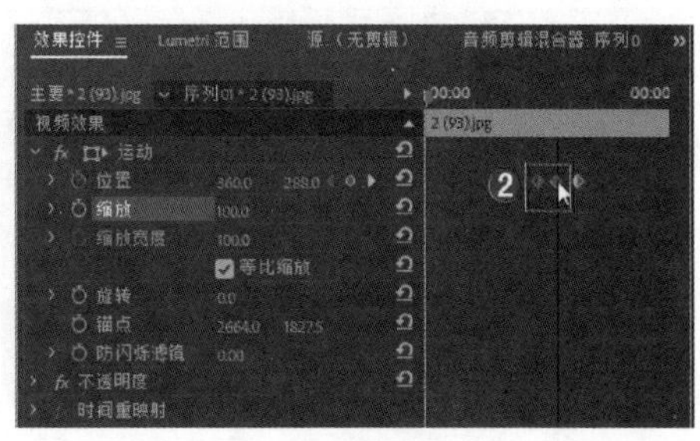

图　10-28

技巧提示：

使用同样的方法，也可在【时间轴】面板中移动关键帧，如图 10-29 所示。

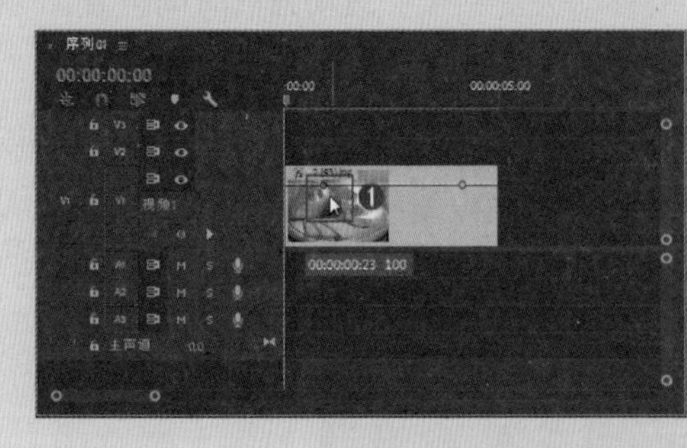

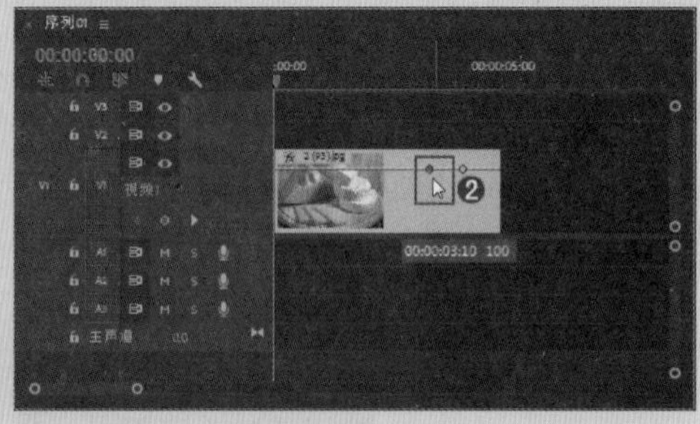

图 10-29

10.4.3 复制和粘贴关键帧

技术速查：通过快捷键和菜单命令的方法可以将关键帧进行复制和粘贴。

在制作多个相同动作的动画效果时，可以先创建出动画关键帧效果，然后将关键帧进行复制和粘贴，该方法使制作更加简单和快速。

复制和粘贴关键帧主要有以下两种方法。

1．动手学：拖动关键帧进行复制和粘贴

首先选择要复制的关键帧（见图 10-30），然后按住【Alt】键，同时在该关键帧上按住鼠标左键拖到所需位置，即可在该位置出现一个相同的关键帧，如图 10-31 所示，接着释放鼠标左键即可。

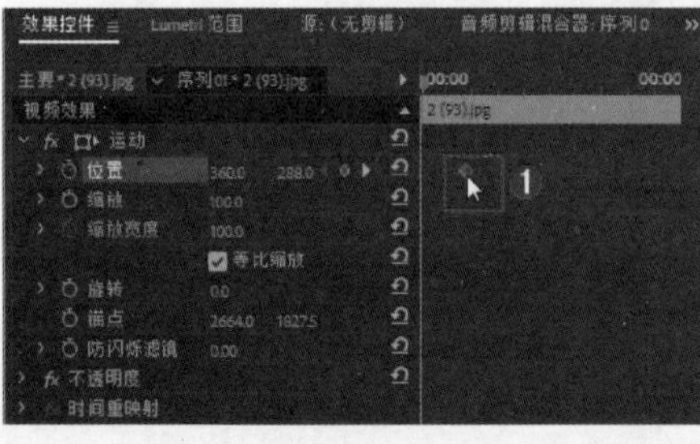

图 10-30

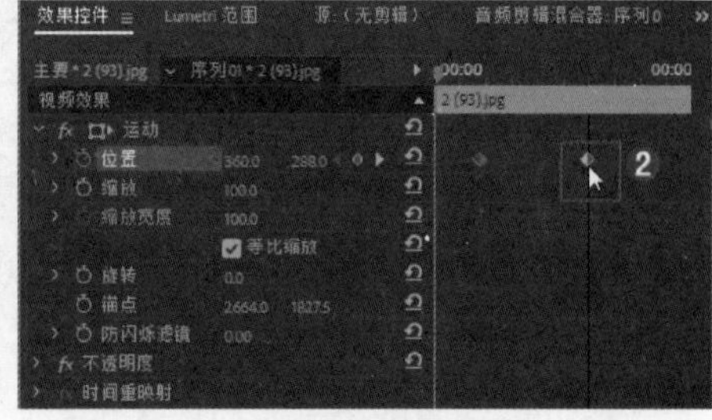

图 10-31

技巧提示：

使用该方法时，选择多个关键帧，即可复制和粘贴出多个关键帧，如图 10-32 所示。

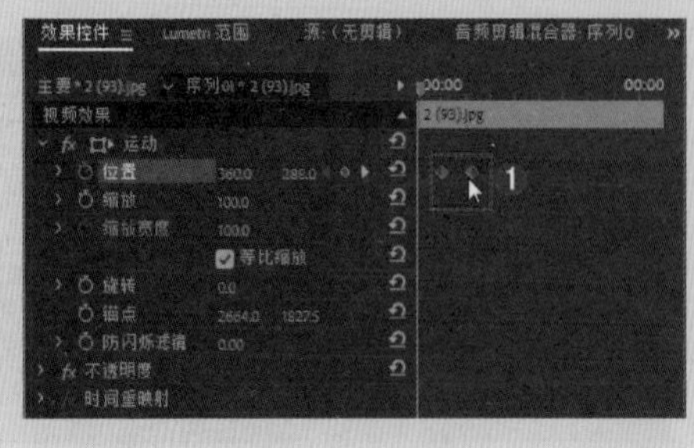

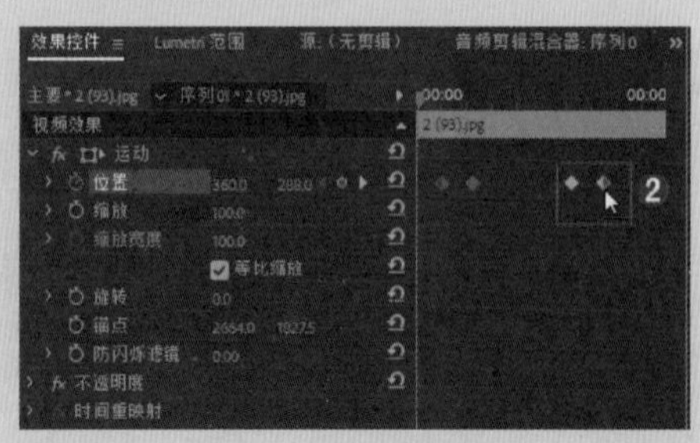

图 10-32

2．动手学：在右键快捷菜单中复制和粘贴关键帧

选择一个或多个关键帧，然后单击鼠标右键，在弹出的快捷菜单中选择【复制】命令，如图 10-33 所示。接着将时间轴滑块移动到要粘贴关键帧的位置，此时单击鼠标右键，在弹出的快捷菜单中选择【粘贴】命令，如图 10-34 所示。

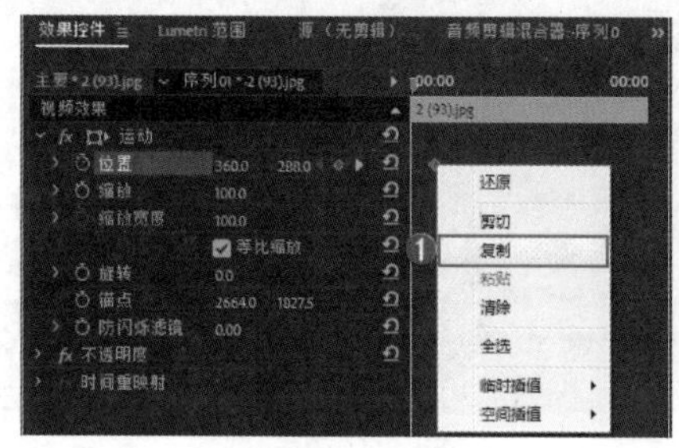

图　10-33

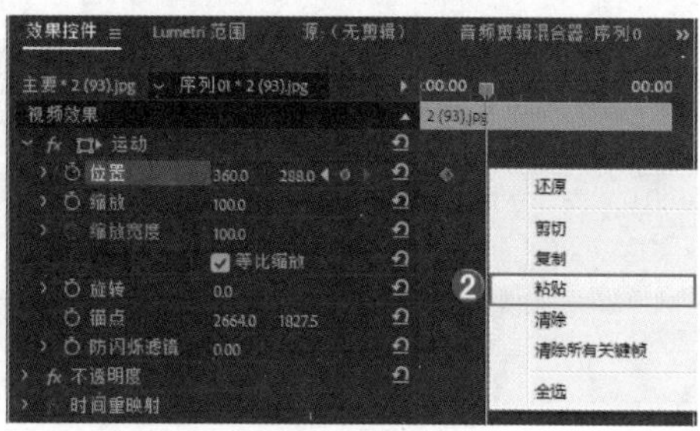

图　10-34

技术拓展：快速复制和粘贴关键帧

选择关键帧，然后使用快捷键【Ctrl+C】，接着将时间轴滑块拖到需要粘贴关键帧的位置，使用快捷键【Ctrl+V】，如图 10-35 所示。

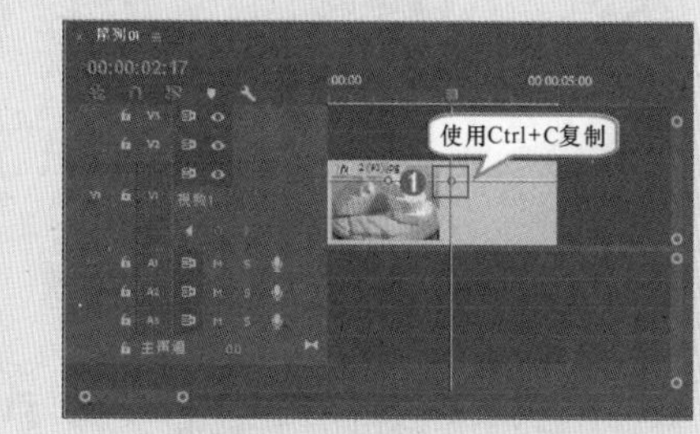

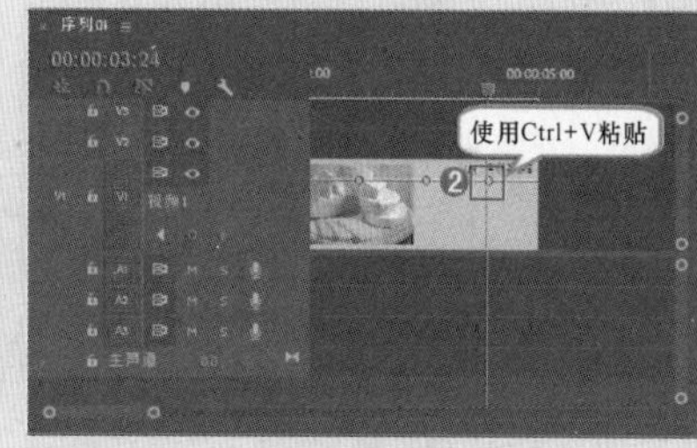

图　10-35

10.4.4　删除关键帧

技术速查：可以通过快捷键、（添加 / 删除关键帧）按钮和右键快捷菜单命令来删除已经添加的关键帧。

有时在操作中会出现添加了多余关键帧的情况，需要将这些关键帧删除。删除已经添加的关键帧的方法有以下 3 种。

1．动手学：快捷键删除关键帧

在【效果控件】面板中选择要删除的关键帧，按【Delete】键（见图 10-36），即可删除该关键帧，如图 10-37 所示。

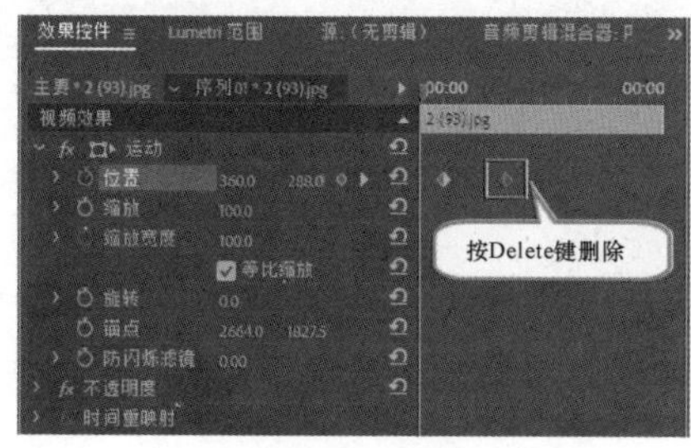

图　10-36

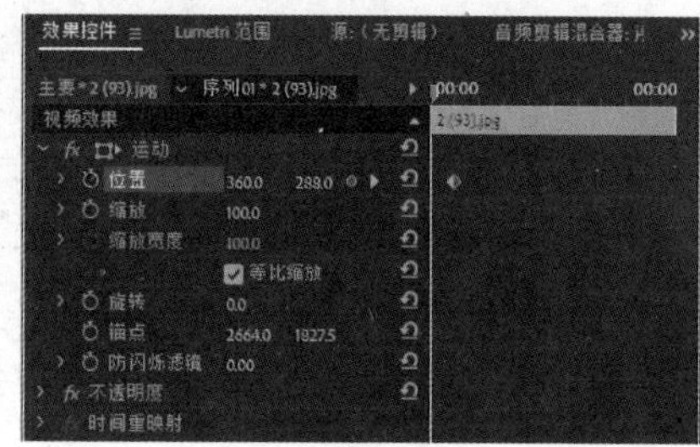

图　10-37

2．动手学：【添加 / 删除关键帧】按钮删除关键帧

在【效果控件】面板中将时间轴滑块对齐到要删除的关键帧上，单击 （添加 / 删除关键帧）按钮（见图 10-38），即可删除该关键帧，如图 10-39 所示。

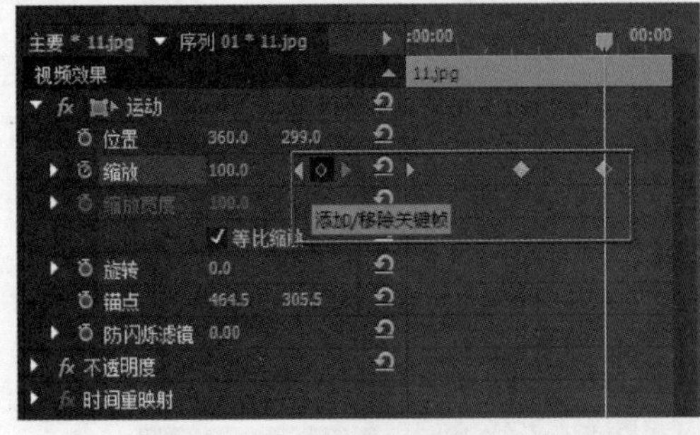

图 10-38

图 10-39

技巧提示：

使用以上两种方法，也可以在【时间轴】面板中删除关键帧。选择【时间轴】面板中素材文件上的关键帧，然后按【Delete】键即可删除，如图 10-40 所示。

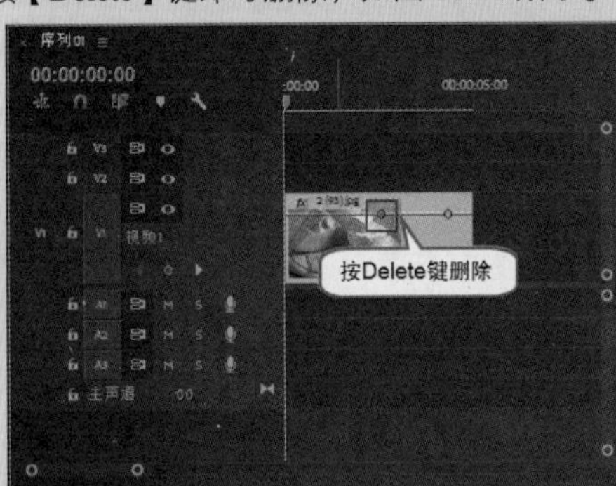

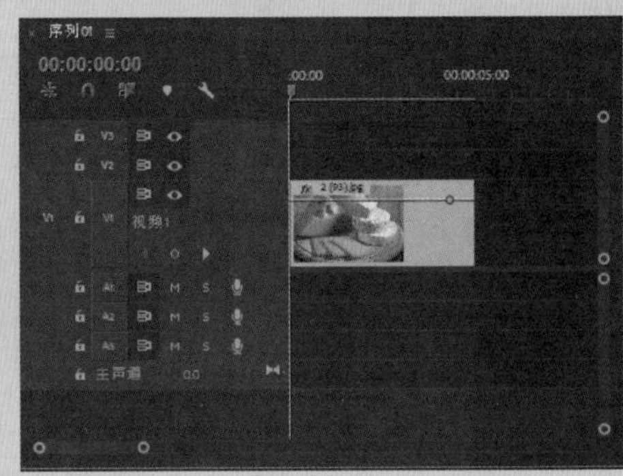

图 10-40

将【时间轴】面板中的时间轴滑块与关键帧对齐，单击该轨道前面的 （添加 / 删除关键帧）按钮，即可删除该关键帧，如图 10-41 所示。

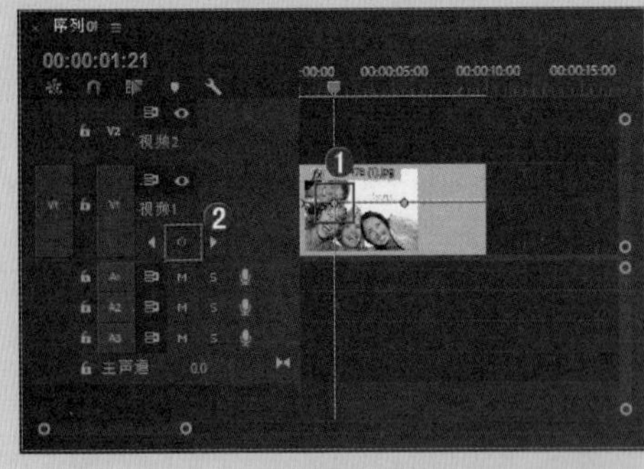

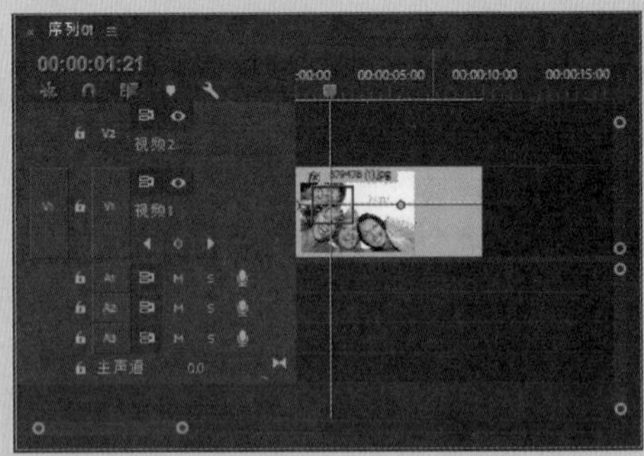

图 10-41

3．动手学：右键快捷菜单删除关键帧

选择要删除的关键帧，单击鼠标右键，在弹出的快捷菜单中选择【清除】命令（见图 10-42），即可删除该关键帧，如图 10-43 所示。

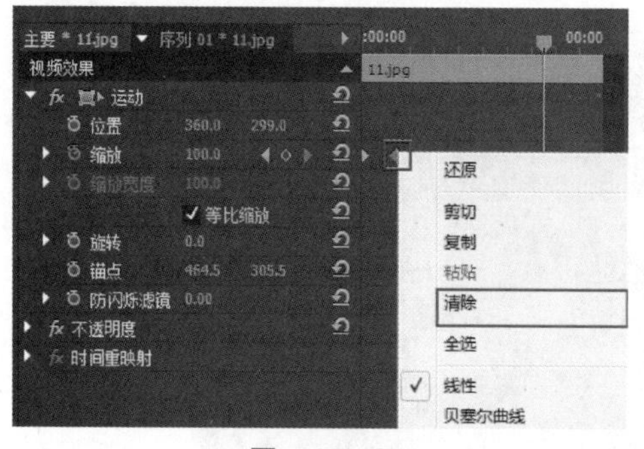

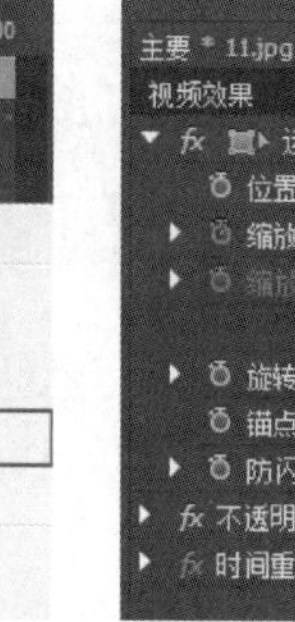

图　10-42

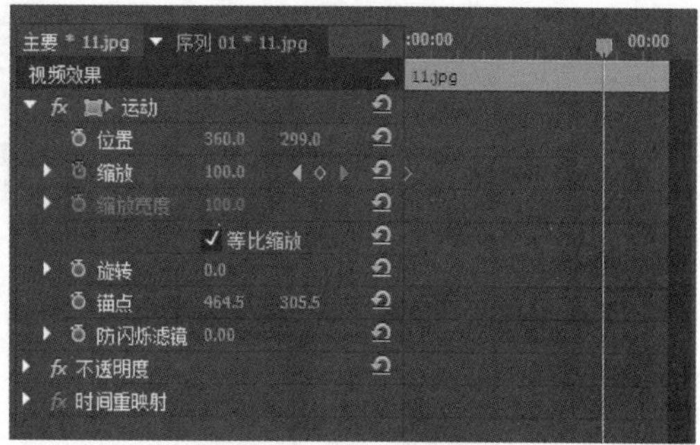

图　10-43

10.5　【效果控件】面板参数

【运动】特效是所有素材所共有的特效，当素材添加到视频轨道上时，选择素材后，在【效果控件】面板中可看到该特效，其中包括【位置】【缩放】【旋转】【锚点】和【防闪烁滤镜】等属性，如图 10-44 所示。

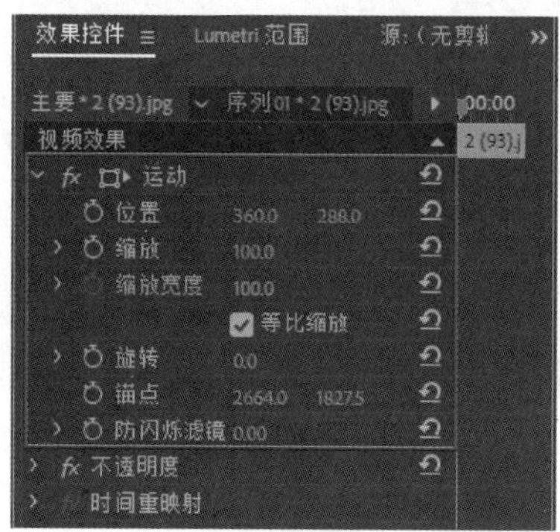

图　10-44

10.5.1　【位置】属性

【位置】属性用来设置图像的屏幕位置，这个位置是图像的中心点。【位置】的两个值分别代表水平位置和垂直位置，如图 10-45 所示。

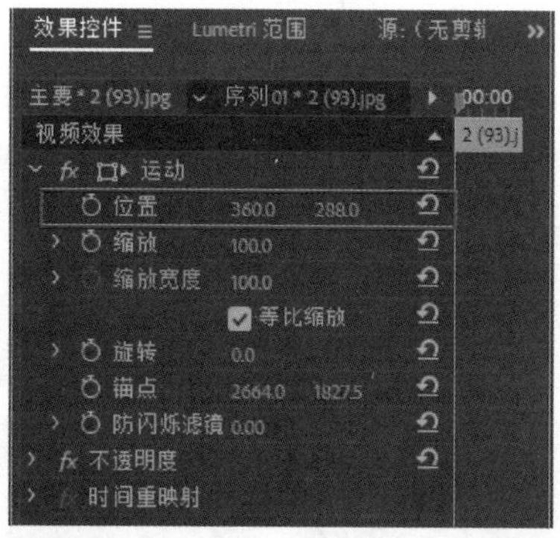

图　10-45

（1）通过调节【位置】参数可以修改素材文件在【节目】监视器中的位置，如图 10-46 所示。

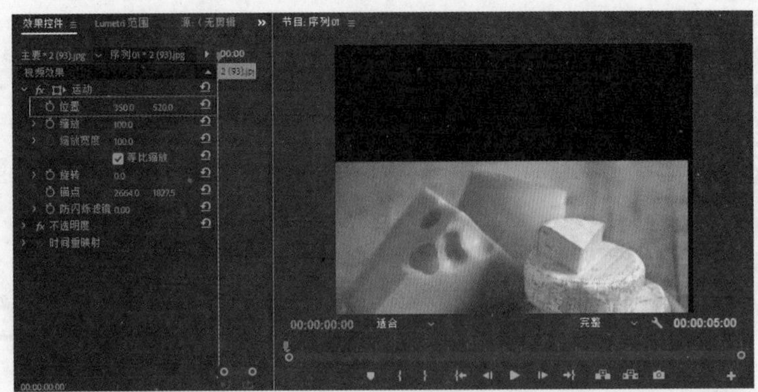

图 10-46

（2）也可以选择【效果控件】面板中的运动【运动】图标，然后直接在【节目】监视器中按住鼠标左键拖动素材文件来调整其位置，如图 10-47 所示。

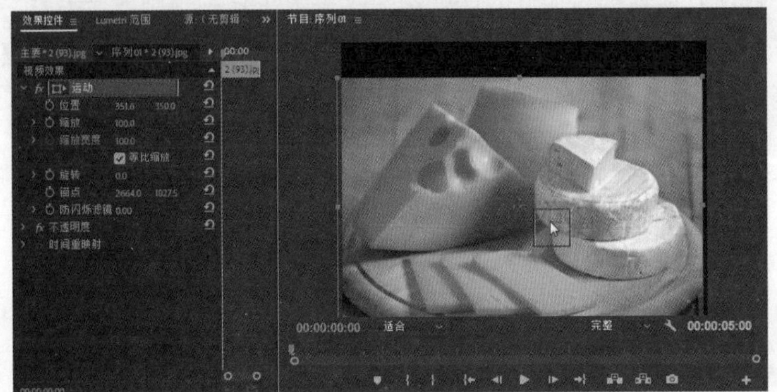

图 10-47

案例实战——制作电影海报移动效果

案例文件	案例文件 \ 第 10 章 \ 电影海报移动效果 .prproj
视频教学	视频文件 \ 第 10 章 \ 电影海报移动效果 .flv
难易指数	★★★★★
技术要点	位移和缩放效果的应用

扫码看视频

案例效果

利用位移效果可以制作出电影海报画面和胶片一起移动的效果。本例主要是针对“制作电影海报移动效果”的方法进行练习，如图 10-48 所示。

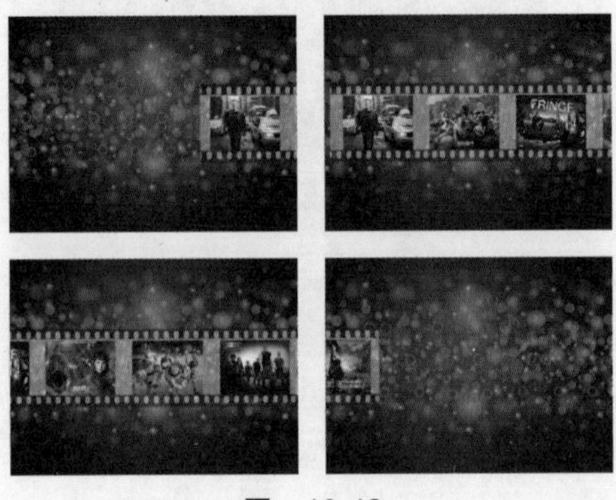

图 10-48

操作步骤

（1）打开 Adobe Premiere Pro CC 2018 软件，单击【新建项目】按钮，在弹出的对话框中单击【浏览】按钮设置保存路径，在【名称】后设置文件名称，设置完成后单击【确定】按钮。接着选择【文件】/【新建】/【序列】命令，在弹出的对话框中选择【DV-PAL】/【标准 48kHz】，如图 10-49 所示。

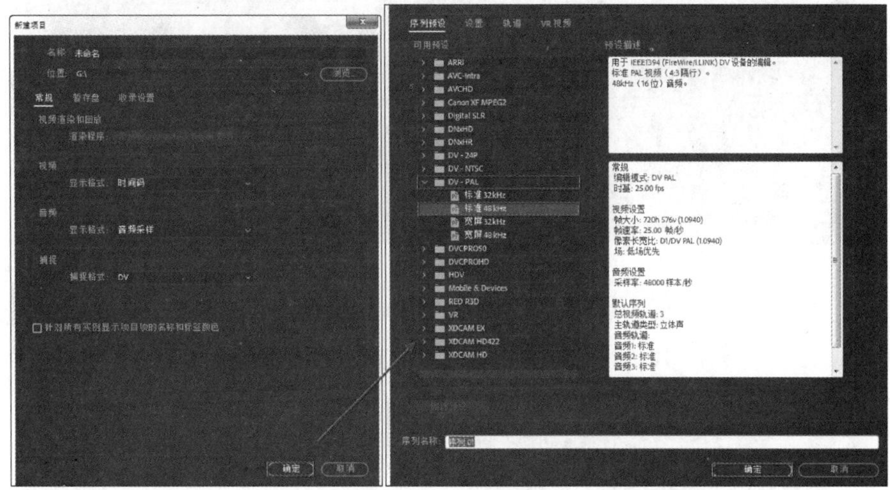

图　10-49

（2）在【项目】面板中空白处双击鼠标左键，在打开的对话框中选择所需的素材文件，单击【打开】按钮导入，如图 10-50 所示。

图　10-50

（3）将【项目】面板中的【背景 .jpg】和【胶片 .jpg】素材文件拖曳到 V1 和 V2 轨道上，如图 10-51 所示。

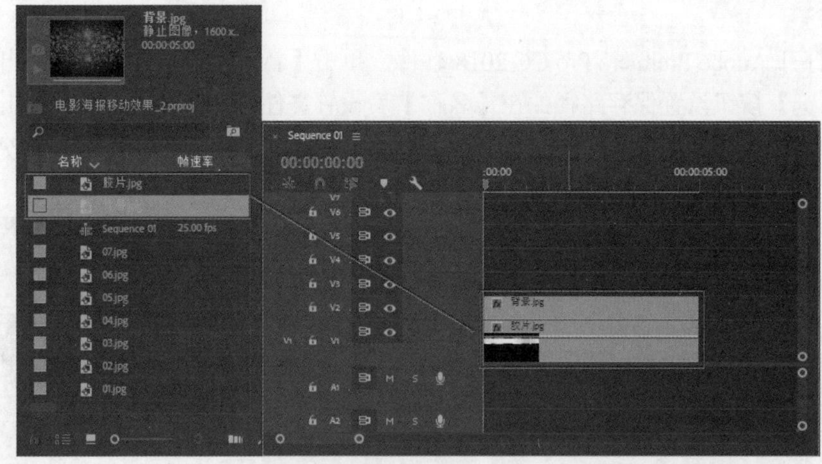

图　10-51

（4）选择 V1 轨道上的【背景 .jpg】素材文件，在【效果控件】面板中的【运动】栏设置【缩放】为 50，如图 10-52 所示。此时的效果如图 10-53 所示。

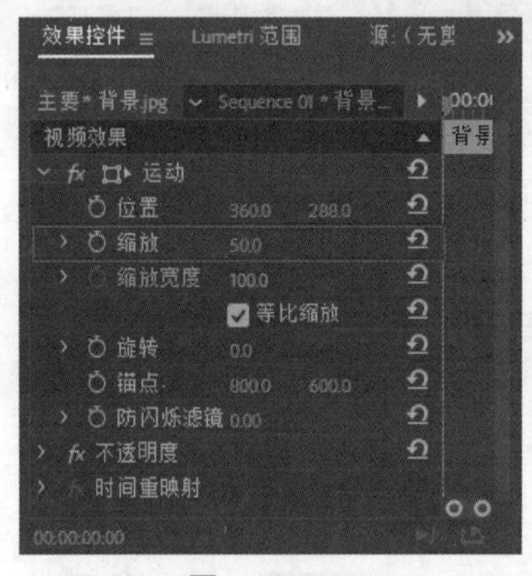

图　10-52　　　　图　10-53

（5）选择 V2 轨道上的【胶片 .jpg】素材文件，将时间轴滑块拖到起始帧的位置，在【效果控件】面板中的【运动】栏单击【位置】前面的按钮，开启关键帧，并设置【位置】为（1498,288），【不透明度】为 55%。接着将时间轴滑块拖到第 4 秒 05 帧的位置，设置【位置】为（−818,288），如图 10-54 所示。此时的效果如图 10-55 所示。

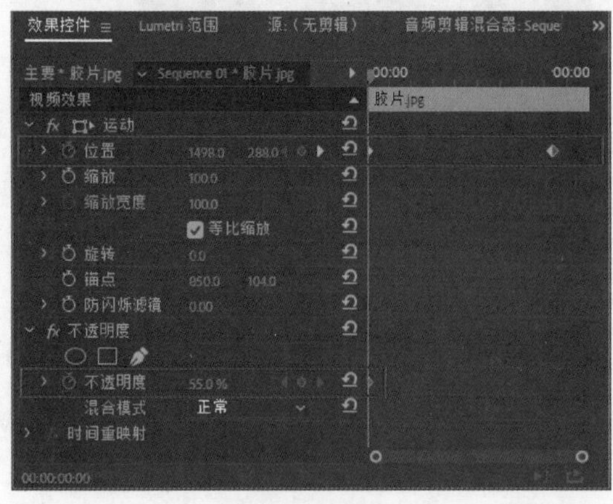

图　10-54　　　　图　10-55

（6）将【项目】面板中的【01.jpg】素材文件拖曳到 V3 轨道上，如图 10-56 所示。

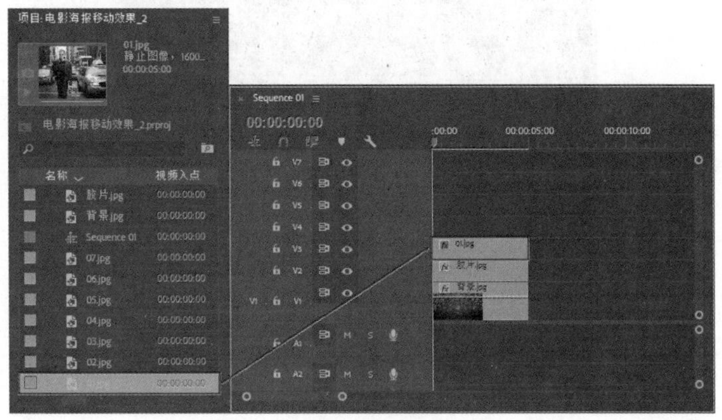

图　10-56

（7）选择 V3 轨道上的【01.jpg】素材文件，在【效果控件】面板中的【运动】栏设置【缩放】为 12。接着单击【位置】前面的按钮，开启关键帧，并设置【位置】为（828,288）。最后将时间轴滑块拖到第 4 秒的位置，设置【位置】为（–1339,288），如图 10-57 所示。此时的效果如图 10-58 所示。

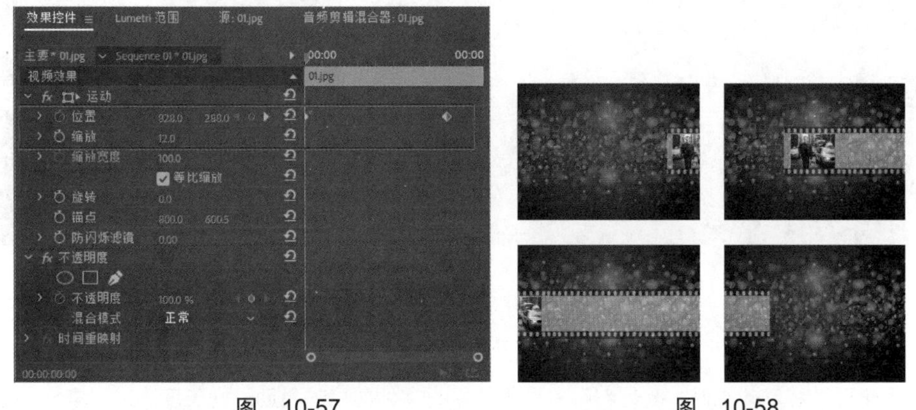

图　10-57　　　　图　10-58

（8）将【项目】面板中的【02.jpg】～【07.jpg】素材文件按顺序拖曳到 V4 ～ V9 轨道上，如图 10-59 所示。

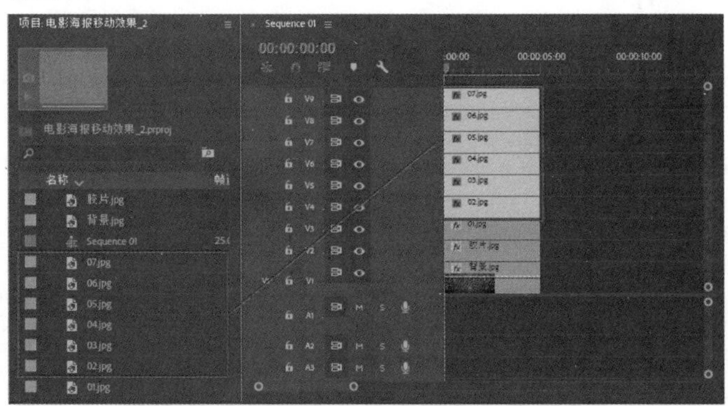

图　10-59

（9）选择 V3 轨道上的【01.jpg】素材文件，然后将【效果控件】面板中的【位置】关键帧和【缩放】属性依次复制到【02.jpg】至【07.jpg】素材文件上，如图 10-60 所示。

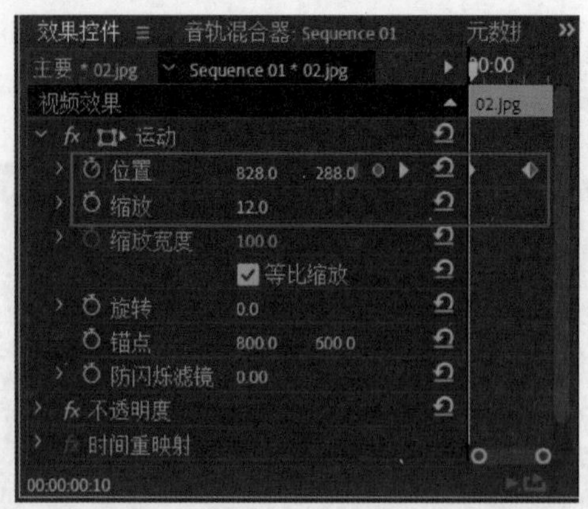

图 10-60

（10）将【时间轴】面板中的【02.jpg】～【07.jpg】素材文件依次向后移动 10 帧的位置，如图 10-61 所示。

（11）此时拖动时间轴滑块查看最终效果，如图 10-62 所示。

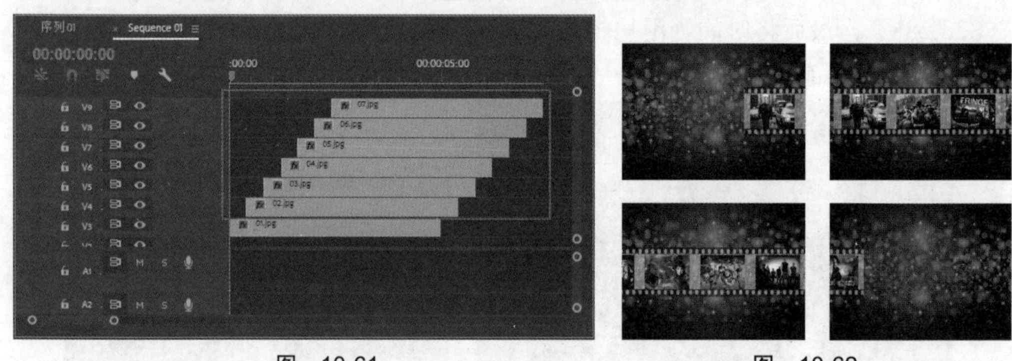

图 10-61　　图 10-62

答疑解惑：制作多个图片移动效果时需要注意哪些事项？

在制作多个图片移动效果时，其他粘贴关键帧的素材文件向后的移动时间长度决定了素材移动时的间距。

10.5.2 【缩放】属性

【缩放】属性可以调整当前素材文件的尺寸大小，可以直接修改参数，如图 10-63 所示。

图 10-63

选中【等比缩放】复选框，素材可以进行等比例缩放，如图 10-64 所示。取消选中【等比缩放】复选框，将激活【缩放宽度】，同时【缩放】会变成【缩放高度】，此时可以分别缩放素材的宽度和高度，如图 10-65 所示。

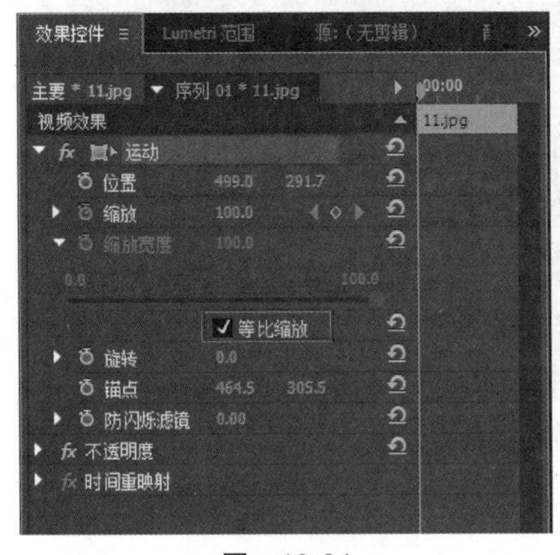

图　10-64

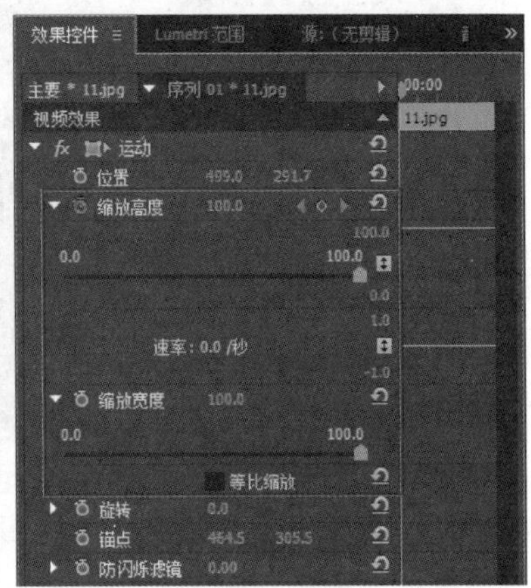

图　10-65

（1）通过调节【缩放】参数可以修改素材文件在【节目】监视器中的大小，如图 10-66 所示。

图　10-66

技巧提示：

通过左右拖动选项参数下面的滑块，也可以调整参数，如图 10-67 所示。

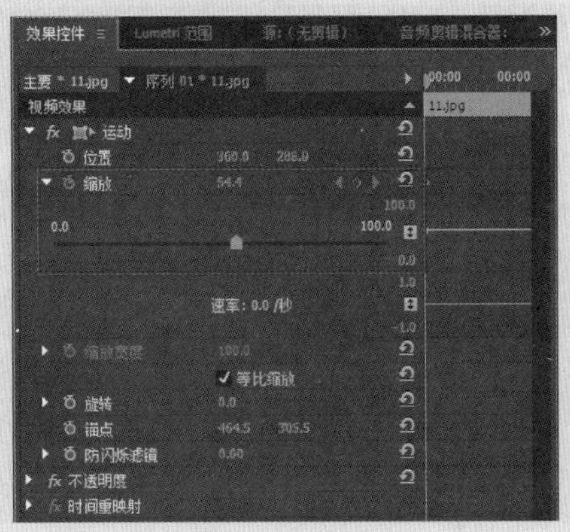

图　10-67

（2）也可以选择【效果控件】面板中的 【运动】图标，然后直接在【节目】监视器中通过素材文件周围的控制点来调整其大小，如图 10-68 所示。

图 10-68

10.5.3 【旋转】属性

【旋转】属性可以使素材沿某一中心点进行旋转，正数代表顺时针，负数代表逆时针，如图 10-69 所示。

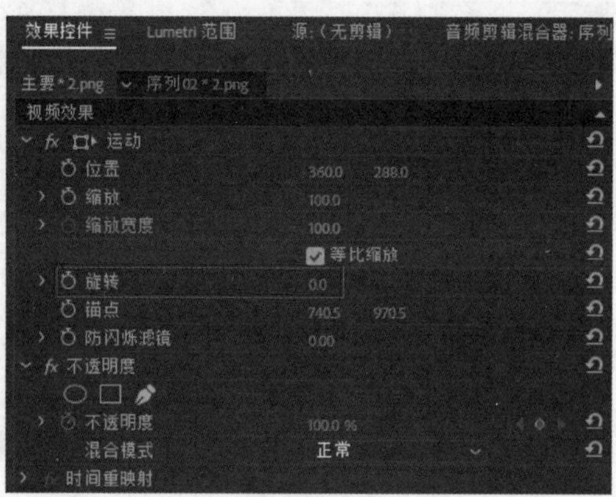

图 10-69

（1）通过调节【旋转】参数可以修改素材文件在【节目】监视器中旋转角度，如图 10-70 所示。

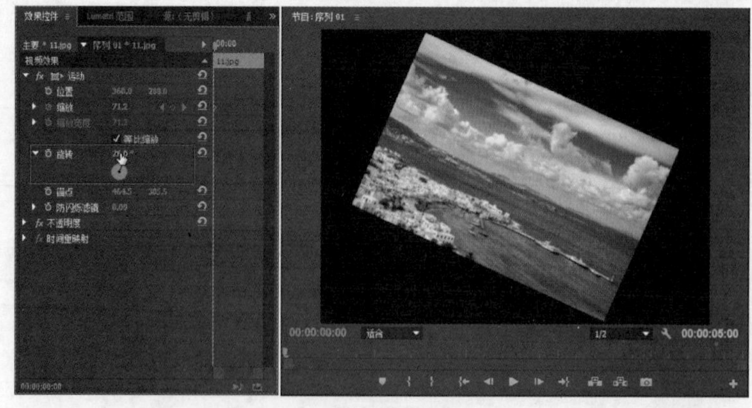

图 10-70

（2）也可以选择【效果控件】面板中的【运动】图标，然后直接在【节目】监视器中通过素材文件周围的控制点来调整其旋转角度，如图 10-71 所示。

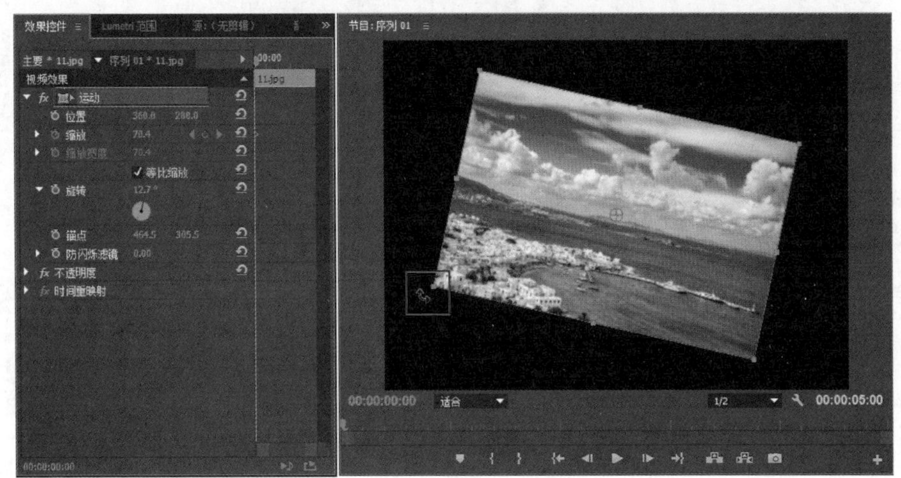

图 10-71

案例实战——制作气球升空效果

案例文件	案例文件 \ 第 10 章 \ 气球升空效果 .prproj
视频教学	视频文件 \ 第 10 章 \ 气球升空效果 .flv
难易指数	★★★★★
技术要点	位移和旋转效果的应用

扫码看视频

案例效果

通过为【旋转】属性添加关键帧动画可以制作出素材的多种动画效果，如摇摆、旋转和偏移效果等。本例主要是针对“制作气球升空效果”的方法进行练习，如图 10-72 所示。

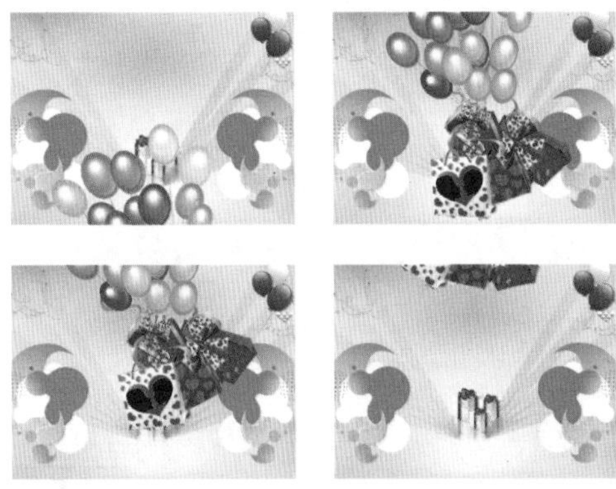

图 10-72

操作步骤

（1）打开 Adobe Premiere Pro CC 2018 软件，单击【新建项目】按钮，在弹出的对话框中单击【浏览】按钮设置保存路径，在【名称】后设置文件名称，设置完成后单击【确定】按钮。接着选择【文件】/【新建】/【序列】命令，在弹出的对话框中选择【DV-PAL】/【标准 48kHz】，如图 10-73 所示。

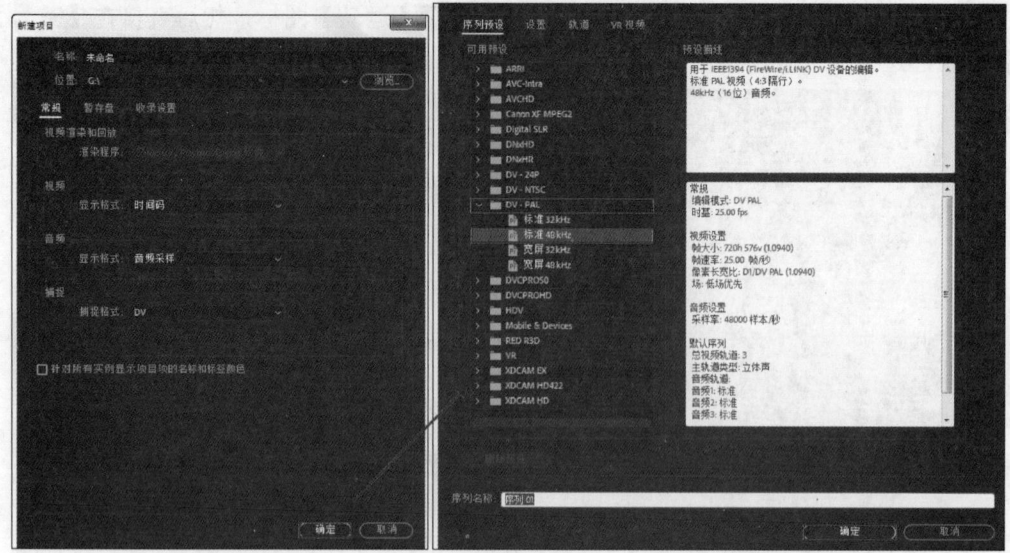

图 10-73

（2）在【项目】面板中空白处双击鼠标左键，在打开的对话框中选择所需的素材文件，单击【打开】按钮导入，如图 10-74 所示。

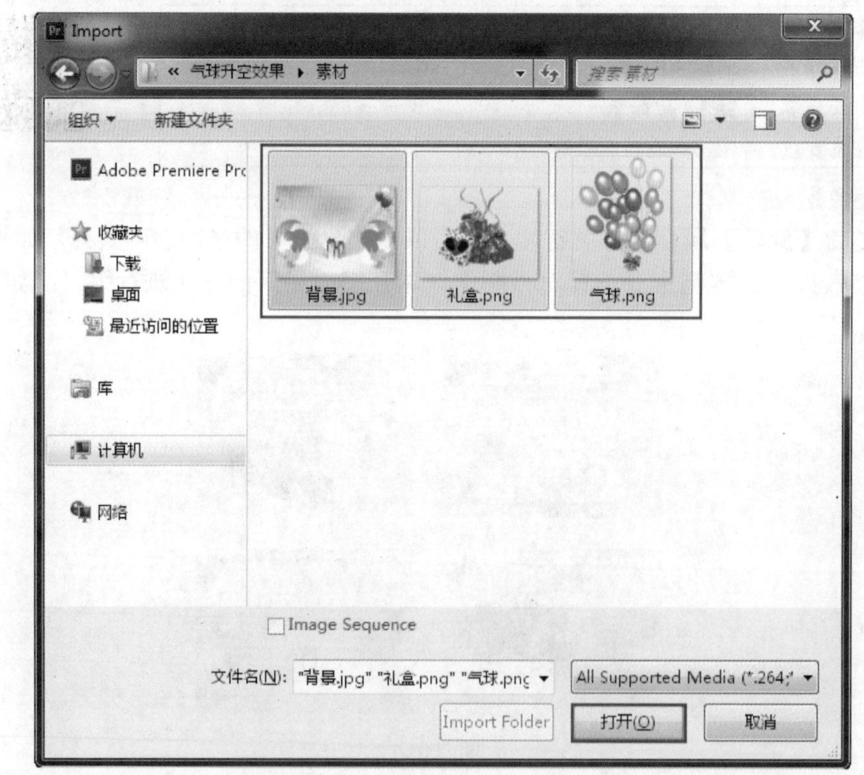

图 10-74

（3）将【项目】面板中的【背景 .jpg】素材文件拖曳到 V1 轨道上，如图 10-75 所示。

（4）选择 V1 轨道上的【背景 .jpg】素材文件，在【效果控件】面板中的【运动】栏设置【缩放】为 51，如图 10-76 所示。此时的效果如图 10-77 所示。

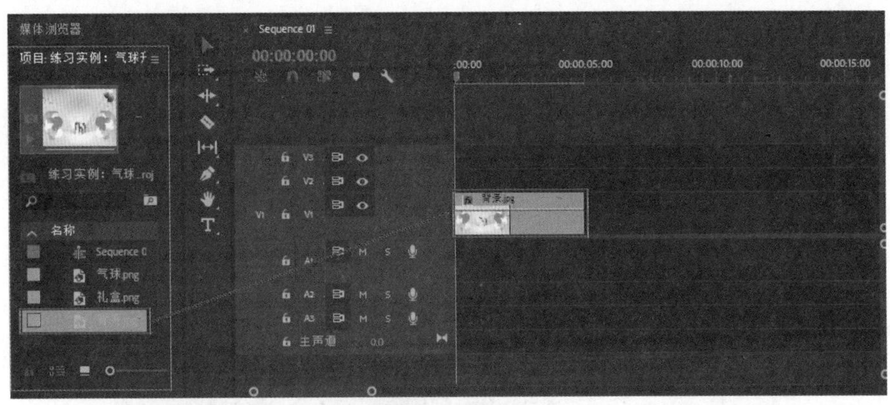

图　10-75

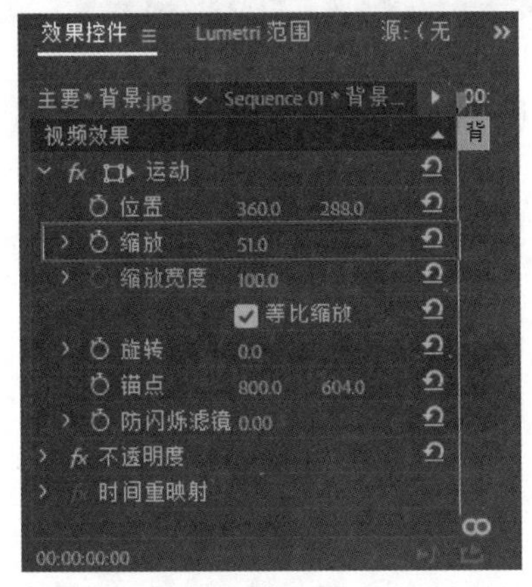

图　10-76

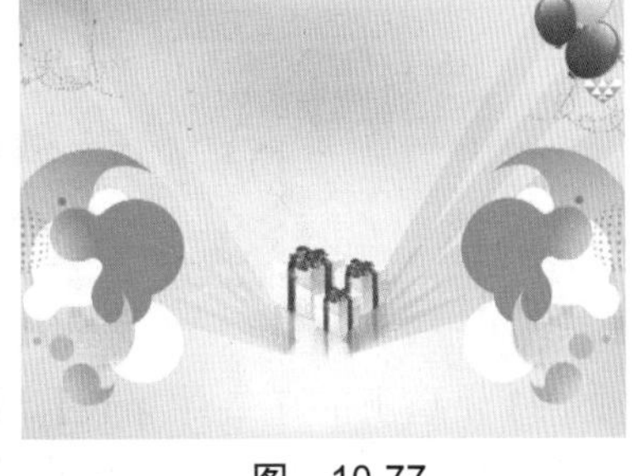
图　10-77

（5）将【项目】面板中的【礼盒 .png】和【气球 .png】素材文件拖曳到 V2 和 V3 轨道上，如图 10-78 所示。

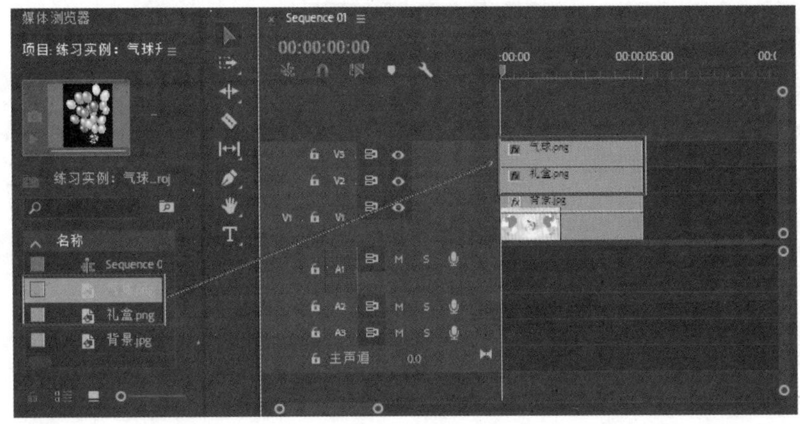

图　10-78

（6）选择 V2 轨道上的【礼盒 .png】素材文件，【效果控件】面板中的【运动】栏设置【缩放】为 41，【锚点】为（800,387）。接着将时间轴滑块拖到起始帧的位置，单击【位置】前面的按钮，开启关键帧，并设置【位置】为（365,1140）。最后将时间轴滑块拖到 4 秒的位置，设置【位置】为（365,–380），如图 10-79 所示。

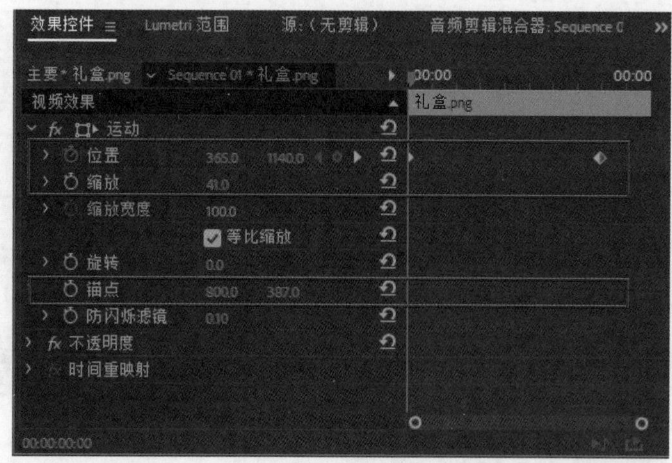

图 10-79

（7）此时拖动时间轴滑块查看效果，如图 10-80 所示。

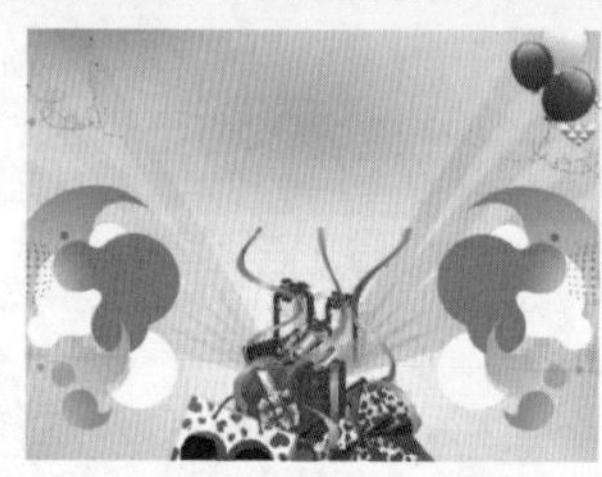
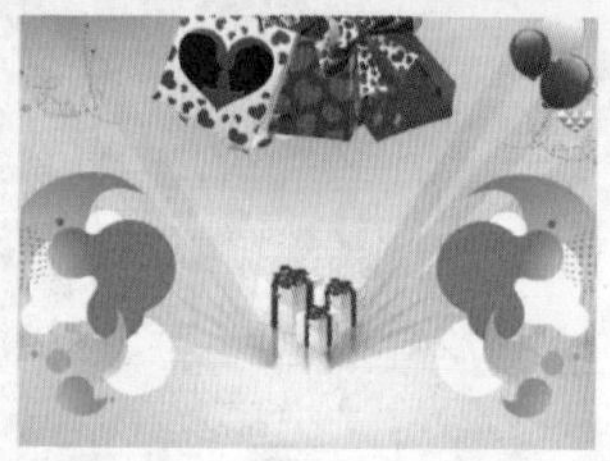

图 10-80

（8）选择 V3 轨道上的【气球 .png】素材文件，在【效果控件】面板中的【运动】栏设置【缩放】为 74。接着将时间轴滑块拖到起始帧的位置，并单击【位置】前面的按钮，开启关键帧，设置【位置】为（306,885）。最后将时间轴滑块拖到第 4 秒的位置，设置【位置】为（306,–545），如图 10-81 所示。此时的效果如图 10-82 所示。

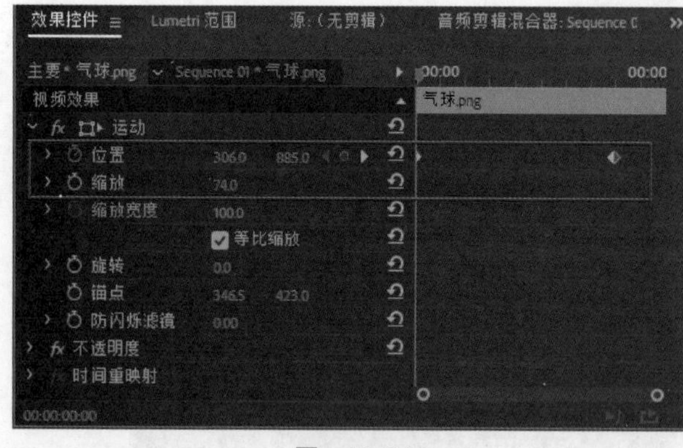

图 10-81

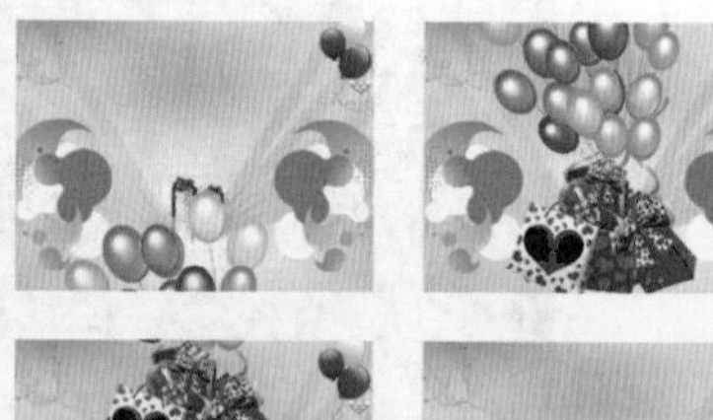

图 10-82

（9）选择 V2 轨道上的【礼盒 .png】素材文件，将时间轴滑块拖到第 1 秒 10 帧的位置，在【效果控件】面板中的【运动】栏单击【旋转】前面的按钮，开启关键帧。接着将时间轴滑块拖到第 2 秒 15 帧的位置，设置【旋转】为 –33°。最后将时间轴滑块拖到第 4 秒的位置，设置【旋转】为 27°，如图 10-83 所示。

（10）此时拖动时间轴滑块查看最终效果，如图 10-84 所示。

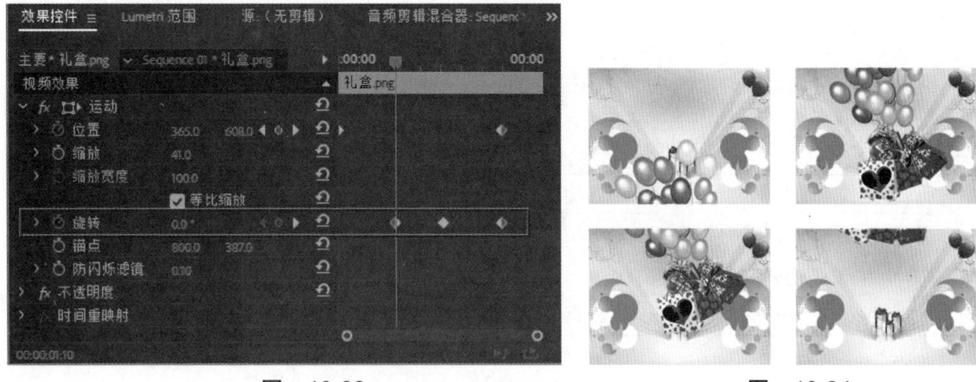

图　10-83　　　　　　　　　　　　图　10-84

✍答疑解惑：制作气球升空效果时需要注意哪些问题？

在制作气球升空效果时，要为气球携带的礼物制作出左右摇摆效果。在制作礼物左右摇摆效果前，一定要将其中心点移动到合适的位置，以保证左右摇摆时使其整体效果更加自然。

10.5.4　【锚点】属性

【锚点】属性即素材文件的中心点，可以使素材沿某一中心点进行旋转等操作，如图 10-85 所示。

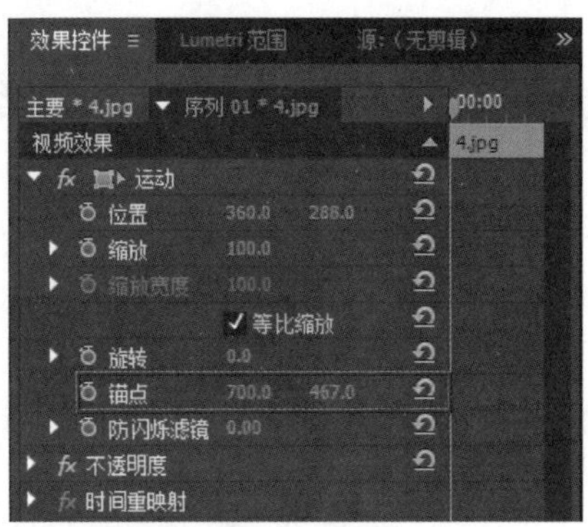

图　10-85

通过调节【锚点】参数可以修改在【节目】监视器中素材文件的中心点位置，如图 10-86 所示。

图　10-86

技巧提示：

在【节目】监视器中素材文件上的⊕代表【锚点】位置。修改【锚点】位置会直接影响素材的旋转中心点。

案例实战——制作旋转风车效果

案例文件	案例文件\第 10 章\旋转风车效果 .prproj
视频教学	视频文件\第 10 章\旋转风车效果 .flv
难易指数	★★★★★
技术要点	位移、缩放和旋转效果的应用

扫码看视频

案例效果

学习类宣传动画经常采用明亮的颜色和富有学习气氛的物品来制作，添加一定的动态效果可以使画面有很好的动感效果和观赏性。本例主要是针对“制作旋转风车效果”的方法进行练习，如图 10-87 所示。

图　10-87

操作步骤

（1）打开 Adobe Premiere Pro CC 2018 软件，单击【新建项目】按钮，在弹出的对话框中单击【浏览】按钮设置保存路径，在【名称】后设置文件名称，设置完成后单击【确定】按钮。接着选择【文件】/【新建】/【序列】命令，在弹出的对话框中选择【DV-PAL】/【标准 48kHz】，如图 10-88 所示。

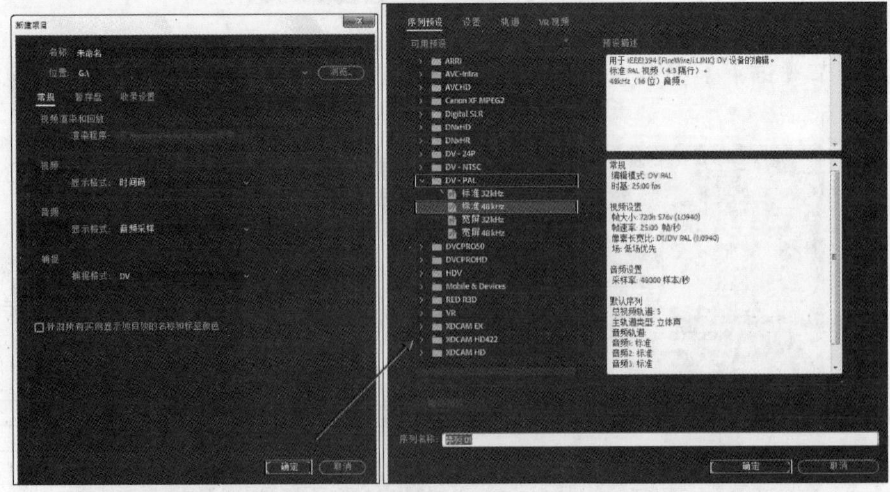

图　10-88

（2）在【项目】面板中空白处双击鼠标左键，在打开的对话框中选择所需的素材文件，单击【打开】按钮导入，如图 10-89 所示。

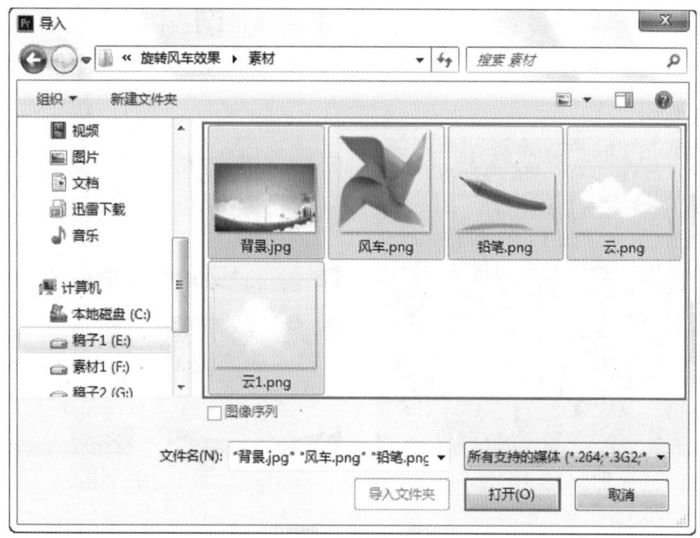

图　10-89

（3）将【项目】面板中的素材文件按顺序拖曳到轨道上，如图 10-90 所示。

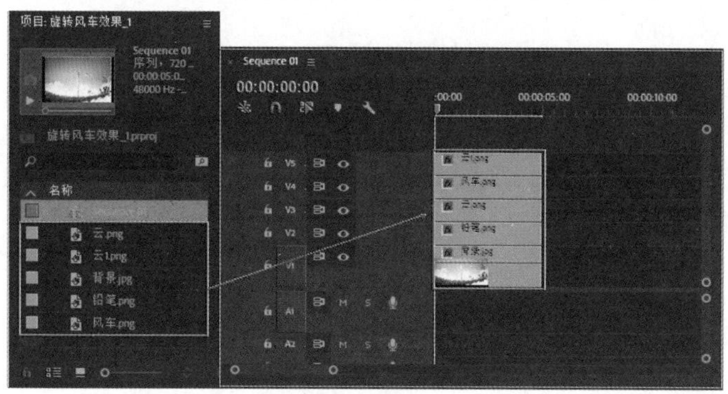

图　10-90

（4）选择 V1 轨道上的【背景 .jpg】素材文件，在【效果控件】面板中的【运动】栏设置【缩放】为 55，如图 10-91 所示。隐藏其他轨道上的素材文件并查看此时效果，如图 10-92 所示。

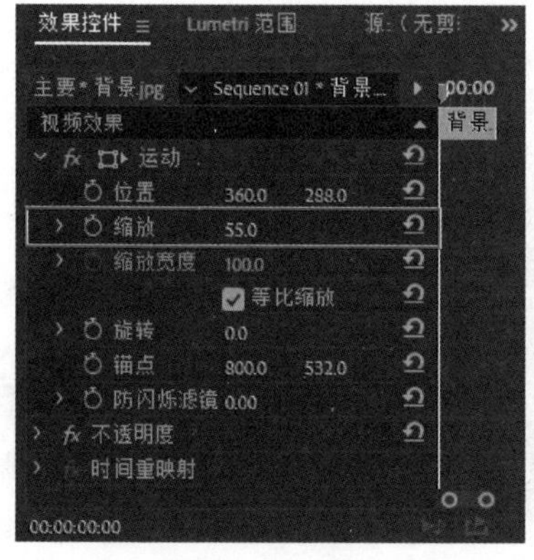

图　10-91

图　10-92

（5）显示并选择 V4 轨道上的【风车 .png】素材文件，设置【旋转】为 0，在【效果控件】面板中的【运动】栏设置【位置】为（373,163），【缩放】为 38，【锚点】为（947,1082）。将时间轴滑块拖到起始帧的位置，单击【旋转】前面的按钮，开启关键帧。接着将时间轴滑块拖到第 4 秒 22 帧的位置，设置【旋转】为 5×0.0°，如图 10-93 所示。此时的效果如图 10-94 所示。

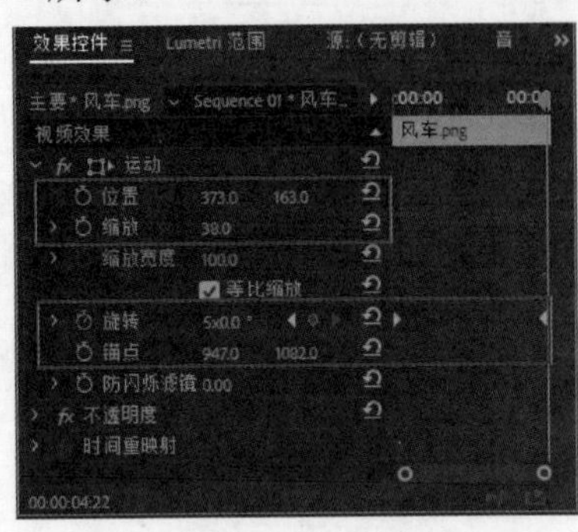

图 10-93

图 10-94

技巧提示：

因为旋转属性是按中心点旋转的，所以制作风车旋转动画前，要注意风车素材文件的中心点要在风车的正中间，如图 10-95 所示。

图 10-95

（6）显示并选择 V2 轨道上的【铅笔 .png】素材文件，将时间轴滑块拖到起始帧位置，在【效果控件】面板中的【运动】栏单击【位置】和【缩放】前面的按钮，开启关键帧。接着设置【位置】为（1016,500），【缩放】为 11。最后将时间轴滑块拖到第 12 帧的位置，设置【位置】为（306,380），【缩放】为 38，如图 10-96 所示。此时的效果如图 10-97 所示。

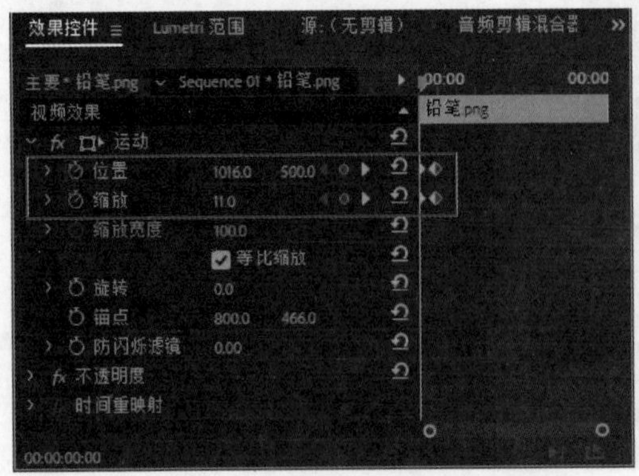

图 10-96

图 10-97

（7）显示并选择 V3 轨道上的【云 .png】素材文件，在【效果控件】面板中的【运动】栏设置【缩放】为 44，【不透明度】为 85%。接着将时间轴滑块拖到起始帧位置，单击【位置】前面的按钮，开启关键帧，并设置【位置】为（257,131）。接着将时间轴滑块拖到 4 秒 22 帧的位置，设置【位置】为（833,131），如图 10-98 所示。此时的效果如图 10-99 所示。

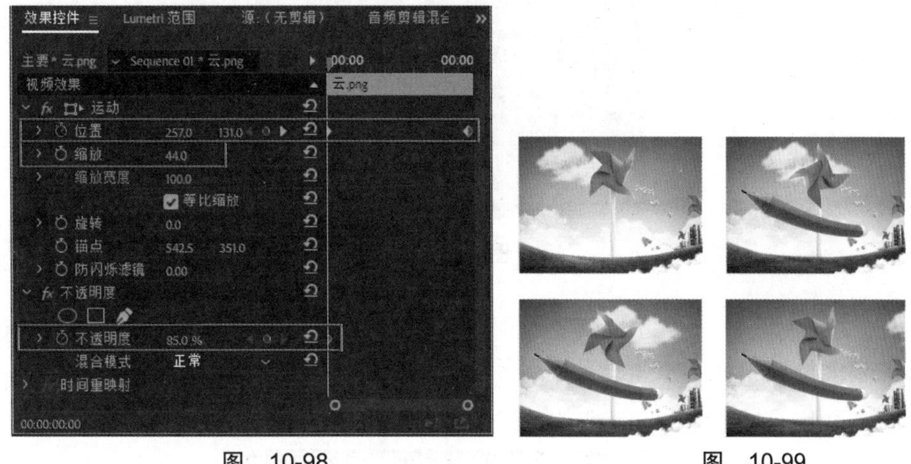

图 10-98　　图 10-99

（8）选择 V5 轨道上的【云 1.png】素材文件，在【效果控件】面板中的【运动】栏设置【缩放】为 48。接着将时间轴滑块拖到起始帧位置，单击【位置】前面的按钮，开启关键帧，设置【位置】为（–6,131）。最后将时间轴滑块拖到第 4 秒 22 帧的位置，设置【位置】为（559,131），如图 10-100 所示。最终的效果如图 10-101 所示。

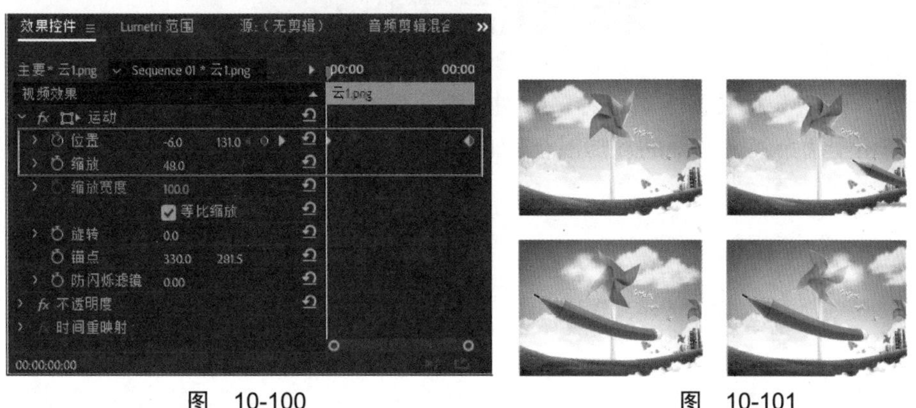

图 10-100　　图 10-101

答疑解惑：关键帧的作用有哪些？

在 Adobe Premiere Pro CC 2018 软件中，基本所有的动画效果都需要关键帧来制作，关键帧是制作动画的主要方式和基本元素。

一般制作关键帧动画至少需要两个关键帧，为素材添加的效果也可以用关键帧来制作动画。关键帧即是制作动画的基础和关键。

10.5.5 【防闪烁过滤镜】属性

【防闪烁过滤镜】属性用于过滤运动画面在隔行扫描中产生的抖动。值比较大时，过滤快速运动产生的抖动。值比较小时，过滤运动速度较慢产生的抖动，如图 10-102 所示。

图　10-102

10.5.6 【不透明度】属性

【不透明度】属性用来控制素材的透明程度，一般情况下，除了包含通道的素材具有透明区域，其他素材都是以不透明的形式出现，如图 10-103 所示。

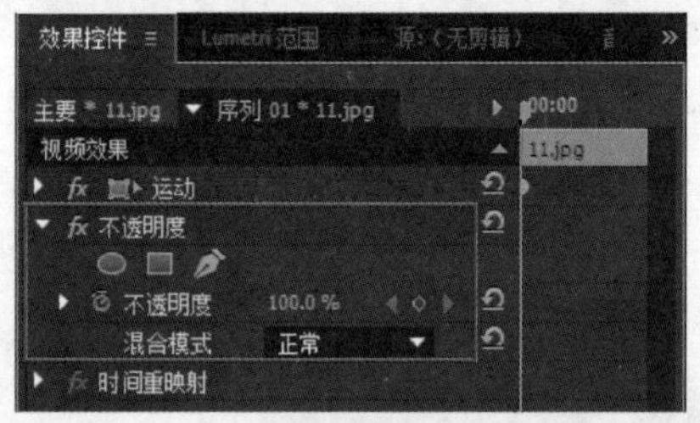

图　10-103

其中，【混合模式】参数包含多种图层混合模式，默认为【正常】模式，如图 10-104 所示，常用于两个素材文件的叠加混合。如图 10-105 所示为设置不同混合模式的对比效果。

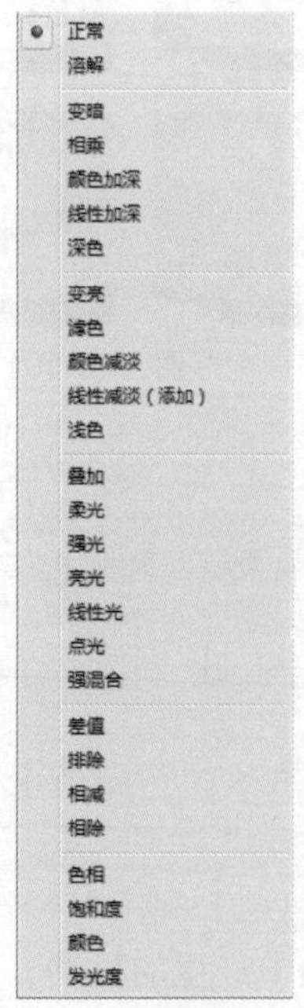

图　10-104　　　　图　10-105

（1）通过调节【不透明度】参数可以修改素材文件在【节目】监视器中的透明度，且会在该素材的时间轴滑块所在位置自动添加关键帧，如图 10-106 所示。

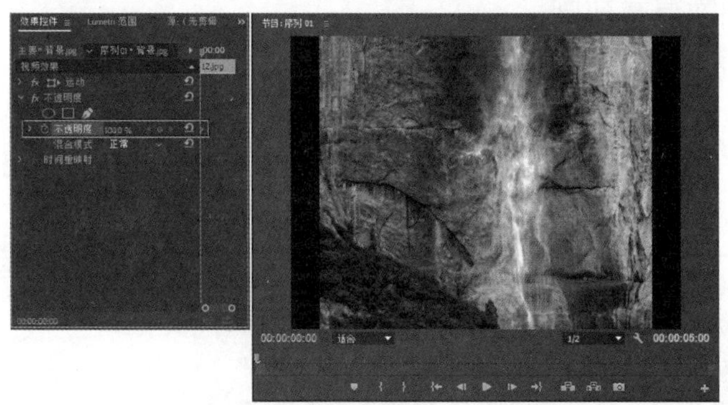

图　10-106

（2）或者展开素材文件所在的视频轨道，然后将鼠标移动到素材的黄线上，当鼠标呈现状时，按住鼠标左键上下拖动，也可以改变素材的不透明度，如图 10-107 所示。此时在【节目】监视器中的素材文件效果，如图 10-108 所示。

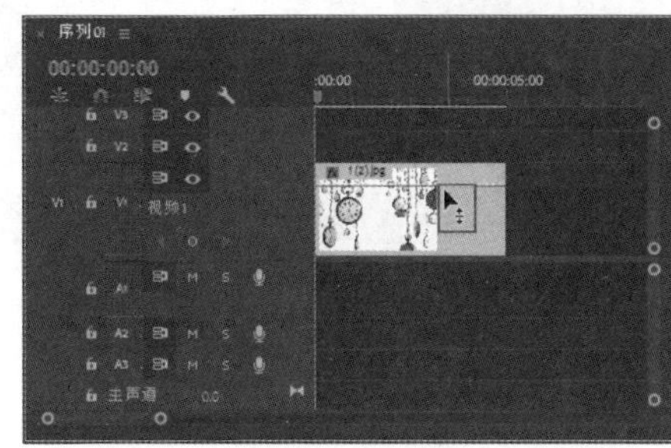

图　10-107

图　10-108

案例实战——制作水墨文字的淡入效果

案例文件	案例文件 \ 第 10 章 \ 水墨文字的淡入效果 .prproj
视频教学	视频文件 \ 第 10 章 \ 水墨文字的淡入效果 .flv
难易指数	★★★★★
技术要点	位移、缩放和不透明度效果的应用

扫码看视频

案例效果

水墨画上的题词，也称题辞，是礼仪类文体之一，是为给人、物或事留作纪念而题写的文字。为题词制作出如同墨般的淡入效果，可以体现出水墨画的悠久历史韵味。本例主要是针对“制作水墨文字的淡入效果”的方法进行练习，如图 10-109 所示。

图　10-109

操作步骤

Part01 制作水墨背景动画

（1）打开 Adobe Premiere Pro CC 2018 软件，单击【新建项目】按钮，在弹出的对话框中单击【浏览】按钮设置保存路径，在【名称】后设置文件名称，设置完成后单击【确定】按钮。接着选择【文件】/【新建】/【序列】命令，在弹出的对话框中选择【DV-PAL】/【标准 48kHz】，如图 10-110 所示。

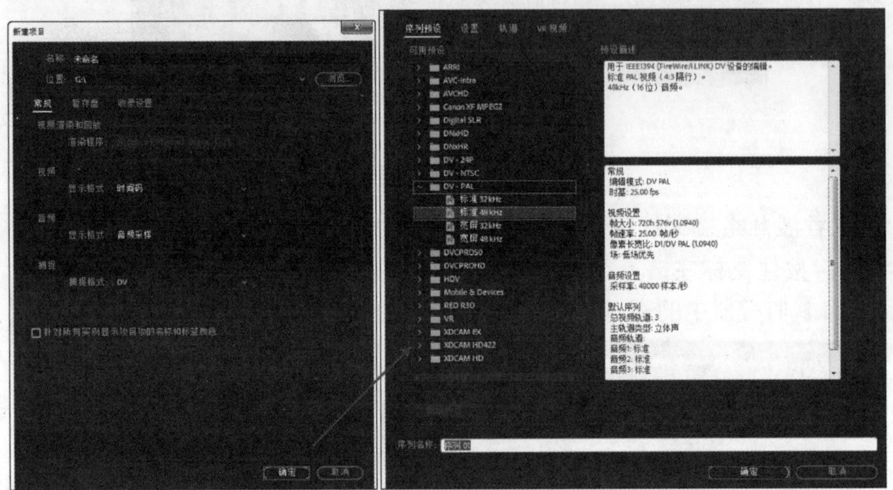

图 10-110

（2）在【项目】面板中空白处双击鼠标左键，在打开的对话框中选择所需的素材文件，单击【打开】按钮导入，如图 10-111 所示。

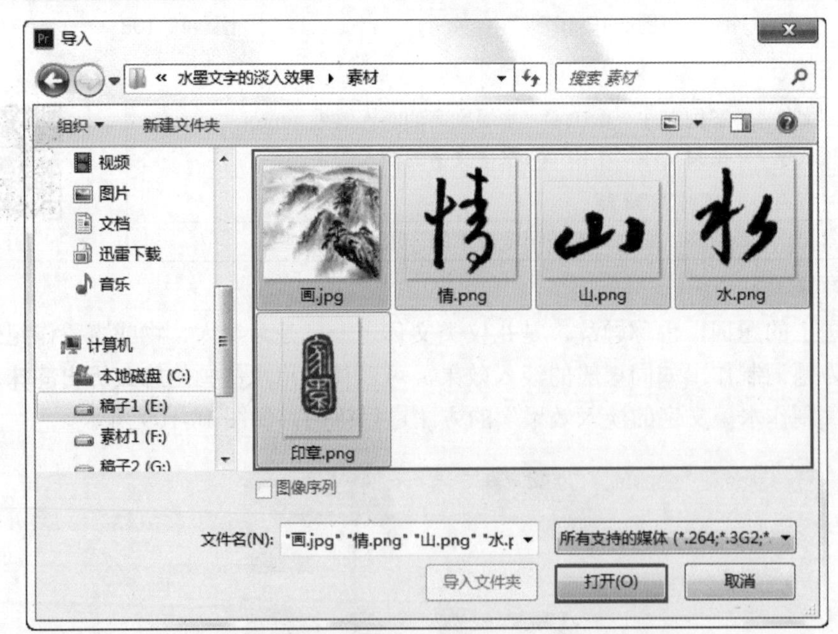

图 10-111

（3）将【项目】面板中的【画 .jpg】素材文件拖曳到 V1 轨道上，选择 V1 轨道上的【画 .jpg】素材文件，右击执行【缩放为帧大小】，如图 10-112 所示。

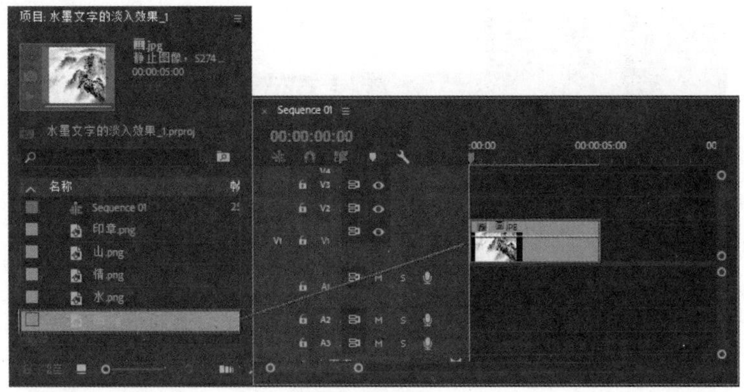

图　10-112

（4）选择 V1 轨道上的【画 .jpg】素材文件，在【效果控件】面板中的【运动】栏单击【位置】和【缩放】前面的按钮，开启关键帧。接着将时间轴滑块拖到第 1 秒的位置，设置【位置】为（562,734），【缩放】为 340，如图 10-113 所示。此时的效果如图 10-114 所示。

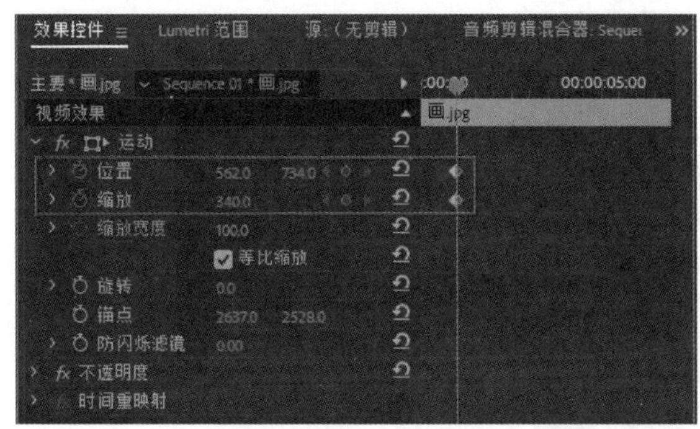

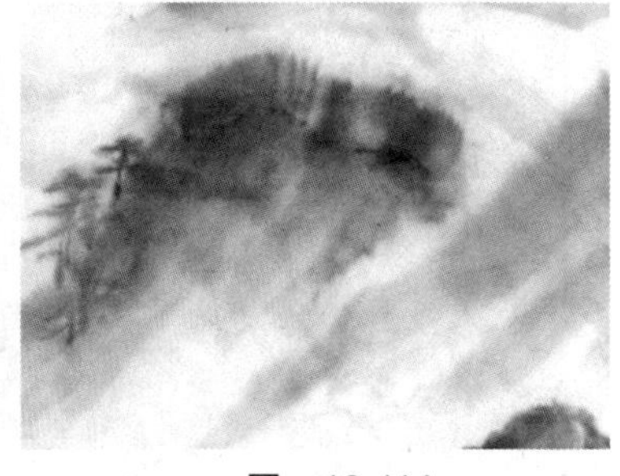

图　10-113　　　　图　10-114

（5）将时间轴滑块拖到第 2 秒的位置，在【效果控件】面板中的【运动】栏设置【位置】为（526,664），【缩放】为 304，如图 10-115 所示。接着将时间轴滑块拖到 4 秒 07 帧的位置，并设置【位置】为（360,344），【缩放】为 140。此时的效果如图 10-116 所示。

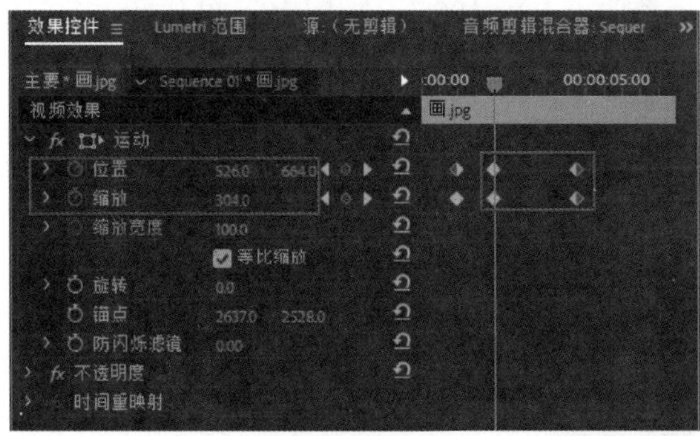

图　10-115　　　　图　10-116

Part02　制作水墨文字动画

（1）将【项目】面板中的【山 .png】素材文件拖曳到 V2 轨道上，并设置结束时间为 6 秒 24 帧的位置，如图 10-117 所示。

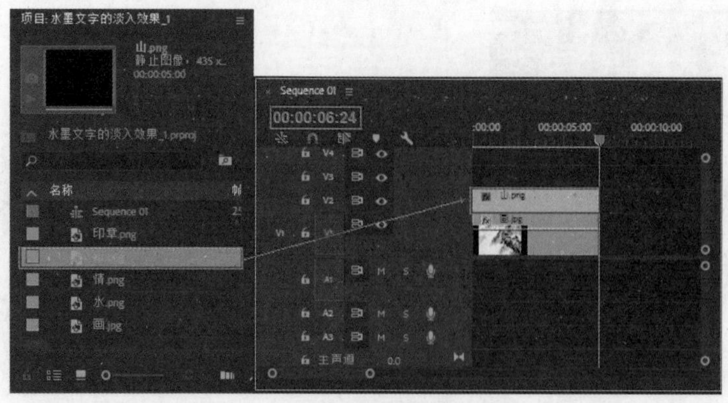

图 10-117

（2）选择 V2 轨道上的【山 .png】素材文件，将时间轴滑块拖到第 1 秒的位置，在【效果控件】面板中的【运动】栏单击【位置】和【缩放】前面的按钮，开启关键帧，并设置【位置】为（423,210），【缩放】为 333，【不透明度】为 0%，如图 10-118 所示。此时的效果如图 10-119 所示。

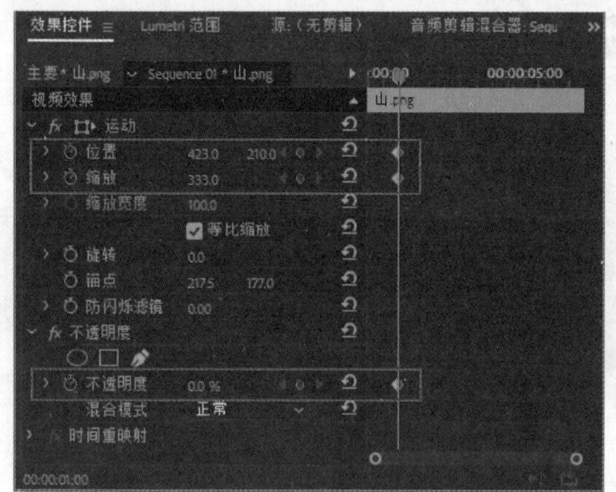

图 10-118

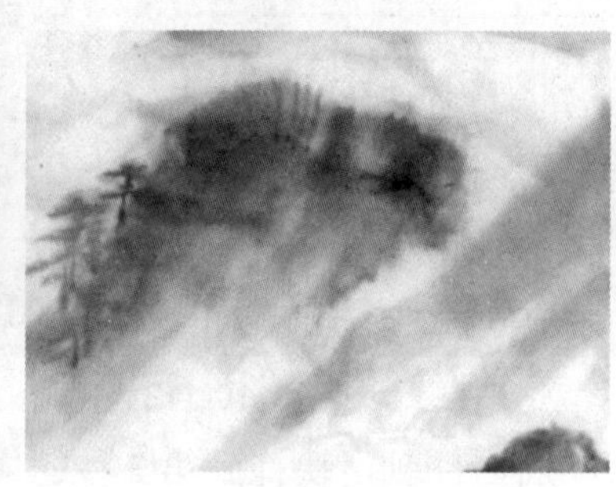

图 10-119

（3）将时间轴滑块拖到第 2 秒的位置，在【效果控件】面板中的【运动】栏设置【位置】为（190,101），【缩放】为 46，【不透明度】为 100%，如图 10-120 所示。此时的效果如图 10-121 所示。

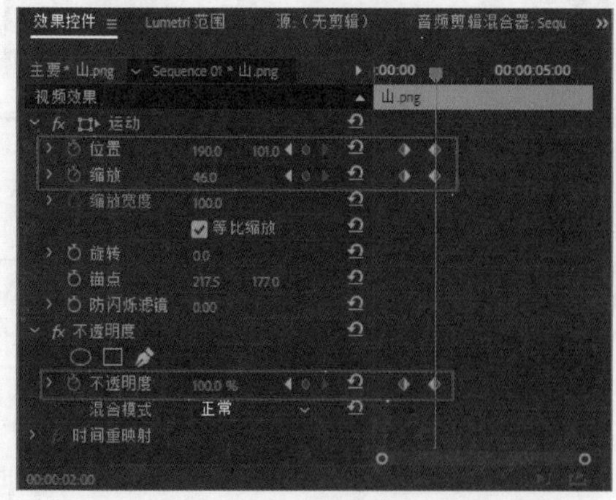

图 10-120

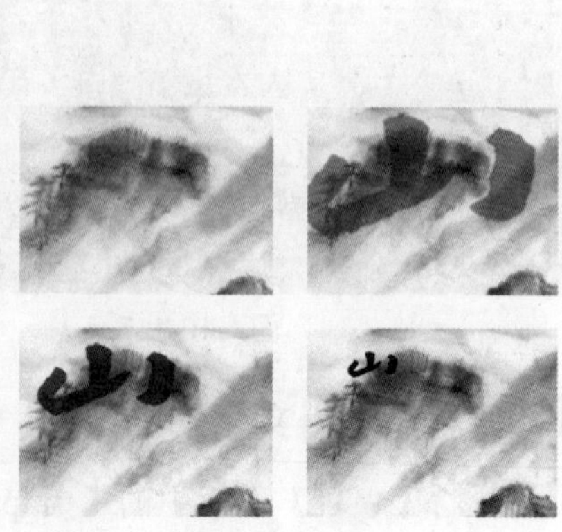

图 10-121

（4）将【项目】面板中的【水 .png】素材文件拖曳到 V3 轨道上，并设置结束时间为 6 秒 24 帧的位置，如图 10-122 所示。

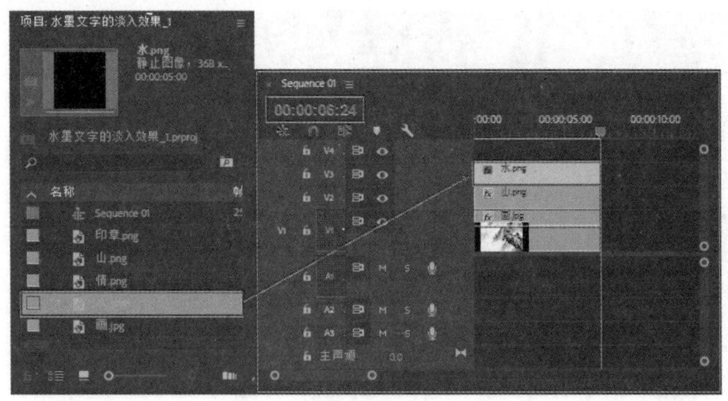

图　10-122

（5）选择 V3 轨道上的【水 .png】素材文件，在【效果控件】面板中的【运动】栏单击【位置】和【缩放】前面的按钮，开启关键帧。接着将时间轴滑块拖到第 2 秒的位置，设置【位置】为（380,245），【缩放】为 239，【不透明度】为 0%，如图 10-123 所示。此时的效果如图 10-124 所示。

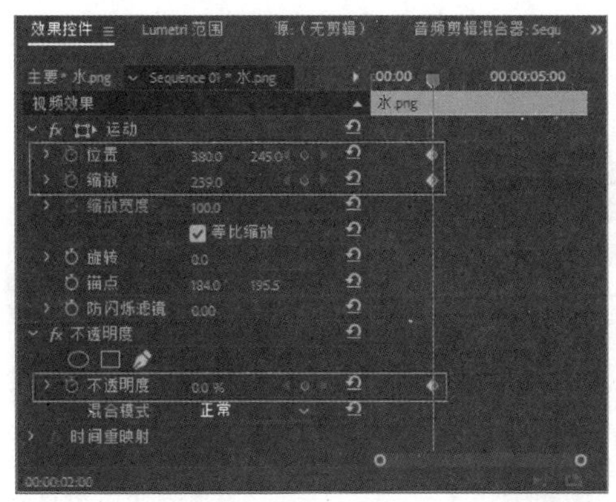

图　10-123

图　10-124

（6）将时间轴滑块拖到第 3 秒的位置，在【效果控件】面板中的【运动】栏设置【位置】为（212,245），【缩放】为 50，【不透明度】为 100%，如图 10-125 所示。此时的效果如图 10-126 所示。

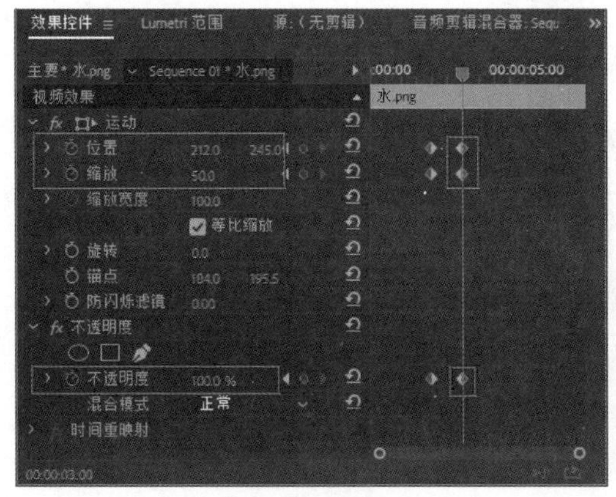

图　10-125

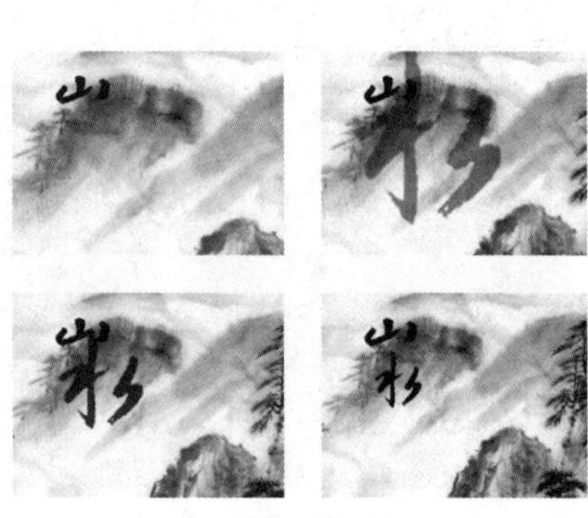

图　10-126

（7）将【项目】面板中的【情 .png】素材文件拖曳到 V4 轨道上，并设置结束时间为 6 秒 24 帧的位置，如图 10-127 所示。

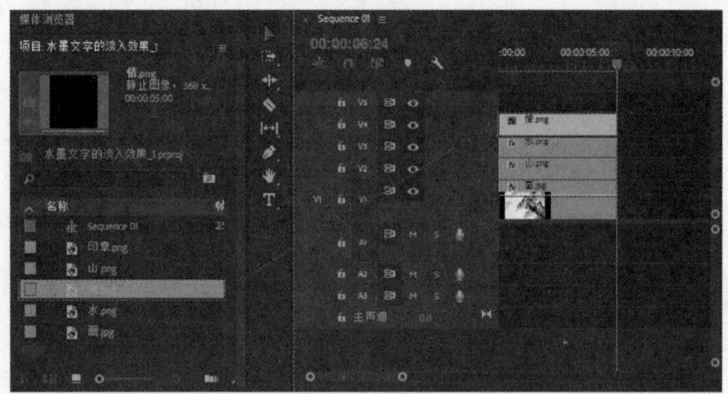

图 10-127

（8）选择 V4 轨道上的【情 .png】素材文件，在【效果控件】面板中的【运动】栏单击【位置】和【缩放】前面的按钮，开启关键帧。接着将时间轴滑块拖到第 3 秒的位置，设置【位置】为（309,247），【缩放】为 219，【不透明度】为 0%，如图 10-128 所示。效果如图 10-129 所示。

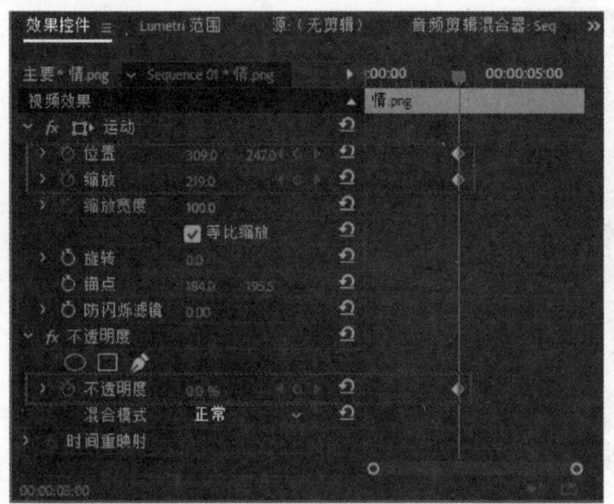

图 10-128

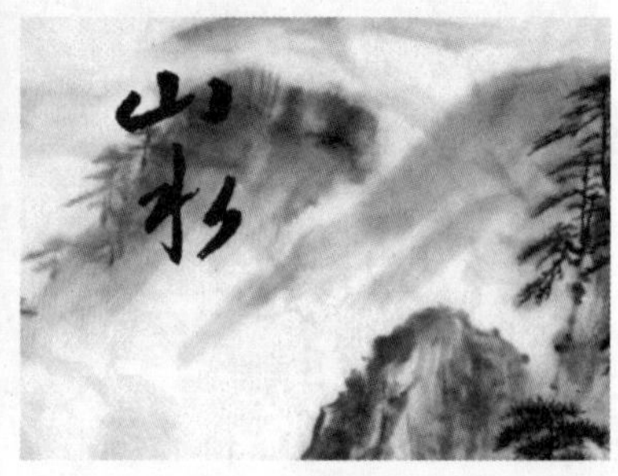

图 10-129

（9）将时间轴滑块拖到第 4 秒的位置，设置【位置】为（185,433），【缩放】为 59，【不透明度】为 100%，如图 10-130 所示。效果如图 10-131 所示。

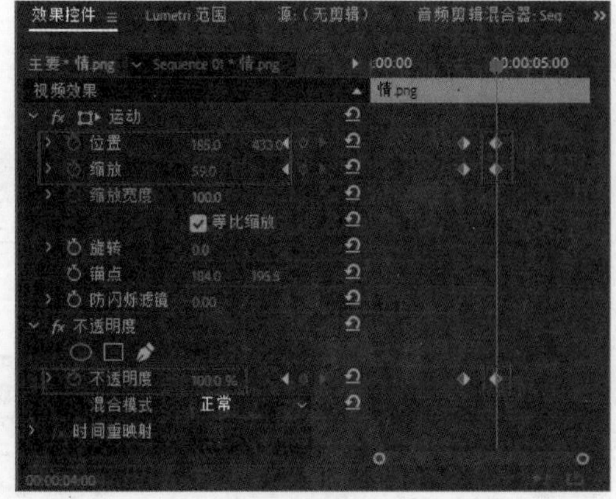

图 10-130

图 10-131

（10）将【项目】面板中的【印章 .png】素材文件拖曳到 V5 轨道上，并设置结束时间为 6 秒 24 帧的位置，如图 10-132 所示。

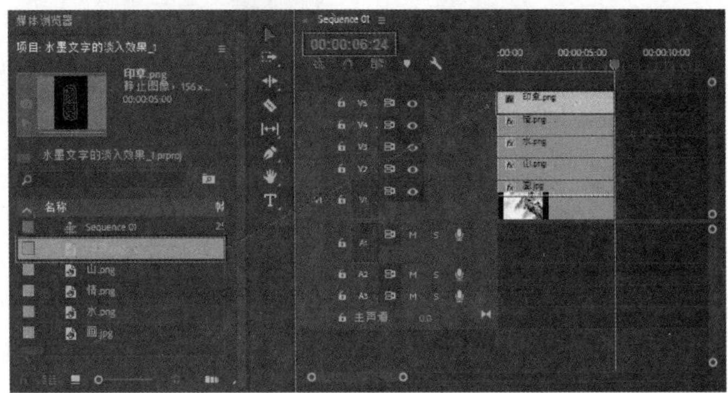

图　10-132

（11）选择 V5 轨道上的【印章 .png】素材文件，在【效果控件】面板中的【运动】栏设置【位置】为（291,508），【缩放】为 65，如图 10-133 所示。效果如图 10-134 所示。

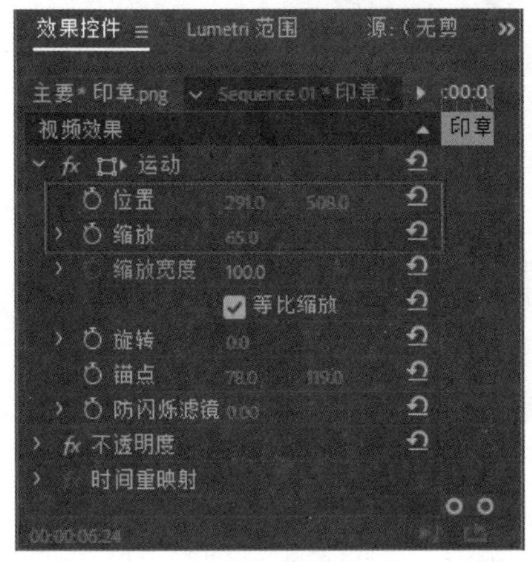

图　10-133

图　10-134

（12）选择 V5 轨道上的【印章 .png】素材文件，将时间轴滑块拖到第 4 秒的位置，在【效果控件】面板中的【运动】栏设置【不透明度】为 0%，接着将时间轴滑块拖到第 5 秒的位置，设置【不透明度】为 100%，如图 10-135 所示。此时的效果如图 10-136 所示。

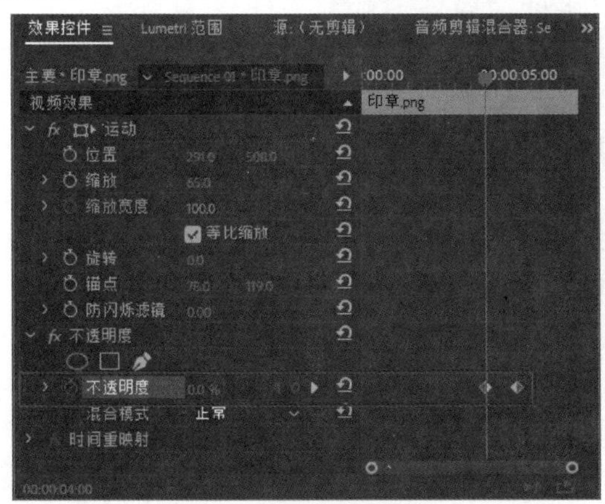

图　10-135

图　10-136

（13）此时拖动时间轴滑块查看最终效果，如图 10-137 所示。

图 10-137

10.5.7 【时间重映射】属性

【时间重映射】属性可以实现素材快动作、慢动作、倒放和静帧等效果，如图 10-138 所示。

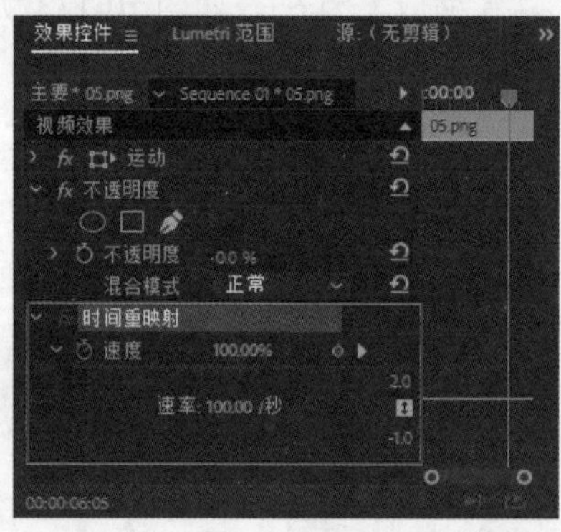

图 10-138

其中，【速率】参数显示当前素材设置的速率百分比。速度同时影响素材的时间长度。速率越大，【时间轴】面板中的素材时间长度越短；速率越小，则素材时间长度越长。

（1）展开【时间重映射】后，在时间轴视图中有一根白色的线，将鼠标移动到白线上，鼠标呈现 状时，按住鼠标左键上下拖动白线，即可改变素材的速率，如图 10-139 所示。

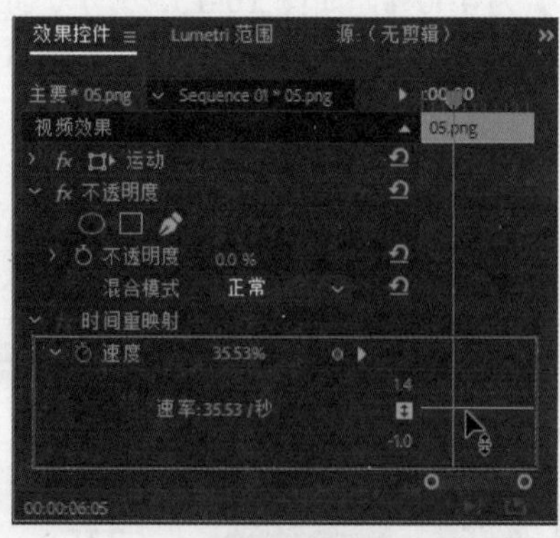

图 10-139

（2）白线越向上，速率越大；越向下，则速率越小。如图 10-140 所示为速率分别是 100% 和 50% 时素材长度的对比效果。

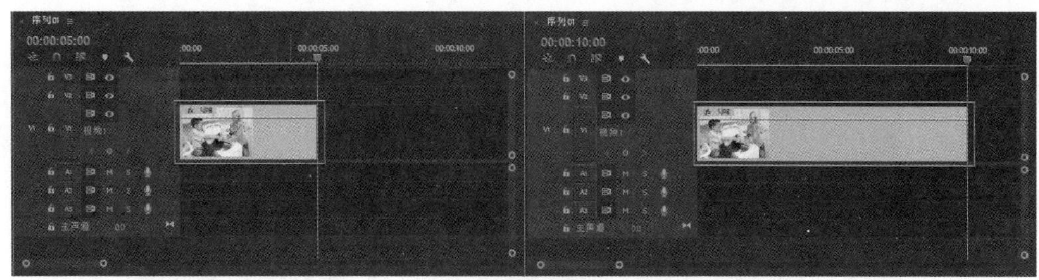

图　10-140

10.6　关键帧插值的使用

从一个关键帧变化为下一个关键帧称为插值。关键帧插值可以是时间的（时间相关）、空间的（空间相关）。Adobe Premiere Pro 中的所有关键帧都使用时间插值。默认情况下，Adobe Premiere Pro 使用线性插值，创建关键帧之间统一的变化速率，给动画效果增加了节奏。如果要更改从一个关键帧到下一个关键帧的变化速率，可以使用贝塞尔插值。

插值方法对每个关键帧有所不同，因此属性可以从起始关键帧加速，到下一个关键帧减速。插值方法对于更改动画的运动速度很有用。

10.6.1　空间插值

技术速查：在【运动】的【位置】参数中包含有空间插值，通过对空间插值的修改可以让动画产生平滑或者突然变化的效果。

修改【位置】的参数和添加关键帧，可以制作素材的位移动画。在【效果控件】面板中单击（运动）图标（见图 10-141），可以在【节目】监视器中显示出素材位移运动的路径，这就是空间插值，如图 10-142 所示。

图　10-141

图　10-142

10.6.2　空间插值的修改及转换

选择任意一个关键帧，在该关键帧上单击鼠标右键，在弹出的快捷菜单中选择【空间插值】，其子菜单中包括【线性】【贝塞尔曲线】【自动贝塞尔曲线】和【连续贝塞尔曲线】4 种类型，如图 10-143 所示。

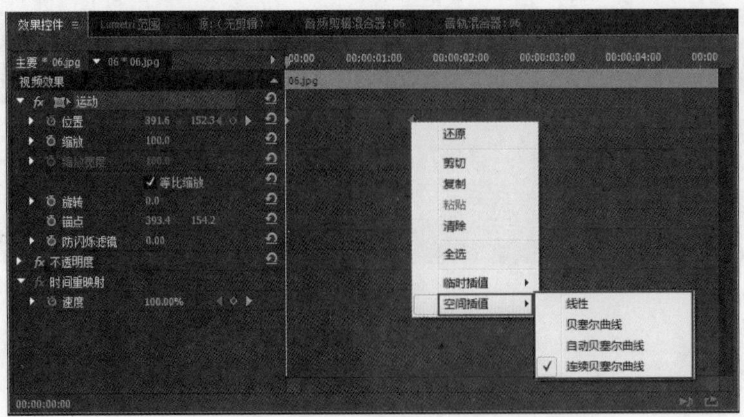

图 10-143

1. 线性

选择【线性】命令时，关键帧的角度转折明显，关键帧两侧显示直线效果，播放动画时产生位置突变的效果，如图 10-144 所示。

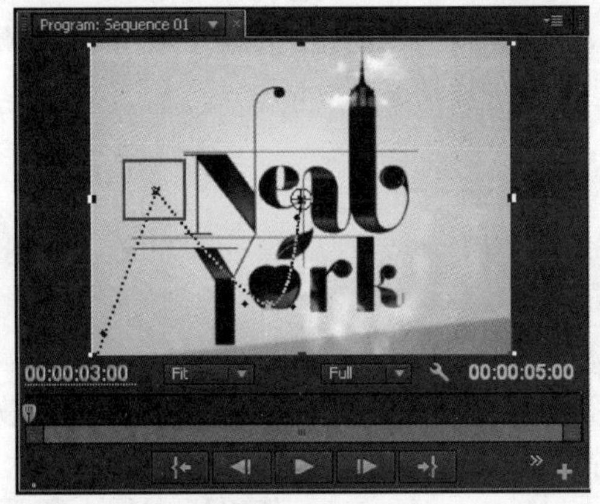

图 10-144

2. 贝塞尔曲线

【贝塞尔曲线】命令可以最精确地控制关键帧，可手动调整关键帧两侧路径段的形状。通过控制柄调整曲线效果，如图 10-145 所示。

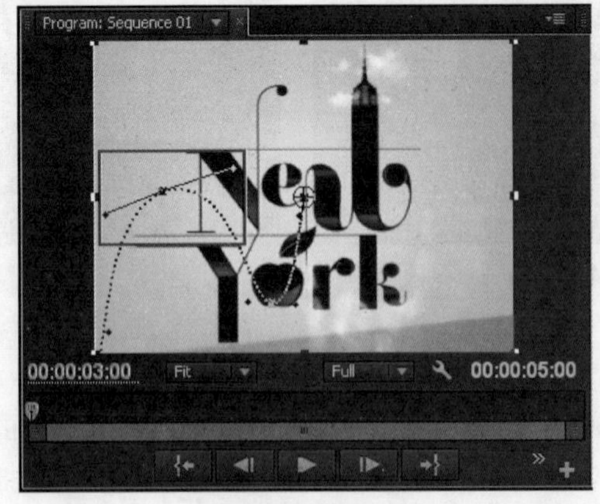

图 10-145

3．自动贝塞尔曲线

【自动贝塞尔曲线】命令可创建关键帧中平滑的变化速率。更改自动贝塞尔关键帧数值时，方向手柄的位置会自动更改，以保持关键帧之间速率的平滑变化，这些调整将更改关键帧两侧线段的形状。如果手动调整自动贝塞尔曲线的方向手柄，则可以将其转换为连续贝塞尔曲线的关键帧，如图 10-146 所示。

图　10-146

4．连续贝塞尔曲线

【连续贝塞尔曲线】与【自动贝塞尔曲线】命令一样，也会创建关键帧中的平滑变化速率。可以手动设置连续贝塞尔曲线方向手柄的位置，调整操作将更改关键帧两侧线段的形状，如图 10-147 所示。

图　10-147

10.6.3　临时插值

技术速查：在【运动】的【位置】参数中，不仅包含空间插值，还包含临时插值，通过修改临时插值，可以修改素材的运动速度。

修改【位置】的参数和添加关键帧，可以制作素材的位移动画，在【效果控件】面板中的【运动】栏展开【位置】的参数选项，可以看到位置的临时插值效果。当选择其中某个关键帧时，速率曲线上将显示出与该关键帧相关的节点，如图 10-148 所示。

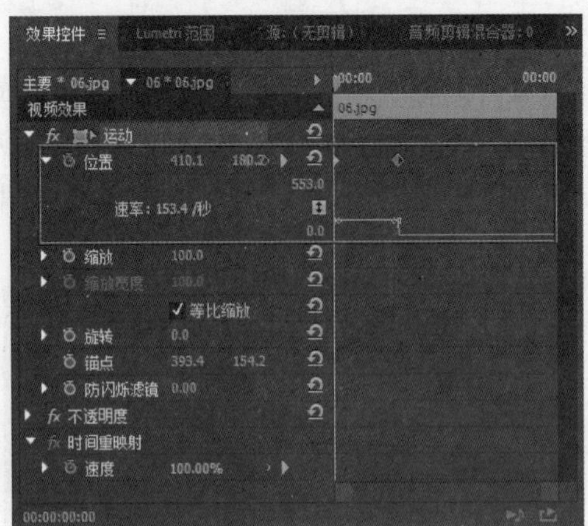

图 10-148

10.6.4 临时插值的修改及转换

选择任意一个关键帧，在该关键帧上单击鼠标右键，在弹出的快捷菜单中选择【临时插值】，其子菜单中包括【线性】【贝塞尔曲线】【自动贝塞尔曲线】【连续贝塞尔曲线】【定格】【缓入】和【缓出】7 个选项，如图 10-149 所示。

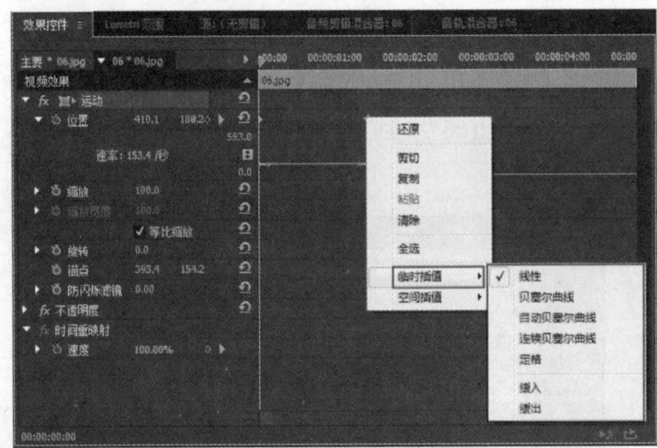

图 10-149

1. 线性

选择【线性】命令时，呈线性匀速过渡，当播放动画到关键帧位置时有明显变化。该关键帧样式为，如图 10-150 所示。

图 10-150

2. 贝塞尔曲线

选择【贝塞尔曲线】命令时，速率曲线在关键帧位置显示为曲线效果，并且可通过拖动控制柄来调节曲线两侧，从而改变运动速度。可单独调节其中一个控制柄，同时另一个控制柄不发生变化。该关键帧样式为，如图 10-151 所示。

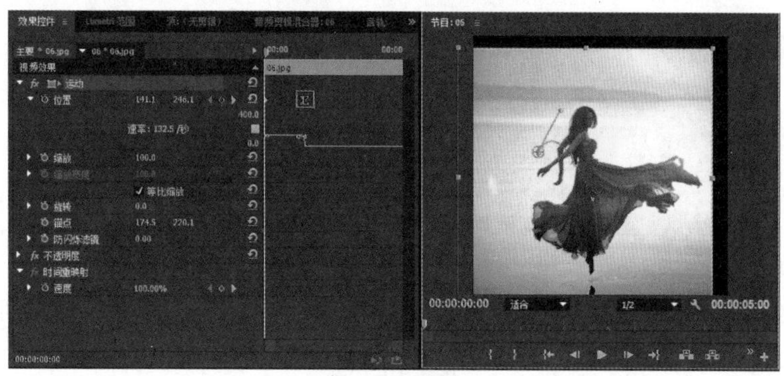

图 10-151

3. 自动贝塞尔曲线

选择【自动贝塞尔曲线】命令时，速率曲线根据转换情况自动显示为曲线效果，在曲线节点的两侧会出现两个没有控制线的控制点，该关键帧样式为，拖动控制点可将自动曲线转换为贝塞尔曲线，如图 10-152 所示。

图 10-152

4. 连续贝塞尔曲线

选择【连续贝塞尔曲线】命令时，速率曲线节点两侧将出现两个控制柄，可以通过拖动控制柄来改变两侧的曲线效果。该关键帧样式为，如图 10-153 所示。

图 10-153

5. 定格

选择【定格】命令时，速率曲线节点两侧将根据节点的运动效果自动调节速率曲线。当动画播放到该关键帧时，将出现保持前一关键帧画面的效果。该关键帧样式为，如图 10-154 所示。

图 10-154

6. 缓入

选择【缓入】命令时，速率曲线节点前面将变成缓入的曲线效果。当播放动画时，可以使动画在进入该关键帧时速度减缓，以消除速度的突然变化。该关键帧样式为，如图 10-155 所示。

图 10-155

7. 缓出

选择【缓出】命令时，速率曲线节点后面将变成缓出的曲线效果。当播放动画时，可以使动画在离开该关键帧时速率减缓，以消除速度的突然变化。该关键帧样式为，如图 10-156 所示。

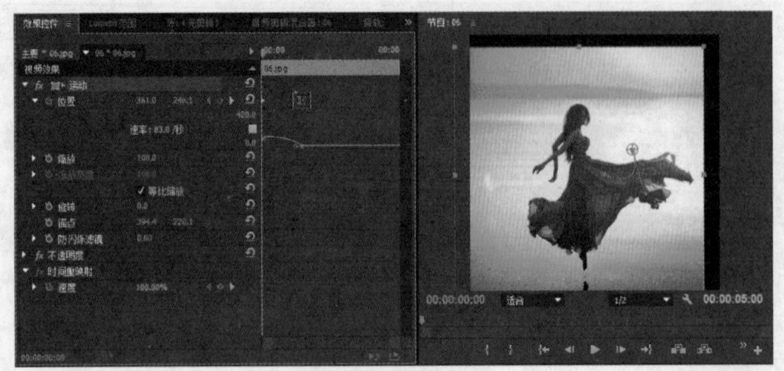

图 10-156

综合实战——制作花枝生长效果

案例文件	案例文件 \ 第 10 章 \ 花枝生长效果 .prproj
视频教学	视频文件 \ 第 10 章 \ 花枝生长效果 .flv
难易指数	★★★★★
技术要点	位移、缩放、不透明度和径向擦除效果的应用

扫码看视频

案例效果

在 Adobe Premiere Pro CC 2018 软件中，可以为素材文件添加视频特效。而特效的属性也可以添加关键帧来制作动画效果，达到特效和动画的结合。本例主要是针对“制作花枝生长效果”的方法进行练习，如图 10-157 所示。

图　10-157

操作步骤

（1）打开 Adobe Premiere Pro CC 2018 软件，单击【新建项目】按钮，在弹出的对话框中单击【浏览】按钮设置保存路径，在【名称】后设置文件名称，设置完成后单击【确定】按钮。接着选择【文件】/【新建】/【序列】命令，在弹出的对话框中选择【DV-PAL】/【标准 48kHz】，如图 10-158 所示。

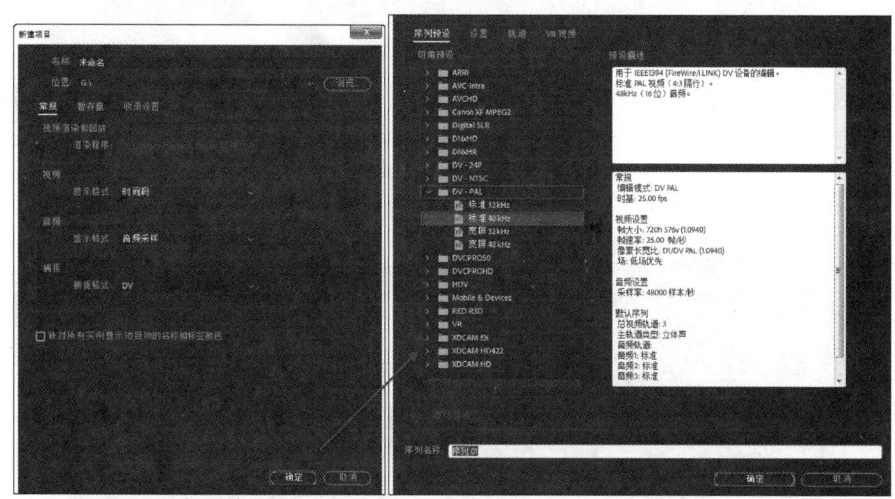

图　10-158

（2）在【项目】面板中空白处双击鼠标左键，在打开的对话框中选择所需的素材文件，单击【打开】按钮导入，如图 10-159 所示。

（3）将【项目】面板中的素材文件分别按顺序拖曳到 V1、V2 和 V3 轨道上，如图 10-160 所示。

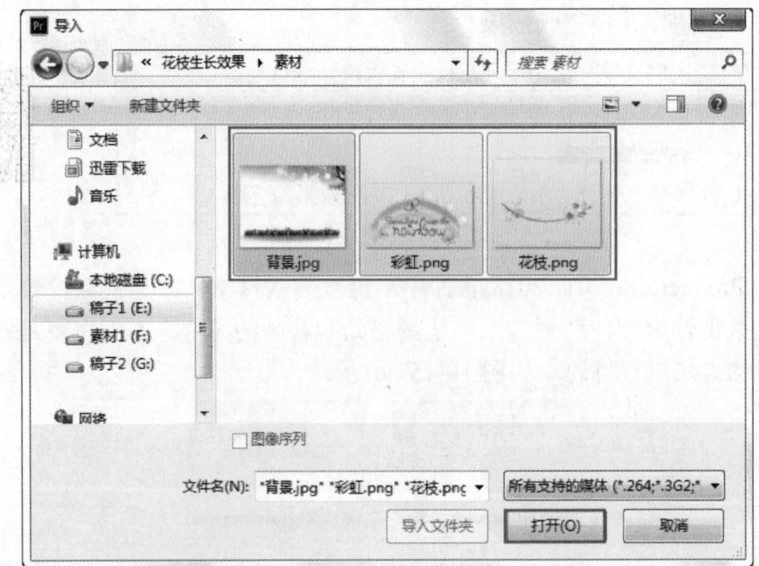

图 10-159

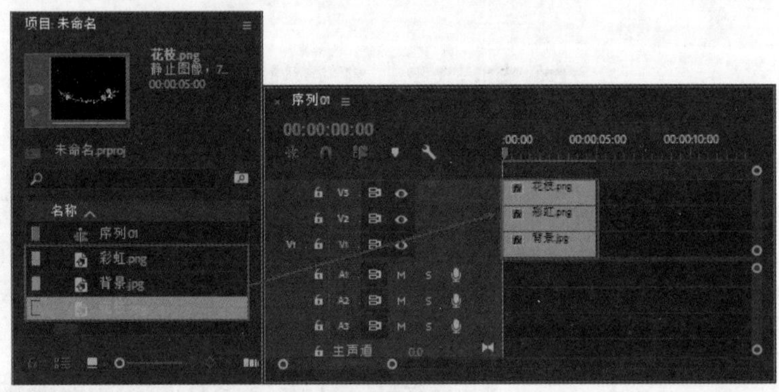

图 10-160

（4）选择 V1 轨道上的【背景 .jpg】素材文件，在【效果控件】面板中的【运动】栏设置【位置】为（360,300），【缩放】为 20，如图 10-161 所示。此时的效果如图 10-162 所示。

图 10-161　　　图 10-162

（5）选择 V2 轨道上的【彩虹 .png】素材文件，在【效果控件】面板中的【运动】栏设置【位置】为（360,137），【缩放】为 20。接着将时间轴滑块拖到起始帧的位置，设置【不透明度】为 0%，如图 10-163 所示，最后将时间轴滑块拖到第 1 秒的位置，设置【不透明度】为 100%。

（6）此时拖动时间轴滑块查看效果，如图 10-164 所示。

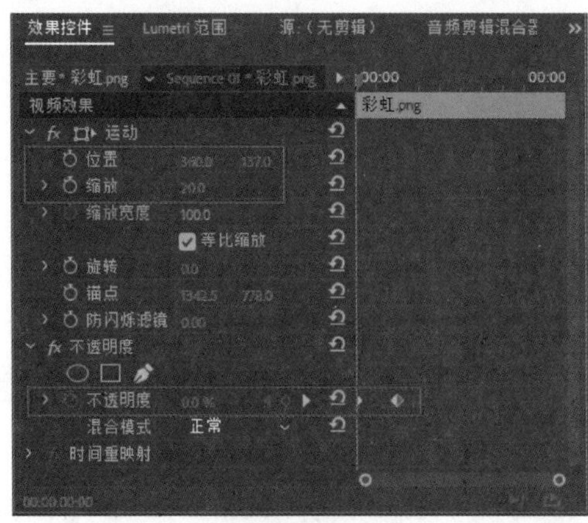

图　10-163

图　10-164

（7）在【效果】面板中搜索【径向擦除】效果，按住鼠标左键拖曳到 V3 轨道的【花枝 .jpg】素材文件上，如图 10-165 所示。

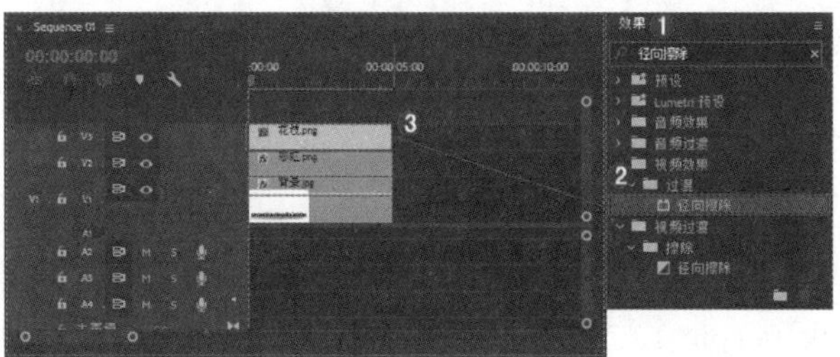

图　10-165

（8）选择 V3 轨道上的【花枝 .png】素材文件，然后将时间轴滑块拖到起始帧的位置，在【效果控件】面板中的【径向擦除】栏开启【过渡完成】关键帧，设置【过渡完成】为 100%，如图 10-166 所示。此时的效果如图 10-167 所示。

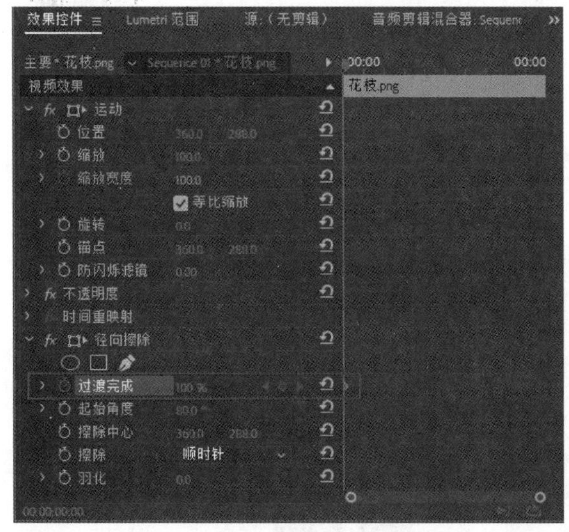

图　10-166

图　10-167

（9）将时间轴滑块拖到第 1 秒位置，设置【过渡完成】为 50%，继续将时间轴滑块拖到第 3 秒 20 帧位置，设置【过渡完成】为 0%，如图 10-168 所示。

（10）此时拖动时间轴滑块查看最终效果，如图 10-169 所示。

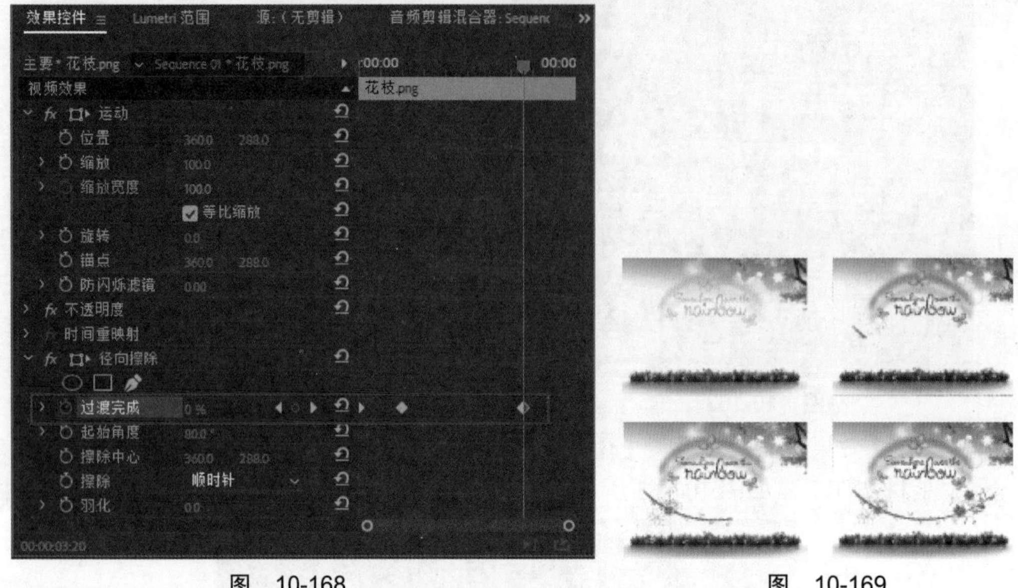

图 10-168　　　　图 10-169

✍ 答疑解惑：如何修改关键帧的位置和参数？

若是对某一个关键帧进行更改参数，可以将时间轴滑块拖到此处来进行更改参数值即可替换该关键帧。若是修改某一时间段内的多关键帧，可以选择这几个关键帧按 Delete 键删除，然后重新编辑。若是修改属性的关键帧数量较少时，可以单击该属性前面的按钮关闭关键帧开关来重新编辑关键帧。

综合实战——制作地球旋转效果

案例文件	案例文件 \ 第 10 章 \ 地球旋转效果 .prproj
视频教学	视频文件 \ 第 10 章 \ 地球旋转效果 .flv
难易指数	★★★★★
技术要点	位移、缩放、旋转和不透明度效果的应用

扫码看视频

案例效果

通过关键帧动画可以制作出画面旋转放大逐渐过渡的效果，给人以精彩的视觉冲击。本例主要是针对“制作地球旋转效果”的方法进行练习，如图 10-170 所示。

图 10-170

操作步骤

（1）打开 Adobe Premiere Pro CC 2018 软件，单击【新建项目】按钮，在弹出的对话框中单击【浏览】按钮设置保存路径，在【名称】后设置文件名称，设置完成后单击【确定】按钮。接着选择【文件】/【新建】/【序列】命令，在弹出的对话框中选择【DV-PAL】/【标准 48kHz】，如图 10-171 所示。

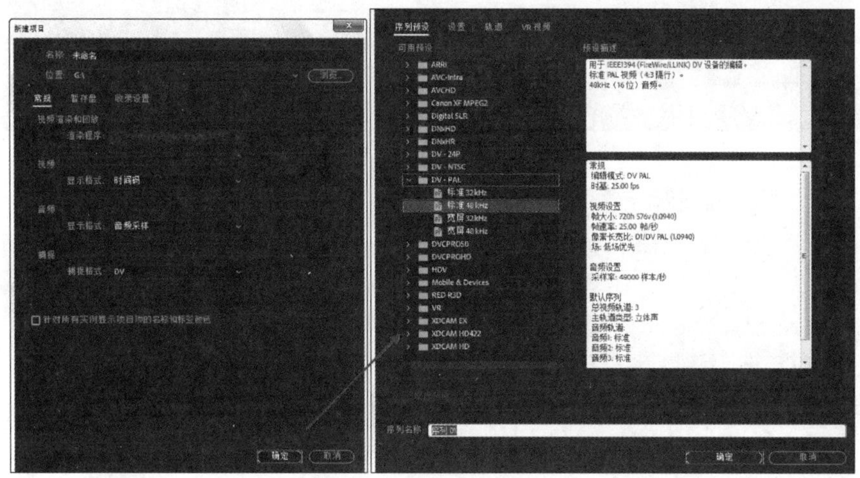

图 10-171

（2）在【项目】面板中空白处双击鼠标左键，在打开的对话框中选择所需的素材文件，单击【打开】按钮导入，如图 10-172 所示。

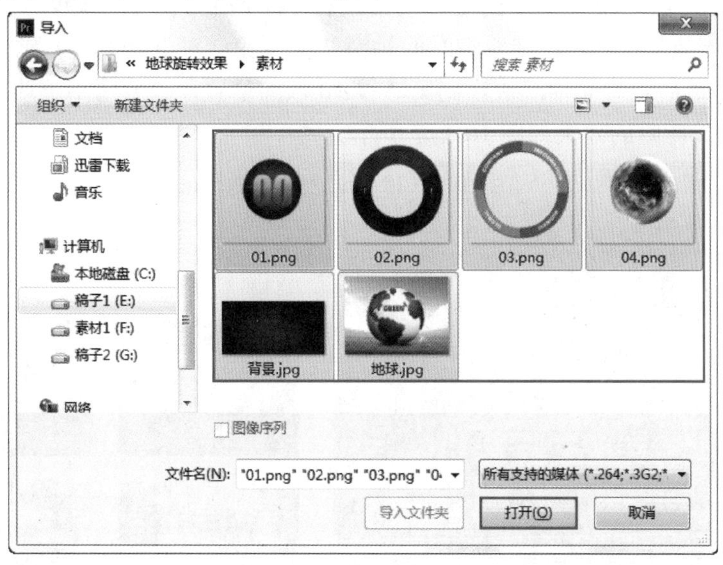

图 10-172

（3）将【项目】面板中的素材文件分别按顺序拖曳到【时间轴】面板中的轨道上，如图 10-173 所示。

（4）隐藏除了【地球 .jpg】素材文件以外的其他轨道，在【效果控件】面板中将时间轴滑块拖到第 2 秒 08 帧的位置，单击【缩放】前面的按钮，开启关键帧，并设置【缩放】为 113。接着将时间轴滑块拖到第 3 秒，设置【缩放】为 51，如图 10-174 所示。此时的效果如图 10-175 所示。

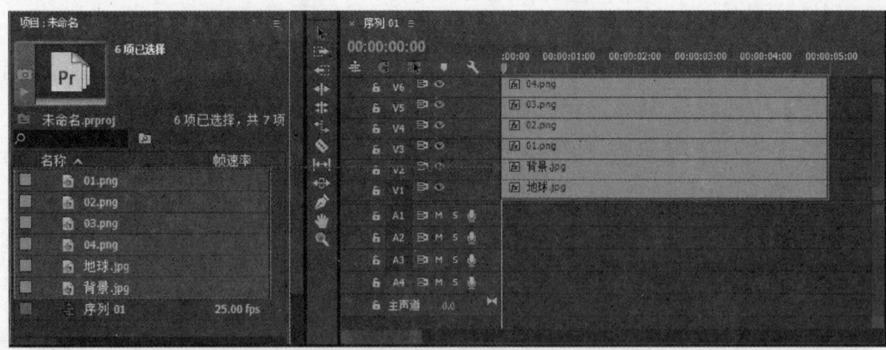

图 10-173

图 10-174

图 10-175

（5）显示并选择 V2 轨道上的【背景 .png】素材文件，在【效果控件】面板中的【运动】栏设置【缩放】为 201。接着将时间轴滑块拖到第 2 秒 03 帧的位置，设置【不透明度】为 100%。最后将时间轴滑块拖到第 2 秒 10 帧的位置，设置【不透明度】为 0%，如图 10-176 所示。此时的效果如图 10-177 所示。

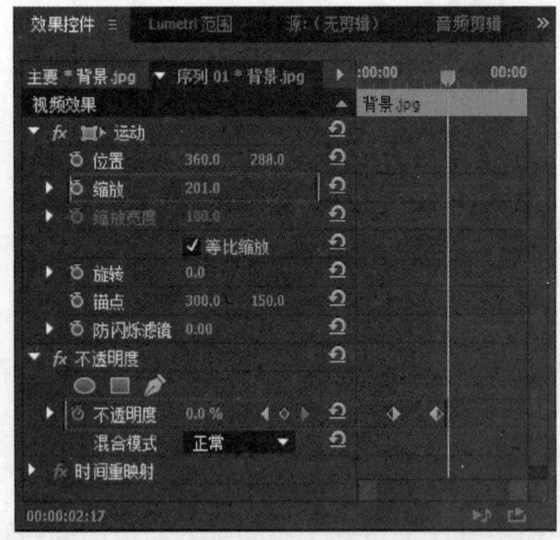

图 10-176

图 10-177

（6）显示并选择 V4 轨道上的【02.png】素材文件，将时间轴滑块拖到第 15 帧的位置。在【效果控件】面板中的【运动】栏单击【缩放】前面的按钮，开启关键帧，并设置【缩放】为 70。最后将时间轴滑块拖到第 1 秒 10 帧的位置，设置【缩放】为 265，如图 10-178 所示。此时的效果如图 10-179 所示。

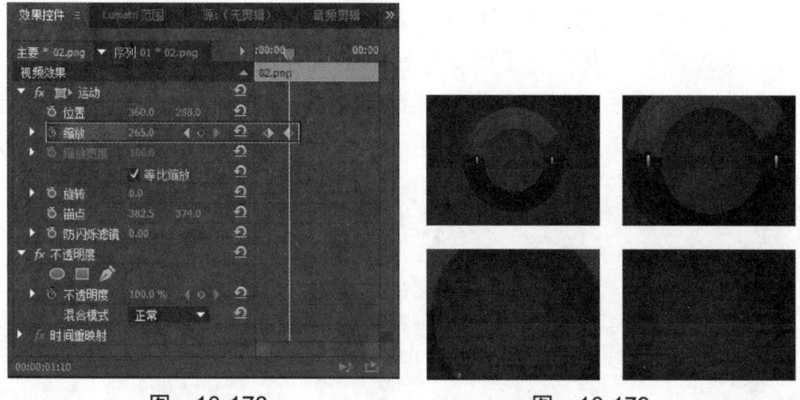

图　10-178　　　　图　10-179

（7）显示并选择 V3 轨道上的【01.png】素材文件，在【效果控件】面板中的【运动】栏设置【位置】为（369,288），【缩放】为 73。接着将时间轴滑块拖到起始帧的位置，并设置【不透明度】为 100%。最后将时间轴滑块拖到第 15 帧的位置，设置【不透明度】为 0%，如图 10-180 所示。此时的效果如图 10-181 所示。

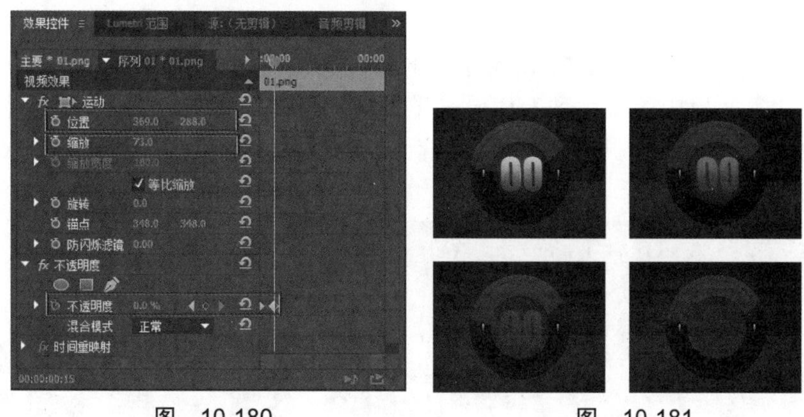

图　10-180　　　　图　10-181

（8）显示并选择 V5 轨道上的【03.png】素材文件，将时间轴滑块拖到第 15 帧的位置，在【效果控件】面板中的【不透明度】栏设置【不透明度】为 0%。接着将时间轴滑块拖到第 1 秒 10 帧的位置，并单击【缩放】前面的按钮，开启关键帧。然后设置【缩放】为 25，【不透明度】为 100%。最后将时间轴滑块拖到第 2 秒的位置，设置【缩放】为 87，如图 10-182 所示。此时的效果如图 10-183 所示。

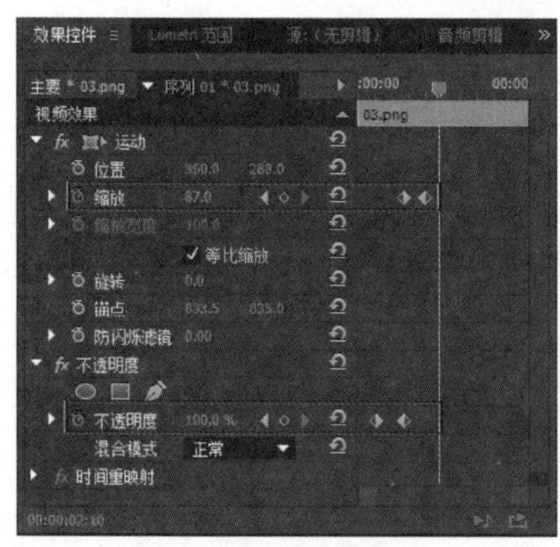

图　10-182

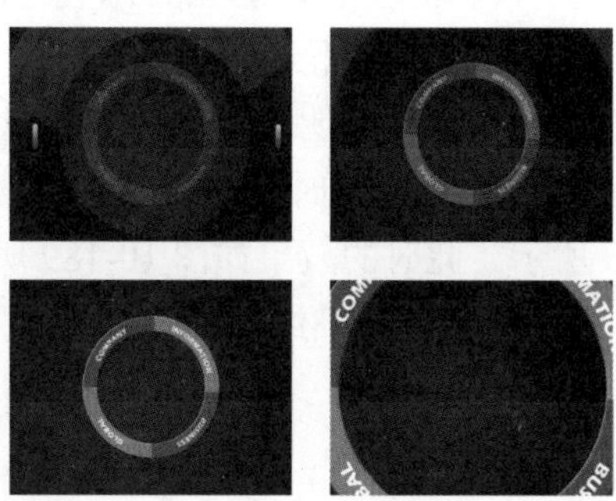

图　10-183

（9）显示并选择 V6 轨道上的【04.png】素材文件，将时间轴滑块拖到第 1 秒 20 帧的位置，在【效果控件】面板中的【运动】栏单击【缩放】前面的按钮，开启关键帧，并设置【缩放】为 25。最后将时间轴滑块拖到第 2 秒 10 帧的位置，设置【缩放】为 97，如图 10-184 所示。此时的效果如图 10-185 所示。

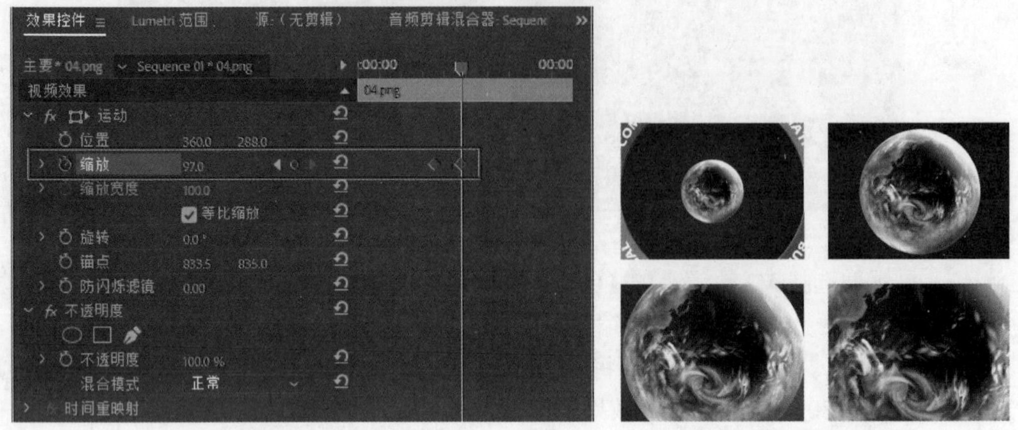

图 10-184 图 10-185

（10）选择 V6 轨道上的【04.png】素材文件，将时间轴滑块拖到第 15 帧的位置，在【效果控件】面板中的【运动】栏单击【旋转】前面的按钮，开启关键帧。接着将时间轴滑块拖到第 2 秒 10 帧的位置，设置【旋转】为 1×90°，如图 10-186 所示。此时的效果如图 10-187 所示。

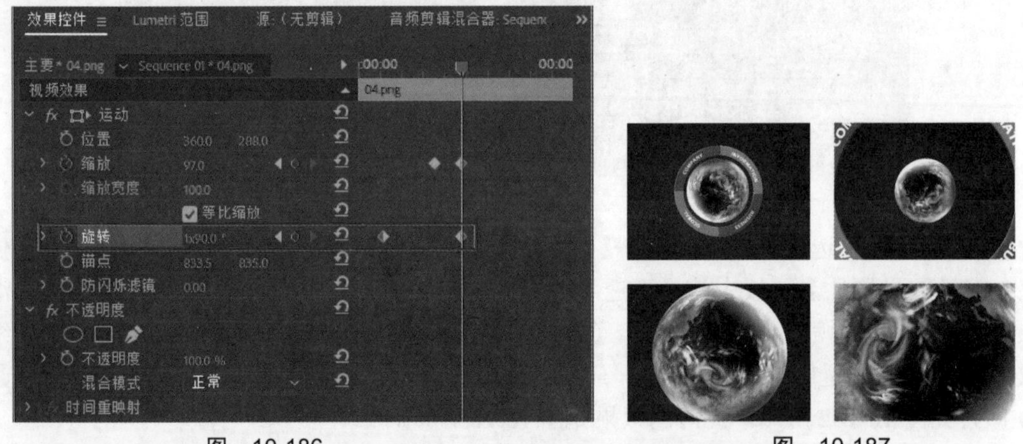

图 10-186 图 10-187

（11）选择 V6 轨道上的【04.png】素材文件，将时间轴滑块拖到第 15 帧的位置，在【效果控件】面板中的【不透明度】栏设置【不透明度】为 0%。接着将时间轴滑块拖到第 1 秒的位置，设置【不透明度】为 100%。继续将时间线拖到第 2 秒 10 帧的位置，设置【不透明度】为 100%。最后将时间轴滑块拖到第 2 秒 20 帧的位置，设置【不透明度】为 0%，如图 10-188 所示。此时的效果如图 10-189 所示。

（12）此时拖动时间轴滑块查看最终效果，如图 10-190 所示。

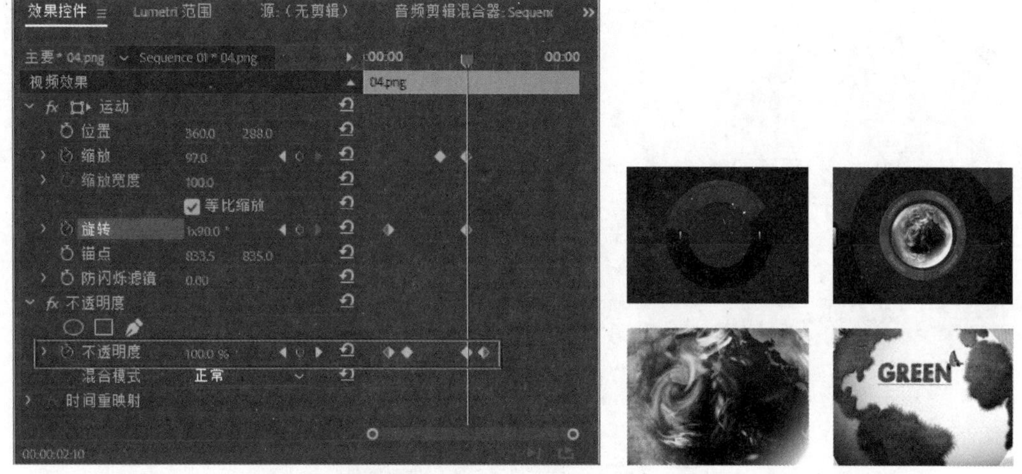

图　10-188

图　10-189

图　10-190

本章小结

本章详细地讲解了关键帧动画和运动特效的使用方法和应用领域，以及属性的关键帧应用和时间插值，灵活掌握这些功能后，可以制作出多种不同的画面效果。

抠像与合成

在 Adobe Premiere Pro CC 2018 中，可以对单色背景拍摄的素材抠除背景并合成素材，从而制作出抠像效果。在学习抠像与合成前，首先需要了解什么是抠像，本章介绍了抠像效果的使用方法和基本应用操作，以及素材合成的方法。

本章重点：

- 了解什么是抠像
- 了解抠像效果的原理
- 掌握抠像与合成的综合应用方法

11.1　初识抠像

11.1.1　什么是抠像

技术速查：在绿色、蓝色影棚中拍摄的画面，可以在 Premiere 软件中将背景抠除，并进行后期合成。

电视、电影行业中，非常重要的一个制作技术就是抠像。抠像使得我们可以任意地更换背景，这就是我们在电影中经常会看到的奇幻背景或惊险镜头的制作方法。如图 11-1 所示为抠像的影棚拍摄过程。

图　11-1

11.1.2　抠像的原理

抠像的原理非常简单，就是将背景的颜色抠除，只保留主体物，用以进行合成等处理。如图 11-2 所示为在绿屏中进行拍摄，并在软件中更换背景的合成效果。

图　11-2

11.2　常用键控技术

技术速查：键控，通俗地讲就是抠像。可以使用键控技术抠除图片、视频的背景，并进行后期合成。

在 Adobe Premiere Pro CC 2018 中包括【Alpha 调整】【亮度键】【图像遮罩键】【差值遮罩】【移除遮罩】【超级键】【轨道遮罩键】【非红色键】和【颜色键】9 种【键控】效果，如图 11-3 所示。

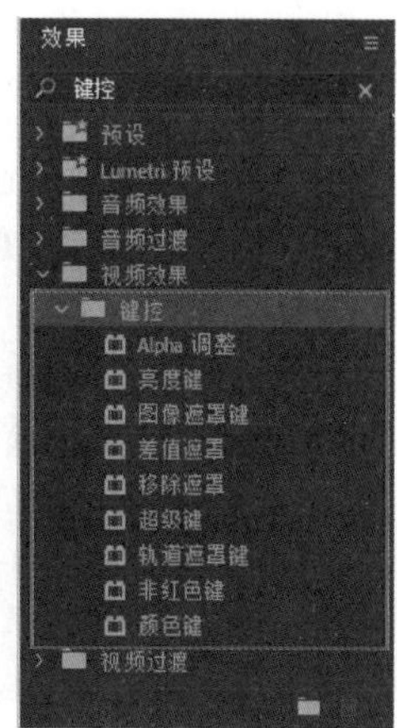

图　11-3

11.2.1　Alpha 调整

【Alpha 调整】效果可以按照素材的灰度级别确定键控效果。如图 11-4 所示为【Alpha 调整】的效果面板。

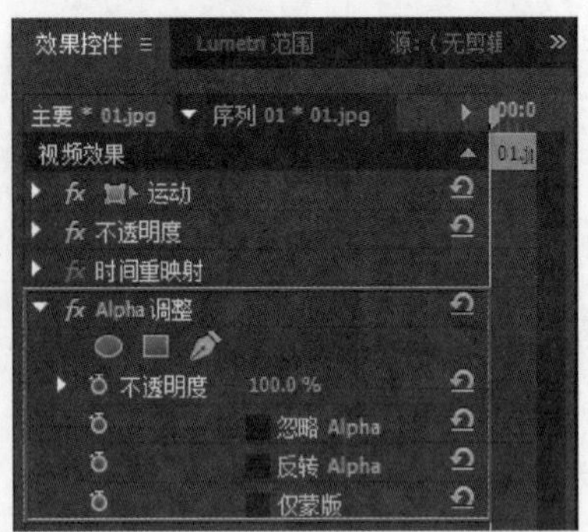

图 11-4

- 不透明度：减小不透明度会使Alpha通道中的图像更加透明。
- 忽略Alpha：选中该选项时，会忽略Alpha通道。
- 反转Alpha：选中该选项时，会反转Alpha通道。如图11-5所示为选中【反转Alpha】前后的对比效果。

 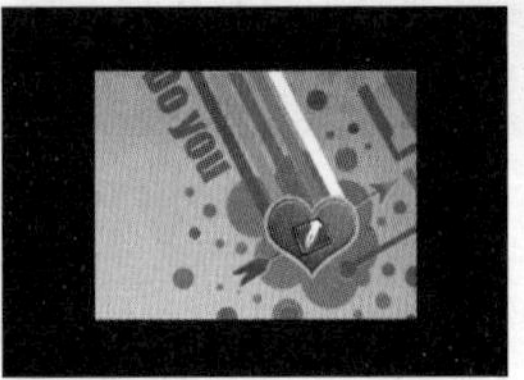

图 11-5

- 仅蒙版：选中该选项，将只显示Alpha通道的蒙版，不显示其中的图像。

技巧提示

在前期进行拍摄时一定要注意拍摄的质量，尽量避免人物的穿着和影棚的颜色一致，尽量避免半透明的物体出现，如薄纱等，这些物体出现会增加抠像的难度，而且一定要在拍摄之前考虑好拍摄灯光的方向，因为很多时候需要将人物抠像并合成到场景中，假如灯光朝向、虚实不一样的话，那么合成以后会不真实，这都是需要在前期拍摄时注意到的问题。

11.2.2 亮度键

【亮度键】效果可以根据图像的明亮程度将图像制作出透明效果。如图 11-6 所示为【亮度键】的效果面板。

- 阈值：调整素材背景的透明度。如图11-7所示为设置【阈值】分别为100%和40%前后的对比效果。

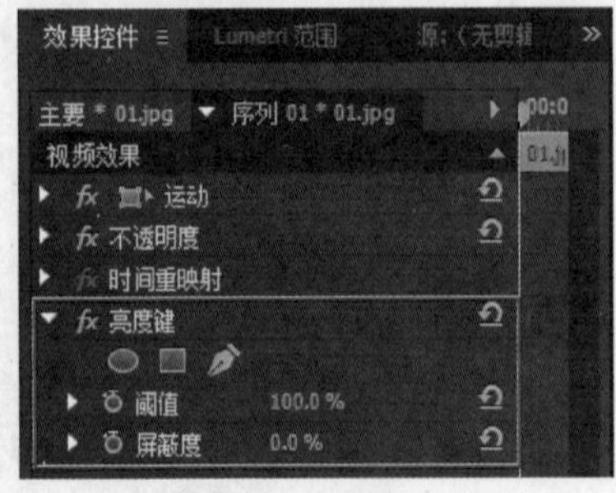

图 11-6

图 11-7

- 屏蔽度：设置被键控图像的中止位置。

11.2.3　图像遮罩键

【图像遮罩键】效果可以将指定的图像遮罩制作透明效果。如图 11-8 所示为【图像遮罩键】的效果面板。

单击按钮，可以在弹出的对话框中选择合适的图片作为遮罩的素材。

- 合成使用：可从右侧的下拉列表中选择用于合成的选项。
- 反向：选中该选项，遮罩效果反向。如图11-9所示为添加图片制作遮罩素材前后的对比效果。

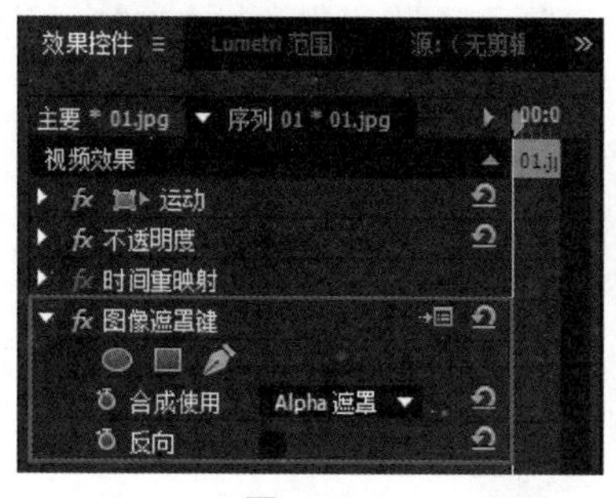

图　11-8

图　11-9

11.2.4　差值遮罩

【差值遮罩】效果可以通过指定的遮罩键控两个素材的相同区域，保留不同区域，从而生成透明效果，也可以将移动物体的背景制作成透明效果。如图 11-10 所示为【差值遮罩】的效果面板。

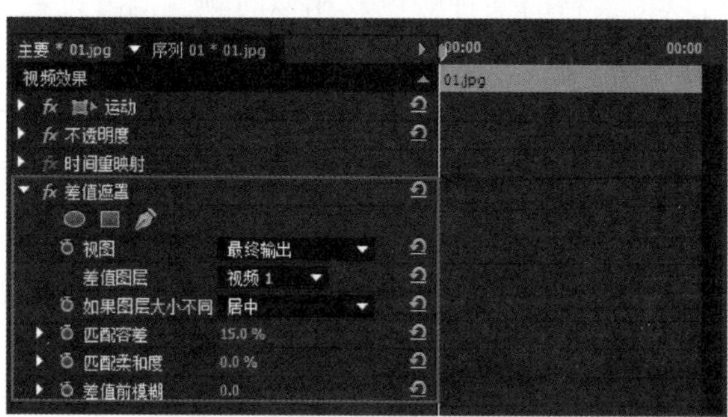

图　11-10

- 视图：设置合成图像的最终显示效果。【最终输出】表示图像为最终输出效果，【仅限源】表示仅显示源图像效果，【仅限遮罩】表示仅以遮罩为最终输出效果。
- 差值图层：设置与当前素材产生差值的层。
- 如果图层大小不同：如果差异层和当前素材层的尺寸不同，设置层与层之间的匹配方式。【居中】表示中心对齐，【伸展以适配】表示将拉伸差异层匹配当前素材层。
- 匹配容差：设置两层间的匹配容差。
- 匹配柔和度：设置图像间的匹配柔和程度。如图11-11所示为更改【匹配容差】分别为15和28、【匹配柔和度】分别为0和24前后的对比效果。

- 差值前模糊：用来模糊差异像素，清除合成图像中的杂点。

图 11-11

11.2.5 移除遮罩

【移除遮罩】效果可以将应用蒙版的图像产生的白色区域或黑色区域彻底移除。如图 11-12 所示为【移除遮罩】的效果面板。

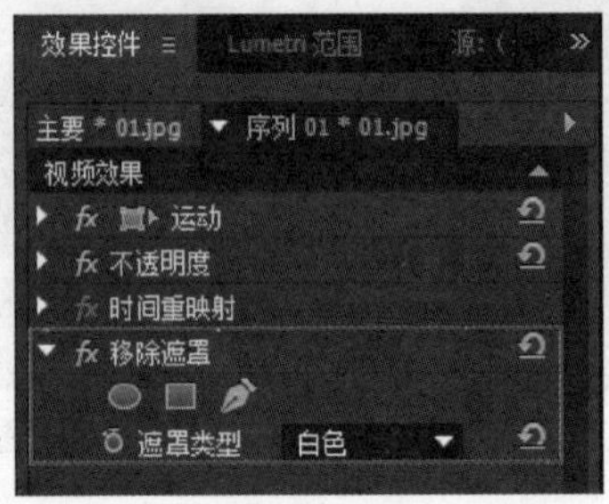

图 11-12

- 遮罩类型：选择要移除的区域颜色。

11.2.6 超级键

【超级键】效果可以将素材的某种颜色及相似的颜色范围设置为透明。如图 11-13 所示为【超级键】的效果面板。

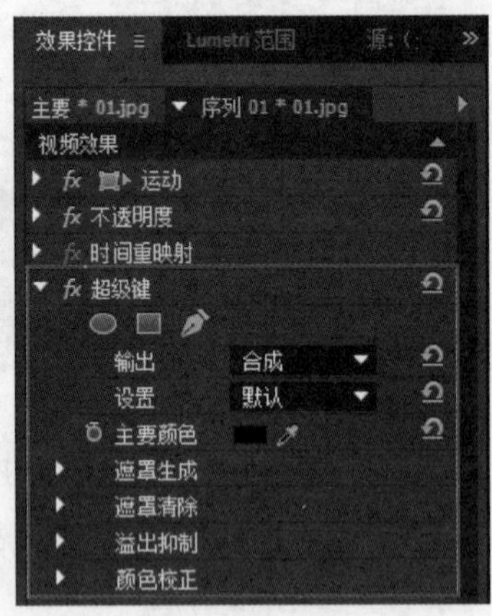

图 11-13

- 输出：设定输出类型，包括【合成】【Alpha通道】和【颜色通道】。
- 设置：设置抠像类型，包括【默认】【弱效】【强效】和【自定义】。
- 主要颜色：设置透明的颜色值。
- 遮罩生成：调整遮罩产生的属性，包括【透明度】【高光】【阴影】【容差】和【基准】。

- 遮罩清除：调整抑制遮罩的属性，包括【抑制】【柔化】【对比度】和【中间点】。
- 溢出抑制：调整对溢出色彩的抑制，包括【降低饱和度】【范围】【溢出】和【亮度】。
- 颜色校正：调整图像的色彩，包括【饱和度】【色相】和【明亮度】。

综合实战——制作人像海报合成效果

案例文件	案例文件 \ 第 11 章 \ 人像海报合成 .prproj
视频教学	视频文件 \ 第 11 章 \ 人像海报合成 .flv
难易指数	★★★★★
技术要点	超级键效果的应用

扫码看视频

案例效果

蓝屏幕技术是指在拍摄人物或其他前景内容后，把蓝色背景去掉。随着数字技术的进步，很多影视作品都通过把摄影棚中拍摄的内容与外景拍摄的内容以通道提取的方式叠加，创建出更加精彩的画面效果。本例主要是针对“制作人像海报合成效果”的方法进行练习，如图 11-14 所示。

图 11-14

操作步骤

Part01 导入素材并进行抠像

（1）选择【文件】/【新建】/【项目】命令，弹出【新建项目】对话框，设置【名称】，并单击【浏览】按钮设置保存路径，如图 11-15 所示。然后在【项目】面板空白处单击鼠标右键，在弹出的快捷菜单中选择【新建项目】/【序列】命令，弹出【新建序列】对话框，选择【DV-PAL】/【标准 48kHz】，如图 11-16 所示。

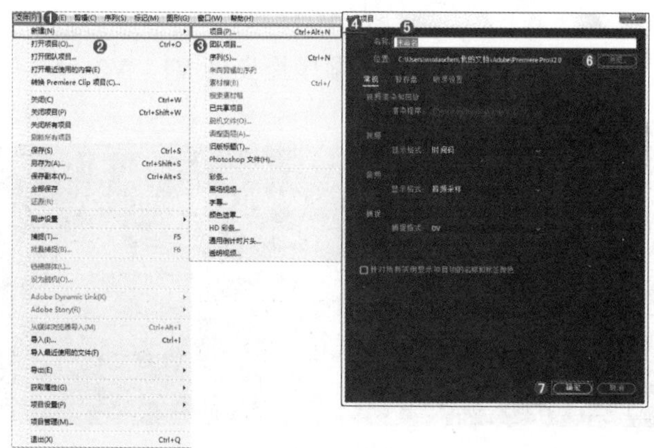

图 11-15

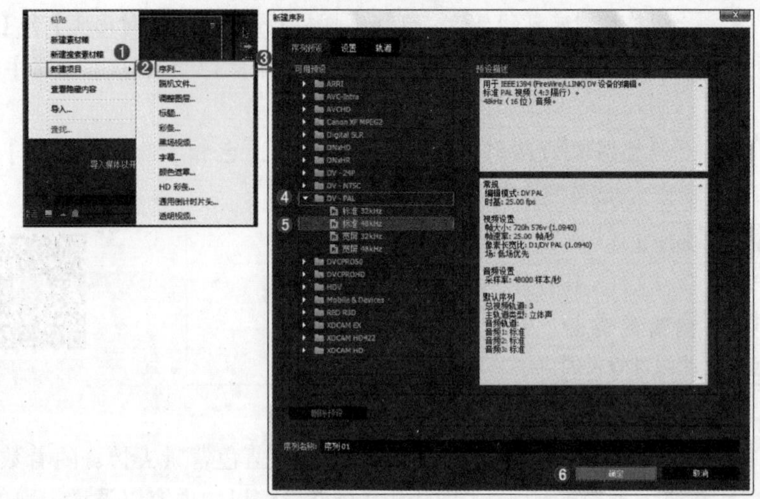

图 11-16

（2）选择【文件】/【导入】命令或按【Ctrl+I】快捷键，将所需的素材文件导入，如图 11-17 所示。

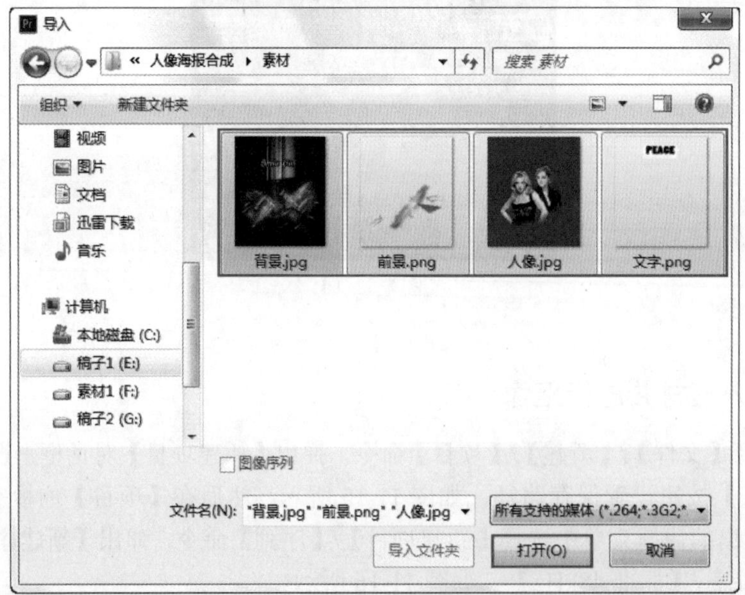

图 11-17

（3）将【项目】面板中的素材文件按顺序拖曳到 V1、V2、V3 以及 V4 轨道上，如图 11-18 所示。

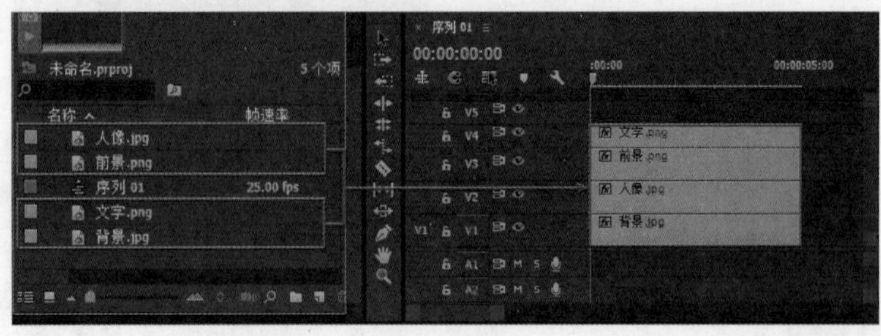

图 11-18

（4）选择 V1 轨道上的【背景 .jpg】素材文件，然后在【效果控件】面板中设置【缩放】为 55，如图 11-19 所示。隐藏 V2 ～ V4 轨道查看画面效果，如图 11-20 所示。

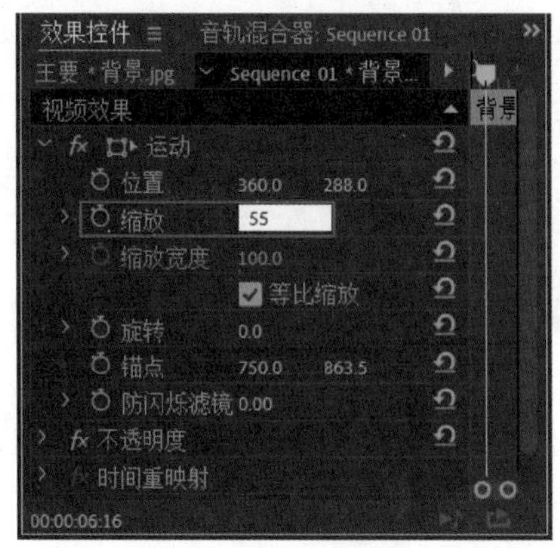

图　11-19

图　11-20

（5）在【效果】面板中搜索【超级键】效果，并按住鼠标左键将其拖曳到 V2 轨道的【人像 .jpg】素材文件上，如图 11-21 所示。

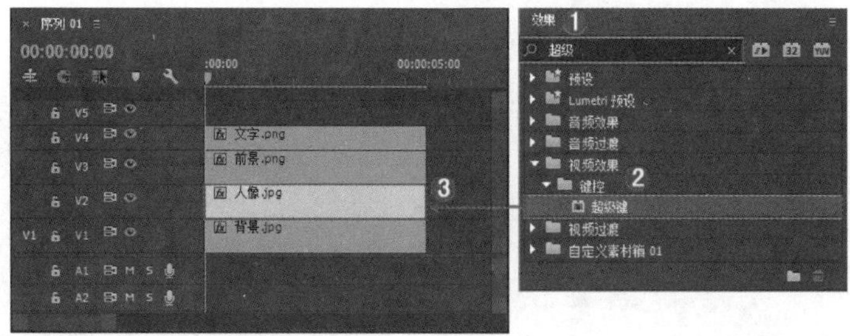

图　11-21

（6）选择 V2 轨道上的【人像 .jpg】素材文件，在【效果控件】面板中的【运动】栏设置【缩放】为 50。接着打开【超级键】栏，设置【设置】为【自定义】，单击【主要颜色】后的（吸管工具）按钮来吸取素材的背景色，然后展开【遮罩清除】属性，设置【抑制】为 15，【柔化】为 15，如图 11-22 所示。此时的效果如图 11-23 所示。

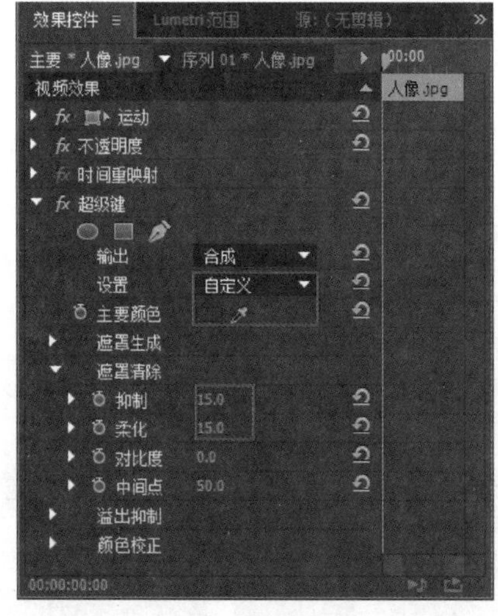

图　11-22

图　11-23

（7）在【效果】面板中搜索【投影】效果，并按住鼠标左键将其拖曳到 V2 轨道的【人像 .jpg】素材文件上，如图 11-24 所示。

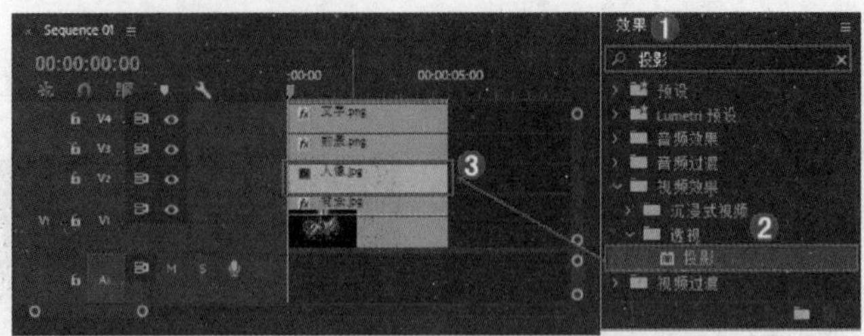

图 11-24

（8）选择 V2 轨道上的【人像 .jpg】素材文件，打开【效果控件】面板中的【投影】栏，设置【不透明度】为 60%，【方向】为 –16°，【距离】为 6，【柔和度】为 60，如图 11-25 所示。此时的效果如图 11-26 所示。

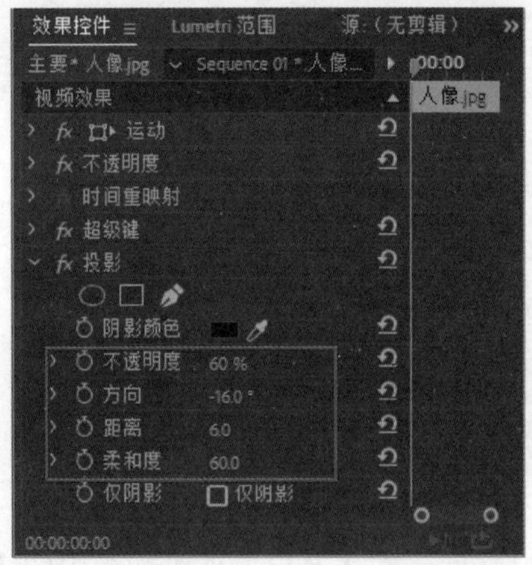

图 11-25

图 11-26

Part02 制作装饰素材

（1）选择 V3 轨道上的【前景 .png】素材文件，在【效果控件】面板中的【运动】栏设置【位置】为（360,275），【缩放】为 50，如图 11-27 所示。

（2）选择 V4 轨道上的【文字 .png】素材文件，在【效果控件】面板中的【运动】栏设置【位置】为（104,318），【缩放】为 35，如图 11-28 所示。此时的效果如图 11-29 所示。

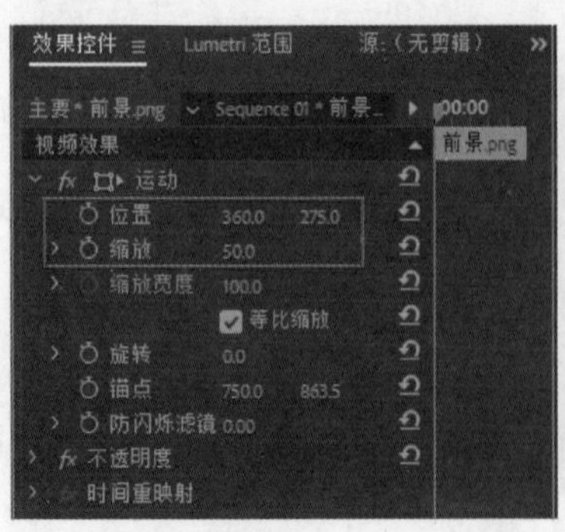

图 11-27

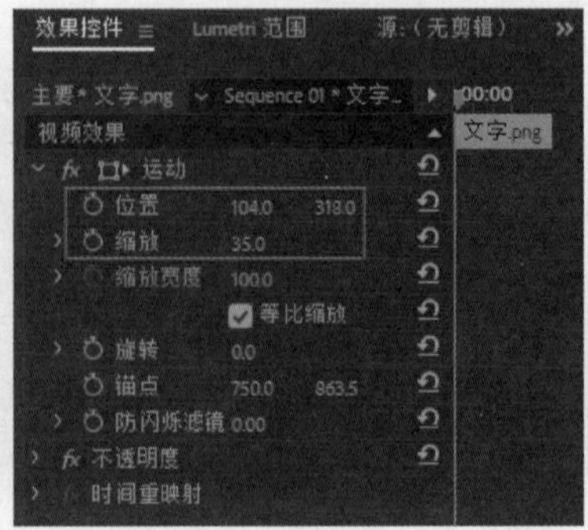

图 11-28

图 11-29

（3）选择【文件】/【新建】/【颜色遮罩】命令，在弹出的【新建颜色遮罩】对话框中单击【确定】按钮，如图 11-30 所示。

（4）接着在弹出的【拾色器】对话框中设置颜色为紫色，单击【确定】按钮，如图 11-31 所示。弹出【选择名称】对话框，单击【确定】按钮。

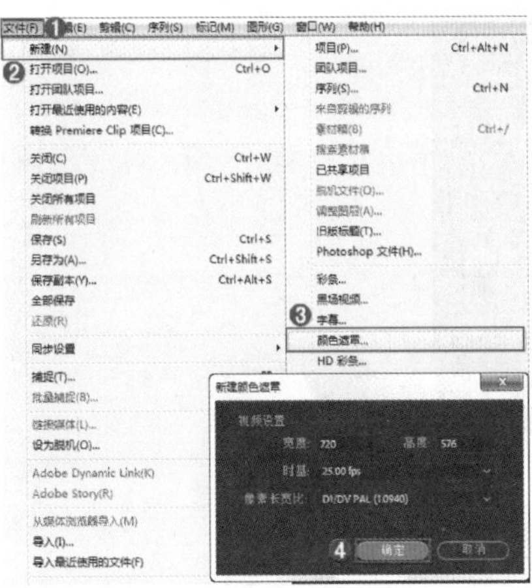

图　11-30

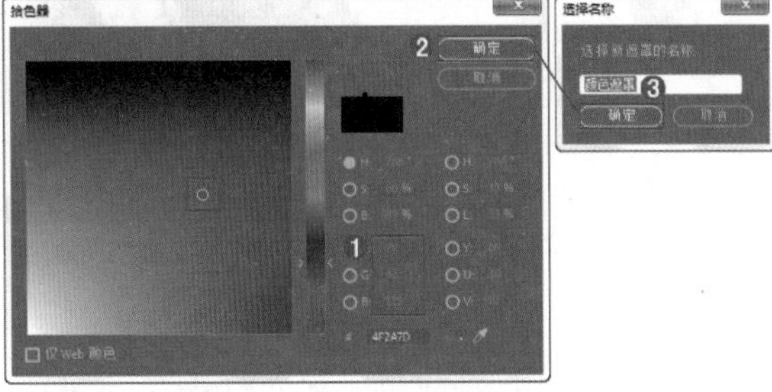

图　11-31

（5）将【项目】面板中的【颜色遮罩】拖曳到 V5 轨道上，如图 11-32 所示。

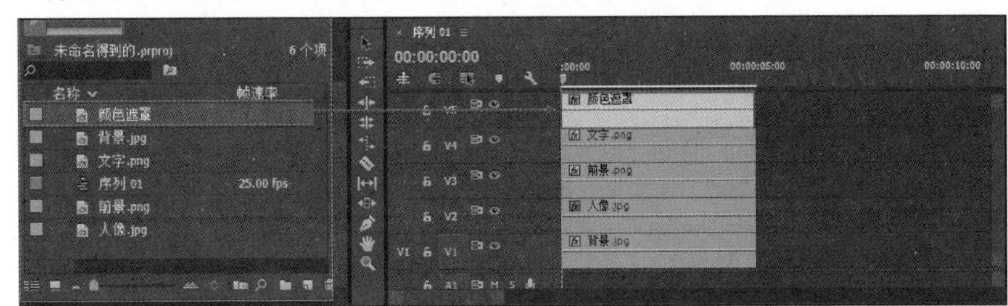

图　11-32

（6）选择 V5 轨道上的【颜色遮罩】，在【效果控件】面板中的【不透明度】栏设置【不透明度】为 40%，【混合模式】为【变亮】，如图 11-33 所示。

（7）此时拖动时间轴滑块查看最终效果，如图 11-34 所示。

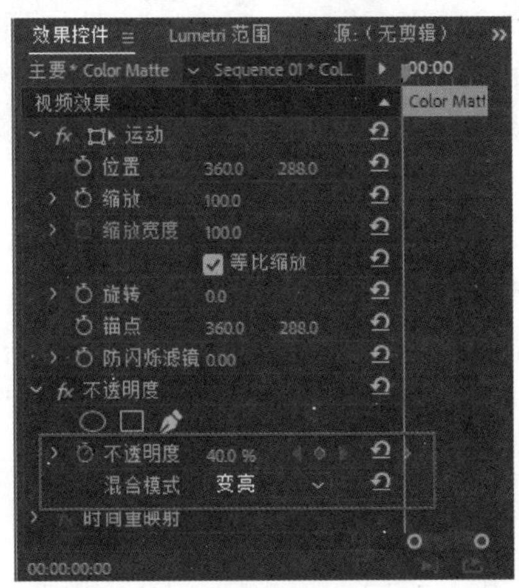

图　11-33

图　11-34

11.2.7 轨道遮罩键

【轨道遮罩键】效果可以将相邻轨道上的素材作为被键控跟踪素材。如图 11-35 所示为【轨道遮罩键】的效果面板。

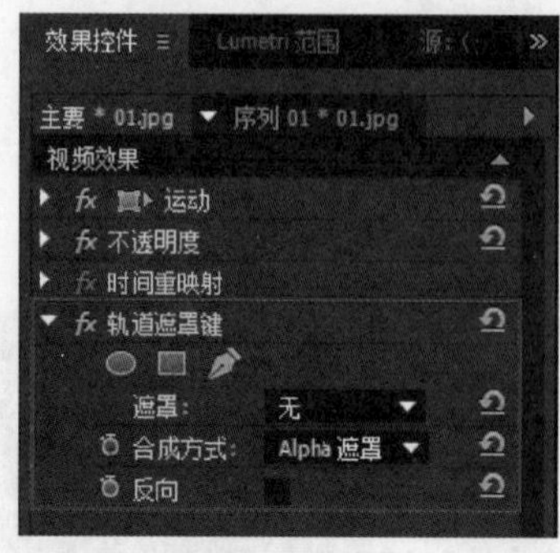

图 11-35

- 遮罩：选择用来跟踪抠像的视频轨道。
- 合成方式：选择用于合成的选项。
- 反向：选中该选项，效果进行反转处理。

11.2.8 非红色键

【非红色键】效果可以控制素材混合。如图 11-36 所示为【非红色键】的效果面板。

- 阈值：调整素材背景的透明度。如图11-37所示为设置【阈值】分别为100%和30%前后的对比效果。

图 11-36

图 11-37

- 屏蔽度：设置被键控图像的中止位置。
- 去边：通过选择去除绿色或蓝色边缘。
- 平滑：设置锯齿消除，通过混合像素颜色来平滑边缘。选择【高】获得最高的平滑度，选择【低】只稍微进行平滑，选择【无】不进行平滑处理。
- 仅蒙版：使用这个键控指定是否显示素材的Alpha通道。

11.2.9 颜色键

【颜色键】效果与【非红色键】用法基本相同，使指定的颜色变成透明的。如图 11-38 所示为【颜色键】的效果面板。

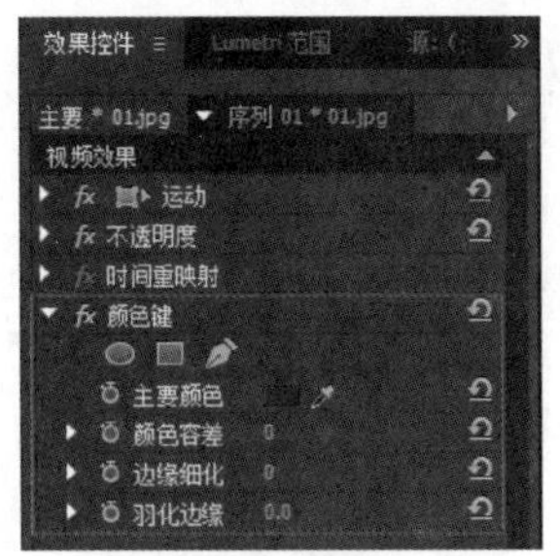

图　11-38

- 主要颜色：设置透明的颜色。
- 颜色容差：指定透明数量。
- 边缘细化：设置边缘的粗细。
- 羽化边缘：设置边缘的柔和度。

案例实战——制作飞鸟游鱼效果

案例文件	案例文件 \ 第 11 章 \ 飞鸟游鱼效果 .prproj
视频教学	视频文件 \ 第 11 章 \ 飞鸟游鱼效果 .flv
难易指数	★★★★★
技术要点	颜色键和亮度与对比度效果的应用

扫码看视频

案例效果

天空中鸟儿在自由地飞翔，大海中鱼儿在自由地游动，展现出自然和谐的景象。在通常情况下这是不能同时看到的景象，为了模拟这一景象，可以采用不同的素材合成制作出来。本例主要是针对“制作飞鸟游鱼效果”的方法进行练习，如图 11-39 所示。

图　11-39

操作步骤

（1）选择【文件】/【新建】/【项目】命令，弹出【新建项目】对话框，设置【名称】，并单击【浏览】按钮设置保存路径，如图 11-40 所示。然后在【项目】面板空白处单击鼠标右键，在弹出的快捷菜单中选择【新建项目】/【序列】命令，弹出【新建序列】对话框，选择【DV-PAL】/【标准 48kHz】，如图 11-41 所示。

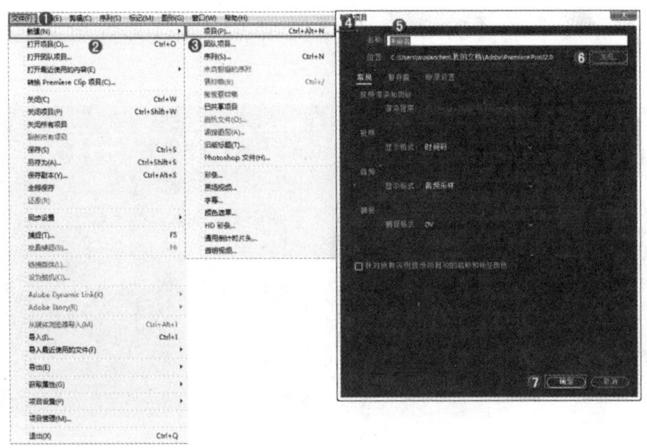

图　11-40

图 11-41

(2) 选择【文件】/【导入】命令或者按【Ctrl+I】快捷键，将所需的素材文件导入，如图 11-42 所示。

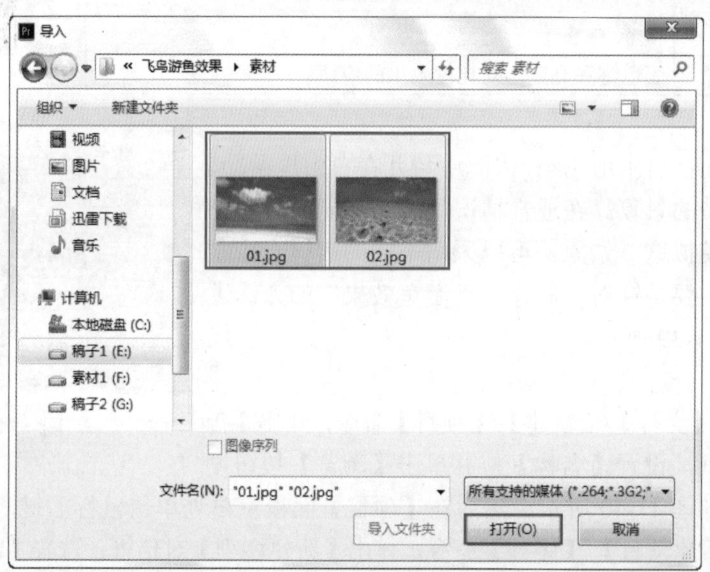

图 11-42

(3) 将【项目】面板中的【01.jpg】和【02.jpg】素材文件分别拖曳到 V1 和 V2 轨道上，如图 11-43 示。

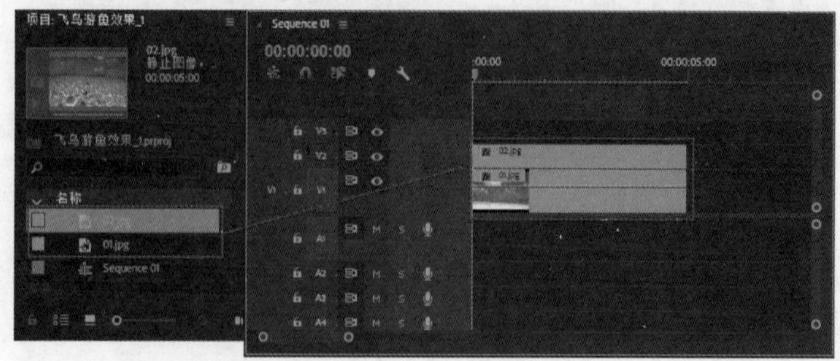

图 11-43

（4）选择 V2 轨道上的【02.jpg】素材文件，在【效果控件】面板中的【运动】栏设置【位置】为（360,334），【缩放】为 41，如图 11-44 所示。此时的效果如图 11-45 所示。

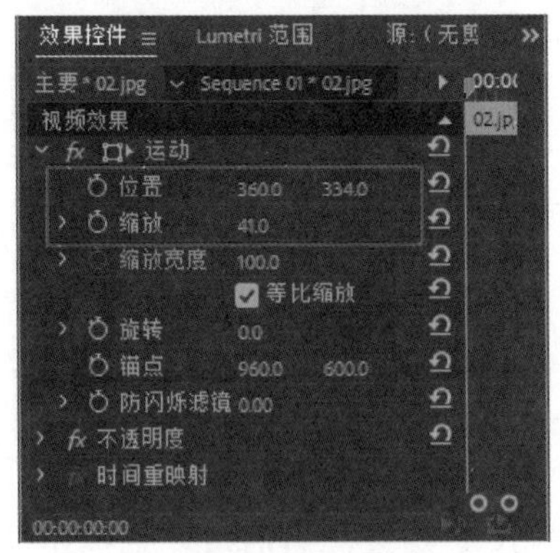

图　11-44

图　11-45

（5）在【效果】面板中搜索【颜色键】效果，然后按住鼠标左键将其拖曳到 V2 轨道的【02.jpg】素材文件上，如图 11-46 所示。

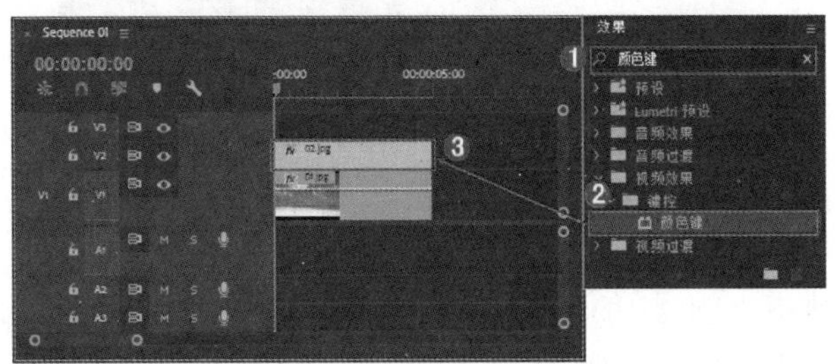

图　11-46

（6）选择 V2 轨道上的【02.jpg】素材文件，在【效果控件】面板打开【颜色键】栏，单击【主要颜色】的（吸管工具）按钮来吸取素材的背景颜色，设置【颜色容差】为 55，【边缘细化】为 5，【羽化边缘】为 28，如图 11-47 所示。此时的效果如图 11-48 所示。

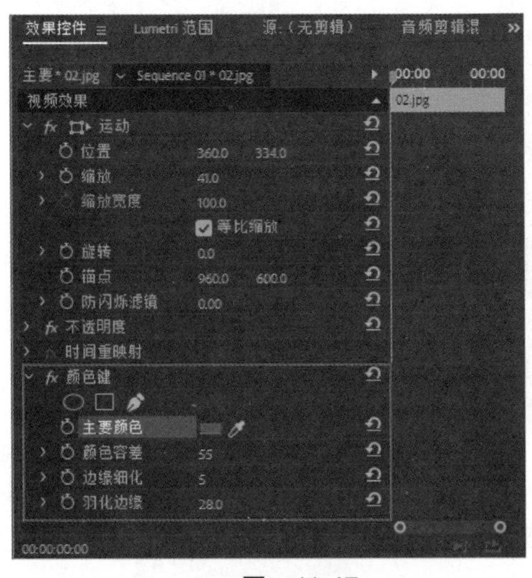

图　11-47

图　11-48

（7）选择 V1 轨道上的【01.jpg】素材文件，在【效果控件】面板中的【运动】栏设置【位置】为（360,119），【缩放】为 50，如图 11-49 所示。此时的效果如图 11-50 所示。

图 11-49

图 11-50

（8）在【效果】面板中搜索【亮度与对比度】效果，然后按住鼠标左键将其拖曳到V1 轨道的【01.jpg】素材文件上，如图 11-51 所示。

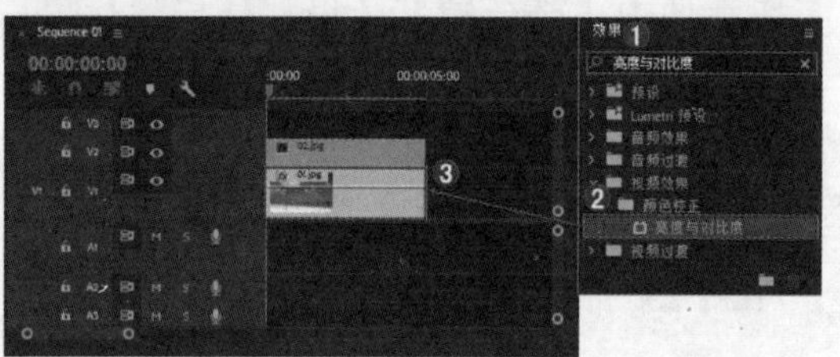

图 11-51

（9）选择 V1 轨道上的【01.jpg】素材文件，在【效果控件】面板打开【亮度与对比度】栏，设置【对比度】为 15，如图 11-52 所示。

（10）此时拖动时间轴滑块查看最终效果，如图 11-53 所示。

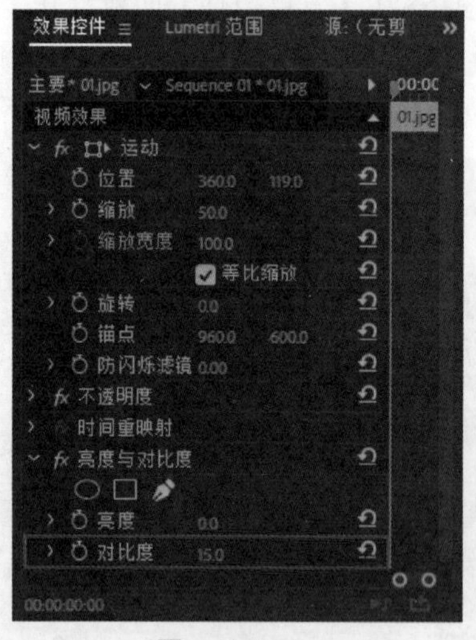

图 11-52

图 11-53

答疑解惑：在抠像中选色的原则有哪些？

常用的背景颜色为蓝色和绿色，是因为人体的自然颜色中不包含这两种颜色，这样就不会与人物混合在一起，而且这两种颜色是 RGB 中的原色，比较方便处理。我国一般用蓝背景，在欧美绿屏和蓝屏都使用，而且在拍人物时常用绿屏，因为许多欧美人的眼睛是蓝色的。

本章小结

在绿色、蓝色影棚中拍摄画面，然后在 Premiere 软件中进行抠像处理，将背景抠除，最后进行后期合成，使制作画面效果更加方便快捷，而且效果丰富奇幻。通过本章的学习，掌握抠像各种效果的使用方法和应用领域，能对画面进行更加完美的抠像处理。